Die Technologie

des

Maschinentechnikers

Von

Professor Ingenieur **Karl Meyer**
Oberlehrer an den staatl. Vereinigten Maschinenbauschulen
zu Köln

Fünfte, verbesserte Auflage

Mit 431 Textfiguren

Berlin

Verlag von Julius Springer

1920

ISBN-13:978-3-642-90107-2   e-ISBN-13:978-3-642-91964-0
DOI: 10.1007/978-3-642-91964-0

Vorwort zur ersten Auflage.

Das vorliegende Buch soll keine neuen Tatsachen oder Ansichten bringen. Es soll nur den Anfänger, den Schüler, in das betreffende Gebiet der Technologie einführen, nur ein Unterrichtsbuch sein, und zwar in erster Linie für die preußischen höheren und niederen Maschinenbauschulen. Damit ist seine Brauchbarkeit für die Schüler anderer technischer Lehranstalten, für in der Praxis stehende Techniker und Kaufleute nicht ausgeschlossen. Das Buch ist aus meiner Unterrichtspraxis entstanden. Es zeigt daher einen praktisch möglichen Weg zu dem gesteckten Ziele. Ich verkenne nicht, daß es noch andere, vielleicht bessere Wege zu diesem Ziele geben kann und gibt. Wer sich mit dem von mir gewählten Wege befreunden kann, wird nach Einführung des Buches den Lehrstoff nicht mehr zu diktieren brauchen und kann die dadurch gewonnene Zeit auf die schulmäßige Einprägung desselben verwenden. Wem meine Darstellung nicht ausführlich genug ist, dem möchte ich erwidern, daß ich bemüht war, den Text, zur Wiederholung geeignet, möglichst knapp zu fassen und die eingehende Erläuterung dem Vortrage des Lehrers zu überlassen.

Bei der Anordnung des Stoffes folgte ich dem Gange der Fabrikation in einer Maschinenfabrik. Der erste Abschnitt enthält daher die Maschinenbaustoffe, der zweite die Herstellung der Gußstücke, der dritte die Schmiedearbeiten und der vierte die mechanische Bearbeitung der Guß- und Schmiedestücke. Diese Reihenfolge auch beim Unterricht einzuhalten, ist nicht nötig. Der für die preußischen Maschinenbauschulen vorgeschriebene Lehrplan bedingt ja eine andere Reihenfolge, welche man aber nach dem Buche unschwer einhalten kann. Meinen Fachkollegen an den preußischen Schulen wird vielleicht die Behandlung der mechanischen Bearbeitung der Metalle und des Holzes in Verbindung mit den Werkzeugmaschinen auffallen. Ich finde in dieser Verbindung eine Zeitersparnis, welche der Besprechung der Werkzeugmaschinen zugute kommt. Als eine Verbesserung des Lehrplans würde ich es betrachten, wenn die Herstellung der Guß- und Schmiedestücke schon in der vierten Klasse der höheren Maschinenbauschulen behandelt würde. Sie bildet die Grundlage für das Verständnis der Herstellung der Maschinenteile, kann daher den Schülern nicht früh genug gebracht werden. Von den Werkzeugmaschinen läßt sich dasselbe sagen, doch ist dieser Lehrstoff für die vierte Klasse zu schwierig. Er kann nicht früher als in der dritten Klasse gebracht werden. In der zweiten Klasse kann die Fortsetzung der mechanischen Bearbeitung der Arbeitsstücke und in der ersten die Materialienkunde folgen. Die letztere kann zurückgestellt werden, weil sie die Maschinenfabrikation selbst nicht betrifft, sondern dem Maschinentechniker nur Auskunft über Materialien gibt, welche er zu verwenden hat. An den niederen Maschinenbauschulen halte ich dieselbe Reihenfolge für wünschenswert, nur kann dort der Unterricht nicht in der untersten Klasse, welche eine Vorbereitungsklasse ist, begonnen werden. Man muß daher den Stoff auf drei bzw. zwei Halbjahre zusammendrängen.

Bei der Abfassung dieses Buches habe ich folgende Werke benutzt:

Gemeinschaftliche Darstellung des Eisenhüttenwesens. Herausgegeben vom Verein Deutscher Eisenhüttenleute. 5. Auflage.

Muspratt, Handbuch der technischen Chemie.

Beckert, Leitfaden der Eisenhüttenkunde.

Ledebur, Handbuch der Eisen- und Stahlgießerei. 3. Auflage.

„ Die Metalle.

Fischer, Werkzeugmaschinen. 1. und 2. Auflage.

Ruppert, Aufgaben und Fortschritte des deutschen Werkzeugmaschinenbaues.

Hülle, Werkzeugmaschinen.

Schultze, Grundlagen für das Veranschlagen der Löhne.

Zeitschrift des Vereins deutscher Ingenieure.

Aus den Werken von Ruppert, Fischer, Hülle und der Zeitschrift des Vereins deutscher Ingenieure habe ich mit Erlaubnis der Herren Verfasser eine erhebliche Anzahl Figuren entlehnen dürfen, wofür ich auch an dieser Stelle meinen besten Dank ausspreche. Bei jeder entlehnten Figur ist der Name des Verfassers angegeben, dessen Werke sie entnommen ist.

Wie auch dies Buch erkennen läßt, haben die Amerikaner eine führende Stellung im Werkzeugmaschinenbau erlangt. Sie verdanken diese Stellung wohl in erster Linie der weitgehenden Spezialisierung ihres Werkzeugmaschinenbaues. Baut doch eine amerikanische Werkzeugmaschinenfabrik in der Regel nur eine Art von Werkzeugmaschinen, während vor wenigen Jahren noch deutsche Werkzeugmaschinenfabriken alle vorkommenden Werkzeugmaschinen bauten. Durch die Beschränkung auf wenige Typen wird die Massenfabrikation möglich, und die Erzeugnisse werden dadurch nicht nur billiger, sondern auch besser. Bei uns ist durch die einseitige Pflege des Kraftmaschinenbaues auf unseren Hoch- und Mittelschulen der Werkzeugmaschinenbau und das sich auf die Kenntnis des Arbeitens mit Werkzeugmaschinen stützende Betriebsingenieurwesen, die wirtschaftlich vorteilhafte Organisation der Maschinenfabrikation, theoretisch sehr vernachlässigt worden. Erst in der neuesten Zeit beginnt man hier und da das Versäumte nachzuholen. Dies hat für den Nachwuchs die schädliche Folge, daß der junge, in die Praxis eintretende Ingenieur oder Techniker eine Beschäftigung mit wirtschaftlichen Dingen nicht für seine Sache hält, sie nicht als sein Ideal betrachtet. Daher fehlen unserer

Industrie tüchtige Betriebsingenieure, obwohl wir Konstrukteure im Überfluß haben. Aus diesem Mangel an tüchtigen Betriebsingenieuren entsteht die sogenannte Meisterwirtschaft, welche darin besteht, daß Meister den technischen Teil der Aufgabe erledigen, während die Organisation und die Schreiberei von Kaufleuten eingerichtet und ausgeführt wird. Die Meister pflegen Neuerungen im Betriebe abhold zu sein, und der Kaufmann kann aus Mangel an technischen Kenntnissen selten aus sich heraus schöpferisch vorgehen. Gerade hier könnte der junge, tüchtige Ingenieur oder Techniker etwas Ersprießliches leisten, wenn er sich allen im Fabrikbetriebe vorkommenden wirtschaftlichen Arbeiten (Führen von Listen, Veranschlagen von Arbeitslöhnen und Arbeitsstücken usw.) mit Eifer und Fleiß widmen wollte. Er würde als Gehilfe des Betriebsleiters sich bald die nötige Einsicht und Erfahrung erworben haben, um einen kleinen Betrieb selbständig zu leiten, und so schon früh zu einer einflußreicheren und einträglicheren Stellung gelangen, als wenn er im technischen Bureau am Zeichentische hockt. An unseren technischen Schulen sollte man nicht allein die Ausbildung von Kraft- und Hebemaschinen-Konstrukteuren und von Betriebsleitern von Kraftwerken ins Auge fassen, sondern auch Lehrgänge für Fabrikations-Ingenieure und -Techniker einrichten.

Wenn auch dieses Buch nicht bestimmt ist, zu zeigen, was der Fabrikations-Techniker wissen muß, denn dazu bringt es zu wenig, so möge es doch an seinem Teile dazu beitragen, die Kenntnis der Maschinenfabrikation zu fördern. Wie jedes Menschenwerk, wird es nicht frei von Fehlern und Mängeln sein. Darum bitte ich um nachsichtige Beurteilung.

Köln, im Januar 1908.

Karl Meyer.

Vorwort zur dritten Auflage.

Während die zweite Auflage dieses Buches nur wenige Veränderungen gegen die erste aufwies, habe ich die dritte Auflage gemäß den preußischen Unterrichtsvorschriften von 1910 teilweise umgearbeitet. Diese Vorschriften legen bei den Werkzeugmaschinen mit Recht den Hauptwert auf die Bearbeitung der Arbeitsstücke und die Einrichtung der dazu nötigen Vorrichtungen. Erst in zweiter Linie kommt nach ihnen die sonstige Einrichtung der Werkzeugmaschinen. Ich habe daher im allgemeinen Teile alle Werkzeuge zusammengefaßt und einen neuen Abschnitt über Aufspannvorrichtungen hinzugefügt. Den Verlauf aller Arbeiten an bestimmten Werkstücken habe ich indessen nicht behandelt, weil er in ein besonderes Buch über Fabrikation gehört.

Zur Kürzung oder gar Fortlassung des Kapitels über die Mechanismen der Werkzeugmaschinen konnte ich mich aus mehreren Gründen nicht entschließen. Erstens ist die Ansicht irrig, daß die Einzelheiten einer Werkzeugmaschine für das Arbeiten mit ihr gleichgültig seien. So z. B. ist es für das schnelle Einstellen einer Werkzeugmaschine durchaus nicht gleichgültig, ob dieselbe Zahnstange und Rad oder Schraubenspindel und Mutter als Schaltmechanismus besitzt, falls dieser von Hand bewegt werden muß. Mindestens macht der Betriebstechniker Fehler bei der Anschaffung von Werkzeugmaschinen, wenn er ihre Einzelheiten nicht kennt, wie ich in meiner eignen Ingenieurpraxis erfahren habe. Zweitens lernt der Schüler eine Reihe von Mechanismen kennen, welche auch sonst im Maschinenbau Verwendung finden, wenn auch in anderer Gestalt. Da unsere technischen Mittelschulen keine Getriebelehre oder Kinematik als besonderen Unterrichtsgegenstand haben, würde die Fortlassung der Mechanismen auch in dieser Beziehung eine fühlbare Lücke ergeben. Endlich wenden sich viele Schüler der technischen Mittelschulen mit Recht dem Werkzeugmaschinenbaue zu. Diesen ist es doch gewiß recht nützlich, wenn sie schon einige Kenntnisse über den Aufbau der Werkzeugmaschinen mitbringen.

Dem Abschnitte über Elektrostahlöfen habe ich einige Abbildungen der gebräuchlichsten Öfen beigefügt.

Außer den schon früher angeführten Quellen wurden von mir noch benutzt:

Askenasy, Technische Elektrochemie. I. Elektrothermie.
Die Zeitschrift „Werkstattstechnik".

Köln, im November 1913.

Karl Meyer.

Vorwort zur fünften Auflage.

Wegen der plötzlichen starken Nachfrage mußte im vorigen Jahre die vierte Auflage dieses Buches schnell beschafft werden. Daher war sie im wesentlichen nur ein Abdruck der dritten Auflage. Diesmal habe ich die immer wichtiger werdende autogene Schweißung und das autogene Schneiden in das Buch aufgenommen, wobei ich die Schriften von Kautny, Hufschmidt und Kagerer benützt habe. Auch die elektrischen Schweißverfahren wurden berücksichtigt und die Berechnung eines Stufenscheibenantriebes durchgeführt.

Möge das Buch auch diesmal zu seinen alten Freunden neue gewinnen.

Köln, im Juni 1920.

Karl Meyer.

Inhaltsverzeichnis.

Zweiter Abschnitt.

Die Herstellung der Gußstücke

oder

die Verarbeitung der Metalle auf Grund ihrer Schmelzbarkeit.

Dritter Abschnitt.

Die Herstellung der Schmiedestücke
und die sonstige Verarbeitung der Metalle auf Grund ihrer Dehnbarkeit.

Vierter Abschnitt.

Die Bearbeitung der Guß- und Schmiedestücke
sowie des Holzes auf Grund ihrer Teilbarkeit
und die Werkzeugmaschinen.

Einleitung.

Unter Technologie versteht man die Lehre von den Mitteln und Verfahrungsarten zur Umwandlung roher Naturprodukte in Gebrauchsgegenstände für den Menschen. Diese Umwandlung kann entweder durch Änderung der äußeren Form oder Gestalt oder durch Änderung des inneren Wesens des Rohstoffes erfolgen. Demnach läßt sich die Technologie in die mechanische und in die chemische Technologie einteilen.

Die mechanische Technologie läßt sich nach dem verwendeten Rohmateriale weiter einteilen in: die Verarbeitung der Metalle, des Holzes, der Faserstoffe (Textilstoffe), der Steine und Erden (Keramik), der Körnerstoffe, des Papiers, des Leders usw. Die chemische Technologie dagegen zerfällt in: die Lehre von der Darstellung der Metalle (Hüttenkunde), der Anilinfarben, der Soda, der Schwefelsäure, der Sprengstoffe usw. Hier bildet also die fertige Ware, nicht der Rohstoff den Einteilungsgrund. Manche Fabrikationen fallen zum Teil in die chemische, zum andern Teil in die mechanische Technologie. So ist z. B. in der Glasfabrikation die Entstehung des Glases durch Zusammenschmelzen von Sand und Kalk oder Soda oder Pottasche chemischer, dagegen die Herstellung von Gefäßen, Platten usw. aus dem Glase mechanischer Natur. Betrachtet man die Herstellung von Gebrauchsgegenständen vom rohen Naturprodukt an, so findet man meistens, daß chemische und mechanische Verfahren bei der Bearbeitung miteinander abwechseln. So dienen z. B. zur Aufbereitung der Erze meist mechanische, zur Darstellung der Metalle chemische und zur weiteren Verarbeitung derselben hauptsächlich mechanische Verfahren.

Die Technologie kann nun entweder die Herstellung von bestimmten Gebrauchsgegenständen vom Rohmaterial bis zur fertigen Ware beschreiben oder die gleichen Mittel und Verfahrungsarten, welche zur Herstellung der verschiedensten Gegenstände dienen, zusammenfassend betrachten. Den ersten Weg schlägt die spezielle, den zweiten die allgemeine Technologie (vergleichende Technologie) ein.

In diesem Buche soll nicht das ganze Gebiet der Technologie, sondern es sollen nur die Teile derselben behandelt werden, welche für den Maschinenbau die wichtigsten sind. Dies sind: die Darstellung und die Eigenschaften der Metalle und sonstigen Maschinenbau- und Betriebsmaterialien und die mechanische Verarbeitung der Metalle sowie die des Holzes.

Die Verarbeitung der Metalle durch Formänderung kann erfolgen:

1. durch Schmelzen und Gießen in Formen,
2. durch gegenseitige Verschiebung der einzelnen Teilchen eines Körpers durch Schlag, Druck oder Zug (Schmieden, Walzen, Ziehen usw.),
3. durch Teilung eines oder Zusammenfügung verschiedener Metallkörper.

Die Verarbeitung des Holzes kann mechanisch nur auf zweierlei Weise geschehen:

1. durch gegenseitige Verschiebung der einzelnen Teilchen eines Holzkörpers, besonders durch Biegung desselben. Diese Verarbeitung ist nicht sehr ausgedehnt. Sie beschränkt sich auf Faßdauben, Wiener Stühle, Schiffsplanken usw.,
2. durch Teilung eines oder Zusammenfügung verschiedener Holzkörper.

Als Grundlage für die Einteilung des vorliegenden Buches soll der Gang der Fabrikation in einer Maschinenfabrik dienen.

Ausgehend von dem Rohmateriale, erfolgt hier zuerst das Gießen und Schmieden und dann die weitere Bearbeitung der metallenen oder hölzernen Maschinenteile auf Grund ihrer Teilbarkeit. Demgemäß zerfällt dies Buch in folgende vier Abschnitte:

I. Materialienkunde oder Darstellung und Eigenschaften der Maschinenbau- und Betriebsmaterialien.
II. Die Herstellung der Gußstücke oder die Verarbeitung der Metalle auf Grund ihrer Schmelzbarkeit.
III. Die Herstellung der Schmiedestücke und die sonstige Verarbeitung der Metalle auf Grund ihrer Dehnbarkeit.
IV. Die Bearbeitung der Guß- und Schmiedestücke sowie die des Holzes auf Grund ihrer Teilbarkeit.

Materialienkunde

oder

Darstellung und Eigenschaften der Maschinenbau- und Betriebsmaterialien.

1. Das Eisen.

Das technisch verwendete Eisen ist kein Element, sondern eine Legierung des Elementes Eisen mit Kohlenstoff und anderen Elementen. Durch die verschiedene Menge des Kohlenstoffs und der anderen Elemente im Eisen entstehen die verschiedenen Eisensorten.

Nur in sehr geringen Mengen kommt das Eisen, und zwar als Meteoreisen mit Nickel legiert, gediegen auf der Erde vor. Es wird daher stets aus seinen Erzen dargestellt. In der Regel wird aus diesen Erzen zunächst das Roheisen hergestellt.

Die Darstellung des Roheisens.

Dieselbe erfolgt im Hochofen, und die dazu erforderlichen Rohstoffe sind: Erze, Zuschläge, Brennmaterial und Wind.

Die Erze.

Die wichtigsten Eisenerze sind:

1. Der Magneteisenstein, Eisenoxyduloxyd, $Fe_3O_4(FeO + Fe_2O_3)$ ein in der Regel sehr reines und reiches Erz, welches in Deutschland wenig gefunden wird. In großen Mengen kommt es dagegen in Mittel- und Nordschweden vor, von wo es in Deutschland eingeführt wird.

2. Der Roteisenstein. Er ist wasserfreies Eisenoxyd, Fe_2O_3, und wird in Bergwerken an der Sieg, Lahn und Dill gewonnen. Ferner kommt er in Spanien und Nordafrika vor, von wo er in erheblichen Mengen in Deutschland eingeführt wird.

3. Das verbreitetste Eisenerz, der Brauneisenstein, ist wasserhaltiges Eisenoxyd, $Fe_4H_6O_9(2\,Fe_2O_3 + 3\,H_2O)$, welches teils durch Verwitterung aus dem Eisenspat (Spateisenstein) oder aus Schwefelkies entstanden, teils aus eisenhaltigen Gewässern niedergeschlagen ist (Minette und Rasenerz). Der aus Gewässern niedergeschlagene Braun-

eisenstein hat einen hohen Phosphorgehalt. Er gehörte daher bis zu den 80er Jahren des vorigen Jahrhunderts zu den schlechtesten Eisenerzen. Seit aber durch das Thomasverfahren phosphorreiches Roheisen in das reinste Schmiedeeisen verwandelt werden kann, ist sein Wert so sehr gestiegen, daß er heute zu den unentbehrlichsten Rohstoffen unserer Eisenhütten zählt. Da die Vorräte an Rasenerz in der norddeutschen und holländischen Tiefebene fast aufgebraucht sind, so sind unsere Eisenhütten in dieser Beziehung fast ausschließlich auf die großen Vorräte Luxemburgs und Lothringens an Minette angewiesen.

4. Der Spateisenstein, kohlensaures Eisenoxydul, $FeCO_3$, ein Erz, auf dessen vorzügliche Eigenschaften der Jahrhunderte, ja Jahrtausende alte Ruf des Siegerlandes und der Steiermark (Abbau durch die Römer) sich gründet. An anderen Stellen kommt er nur in unerheblichen Mengen in Deutschland vor.

Innige Gemenge von Spateisenstein mit Ton und kohligen Stoffen treten an verschiedenen Punkten, besonders im Steinkohlengebirge bei Zwickau und an der Ruhr auf. Sie werden als Toneisenstein, Sphärosiderit und Kohleneisenstein (Blackband) bezeichnet.

Nicht zu den Erzen, wohl aber zu den eisenhaltigen Rohstoffen des Hochofenbetriebes sind noch einige Erzeugnisse von Hütten- und anderen Betrieben zu rechnen, wie die Puddel- und Schweißschlacken, der Walzensinter, der Hammerschlag, Birnenauswürfe, die Kiesabkrände (das sind Rückstände von der Schwefelsäuredarstellung und Kupfergewinnung aus Schwefelkies) und die Rückstände von der Teerfarbenerzeugung.

Die in der Natur vorkommenden Eisenverbindungen, Mineralien, sind nie rein, sondern stets mit erdigen Stoffen, den Gangarten, vermischt. Wird die Menge der Gangarten so groß, daß der Eisengehalt des Minerals unter 25—30% sinkt, so kann man das Mineral nicht mehr lohnend auf Eisen verarbeiten. Es ist dann kein Eisenerz mehr.

Die Mehrzahl der eben besprochenen Erze wird in dem Zustande verschmolzen, in dem sie der Bergbau liefert. Eine Aufbereitung, d. h. eine mechanische Scheidung der Erze von ihren Gangarten ist in der Regel zu teuer. Anders ist es dagegen mit dem Rösten, welchem der größte Teil des Spateisensteins und seiner Abarten unterworfen wird, um die Kohlensäure auszutreiben, und der Brikettierung mulmiger Erze. Das Rösten ist ein Glühen der Erze bei Luftzutritt und erfolgt in Schachtöfen, wie das Kalkbrennen. Aus dem Spateisenstein entsteht beim Rösten nach dem Entweichen der Kohlensäure durch Aufnahme von Sauerstoff Eisenoxyduloxyd, welches sich im Hochofen leichter reduzieren läßt und etwa 30% weniger wiegt als der Spateisenstein. Der Gewichtsverminderung entspricht beim Versand eine gleichhohe Frachtersparnis.

Die Brikettierung mulmiger, d. h. erdiger Erze erfolgt erst in der neuesten Zeit, um das Wegblasen dieser Erze durch den Gebläsewind zu verhindern und gleichzeitig dem Gebläsewinde besseren Durchgang durch die Schmelzsäule im Hochofen zu verschaffen.

Die Zuschläge.

Die Gangarten der Erze und die Asche des Brennstoffs würden in der Regel für sich allein im Hochofen gar nicht oder nur schwer schmelzen, daher mit der Zeit den Ofen verstopfen und den Betrieb zum Stillstande bringen. Man setzt darum den Erzen Zuschläge zu, welche mit den erwähnten Stoffen leichter schmelzbare Verbindungen, Schlacken, bilden, die flüssig aus dem Hochofen herausfließen. Am liebsten wählt man sehr reine Kalksteine, weniger gern Dolomit, ein Gemenge von Kalzium- und Magnesiumkarbonat, benutzt aber auch sog. Eisenkalke als Zuschläge.

Die Brennstoffe.

Als Brennstoff diente im Hochofen früher allgemein Holzkohle, jetzt in der Regel Koks. Holzkohle entsteht aus Holz und Koks aus Steinkohle durch Brennen bei beschränktem Luftzutritt oder Glühen unter Luftabschluß. In beiden Fällen werden gasförmige Bestandteile ausgetrieben, so daß, abgesehen von Asche, fast reiner Kohlenstoff zurückbleibt.

Die Holzkohle wird in waldreichen Gegenden in Meilern hergestellt. Sie wird wegen ihrer Reinheit zum Hochofenbetriebe bevorzugt, aber nur noch vereinzelt in waldreichen Gegenden benutzt, weil sie anderswo zu teuer ist. Wollte man heute alle Hochöfen mit Holzkohle betreiben, so würden die Wälder aller Kulturländer in kurzer Zeit aufgebraucht sein.

Während man für den Hüttenbetrieb brauchbare Holzkohlen nur aus dicken Holzstücken herstellen kann, wird Koks aus Feinkohle dargestellt. Die Kohle muß aber sog. Backkohle sein, deren Teilchen in der Hitze zu großen, festen und klingenden Stücken gleichsam zusammenschmelzen. Gute Kokskohlen gibt es nicht in allen Kohlenbezirken. In Deutschland findet man große Mengen guter Backkohlen im rheinisch-westfälischen Kohlenbecken. Der dort erzeugte Koks ist ebenso gut als der englische. Die Koksbereitung erfolgt in Koksöfen, welche durch die bei der Verkokung aus den Steinkohlen entweichenden Gase geheizt werden. Man legt die Koksöfen in langen Reihen an, so daß die Gase entwickelnden Öfen die anderen Öfen heizen. Viele Koksöfen sind so eingerichtet, daß den Gasen vor ihrer Verbrennung Ammoniak und Teer entzogen werden. Der Teer dient den Farbenfabriken zur Herstellung der Anilinfarben und zur Darstellung von Teeröl.

Rohe Steinkohlen können im Hochofen nur dann verwendet werden, wenn sie genügend fest sind, um den großen Druck der Beschickungssäule auszuhalten, und wenn sie nicht backen. Solche Steinkohlen sind selten. Backende Steinkohlen würden den Ofeninhalt in eine für den Wind undurchdringliche Masse verwandeln. Zerdrückte

Steinkohlen würden ebenfalls den Wind nicht genügend durchlassen. In Oberschlesien gibt es Steinkohlen, die im Gemenge mit Koks, in Schottland und Nordamerika solche, die für sich allein zum Betriebe von Hochöfen verwendet werden. In den meisten Eisenhüttenbezirken wird aber nur mit Koks geschmolzen.

Der Wind.

Zur Verbrennung der Brennstoffe im Hochofen ist Luft, und zwar in außerordentlich großer Menge, erforderlich. Nach Beckert[1]) würde z. B. ein Hochofen, welcher mit 135 t Koks täglich (in 24 Stunden)

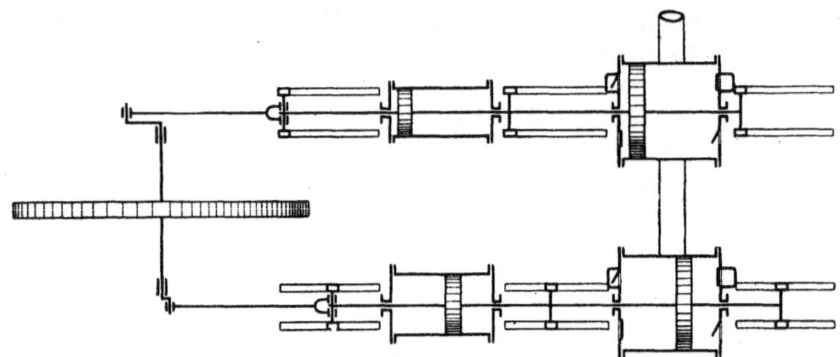

Fig. 1. Gebläsemaschine.

150 t Roheisen erzeugt und 48% aus dem Erz- und Kalksteingemische ausbringt, 135 + 310 = 445 t feste Stoffe, aber 575 t Luft verbrauchen. Diese Luftmenge kann nicht durch den natürlichen Luftzug in den Hochofen gelangen, sondern muß durch besondere Maschinen, Gebläse, in den Ofen hineingedrückt, eingeblasen werden. Die Verbrennungsluft wird daher hüttenmännisch Wind genannt. Als Gebläse benutzt man Zylindergebläse. Das sind große, durch vielhundertpferdige Dampfmaschinen oder in der neuesten Zeit auch durch Gasmaschinen direkt angetriebene Luftpumpen. Fig. 1 zeigt in schematischer Darstellung im Grundrisse eine liegende Gebläsemaschine. Die Maschine hat 2 Luftzylinder, deren Kolben durch eine Verbunddampfmaschine getrieben werden. Das Gebläse drückt die Luft soviel zusammen, daß der Wind eine Spannung von 0,2—1 kg/qcm erhält. Diese Spannung ist erforderlich, damit der Wind die den 10 bis 20 und mehr Meter hohen Ofenraum erfüllenden Schmelzmassen aufsteigend durchdringen kann.

Früher blies man mit Wind von gewöhnlicher Temperatur, mit kaltem Winde. Seitdem in den dreißiger Jahren des vorigen Jahrhunderts in den Gichtgasen ein billiger Brennstoff gefunden wurde, bläst man dagegen fast nur noch mit erhitztem Winde. Die Erhitzung des Windes erfolgt in besonderen Öfen, den Winderhitzern. Die Wind-

---

[1]) Eisenhüttenwesen vom Vereine deutscher Eisenhüttenleute, 5. Aufl., S. 9.

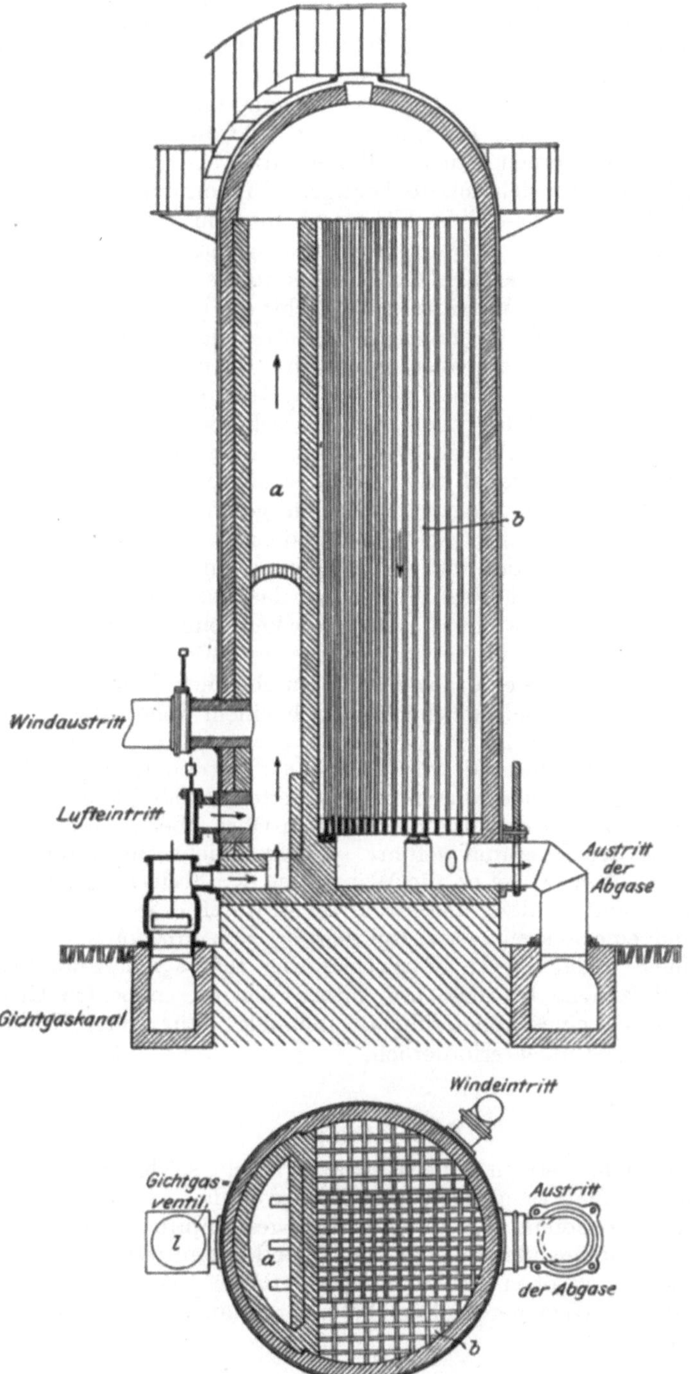

Fig. 2. Winderhitzer.

erhitzer bestanden anfangs aus Eisen. Da jedoch eiserne Apparate bei starker Winderhitzung, welche sich als vorteilhaft ergab, nicht genügend dauerhaft sind, ist man zur Anwendung steinerner Winderhitzer übergegangen. Jetzt werden in Deutschland fast nur steinerne Winderhitzer nach Cowper angewendet. Die früher neben den Cowper-Öfen angewendeten, ebenfalls steinernen Whitwell-Winderhitzer sind ganz verdrängt.

Äußerlich stellen sich unsere heutigen Winderhitzer als Zylinder aus Kesselblech von 15—30 m Höhe und 6—8 m Durchmesser dar. Im Innern sind sie mit feuerfesten Steinen ausgemauert. Der in Fig. 2 dargestellte Winderhitzer nach Cowper besitzt einen von unten bis zur Kuppel reichenden Verbrennungsschacht a. Der übrige Raum b ist mit zahlreichen, auf einem eisernen Roste oder steinernen Bögen ruhenden, dünnen Wänden ausgemauert oder mit Formsteinen ausgesetzt, so daß zwischen diesen eine große Zahl quadratischer, sechsseitiger, rechteckiger oder auch runder, schornsteinartiger Röhren gebildet wird, deren Zahl bis zu 500 beträgt (in der Figur viel weniger).

Aus dem Gichtgaskanal tritt nun der Brennstoff, in der Regel Gichtgas, seltener Koksofengas, durch ein geöffnetes Ventil in den Winderhitzer, und zwar durch mehrere (Bodenschlitze) zunächst in den Verbrennungsraum a. Hier tritt durch einen geöffneten Stutzen die zur Verbrennung nötige Luft hinzu. Nachdem das Gas, im Verbrennungsraume aufsteigend, verbrannt ist, fallen die Verbrennungsprodukte, wie der Pfeil in Fig. 2 anzeigt, in den zahlreichen Röhren herunter, ihre Wärme dabei an die Steine abgebend. Durch einen Krümmer treten sie dann in einen Kanal, welcher sie nach einem Schornsteine führt.

Haben die Wände des Ofens in einer gewissen Zeit, z. B. in zwei Stunden, einen Wärmegrad von 900—1000° erreicht, so wird der Gasstrom abgesperrt und durch einen zweiten Winderhitzer geleitet. Der Gebläsewind wird nun durch den ersten Ofen, aber in umgekehrter Richtung wie der Gasstrom geführt. Er durchzieht zuerst die Heizröhren b nach oben, wobei er, die Wärme aus den Steinen aufnehmend, sich auf 700—800° erhitzt, und strömt dann durch den Verbrennungsraum a und eine ausgemauerte Rohrleitung zum Hochofen.

In einem Winderhitzer bringt man bis 1000 t feuerfeste Steine mit einer Heizfläche bis 4800 qm unter. Von diesen beiden Größen ist die Leistung eines Winderhitzers abhängig. Für einen Hochofen sind 3—5 Winderhitzer erforderlich.

Der Hochofen.

Der Hochofen ist ein Schachtofen, d. h. ein solcher Ofen, dessen größtes inneres Maß seine Höhe ist. Die gewöhnliche Form des Innenraumes eines Hochofens wird durch zwei abgestumpfte, mit den großen Grundflächen aufeinanderstoßende Kegel gebildet, an welche sich unten und zuweilen auch oben ein zylindrischer Raum anschließt. Die einzelnen Teile des Hochofens führen besondere Namen, welche in Fig. 3 eingetragen sind.

Das Gestell ist ein Zylinder von 2—4 m Weite und etwa der gleichen Höhe. In dasselbe münden etwa 1,5 m über dem Boden die Windeintrittsrohre oder Formen. Eine durch die Mitte dieser Formen gedachte Ebene, die Formenebene, teilt das Gestell in das Untergestell (Eisenkasten), d. i. der Sammelraum für die flüssigen Erzeugnisse des Ofens, wie Roheisen und Schlacke, und in das Obergestell, in welchem der Koks verbrennt und das Schmelzen stattfindet.

Die Rast ist ein sich nach oben auf 6—8 m erweiternder, abgestumpfter Kegel, welcher unten den Durchmesser des Gestells hat.

Der Schacht ist ebenfalls ein abgestumpfter Kegel, welcher sich nach oben hin auf etwa $^2/_3$ seines unteren Durchmessers, des oberen Rastdurchmessers, verjüngt. Der Schacht nimmt etwa $^6/_{10}$ der ganzen Ofenhöhe in Anspruch.

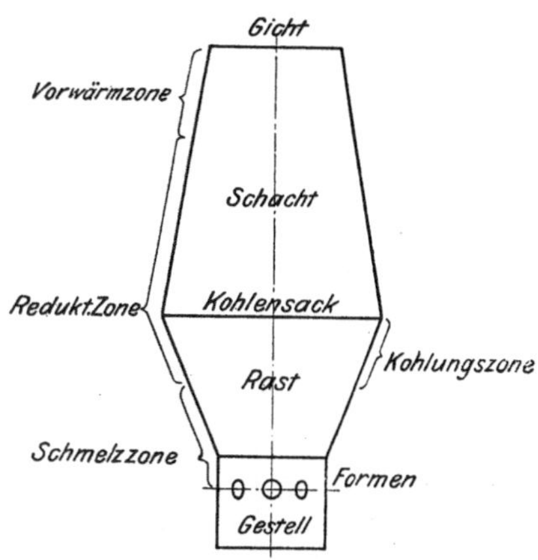

Fig. 3. Hochofenteile.

Da, wo Rast und Schacht zusammenstoßen, befindet sich die weiteste Stelle des Ofens, der Kohlensack. Die obere Öffnung des Schachtes heißt Gicht.

In früherer Zeit blieb die Gicht offen, und es brannte aus ihr fortwährend eine große Flamme, die Gichtflamme, wodurch nicht nur die Bedienungsmannschaft belästigt wurde, sondern auch ein großer Verlust an Brennmaterial entstand. Heute schließt man die Gicht mit Vorrichtungen, welche den Zweck haben, die Gichtgase aufzufangen und abzuleiten, aber auch gestatten, den Ofen zu beschicken, und die Beschickung in bestimmter Weise zu lagern. Diese Vorrichtungen heißen Gasfänge. Der in Fig. 4 dargestellte Hochofen hat einen doppelten Gichtverschluß. Zur Beschickung des Ofens wird zunächst die große äußere Glocke gehoben, wodurch der Trichter zum Einkippen der Beschickung frei wird. Nachdem durch Senken der äußeren Glocke die Gicht wieder geschlossen ist, wird die innere Glocke gehoben. Jetzt rutscht die Beschickung aus dem Trichter in den Ofen hinab. Das Rohr in der Mitte des Verschlusses dient zum Auffangen und Ableiten der Gichtgase. Es führt erst aufwärts und dann abwärts nach dem in Fig. 4 ebenfalls dargestellten Gasreiniger, von welchem aus es zu den Winderhitzern geleitet wird. Beide Verschlußglocken tauchen am Umfange des Gasrohres in mit Wasser gefüllte Rinnen, um einen gasdichten Abschluß der Gicht zu erreichen.

Die Wände des Hochofens bestehen aus feuerfesten Steinen, und zwar entweder aus den besten Schamottesteinen oder aus Kokssteinen.

Die Steine, aus denen die Wände der metallurgischen Öfen hergestellt werden, haben nicht nur den in solchen Öfen herrschenden hohen Hitzegraden, sondern auch den chemischen Einflüssen der schmelzen-

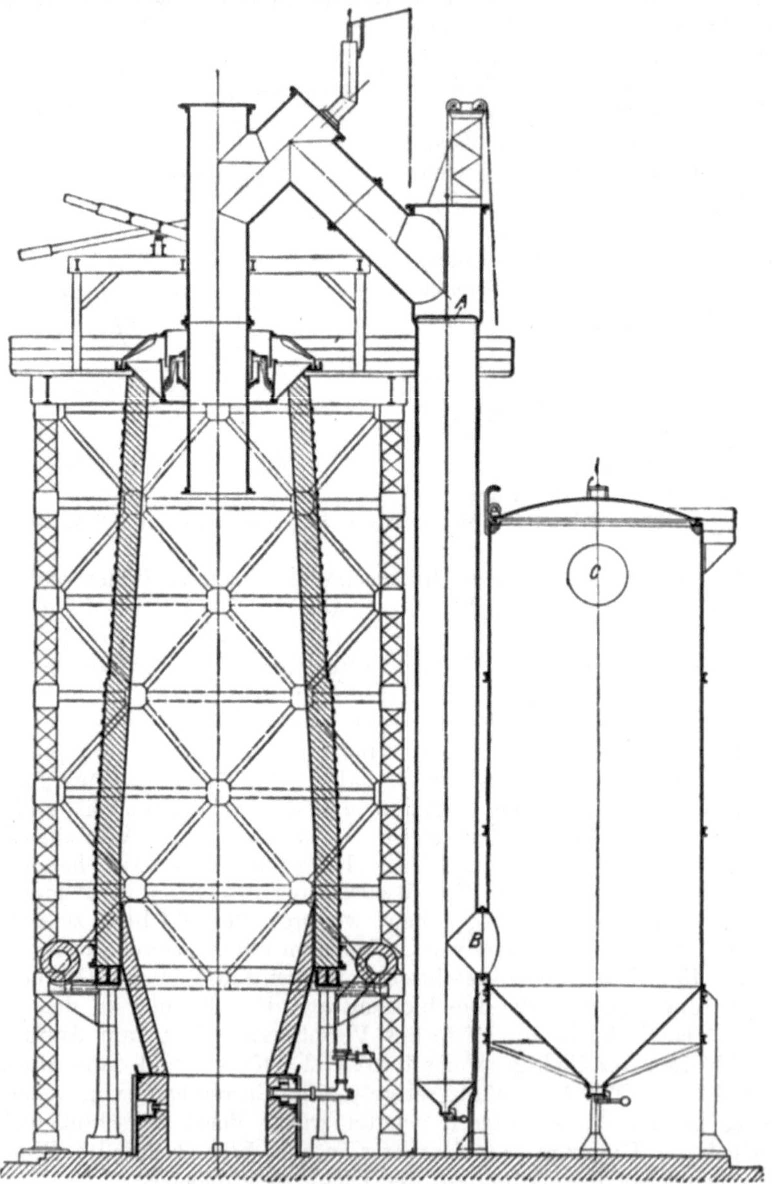

Fig. 4. Hochofen und Gasreiniger der Siegen-Lothringer Werke vormals H. Fölzer Söhne (nach Fröhlich).

den Massen und sich neu bildenden Verbindungen zu widerstehen. Da die chemischen Einflüsse bei verschiedenen Hüttenprozessen verschieden sind, so kann auch nicht derselbe Stein für alle Öfen gleich haltbar sein. Schamottesteine werden aus feuerfestem Ton gebrannt. In der großen Hitze eines Hochofens widerstehen sie der auflösenden Einwirkung der Schlacke nur kurze Zeit, wenn sie nicht gekühlt werden. Die Kühlung erfolgt durch Luft oder energischer durch Wasser. Darum sind die Wände der heißen Teile des Hochofens, des Gestells und der Rast, mit Kühlkästen gespickt, in denen Wasser umläuft. Kokssteine sind nicht nur völlig unschmelzbar, sondern werden auch außer vom Eisen in der Hochofenwand chemisch nicht angegriffen. In der neuesten Zeit werden Gestell und Rast in vielen Fällen aus solchen Steinen hergestellt, wodurch die Wasserkühlung dieser Teile entbehrlich wird.

Für den Schacht des Hochofens genügt Luftkühlung. Früher umgab man den ganzen Ofen mit einem Rauhgemäuer, weil man schädliche Wärmeverluste fürchtete. Jetzt hat man sich überzeugt, daß eine Abkühlung des Schachtes dem Betriebe nicht schädlich ist, aber die Haltbarkeit desselben sehr erhöht. Darum läßt man schon lange das Rauhgemäuer fort und macht die Schachtwand möglichst dünn, etwa 0,6—0,8 m, wogegen die Gestellwände aus Schamottesteinen 0,8—1 m dick zu sein pflegen. In der neusten Zeit hat man versuchsweise den Schacht aus Eisen hergestellt, welches innen mit dünnen feuerfesten Steinen bekleidet ist und durch Wasser gekühlt wird. Der Versuch ist erfolgreich gewesen. Der eiserne Schacht hat daher Aussicht auf Einführung.

Seitdem die Hochöfen kein Rauhgemäuer mehr besitzen, welches Schacht, Rast und Gestell vor dem Auseinandertreiben durch die Hitze und den Druck der Schmelzmassen schützte, muß man den Ofen auf andere Weise zusammenhalten. Zuerst umgab man zu diesem Zwecke den Schacht mit einem Blechmantel und Rast und Gestell mit eisernen Bändern. Heute läßt man den Blechmantel in der Regel fort und hält auch den Schacht mit eisernen Bändern zusammen.

Ein solcher Ofenschacht ist nicht mehr imstande, das Gewicht der eisernen Gichtbühne mit den darauf transportierten Schmelzmassen und das Gewicht der Gichtverschlüsse und Gasleitungen zu tragen. Der Hochofen ist daher von einer Eisenkonstruktion umgeben, welche alle diese Teile trägt und in Fig. 4 abgebildet ist.

Der Ofenschacht ruht seinerseits nicht auf der Rast, sondern wird, wie in Fig. 4, von 6—8 gußeisernen Säulen unterstützt oder von Konsolen getragen, welche an den Ständern der Eisenkonstruktion angebracht sind. Von meist an den Säulen angebrachten Konsolen wird auch die um den Ofen führende Windleitung mit ihren Zweigleitungen nach den Formen, den Düsenstöcken, getragen.

Die Düsenstöcke sind, wie die übrigen Heißwindleitungen, ausgemauert, damit der Wind möglichst wenig Wärme verliert. Die Enden der Düsenstöcke stecken in den Formen (Fig. 5), welche teilweise in

den Ofen hineinragen. Die Formen bestehen aus Bronze (Phosphorbronze) oder aus Kupfer. Sie müssen stark mit Wasser gekühlt werden,
um sie vor dem Verbrennen zu schützen. Darum werden dieselben
doppelwandig hergestellt. Der Zwischenraum zwischen den beiden
Wänden wird vom Kühlwasser durchströmt.

Ein oder mehrere zu einem Betriebe vereinigte Hochöfen gebrauchen in der Regel einen Gichtaufzug, um den in kleine Wagen

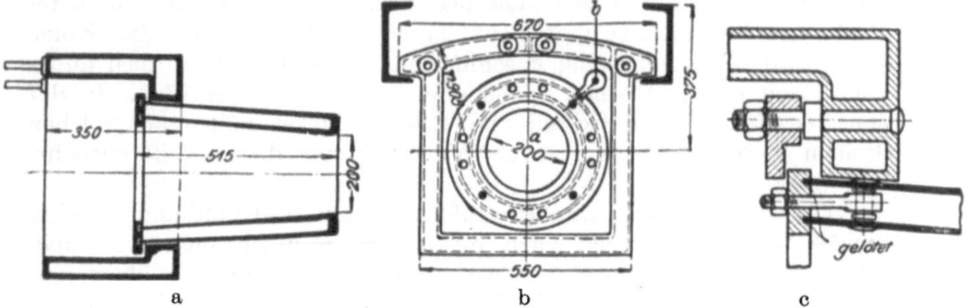

a   b   c

Fig. 5. Windform (nach Fröhlich).

geladenen Möller und den ebenso verladenen Koks von der Hütten-
sohle auf die Gichtbühne zu heben. Dieser Aufzug ist in einem eisernen
Gerüst untergebracht, welches neben oder zwischen den Hochöfen
steht und oben durch Brücken mit den Gichtbühnen der Öfen verbunden ist.

Der Hochofenbetrieb.

Wenn das Hochofenwerk in der Lage ist, verschiedene Erze billig
beziehen zu können, so berechnet der Hüttenmann nach den chemischen Analysen der Erze das Gemisch derselben so, daß möglichst wenig
Kalkstein als Zuschlag erforderlich wird. Selten sind die Verhältnisse
so günstig, daß man die Erze ohne Zuschläge verhütten kann.

Die Herstellung des Erz- und Kalksteingemisches, das Möllern,
geschieht entweder in besonderen Räumen oder im Hochofen oder in
den Wagen. Das erste Verfahren wird angewendet, wenn man viele
verschiedene Erze zu mengen hat. Die einzelnen Rohstoffe werden
in den vom Betriebsleiter angegebenen Mengen in kleine Wagen geladen und in bestimmter Reihenfolge in hierfür vorgesehene Räume
ausgestürzt. Nach der Füllung eines solchen Raumes wird sein Inhalt
wieder in Wagen geladen, welche gewogen, auf die Gicht des Hochofens gehoben und in bestimmter Zahl in den Ofen ausgestürzt werden.
Hat man es mit sehr wenigen Erzen zu tun, so kann das zweite Verfahren angewendet werden. Die Wagen werden bei diesem an den
Vorratshaufen gefüllt und direkt an die Gicht gebracht. Hier werden
von jeder Erzsorte eine bestimmte Anzahl Wagen in den Ofen ausgestürzt. Nach dem dritten Verfahren werden die Erze in Taschen
(Schütttrümpfen) gesammelt, jedes Erz in einer besonderen Tasche.
Man läßt nun aus jeder Tasche in jeden Wagen so viel Erz hinein, daß ein

brauchbares Erzgemisch entsteht. Das dritte Verfahren ist erst im letzten Jahrzehnt von einigen Werken, aber mit großem Erfolge ausgeführt.

Man nennt die ganze auf einmal in den Ofen gebrachte Menge Möller (6000—10 000 kg) eine Gicht. Jeder Erzgicht geht eine Koksgicht 2000—4000 kg) voraus, und so wechseln beide, welche zusammen die Beschickung bilden, jahrelang Tag und Nacht, solange der Ofen im Betriebe ist. In dem Maße, als im Obergestelle und der Rast der Koks verbrennt und Eisen und Schlacke aus ihnen abfließen, rückt die Beschickung im Hochofen abwärts, unterliegt auf diesem Wege chemischen Veränderungen und tritt unten als Eisen und Schlacke wieder aus dem Ofen. Der Gicht entströmt fortwährend ein Gas, das Gichtgas, welches sich aus dem Koks durch Verbrennen mit der eingeblasenen Luft gebildet und durch die Berührung mit den Erzen chemisch verändert hat. Weil dieses Gas brennbar ist, wird es durch den Gasfang aufgefangen, in Röhren zu den Winderhitzern und nach Dampfkesseln oder Gasmotoren geleitet, um dort verbrannt zu werden. Auf diesem Wege durchströmt das Gas ein dampfkesselartiges Gefäß, den Gasreiniger (in Fig. 4 abgebildet), um es vom Staube zu befreien. In der neusten Zeit benutzt man das Gichtgas wenig mehr zum Heizen von Dampfkesseln, sondern verbraucht den in den Winderhitzern nicht verwandten Teil in Gasmaschinen, wodurch man mehr mechanische Arbeit gewinnt[1]). Die Arbeit der Dampf- und Gasmaschinen wird in erster Linie zum Betriebe der Gebläsemaschinen und Gichtaufzüge benutzt. Ein gut geleitetes Hochofenwerk hat nun in seinen Gichtgasen nicht nur für seine eigenen Zwecke ausreichenden Brennstoff, sondern kann noch Gas, damit erzeugten Dampf oder in Gasmaschinen gewonnene mechanische Arbeit oder damit erzeugten elektrischen Strom an andere Betriebe abgeben.

Um die im Hochofen stattfindenden chemischen Vorgänge zu übersehen, ist es zweckmäßig, die Rohstoffe auf ihrem Wege durch den Ofen zu verfolgen.

Der Wind gebraucht von allen Rohstoffen die kürzeste Zeit, um seinen Weg durch den Ofen zurückzulegen, nämlich nur einen Bruchteil einer Minute. Diese Zeit ist aber doch ausreichend, um mit ihm selbst und seinen Verbrennungserzeugnissen chemische Veränderungen vorgehen zu lassen.

Der durch die Formen in den Ofen tretende Wind trifft in demselben zunächst auf weißglühenden Koks und verbrennt ihn bei der herrschenden hohen Temperatur zu Kohlenoxyd, dem chemisch wirksamen Gase, welches hauptsächlich die Eisenerze reduziert, d. h. durch Entziehung von Sauerstoff in Eisen verwandelt, wobei es selbst zu Kohlensäure wird. Durch die Bildung des Kohlenoxyds wird genügend Wärme erzeugt, um das entstehende Eisen und die sich gleichzeitig bildende Schlacke zu schmelzen. Der in der zugeführten Luft enthaltene Stickstoff nimmt natürlich mit dem Kohlenoxyde die hohe

---

[1]) In diesem Falle wird das Gichtgas vorher durch Wasser gründlich vom Staube befreit.

im Ofen herrschende Temperatur an. Auf dem Wege zur Gicht geben beide und die bei der Reduktion entstandene Kohlensäure ihre Wärme an die ihnen entgegenrückende Beschickung ab, indem sie diese erhitzen, sich selbst aber auf 180—300° abkühlen.

Das Kohlenoxyd hat nur in Temperaturen unter 1000° die Eigenschaft, sauerstoffhaltigen Körpern, was die Eisenerze sind, den Sauerstoff zu entziehen. In Temperaturen über 1200° zerfällt Kohlensäure in Kohlenoxyd und Sauerstoff; ferner zerfällt Kohlensäure, wenn sie auf glühende Kohlen trifft, indem der freiwerdende Sauerstoff sich mit Kohlenstoff verbindet. Daher kann in den heißesten Teilen des Hochofens nur Kohlenoxyd, keine Kohlensäure bestehen. Ist ferner bei unrichtigem Gange des Hochofens die Temperatur bis in den Schacht hinein sehr hoch, so kann das Kohlenoxyd nur wenig reduzierend wirken und findet sich in größerer Menge in den Gichtgasen, was gleichbedeutend ist mit einer mangelhaften Ausnutzung des Brennmaterials.

Man wird nun denken, der Gicht eines Hochofens müsse bei richtigem Gange desselben ein Gichtgas entströmen, welches aus Stickstoff und Kohlensäure bestünde, also gar nicht brennbar wäre. Dies ist aber unmöglich. Durch die reduzierende Wirkung des Kohlenoxyds bildet sich Kohlensäure, ein oxydierendes Gas, d. h. ein Gas, welches Sauerstoff an andere Körper abgibt. Die Eigenschaften beider miteinander gemischten Gase wirken also in entgegengesetzter Richtung und heben bei bestimmten Mischungsverhältnissen und Wärmegraden einander auf, so daß das Gemisch chemisch wirkungslos wird. Das Gichtgas enthält daher außer Stickstoff und Kohlensäure stets Kohlenoxyd, und zwar umsomehr, je weniger gut der Ofen arbeitet.

Die Beschickung gelangt durch die Gicht in den kältesten Teil des Ofens, wird dort auf die Temperatur des abziehenden Gichtgases erhitzt und verliert dabei ihren Wassergehalt. Das oberste Drittel des Schachtes, in welchem chemische Zersetzungen noch nicht stattfinden, heißt deshalb die Vorwärmzone.

Je weiter die Beschickung nach unten rückt, desto wärmer wird sie. Hat sie eine Temperatur von etwa 400° erreicht, so beginnt die Einwirkung des Kohlenoxyds auf die Eisenerze. Das Eisenoxyd wird zunächst zu Oxyduloxyd, dieses dann in höherer Temperatur (800 bis 900°) zu Eisen reduziert. Der Ofenteil, in welchem dieser Vorgang stattfindet, wird Reduktionszone genannt. Dieselbe umfaßt etwa die unteren zwei Drittel des Schachtes und die obere Hälfte der Rast. In der Mitte dieser Zone zerfallen die Karbonate (ungerösteter Spateisenstein und Kalkstein), indem sie ihre Kohlensäure abgeben, dadurch aber die reduzierende Wirkung des Kohlenoxyds in den höher gelegenen Schichten abschwächen.

Ebenfalls in der Reduktionszone, doch in dem unteren Teil derselben, findet die Kohlung des eben entstandenen Eisens statt. Zwei Moleküle Kohlenoxyd zerlegen sich nämlich in Berührung mit oxydhaltigem Eisen leicht in ein Molekül Kohlensäure und ein Atom Kohlenstoff ($2\,CO = CO_2 + C$). Der letztere scheidet sich fein verteilt auf dem schwammigen Eisen aus und verbindet sich allmählich mit ihm, so das schwer schmelzbare reine Eisen in leicht schmelzbares Roheisen verwandelnd.

Das in der vorigen Zone gebildete Roheisen und die aus den erdigen Bestandteilen der Erze, der Koksasche, den bis dahin noch nicht reduzierten Eisenverbindungen und dem Kalksteine sich bildende Schlacke wird in der nun folgenden Schmelzzone geschmolzen. Die Schmelzzone erstreckt sich über die untere Hälfte der Rast und die obere des Gestells bis zu den Formen.

Je schwerer reduzierbar die Beschickung ist, desto mehr Eisenverbindungen, welche noch reduziert werden müssen, sind in der Schlacke enthalten. Diese Reduktion kann nur durch ein in hohen Hitzegraden wirkendes Reduktionsmittel, durch Kohlenstoff selbst bewirkt werden, welcher als glühender Koks mit der flüssigen Schlacke in Berührung kommt. Man nennt die Reduktion durch Kohle die direkte und die durch Kohlenoxyd die indirekte Reduktion. Die direkte Reduktion ist zwar teurer als die indirekte, weil sie mehr Wärme, also mehr Brennstoff erfordert, sie ist aber nicht zu entbehren, weil ohne dieselbe viel Eisen in die Schlacke ginge. Die direkte Reduktion findet nur in sehr hoher Temperatur, also im Gestelle statt.

Erfolgt die direkte Reduktion nur unvollkommen, so bleiben die Eisenverbindungen zum Teil in der Schlacke und färben diese schwarz. Man sagt: der Ofen hat Rohgang. Rohgang tritt ein, wenn aus irgendwelchen Ursachen der Wärmevorrat im Ofen unter das richtige Maß sinkt. Man beseitigt ihn durch Beseitigung der Ursachen, welche ihn herbeigeführt haben, und durch zeitweilige Aufgabe stärkerer Koksschichten. Der richtige Gang eines Hochofens wird als garer Gang bezeichnet.

Die Erzeugnisse des Hochofens.

Ein Hochofen erzeugt, außer dem schon erwähnten Gichtgase, Roheisen und Schlacke. Die Schlacke fließt, mit kurzer Unterbrechung nach jedem Eisenabstich, während der ganzen Betriebsdauer durch eine etwas niedriger als die Windformen gelegene Öffnung aus dem Ofen ab. Zum Schutze des Mauerwerks füttert man die Schlackenabflußöffnung mit einer durch Wasser gekühlten doppelwandigen Bronzeröhre, der Schlackenform, aus. Man läßt die Schlacke entweder in eiserne Wagen oder in Wasser laufen. In ersteren erstarrt sie zu Blöcken, Klotzschlacke, in letzterem zu einer Art Kies, dem Schlackenkies. Klotzschlacke nimmt weniger Raum ein als Schlackenkies, letzterer läßt sich aber durch Seilbahnen leichter transportieren.

Das Aussehen der garen Schlacke ist glasartig weiß, hellgraubläulich oder grünlich. Sieht sie dunkel aus, so enthält sie noch Eisenverbindungen.

Man verwendet die Hochofenschlacke zur Zementdarstellung, zur Herstellung von Bausteinen, als Schlackenkies zum Unterstopfen des Eisenbahnoberbaues und zur Beschotterung von Straßen. Durch keine dieser Verwendungen ist man aber imstande, alle erzeugte Hochofenschlacke aufzubrauchen; man ist daher leider oft genötigt, Grundstücke anzukaufen, um darauf die Schlacke zu Halden aufzustürzen. In der neusten Zeit werden viele Halden als Bergeversatz, d. h. zum Ausfüllen abgebauter Strecken in Bergwerken aufgebraucht.

Das Roheisen ist das Haupterzeugnis. Seine Herstellung ist ja der Zweck des ganzen Hochofenwerkes. Man sammelt dasselbe so lange im Untergestelle an, bis seine Oberfläche beinahe die Schlackenabfluß-öffnung erreicht. Jetzt öffnet man durch Aufstoßen mit einer Eisenstange ein bis dahin durch Steinbrocken und Ton verschlossenes Loch am Boden des Ofens, das Stichloch, aus welchem nun das Eisen abfließt. Man nennt diese Arbeit das Abstechen des Ofens. Das flüssige Eisen läßt man in Gräben und von da in Sandformen oder in eiserne Gußschalen laufen, worin es zu Masseln erstarrt, oder man sammelt es in ausgemauerten Pfannen, um es noch flüssig dem Stahlwerk zuzuführen.

Das Roheisen enthält mindestens 2,3% Kohlenstoff, schmilzt bei 1075—1275° und läßt sich nicht schmieden. Man unterscheidet zweierlei Roheisen: weißes und graues. Im weißen Roheisen ist sämtlicher Kohlenstoff gelöst (als Härtungskohle). Es ist daher sehr hart und spröde. Seinen Namen hat es von dem silberweißen Bruchaussehen. Weißes Roheisen dient nur zur Umwandlung in schmiedbares Eisen. Dem grauen Roheisen ist der größte Teil des Kohlenstoffs als Graphit mechanisch beigemengt, nur der Rest bleibt als Härtungskohle gelöst. Daher ist es weich und zähe und kann mit Werkzeugen gut bearbeitet werden. Aus diesem Grunde benutzt man es hauptsächlich zur Erzeugung von Gußstücken, zum Teil wird es aber auch in schmiedbares Eisen verwandelt. Die Ausscheidung der Kohle als Graphit wird durch die Anwesenheit von Silizium bewirkt, wovon das Gießereieisen 2,5—3,5% enthält. Die frische Bruchfläche dieses Eisens sieht hellgrau bis dunkelgrau, ja schwarz aus. Die Bruchfläche ist außerdem körnig, fein- oder grobkörnig, und zwar um so grobkörniger und dunkler, je mehr Kohlenstoff als Graphit ausgeschieden ist. Das weiße Roheisen hat dagegen ein strahliges (Weißstrahl) oder blättriges oder spiegelglattes (Spiegeleisen) Bruchaussehen.

Meistens enthält das Roheisen Mangan. Dasselbe wirkt entgegengesetzt wie das Silizium, befördert also die Bildung von weißem Roheisen. Bei größerem Mangangehalt entsteht Spiegeleisen. Ist der Mangangehalt noch größer, so nennt man die Legierung Eisenmangan (Ferromangan). Soll Roheisen trotz der Anwesenheit von Mangan grau werden, so muß mehr Silizium darin sein als sonst. Ein Eisen, welches neben geringen Mengen Kohlenstoff viel (etwa 10% oder mehr) Silizium enthält, heißt Siliziumeisen (Ferrosilizium).

Ein Phosphorgehalt macht das Roheisen dünnflüssig, aber auch spröde und darum kaltbrüchig. Solches Eisen ist zu Kunstguß gut verwendbar. Schwefelhaltiges Roheisen ist dickflüssig, daher zu Kunstguß und dünnwandigen Gußstücken nicht verwendbar. Ferner macht ein Schwefelgehalt das Eisen rotbrüchig, d. h. brüchig in der Rotglut,

Roheisen-Analysen[1]).

Eisensorten	Kohlenstoff %	Silizium %	Mangan %	Phosphor %	Schwefel %	Kupfer %
Graues Roheisen.						
Gießereieisen:						
Rhein.-Westf. Nr. 1 . .	3,87	3,342	0,78	0,533	0,019	0,018
- - 3 . .	3,88	2,572	0,82	0,884	0,022	nicht best.
von der Lahn - 1 . .	3,97	2,746	0,72	0,548	0,020	0,014
Lothringer - 3 . .	3,61	2,7	0,53	**1,83**	0,040	0,059
Hämatiteisen: Rhein.-W. .	3,93	2,987	1,192	**0,083**	0,018	0,024
Weißes Roheisen.						
Puddeleisen:						
Rhein.-W. strahl. Nr. 1 .	3,5	0,2	3,0	0,3	0,06	0,1
Siegener Stahleisen . .	4,0	—	5,0	0,06	0,05	0,3
Luxemburger Nr. 3 . .	3,0	0,4	—	**1,8**	0,3	—
Bessemereisen:						
Georgsmarienhütte Nr. 1	3,89	1,99	3,76	0,13	0,06	0,05
Thomaseisen:						
Rhein.-Westf.	3,8	0,10	2,4	**3,0**	0,05	—
-	3,5	0,46	1,70	**2,50**	0,05	—
Luxemburger	3,8	0,75	1,45	**1,75**	0,075	—
Spiegeleisen: Siegener . .	4,5	0,1	**11**	**0,07**	0,04	0,2
Eisenmangan von Hochfeld	6,35	0,2—2,0	60—65	0,15—0,25	0,005-0,02	0,06—0,09
- England	7,5	1,5	82,5	0,2	—	—
Siliziumeisen - Hochfeld	1,2-1,7	10—12	0,66—2,9	0,086-0,14	0,026	0,05—0,66

doch kommt diese Eigenschaft nur beim schmiedbaren Eisen in schädlicher Weise in Betracht.

Hämatiteisen ist ein aus reinem Roteisenstein (Blutstein oder Hämatit) dargestelltes Eisen, welches sich durch sehr niedrigen Phosphorgehalt auszeichnet und darum sehr geschätzt wird.

Auch nach seiner Verwendung wird das Roheisen benannt. Man unterscheidet danach: Gießerei-, Bessemer-, Thomas-, Puddel- und Stahlroheisen.

Die Darstellung des schmiedbaren Eisens.

Eisenlegierungen, welche 0,04—1,6% Kohlenstoff enthalten, sind schmiedbar, d. h. sie werden in der Hitze so weich, daß sie sich durch Hammerschläge oder Druck in fast beliebige Formen bringen lassen. Eisen, welches 1,6—2,3% Kohlenstoff enthält, findet in der Technik keine Verwendung und wird darum nicht hergestellt. Es gibt zwei Sorten von schmiedbarem Eisen, nämlich: Schmiedeisen und Stahl. Schmiedeisen ist nicht merklich härtbar und schmilzt erst bei einer

---

[1]) Das Eisenhüttenwesen vom Verein deutscher Eisenhüttenleute, 5. Aufl., S. 24.

Temperatur über 1500°. Der Stahl wird, glühend (750° und darüber heiß) plötzlich in Wasser abgekühlt, glashart. Er ist also härtbar. Seine Schmelztemperatur liegt zwischen der des Roheisens und der des Schmiedeisens. Schmiedeisen enthält 0,04—0,6% Kohlenstoff, Stahl 0,6—1,6%. Dieser höhere Kohlenstoffgehalt ist es, welcher den Stahl von Natur härter, aber auch spröder macht als Schmiedeisen, seinen Schmelzpunkt erniedrigt und seine Härtbarkeit bedingt. Der Kohlenstoff des Stahles kann aber zum größten Teile durch andere Elemente, wie Chrom oder Wolfram, ersetzt werden, in welchem Falle dann der Stahl oft nicht mehr Kohlenstoff enthält als Schmiedeisen.

Das Härten besteht darin, daß der Stahl durch plötzliche Abkühlung schnell über den Wärmegrad weggebracht wird, in welchem bei langsamer Abkühlung ein Ausseigern von Eisenkarbid (Fe_3C) stattfindet. Dadurch wird der gesamte Kohlenstoff gezwungen, in der Legierung zu bleiben, und diese wird dadurch hart. Den mit Eisen legierten Kohlenstoff nennt man daher Härtungskohle. Durch Erwärmen kann man gehärteten Stahl wieder weich machen. Das Verfahren nennt man Ausglühen bzw. Anlassen, je nachdem man dem Stahle seine ganze künstliche Härte nimmt oder nur einen Teil derselben. Beim Anlassen seigert um so mehr Härtungskohle als Eisenkarbid aus, je höher man den Stahl erhitzt. Treibt man die Erwärmung bis auf 750°, so verliert der Stahl seine künstliche Härte vollständig wieder. Durch das Anlassen hat man es also ganz in der Hand, die Glashärte des Stahles und seine Sprödigkeit nach Erfordern zu verringern. Den Wärmegrad erkennt man beim Anlassen an den Anlauffarben.

Gewinnt man das schmiedbare Eisen im festen Zustande in kleinen Teilchen, welche zu größeren Stücken zusammenschweißen, so nennt man es Schweißeisen bzw. Schweißstahl. Wird dagegen bei der Darstellung seine Schmelztemperatur überschritten, so daß das Erzeugnis im flüssigen Zustande gewonnen wird, so bezeichnet man es als Flußeisen bzw. Flußstahl.

Schmiedbares Eisen wird auf flüssigem Wege erst seit etwa 50 Jahren hergestellt, dagegen ist die Erzeugung des Schweißeisens älter als die Geschichte der Menschheit. Das Schweißeisen wurde ehemals aber nicht wie heute aus dem Roheisen, sondern direkt aus den Eisenerzen hergestellt. Denn die Erzeugung des Roheisens ist, wenigstens in Europa, erst seit dem Mittelalter ausgeübt worden.

Bevor man das Roheisen kannte, stellte man das Schweißeisen durch Rennen her, d. h. durch kräftiges Blasen mit einem Blasebalg in einem mit brennenden Holzkohlen und Eisenerzen gefüllten Herd. Dieses Verfahren ist bei wilden Völkern, welche noch keine Handelsbeziehungen zu Europa haben, heute noch in Gebrauch, bei allen Kulturvölkern dagegen seiner geringen Leistungsfähigkeit und großen Kosten wegen längst aufgegeben.

Das Herdfrischen.

Um aus dem Roheisen schmiedbares Eisen zu erzeugen, ist es erforderlich, vor allem den Kohlenstoffgehalt, dann aber auch den Gehalt des Eisens an anderen Elementen, wie Silizium, Mangan, Phosphor, Schwefel usw., zu vermindern bzw. diese ganz zu entfernen. Man erreicht dies durch einen Verbrennungsprozeß, welcher Frischen genannt wird. Die Verbrennungsprodukte entweichen teilweise als Gase (Kohlenoxyd, schweflige Säure), teilweise bilden sie eine Schlacke.

Vom Mittelalter bis gegen das Ende des 18. Jahrhunderts erfolgte das Frischen ausschließlich im Frischherde oder Frischfeuer. Auf glühende Holzkohlen, welche durch einen Windstrom in Glut gehalten werden, legt man das Roheisen, welches geschmolzen durch den Windstrom tropft. Da nun die Beimengungen des Eisens leichter verbrennen als das Eisen selbst, so werden durch den Windstrom hauptsächlich die ersteren verbrannt, und das Eisen ist nach dem Umschmelzen reiner, dem schmiedbaren Eisen ähnlicher geworden. Man wiederholt das Verfahren so oft, bis der Zweck erreicht ist.

Das Herdfrischen wird heute nur noch selten, und zwar zur Herstellung von besonders gutem Schmiedeisen in holzreichen Ländern (Schweden, Steiermark) angewandt, weil Holzkohlen anderswo zu teuer sind, und weil sich in gegebener Zeit nur geringe Mengen schmiedbaren Eisens herstellen lassen.

Das Puddeln.

Wie viele Versuche ergaben, lassen sich Steinkohlen oder Koks im Frischherde nicht anwenden; sie verderben durch ihre Beimengungen stets das Erzeugnis. 1784 erfand Henry Cort in England ein neues Frischverfahren, das Puddeln, bei welchem nur die Flamme des Brennstoffs, nicht dieser selbst, mit dem Eisen in Berührung kommt. Das Puddeln erfolgt in einem Flammofen (Fig. 6), welcher in diesem Falle Puddelofen heißt. Er besteht aus der Feuerung und dem Arbeitsherde, welche beide von einem gemeinschaftlichen Gewölbe überdeckt werden, um die Flamme aus dem Feuerraume über den Herd hinzuleiten. Ein Fuchs führt die Feuergase vom Herde nach einem Dampfkessel, wo ihre Wärme weiter ausgenützt wird. Der Herd (1,7—2 m lang und 1,6—1,7 m breit) besteht aus einer eisernen Sohlplatte und einem darauf liegenden eisernen Rahmen, dem Herdeisen, welches hohl ist und von hindurchströmendem kalten Wasser gekühlt wird. Zum Schutze gegen das flüssige Eisen wird der Innenraum des Herdes erst mit Ton, dann mit sehr schwerflüssiger, eisenoxyduloxydreicher Schlacke ausgekleidet, welche man bei hoher Temperatur aufschmilzt. Zwischen Feuerung und Herd befindet sich die aus feuerfesten Steinen aufgemauerte Feuerbrücke. Das Gewölbe und die durch Eisenplatten und Anker zusammengehaltenen Wände des Ofens bestehen ebenfalls aus feuerfesten Steinen. Die Feuerung ist in der Regel eine einfache Rostfeuerung, auf welcher in ziemlich hoher Schicht Steinkohlen verbrannt werden. Nur wo geringwertiges Brennmaterial, wie Braunkohlen oder Torf, benutzt werden muß oder gute Steinkohlen teuer sind, heizt man die Puddelöfen mit Gasen, welche aus den geringwertigen Brennmaterialien hergestellt sind. In der einen Seitenwand des Ofens befindet sich eine Feuertür und eine Arbeitstür. Die letztere dient zum Füllen und Entleeren des Herdes und enthält ein Loch, durch welches die Arbeitsgeräte, Gezähe, des Puddlers während der Arbeit in den Ofen eingeführt werden.

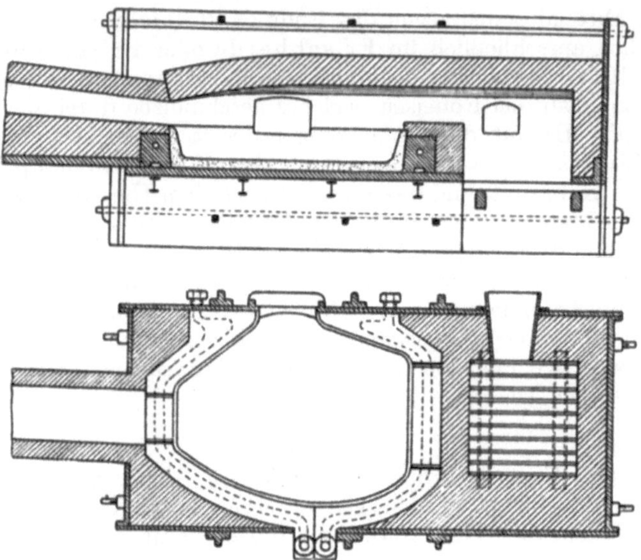

Fig. 6. Puddelofen.

Zu Beginn des Verfahrens werden in den heißen Puddelofen, in welchem sich noch Schlacke von der letzten Arbeit befindet, etwa 300 kg Roheisen eingesetzt. Dieser Einsatz kommt bei lebhaftem Feuer in etwa 35 Minuten zum Schmelzen. Schon während des Schmelzens und gleich nachher verbrennt das Silizium. Dann oxydieren unter fortwährendem Rühren des Puddlers mit einem eisernen Haken, um die sich bildende Schlackendecke auseinanderzuhalten und das Eisen der Flamme auszusetzen, Mangan und Eisen. Dabei wirkt nicht allein der überschüssige Sauerstoff der Flamme, sondern auch der des Eisenoxyds der Schlacke oxydierend auf das flüssige Roheisen. Um den Einfluß der Schlacke noch zu vermehren, gibt man jetzt Garschlacke und Hammerschlag in den Ofen. Bald werden nun blaue Flämmchen von brennendem Kohlenoxyd über der Schlacke sichtbar, ein Zeichen der Verbrennung des Kohlenstoffs. Die Kohlenoxydgasentwicklung wird bald so heftig, daß das ganze Bad aufkocht und Garschlacke durch die Arbeitstür abfließt. Nach einiger Zeit ist das Eisen so kohlenstoffarm, daß es bei der im Ofen herrschenden Temperatur nicht mehr flüssig bleiben kann. Es bilden sich feste Kristalle, welche sich bald zu Klumpen zusammenballen. Hierdurch wird das Rühren unmöglich.

Der Ofeninhalt ist jetzt schmiedbares Eisen geworden, aber noch nicht gleichmäßig genug entkohlt. Namentlich ist das am Boden des Herdes sich befindende Eisen noch zu kohlenstoffreich. Der Puddler vertauscht jetzt den Rührhaken mit der Spitze, einer langen Eisenstange, mit welcher er das erstarrte Eisen in einzelnen Klumpen losbricht und umwendet. Diese Arbeit heißt Aufbrechen und Umsetzen. Sie ist sehr anstrengend und muß 2—3 mal gemacht werden. Darauf erfolgt das Luppenmachen, d. i. das Teilen des Eisenballens in 4—6 Stücke, welche Luppen genannt werden. Der Puddler rollt die Luppen mit der Spitze auf dem Herde hin und her, um sie rund und fest zu machen und zerstreute Eisenteile in dieselben aufzunehmen. Nachdem die Luppen an der Hinterwand des Ofens aufgestellt sind, wird die Hitze in demselben gesteigert, damit die noch in den Luppen enthaltene Schlacke wenigstens teilweise ausschmilzt. Hierauf holt der Puddler mit einer großen eisernen Zange durch die geöffnete Arbeitstür eine Luppe heraus und bringt sie nach einem Dampfhammer. Unter den Schlägen dieses Hammers spritzt der größte Teil der noch in der Luppe enthaltenen Schlacke heraus, und sie selbst wird aus einem losen Klumpen ein fester, kurzer und dicker Stab, welcher noch glühend zum Luppenwalzwerke gebracht und dort zu einem langen Stabe, dem Luppenstabe oder der Rohschiene, ausgewalzt wird. Hat die erste Luppe den Dampfhammer verlassen, so bringt der Puddler die zweite und so fort, bis der Ofen leer ist.

Nur wenn graues, also siliziumreiches Roheisen benutzt wird, verläuft das Puddeln in der eben beschriebenen Weise. Setzt man dagegen weißes Roheisen ein, so beginnt die Entkohlung schon beim Einschmelzen, wodurch das Verfahren nicht nur sehr abgekürzt wird, sondern auch der Abbrand (Eisenverlust durch Verbrennen) und der Brennmaterialverbrauch geringer werden. Aus beiden Roheisensorten erhält man nach obigem Verfahren weiches, sehniges Schweißeisen. Will man Stahl herstellen, so darf man die Entkohlung nicht so weit treiben. Es bleibt daher das Umsetzen ganz weg und das Luppenmachen erfolgt möglichst unter einer Schlackendecke.

Schmiedeisen stellt man in der Regel aus weißem Roheisen her. Zur Herstellung von Puddelstahl ist dagegen weißes Roheisen nicht geeignet, weil der Prozeß so rasch verliefe, daß der das schmiedbare Eisen rotbrüchig machende Schwefel nicht genügend entfernt werden könnte, dessen Verminderung im direkten Verhältnisse zur Dauer des Prozesses steht. Stahl wird daher aus grauem Roheisen oder aus einem Gemenge von grauem Roheisen und manganreichem weißen Roheisen (Spiegeleisen) hergestellt, weil eine silizium- und manganreiche Schlacke die Entkohlung verlangsamt. So kommt es, daß das Erpuddeln von Stahl länger dauert als das von Schmiedeisen und demgemäß und des teueren Roheisens wegen der erstere teurer ist als das letztere.

Ein Phosphorgehalt macht das schmiedbare Eisen kaltbrüchig, also minderwertig. Der Phosphor des Roheisens geht zwar zum Teil in die Schlacke, wenn dieselbe basisch ist, doch läßt er sich im Puddelofen nicht ganz beseitigen, so daß man aus stark phosphorhaltigem Roheisen nur Schmiedeisen von mittlerer oder geringerer Güte erzeugen kann. Zur Erzeugung von Stahl und gutem Schmiedeisen kann man nur ein Roheisen benutzen, welches keinen oder nur sehr wenig Phosphor enthält.

Nach Beckert[1]) beträgt der Abbrand, d. h. der Eisenverlust, 6—15%, je nachdem, ob Schmiedeisen oder Stahl und aus welchen Roheisensorten sie erzeugt werden sollen. Auf jede Tonne Luppenstäbe werden nach derselben Quelle 750—2000 kg Brennstoff gebraucht. Arbeitet ein Ofen auf Stahl, so macht man in 24 Stunden 10 Sätze von je 225 kg und erhält 1840—2000 kg Stahl. Geht dagegen der Puddelofen auf Schmiedeisen (sehniges), so macht man in derselben Zeit 12—20 Sätze von je 300 kg und erzeugt etwa 4600 kg Rohschienen. Diese Leistung ist etwa 6 mal größer als die des Frischherdes, welcher 3 Mann zu seiner Bedienung gebraucht und außerdem mehr und viel teureren Brennstoff verbraucht.

Durch mechanische Einrichtungen dem Puddler seine schwere Arbeit abzunehmen, ist nicht gelungen; dagegen hat man es durch Vergrößerung der Öfen auf solche für zwei oder vier Puddler erreicht, die Leistung derselben auf 10 000 kg zu erhöhen und den Kohlenverbrauch auf 450 kg für die Tonne zu vermindern.

Das Bessemer-Verfahren.

Im Jahre 1855 kam der Engländer Henry Bessemer auf den Gedanken, durch Hindurchblasen von Luft durch flüssiges Roheisen den Kohlenstoff desselben zu verbrennen, um es in schmiedbares Eisen umzuwandeln. Dem Schweden Göranson gelang es zuerst, und zwar nach 3 Jahren, das Verfahren praktisch brauchbar zu gestalten. Das Verfahren wird in der in Fig. 7 dargestellten Bessemerbirne, auch Konverter genannt, durchgeführt. Dieselbe ist ein mit zwei Zapfen versehenes birnenförmiges Gefäß aus Eisenblech, welches mit feuerfesten Steinen ausgemauert ist. Um die Achse der beiden Zapfen, auf welchen die Birne ruht, kann dieselbe gekippt werden. Der eine von beiden Zapfen ist hohl, um durch ihn den Gebläsewind nach der Birne zu leiten. Er heißt darum der Windzapfen. Der andere Zapfen wird Wendezapfen genannt, weil auf ihm ein Zahnrad sitzt, in welches eine Zahnstange oder eine Schnecke eingreift. Die Zahnstange bildet die Verlängerung einer Kolbenstange, welche von einem hydraulisch bewegten Kolben ausgeht. Greift in das Zahnrad eine Schnecke, so wird diese durch eine Dampfmaschine oder einen Elektromotor gedreht. Durch diese Einrichtungen kann die Birne um $^3/_4$ eines Kreises gedreht werden. Der Wind geht vom Windzapfen nach dem unter dem feuerfesten

---

[1]) Eisenhüttenwesen vom Verein deutscher Eisenhüttenleute, 5. Aufl., S. 31.

Boden der Birne liegenden Windkasten und von hier durch viele, 15 —
17 mm weite Löcher des Bodens in die Birne, d. h. in das flüssige Roheisen.

Zur Ausführung des Bessemer-Verfahrens wird das Roheisen in
einem Kupolofen geschmolzen und aus diesem durch eine in den Hals
der wagrecht gedrehten Birne gelegte Rinne in die Birne gelassen.

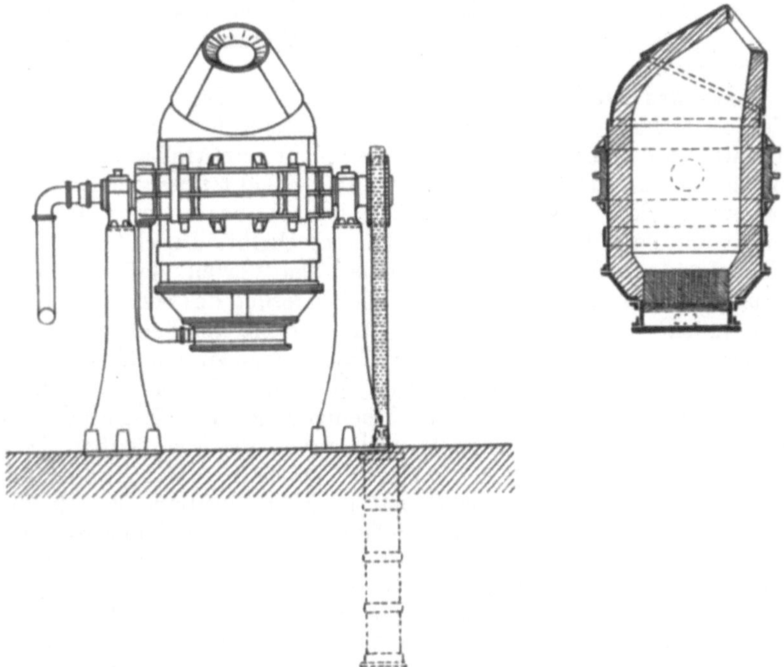

Fig. 7. Bessemerbirne.

Hiernach wird die Gebläsemaschine in Gang gesetzt. Wenn der Wind
etwa 1 Atm. Überdruck erreicht hat, wird die Birne schnell aufge-
richtet. Die durch das Eisenbad strömende Luft wirkt sofort oxydierend
auf die Beimengungen des Roheisens, und zwar zunächst auf das
Silizium, dann auf den Kohlenstoff, welcher zu Kohlenoxyd oxydiert
wird, welches dann über dem Hals der Birne durch den Sauerstoff
der hier zuströmenden Luft mit heller Flamme verbrennt. Nach dem
Erlöschen der Kohlenoxydflamme wird die Birne wieder in die horizontale Lage gekippt und der Wind abgestellt. Durch Entnahme einer
Schlacken- und einer Schöpfprobe überzeugt man sich noch von dem
Grade der Entkohlung und setzt dann dem Bade eine berechnete Menge
flüssigen, mangan- und kohlenstoffreichen Spiegeleisens oder eine
kleinere Menge flüssigen oder festen Eisenmangans zu. Dasselbe bzw.
das Spiegeleisen wurde in einem zweiten kleineren Kupolofen geschmolzen.
Hierauf gießt man den Inhalt der Birne in eine vorher auf Glühhitze
erwärmte Gießpfanne aus. Diese Gießpfanne kann durch einen Kran

oder einen Wagen über die gußeisernen Gußformen (Kokillen) gebracht und durch ein mit einem Stopfen verschlossenes Loch in ihrem Boden in die Gußformen entleert werden.

Der Bessemer-Prozeß verläuft sehr rasch. Die Blasezeit beträgt nur 18—25 Minuten, und in 24 Stunden werden 50—60 Hitzen mit 12—15 t Einsatz gemacht. Das ist eine Leistung von 640—750 t Rohstahl in 24 Stunden. Die Bessemerbirne leistet also etwa 150 mal soviel als ein einfacher Puddelofen. Der Abbrand beträgt 10—12% des Einsatzes.

Wenn das Stahlwerk mit einem Hochofenwerke verbunden ist, so ist es nicht nötig, das Roheisen im Kupolofen umzuschmelzen. Man entnimmt dann das Roheisen zwar nicht unmittelbar dem Hochofen, aber doch mittelbar, indem man 150—1000 t flüssigen Roheisens in einem großen kippbaren Gefäße, dem Roheisenmischer, ansammelt und nach Bedarf an das Stahlwerk abgibt. Durch Anwendung des Mischers erzielt man noch nebenbei den Vorteil, daß sich durch das ruhige Stehen in demselben eine Verminderung des Schwefelgehaltes ergibt, indem sich Schwefelmangan als Schlacke abscheidet.

Der Zusatz von Spiegeleisen oder Eisenmangan zum in der Bessemerbirne entkohlten Eisen hat den Zweck, durch das Mangan das während des Blasens entstandene und im Eisenbade gelöste Eisenoxydul zu reduzieren, weil schon geringe Mengen davon das schmiedbare Eisen rotbrüchig machen, also seine weitere Verarbeitung erschweren oder gar verhindern. Das Spiegeleisen hat noch den weiteren Zweck, dem fast ganz entkohlten Eisen den Kohlenstoffgehalt des Stahls zu geben (Rückkohlung). Will man keinen Stahl, sondern Flußeisen herstellen, so muß man statt Spiegeleisen Eisenmangan zusetzen. Würde man den Bessemer-Prozeß, wie man anfangs versucht hat, in dem Augenblicke beendigen, in welchem der Kohlenstoffgehalt des Stahles erreicht ist, so würde die Rückkohlung überflüssig sein. Es ist aber nicht möglich, diesen Zeitpunkt so genau (auch nicht mit dem Spektroskop) zu bestimmen, daß ein gleichmäßiges Erzeugnis erzielt wird.

Obwohl der Puddelofen geheizt wird, so wird die Hitze in demselben doch nicht groß genug, um das entstandene schmiedbare Eisen im flüssigen Zustande zu erhalten. Die· Bessemerbirne wird nicht nur nicht geheizt, sondern der kalte Gebläsewind entzieht ihr eine Menge Wärme. Trotzdem bleibt das Eisen bis zum Ende des Prozesses flüssig. Wie ist das möglich? Durch die Verbrennung des Siliziums im Anfange des Verfahrens steigt die Hitze um mehrere 100 Grad und wird durch die Verbrennung des Kohlenstoffs auf der erreichten Höhe erhalten. Die entwickelten Wärmemengen würden jedoch nicht ausreichen, wenn der Prozeß nicht so außerordentlich schnell verliefe. Da das Silizium als Brennstoff dient, so muß das zum Bessemern verwendbare Roheisen Silizium enthalten, also graues Roheisen sein. Wenigstens 2% Silizium werden im Bessemer-Roheisen für nötig erachtet.

Ein Phosphorgehalt von 0,1—0,2% genügt schon, um Stahl spröde und kaltbrüchig, also minderwertig zu machen. Da der Phosphorgehalt in der Bessemerbirne nicht vermindert wird, so ist man genötigt, nur ganz phosphorarme Roheisensorten (Hämatiteisen) zum Bessemern zu verwenden. Da es nun in Deutschland sehr wenig phosphorarme Erze gibt, so ist hier Bessemerroheisen selten und teuer. Die Entphosphorung des Eisens beim Bessemer-Verfahren ist also für Deutschland sehr wichtig.

Das Thomas-Verfahren.

Obwohl Phosphor sehr leicht verbrennt, so geht doch die entstehende Phosphorsäure nur dann in die Schlacke über, wenn dieselbe basisch ist. Durch einen Zusatz von Kalk kann man nun sehr leicht die Schlacke basisch machen, aber nur mit Erfolg, wenn auch die Ausmauerung, das Futter der Birne, basisch ist. Das Futter der Bessemerbirne besteht aber hauptsächlich aus Kieselsäure, ist also sauer. Obgleich man nun längst die Notwendigkeit eines basischen Futters für die Bessemerbirne erkannt hatte, gelang es doch erst 1878 dem Engländer Thomas, aus Dolomit ein genügend feuerfestes und widerstandsfähiges Futter herzustellen. Der Dolomit wird erst gebrannt, um aus ihm die Kohlensäure zu entfernen, dann gemahlen und endlich mit erhitztem, entwässertem Teer gemischt in gußeiserne Formen gepreßt. Dabei steigt der Preßdruck bis auf 300 Atm., wodurch Steine gebildet werden, mit welchen man die Birnen ausmauert. Die mit vielen Löchern zu versehenden Bodenstücke des Futters stampft man aus derselben Masse in eisernen Formen auf und erhitzt sie in diesen bis zum Beginn der Glühhitze. Durch das Glühen wird der größte Teil des Teers wieder ausgetrieben und das Bodenstück eine feste Masse. Ist die Birne mit einem solchen Futter versehen, so kann man durch Zuschlagen von gebranntem Kalk eine basische Schlacke erzeugen, welche den zu Phosphorsäure verbrannten Phosphor vollständig aufnimmt.

Zum Thomas- oder basischen Bessemer-Verfahren ist nun im Gegensatze zum sauren Bessemer-Verfahren siliziumreiches Roheisen nicht verwendbar, weil das Silizium das basische Futter der Birne angreifen würde, und der Kalkzuschlag zu groß sein müßte. Man muß also siliziumarmes, weißes Roheisen verwenden. Damit verzichtet man aber auf die Hitzeentwicklung im Anfange des Prozesses. Durch heißes Einschmelzen im Kupolofen kann man zwar einen so hohen Wärmegrad erzielen, daß in der Birne im Anfange des Blasens der Kohlenstoff verbrennt. Der Hitzegrad würde aber nicht groß genug sein, um das Eisen flüssig zu erhalten, wenn es nach der Verbrennung des Kohlenstoffs keine Beimengungen mehr enthielte. Das für den Thomas-Prozeß verwendbare Roheisen enthält daher neben dem Kohlenstoff und möglichst geringen Mengen Silizium $1,5-2,5\%$ Mangan und $1,7-2,5\%$ Phosphor[1]). Das Mangan verbrennt gleichzeitig mit dem Kohlenstoff. Erst wenn der letztere verbrannt ist, kommt der Phosphor an die Reihe. Er verbrennt in wenigen Minuten,

---

[1]) Eisenhüttenwesen vom Verein deutscher Eisenhüttenleute, 5. Aufl., S. 38.

und seine Verbrennung erhitzt das Eisenbad so sehr, daß es am Ende des Prozesses dieselbe, ja oft eine höhere Temperatur erreicht als beim Bessemern. Das Ende dieses Prozesses kann nur durch Schröpfproben, nicht durch das Spektrum festgestellt werden. Nach Beendigung der Entkohlung und Entphosphorung ist ebenso wie beim Bessemer-Verfahren eine Reduktion des Eisenoxyduls (Desoxydation des Bades) und, wenn man Flußstahl darstellen will, auch eine Rückkohlung des Eisenbades notwendig. Während sich nun die Desoxydation durch Zusatz von Eisenmangan leicht erreichen läßt, machte anfangs die Rückkohlung große Schwierigkeiten. So kam es, daß man anfangs das Thomas-Verfahren nur zur Darstellung von weichem Flußeisen benutzte, dagegen den Flußstahl noch nach dem Bessemer-Verfahren herstellte. Setzt man nämlich dem Eisenbade zwecks Rückkohlung Spiegeleisen zu, so reduziert der Kohlenstoff desselben die Phosphorsäure der Schlacke und führt dadurch den Phosphor wieder in das Eisen zurück. Durch möglichst vollständiges Abgießen der Schlacke vor dem Zusetzen des Spiegeleisens kann man zwar diese chemische Wirkung abschwächen, aber nicht vollständig verhindern. Einen vollen Erfolg in dieser Beziehung erzielte man erst, als man die Rückkohlung nicht mehr in der Birne, sondern in der Gießpfanne vornahm, und zwar auf zweierlei Weise. Nach dem einen Verfahren gießt man die Schlacke größtenteils aus der Birne und macht den zurückgebliebenen Rest durch Zusatz von Kalk dickflüssig. Hierauf läßt man gleichzeitig das Flußeisen aus der Birne und das Spiegeleisen aus einem Kupolofen oder einer Pfanne in die Gießpfanne fließen. Dabei wird die dickflüssige Schlacke bis zuletzt zurückgehalten, so daß sie erst in die Gießpfanne kommt, wenn in dieser die chemischen Wirkungen vollendet sind. Bei dem anderen Verfahren wird statt des Spiegeleisens fester Kohlenstoff entweder in Pulverform (gemahlener Koks) oder in Form von Kohlenziegeln (gemahlener Koks mit Kalk als Bindemittel) gleichzeitig mit dem desoxydierten Flußeisen in die Gießpfanne gebracht.

Die Thomasschlacke enthält neben Kalk 14—20% Phosphorsäure[1]). Beide Stoffe sind als Düngemittel wertvoll, besonders der letztere. Die Phosphorsäure der Thomasschlacke kommt im Acker ohne vorherige chemische Veränderung zur Wirkung, wenn die Schlacke nur genügend fein gemahlen ist. Ein Teil dieser Schlacke wird aber vorläufig noch dieser nützlichen Bestimmung entzogen, weil er zur Erzielung des nötigen Phosphorgehaltes des Thomas-Roheisens im Hochofen verhüttet werden muß.

Um eine möglichst phosphorreiche Schlacke zu erzielen, arbeiten manche Hüttenwerke nach dem Scheiblerschen Verfahren. Dieses Verfahren besteht darin, daß im Anfange des Prozesses nur $\frac{2}{3}$ des Kalkzuschlages gegeben werden, die Schlacke vor Beginn der stärksten Phosphorverschlackung abgegossen und nun erst das letzte Drittel des Kalkzuschlages gegeben wird. Dieses letzte Drittel des Kalk-

---

[1]) Eisenhüttenwesen vom Verein deutscher Eisenhüttenleute, 5. Aufl., S. 38.

zuschlages enthält dann den meisten Phosphor. Durch das Scheiblersche Verfahren sollen auch 2% Kalk erspart werden. Um die Verbindung der Phosphorsäure mit dem Kalke zu lockern und dadurch
mehr Phosphorsäure im Erdboden zur Wirkung zu bringen, gibt man
auf manchen Hütten der Schlacke beim Abgießen Sand zu.

Das Siemens-Martin- oder Flammofen-Verfahren.

Schon Réaumur stellte Stahl durch Zusammenschmelzen von
Roheisen und Schmiedeisen im Tiegel her. Trotz vielfacher Versuche
wollte indessen das Zusammenschmelzen im Flammofen zur Herstellung größerer Stahlmengen nicht gelingen, weil man den zur Flüssighaltung von Stahl erforderlichen hohen Hitzegrad im Flammofen nicht
herzustellen vermochte. Erst als Mitte der 60er Jahre des 19. Jahrhunderts die Gebrüder Martin diese Versuche wieder aufnahmen und
dabei die von Friedrich und Wilhelm Siemens erfundene Regenerativ-Feuerung benutzten, gelangen dieselben. Der Prozeß führt daher
den Namen Siemens-Martin-Verfahren.

Die Siemenssche Regenerativ-Feuerung ist eine Gasfeuerung.
Das zum Heizen dienende Gas wird in einem oder mehreren Generatoren,
das sind Rostfeuerungen, in denen Steinkohlen in hoher Schicht verbrennen, erzeugt. Durch die hohe Kohlenschicht gehemmt, tritt nur
wenig Luft in die Brennstoffschicht. Daher wird die Kohle nicht zu
Kohlensäure verbrannt, sondern es entweichen zunächst die unverbrannten Destillationsprodukte (Leuchtgas), und die Kohle verbrennt
schließlich zu Kohlenoxyd. Das entweichende Gas besteht daher aus
Kohlenwasserstoffgasen, Kohlenoxyd und Stickstoff. Dieses Gas verbrennt, weil es sich besser mit Luft mischen läßt, mit einem geringeren
Luftüberschusse als Steinkohlen. Da sich infolgedessen die erzeugte
Wärmemenge auf eine kleinere Menge von Verbrennungsgasen verteilt,
so wird der erzielte Wärmegrad höher. Eine weitere Erhöhung des
Hitzegrades erreichen die Gebr. Siemens durch Vorwärmung sowohl
des Heizgases als auch der zugeführten Luft. Zu dieser Vorwärmung
benutzten sie die Hitze der Abgase. Sie leiteten dieselben aus dem Ofen
nicht direkt in einen Schornstein, sondern zunächst in zwei Wärmespeicher (Regeneratoren), d. h. gemauerte Kammern, welche mit feuerfesten Steinen gitterartig ausgesetzt sind. Sind die Kammern erhitzt,
so leitet man in umgekehrter Richtung durch die eine Kammer das
Generatorgas und durch die andere die Verbrennungsluft, um sie vorzuwärmen. Nachdem das Gas im Ofen verbrannt ist, verlassen die
Verbrennungsgase am anderen Ende den Ofen und treten hier in zwei
andere Wärmespeicher, um ihre Wärme abzugeben. Durch die Vorwärmung steigt die Verbrennungstemperatur um etwa ebensoviel Grade,
als die Vorwärmung beträgt. Durch die Wärmespeicher wird aber nicht
nur die Verbrennungstemperatur erhöht, sondern auch die Wärme der
Abgase wiedergewonnen (regeneriert), wodurch Brennstoff gespart wird.

Der Martin-Ofen (Fig. 8) besteht aus dem Herde a, auf welchem
das Eisen geschmolzen wird, und den 4 Wärmespeichern l und g. Der

Herd *a* ist aus quarziger oder dolomitischer Masse auf Eisenplatten aufgestampft oder aus Magnesitsteinen aufgemauert. Die größeren Wärmespeicher *l* dienen zur Erhitzung der Luft, die kleineren *g* zur

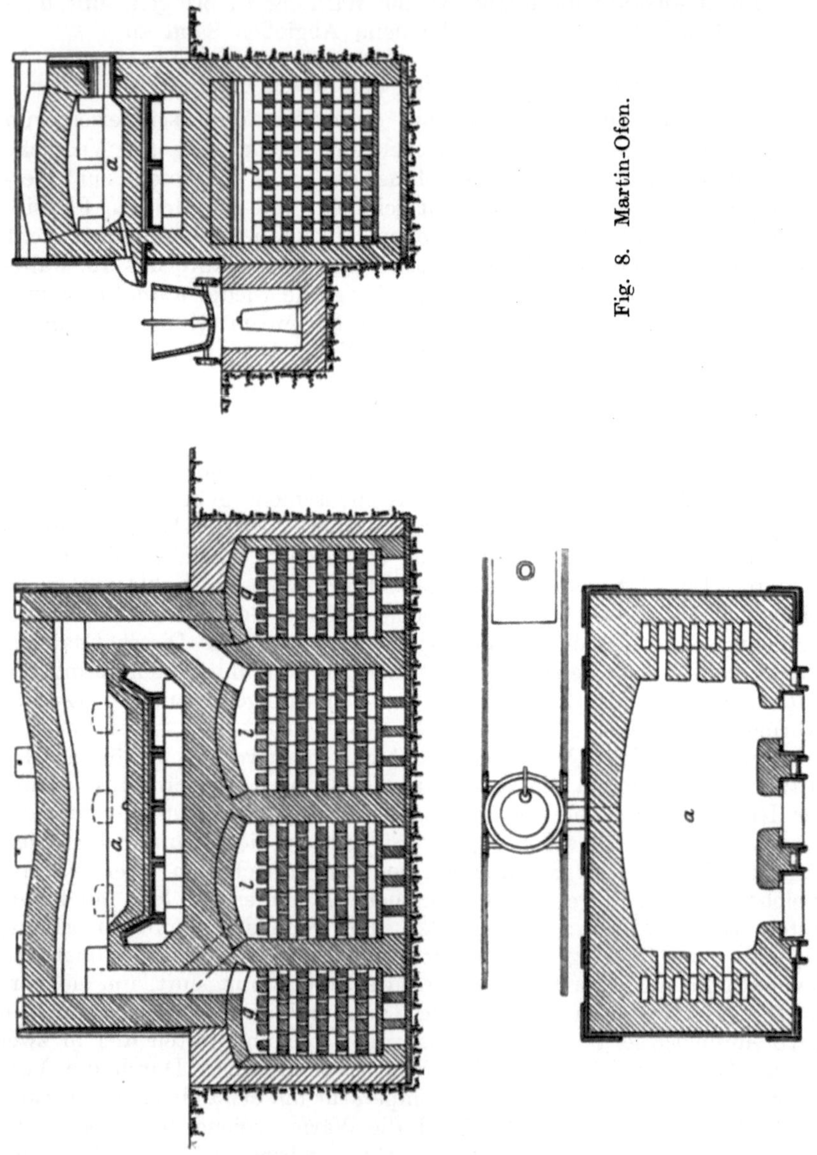

Fig. 8. Martin-Ofen.

Vorwärmung des Heizgases. Durch gemauerte Kanäle treten Luft und Gas aus den Wärmespeichern gesondert in den Ofen, wo sie sich vermischen und über dem Herde verbrennen. Während die Gase an einem Ende des Ofens ein- und am anderen austreten, liegen an der einen Langseite die Arbeitstüren zum Einbringen der Rohmaterialien und an der anderen Langseite das Stichloch zum Ablassen des fertigen Produktes. Die Arbeitstüren dienen auch zum Abziehen der Schlacke und zum Ausbessern des Ofens. Es gibt auch kippbare Siemens-Martin-Öfen.

Zu Beginn einer Hitze schmilzt man auf dem Herde des Ofens das eingesetzte Roheisen ein, dessen Menge je nach der Führung des Prozesses zwischen 5 und 50% des ganzen Einsatzes beträgt. In diesem Eisenbade löst man dann das gewöhnlich aus Abfällen von der Flußeisenverarbeitung bestehende Schmiedeisen auf. Der Kohlenstoffgehalt des Gemisches nähert sich nun mehr dem des Stahles oder dem des Schmiedeisens je nach der Menge des verwendeten Roheisens. Der ganze Einsatz wiegt 10—30 t. Zum Schmelzen so großer Eisenmengen ist so viel Zeit erforderlich, daß man in 24 Stunden nur $2^1/_2$ bis 6 Hitzen ausführen kann. Wegen der langen Dauer einer Hitze und durch die Berührung des Eisens mit der Flamme verbrennt der Kohlenstoff nicht unerheblich, wie man an den Kohlenoxydflämmchen erkennen kann, welche sich aus dem Eisenbade entwickeln. Der Prozeß ist daher kein bloßes Zusammenschmelzen, sondern gleichzeitig ein Frischen. Das Frischen kann der Schmelzer durch Zusetzen reicher Eisenerze beliebig verstärken, so daß man sogar Roheisen allein mit Zusatz von Eisenerzen in schmiedbares Eisen umwandeln kann. Besteht dagegen der Einsatz größtenteils aus Schmiedeisenabfällen und wenig Roheisen, so findet fast gar kein Frischen statt, und das Verfahren ist beinahe ein bloßes Zusammenschmelzen.

Der Siemens-Martin-Prozeß wird in der Regel so geführt, daß am Schlusse ein ganz kohlenstoffarmes Flußeisen entsteht, woraus man entweder durch Zusetzen von Eisenmangan weiches Flußeisen oder durch Zusetzen von Spiegeleisen Stahl erzeugt. Das in den Zusätzen enthaltene Mangan dient hier ebenso wie beim Bessemer-Prozeß zur Redukion des im Eisenbade gelösten Eisenoxyduls.

Das Siemens-Martin-Verfahren konnte anfangs nur mit phosphorarmem Roheisen wie das Bessemer-Verfahren durchgeführt werden, weil auch der Herd des Martin-Ofens ein saures Futter hatte. Nach der Erfindung des Thomas-Prozesses hat man das basische Futter auf den Martin-Ofen übertragen und ist dadurch in der Lage, auch in diesem Ofen phosphorreiches Roheisen zu verwerten.

Das Siemens-Martin-Verfahren hat im letzten Jahrzehnt sehr an Ausdehnung zugenommen, einesteils, weil man Eisenabfälle dabei vorteilhaft verwerten kann, andernteils, weil bei dem langsamen Verlaufe desselben sich Eisensorten von bestimmter Zusammensetzung mit der größten Sicherheit herstellen lassen.

Das Flußeisen hat das Schweißeisen fast verdrängt.

Das Tempern oder Glühfrischen.

Während das eigentliche Frischen mit flüssigem Roheisen vorgenommen wird, erfolgt das Tempern im festen Zustande desselben in der Rotglut. Durch das Verfahren werden Gegenstände, welche durch Gießen bereits eine bestimmte Gestalt erhalten haben und aus weißem Roheisen bestehen, weich, zähe und schmiedbar gemacht.

Zur Ausführung des Verfahrens werden kleine Gegenstände mit Roteisensteinpulver in eiserne Töpfe gepackt und darin mehrere Tage lang auf Rotglut erhitzt. Größere Gegenstände packt man mit Roteisensteinpulver in gemauerte Öfen und erhitzt sie in diesen ebenfalls tagelang. Im glühenden Zustande wandern die Kohlenstoffatome des Roheisens allmählich nach außen, um dort mit dem Sauerstoffe des Roteisensteins zu Kohlenoxyd zu verbrennen. So wird das Roheisen langsam entkohlt und dadurch in schmiedbares Eisen (schmiedbaren Guß) umgewandelt. Da nur chemisch gebundener Kohlenstoff, nicht Graphit, auf diese Weise aus dem Eisen entfernt werden kann, so ist zum Tempern nur weißes, kein graues Roheisen verwendbar. Um den Kohlenstoffgehalt des weißen Roheisens herabzuziehen, setzt man ihm beim Einschmelzen Schmiedeisen zu. Dadurch wird erstens die Gefahr des Zerspringens der Gußstücke vermindert, wozu das weiße Roheisen große Neigung hat, zweitens wird die Zeit für das Tempern abgekürzt.

Durch Gießen lassen sich Formstücke weit leichter und billiger herstellen als durch Schmieden. Darum spielt der Temper- oder schmiedbare Guß eine bedeutende Rolle. Man stellt Schraubenschlüssel, Schlauchverbindungen, Förderwagenräder, Schlüssel, andere Schloßteile, Fenster- und Türbeschläge usw. aus Temperguß her. Die Gegenstände dürfen aber eine Materialstärke von 25 mm nicht wesentlich überschreiten, wenn das Verfahren anwendbar sein soll.

Das Zementieren.

Da der Kohlenstoffgehalt des Stahles zwischen dem des Schmiedeisens und dem des Roheisens liegt, kann man Stahl nicht nur durch Entziehung von Kohlenstoff aus Roheisen, sondern auch aus Schmiedeisen, und zwar durch Zuführung von Kohlenstoff herstellen. Das letztere Verfahren wird schon seit Jahrhunderten angewendet und wird Zementieren genannt. Es vollzieht sich in derselben Weise wie die Entkohlung des Roheisens beim Tempern. Zu seiner Ausübung packt man Stäbe aus weichem, reinem Schmiedeisen mit Holzkohlenpulver in steinerne Kisten, welche bis zu acht Tonnen fassen, und glüht sie bei ca. 1000° in einem Ofen ungefähr eine Woche lang. Dabei wandern die Kohlenstoffatome der Holzkohle allmählich bis ins Innere der Eisenstäbe. Die Dauer des Verfahrens ist von der Dicke der zu zementierenden Stäbe und von dem Hitzegrade abhängig.

Das Zementieren wurde im 18. Jahrhundert in Sheffield in England heimisch. 1811 wurde das Verfahren nach Remscheid verpflanzt, welches seitdem der Mittelpunkt der Zementstahlerzeugung in Deutschland ist. Der Zementstahl wird hauptsächlich zur Herstellung von Werkzeugstahl verwendet.

Das Schweißen und Umschmelzen.

Das durch Puddeln oder Herdfrischen hergestellte Schmiedeisen enthält noch viele Schlackeneinschüsse und hat keinen gleichmäßigen Kohlenstoffgehalt. Um die ersteren zu entfernen und den letzteren gleichmäßig zu machen, legt man die Luppenstäbe zu Paketen zusammen, erhitzt diese in einem Flammofen, Schweißofen genannt, und drückt sie unter einem Hammer oder in einem Walzwerke zusammen. Dabei wird die flüssig gewordene Schlacke ausgepreßt, und die Stäbe werden zusammengeschweißt, weswegen das Verfahren Schweißen genannt wird. Der Kohlenstoffgehalt gleicht sich dabei von Stab zu Stab von selbst aus, indem die Kohlenstoffatome wie beim Zementieren herüberwandern.

Der durch Puddeln, Herdfrischen oder Zementieren hergestellte Stahl, also der Schweißstahl, enthält ebenfalls noch Schlacke und ist auch noch nicht gleichmäßig. Er kann ebenso wie das Schweißeisen durch Schweißen (beim Stahl Raffinieren oder Gärben genannt und wiederholt angewandt) verbessert werden und heißt dann Raffinier- oder Gärbstahl. Außer durch Schweißen kann man aber den Schweißstahl, durch Umschmelzen im Tiegel gleichmäßig machen, was zuerst von Huntsman 1730 ausgeführt wurde. Den so erhaltenen Stahl nennt man Tiegelflußstahl. Da das Umschmelzen weniger Arbeit macht als das Gärben und der Tiegelflußstahl gleichmäßiger ist als der Gärbstahl, so hat das Umschmelzen das Gärben verdrängt. Wenn auch das Umschmelzen im Tiegel kein bloßes Umschmelzen ist, sondern chemische Wirkungen zwischen Tiegelwand und Inhalt stattfinden, so wird doch in der Hauptsache der Stahl durch das Umschmelzen gleichmäßig und schlackenrein gemacht. Tiegelflußstahl, aus Schweißstahl, besonders aber aus dem reinen Zementstahl hergestellt, war bisher der beste Stahl, jetzt wird er aber von dem Elektrostahl übertroffen. Der aus Zementstahl hergestellte Tiegelflußstahl wird besonders zu Schneidwerkzeugen verwendet, aber heute durch den Elektrostahl immer mehr verdrängt. Der Elektrostahlofen kann zum Frischen, also zur Stahldarstellung wie der Martinofen benutzt werden, doch ist seine Heizung hierzu noch zu teuer; dagegen verdrängt er das Tiegelschmelzen immer mehr, weil man in ihm den Stahl reinigen kann. Man kann daher aus einem billigen Einsatze im Elektrostahlofen den hochwertigen Werkzeugstahl, den Schnellarbeitsstahl, erzeugen. Dieser Vorteil wird durch die elektrische Heizung erzielt, welche Hitzegrade entstehen läßt, die bisher unerreichbar waren. Bei diesen hohen Hitzegraden ist man in der Lage, die schädlichen Beimengungen vollständig zu verbrennen und das Bad vollständig zu desoxydieren, so daß man einen sehr reinen, blasenfreien, weichen Stahl erhält, welcher bedeutend höhere Zusätze von Kohlenstoff und anderen Elementen verträgt, wodurch der harte Schnellarbeitsstahl entsteht.

Durch Zusammenschmelzen von Roheisen und Schmiedeisen im Tiegel erzeugt man auch einen Tiegelflußstahl oder Gußstahl, welcher als Rohstahl nicht zur Herstellung von Werkzeugen, sondern zum Gießen von Stahlgußstücken dient.

Die weitere Verarbeitung des Eisens.

Das Roheisen geht heute in der Regel in der Form von Masseln in den Handel, wird aber auch oft in Roheisenmischern gesammelt, um direkt auf schmiedbares Eisen verarbeitet zu werden. Solange die Hochöfen mit Holzkohlen betrieben wurden, waren die Eisengießereien mit den Hochofenwerken verbunden, und das graue Roheisen wurde direkt aus dem Hochofen gegossen. Das graue Koksroheisen ist zum direkten Gießen zu siliziumreich. Darum wird das Roheisen zum Gießen heute in Kupolöfen umgeschmolzen, wobei ein Teil des Siliziums verbrennt. Man ist dabei auch in der Lage, verschiedene Roheisensorten zu mischen, um das Material dem Zwecke der zu erzeugenden Gußstücke anzupassen. Die Eisengießereien sind daher nicht mehr mit den Hochofenwerken, sondern mit den Maschinenfabriken verbunden oder bestehen als selbständige Fabriken.

Während die Eisengießerei seit dem Anfang des 14. Jahrhunderts ausgeübt wird, kam erst zu Anfang der 50er Jahre des vorigen Jahrhunderts der Leiter der Bochumer Gußstahlfabrik, Jakob Mayer, darauf, schmiedbares Eisen für diesen Zweck zu verwenden. Der dadurch erhaltene Stahlformguß (besser würde man ihn Flußeisenguß nennen) ist fester und zäher als Eisenguß und darum wertvoller. Man entnimmt das Flußeisen dazu in der Regel dem Siemens-Martin-Ofen, kann aber auch aus der Bessemerbirne oder, wie früher erwähnt, aus Tiegeln oder dem Elektrostahlofen gießen.

Ganz weiches Schmiedeisen (Schweißeisen), in Tiegeln geschmolzen und in Formen gegossen, liefert den Mitis- oder Weichguß. Das Verfahren wird nur an wenigen Orten und nur auf kleine Gußstücke angewandt. Es wird neuerdings durch den Elektrostahlguß verdrängt.

Das schmiedbare Eisen wird in der Regel unmittelbar nach seiner Herstellung in Walzwerken zu Stabeisen (Vierkant-, Rund-, Flach- und Bandeisen), Baueisen (L-, ⊥-, I-, C-, ⌐-Eisen usw.), Eisenbahnschienen oder Blechen ausgewalzt oder unter Dampfhämmern bzw. Schmiedepressen zu großen Schmiedestücken verarbeitet. Die Erzeugung des schmiedbaren Eisens ist daher stets mit Walz- oder Hammer- oder Preßwerken verbunden.

Die durch das Bessemer-, Thomas- oder Siemens-Martin-Verfahren gewonnenen Flußeisen- oder Flußstahlblöcke sind, wenn man die Gußformen bald nach dem Gießen abnimmt, heiß genug, um direkt ausgewalzt oder ausgeschmiedet zu werden. Aber man kann sie doch nicht sofort bearbeiten, weil sie im Innern noch flüssig sind und darum bei der Bearbeitung spritzen, also die Arbeiter in große Gefahr bringen würden. Man kann nicht warten, bis sie vollständig erstarrt sind, weil dann die äußere Rinde bereits zu kalt ist. Man stellt daher die Blöcke in ausgemauerte enge Gruben, in denen ein Wärmeausgleich zwischen dem Innern und Äußern der Blöcke erfolgt, weshalb die Gruben Wärmeausgleichgruben genannt werden. Läßt man die Blöcke vollständig erkalten, etwa um sie zu verkaufen, so müssen sie vor der weiteren Verarbeitung in einem Schweißofen wieder erhitzt werden.

Die Eigenschaften und die Legierungen des Eisens.

Das Eisen ist das billigste und das festeste Metall, wird darum am meisten verwendet und ist von der größten Bedeutung für die Technik und die Volkswirtschaft. Deutschland hatte vor dem Kriege in der Eisenerzeugung England überholt und stand unter den Ländern der Erde an zweiter Stelle während die Vereinigten Staaten von Nord-Amerika die erste Stelle einnahmen. An feuchter Luft hält sich das Eisen schlecht, es verrostet. Man sucht daher Eisen, welches der Witterung ausgesetzt ist, durch Ölfarbenanstrich zu schützen. Zu demselben Zwecke wird das Eisen verzinnt oder verzinkt. Verzinntes Eisenblech heißt Weißblech. Die verschiedenen Eisensorten und ihre kennzeichnenden Eigenschaften wurden bereits bei ihrer Darstellung behandelt. Zu erwähnen ist noch das spezifische Gewicht, welches für Gußeisen durchschnittlich 7,2 und für schmiedbares Eisen 7,8 beträgt.

Um das Eisen härter und fester zu machen, legiert man es mit anderen Körpern, d. h. schmilzt es mit ihnen zusammen. Legierungen pflegen härter und fester zu sein, als jedes Metall für sich allein war, aber auch spröder und leichter schmelzbar. Der Schmelzpunkt der Legierung liegt oft erheblich niedriger als das Mittel aus den Schmelzpunkten der verwendeten Metalle. Er kann sogar niedriger liegen als der Schmelzpunkt des am leichtesten schmelzenden Metalls der Legierung (Roses Metall). Die Legierungen des Eisens mit Kohlenstoff sind bereits früher erledigt. Man legiert das Eisen mit Chrom oder Wolfram, um besonders harten Werkzeugstahl herzustellen. Der Schnellschnittstahl enthält neben Wolfram oder Molybden, Chrom, Kohlenstoff, Vanadium, Mangan und Silizium. Außerdem legiert man Eisen mit Nickel, wodurch man das festeste Material erhält, welches bis jetzt bekannt ist, nämlich den Nickelstahl; derselbe ist zäher und dehnbarer als Stahl, aber trotzdem härtbar. Die Härtung von Panzerplatten aus Nickelstahl wurde zuerst von Krupp nach einem besonderen Verfahren ausgeführt. Man verwendet Nickelstahl zu Panzerplatten, Panzergranaten, Kanonen, Lokomotivachsen, Schiffswellen usw. Die 8 proz. Eisennickellegierung soll die festeste sein.

2. Das Kupfer.

Das Vorkommen des Kupfers.

Dasselbe kommt gediegen auf der Erde vor. Am Oberen See in Nord-Amerika sollen Blöcke bis zu 420 t Gewicht gefunden sein. Trotzdem wird der größte Teil des Kupfers aus seinen Erzen hergestellt.

Die Kupfererze sind geschwefelte oder oxydierte. Die geschwefelten Erze sind Verbindungen von Kupfer mit Schwefel und meist auch mit Eisen. Das hüttenmännisch wichtigste Kupfererz ist der Kupferkies ($CuFeS_2$), welcher 34% Kupfer enthält, aber meist mit Eisenkies (FeS_2) und Magnetkies (Fe_3S_4) gemengt vorkommt, wodurch sein Kupfergehalt oft auf wenige Prozent herabgedrückt wird. Danach kommen Buntkupfererz (Cu_3FeS_3) mit 55% und Kupferglanz (Cu_2S) mit 79% Kupfer. In Spanien kommt das Rotkupfererz (Cu_2O) mit 88% Kupfer und in Chile und Bolivia der Atakamit ($Cu_4O_3Cl_2 + 3\,H_2O$) mit 59% Kupfer vor, und zwar der letztere in großer Menge.

Die Gewinnung des Kupfers.

Die Darstellung des Kupfers aus seinen Erzen erfolgt auf trocknem oder auf nassem Wege, zuweilen auch teilweise mit Hilfe des elektrischen Stromes. Auf nassem Wege wird das Kupfer nur dann gewonnen, wenn es sich in wässeriger Lösung befindet, oder seine Erze so kupferarm sind, daß sie sich nicht mit Vorteil verschmelzen lassen.

Bei der Kupfergewinnung auf trocknem Wege aus geschwefelten Erzen unterscheidet man die deutsche Methode, welche in Schachtöfen und Herden, und die englische, welche in Flammöfen ausgeführt wird. Die letztere ist vorteilhafter bei großer Produktion und Erzen von veränderlicher Beschaffenheit, wenn billige Steinkohlen zur Verfügung stehen, sonst arbeitet man nach der ersteren. Man arbeitet auch teils nach der einen, teils nach der anderen Methode. Beide Prozesse beruhen auf der größeren chemischen Verwandtschaft des Kupfers zum Schwefel und seiner geringeren zum Sauerstoffe, während die Begleitmetalle das gegenteilige Verhalten zeigen. Beide Verfahren bestehen in 3—4 maligem abwechselnden Rösten (Oxydieren) und reduzierenden Schmelzen mit Kohle. Beim deutschen Verfahren erfolgt das Rösten in Stadeln oder besser in Öfen und das Schmelzen in Schachtöfen mit Holzkohle oder Koks. Nach dem englischen Verfahren werden beide Arbeiten in Flammöfen ausgeführt, welche mit Steinkohlen geheizt werden. Durch das Rösten sollen der Schwefel und die fremden Metalle des Erzes oxydiert werden. Der Schwefel entweicht dann als schweflige Säure, welche zur Schwefelsäure-Darstellung nutzbar gemacht wird. Es darf aber nicht mit einem Male aller Schwefel oxydiert werden, weil sonst bei dem nachfolgenden reduzierenden Schmelzen ein durch andere Metalle stark verunreinigtes Kupfer entsteht, welches sich nur mit großen Metallverlusten reinigen läßt. Ist dagegen bei der Reduktion noch Schwefel genug vorhanden, so verbindet sich das Kupfer mit ihm, während die nicht verdampften Metalloxyde in die Schlacke gehen. Durch das letzte Rösten wird das Erz „totgeröstet", d. h. möglichst aller Schwefel durch Oxydation entfernt, wobei auch das Kupfer und die noch vorhandenen Begleitmetalle oxydiert werden. Beim nachfolgenden Schmelzen wird dann das Kupfer reduziert, aber auch die noch vorhandenen geringen Mengen von Eisen usw., auch etwas Schwefel ist

noch vorhanden. Das erhaltene Kupfer, Schwarzkupfer genannt, muß
daher noch gereinigt werden. Zu diesem Zwecke wird es, ähnlich wie
das Roheisen im Frischherde, in einem Garherde oder einem Spleißofen
einem oxydierenden Schmelzen unterworfen. Das dadurch erhaltene
Rosettenkupfer ist noch nicht schmiedbar, weil es vom Garmachen
Kupferoxydul enthält, welches das Kupfer rotbrüchig macht. Die Entfernung des Kupferoxyduls erfolgt durch reduzierendes Schmelzen in
einem Herde und heißt Hammergarmachen.

Aus oxydierten Erzen gewinnt man das Kupfer durch Nieder-
schmelzen mit Kohle im Schachtofen, da nur eine Reduktion, kein
Rösten erforderlich ist.

Die Eigenschaften des Kupfers.

Das Kupfer von dem bekannten roten Aussehen und 8,9 spez. Gewicht ist nächst dem Eisen das festeste der technisch verwerteten
Metalle. An feuchter Luft überzieht es sich bald mit edlem Grünspan
(basisch kohlensaures Kupfer), welcher einen dichten Überzug bildet
und so das darunter liegende Metall vor weiterer Zersetzung schützt.
Kupfer ist daher, der Witterung ausgesetzt, viel haltbarer als Eisen und
wird infolgedessen auch als Dachdeckungsmaterial benutzt. Auch zum
Beschlagen von Schiffen, welche in tropische Gewässer fahren, wird
Kupferblech verwendet, um das Ansetzen von Seepflanzen und See-
tieren zu verhindern. Das Kupfer übertrifft das Eisen in der Dehnbarkeit und steht hierin nur dem Golde und dem Silber nach. Es läßt sich
deswegen gut durch Treiben zu Gefäßen und Figuren (Hermannsdenk-
mal, Kaiser-Wilhelm-Denkmal in Koblenz) verarbeiten. Bei 1050° C
schmilzt das Kupfer und steht hinsichtlich seiner Leitungsfähigkeit für
Wärme und Elektrizität nur dem Silber nach. Darum wird das Kupfer
hauptsächlich zu elektrischen Leitungen verwendet, wozu Silber meist
zu teuer ist. Es läßt sich schmieden, aber nicht mit dem Hammer
schweißen. Die Verbindung von Kupferteilen erfolgt daher außer durch
Schrauben und Nieten durch Löten und autogenes Schweißen. Das
Kupfer ist ungeeignet zum Gießen, weil die Gußstücke blasig werden.
Man legiert es daher mit Zinn oder Zink, wodurch man gußfähige
Legierungen erhält.

Die Kupferlegierungen.

Legierungen aus Kupfer und Zinn nennt man Bronzen. Kanonen-
bronze enthält 90—91% Kupfer und 10—9% Zinn und ist fester als
manches Schweißeisen. Glockenbronze enthält neben etwa 80% Kupfer
20% Zinn. Die Bronze für Denkmäler und andere Kunstgegenstände
besteht dagegen hauptsächlich aus Kupfer und Zink mit wenig Zinn und
oft etwas Blei. Maschinenbronze besteht, wenn es auf Festigkeit und
Härte ankommt, nur aus Kupfer und Zinn, enthält aber oft außerdem
um so mehr Zink, je billiger, leichter gießbar und leichter bearbeitbar
sie sein soll. Phosphorbronze wird durch Zusatz von Phosphorkupfer

blasenfrei und dicht gemacht, enthält aber nachher nur Spuren von Phosphor. Zu demselben Zwecke setzt man der Bronze Mangan zu und nennt sie dann Manganbronze. Dagegen enthält die Aluminiumbronze an Stelle des Zinns Aluminium. Die Festigkeit und Härte, aber auch die Sprödigkeit des Kupfers wird durch Aluminium stärker erhöht als durch Zinn, weshalb die Aluminiumbronze selten mehr als 10% Aluminium enthält. Aluminiumbronze hat eine schöne, goldähnliche Farbe, welche aber an der Luft bald schwärzlich wird.

Die wichtigsten Kupferlegierungen sind Messing (Gelbguß) und Rotguß oder Tombak. Das erstere besteht aus 50—80% Kupfer und 50—20% Zink. Der Tombak, im Maschinenbau Rotguß genannt, enthält dagegen über 80% Kupfer und 20% oder weniger Zink. Das Zink erhöht die Härte und Festigkeit des Kupfers weniger als das Zinn, vermindert aber auch seine Dehnbarkeit weniger. Rotguß und Messing sind daher dehnbarer als Bronzen. Man kann sie infolgedessen zu Blech auswalzen und zu Draht ziehen. Da Zink erheblich billiger, Zinn dagegen teurer als Kupfer zu sein pflegt und außerdem Kupferzinklegierungen leichter gießbar als Bronzen sind, so finden die ersteren eine vielseitigere Verwendung als die letzteren.

Das Deltametall besteht aus Kupfer, Zink und etwas Eisen. Auch das Duranametall enthält dieselben Metalle, jedoch in anderen Verhältnissen. Beide Legierungen sind sehr widerstandsfähig gegen chemische Einflüsse, fest und dehnbar, d. h. schmiedbar. Sie finden beim Bau von Maschinen Verwendung.

Die deutschen Nickelmünzen bestehen aus 75% Kupfer und nur 25% Nickel. Amerikanische Nickelmünzen enthalten nur 12% Nickel. Gold- und Silbermünzen sowohl als auch Gebrauchsgegenstände aus diesen Metallen erhalten einen Kupferzusatz, um ihre Festigkeit und Härte zu erhöhen. Deutsche, französische, belgische und nordamerikanische Goldmünzen enthalten 10% Kupfer. Deutsche Silbermünzen enthalten ebenfalls 10% Kupfer. Neusilber, Argentan, Packfong, Alfenide, Alpaka, Christoflemetall und Chinasilber gehören alle zu einer Gattung von Legierungen, welche aus Kupfer, Zink und Nickel bestehen. Neusilberne Tischgeräte pflegen 50% Kupfer, 30% Zink und 20% Nickel zu enthalten. Alfenide ist galvanisch versilbertes Neusilber, Christoflemetall feuerversilbertes Neusilber.

3. Das Nickel.

Das einzige Nickelerz, welches nur auf Nickel verarbeitet wird, ist der Garnierit (Nickelsilikat), welcher in Neukaledonien gefunden wird. Sonst kommen die Nickelerze nur mit Eisen-, Kupfer- und Kobalterzen gemengt vor und enthalten Schwefel und Arsen.

Aus dem Garnierit läßt sich das Nickel durch reduzierendes Schmelzen mit Kohle im Schachtofen gewinnen. Das so gewonnene Metall ist aber mit Eisen und Kohle legiert und muß durch ein oxydierendes Schmelzen von diesen Beimengungen befreit werden, weil es sonst zu wenig dehnbar ist. Manche Magneteisensteine enthalten Nickelerze. Man verhüttet sie, da sie auch Schwefel enthalten, wie den Kupferkies zur Kupferdarstellung. Solche Erze sind oft auch kupferhaltig, und man erhält dann aus ihnen ein Rohnickel, welches zuweilen bis 40% Kupfer enthält. Das letzte reduzierende Schmelzen erfolgt bei diesem Verfahren mit Kohlenpulver im Tiegel. Auch wenn die Erze aus Arsenverbindungen bestehen, wird durch wiederholtes Rösten und Schmelzen das Nickel gewonnen.

Will man aus den erwähnten Erzgemengen ein reines Nickel gewinnen, so ist dies nur auf nassem Wege möglich, indem man die gerösteten Erze in Säuren auflöst und die verschiedenen Metalle der Reihe nach ausfällt. Zuletzt wird Nickel durch Kalkmilch als Nickeloxydul gefällt und mit Kohle im Tiegel reduziert.

Das Nickel besitzt eine gelblichweiße, angenehme Farbe. Seine Festigkeit ist etwa gleich der des Kupfers, seine Härte größer, dagegen seine Dehnbarkeit etwas geringer. Es schmilzt bei etwa 1450° C und hält sich sehr gut an der Luft. Man verwendet es daher zum Überziehen (Vernickeln) von eisernen Gegenständen, um diese vor dem Rosten zu schützen. Da das reine Nickel schwer gießbar ist, weil es beim Gießen Gase entwickelt, hat man es früher fast nur zu Legierungen verwendet. Durch einen geringen Magnesiumzusatz (nach Fleitmann) wird es ähnlich wie die Phosphorbronze und Manganbronze gut gießbar. Seit der Anwendung des Fleitmannschen Verfahrens werden Tisch- und Küchengeräte auch aus Nickel herggestellt.

4. Das Zinn.

Das einzige Zinnerz ist der Zinnstein. Derselbe besteht aus mehr oder weniger reinem Zinnoxyd (SnO_2), welches 78% Zinn enthält. Der Zinnstein findet sich entweder auf Gängen in Begleitung von Quarz, Glimmer usw. oder auf sekundärer Lagerstätte im Schuttlande als sogen. Zinnseifen in Cornwall, Malakka und auf Bangka. Er fällt durch sein hohes spezifisches Gewicht auf. In Deutschland kommt der Zinnstein im Erzgebirge vor, jedoch ist die dortige Ausbeute gering dem deutschen Verbrauch gegenüber.

In Deutschland gewinnt man das Metall durch reduzierendes Schmelzen des Erzes in einem Schachtofen, in Cornwall dagegen durch dasselbe Verfahren in einem Flammofen. Bei beiden Verfahren erfolgt die Reduktion des Zinnoxydes durch Kohle (Holz- bzw. Steinkohle), welcher ein Rösten vorhergehen muß, wenn das Erz schwefelhaltig ist. Dem Rösten und Schmelzen muß aber meistens eine Aufbereitung durch Pochen und Waschen auf Stoß- und Kehrherden vorausgehen, um durch Abscheidung eines Teils der Gangarten das Erz zinnreicher zu machen.

Wegen seiner weißen, silberänlichen Farbe und seiner Widerstandsfähigkeit gegen die Einflüsse der Luft und der Feuchtigkeit war das Zinn seit dem Altertume ein geschätztes Metall zur Herstellung von

Haushaltungsgegenständen. Diese Verwendung des Zinns ist aber seit der Einführung des Porzellans sehr zurückgegangen, weil sich Porzellangegenstände leichter reinigen lassen. Das Zinn schmilzt schon bei 230° C und hat das spezifische Gewicht 7,3. Härte und Festigkeit des Zinns sind sehr gering. Während seine Härte etwa gleich der des Goldes und Silbers ist, beträgt seine Festigkeit nur $^1/_{10}$ derjenigen jener Metalle. Ein geringer Zusatz von Blei erhöht die Härte und Festigkeit des Zinns und ist außerdem sehr viel billiger als Zinn. Die Zinngießer verwenden daher eine Zinnbleilegierung. Mit Rücksicht auf die Giftigkeit der Bleisalze soll diese Legierung zur Herstellung von Eß- oder Trinkgeräten in Deutschland gesetzlich nicht mehr als 10% Blei enthalten. Zu anderen Gegenständen enthält die Legierung oft viel mehr Blei. Auch das Blattzinn, Stanniol, welches zum Einschlagen von Seife, Schokolade, Schnupftabak usw. benutzt wird, enthält, mit Rücksicht auf seine größere Billigkeit, oft sehr viel Blei, so daß mitunter der Bleigehalt den Zinngehalt überwiegt.

Zu Löffeln, Kannen und anderen Gegenständen, welche aus Zinn wenig haltbar sind, verwendet man das Britanniametall. Dasselbe besteht aus 86—92% Zinn, 6—10% Antimon und 2—4% Kupfer und ist wesentlich härter und fester als Zinn. Das Britanniametall wird nicht nur gegossen, sondern auch zu Blechen verarbeitet, aus welchen man dann allerlei Gebrauchsgegenstände herstellt.

Ähnliche Legierungen wie das Britanniametall benutzt man im Maschinenbau unter dem Namen Weißguß oder Weißmetall zu Lagerschalen.

5. Das Zink.

Die hauptsächlichsten Zinkerze sind der Galmei und die Zinkblende. Mit Galmei bezeichnet man sowohl kohlensaures (edler Galmei) als auch kieselsaures Zink. Der edle Galmei ($ZnCO_3$) enthält rein 52% Zink, ist aber fast immer mit Ton und anderen Substanzen gemischt. Zinkblende ist Schwefelzink (ZnS) und enthält im reinen Zustande 67% Zink, ist aber oft durch Eisen- und Manganverbindungen verunreinigt.

Die Darstellung des Zinks aus seinen Erzen erfolgt durch Erhitzung des Zinkoxyds mit Kohle, wobei diese dem Zinkoxyd den Sauerstoff entzieht. Da die Zinkerze in der Regel nicht aus Zinkoxyd bestehen, müssen dieselben erst durch Rösten in Zinkoxyd verwandelt werden. Beim Rösten verliert der edle Galmei nur seine Kohlensäure, während sowohl das Zink als auch der Schwefel der Zinkblende oxydiert werden müssen. Dieses Ziel ist beim Rösten der Blende nur durch hohe Temperatur und reichlichen Luftzutritt zu erreichen. Der Schwefel entweicht dabei als Schwefeldioxyd. Eine besondere Schwierigkeit bei der Zinkdarstellung bildet der Umstand, daß die Reduktion des Zinks aus seinem Oxyd erst in einer Temperatur möglich ist, in welcher das entstehende Zink bereits Dampfform annimmt. Man ist dadurch gezwungen, das Glühen des Zinkoxyds mit Kohle in geschlossenen Gefäßen (Retorten) auszuführen, aus welchen das entstehende Zink in entsprechende Vorlagen (Gefäße) überdestilliert. Die Retorten werden aus feuerfestem Ton hergestellt. Man nennt sie **Muffeln**, wenn, wie es z. B. auf den oberschlesischen Zinkwerken der Fall ist, jede derselben besonders eingebaut und von Feuerzügen umgeben ist. Dabei werden 1—3 Reihen Muffeln von ⌒-förmigem Querschnitte übereinander in einem Ofen eingemauert. Sie werden dagegen **Röhren** genannt, wenn sie vollständig frei nur an den Enden eingemauert im Feuer liegen, wobei 6—8 Reihen übereinander angeordnet werden können (belgischer Zinkofen). Die Brennstoffausnutzung ist bei der letzten Einrichtung günstiger, aber der Verbrauch von Gefäßen größer als bei der ersten. Das so gewonnene Zink muß oft noch in einem Flammofen gereinigt werden.

Das Zink ist nach dem Eisen und dem Blei das billigste Metall. Seine Farbe ist grauweiß und sein Gefüge grob kristallinisch. Es ist 7 mal schwerer als Wasser. An der Luft verhält es sich ähnlich wie Kupfer, indem es sich mit einer dichten Oxydschicht überzieht, welche das darunter liegende Metall vor weiterer Oxydation schützt. Das Zink schmilzt bei 412° C und ist gut gießbar. Es wird daher viel Zinkguß zu Bauornamenten, Gartenfiguren, Lampenfüßen und anderen Gegenständen benutzt. Wegen der geringen Festigkeit des Zinks dürfen solche Gußstücke aber nicht stark beansprucht werden. Die Dehnbarkeit des Zinks ist geringer als die des Kupfers, Zinns und Bleis; doch läßt es sich bei 130—150° zu Blech auswalzen, welches als Bedachungsmaterial, zu Dachrinnen und zu Abfallröhren häufige Verwendung findet. Bei 200° C ist es so spröde, daß man es in einem Mörser zerstoßen kann.

Das Zink bildet selten das Hauptmetall einer Legierung. Nur für Lagerschalen stellt man einen billigen **Weißguß** (Weißmetall) aus Zinklegierungen her. Eine solche besteht z. B. aus 85% Zink, 10% Antimon und 5% Kupfer. Das sog. **Antifriktionsmetall**, ebenfalls ein Lagerschalenmetall, besteht aus 76% Zink, 18% Zinn und 6% Kupfer.

Eiserne Gegenstände werden bisweilen, wie schon erwähnt, verzinkt, um sie vor dem Verrosten zu schützen, z. B. das **Wellblech**.

6. Das Blei.

Das wichtigste Bleierz ist der **Bleiglanz**. Er besteht aus Schwefelblei (PbS) mit 86% Blei. Meistens ist der Bleiglanz jedoch kein reines Schwefelblei, sondern enthält oft Silber und Gangarten, wie Quarz, Kalkspat und Schwerspat, oder ist mit anderen Erzen, wie Kupferkies, Eisenkies oder Zinkblende, vermischt. Außer dem Bleiglanz ist nur noch das **Weißbleierz** von Bedeutung. Dieses Erz besteht aus kohlensaurem Blei ($PbCO_3$) und enthält rein 77% Blei.

Bei der Darstellung des Bleis aus dem Bleiglanze kommt es darauf an, den Schwefel zu beseitigen. Man erreicht dies bei der **Nieder-**

schlagsarbeit in Schachtöfen dadurch, daß man ihn an Eisen bindet, bei der Röstseigerarbeit in Flammöfen durch Oxydation zu Schwefeldioxyd, welches als Gas entweicht. Um das Blei aus dem Weißbleierze herzustellen, ist eine Austreibung der Kohlensäure durch Rösten und eine Reduktion des erhaltenen Bleioxyds durch Kohle nötig.

Zur Ausführung der Niederschlagsarbeit wird der Bleiglanz außer mit den nötigen Zuschlägen mit Eisengranalien vermischt und in einem Schachtofen mit Holzkohle oder Koks niedergeschmolzen. Die Eisengranalien erhält man dadurch, daß man flüssiges Eisen in Wasser laufen läßt.

Die Röstseigerarbeit wird in England, Schlesien und Kärnten ausgeführt. Dabei wird in den Flammöfen ein Teil des Schwefelbleis durch den Sauerstoff der Luft in Bleioxyd und Schwefeldioxyd umgewandelt, wobei sich auch Bleisulfat bildet. Durch das Bleioxyd und Bleisulfat wird dann das unzersetzte Schwefelblei zerlegt, wobei sich metallisches Blei und Schwefeldioxyd bilden.

Enthalten die Bleierze Silber, so erhält man ein silberhaltiges Blei, aus welchem das Silber durch Treibarbeit in einem Flammofen gewonnen werden kann. Das Blei geht dabei in Bleiglätte (Bleioxyd) über und muß nachher durch Kohle im Schacht- oder Flammofen reduziert werden.

Das Blei ist das weichste aller technisch verwertbaren Metalle und von den unedlen Metallen das spezifisch schwerste. Es ist 11,3—11,4 mal schwerer als Wasser und schmilzt bei 330° C. An der Luft hält es sich in derselben Weise wie Kupfer und Zink. Es wird daher, wenn auch selten, als Dacheindeckungsmaterial benutzt. Seine sonstige Verwendung gründet sich entweder auf seine Weichheit oder seine chemischen Eigenschaften oder sein hohes spezifisches Gewicht. Man macht Rohre aus Blei, weil sie sich durch Pressen leicht herstellen und wegen ihrer Biegsamkeit leicht ohne Formstücke verlegen lassen. Besonders zu den Teilen der Wasserleitungen, welche innerhalb der Gebäude liegen, benutzt man mit Vorliebe Bleirohre. Alle löslichen Bleiverbindungen sind aber starke Gifte. Brunnenwasser (kalkhaltig) nimmt in Bleiröhren kein Blei auf, wird also nicht giftig, während destilliertes und Regenwasser giftig werden. Ebenfalls wegen seiner Weichheit benutzt man das Blei zu Zwischenlagen zwischen unebene, gedrückte Flächen, um eine möglichst gleichförmige Verteilung des Flächendrucks zu erreichen. Die chemischen Eigenschaften des Bleis benutzt man in den elektrischen Akkumulatoren, zu denen heute ein großer Teil des erzeugten Bleis verbraucht wird. Wegen seines hohen spezifischen Gewichts benutzt man Blei zu den Geschossen der Handfeuerwaffen, um ihnen bei möglichst großem Gewicht einen möglichst kleinen Inhalt zu geben, weil mit ihm bei gleicher Geschoßform der Luftwiderstand abnimmt. Neuerdings benutzt man hierzu nicht mehr das reine Blei, sondern das Hartblei, eine Blei-Antimon-Legierung, welche 10—25% Antimon enthält. Sie wird bei hohem Antimongehalte sehr spröde. Das Schriftmetall ist ebenfalls eine Bleilegierung. Es enthält 70—83% Blei, 15—22% Antimon und 15—5% Zinn.

7. Das Aluminium.

Es kommt in der Natur vor im Korund (Al_2O_3), im Schmirgel (unreiner Korund), in dem sehr verbreiteten Tone (Aluminiumsilikat), im Kryolith (Al_2Fl_6 + 6 NaFl), besonders in Grönland, und in anderen Gesteinen.

Früher stellte man aus Ton durch Glühen mit Kohle im Chlorgasstrome erst Aluminiumchlorid dar und zerlegte dieses durch Natrium in Aluminium und Kochsalz. Jetzt stellt man das Aluminium durch elektrische Zerlegung von Kryolith oder von Aluminiumsulfid dar, z. B. am Rheinfall bei Schaffhausen.

Das Aluminium ist bläulichweiß, nicht sehr geschmeidig, härter als Zinn, aber weicher als Zink. Es ist etwa ebenso fest als Zink. An der Luft hält es sich gut. Dagegen wird es von den meisten Säuren und von Kalilauge aufgelöst und von kochendem Wasser etwas angegriffen. Es schmilzt bei 700° C. Seine Haupteigenschaft ist indessen sein geringes spezifisches Gewicht (gegossen 2,56, gehämmert 2,7). Da Aluminium nächst dem Eisen das am häufigsten vorkommende Metall ist, welches leichter und an der Luft haltbarer als Eisen ist, so erwarteten manche für Bauten im Freien den Ersatz des Eisens durch das Aluminium. Obgleich nun das Aluminium durch seine Herstellung auf elektrischem Wege viel billiger geworden ist, haben sich doch diese Erwartungen durchaus nicht erfüllt, weil das Aluminium sehr viel weniger fest und erheblich teurer als Eisen geblieben ist. Auch in Zukunft wird das Aluminium wohl teurer als Eisen bleiben, da zu seiner Reduktion weit mehr Wärme aufgewendet werden muß als zu der des Eisens. Man verwendet das Aluminium als Zusatz in der Stahlgießerei, um dichte Güsse zu erzielen, zu militärischen Ausrüstungsstücken, welche leicht sein sollen (Kochgeschirre, Feldflaschen), zu Luftschiffen, zu optischen Instrumenten und zu Kochtöpfen. Zu wünschen wäre, daß es in Deutschland an Stelle des Nickels als Münzmetall verwendet würde, da es in Deutschland aus heimischen Rohstoffen hergestellt werden kann.

8. Das Antimon.

Das wichtigste Antimonerz ist der Antimonglanz oder Grauspießglanz, eine Schwefelantimonverbindung (Sb_2S_3), welche rein 71,5% Antimon enthält.

Zur Darstellung des Antimons wird der Grauspießglanz erst geröstet und dann im Flammofen oder Schachtofen mit Kohle reduziert, wobei man zur Schlackenbildung Soda, Kochsalz usw. zusetzt. Das so gewonnene Antimon läßt sich durch Umschmelzen mit oxydierenden Körpern, wie Salpeter oder Braunstein, oder mit auflösenden, wie Soda, von Beimengungen, wie Eisen, Arsen, Schwefel, Kupfer und Blei, reinigen. Das Handels-Antimon (Antimon-Regulus) pflegt aber immer noch etwa $1\frac{1}{2}\%$ fremde Körper (Kupfer, Eisen und Blei) zu enthalten.

Das Antimon ist ein weißes Metall, auf der Bruchfläche grob-
blättrig, sehr spröde und 6,7 mal schwerer als Wasser. Es schmilzt
bei 450° C. Wegen seiner großen Sprödigkeit wird es nie für sich allein,
sondern stets nur zur Herstellung von Legierungen benutzt, welchen es
die gewünschte Härte gibt.

9. Das Holz.

Die Stämme und Äste der Bäume und Sträucher bestehen hauptsächlich aus Holz. Außen wird dasselbe von der Rinde umgeben und in
seiner Mittellinie vom Marke durchzogen. Das Holz ist kein gleichförmiger (homogener) Körper, sondern besteht
aus in besonderer Weise gruppierten und
zwar etwas gewundenen (in einer Schraubenlinie) Fasern, welche nach der Längsrichtung
des Stammes verlaufen. Die besondere Grup-
pierung der Fasern entsteht dadurch, daß
jährlich zwischen Holz und Rinde eine neue
ringförmige Holzschicht wächst. Auf einem
senkrecht zur Mittellinie des Baumstammes
gerichteten Schnitte (Fig. 9) werden diese
einzelnen Ringe, Jahresringe genannt, als

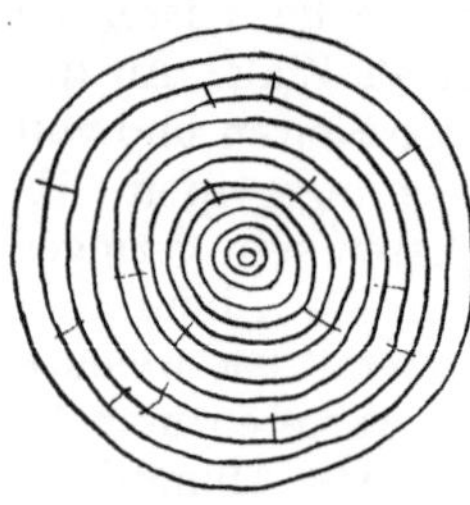

Fig. 9. Hirnholz.

kreisförmige Linien dadurch sichtbar, daß das Holz eines solchen
Ringes teils hell und weich, teils dunkler gefärbt und fester ist. Die
Schnittfläche heißt Hirnfläche, sie zeigt das Hirnholz. Spaltet man
Holz so, daß die Spaltungsfläche durch die Mittellinie (das Mark) des
Stammes geht, so zeigen sich, eingestreut in die parallelen Linien,
welche die Schnitte der Jahresringe bilden, kleine glänzende Flächen,
Spiegel genannt. Die durch das Spalten entstandene Holzfläche (Fig. 10)
nennt man daher das Spiegelholz. Die Spiegel sind auf der Hirnfläche
als kurze radiale Linien sichtbar, welche Markstrahlen heißen. Eine
zur Mittellinie des Stammes parallele Schnittfläche (Fig. 11) zeigt das
Langholz. Man bezeichnet auch mit Langholz die Richtung parallel
zu den Fasern und mit Querholz die Richtung senkrecht dazu. Das
aus der Mitte des Stammes entnommene ältere Holz heißt Kernholz
oder Herz. Es zeichnet sich durch größere Festigkeit, größere Härte
und dunklere Farbe vor dem jüngeren, nach der Rinde hin liegenden
Splintholze aus.

Eine für die Verwertung des Holzes ungünstige Eigenschaft desselben ist das Schwinden sowie das durch das ungleichmäßige
Schwinden hervorgerufene Werfen und Reißen. Alles frisch gefällte
Holz enthält 45—50 Gewichtsprozente Wasser, welches beim Lagern
des Holzes in trockener Luft etwa zur Hälfte verdunstet. Hierdurch
tritt eine Größenverminderung ein, welche man Schwinden nennt. Da
der Wassergehalt des jüngeren Holzes größer als der des älteren ist,
so schwindet das Splintholz stärker als das Kernholz. Hierdurch entstehen im vollen Stamme Risse beim Trocknen. Um dieses Reißen zu

vermeiden, zerlegt man den Stamm bald nach der Fällung in Bretter. Durch das stärkere Schwinden des Splintholzes werden die Bretter aber oft muldenartig gebogen (Fig. 12) oder auch windschief, was man Werfen des Holzes nennt. Auch nach dem Austrocknen finden dadurch noch Größenveränderungen des Holzes statt, daß dasselbe abwechselnd Feuchtigkeit z. B. aus der Luft aufnimmt (quillt) und bei trocknerer Luft wieder abgibt (schwindet). Man nennt diese Erscheinung das **Arbeiten des Holzes**. Das Schwinden des Holzes ist noch sehr verschieden nach der Faserrichtung und senkrecht dazu. Vom Fällen des Baumes bis zum lufttrocknen Zustande beträgt das Schwinden in

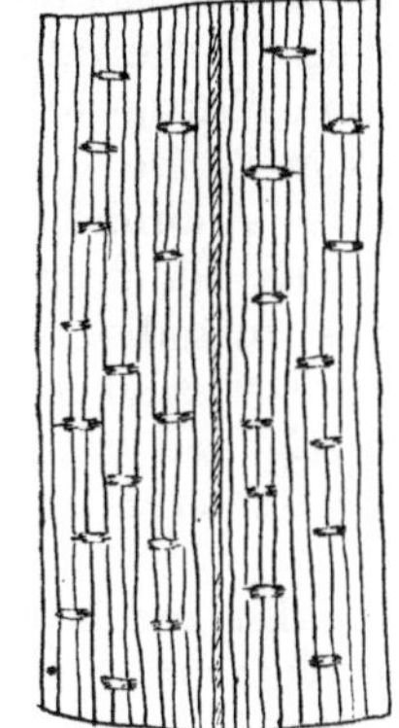

Fig. 10. Spiegelholz.

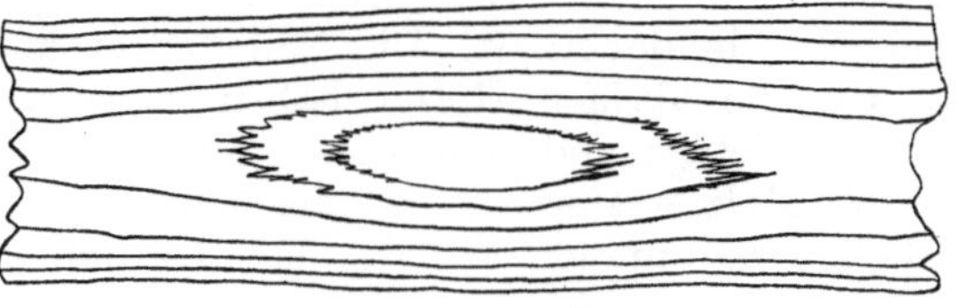

Fig. 11. Langholz.

Fig. 12. Geworfenes Brett.

der Faserrichtung durchschnittlich nur $^1/_{10}\%$, während es quer zur Faserrichtung etwa 5% beträgt. Diesen Umstand benutzt man, um das Arbeiten des Holzes für die herzustellenden Gegenstände möglichst unschädlich zu machen. Man setzt die Gegenstände aus mehreren Teilen von verschiedener Faserrichtung so zusammen, daß die Faserrichtung stets den Hauptabmessungen folgt, wie in Fig. 13 und in Fig. 23, Abschnitt II, nicht wie in Fig. 22, Abschnitt II.

Es gibt verschiedene Holzarten oder Hölzer. Man teilt dieselben in harte und weiche. Zu den harten Hölzern gehören: das Eichen-, Buchen-, Heinbuchen-, Eschen-, Ahorn- und Buchsbaumholz; zu den weichen: die Nadelhölzer (Tannen-, Fichten-, Kiefern- und Lärchenholz), das Linden-, Weiden-, Birken-, Pappel- und Kastanienholz. Nußbaumholz (vom Walnußbaum) aus alten Stämmen ist hart, aus jungen dagegen weich. Die Obstbaumhölzer und das Erlenholz haben

Fig. 13. Tür.

eine mittlere Härte. Von außereuropäischen Hölzern werden bei uns hauptsächlich das Mahagoni- und das Pitch-pine-Holz gebraucht. Das erstere stammt aus Mittelamerika und hat eine rotbraune Farbe, das letztere ist das Holz der amerikanischen Pechkiefer und hat ein ähnliches Aussehen wie unser Kiefernholz. Beide Hölzer gehören zu den harten. Die harten Hölzer sind auch fester, dauerhafter und spezifisch schwerer als die weichen. Fast alle Holzarten sind spezifisch leichter als Wasser. Die weichen Hölzer unterliegen mehr dem Wurmfraße als die harten, jedoch sind Buchen- und Ahornholz dem Wurmfraße stark ausgesetzt. Das Buchenholz wird im Wechsel von Nässe und Trockenheit bald stockig und faul, ebenso verhält sich das Ahornholz; dagegen erträgt das Eichenholz diesen Wechsel gut. Es ist daher neben dem schönen Nußbaumholze unser wertvollstes inländisches Hartholz. Alle dem Wurmfraße nicht ausgesetzten Hölzer sind im Trocknen sehr dauerhaft. Die Nadelhölzer sind grobfaserig und leicht spaltbar, die übrigen Hölzer haben dagegen meist ein feineres und dichteres Gefüge und sind schwer spaltbar.

Um Holz wetterfester zu machen, wird es mit Metallsalzen oder Karbolineum imprägniert oder mit Karbolineum oder Ölfarbe angestrichen.

10. Die Schmiermittel.

Die Arten der Schmiermittel und ihre Gewinnung.

Zum Schmieren von Maschinen wurden früher hauptsächlich Pflanzenöle, aber auch tierische Fette und Öle verwendet; jetzt benutzt man mehr Mineralöle und Mischungen von diesen mit Seifen, welche konsistente Fette genannt werden.

Die Pflanzenöle verharzen entweder, d. h. trocknen an der Luft ein, wie z. B. das Leinöl, oder sie werden nach kürzerer oder längerer Zeit ranzig, d. h. sauer, wie z. B. das Rüböl. Die Öle der ersten Art sind zum Schmieren untauglich. Von den Ölen der zweiten Art verwandte und verwendet man hauptsächlich das Rüböl und das Olivenöl (Baumöl), in geringem Umfange das Senföl. Das Senföl ist das haltbarste von diesen Ölen und soll sehr gut schmieren. Das Rüböl stammt aus dem Rübsen oder dem Raps, und zwar aus deren Samenkörnern, das Olivenöl aus den Früchten des Ölbaumes (der Olive) und das Senföl aus den Senfkörnern, den Früchten des Senfbaumes. Das Öl wird durch Pressen aus den gemahlenen Früchten oder durch Ausziehen mit Schwefelkohlenstoff gewonnen. Das ausgepreßte Öl wird mit 1% Schwefelsäure gereinigt. Für die Benutzung als Schmieröl ist es wichtig, daß die Schwefelsäure durch Auswaschen mit Wasser wieder vollständig aus dem Öle entfernt wird, weil sie die zu schmierenden Metallteile angreifen würde.

Von den tierischen Fetten verwandte man hauptsächlich den Talg, das ist Rinderfett, zum Einfetten von Stopfbüchsen- und Kolbendichtungen (Hanfzöpfe). Ein tierisches, zum Schmieren verwendetes Öl ist das Knochenöl, welches durch Auskochen oder besser durch

Ausziehen mit Benzin aus Knochen gewonnen wird. Es ist ein dünnflüssiges Öl (Spindelöl).

Die mineralischen Schmieröle, Mineralöle, stammen meist, und
zwar die besseren Sorten, aus dem Rohpetroleum oder Erdöl, sie werden
aber auch aus dem Teer (Teeröl), welcher bei der trocknen Destillation
von Braunkohlen, Steinkohlen, Torf usw. gewonnen wird, hergestellt.
Das Erdöl liefert bei seiner Destillation zuerst Benzin, dann Leuchtpetroleum und Rückstände. Aus diesen Rückständen, welche die
Russen Astatki, die tartarischen Arbeiter in Baku Massud nennen,
werden durch Destillation bei höherer Temperatur die Schmieröle gewonnen. In Amerika hat man wenig Rückstände; in Baku dagegen sind
sie in so großen Mengen vorhanden, daß man nicht nur die Destillierkessel mit ihnen heizt, sondern auch die Dampfkessel der Wolga- und
Kaspisee-Dampfer. Die Rückstände des amerikanischen Petroleums
sind sehr dickflüssig, in der Kälte oft fest, während die des russischen
Petroleums flüssig sind. Die ersteren geben daher wenig Schmieröl,
aber viel Paraffin, während aus dem letzteren mehr Schmieröle gewonnen werden können. Trotzdem stammen die meisten Schmieröle aus
amerikanischem Erdöle. Ihre Destillation erfolgt in Kesseln, welche von
außen geheizt werden, unter Einleitung von überhitztem Dampf in dieselben. Die Destillationsprodukte sind bei steigender Temperatur der
Reihe nach: Solaröl, Spindelöl, Maschinenöl und Zylinderöl. Das Solaröl
wird als explosionssicheres Brennöl verwendet. Von den Schmierölen
ist das Spindelöl das dünnflüssigste und spezifisch leichteste (0,89—0,9)
das Maschinenöl das mittlere (spez. Gewicht 0,9—0,92) und das
Zylinderöl das dickflüssigste und spezifisch schwerste (0,92—0,925).
Die rohen Schmieröle haben, durch Verunreinigungen bedingt, eine
mehr oder weniger schwarze Farbe. Sie werden durch Behandlung mit
Schwefelsäure und nachfolgendes Waschen und Trocknen gereinigt.

Die Schmierfähigkeit der Öle und Fette.

Die Schmierfähigkeit eines Schmiermittels hängt in erster Linie
von seiner Adhäsion an den zu schmierenden Flächen und von seiner
inneren Reibung ab. Außerdem kommen noch sein Entflammungsund sein Kältepunkt in Betracht. Zuerst muß das Schmiermittel
zwischen den reibenden Flächen bleiben, wenn es überhaupt schmieren
soll. Je größer seine Adhäsion, um so weniger wird das Schmiermittel
zwischen den reibenden Flächen weggepreßt. Eine genügende Adhäsion
ist daher die erste Bedingung für ein gutes Schmiermittel. Die größte
Adhäsion besitzen die Fette. Sie dienen daher mit Recht zum Schmieren
stark belasteter Flächen. Mit der Adhäsion nimmt aber bei den Schmiermitteln auch ihre innere Reibung zu, von welchen die Reibung der geschmierten Maschinenteile abhängt. Zwischen gering belasteten Flächen
(z. B. an den Spindelzapfen der Spinnmaschinen) bleibt aber schon
dünnflüssiges Schmieröl (Spindelöl) mit geringer Adhäsion haften,
welches geringere innere Reibung hat und in diesem Falle daher besser

schmiert als dickflüssiges Öl oder gar konsistentes Fett. Dasjenige Schmiermittel schmiert also am besten, welches die für den betreffenden Fall genügende Adhäsion und dabei möglichst geringe innere Reibung besitzt.

Der Entflammungspunkt (nicht Entzündungspunkt) ist diejenige Temperatur eines Schmieröls, bei welcher sich aus dem Öl so viel Dämpfe entwickeln, daß sie sich durch eine kleine Flamme entzünden lassen, ohne weiter zu brennen. Der Entflammungspunkt ist besonders wichtig für Zylinderöle, namentlich wenn der Zylinder überhitzten Dampf oder brennbare Gase enthält. Es gibt Zylinderöle, deren Entflammungspunkt bei 380° liegt. Leicht ist es, Öle mit dem Entflammungspunkt 250° herzustellen.

Manche Öle, besonders die, welche einen hohen Entflammungspunkt haben, werden in der Kälte so steif, daß sie sich in engen Röhren oder Bohrungen nicht mehr genügend bewegen, um nach den zu schmierenden Flächen gelangen zu können. Die Temperatur, bei welcher ein Schmieröl unter bestimmten Bedingungen nur noch eine geringe bestimmte Beweglichkeit hat, nennt man den Kältepunkt des Schmieröls. Der Kältepunkt kommt z. B. beim Schmieren im Freien sich bewegender Maschinenteile in Betracht.

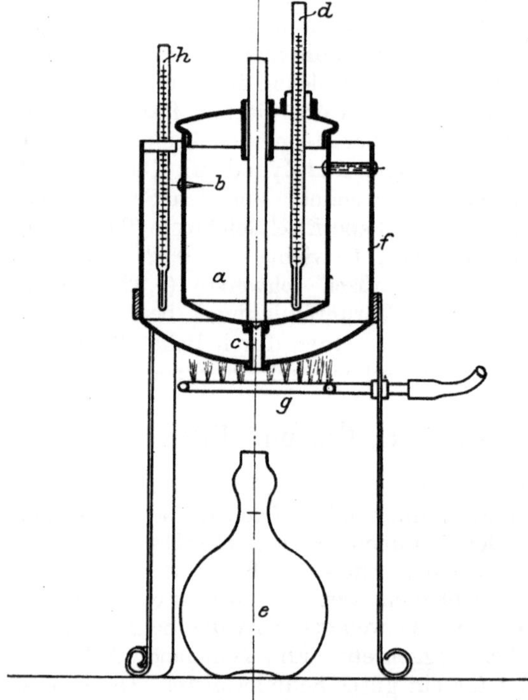

Fig. 14. Flüssigkeitsmesser (Viskosimeter).

Die Prüfung der Schmieröle.

Eine getrennte Bestimmung der Adhäsion und der inneren Reibung ist in einfacher Weise zur Zeit nicht möglich. Man begnügt sich daher mit der Bestimmung des Flüssigkeitsgrades (der Viskosität) des Öles, seines Entflammungs- und seines Kältepunktes. Je dickflüssiger ein Schmieröl ist, d. h. je größer seine Viskosität, desto größer ist seine Adhäsion, aber auch seine innere Reibung.

Der Flüssigkeitsgrad der Öle wird in der Regel mit dem

Englerschen Flüssigkeitsmesser oder Viskosimeter gemessen, welches in Fig. 14 dargestellt ist. *a* ist ein innen vergoldetes Gefäß aus Messing, welches, bis an die Marken *b* gefüllt, 240 ccm Schmieröl aufnimmt. In der Mitte des Bodens befindet sich das durch einen Holzstift verschlossene Ablaufrohr *c* aus Platin. Die Temperatur des Schmieröles wird durch das Thermometer *d* gemessen. Das nach Hebung des Holzstiftes ablaufende Öl wird in einem Glaskolben *e* aufgefangen und gleichzeitig die Zeit beobachtet, welche nötig ist, um den Kolben bis zur Marke 200 ccm zu füllen. Diese Zeit wird durch die Zeit dividiert, welche die gleiche Menge Wasser von 20° C in demselben Apparate zum Ausfließen braucht. Die so erhaltene Zahl ist der Flüssigkeitsgrad oder die Viskosität des Schmieröls. Je größer diese Zahl, desto dickflüssiger ist das Schmieröl.

Um den Flüssigkeitsgrad bei verschiedenen Temperaturen feststellen zu können, ist das Gefäß *a* in ein größeres Gefäß *f* aus Messing eingebaut, welches mit Wasser oder für höhere Temperaturen mit hochentzündlichem Öle gefüllt ist und von unten durch einen Gasbrenner *g* erhitzt werden kann. Die Temperatur im Gefäße *f* wird durch das Thermo-

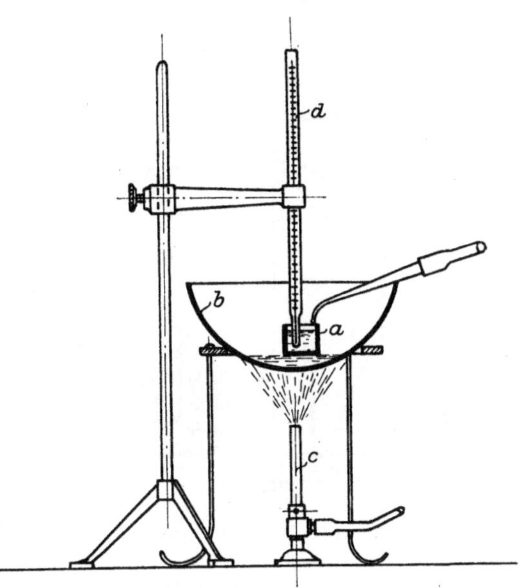

Fig. 15. Entflammungspunktmesser.

meter *h* gemessen. Die üblichen Temperaturen für die Bestimmung des Flüssigkeitsgrades sind 20°, 50° und 100°. Die nachstehende Tabelle enthält die Flüssigkeitsgrade für einige Schmieröle bei den oben genannten Temperaturen.

Temperatur	20°	50°	100° C
für Rüböl	12	5	2
„ Mineralöl 1	60	8	1,4
„ „ 2	38	7	0,8
„ „ 3	10	2,5	—

(Spalte links: Flüssigkeitsgrade)

Der Flüssigkeitsgrad der Mineralöle ist also veränderlicher als der des Rüböls. Daher ist eine Prüfung der Schmieröle jetzt nötiger als früher. Ferner zeigen die organischen Öle bei dem gleichen Flüssigkeitsgrade eine stärkere Adhäsion als die Mineralöle. Will man daher ein organisches Öl durch ein Mineralöl ersetzen, so muß man ein Mineralöl nehmen, welches bei der entscheidenden Temperatur (für Lager nimmt man 50° an) dickflüssiger ist als das organische Öl. Z. B. nimmt man für Rüböl, welches bei 50° einen Flüssigkeitsgrad von 5—6 hat, Mineralöl mit einem Flüssigkeitsgrade von 6—9. Dynamoöl hat bei 50° einen Flüssigkeitsgrad von 2,5 bis 4,5.

Zur Feststellung des Entflammungspunktes gibt man eine bestimmte Menge des zu prüfenden Öles in einen kleinen Porzellantiegel von bestimmten Abmessungen (a Fig. 15), setzt diesen in einer halbkugelförmigen Blechschale b auf ein Sandbad und erhitzt die Blechschale durch einen Bunsenbrenner c. Man beobachtet nun die Temperatur des Öles am Thermometer d und fährt von Zeit zu Zeit mit einem 10 mm langen Gasflämmchen 4 Sekunden lang über den Tiegel a hin, ohne daß die Flamme das Öl oder den Rand des Tiegels berührt. Findet nun ein vorübergehendes Aufflammen über dem Ölspiegel oder eine schwache Explosion

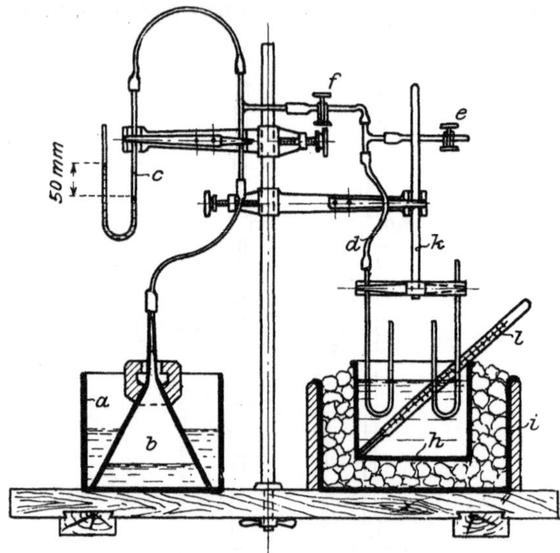

Fig. 16. Kältepunktmesser.

statt, so zeigt das Thermometer den Entflammungspunkt an.

Als Kältepunkt bezeichnet man die Temperatur, bei welcher ein Schmieröl in einem 6 mm weiten Glasrohre unter einem Drucke von 50 mm Wassersäule in einer Minute um 1 cm steigt. Zur Feststellung der Tatsache, ob der Kältepunkt eines Schmieröls unter einer bestimmten Temperatur liegt, benutzt man den in Fig. 16 dargestellten Apparat. Durch Eingießen von Wasser in das Gefäß a wird die Luft in dem umgestülpten, belasteten Trichter b zusammengedrückt. Der Trichter ist durch einen Gummischlauch mit dem Manometerrohre c verbunden, welches den hergestellten Luftdruck mißt. Die zu prüfenden Öle gießt man in U-förmig gebogene, mit cm-Teilung versehene Glasröhren von 6 mm lichter Weite, welche am Halter k befestigt sind. Um die Schmieröle einer unveränderlichen niedrigen Temperatur längere Zeit aussetzen zu können, tauchen die Glasröhren nicht in eine Kältemischung, sondern in eine bei niedriger Temperatur (—5 oder —15°) gefrierende Salzlösung, welche in dem Gefäße h enthalten ist. Zur Herstellung der niedrigen Temperatur dient die im tönernen Gefäße i

enthaltene Kältemischung aus 1 Teil Viehsalz und 2 Teilen Eis, welche das Gefäß *h* umgibt. Die Temperatur der Salzlösung und die des Öles zeigt das Thermometer *l* an. Hat man das Öl eine Stunde lang der verlangten niedrigen Temperatur ausgesetzt, so wird ein Ölglas ein wenig gehoben und durch den Schlauch *d* bei geschlossener Klemme *f* und offener Klemme *e* mit dem Druckapparat verbunden. Nachdem die Klemme *e* geschlossen und *f* geöffnet ist, beobachtet man, um wieviel das Öl in einer Minute im Schenkel des Röhrchens steigt. Solange die Steigung mehr als 1 cm beträgt, liegt der Kältepunkt unter der beobachteten Temperatur.

Lieferungsbedingungen für Mineralschmieröl.

Die preußischen Eisenbahnen schreiben für die Lieferung von Mineralölen zum Schmieren von Eisenbahnwagen, Dampf- und Werkzeugmaschinen folgende Bedingungen vor:

Spezifisches Gewicht bei 20° C .	0,9—0,925			
Bei den Wärmegraden	20°	30°	40°	50° C
Flüssigkeitsgrade { obere Grenze	45	20	12	9
untere Grenze	25	12	8	6

Entflammungspunkt nicht unter 160° C
Kältepunkt für das Sommeröl unter — 5° C
„　　　„　„ Winteröl　　„　—15° C

Das Öl soll sowohl wasserfrei als auch säurefrei sein, darf nur schwachen Geruch besitzen und soll sich in Petroleumbenzin von 0,67 bis 0,7 spez. Gewicht vollkommen lösen lassen. Das Öl darf keine fremdartigen Beimengungen enthalten und selbst bei längerem Lagern keinen Bodensatz bilden, auch darf es in dünnen Lagen an der Luft weder verharzen noch eintrocknen.

Zur Prüfung der Schmieröle sind von der Eisenbahnverwaltung die oben beschriebenen Apparate vorgeschrieben.

Wiederverwendung von Mineralschmierölen.

Da die Mineralöle weder ranzig werden noch eintrocknen, sondern beim Gebrauche nur durch abgeriebene Metallteilchen und Staub verunreinigt werden, so kann man sie durch Filtrieren reinigen und dann wieder verwenden. Das Filtrieren des gebrauchten Öles läßt sich 2—4 mal wiederholen.

11. Das Leder.

Durch Gerben zubereitete tierische Haut nennt man Leder. Im frischen Zustande ist die tierische Haut wegen ihres Gehaltes an leimgebenden Substanzen sehr zur Fäulnis geneigt und wird durch sie in kurzer Zeit zerstört. Da zur Fäulnis vor allem Feuchtigkeit erforderlich ist, verliert die Haut diese Eigenschaft durch Trocknen. Vollständiges

Austrocknen würde daher ausreichen, die Tierhaut haltbar zu machen; aber diese eine Eigenschaft genügt zu ihrer Verwendung als Leder nicht. Sie muß neben der Haltbarkeit einen bestimmten Grad von Geschmeidigkeit und Biegsamkeit besitzen, und gerade diese verliert sie beim Trocknen. Die getrocknete Haut ist hart und brüchig und daher für die meisten Zwecke nicht anwendbar, zu denen man Leder schon seit alten Zeiten verwendet. Man behandelt daher die nassen Häute mit verschiedenen Stoffen, den Gerbstoffen, welche sie in eine dauerhafte, mehr oder weniger weiche und geschmeidige Substanz verwandeln, die man Leder nennt.

Die tierische Haut.

Dieselbe besteht aus drei Hauptschichten: der Oberhaut oder Epidermis, der Lederhaut oder dem Corium und der darunterliegenden Unterhaut. Die äußere oder Oberhaut besteht hauptsächlich aus einer Hornschicht, welche völlig abgestorben ist und sich abschuppt. Sie wird bei der Vorbereitung der Haut für den eigentlichen Gerbprozeß entfernt. Die Lederhaut besteht aus Bindegewebsfasern. Sie liefert das Leder. Die Unterhaut, welche aus lockerem Zellgewebe besteht, enthält Fettzellen und Schweißdrüsen und bildet die Fleisch- oder Aasseite der Haut. Sie muß ebenso wie die Oberhaut vor dem eigentlichen Gerben entfernt werden. Die Haare stehen in Haarsäckchen in der Lederhaut und gehen durch die Oberhaut hindurch. Sie werden, wenn es sich nicht um die Herstellung von Pelzen handelt, mit der Oberhaut vor dem Gerben entfernt. Die Häute fast aller Haustiere und vieler wilden Tiere werden zur Herstellung von Leder benutzt. Im Handel bezeichnet man die Häute großer Tiere als Rohhäute, die kleiner Tiere als Felle. Büffel- und auch Pferdehäute werden in großen Mengen besonders aus Argentinien, Schaffelle vom Kaplande und besonders aus Australien in Europa eingeführt.

Das Gerben.

Die Herstellung des Leders zerfällt in drei Abschnitte: die Vorbereitung der Häute und Felle, das eigentliche Gerben und die Zurichtung des Leders.

Die Vorbereitung der Häute besteht im Einweichen und Waschen derselben, ferner in der Beseitigung der Ober- und Unterhaut und endlich im Schwellen der Lederhaut. Die Enthaarung und Beseitigung der Ober- und Unterhaut wird vorbereitet entweder durch Äschern der Häute mit Kalk oder durch einen Fäulnisprozeß, das Schwitzen. Die Beseitigung dieser Teile erfolgt auf mechanischem Wege durch Abschaben mit dem Schabemesser. Das Schwellen erfolgt in sehr verdünnter Säure oder in einer gärenden Mischung von Kleie und Sauerteig und hat den Zweck, aus geäscherten Häuten den Kalk zu entfernen und geschwitzte Häute aufzuquellen, damit sie nachher den Gerbstoff besser aufnehmen.

Zum eigentlichen Gerben benutzt man pflanzliche oder mineralische oder tierische Gerbstoffe und unterscheidet danach: die Loh- oder Rotgerberei, die Mineralgerberei und die Sämischgerberei.

In der Loh- oder Rotgerberei benutzt man als Gerbstoffe: gemahlene Eichenrinde, Eichenlohe, oder gemahlene Fichtenrinde, Fichtenlohe, oder gemahlenes Quebrachoholz. Von diesen Gerbstoffen ist Eichenlohe am wertvollsten, Fichtenlohe wirkt sehr langsam, und Quebrachoholz gibt namentlich kein gutes Sohlleder. Der wirksame Stoff ist in allen drei Gerbstoffen die Gerbsäure, und das Gerben erfolgt in Lohgruben mit Wasserzusatz oder Zusatz von Lohbrühe.

Der älteste Zweig der Mineralgerberei ist die Weißgerberei. Die Weißgerber gerben mit einer Lösung von Alaun und Kochsalz. Das so erhaltene Leder ist weiß, hat aber nur eine beschränkte Verwendbarkeit, weil sich der Gerbstoff durch Wasser auswaschen läßt, und das Leder dann nach dem Trocknen hart und brüchig wird. Seit 1895 ist die Gerberei mit Chromsalzen aufgekommen, welche ein ebenso gutes Leder liefert wie die Lohgerberei. Das Chromleder hat aber noch den Vorzug, daß es spezifisch leichter ist als lohgares.

Die Sämischgerberei ist wohl das älteste Gerbverfahren. Es erfolgt durch Einreiben der Häute mit Fett (Walfischtran) und Oxydieren des Fettes durch Aushängen der Häute an der Luft. Damit das Fett besser eindringen kann, wird bei der Verarbeitung der Felle die Narbe (Haarseite der Haut) nicht wie bei den anderen Gerbverfahren geschont, sondern absichtlich entfernt. Sämischgares Leder ist weicher und wolliger als andere Ledersorten und läßt sich waschen, ohne seine guten Eigenschaften einzubüßen. Es heißt darum auch Waschleder. Zu Handschuhen und Kleidungsstücken wird es verwendet.

Das Wesen des Gerbens sah man früher in dem Eingehen einer chemischen Verbindung des Gerbstoffes mit der Haut. Nach der heutigen Anschauung bildet sich keine chemische Verbindung, sondern der Gerbstoff füllt die Poren der Haut so aus bzw. umgibt die einzelnen Fasern der Haut so, daß sie nicht aneinander kleben können, und darum die Haut auch nach dem Trocknen geschmeidig bleibt.

Die Zurichtung des Leders ist nach der herzustellenden Sorte verschieden. Soll das Leder dicht und fest sein, so wird es mit Walzen und Hämmern bearbeitet, soll es dagegen geschmeidig sein, so wird es vor dem Trocknen eingefettet.

Die Ledersorten.

Man unterscheidet folgende fünf Hauptsorten: Sohlleder, Sattlerleder, Oberleder, weißgegerbtes Leder und Waschleder.

Das Sohlleder wird zu den Sohlen des Schuhwerks verwendet. Es muß daher besonders dicht und fest sein. Man kann dazu nur lohgares oder Chromleder benutzen, welches durch langes Gerben viel Gerbstoff eingelagert enthält. Zum Gerben von Sohlleder werden dicke Ochsen-, Kuh- und Büffelhäute verwendet. Das Sohlleder wird nicht eingefettet, aber durch Walzen und Hämmern möglichst dicht und fest gemacht.

Sattlerleder ist ebenfalls lohgares oder Chromleder und enthält etwas weniger Gerbstoff als Sohlleder. Es wird aus denselben Häuten hergestellt wie das Sohlleder, aber nach dem Gerben nur ausgestrichen und dann mit einer Mischung aus Talg und Stearin eingefettet. Dasselbe enthält bis zu 35% Fett. Aus diesem Leder werden die Maschinenriemen und Ledermanschetten hergestellt. Das sog. Kernleder, woraus hauptsächlich die Maschinenriemen bestehen, stammt aus dem Teile der Haut, welcher den Rücken des Tieres bedeckte. Nachdem die Streifen für einen Riemen aus der gegerbten Haut geschnitten sind, werden sie auf besonderen Maschinen gestreckt, damit der fertige Riemen sich nicht mehr viel streckt und sich nicht krumm zieht.

Das Oberleder hat seinen Namen von seiner Verwendung zu den oberen Teilen des Schuhwerks. Es ist wie das Sohl- und Sattlerleder entweder lohgares oder Chromleder. Man benutzt aber zu seiner Herstellung dünnere Häute (Kuh- und Pferdehäute, Kalb- und Ziegenfelle), welche man weniger lange gerbt, so daß sie viel weniger Gerbstoff enthalten. Fehlen dem Gerber dünne Häute, so werden dicke auf Spaltmaschinen in zwei Häute gespalten. Das Oberleder wird nach dem Gerben ausgestrichen und mit Degras, Talg und Tran vor dem Trocknen eingefettet. Rindsleder gibt man bis zu 60% und Kalbsleder bis 80% Fettgehalt. Degras ist das in der Sämischgerberei von den Fellen wieder abgestrichene überschüssige Fett.

In der Weißgerherei werden hauptsächlich Schaf- und Lammfelle verarbeitet. Man benutzt das weißgare Leder hauptsächlich zu Glacéhandschuhen und als Futterleder. Das weißgare Leder wird nicht eingefettet, sondern nach dem Trocknen durch Stollen, d. h. Ziehen über ein konvexes, glattes Eisen, weich gemacht.

Zu Waschleder werden hauptsächlich Gemsen-, Hirsch-, Reh-, Schaf- und Ziegenfelle verarbeitet. Die natürliche Farbe des Waschleders ist hellgelb.

Die zu Portemonnaies, Brieftaschen und Buchbinderarbeiten verwendeten Ledersorten werden wie Oberleder hergestellt, doch nur wenig oder gar nicht eingefettet.

12. Das Gummi.

Gummi oder Kautschuk ist der geronnene und eingetrocknete Milchsaft von verschiedenen in den Tropen wachsenden Bäumen. Den besten, den brasilianischen Para-Kautschuk, liefert eine Hevea-Art. Gummi ist je nach der Gewinnung mehr oder weniger dunkel gefärbt, in dicken Stücken undurchsichtig, in dünnen Schichten durchscheinend. Es besitzt einen besonderen ihm eigentümlichen Geruch und ist bekanntlich sehr elastisch. Die Elastizität ist seine hervorragendste Eigenschaft, auf welche sich seine vielfache Verwendbarkeit gründet.

Die Gewinnung des rohen Kautschuks.

Der Latex genannte Milchsaft wird durch Anschneiden der Rinde solcher Bäume, welche diesen Saft führen, und Auffangen in Gefäßen gewonnen. Den Milchsaft behandelt man dann in verschiedener Weise, um ihn zum Gerinnen und Eintrocknen zu bringen. In Brasilien am Amazonenstrome, woher der Para-Kautschuk kommt, taucht man in den Milchsaft ein mit Ton bestrichenes keulenförmiges Stück Holz, läßt den Saftüberzug über einem rauchenden Feuer gerinnen und eintrocknen, taucht wieder ein usf., bis ein genügend dicker Überzug gebildet ist. Diesen schneidet man an einer Seite auf und zieht ihn von dem Holze. Das abgezogene Stück ist roher Kautschuk. Derselbe hat die Eigenschaft, daß zwei durch einen frischen unberührten Schnitt getrennte Stücke sich durch Zusammendrücken wieder vollständig vereinigen lassen.

Das Vulkanisieren.

Das rohe Gummi ist zu den meisten Zwecken noch nicht brauchbar weil es in der Kälte hart und in der Wärme klebrig wird. Es wird daher vulkanisiert, d. h. mit Schwefel vermengt einer ziemlich hohen Temperatur (120—130° C) ausgesetzt. Die letzte Operation nennt man das Brennen. Erst durch dieses wird der Kautschuk vulkanisiert, d. h. seine Eigenschaften werden verändert, während das Gemisch von Gummi und Schwefel vor dem Brennen noch die Eigenschaften des rohen Gummis hat. Wird ein Gemisch von Gummi und Schwefel lange und stark genug erhitzt, so entsteht nicht vulkanisierter, sondern hornisierter (hornhart gewordener) Kautschuk, Hartgummi oder Ebonit genannt. Äther, Benzin und Schwefelkohlenstoff durchdringen den rohen Kautschuk rasch und machen ihn stark aufquellen, wogegen vulkanisierter nur wenig aufquillt und auch gegen Chlor viel widerstandsfähiger ist. Vulkanisierter Kautschuk ist grau, und frische Schnitte in ihn kleben nicht mehr zusammen. Er hat zwischen —20 und +100° C ungefähr gleichbleibende Eigenschaften, besonders bleibt er innerhalb dieser Grenzen sehr elastisch. Das Vulkanisieren wurde 1842 vom Amerikaner Goodyear erfunden, und seit dieser Zeit datiert die Gummiwarenfabrikation.

Die Herstellung der Gummiwaren.

Das rohe Gummi muß zunächst gereinigt werden. Zu diesem Zwecke wird es durch Maschinen in kleine Stücke zerschnitten und in Wasser gekocht, oder es wird in Wasser gekocht und dann ausgewalzt, wobei fortwährend Wasser darüber fließt, um die Verunreinigungen zu entfernen. Mit Schwefelblumen gemischt, wird es dann in Knetmaschinen geknetet oder durch erwärmte Walzen zu dünnen Platten ausgewalzt. Von diesen Platten lassen sich viele vereinigen, wenn man einen Gummiblock haben will. Um fertige Gebrauchsgegenstände, z. B. Gummischuhe herzustellen, wird die Mischung aus Gummi und Schwefel in Formen gepreßt. Nachdem so die Gummiwaren die verlangte Gestalt erhalten haben, erfolgt das Brennen, um die Vulkanisierung zu bewirken. Das Brennen oder, wenn es mit Dampf geschieht, auch Dämpfen genannt, wird meist in großen Kesseln ausgeführt, in welche man Dampf von bestimmter Temperatur einläßt.

Das Entschwefeln.

Der vulkanisierte Kautschuk enthält freien ungebundenen Schwefel, welcher mit ihm in Berührung kommende Metalle angreift. Darum wird zuweilen vulkanisiertes Gummi durch Kochen in Kali- oder Natronlauge entschwefelt, d. h. es wird der überschüssige Schwefel durch Auflösen entfernt. Das Gummi erhält nun wieder das Aussehen des Rohmaterials, behält aber die Eigenschaften des vulkanisierten außer der oben angegebenen nachteiligen. Die sog. Patent-Gummirohre bestehen aus entschwefeltem, vulkanisiertem Kautschuk.

13. Die Guttapercha.

Ein dem Kautschuk ähnlicher, aber nicht damit zu verwechselnder Stoff ist die Guttapercha. Dieselbe wurde erst im Jahre 1843 bekannt. Guttapercha ist ebenfalls ein eingetrockneter Milchsaft, aber von anderen Pflanzenarten, nämlich einigen Sapotazeen, welche hauptsächlich auf den ostindischen Inseln (Sumatra) wachsen. Die Guttapercha hat manche Eigenschaften mit dem Kautschuk gemeinsam, doch nicht seine Haupteigenschaft, die große Elastizität. Die Gewinnung und Verarbeitung der Guttapercha ist der des Kautschuks fast gleich, auch die Vulkanisierung wird in ähnlicher Weise und mit demselben Erfolge durchgeführt. Wegen ihrer schlechten Leitungsfähigkeit für Elektrizität und ihrer Wasserdichtigkeit verwendet man die Guttapercha hauptsächlich als Isoliermasse für Telegraphenkabel. Rohe Guttapercha löst sich in Schwefelkohlenstoff oder Chloroform vollständig auf. Reine Guttapercha ist weiß, während rohe gelb-rötlich bis dunkel gefärbt ist.

14. Die Balata.

Sie ist ein der Guttapercha ähnlicher Stoff aus dem geronnenen Milchsaft des Sapotillbaums und anderer Bäume aus der Familie der Sapotazeen bestehend, z. B. des in Guayana einheimischen Bully-tree oder Sternapfelbaumes. Zur Herstellung von Treibriemen wird sie verwendet.

15. Die Schleifmittel.

Früher benutzte man im Maschinenbau zum Schleifen neben den Schleifsteinen (Sandstein) den Schmirgel, seit 1893 (Chikagoer Weltausstellung) sind das Karborundum und seit 1901 das Alundum und das Diamantin hinzugekommen.

Der Schmirgel besteht aus einem innigen Gemenge von Korund (natürliche kristallisierte Tonerde, Al_2O_3) und Magneteisenstein (Fe_3O_4). Wegen seines Gehaltes an Magneteisenstein ist die Härte des Schmirgels geringer als die des reinen Korunds (Härte 9), sein spezifisches Gewicht aber größer (bis 4,3; Korund 3,9). Der Schmirgel kommt als Mineral in der Natur vor, und zwar bei Schwarzenberg in Sachsen, in Dalmatien, Spanien, auf der Insel Naxos, in Kleinasien, China, Nord-Amerika usw. Besonders geschätzt ist der Schmirgel von Naxos.

Das Karborundum[1]) ist Siliziumkarbid (SiC). Es wird künstlich hergestellt (The Carborundum Company in Niagara Falls) durch Zusammenschmelzen von Sand oder Quarz mit Kohle (Koks) unter Zuschlag von $1-2\%$ Kochsalz im elektrischen Ofen ($SiO_2 + 3\,C = SiC + 2\,CO$). Es ist teils kristallinisch, teils amorph. Zum Schleifen wird das erstere verwendet. Die Härte des kristallisierten Karborundums liegt zwischen 9 und 10 der Mohsschen Skala, jedoch näher an 10 (Härte des Diamanten). Das spezifische Gewicht des Karborundums ist 3,22, also geringer als das des Schmirgels. Schleifräder aus Karborundum sind daher leichter als solche aus Schmirgel.

Alundum und Diamantin[2]) bestehen aus im elektrischen Ofen geschmolzener und kristallisierter Tonerde (Al_2O_3), sie sind also künstlicher Korund. Das Alundum wird von der Norton Company in Niagara Falls, das Diamantin von den Diamantinwerken in Rheinfelden hergestellt. Der künstliche Korund soll in seiner Härte gleichmäßiger sein als natürlicher Korund.

Zum Schleifen verwendet man die Schleifmittel in verschiedenen Formen: als Pulver, als Papier, als Leinen, als Steine und als Schleifräder. In dieser letzten Form werden sie als Werkzeug auf Schleifmaschinen benutzt, während die übrigen Formen meist bei der Handarbeit benutzt werden. Für Schleifräder, Feilen, Stäbe und Platten (Schleifsteine) werden die gesiebten und gereinigten Körner bestimmter Größe mit Kaolin und Feldspat gemischt, in Eisenformen gepreßt und in Öfen gebrannt, die nach Art der Porzellanbrennöfen gebaut sind. Die Schleifmittel werden also zunächst alle zerkleinert, und das erhaltene Pulver wird nach der Korngröße durch Sieben sortiert. Die Korngröße wird durch Nrn. bestimmt, die sich nach der Anzahl der Siebmaschen auf 1 Zoll Länge richten, durch welche die betreffenden Körner gerade noch fallen. Je feiner der herzustellende Schliff sein soll, desto feiner muß das Korn sein. Der Härtegrad wird bei Karborundum-Rädern durch Buchstaben bezeichnet (D = sehr hart, G = hart, M = mittel, S = weich und V = sehr weich) und wird durch Mischung mit anderen Stoffen erreicht. Nach der Härte des zu bearbeitenden Materials richtet sich die Härte des Schleifrades. Die Schleifräder dürfen nicht auf die Welle getrieben werden, sondern sind zwischen Klemmscheiben zu spannen, welche aber nicht unmittelbar auf dem Schleifrade liegen,

---

[1]) Askenasy, Techn. Elektrochemie. 1. Elektrothermie.
[2]) Askenasy, Techn. Elektrochemie.

sondern durch weiche Scheiben (aus Pappe oder Gummi) von ihnen getrennt werden. Diese vorsichtige Befestigung der Schleifräder ist nötig, um ein Auseinanderfliegen derselben durch die Zentrifugalkraft zu vermeiden. Aus demselben Grunde sollen Schleifräder mit höchstens 28 m Umfangsgeschwindigkeit laufen. Um aber nicht zu langsam zu arbeiten, sollen die Räder mindestens 19 m Umfangsgeschwindigkeit haben. Zur Verhütung von Unfällen soll die Schleifscheibe von einer nachstellbaren Schutzhaube aus zähem Metall so vollständig als möglich umgeben sein. Die Benutzung der Schleifräder erfolgt trocken, naß oder mit Anwendung von Öl; trocken, wenn der zu bearbeitende Gegenstand Erwärmung verträgt (rohe Guß- und Schmiedestücke), naß mit Wasser, wenn Erwärmung vermieden werden muß (beim Schleifen von Werkzeugen), und mit Anwendung von Öl, wenn man einen ganz feinen Schliff erzielen will. Unrund gewordene Schleifräder müssen abgerichtet werden. Zum Abrichten kann man sich des schwarzen Diamanten bedienen.

Aus den feinkörnigeren Sorten der Schleifmittel wird S c h l e i f l e i n e n und S c h l e i f p a p i e r (gew. Schmirgelleinen und Schmirgelpapier) erzeugt, welches auf seiner einen Seite das Schleifmittel aufgeklebt enthält. Auch hierbei ist die Körnung und Härte des Schleifmittels den auszuführenden Arbeiten anzupassen.

Die S c h l e i f p u l v e r bringt man trocken, meistens aber mit Wasser oder Öl vermengt, zwischen die zu schleifenden Flächen, welche man dann aufeinander bewegt. Da die feinen Körnchen des Schleifmittels sich leicht in Poren der Metalle festsetzen, so müssen geschliffene Maschinenteile, welche sich aufeinander bewegen sollen, durch Abwaschen mit Öl gründlich gereinigt werden, um ein Zerfressen derselben zu vermeiden.

K a r b o r u n d u m wird auch mit großem Vorteile in Granit- und Marmorschleifereien zum Schleifen und Schneiden benutzt.

Zum Einschleifen von Rotguß- und Messingventilen und Hähnen benutzt man fein g e p u l v e r t e s G l a s , welches einen feineren Schliff erzeugt als grober Schmirgel und nicht schmiert wie feiner Schmirgel. G l a s p a p i e r und G l a s l e i n e n wird zur Holzbearbeitung verwendet.

16. Der Asbest.

Derselbe ist ein Mineral, welches eine faserige Beschaffenheit zeigt. Er ist weiß, grünlich oder bräunlich und zeigt oft seidenartigen Glanz. Die Fasern sind elastisch biegsam. Der Asbest kommt häufig in Hornblende, Augit, Glimmer und Serpentin vor. Wie schon sein Name sagt, ist der Asbest unverbrennlich. Man benutzt ihn daher im Maschinenbau zu allerlei Dichtungen, welche in der Hitze standhalten müssen, wie Stopfbüchsenpackungen, Mannlochringen, den Dichtungen an ausziehbaren Röhrenkesseln usw.

Der weiße Asbest, Amiant oder Bergflachs genannt, findet sich in Steiermark, Tirol, Piemont, Savoyen, am Gotthard und soll bei Newjansk im russischen Gouvernement Perm einen ganzen Berg bilden. Der gemeine Asbest mit groben, weniger biegsamen Fasern findet sich an denselben Orten, aber in größeren Mengen als der Amiant. Der Bergkork (Bergleder) ist filzartig und kommt in Schweden, am Gotthard, in Tirol und in Spanien vor. Der Holzasbest hat das Aussehen des Holzes und findet sich nur bei Sterzing in Tirol. Der meiste Asbest kommt von Mantern in Steiermark.

Der Asbest kommt meist in der Form von Asbestpappe in den Handel, aber auch fertige Dichtungsringe und Stopfbüchsenpackungen kann man kaufen. Man macht auch Lampendochte und Gewebe aus Asbest

17. Die Vulkanfiber.

Sie ist in amyloidähnliche Masse umgewandelte Zellulose. Zu ihrer Darstellung wird Baumwollpapier mit einer Zinkchloridlösung von 65—75 Bé behandelt, bis seine Fasern zum Teil gallertartig verquollen sind. Hierauf werden die Papierblätter in eine kompakte Masse zusammengepreßt. Das überschüssige Zinksalz muß vollständig entfernt werden, was einen ziemlich langwierigen Waschprozeß erfordert.

Vulkanfiber ist lederartig zähe, im trocknen Zustande aber härter und steifer als Leder. Dagegen ist sie in nassem Zustande so weich, daß sie sich in Formen pressen läßt, die sie getrocknet behält. Sie wird zu Reisekoffern und anderen Behältern verwendet. Im Maschinenbau verwendet man sie zu Zwischenlagen zwischen sich reibende Flächen.

Die Herstellung der Gußstücke

oder

Die Verarbeitung der Metalle auf Grund ihrer Schmelzbarkeit.

Allgemeines.

Zur Herstellung von Gußstücken werden die Metalle in geeigneten Öfen geschmolzen und in besonders hergestellte Formen gegossen. Zur Herstellung der Formen sind außer dem Materiale, aus welchem sie bestehen, in der Regel Modelle nötig. Diese Modelle haben im allgemeinen äußerlich die Gestalt des herzustellenden Gußstückes. Für die Herstellung der Modelle ist eine Eigenschaft der Metalle von großer Bedeutung, nämlich das Schwinden.

Das Schwinden.

Obgleich sich einige Metalle im Augenblicke des Erstarrens ausdehnen, so ziehen sich doch alle Metalle bei der nachherigen Abkühlung zusammen, und zwar mehr, als die vorherige etwaige Ausdehnung betrug. Diesen Vorgang nennt man das Schwinden. Dasselbe ist keine besondere Eigenschaft der Metalle, denn fast alle Körper ziehen sich beim Erkalten zusammen. Infolge der Schwindung fällt das erkaltete Gußstück stets kleiner aus als der Hohlraum der Form. Die Zahl, welche angibt, um welchen Teil des ursprünglichen Maßes jede Abmessung des Gußstückes sich beim Schwinden verringert, heißt das Schwindmaß. Dasselbe beträgt für Gußeisen, je nach der Eisensorte, $^1/_{125}$ bis $^1/_{60}$, im Durchschnitt $^1/_{97} = \infty \, ^1/_{100}$, für Messing $^1/_{64} = \infty \, ^1/_{60}$. Da sich jede Abmessung des Gußstückes um das Schwindmaß verringert, nimmt sein Körperinhalt um das dreifache Schwindmaß ab.

Das Saugen.

Folgeerscheinungen des Schwindens, und zwar des ungleichzeitigen Schwindens, sind: das Saugen, das Verziehen und das Reißen.

Das Erkalten eines Gußstückes erfolgt nicht an allen Stellen desselben gleichzeitig, sondern schreitet von außen nach innen fort. Demgemäß erstarrt und schwindet ein Gußstück zuerst außen, dann im

Innern. Fängt die zuletzt erstarrte Stelle des Gußstücks an zu schwinden, so haben die äußeren Teile desselben das Schwinden zum Teil schon erledigt, die erstere muß daher von nun an mehr schwinden als die äußeren Teile. Hierdurch pflegt in dicken Gußstücken ein Hohlraum mit rauher Oberfläche zu entstehen, welcher zum Teil mit tannenbaumartigen Kristallen ausgefüllt ist und Lunker genannt wird. Diese Erscheinung nennt man das Saugen (Fig. 17). Da der Hohlraum luftleer ist, wird die Oberfläche des Gußstückes durch den Luftdruck eingedrückt, wenn der Hohlraum nahe der Oberfläche liegt. Das Einsinken der Oberfläche geht manchmal so weit, daß ein Riß entsteht, welcher bis zum Hohlraume reicht und eine Druckausgleichung herbeiführt.

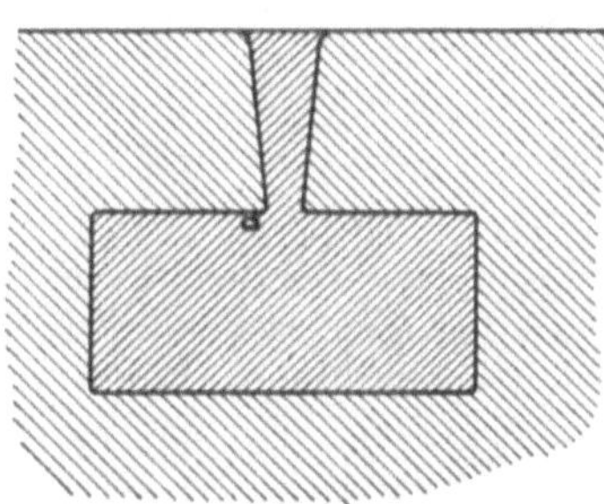

Fig. 17. Das Saugen.

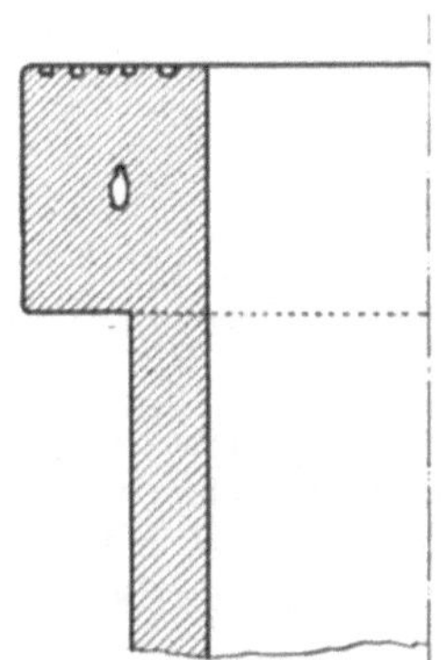

Fig. 18. Guter verlorener Kopf.

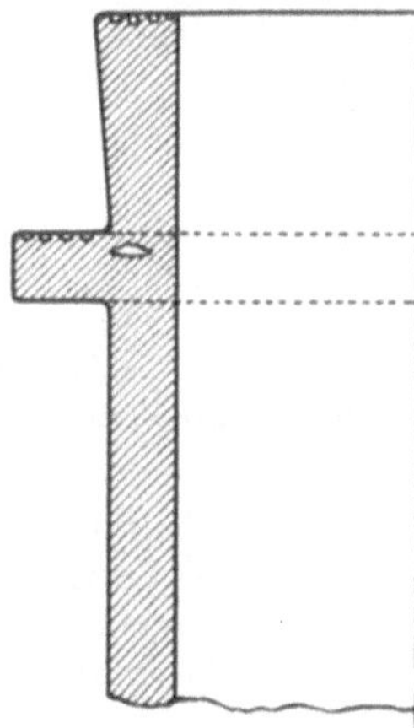

Fig. 19. Schlechter verlorener Kopf.

Das erfolgreichste Mittel, um solche Hohlräume unschädlich zu machen, ist die Anwendung eines verlorenen Kopfes, d. h. eines Aufsatzes auf das Gußstück, welcher später abgestochen wird. Der verlorene Kopf ist nach Fig. 18 — nicht nach Fig. 19 — anzuordnen, wenn er den gewünschten Erfolg bringen soll. Um das Saugen möglichst zu verhindern, hält man in der Eisengießerei die Eingüsse und Steigtrichter durch Pumpen mit Eisenstangen und Nachgießen sehr heißen Eisens möglichst lange offen, damit aus ihnen flüssiges Eisen ins Innere des Gußstückes nachgesogen werden kann.

Das Verziehen und das Reißen.

Das vorhin beschriebene ungleichzeitige Erkalten und Schwinden bringt im Gußstücke Spannungen hervor, welche um so größer werden, je ungleicher die einzelnen Teile des Gußstückes sind. In solchen Gußstücken, deren Gestalt das ungleichzeitige Abkühlen begünstigt, werden diese Spannungen oft so groß, daß sie zu Gestaltsveränderungen, zum Verziehen, oder gar zur Entstehung eines Risses am Gußstücke, zum Reißen führen. Beim Schwungrade (Fig. 20) z. B. tritt entweder das

Armkreuz aus der Radebene, oder es reißt der Schwungring; beim Handrade mit dicker Nabe (Fig. 21) reißt leicht ein Arm.

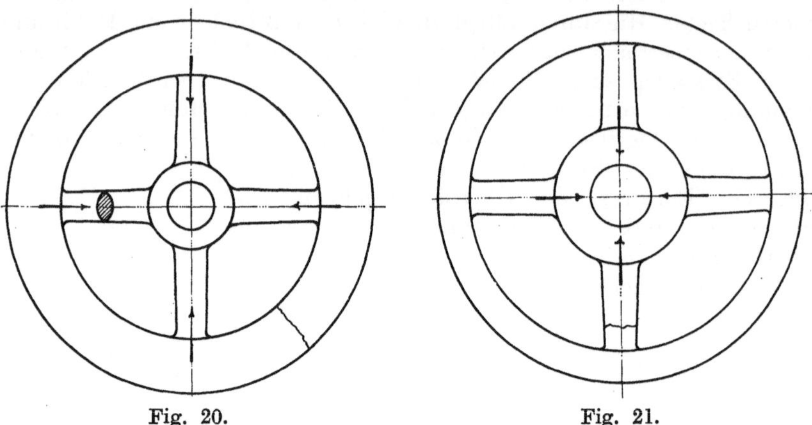

<table>
<tr><td>Fig. 20.</td><td>Fig. 21.</td></tr>
<tr><td>Schwungrad mit gerissenem Kranze.</td><td>Handrad mit gerissenem Arme.</td></tr>
</table>

Durch künstliches Abkühlen der zu langsam erkaltenden Teile kann das Verziehen und Reißen vermieden werden. Zur schnelleren Abkühlung dicker Naben benutzt man z. B. mit einer dünnen Lehmschicht bestrichene Rundeisen als Lochkerne.

1. Die Modelle.

Um ein Gußstück von bestimmten Abmessungen zu erhalten, muß des Schwindens wegen die Form und daher auch das Modell in allen Richtungen um das Schwindmaß größer sein als der Abguß. Die Zeichnung für den Modellschreiner ist dieselbe, welche auch der Dreher benutzt. Sie enthält nur die Maße für das fertige Gußstück, der Modellschreiner bedient sich aber zur Herstellung des Modells eines Schwindmaßstabes, auf welchem für Gußeisen die Länge von 97 cm wirklichen Maßes in 96 gleiche Teile geteilt ist. Die Modelle bestehen in der Regel entweder aus Holz oder, wenn sie viel gebraucht werden, aus Metallen, und zwar für die Eisengießerei aus Eisen.

Holzmodelle müssen aus recht trockenem Holze sehr sorgfältig zusammengefügt sein, damit sie sich nicht verziehen und nicht merkbar schwinden. Um dies zu erreichen, muß die Faserrichtung des Holzes mit dem Hauptmaß des Modells zusammenfallen, weil Holz in der Faserrichtung viel weniger schwindet als quer dazu. Ein ringförmiges Modell z. B. darf daher nicht nach Fig. 22, sondern muß nach Fig. 23, und zwar aus mehreren Lagen hergestellt sein. Große Modelle macht man aus Kiefern-, Fichten- oder Tannenholz, welche Holzarten ein geringes spezifisches Gewicht haben, leicht bearbeitbar sind und verhältnismäßig wenig kosten. Kleinere Modelle macht man gern aus dem feinen Erlen- oder dem härteren Buchenholze. Auch Apfel-, Birn- und Kirschbaumholz wird zu kleineren Modellen verwendet. Die Modelle müssen so gestaltet sein, daß sie sich leicht aus der Form herausziehen lassen. Aus diesem Grunde macht man sie „konisch“, d. h. man verjüngt sie nach unten. Die Modelle müssen ferner recht glatt sein und dürfen in einer feuchten Form keine Feuchtigkeit aufnehmen, damit sie nicht quellen. Sonst würde man beim Herausziehen des Modells die Form zerstören. Man überzieht die Modelle daher mit Modellack, welcher aus einer Auflösung von Schellack in Spiritus mit Farbezusatz zu bestehen pflegt.

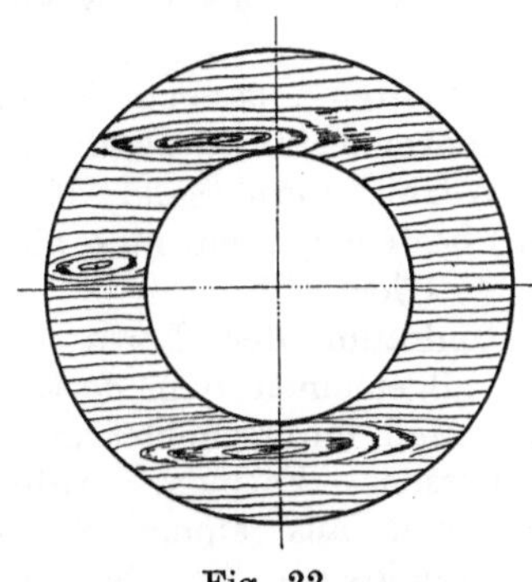

Fig. 22.
Schlechter Holzring.

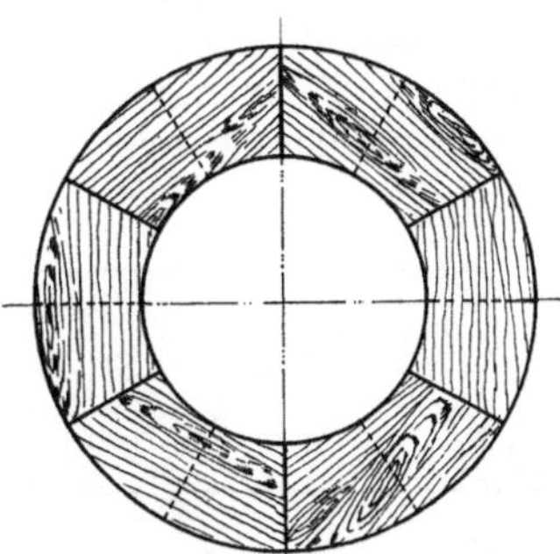

Fig. 23.
Guter Holzring.

Manchmal ist es notwendig, in anderen Fällen nur vorteilhaft, geteilte Modelle anzuwenden. Diese Modellteile werden oft vor der gänzlichen Ausarbeitung des Modells so zusammengeleimt, daß man in jede später wieder zu trennende Leimfuge ein Blatt Papier einlegt. Dadurch erreicht man, daß nach der Vollendung des Modells die Trennung der Teile mittels eines Stemmeisens leicht geschehen kann.

Metallmodelle werden fast immer nach einem Holzmodelle, zuweilen auch nach einem Gips- oder Wachsmodelle durch Gießen hergestellt, mitunter auch aus Blech getrieben. Als Material zu Metallmodellen dient Eisen, Messing, Zink und Bronze.

2. Die Formerei.

Die Herstellung der Gußformen nennt man Formerei. Die Formen sind entweder verlorene oder dauernde. Die ersteren halten nur einen Guß aus und werden dann zerstört, die letzteren dagegen können oft zum Gießen benutzt werden. Die verlorenen Formen bestehen aus Sand, Masse oder Lehm, die dauernden aus Metallen, welche nicht zu leicht schmelzen. Die letzteren nennt man Schalenformen oder Kokillen. Formen aus Sand, Masse oder Lehm werden in der Eisengießerei und

Gelbgießerei (Messing-, Rotguß- und Bronzegießerei), Formen aus Masse auch in der Stahlgießerei benutzt. Schalenformen benutzt man beim Gießen des Stahls und der leicht schmelzbaren Metalle, in der Eisengießerei nur dann, wenn man Hartguß herstellen will.

Jede Gußform muß folgende Eigenschaften besitzen:

1. Genügende Festigkeit, so daß dieselbe wenigstens einen Guß aushält.

2. Feuerbeständigkeit, d. h. das Formmaterial darf nicht mit dem eingegossenen Metalle zusammenschmelzen. Aus diesem Grunde überzieht man die Form auf ihrer Innenfläche mit Graphit, Kohlenstaub oder Ruß.

3. Schärfe, d. h. die Form muß alle Feinheiten des Modells wiederzugeben imstande sein.

Verlorene Formen, welche Feuchtigkeit enthalten, müssen außerdem für Gase durchlässig sein. Ferner müssen Formen für Eisenguß aus schlechten Wärmeleitern (Sand, Masse oder Lehm) bestehen, wenn man nicht Hartguß herstellen will.

Der Hohlraum der Form entspricht im allgemeinen dem fertigen Gußstücke. Man unterscheidet offene und geschlossene Formen. Offene Formen können aus einem Stücke bestehen, geschlossene bestehen dagegen aus mindestens zwei Teilen (Fig. 24). Wo diese Teile aneinander stoßen, dringt beim Gießen Metall in die Fuge und erzeugt an der Oberfläche des Gußstückes einen Grat, die sogenannte Gußnaht. An diesen Gußnähten kann man noch nach der Zerstörung der Form erkennen, wie dieselbe geteilt war. Um eine geschlossene Form mit Metall füllen zu können, ist ein Einguß (Eingußtrichter) erforderlich. Die obere Öffnung dieses Eingusses muß stets höher liegen als der höchste Punkt des Hohlraumes, damit derselbe beim Gießen vollständig ausgefüllt wird. Der Eingußtrichter mündet entweder direkt in die Form, oder er ist, um den Stoß des einfließenden Metalls nicht auf die innere Formwand treffen zu lassen, neben der Form angebracht und mündet durch einen oder mehrere wagerechte Einläufe in die Form. Für die in der Form eingeschlossene Luft muß ein Ausweg vorhanden sein, weil sich sonst die Form nicht vollständig mit Metall füllen läßt. Wenn die Fugen und Poren der Form sowie die mit dem Luftspieße etwa eingestochenen Löcher zur Abführung der Luft nicht ausreichen, so muß man Steigtrichter oder kurz Steiger anbringen, welche wie in Fig. 24 von den höchsten Stellen der Form nach oben ausmünden.

Das flüssige Metall in der Form steht unter einem der Höhe des Eingußtrichters entsprechenden Drucke, welcher zur scharfen Aus-

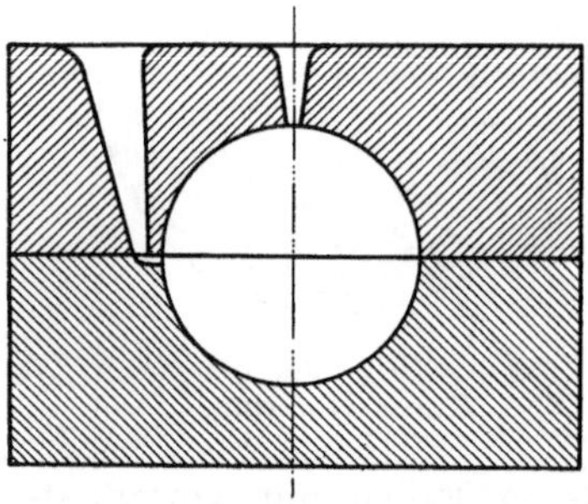

Fig. 24.

Schema einer geschlossenen Form.

füllung der Form beiträgt, aber auch den oberen Teil der Form zu heben
sucht. Ist nun das Gewicht des oberen Formteiles kleiner als der aufwärts gerichtete Flüssigkeitsdruck, so wird der obere Formteil gehoben,
und flüssiges Metall fließt durch die klaffende Fuge aus der Form. Um
dies zu verhüten, muß die Form entweder belastet (in der Eisengießerei
üblich) oder beide Formteile müssen aneinander befestigt werden
(in der Gelbgießerei gebräuchlich).

Je nachdem, wie die verlorenen Gußformen gegen das Auseinandertreiben durch den Druck des flüssigen Metalls geschützt werden,
unterscheidet man Herdgußformen, Kastengußformen und freie Gußformen. Andererseits läßt sich die Formerei in die Modell- und in die
Schablonenformerei einteilen, je nachdem, ob zur Herstellung der
Form ein Modell oder eine Schablone benutzt wird. Gewöhnlich teilt
man die Formen nach dem Formmateriale in Sand-, Masse-, Lehm-
und Schalenformen.

Die Sandformerei.

Der Formsand ist ein mehr oder weniger tonhaltiger Sand, welcher
durch den Tongehalt die Eigenschaft erhält, im feuchten Zustande
bildsam zu sein, d. h. bleibende Eindrücke anzunehmen, zu binden oder
zu stehen, wie man sagt. Aller Formsand muß aus feinen, gleichdicken
und eckigen Körnchen bestehen. Sind die Körnchen zu dick, so muß
der Formsand gemahlen werden. Hinsichtlich seines Tongehaltes und
seiner Bindekraft unterscheidet man mageren Sand (enthält wenig
Ton) und fetten Sand (enthält mehr Ton).

Der Formsand ist so, wie er aus der Grube kommt, häufig nicht
brauchbar, sondern er bedarf einer Vorbereitung durch Mahlen. Zu
diesem Zwecke wird er zunächst getrocknet, und zwar meist auf dem
Gewölbe der Trockenkammer. Beim Mahlen wird er meistens mit Steinkohlen vermischt, um die Form weniger schmelzbar zu machen. Nach
dem Mahlen muß der Sand wieder angefeuchtet werden. Zu diesem
Zwecke siebt man ihn auf dem Boden aus, braust ihn mit Hilfe einer
Gießkanne naß, siebt eine neue Lage Sand darüber, gießt wieder Wasser
darüber und fährt so fort, bis aller gemahlener Sand angefeuchtet ist.
Derselbe wird dann zur Mischung durcheinander geschaufelt und durch
ein Sieb geworfen oder durch eine Schleudermühle gemischt. Jetzt ist
der Sand gebrauchsfertig und heißt Modellsand. Das Mahlen des Sandes
erfolgt auf Kollergängen (Fig. 25) oder in Kugelmühlen.

Der magere Sand besitzt so wenig Bindekraft, daß man die Formen
daraus nicht nur im feuchten Zustande herstellen, sondern auch in diesem
Zustande zum Gießen verwenden muß. Die Formerei mit magerem
Sande ist die billigste. Daher bedient man sich derselben überall da, wo
sie anwendbar ist, d. h. wo die Festigkeit der Magersandform ausreicht, also für kleine Gußstücke, und zwar dann, wenn diese Gußstücke keine besonders feinen Verzierungen erhalten sollen.

Nach dem Eingießen des flüssigen Metalls in die Form verhindern
die dem Sande beigemengten Steinkohlenteilchen das Zusammen-

schmelzen der Sandkörnchen untereinander und mit dem Gußstücke,
wenn sie auch selbst, wenigstens zum Teil, verbrennen. Um die Form

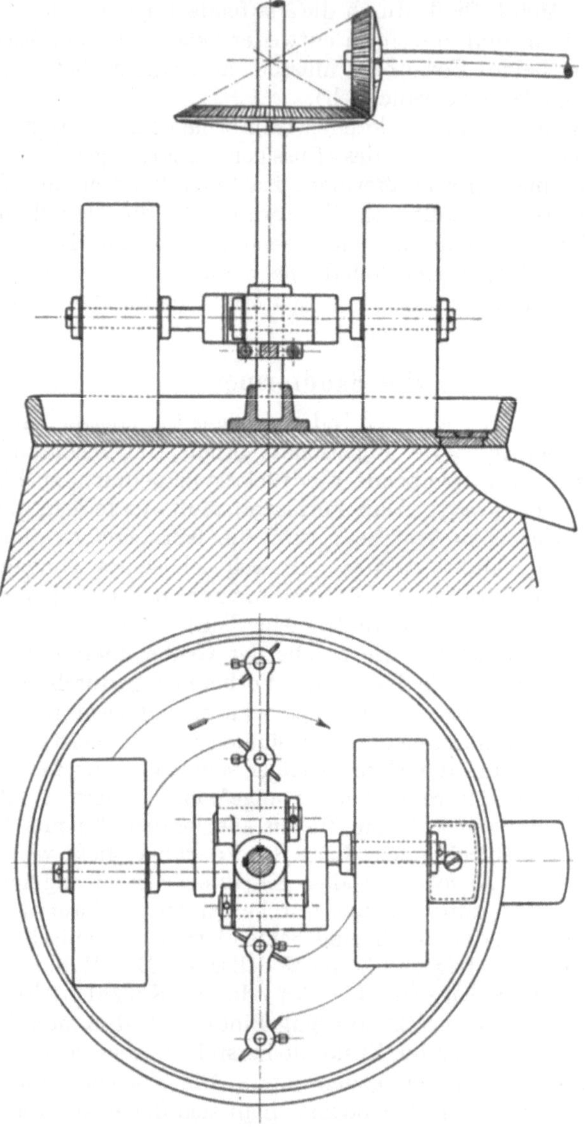

Fig. 25. Kollergang.

noch mehr vor dem Anschmelzen an das Gußstück zu bewahren, bestäubt man sie innen mit einem feinen Pulver aus Graphit oder Holzkohlen. Der Wassergehalt des feuchten Sandes wird durch die Hitze

des flüssigen Metalls verdampft und zum Teil durch glühende Kohle
zersetzt. Daher entwickeln sich in der Form neben Wasserdampf auch
brennbare Gase (Wasserstoff und Kohlenoxyd). Diese durch die Poren
des Sandes, die Fugen der Form, die mit dem Luftspieß eingestochenen
Löcher und durch die Steigtrichter hervordringenden Gase werden
angezündet, um eine Zerstörung der Form durch eine spätere Explosion der Gase und eine Gesundheitsschädigung der Arbeiter zu
vermeiden.

Die Figuren 26—30 zeigen die wichtigsten Formerwerkzeuge.
Neuerdings werden auch Preßluftstampfer benutzt.

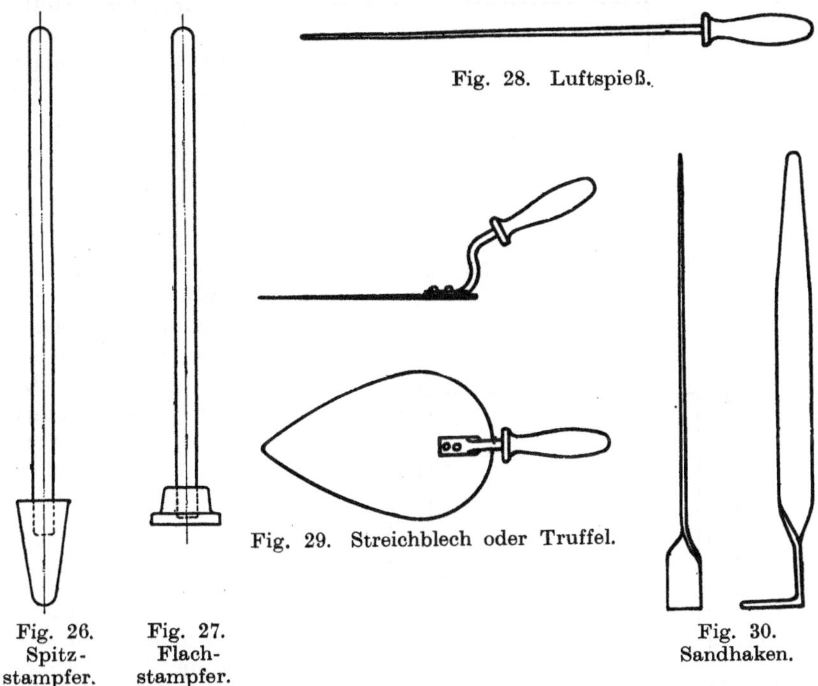

Fig. 28. Luftspieß.

Fig. 29. Streichblech oder Truffel.

Fig. 26.
Spitz-
stampfer.

Fig. 27.
Flach-
stampfer.

Fig. 30.
Sandhaken.

Die Form wird entweder im Sande der Gießereisohle, im Herde,
hergestellt und bleibt oben offen, oder der Sand wird in eiserne Rahmen,
Formkasten genannt, gestampft, wobei die Form ringsherum geschlossen ist. Im ersten Falle hat man es mit der Herdformerei, im
zweiten mit der Kastenformerei zu tun.

1. Die Herdformerei.

Dieselbe dient, da die Formen oben offen sind, zur Herstellung
solcher meist flacher Gußstücke, welche auf einer in der Form oben befindlichen Seite eben, aber oft nicht schön ausfallen. Der Sand zur
Herdformerei darf nicht zu feinkörnig sein, da die sich bildenden Gase
sonst unvollkommen entweichen und der Guß blasig wird.

Zur Herstellung einer Form wird der Herdsand mit Wasser besprengt, durcheinandergeschaufelt, mit Lineal und Setzwage geebnet und mit neuem Formsande übersiebt. Hierauf legt man das Modell, klopft es hinein, umstampft dasselbe mit Formsand, macht den Einguß, hebt das Modell heraus und bessert, wenn nötig, die Form aus.

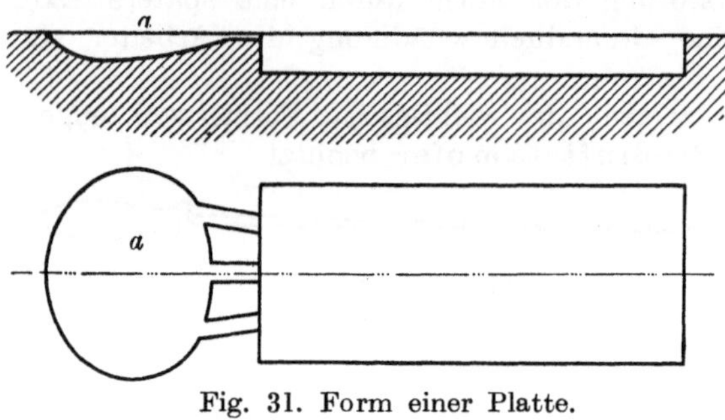

Fig. 31. Form einer Platte.

Schließlich bestäubt man die Form, indem man einen Beutel mit Graphit- oder Holzkohlenpulver über derselben schüttelt. Soll das Gußstück recht glatt werden, so poliert der Former vor dem Stäuben die Form mit dem Streichblech (Fig. 29) und drückt nachher mit demselben Werkzeuge den Staub an der Formwand fest. Rinnenartige Einläufe (Fig. 31) verbinden die Form mit einer flachen Grube, dem Einguß a, in welchen man das Eisen gießt, und aus dem es in die Form hineinfließt. Bei der Herstellung größerer Formen müssen zur Ableitung der Gase in der Umgebung der Form mit dem Luft-

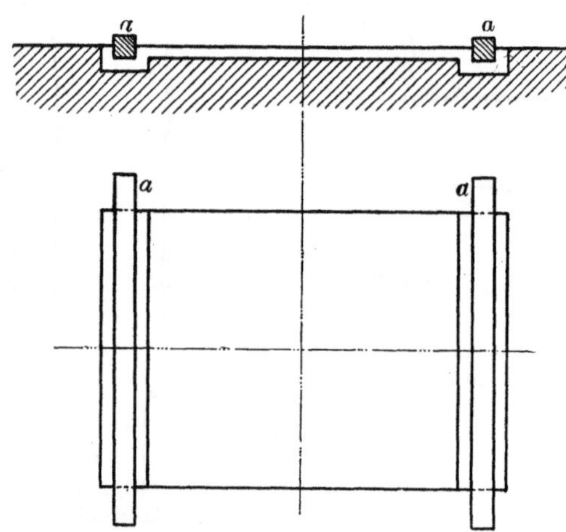

Fig. 32. Form einer Falzplatte.

spieß (Fig. 28) Löcher in den Sand gestochen werden, welche unter die Form reichen. Unter Formen für große und dicke Gußstücke werden zur Abführung der Gase Koksbetten gelegt.

Hauptfälle der Herdformerei sind:

1. Eine einfache Platte, die nur auf einer Seite ganz glatt oder mit Verzierungen versehen sein soll, bei welcher es dagegen auf das Aussehen der anderen Seite nicht ankommt (Fig. 31).

2. Eine Falzplatte, die auf einer Seite verziert sein kann und auf der anderen zwei Nuten hat (Fig. 32). Man bildet die Nuten durch

zwei mit Lehm bestrichene Eisenstäbe, welche in diesem Falle Abdeckleisten (*a* Fig. 32) genannt werden.

3. Ofenroste.
4. Fabrikfenster.

2. Die Kastenformerei.

Diese dient zur Herstellung aller möglichen Gußstücke einschließlich derjenigen, welche als Herdguß hergestellt werden können.

Die Formkästen (Fig. 33) pflegen aus Gußeisen zu bestehen und sind meist viereckige offene Rahmen, von denen in der Regel zwei (Unter- und Oberkasten), zuweilen aber auch mehrere (Unter-, Mittel- und Ober-

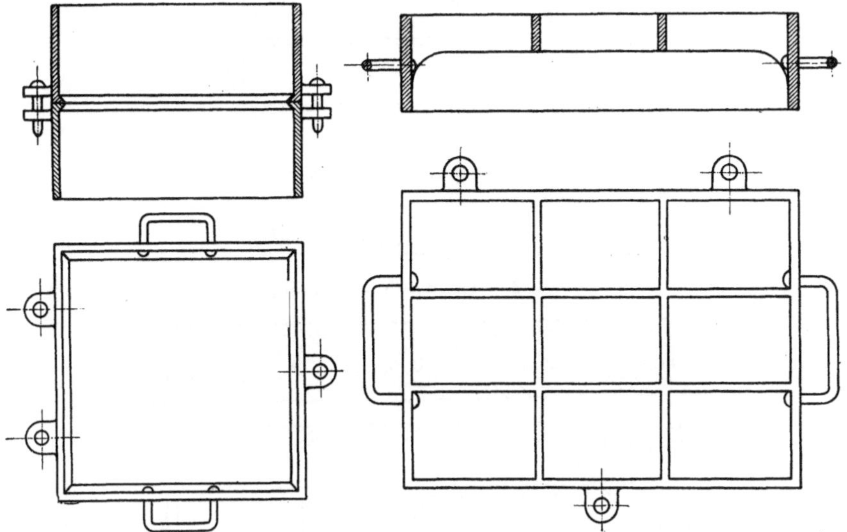

Fig. 33. Kleiner Formkasten.   Fig. 34. Mittlerer Formkasten.

kasten) aufeinandergesetzt werden, um eine Form zu bilden. Häufig, bei großen Formen fast immer, ersetzt man den Unterkasten durch den Herd der Gießerei. Der Oberkasten wird dann Deckkasten genannt. Damit beim Auseinandernehmen der Kästen der Sand nicht herausfällt, werden größere Kästen mit Scheidewänden versehen, welche in mittlere Kästen (Fig. 34) eingegossen und in große Kästen (Fig. 35) zwischen entsprechende Leisten eingeschoben oder angeschraubt werden. Große Kästen werden meist aus einzelnen Teilen zusammengebaut, um mit verhältnismäßig wenigen Kastenteilen recht viele verschiedene Kästen herstellen zu können. Damit beim Zusammensetzen der Form nach der Herausnahme des Modells der Oberkasten wieder genau seine frühere Stellung zum Unterkasten einnimmt, ist der erstere mit mindestens zwei Bolzen versehen, welche in Löcher am Unterkasten eingreifen (Fig. 33 u. 34). Wird ein Unterkasten nicht verwendet, so hat der Deckkasten (Fig. 36) keine Bolzen, sondern an seinen Ecken werden je zwei Pfähle in den Herd der Gießerei geschlagen. Um die Formkästen

5*

heben zu können, sind kleinere Kästen (Fig. 33 u. 34) mit Handgriffen, größere dagegen (Fig. 35 u. 36), welche durch einen Kran gehoben werden

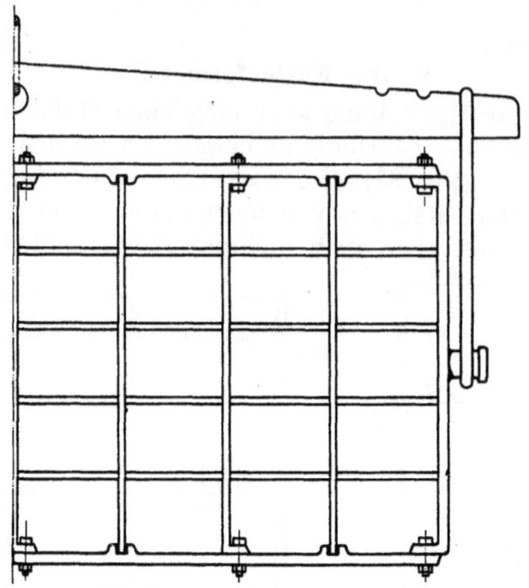

Fig. 35. Großer Formkasten.

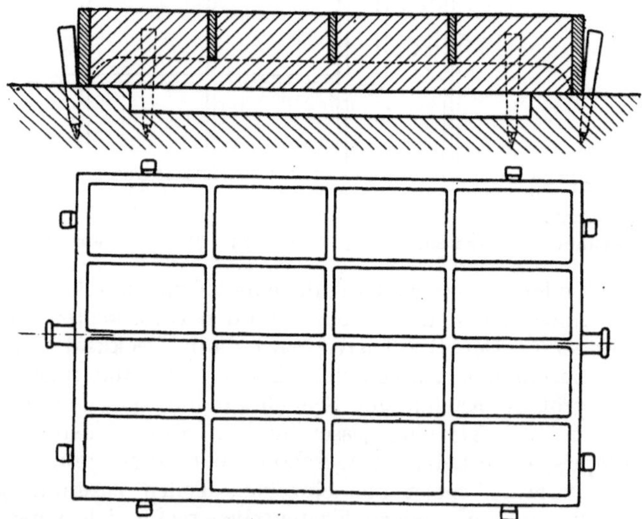

Fig. 36. Form mit Deckkasten.

müssen, mit Zapfen versehen. Die letzteren gestatten das Umwenden eines am Krane hängenden Kastens.

Reichen vom Sande des Oberkastens Teile (Ballenkerne) tief in den Unterkasten hinein, so werden diese Teile durch Sandhaken (Fig. 37) gehalten, welche man mit Lehmwasser befeuchtet und an den Scheidewänden des Oberkastens aufhängt.

Wo die Sandflächen zweier aufeinanderstehender Kästen sich berühren, wird durch dazwischengestreuten trockenen Sand (Streusand) oder durch Bestäuben mit Graphit- und Holzkohlenpulver oder durch dazwischengelegtes Papier das Zusammenkleben des Formsandes verhindert.

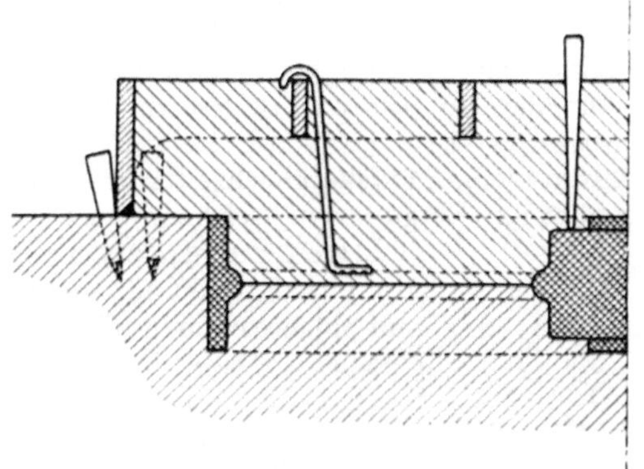

Fig. 37. Halbe Riemenscheibenform mit Sandhaken.

Beispiele der Kastenformerei.

a) Formen für massive Gußstücke.

Das einzuformende Modell (a Fig. 38) eines kleinen flachen Gegenstandes wird mit der flachen Seite auf ein Formbrett (auch Lehrbrett oder Modellbrett) gelegt, der Unterkasten darübergestellt, frischer Sand (Modellsand) auf das Modell gesiebt und darauf der Kasten mit bereits gebrauchtem Sande gefüllt. Der Sand wird festgestampft, zuerst mit dem Spitz- (Fig. 26) und dann mit dem Flachstampfer (Fig. 27), und endlich der überflüssige Sand mit einem Lineal abgestrichen. Man dreht nun den Kasten mit dem Formbrett herum und nimmt dann das letztere ab. Hierauf streicht der Former die obere Sandfläche mit dem Streichbleche glatt, bestreut sie mit einem trocknen Trennungsmittel (Streusand oder dergl.), setzt den Oberkasten auf den Unterkasten, füllt erst frischen, dann

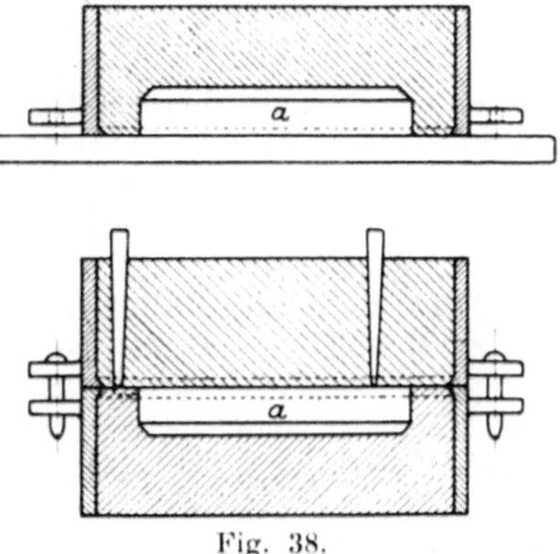

Fig. 38.

gebrauchten Sand auf, setzt Einguß- und Steigermodell ein und stampft den Sand des Oberkastens fest. Wenn nötig, werden jetzt mit dem Luftspieß Löcher für den Abzug der Gase gestochen. Nach der Herausnahme des Einguß- und des Steigermodells wird der

Oberkasten abgenommen, der Einlauf angeschnitten, das Modell los-
geklopft und herausgenommen, ferner, wenn nötig, die Form ausgebessert, dann mit dem Streichblech poliert und mit Graphit- oder Holzkohlenpulver bestäubt und abermals poliert, um das eingestäubte
Pulver zu befestigen. Das Befestigen des eingestäubten Pulvers erfolgt
auch durch vorsichtiges Eindrücken des Modells, wenn das Polieren
mit dem Streichblech nicht möglich ist, z. B. bei verzierten Gegenständen.
Nachdem der Oberkasten in derselben Weise fertiggestellt ist, wird
derselbe wieder auf den Unterkasten aufgesetzt und belastet, womit
die Form zum Gusse fertig ist.

Werden mehrere kleine Modelle gleichzeitig in einen Doppelkasten
eingeformt, so genügt ein Einguß, von welchem aus Einläufe nach den
einzelnen Formen abgezweigt werden.

Um Formen für runde Gegenstände
und solche ohne große ebene Flächen in
gleicher Weise herstellen zu können,
werden die Modelle in zwei Teile zerlegt. Von dem geteilten Modelle wird
der eine Teil so auf ein Formbrett gelegt,
daß die Teilungsebene aufliegt. Der
Unterkasten wird nun, wie oben beschrieben, hergestellt. Bevor dann der
Oberkasten aufgesetzt wird, muß die
zweite Modellhälfte auf die erste gesetzt
werden. Sie greift mit zwei Dübeln in
die andere ein, damit sie sich beim Ein-
stampfen des Sandes in den Oberkasten
nicht verschiebt. Nun wird auch der
Oberkasten in derselben Weise wie bei

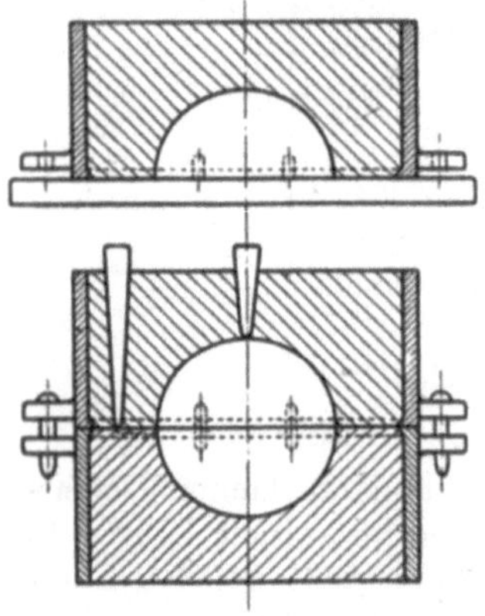

Fig. 39. Kugelform.

ungeteiltem Modelle hergestellt. Nach dem Auseinandernehmen der
Kästen ist aus jedem derselben eine Modellhälfte herauszunehmen,
sonst werden die Kästen wie im ersten Beispiel fertig gemacht.

In Fig. 39 ist dies Verfahren auf eine Kugel angewandt.

Das Modell kann jedoch in solchen Fällen auch einteilig sein. Es
wird dann in den Sand des Unterkastens oder des Herdes eingedrückt,
um das Modell herum der Sand festgestampft und mit dem Streichblech glattgestrichen. Die durch das Streichen gebildete Fläche braucht
keine Ebene zu sein, sie muß jedoch, von der Oberkante des Unterkastens ausgehend, das Modell so treffen, daß sich dasselbe nach oben
aus dem Sande herausziehen und der Oberkasten von demselben abheben läßt. Eine Kugel muß also von dieser Fläche in einem größten
Kugelkreise getroffen werden. Die weitere Herstellung der Form erfolgt wie in den vorigen Fällen.

Läßt sich wegen der Form des Modells der Sand unter demselben
durch Eindrücken des Modells und Umstampfen desselben nicht genügend festmachen, so stellt man zuerst einen falschen (provisorischen)
Oberkasten her, indem man in ihn das Modell wie in einen Unter-

kasten einformt, aber den Sand nur oberflächlich feststampft. Auf
diesen falschen Oberkasten setzt man dann den Unterkasten, dreht
nach dem Aufstampfen desselben die ganze Form herum, nimmt den
falschen Oberkasten ab, leert ihn aus und stellt ihn nun endgültig
von neuem her.

Solange ein Modell nur an zwei gegenüberliegenden Seiten, in
der Form oben und unten, Höhlungen oder Vertiefungen hat, läßt es
sich nach den bisherigen Verfahren einformen. Hat aber ein Modell

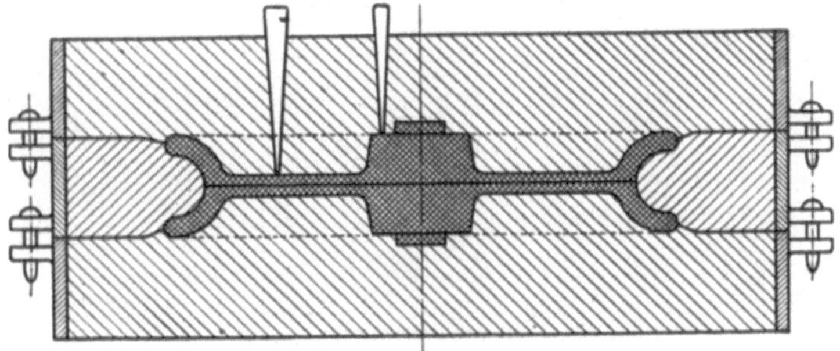

Fig. 40. Form einer Seilrolle im dreiteiligen Kasten.

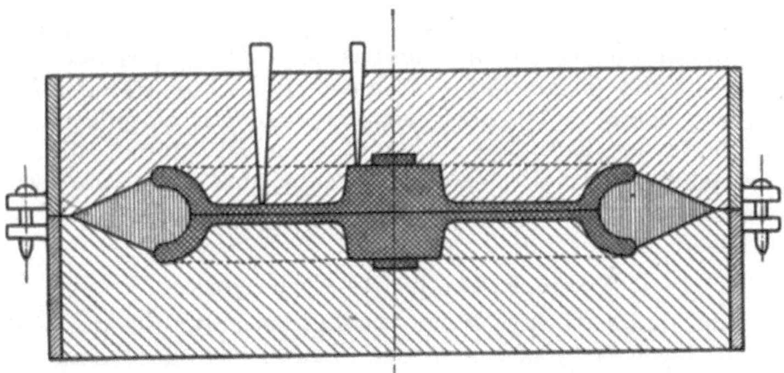

Fig. 41. Seilrollenform mit falschem Kern.

noch an anderen Seiten Höhlungen, so muß dasselbe in zwei oder
mehr Teile zerlegt oder die Höhlungen müssen durch Kerne gebildet
werden, weil man andernfalls das Modell nicht aus der Form nehmen
kann. Sind die Höhlungen tief und eng, oder erweitern sie sich nach
dem Innern des Modells hin, so müssen zu ihrer Herstellung stets
Kerne benutzt werden. Solche Kerne sind massiv, werden aus Masse
oder Lehm in Kernbüchsen oder Kernkästen besonders hergestellt,
getrocknet, geschwärzt und in die fertige Form eingelegt. Arbeitet
man in solchen Fällen mit geteilten Modellen, so sind auch mehr als
zwei Kästen zu einer Form erforderlich. Will man trotzdem mit zwei
Kästen auskommen, so stellt man von einzelnen Stellen des Modells

(den Höhlungen) Abdrücke aus Sand her, welche falsche Kerne genannt werden. In Fig. 40 ist als Beispiel die Form einer Seilrolle mit geteiltem Modell in drei Kästen senkrecht durchschnitten dargestellt. Häufiger stellt man die Formen kleiner Seilrollen mit Anwendung eines falschen Kerns nach Fig. 41 her, um den dritten Formkasten zu vermeiden. Da man den falschen Kern, welcher in der Seilrolle die Rille erzeugt, nicht aus der Form nehmen kann, ohne daß er zerfällt, muß das Modell auf folgende Weise, aus der Form heraus-

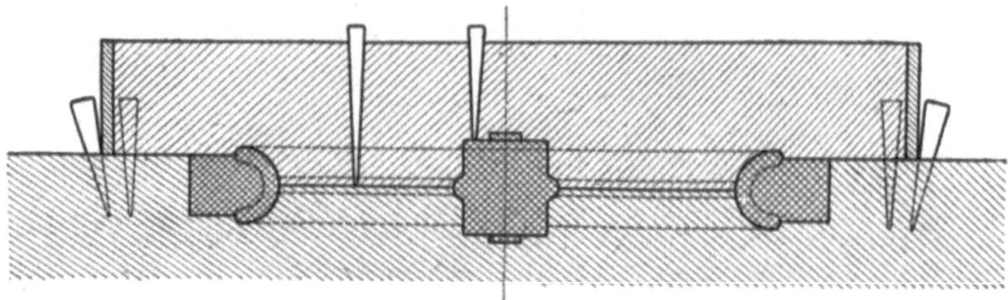

Fig. 42. Seilrollenform mit Kern.

gebracht werden. Zuerst nimmt man den Oberkasten ab, darauf die obere Modellhälfte, dann setzt man den Oberkasten wieder auf den Unterkasten, dreht die ganze Form herum, nimmt nun den Unterkasten ab, die untere Modellhälfte heraus, setzt den Unterkasten wieder auf und dreht die ganze Form nochmals um. Zur Herstellung der Formen für größere Seilscheiben benutzt man ein einteiliges Modell mit herumlaufender Kernmarke (Fig. 42). In den durch die Kernmarke entstehenden ringförmigen Hohlraum (das Kernlager) werden besonders hergestellte Kerne gelegt, welche die Gestalt von Ringstücken haben.

b) Formen für hohle Gußstücke.

Für jedes hohle Gußstück ist erstens die Form für das Äußere, zweitens die Form für das Innere des Gußstückes (der Kern) herzustellen. Man kann zu diesem Ziele gelangen, indem man:

1. beide Teile getrennt herstellt oder
2. Außen- und Innenform gleichzeitig formt.

Im ersteren Falle hat man im allgemeinen zwei Modelle nötig, eins zur Bildung der äußeren Form und ein zweites zur Herstellung des Kerns. Dieses zweite Modell, welches Kernkasten, Kernbüchse oder Kerndrücker heißt, ist mit einer Höhlung versehen, welche der inneren Gestalt des Gußstückes entspricht, und besteht fast immer aus Holz. Aus dem Kernkasten muß man den Kern unbeschädigt herausnehmen können. Derselbe muß deshalb oft aus zwei oder mehr Teilen bestehen. Fig. 43 zeigt den zweiteiligen Kerndrücker eines runden Nabenkerns. Kerne, welche die Gestalt von Umdrehungskörpern haben sollen, kann man durch Drehen mit Hilfe von Schablonen, also ohne Kernkasten herstellen. Auch lassen sich Kerne durch Ziehen mit einer Schablone herstellen, wenn ihre Form dazu geeignet ist, z. B. ein in zwei Teilen herzustellender Krümmerkern (Fig. 44). Kleine Kerne werden durch Eindrücken von Masse oder Lehm in Kerndrückern hergestellt. Größere Kerne werden aus Masse in Kernkästen aufgestampft oder aus Lehm durch Drehen oder Ziehen hergestellt.

Die Kerne bedürfen einer Verstärkung, welche man durch Einschließen von **Kerneisen** in dieselben erreicht. Diese Kerneisen bestehen aus Drahtstücken, Rundeisen, Flacheisen, einem eisernen Rohre oder aus einem gußeisernen, dem Kerne angepaßten Gerippe **Kerngitter** (Fig. 45). Zu den gedrehten Kernen benutzt man Kernspindeln, welche aus einem Rohre bestehen, dessen Wand an zahlreichen Stellen durchlöchert ist. Um den Kern herzustellen, wird die Kernspindel mit ihren Enden in einem einfachen Gestelle gelagert, in welchem sie mit Hilfe einer aufgesetzten Kurbel gedreht werden kann. Zuerst

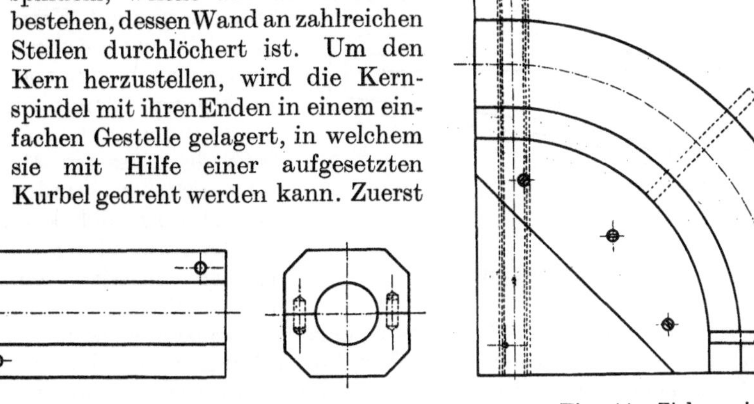

Fig. 43. Kerndrücker.   Fig. 44. Ziehen eines halben Krümmerkerns.

wird nun die Spindel mit einem Strohseil umwickelt, dann Lehm aufgetragen und dieser mit einer Schablone bis auf den gewünschten Kerndurchmesser abgedreht, indem die Spindel gedreht wird. Die Höhlung der Kernspindel und die vielen Löcher in ihrer Wand dienen dem Abzuge der Gase, welche sich beim Gießen entwickeln. Die Strohunterlage hat zum Teil denselben Zweck, zum andern Teil wird durch ihre Nachgiebigkeit das Schwinden des Lehms beim Trocknen und das Schwinden des Abgusses möglich gemacht, ohne daß ein Reißen des Lehms bzw. des Abgusses eintritt. Kerne werden schließlich getrocknet und geschwärzt und, wenn nötig, nochmals getrocknet. Die Schwärze besteht aus Lehmwasser, Graphit- und Holzkohlenpulver. Sie wird mit einem Pinsel auf die heißen Kerne aufgetragen und soll das „Anbrennen" des Gußstückes an den Kern verhindern. Zum Festhalten der Kerne in der Form dienen die **Kernlager**, in welchen dieselben mit entsprechenden Verlängerungen liegen. Um diese Kernlager herzustellen, gibt man den Modellen Ansätze, welche **Kernmarken**

genannt werden. Die Kernmarken werden schwarz lackiert, um sie
dem Former kenntlich zu machen. Wird ein Kern durch das oder die
Kernlager nicht genügend festgehalten, so wendet man zu seiner Unterstützung Kernnägel (Fig. 46) oder Kernstützen an. Man unterscheidet einfache Kernstützen (Fig. 47) und sog. Doppelstützen
(Fig. 48), deren Höhe der Wandstärke des Gußstückes entsprechen muß.
Kernstützen müssen sich festgießen, wenn das Gußstück nicht undicht
werden soll. Sie tun das nur, wenn sie metallisch rein sind, und werden

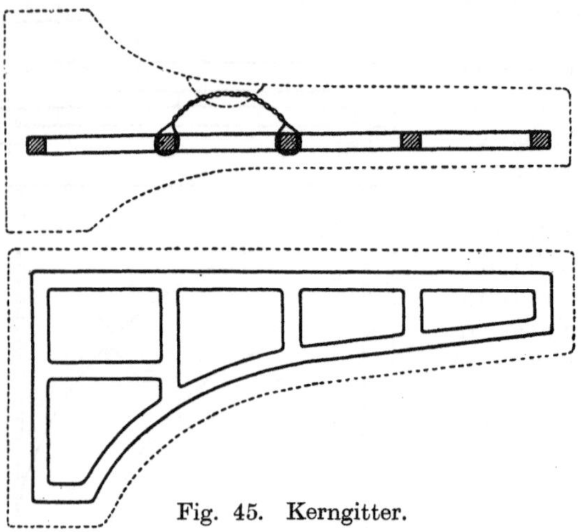

Fig. 45.   Kerngitter.

daher verzinnt. Um
Rost im Innern der
Stütze zu vermeiden,
werden Doppelstützen
neuerdings auch durch
Walzen, Ausstanzen und
Abschneiden aus einem
Stück hergestellt. Kerne
sind nicht nur von unten,
sondern auch von oben
zu stützen, damit sie
nicht durch den Auf-
trieb des flüssigen Me-
talls gehoben werden.
Das Hauptmodell kann
bei der Anwendung von
Kernen massiv sein.
Kleine Modelle werden
daher aus Festigkeitsrücksichten massiv gemacht. Große Modelle macht
man der Holzersparnis wegen hohl; aber ihre Höhlung entspricht nicht
der des Gußstückes, sondern ist auch da geschlossen, wo sie am Gußstück
offen ist, weil dort die Kernmarken angebracht werden müssen. Auch
die Wandstärke eines solchen Modells stimmt in der Regel nicht mit
der des Abgusses überein.

   Die Anwendung der eben beschriebenen Formmethode auf ein
kurzes Flanschenrohr erläutert Fig. 49. Diese Figur zeigt in einem
senkrechten Schnitte die zum Gusse fertige Form. Der darin liegende
gedrehte Kern ist ebenfalls durchschnitten.

   Für die zweite Methode der Hohlformerei ist nur ein Modell erforderlich, welches überall die Gestalt des Gußstückes hat und zum
Ausheben aus der Form häufig einmal oder mehrmals geteilt ist. Besonders angewendet wird diese Formmethode zur Herstellung von
Gefäßen. Fig. 50 zeigt z. B. den senkrechten Durchschnitt durch die
Form eines bauchigen Gefäßes. Das noch in der Form befindliche
Modell ist zweimal geteilt. Die erste Teilungsebene $a\,b$ geht durch
die engste Stelle des Gefäßes und trennt den Fuß so ab, daß der Boden
an demselben sich befindet. Die zweite, senkrechte Ebene $c\,d$ teilt
das Hauptmodell in zwei Hälften. Zum Einformen stellt man das
Modell zusammengesetzt mit dem Fuße auf ein Formbrett, setzt darüber

Fig. 47.
fache Kernstütze.

senkrecht geteilten, zusammengesetzten Mittelkasten, so daß seine
ngsebene mit der des Modells zusammenfällt, stellt in die Teilungs-
e dünne Bleche, welche vom Kasten bis zum Modell reichen, und
pft den Raum um das Modell mit Sand aus. Darauf streicht der

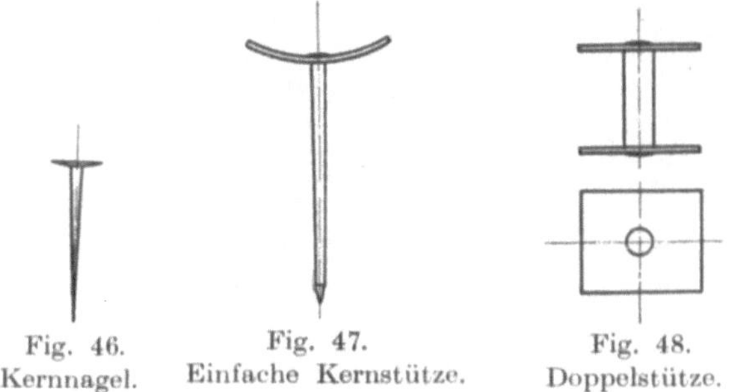

Fig. 46.   Fig. 47.   Fig. 48.
Kernnagel.   Einfache Kernstütze.   Doppelstütze.

Former die Oberfläche des Sandes glatt, bestäubt sie, setzt den Unterkasten auf und füllt das Modell sowohl als den Unterkasten mit Sand
aus, welchen er feststampft. Endlich wird die Form umgekehrt, die

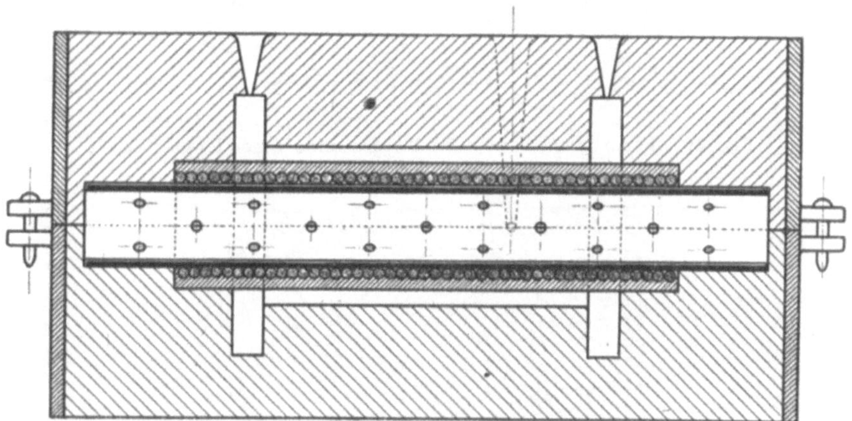

Fig. 49. Form eines kurzen Flanschenrohres.

Sandfläche glattgestrichen und bestäubt, der Oberkasten aufgesetzt,
Einguß und Steigermodell eingesetzt und der Oberkasten aufgestampft.
Die Form wird dadurch freigemacht, daß man den Oberkasten ab-
nimmt, den Fuß des Modells entfernt, darauf die beiden Teile des Mittel-
kastens nach beiden Seiten abzieht und aus ihnen zuerst die zweiteiligen
Henkelmodelle und dann die beiden Teile des Hauptmodells heraus-

nimmt. Die Henkelmodelle werden durch Löcher des Hauptmodells hindurchgezogen.

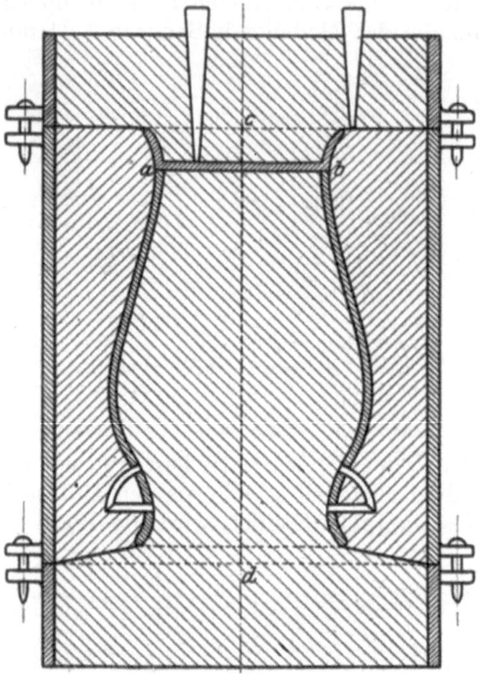

Fig. 50. Form eines bauchigen Topfes ohne besonderen Kern.

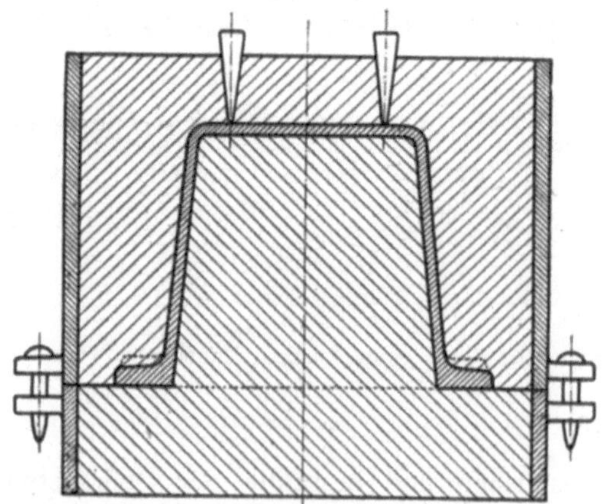

Fig. 51. Form eines kleinen Maschinengestells ohne besonderen Kern.

In Fig. 51 ist die Form eines kleinen pyramidalen oder konischen Maschinengestells im senkrechten Schnitte dargestellt. Das Modell, welches wiederum dem Abgusse ganz entspricht, ist in diesem Falle einteilig. Die Form für ein konisches Gefäß wird in derselben Weise hergestellt wie die des gezeichneten Maschinengestells.

3. Die Schablonenformerei.

Zur Herstellung der Formen nach den bisher beschriebenen Verfahren ist stets ein Modell erforderlich. Soll nur ein Abguß hergestellt werden, so wird dieser durch das Modell sehr verteuert. Beim Formen

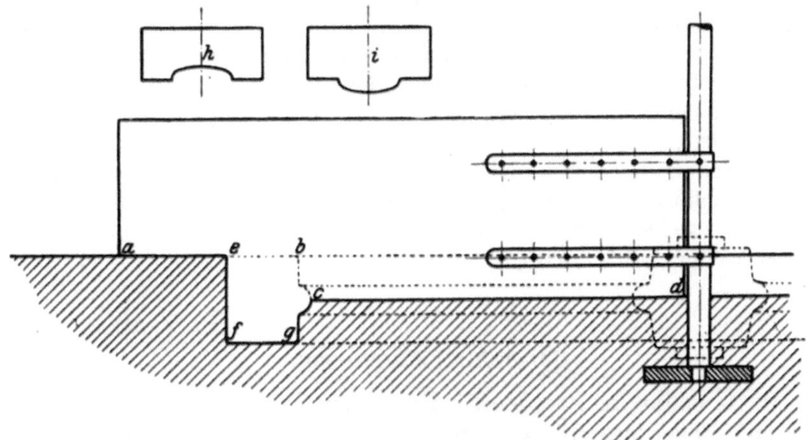

Fig. 52. Schablonierung einer Schwungradform.

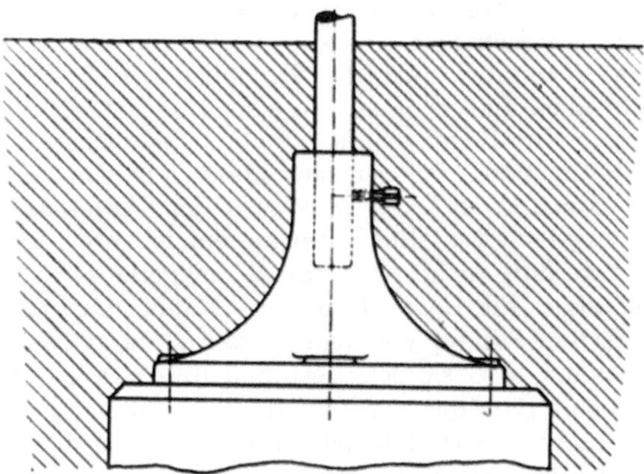

Fig. 53. Schablonenspindelfuß.

großer Umdrehungskörper (Schwungräder, Riemenscheiben und dergl.) ist es nun möglich, das Modell durch Schablonen zu ersetzen, welche, an einer senkrechten Spindel befestigt, im Kreise herumgedreht werden, um die Form gleichsam auszudrehen. Der Former hat hierbei mehr Arbeit, die Form wird also teurer, aber die Modellkosten fallen fast ganz fort, wodurch ein einzelner Abguß billiger wird. Die Form wird meist im Herde hergestellt und mit einem Deckkasten geschlossen. Fig. 52 deutet das Formverfahren an. Eine nach der Linie $a\,b\,c\,d$ ausgeschnittene Schablone dient zum Ausdrehen des Herdes. Dann wird Sand zur Bildung der oberen Armhälften aufgetragen und mit der Schablone h gezogen. Zum Formen der Nabe wird nach Entfernung der Schablonenspindel ein Holzmodell in die Mitte der Form gesetzt. Die bis jetzt hergestellte Form dient als Modell für den darüber aufzustampfenden Deckkasten. Nach der Abnahme des Deckkastens wird das Nabenmodell und der Sand für die Arme entfernt, wobei die Rinnen für die unteren Armhälften mit der Schablone i gezogen werden. Jetzt wird die Schablonenspindel wieder eingesetzt und die Form mit einer Schablone, welche nach der Linie $a\,e\,f\,g\,c\,d$ zugeschnitten ist, ausgedreht.

Die Schablonenspindel ist nicht nur unter der Form in einer Platte, sondern auch über derselben gelagert, oder sie ist in einem Fuße (Fig. 53) befestigt, welcher unter der Form auf einem Fundament steht, und die Schablone wird um dieselbe gedreht.

Die Masseformerei.

Masse nennt man in den Gießereien ein Gemenge von feuerfestem Ton mit Magerungsmitteln. Diese bestehen aus Körpern wie Quarzsand, Graphit, Koks und schon im Feuer gewesener Masse. Sie sollen das Schwinden und Reißen der Form beim Trocknen verhindern oder doch vermindern und ihre Feuerfestigkeit erhöhen. Ist das Magerungsmittel Sand, so unterscheidet sich die Masse den Bestandteilen nach nicht von dem Formsand, nur ihr Tongehalt ist größer. Sie heißt in diesem Falle auch fetter Sand. In den Eisen- und Gelbgießereien verwendet man in der Regel eine sandhaltige Masse, also einen fetten Sand, in der Stahlgießerei dagegen eine Masse aus Ton und Schamotte oder Ton und Koks. Die Masse wird wie der Formsand getrocknet, gemahlen und angefeuchtet. Sie ist in diesem feuchten Zustande bildsamer, d. h. sie zerfällt nicht so leicht als magerer Sand, aber sie ist auch undurchlässiger für Gase als dieser. Daher muß die Masseform (auch die aus fettem Sande) vor dem Gießen stets getrocknet werden. Durch das Trocknen wird sie sehr fest und durchlässig für Gase, aber auch teurer wie eine Sandform. Sie wird darum nur angewendet, wenn eine Sandform nicht anwendbar ist. Für tiefe und für komplizierte Formen reicht die Festigkeit der Sandform, zu Formen für große und dickwandige Gußstücke die Festigkeit und Feuerbeständigkeit einer Sandform nicht aus. Aber nicht nur in solchen Fällen kommen Masseformen zur Verwendung, sondern auch dann, wenn das Blasigwerden des Gusses in einer ungetrockneten Form zu befürchten ist; denn die getrocknete Masseform entwickelt nicht nur weniger Gase, sondern ist auch durchlässiger als die Sandform.

Die Masseformen werden in derselben Weise hergestellt wie die Sandformen, nur werden sie getrocknet, und ihre Innenfläche wird nicht

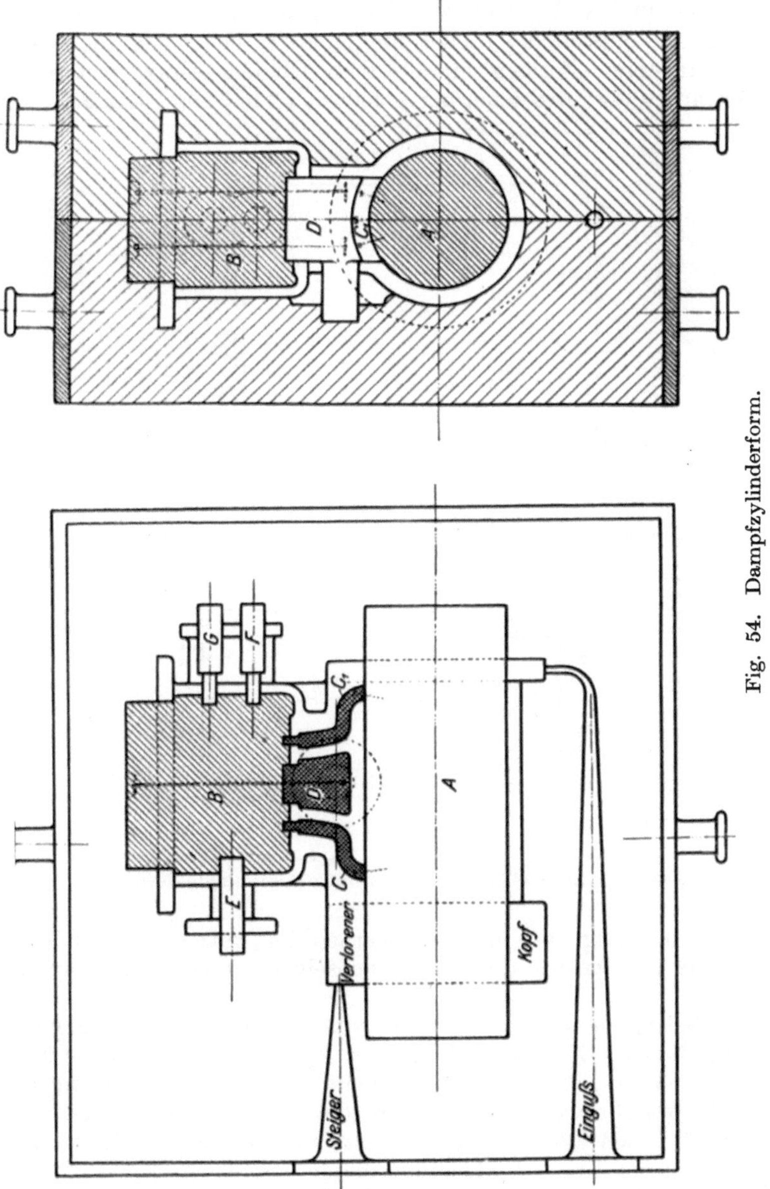

gestäubt, sondern wie die Außenfläche der Kerne mit Schwärze bestrichen. Das Trocknen beweglicher Formen erfolgt in Trocken-

kammern, wogegen unbewegliche durch Kohlenfeuer, Kokskörbe oder
heiße Luft getrocknet werden. Zum Trocknen der Formen reichen in
den Eisen- und Gelbgießereien Wärmegrade von wenig über 100°
aus, dagegen müssen die in der Stahlgießerei benutzten tonreicheren
und feuerfesteren Formen oft bis zum Glühen erhitzt werden, um
sie vollständig auszutrocknen und sehr fest zu machen. Das Schwärzen

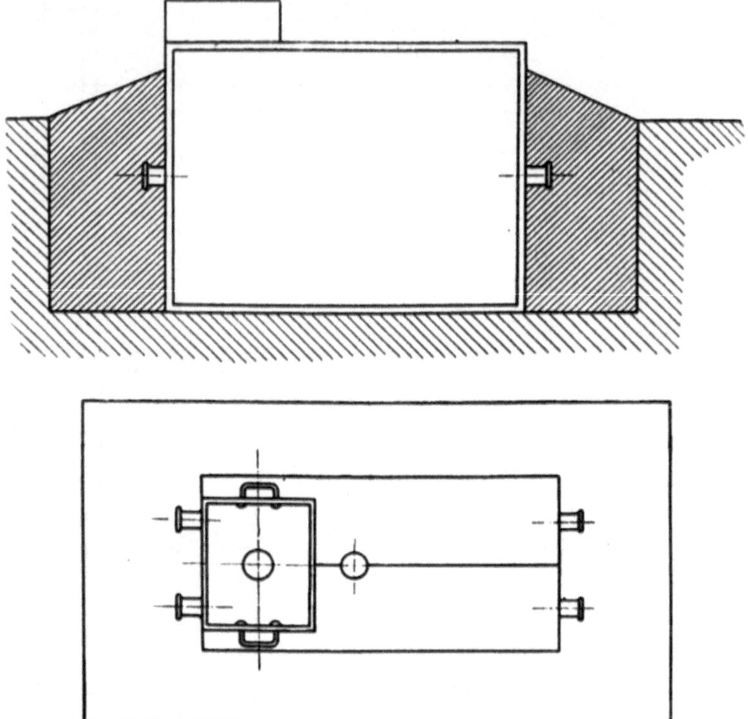

Fig. 55. Zum Gießen eingestampfte Dampfzylinderform.

der Formen erfolgt wie bei den Kernen im warmen Zustande, und
müssen die Formen wie diese nach demselben oft nochmals getrocknet
werden.

Als Beispiel einer Masseform möge die Form eines Dampfzylinders
(Fig. 54) dienen. Zur Herstellung der Zylinderhöhlung benutzt man
einen gedrehten Lehmkern A, während die übrigen Kerne in Kernkästen hergestellt werden. Nachdem die Form in der bei der Sand-
formerei üblichen Weise hergestellt ist, wird zuerst der Kern A eingelegt, dann der Kern B. Zwischen diesen werden die Kerne C und C_1
befestigt und Kern D eingelegt, um die Dampfein- und -ausströmungs-
kanäle zu bilden. Darauf folgen die Kerne für den Dampf-Einströmungs-
stutzen E und die Schieberstangenstopfbüchsen F und G. Für das
Gießen werden die beiden Formkästen aneinander befestigt, mit dem

verlorenen Kopfe nach oben, wie in Fig. 55, in eine Grube gesetzt und dort mit Sand umstampft, um ein Auseinandertreiben der Form zu verhüten. Zur Bildung des Eingusses wird ein kleiner Formkasten aufgesetzt.

Die Lehmformerei.

Man versteht unter Lehm einen sandigen Ton, welchen man mit organischen Substanzen als Magerungsmitteln zur Verhütung des Reißens beim Trocknen, sowie um größere Durchlässigkeit durch das Trocknen zu erzielen, vermengt hat. Dieser Zusatz organischer Körper (Pferdemist und dgl.), ferner ein reichlicher Wasserzusatz sowie der größere Tongehalt unterscheiden den Lehm von dem fetten Sande. Die organischen Stoffe schwinden beim Trocknen und hinterlassen Poren, durch welche die beim Gießen entstehenden Gase entweichen. Man benutzt Lehmformen namentlich für große Gußstücke, besonders dann, wenn dieselben nur einmal hergestellt werden, weil man zu ihrer Anfertigung in der Regel kein ganzes Modell, sondern nur Schablonen und Modelle von einzelnen Teilen der Form gebraucht.

Der Lehm wird wie der Sand getrocknet und gemahlen, dann aber nicht angefeuchtet, sondern mit mehr Wasser und Pferdemist zu einem dicken Brei vermengt. Das Mischen erfolgt auf einer Eisenplatte durch Schlagen mit einer Eisenstange oder in großen Lehmformereien durch einen Tonschneider.

Zur Herstellung von Lehmformen gibt es zwei Methoden. Nach der ersten Methode werden für einen hohlen Gegenstand drei Teile nacheinander gebildet:

1. Der Kern, ein an Gestalt dem Inneren des Gußstückes entsprechender Körper.
2. Das Modell, das Hemd oder die Eisenstärke, eine den Kern dicht umkleidende Lehmschicht, welche außen nach der äußeren Gestalt des Gußstückes zu formen ist.
3. Der Mantel, eine starke Lehmschicht, welche das Modell ganz umhüllt, und in welcher Einguß und Steigtrichter angebracht werden.

Den Kern macht man hohl und mauert ihn für größere Formen aus Lehmsteinen auf, welche außen mit einer Lehmschicht bekleidet werden. Der Mantel steht auf einem eisernen Ringe und wird, wenn nötig, mit eisernen Reifen und Schienen versteift. Jeder Teil muß vor dem Auftragen des nächsten getrocknet werden. Zuletzt wird ein scharfes Austrocknen der ganzen Form vorgenommen, um alle Feuchtigkeit zu entfernen. Damit der Mantel vom Hemde und dieses sich vom Kern leicht ablöst, wird Kern und Hemd vor der Anfertigung des nächsten Formteils mit Schwärze oder mit Aschenwasser bestrichen. Ist der Mantel getrocknet, so hebt man ihn entweder im ganzen oder in Stücke zerschnitten von dem Modelle ab und schneidet und bricht letzteres vollständig vom Kerne los. Wird nun nach dem vollständigen Austrocknen und dem Schwärzen der Mantel wieder an seine Stelle

gesetzt, so bildet der vorher vom Modell ausgefüllte Raum den Hohlraum der Form. Ist das Gußstück ein Umdrehungskörper, so werden
die Oberflächen von Kern und Modell durch Abdrehen mit Schablonen
gebildet.

Ein Beispiel für dieses Verfahren bildet die in Fig. 56 dargestellte
Form einer großen halbkugelförmigen Schale. Zuerst wird aus Back-
steinen ein rundes Mauerwerk hergestellt, welches radiale Luftkanäle
enthält, die später beim Trocknen des Kerns die Luft zuführen. Auf diese
Unterlage wird eine Lehmschicht a aufgetragen, mit einer zur Spindel b
senkrechten geradlinigen Schablone abgedreht und dann getrocknet.

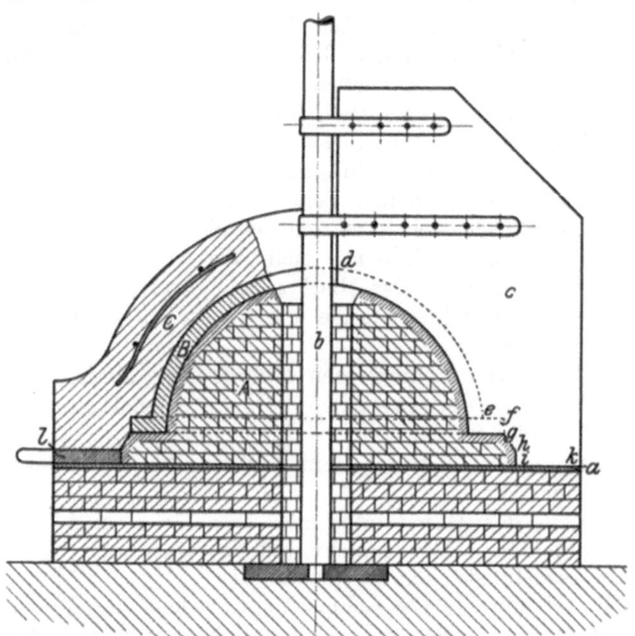

Fig. 56. Form einer großen Schale.

Auf dieser Lehmschicht wird der Kern A aus Lehmziegeln aufgemauert,
mit Lehm umkleidet und dann mit der Kernschablone c abgedreht.
Das untere Ende dieser Schablone wird dabei auf der Lehmschicht
geführt. Nach dem Trocknen und Schwärzen des Kerns wird der Lehm
für das Modell B aufgetragen und mit einer nach der Linie $d\,e\,f\,g\,h\,i\,k$
ausgeschnittenen Schablone abgedreht, wobei die Schablone wieder
auf der Lehmschicht a herumgeführt wird. Dann wird das Modell
geschwärzt und getrocknet. Endlich wird der Mantel C auf dem eisernen
Ringe l und dem Modelle durch Auftragen von Lehm hergestellt. Oft
wird dabei der Mantel durch eingebettete Stangen und Reifen ver-
stärkt, wie Fig. 56 zeigt. Nach dem Trocknen des Mantels wird derselbe
mit dem Ringe l abgehoben. Hierauf wird das Modell durch Zerbrechen

entfernt und nun Mantel und Kern durch Feuer von innen scharf getrocknet. Nachdem dann Mantel und Kern vervollständigt sind, kann nach dem Glätten, Schwärzen und abermaligen Trocknen die Form zusammengesetzt werden. Hierbei sichert der konische Teil $g\,h$ des Mantels und Kerns, das S c h l o ß genannt, die richtige Lage des Mantels zum Kern. Das Schloß ersetzt also in der Lehmformerei das Kernlager der Kastenformerei.

In derselben Weise wie diese Lehmform wird auch die Lehmform für eine Kirchenglocke hergestellt.

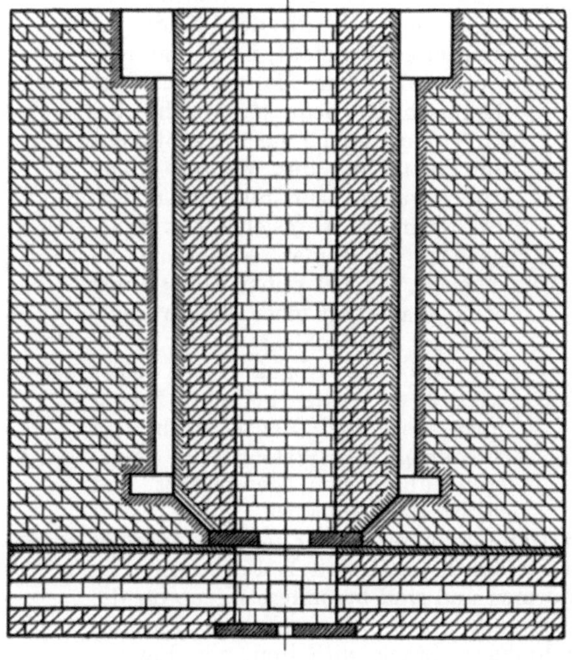

Fig. 57. Form eines Flanschenrohres.

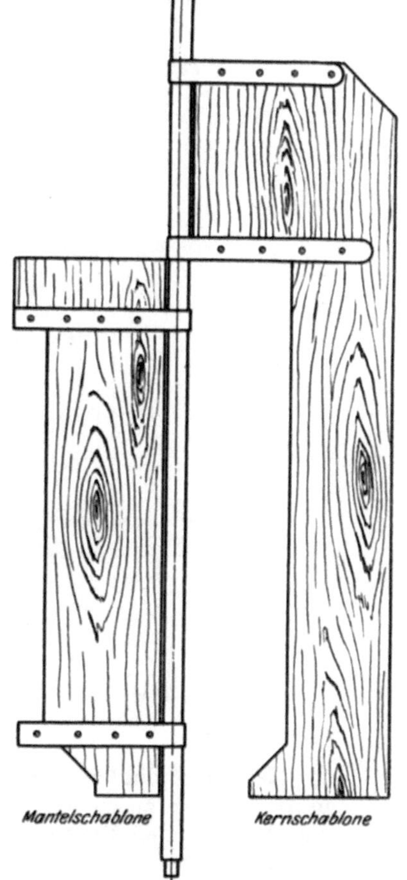

Fig. 58.
Schablonen zu Fig. 57.

Alle größeren Lehmformen pflegt man auf dem Boden einer Grube, der Dammgrube, herzustellen und für den Guß in derselben Weise einzudämmen wie die Form des Dampfzylinders in Fig. 55.

Bei dem zweiten Verfahren wird kein Hemd oder Modell gebraucht, sondern Kern und Mantel werden jeder für sich hergestellt. Diese Methode bietet außer der Ersparung des Modells noch den Vorteil, daß Kern und Mantel an verschiedenen Plätzen durch verschiedene Former gleichzeitig hergestellt werden können. Hierdurch wird die Form viel früher fertig; doch ist diese Methode nicht gut anwendbar, wenn wegen der Gestalt des Gußstückes der Mantel zum Zusammensetzen der Form geteilt werden muß.

Ein Beispiel für das Verfahren gibt die Form eines zylindrischen Flanschenrohres in Fig. 57. Mantel und Kern werden, der erstere auf einem Mauerwerk, der letztere auf einer Herdgußplatte aufgebaut und durch genau zueinander passende Schablonen (Fig. 58) ausgedreht bzw. abgedreht. Der untere konische Teil beider Stücke bildet wieder das Schloß. Damit die Gußplatte des Kerns sich mit ihrer ganzen Fläche auf ihre Unterlage, das Mauerwerk unter dem Mantel, auflegt, bzw. damit der Kern im Mantel gerade steht, ist das Mauerwerk unter dem Mantel von einer Lehmschicht bedeckt, welche bei ihrer Herstellung genau senkrecht zur Mittellinie des Mantels abgedreht wurde. Um nun die untere Endfläche des Kerns ebenfalls rechtwinklig zu seiner Mittellinie zu machen, lag bei seiner Herstellung seine Platte auf einer ebenso abgedrehten Lehmschicht.

Soll der Abguß recht glatt werden, so werden bei einer Lehmform Kern und Mantel nach dem Trocknen mit Wasser und Bimsstein abgerieben, geschwärzt und nochmals getrocknet.

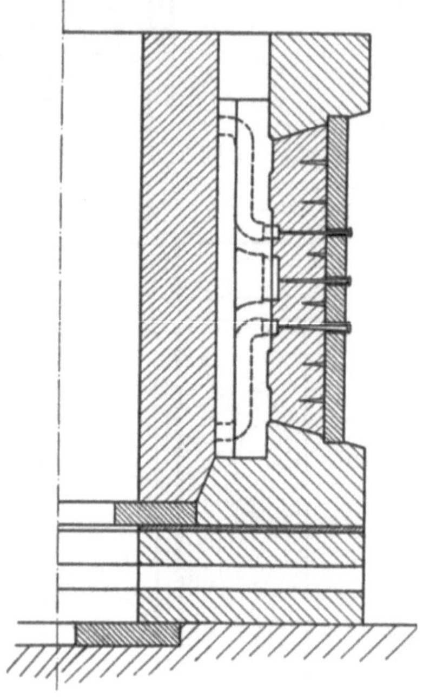

Fig. 59.
Halbe Dampfzylinderform.

Ist ein Zylinder, z. B. ein Dampfzylinder, mit Ein- und Ausströmungskanälen zu gießen, so ist für den betreffenden Teil des Zylinders ein Modell in den Mantel einzuformen und sind besondere Kerne für die Kanäle einzusetzen. Das letztere muß von außen geschehen. Es muß daher der Mantel ein herausnehmbares Stück enthalten, wie Fig. 59 zeigt.

Die Schalenformen.

Der Schalenguß gewährt den Vorteil, in derselben Form viele Abgüsse machen zu können. Trotz der hieraus sich ergebenden Billigkeit der Abgüsse wird derselbe für eiserne Gußstücke wenig angewendet, weil diese durch das Abschrecken (schnelles Erkalten), welches in solchen Formen eintritt, nicht nur unansehnlich und rauh ausfallen, sondern auch bis auf eine gewisse Tiefe große Härte und Sprödigkeit erlangen. Nur da, wo solche Härte erforderlich ist, d. h. bei der Herstellung von Hartguß, werden gußeiserne Formen angewendet. Übrigens wird zur Herstellung von Hartguß hauptsächlich graues Roheisen benutzt, da weißes Roheisen auch ohne Abschreckung, also in jeder Form durch und durch hart wird. Der Hartguß soll aber nur an den Stellen hart sein, wo Härte erwünscht ist, um seine Zähigkeit und Bearbeitbarkeit nicht mehr als nötig zu beeinträchtigen.

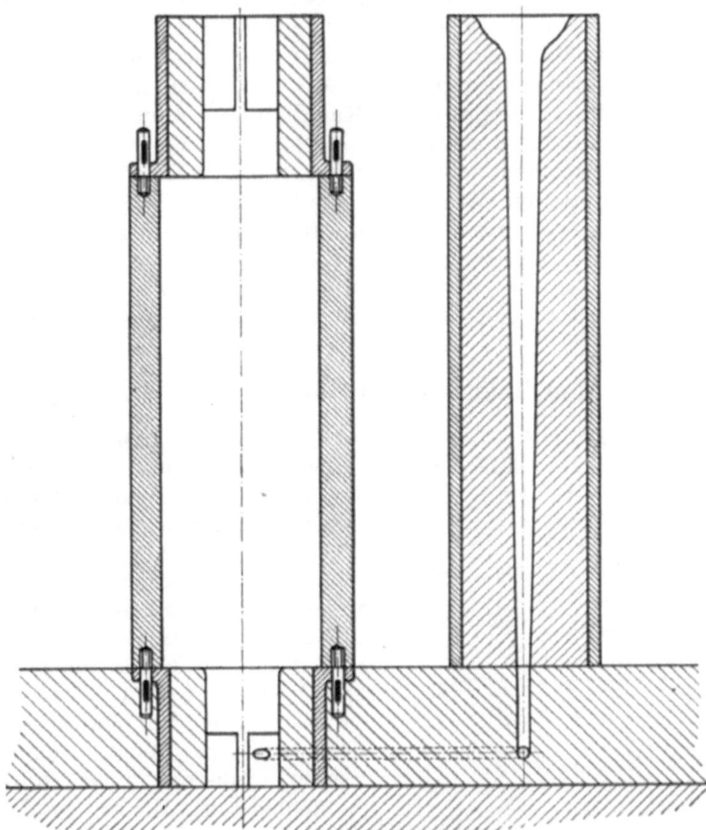

Fig. 60. Form einer Hartgußwalze.

Aus Hartguß werden hauptsächlich hergestellt: Walzen und Platten für Zerkleinerungsmaschinen, Panzertürme für Festungswerke und Granaten. Früher wurden auch Eisenbahnwagenräder und Herz- und Kreuzungsstücke für Eisenbahngleise aus Hartguß hergestellt. Die letzteren werden aber jetzt aus dem zäheren Gußstahl gegossen.

Fig. 60 zeigt als Beispiel die Form einer Hartgußwalze, welche an ihrer Zylinderfläche hart sein soll. Die Form besteht aus dem Unterkasten, der Schale und dem Oberkasten. Zuerst wird der Unterkasten hergestellt, und zwar aus fettem Sande. Dabei wird auch der Einlaufkanal für das einfließende Eisen ausgespart. Der Unterkasten wird dann getrocknet, geschwärzt und auf den Boden einer Dammgrube gesetzt. Die Schale, welche durch Bolzen in die richtige Lage zum Unterkasten gebracht wird, setzt man nun auf und hierauf den Oberkasten, welcher ebenso wie der Unterkasten angefertigt wurde. Der Oberkasten wird ebenfalls durch Bolzen in die richtige Lage zur Schale gebracht, und die Querkeile durch diese Bolzen verhindern das Heben des Oberkastens beim Gießen. Um das Reißen der Schale zu verhindern, wird dieselbe vor dem Gießen von außen etwas angewärmt. Ist die ganze Form mit Sand eingedämmt, d. h. von Sand umgeben, so geschieht das Anwärmen durch Eingießen von Eisen in durch herausgezogene Holzlatten ausgesparte Kanäle am Umfange der Schale. Das Anschmelzen des in die Form eingegossenen Eisens an die Schale wird durch Bestreichen derselben mit Graphit verhindert. Der Eingußkanal wird durch ein Modell in einem besonderen Kasten hergestellt. Man läßt das Eisen von unten, und zwar tangential in die Form eintreten, um eine drehende Bewegung desselben in der Form zu erzielen. Hierdurch sammeln Schlacke und Schaum sich in der Mitte der Oberfläche des flüssigen Eisens, und man erhält eine blasenreine Zylinderfläche

Modellplatten und Formmaschinen.

Soll eine größere Anzahl von Abgüssen nach demselben Modell gemacht werden, so läßt sich die gewöhnliche Formmethode durch Anwendung von Modellplatten verbessern. Die einzelnen Ober- und Unterkasten werden hierbei selbständig jeder über einer Platte, auf welcher in der Regel mehrere Modellhälften sitzen, aufgestampft und dann die Form aus den entsprechenden Kasten zusammengesetzt. Damit die beiden Hälften der Gußform genau zueinander passen, müssen nicht nur die Modellhälften richtig auf den Platten angeordnet werden, sondern

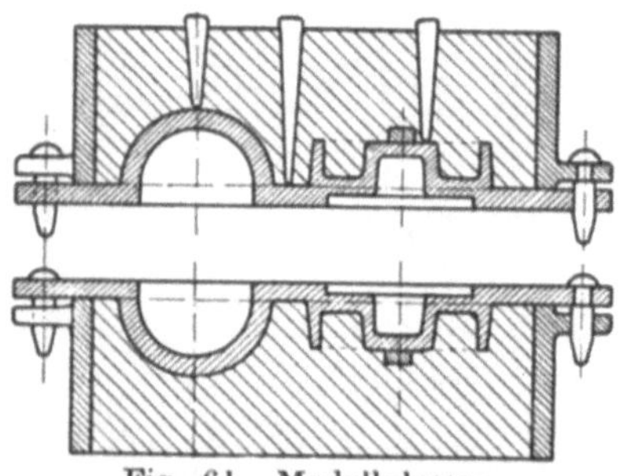
Fig. 61. Modellplatten.

auch die Formkasten mit Bolzen in die Platten oder diese in die Formkasten eingreifen, wie Fig. 61 zeigt.

Für das Formen flacher Gegenstände, deren Modelle beim Ausheben die Form nicht beschädigen, ist die Anwendung von Modellplatten geeignet. Besonderen Nutzen gewährt sie, wenn in einem Formkasten mehrere Gegenstände (in der Regel kleine) gegossen werden, weil man dann alle Modelle gleichzeitig aushebt. Da die Modellplatten teurer sind als gewöhnliche Modelle, sind sie zur Herstellung einzelner Abgüsse nicht verwendbar. Ist eine große Zahl von Abgüssen erforderlich, so stellt man die Modellplatten aus Eisen oder einem anderen Metalle her.

Bewirkt man das Abheben der Modellplatte oder des Formkastens nicht aus freier Hand, sondern mit einer mechanischen Einrichtung, bei welcher dem sich bewegenden Teile eine sichere Führung gegeben

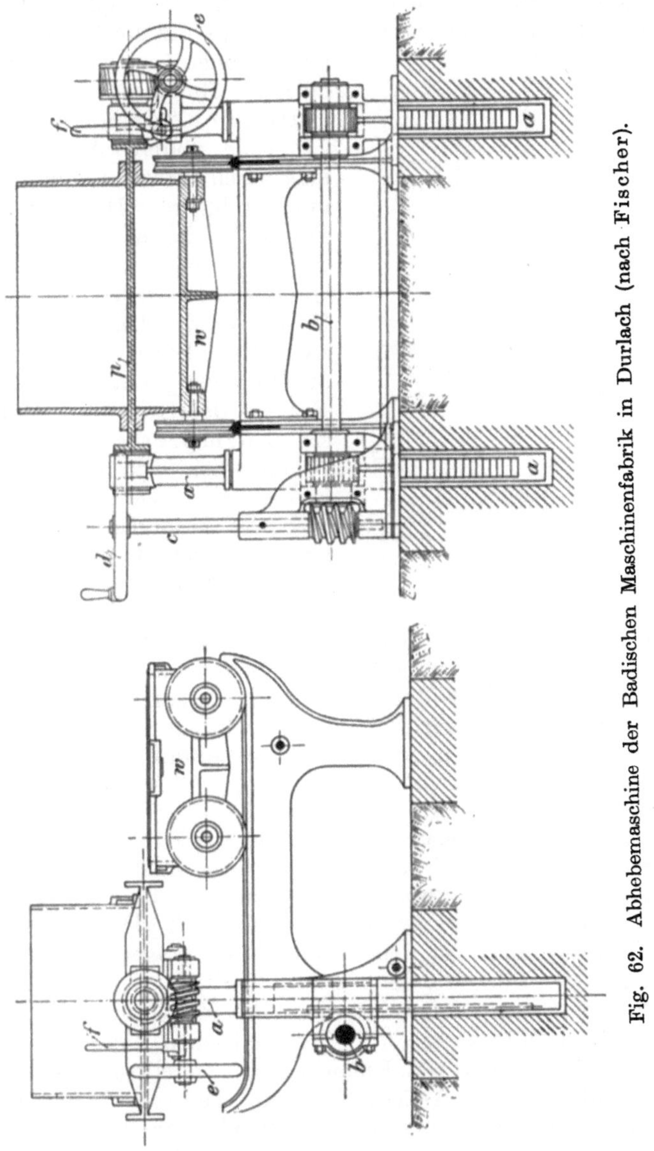

Fig. 62. Abhebemaschine der Badischen Maschinenfabrik in Durlach (nach Fischer).

ist, so hat man eine Formmaschine, und zwar eine **Abhebemaschine**. Diese gewährt den Vorteil der Modellplatten im erhöhten Maße, denn das Herausziehen der Modelle wird mit größerer Sicherheit und in kürzerer Zeit ausgeführt.

Die Sicherheit gegen Beschädigung der Form beim Herausziehen der Modelle wird oft noch dadurch erhöht, daß der Formkasten nicht auf der Modellplatte liegt, sondern auf einer Tischplatte, durch deren genau passende Ausschnitte die Modelle der Modellplatte hindurchragen. Die Modellhälften müssen mindestens um die Dicke der Tischplatte höher sein, wie Fig. 63 zeigt. Solche Maschinen nennt man Durchziehmaschinen.

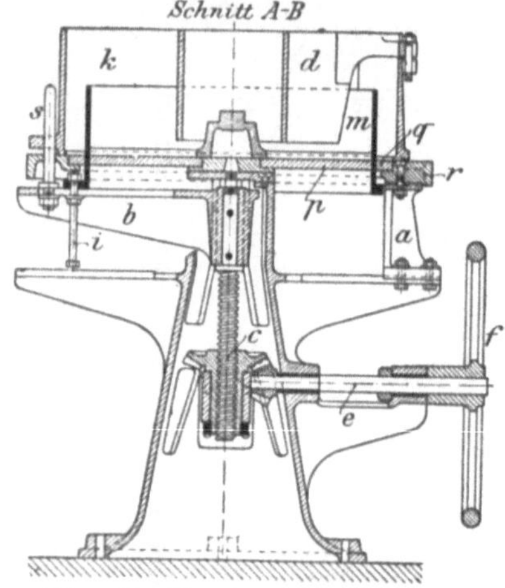

Fig. 63. Durchziehmaschine der Badischen Maschinenfabrik in Durlach (nach Fischer).

Eine andere Art der Formmaschinen bezweckt, eine schnellere und billigere Herstellung von Formen dadurch zu erreichen, daß sie das Feststampfen des Sandes von Hand entbehrlich macht. Diese Maschinen drücken durch eine einzige Hebelbewegung oder durch die Bewegung eines hydraulischen Kolbens den Sand fest. Man nennt sie Formpressen. Wohl alle Formpressen sind gleichzeitig Abhebe- oder Durchziehmaschinen, d. h. sie besorgen auch das Herausziehen der Modelle.

Fig. 62 stellt eine Abhebemaschine von der Badischen Maschinenfabrik in Durlach mit drehbarer Modellplatte p vor. Die nicht mit dargestellten Modelle sitzen auf beiden Seiten der Platte, deren eine Seite zum Formen der Unter- und deren andere Seite zum Formen der Oberkasten benutzt wird. Der Sand wird in den auf der Modellplatte befestigten Kasten von Hand festgestampft. Hierauf wird der Wagen w unter der Modellplatte fortgeschoben, letztere gehoben und um 180° gedreht. Dann senkt man die Modellplatte, bis sich der nun unten befindliche Kasten mit dem Rücken auf den untergeschobenen Wagen w legt. Nachdem ein zweiter Kasten auf der Modellplatte befestigt und vollgestampft ist, löst man den unteren Kasten von der Modellplatte, hebt letztere empor (durch die Maschine, wobei die Modelle ausgehoben werden), schiebt den Wagen mit dem vollen Formkasten fort, dreht die Modellplatte, schiebt den inzwischen geleerten Wagen zurück und senkt dann die Modellplatte wieder usw.

Eine Durchziehmaschine von der Badischen Maschinenfabrik in Durlach zum Einformen von Riemenscheiben stellt Fig. 63 dar. Das Modell besteht aus zwei Teilen. Der eine Teil, das halbe Armkreuz mit Nabe und Kernmarke, liegt fest auf dem Tische p. Der andere Teil, der Radkranz k, ragt durch einen ringförmigen Spalt des Tisches hindurch und kann durch Schraubenspindel und Mutter nach unten aus dem auf dem Tische stehenden Formkasten herausgezogen werden, nachdem der letztere vollgestampft ist.

In Fig. 64 ist eine Formpresse der Badischen Maschinenfabrik gezeichnet, welcher der Abhebemaschine in Fig. 62 ähnlich gebaut ist. Es treten nur der hydraulische Preßzylinder a mit Kolben b und die Gegenplatte f hinzu. Die letztere sitzt an einem fahrbaren Rahmen h, welcher beiseite geschoben wird, um den Sand in den oberen Formkasten zu bringen. Ist derselbe nebst Aufsatzrahmen gefüllt, so wird

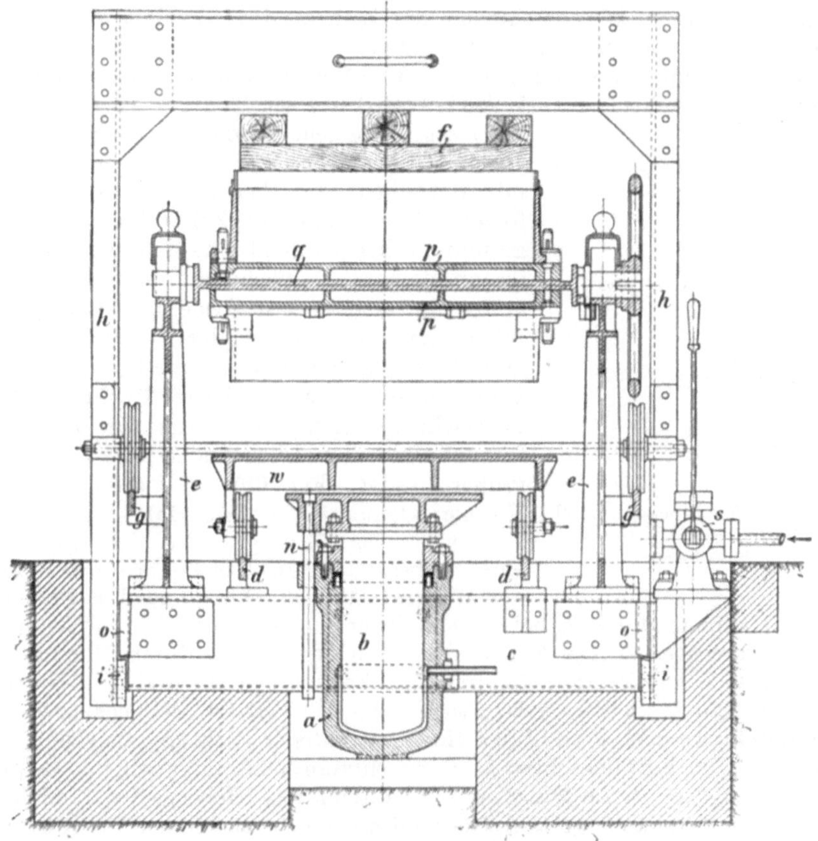

Fig. 64. Formpresse der Badischen Maschinenfabrik in Durlach (nach Fischer).

die Gegenplatte f wieder über ihn gebracht, und nun werden durch den Preßkolben b und den Wagen w die beiden Formkästen mit den beiden Modellplatten p und der Wendeplatte q gegen die Gegenplatte f gedrückt, wobei f in den Aufsatzrahmen eindringt und den Sand im Oberkasten zusammenpreßt. Der Wasserdruck im Preßzylinder pflegt 50 Atm. zu betragen.

Auf andere Weise besorgen die Rüttelformmaschinen das Befestigen des Formsandes. Der Formkasten wird über die eine Modellhälfte auf den Tisch der Formmaschine gestellt und mit Sand gefüllt. Nun läßt man mehrmals den Tisch der Formmaschine durch Preßluft heben und wieder herunter fallen, wobei der Tisch auf den auf Federn ruhenden Amboß der Maschine fällt. Dadurch wird der Sand genügend fest. Wenn der Amboß nicht abgefedert wird, so wird die Umgebung der Maschine zu stark erschüttert.

Im Gegensatz zu den bisher besprochenen Formmaschinen, welche nur anwendbar sind, wenn zahlreiche Abgüsse nach demselben Modell gemacht werden können, stehen die Zahnräderformmaschinen, welche die Ersparung eines vollständigen Modells zum Zwecke haben. Ihre Anwendung bietet daher den größten Vorteil, wenn nur ein einzelner Abguß herzustellen ist. Als Modell wird nur ein Teil des Radkranzes (ein sog. Segment) (Fig. 65) hergestellt. Dieses wird an der Formmaschine befestigt, mit derselben, der Peripherie des Rades folgend, immer um eine Zahnteilung weiter gestellt, wobei jedesmal eine Zahnlücke aufgestampft wird. Je nachdem nun das Modell an einem wagerechten Arme befestigt und mit diesem um einen in der Radmitte aufgestellten Ständer bewegt wird, oder die Gußform auf einem drehbaren Tische steht, unterscheidet man zwei Arten von Räderformmaschinen, nämlich solche zum Formen großer Räder (Fig. 66) und solche zum Formen kleiner Räder (Fig. 68).

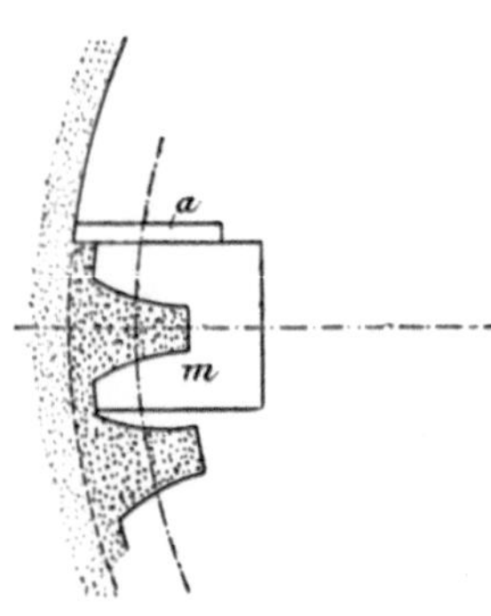

Fig. 65. Zahnlückenmodell oder „Segment“ (nach Fischer).

Die in Fig. 66 dargestellte Maschine ist eine verbesserte Scottsche Formmaschine von Wagner & Co. in Dortmund. Das Modell M ist an einem Halter H befestigt, welcher in einer senkrechten Führung des wagerechten Armes E zum Ausheben des Modells durch Handrad, Schnecke, Schneckenrad, Zahnrad und Zahnstange auf und ab bewegt werden kann. Sollen statt Stirn- oder Kegelräder Schneckenräder hergestellt werden, so muß das Modell in radialer Richtung ausgehoben werden. Die Formmaschine ist dann entsprechend eingerichtet. Beim Einformen von Stirnrädern muß während des Hebens des Modells der in die Zahnlücke gestampfte Sand mit einem passenden Blech oder einem passenden Brettchen festgehalten werden. Um nach dem Ausheben des Modells seine Drehung um den Mittelpunkt des Rades bewirken zu können, kann sich die Büchse D mit dem Arme E um den festen Ständer C drehen. Ausgeführt wird diese Drehung durch eine Schnecke, deren Lager an der Büchse D sitzen, und welche selbst in das auf dem Ständer C festsitzende Schneckenrad F eingreift. Ihre Drehung erhält die Schnecke von einer feststellbaren Handkurbel n durch Vermittlung der Welle w und der Zahnräder i, l und h. Die Einstellung des Modells auf den richtigen Radradius erfolgt durch Verschieben des Armes E an D mit Hilfe des Handrades f, einer an E gelagerten Schraubenspindel und einer an D befestigten Mutter.

Zur Herstellung der Form wird zunächst in den Fuß *A* eine Schablonenspindel gesetzt und der Herdsand mit einer Schablone so abgedreht, daß man den Deckkasten darüber aufstampfen kann. Ehe dies geschehen kann, muß man die Spindel entfernen und an ihre Stelle ein Nabenmodell einformen. Nach der Abnahme des Deckkastens

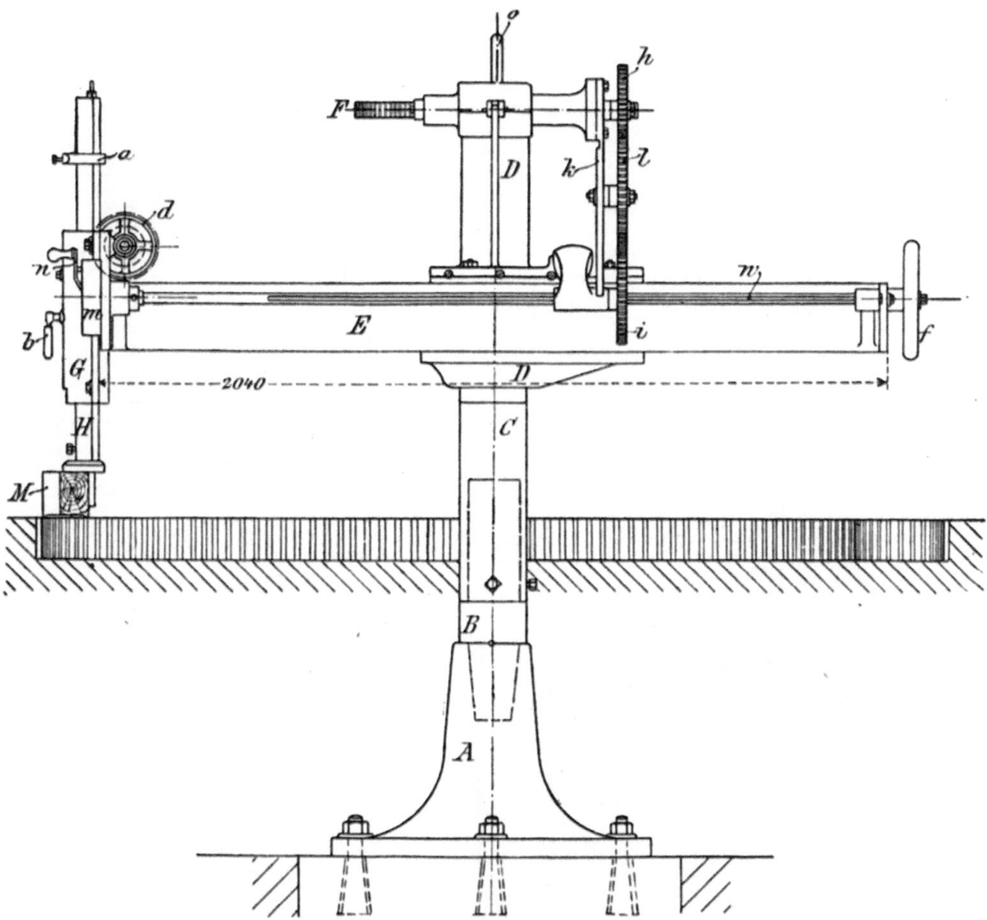

Fig. 66. Zahnräderformmaschine für große Räder nach Scott von Wagner & Co. in Dortmund (nach Fischer).

setzt man wieder eine Schablonenspindel ein, um den Herd auszudrehen. Die Ausdrehung ist im Durchmesser etwas größer als das zu formende Rad. Jetzt wird die Formmaschine in den Fuß *A* eingesetzt, das Modell auf den Radius des Rades eingestellt und eine Zahnlücke nach der andern hergestellt. Nach der Beseitigung der Formmaschine wird die Mitte der Form nach einem Nabenmodell geformt. Zur Bildung der Arme legt man so viele kreisausschnittförmige Kerne in die Form, als das Rad Arme hat. Die Kerne sind aus Masse in einem Kernkasten hergestellt und von solcher Gestalt, daß sie den Raum für die Radarme zwischen sich freilassen. Nach

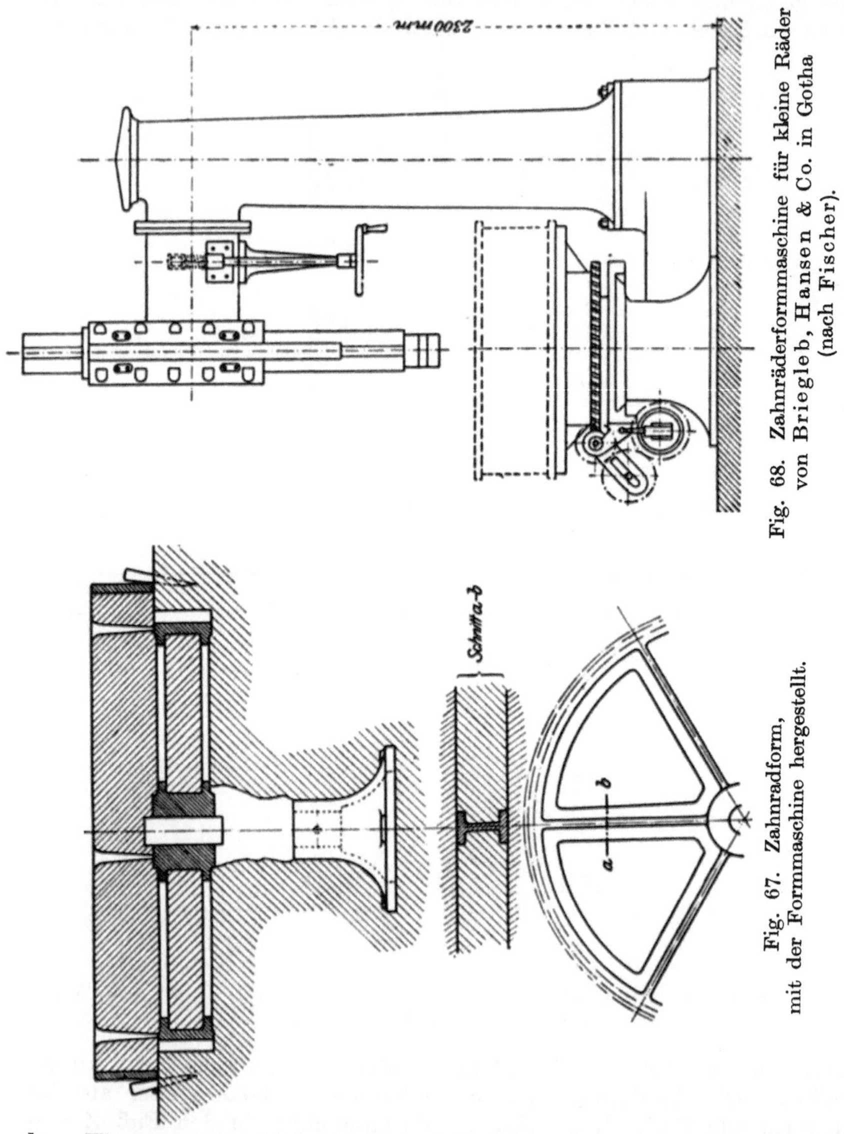

Fig. 68. Zahnräderformmaschine für kleine Räder von Briegleb, Hansen & Co. in Gotha (nach Fischer).

Fig. 67. Zahnradform, mit der Formmaschine hergestellt.

dem Einsetzen des Nabenkerns wird dann die Form durch Auflegen des Deckkastens geschlossen. Fig. 67 zeigt die fertige Form. Nur unter der Nabe fehlt in der Figur der Sand. Der Querschnitt der Radarme wird in der Regel ⊥-förmig gemacht, wobei der Steg senkrecht zur

Radebene steht. Solche Arme lassen sich ohne Anwendung von Kernen nicht herstellen. Da nun beim Formen mit einem ganzen Modell das Verfahren durch die Benutzung von Kernen unnötig verteuert wird, so kann man mit ziemlicher Sicherheit Räder mit solchen Armen als mit der Maschine geformt ansehen. Es ist aber umgekehrt nicht nötig, daß jedes mit der Maschine geformte Rad den erwähnten Armquerschnitt zeige, denn man kann mit Hilfe der Kerne auch jeden anderen gebräuchlichen Armquerschnitt herstellen.

An der Räderformmaschine nach Fig. 68 von Briegleb, Hansen & Co., Gotha, führt das Zahnlückenmodell nur die senkrechte Aushebebewegung aus, die Drehbewegung wird dagegen von dem auf einem Tische stehenden Formkasten ausgeführt. Zur richtigen Einstellung des Modells auf den Radius des Rades steht der Tisch mit dem Formkasten auf einem Schieber, welcher auf dem Gestelle der Maschine senkrecht zur Bildfläche verstellt werden kann.

Die Röhrenformerei.

Gußeiserne Rohre kann man durch Gießen in liegenden oder stehenden Formen herstellen. Eine liegende Rohrform zeigt Fig. 49. Zum Gießen langer Rohre sind liegende Formen unzweckmäßig, weil der erforderliche lange Kern sich durchbiegt, in der leeren Form durch sein Gewicht nach unten, in der gefüllten Form durch den Auftrieb des flüssigen Metalls nach oben. Dadurch entsteht ein Rohr, welches, wie Fig. 69 zeigt, in der Mitte seiner Länge ungleiche Wandstärken hat. Außerdem können Teile vom Kerne abbrechen und das Mißlingen des Gusses herbeiführen. Die Durchbiegungen des Kerns kann man durch Anwendung von Kernstützen nach Fig. 70 verhindern. Durch Kernstützen entstehen aber leicht undichte Stellen

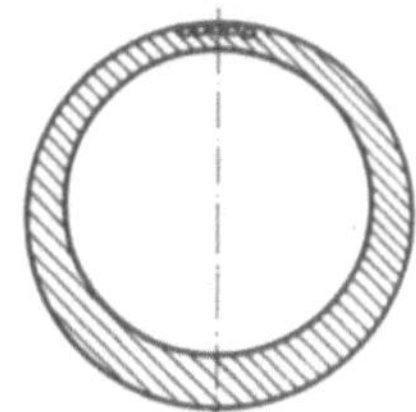

Fig. 69.
Rohrquerschnitt.

in der Rohrwand, weil sie sich nicht immer festgießen. Ferner können aus einer liegenden Rohrform Schlacken und Gasblasen nicht gut heraus-

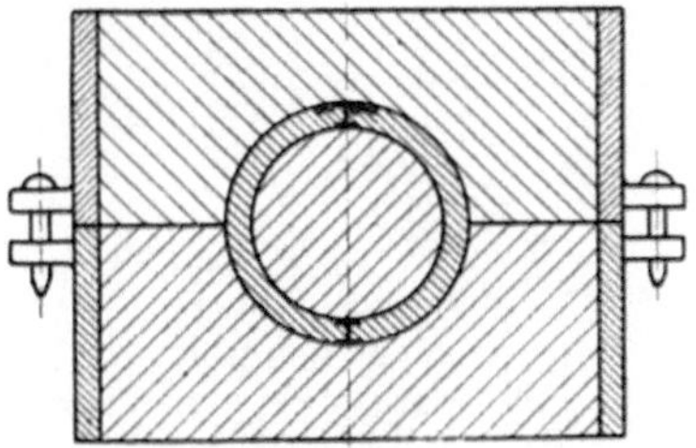

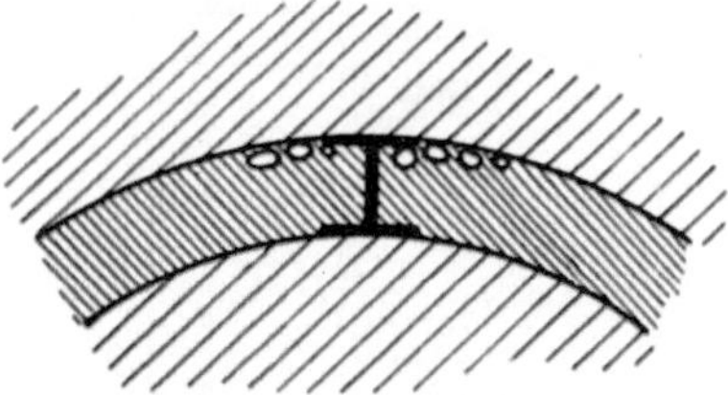

Fig. 70. Rohrform mit Kernstützen.   Fig. 70 a. Rohrwand mit Doppelstütze.

treten. Sie sammeln sich über dem Kerne an und verschlechtern, wie die Fig. 69, 70 und 70 a zeigen, diese Stelle der Rohrwand. Allen diesen Übelständen wird abgeholfen durch den stehenden Röhrenguß.

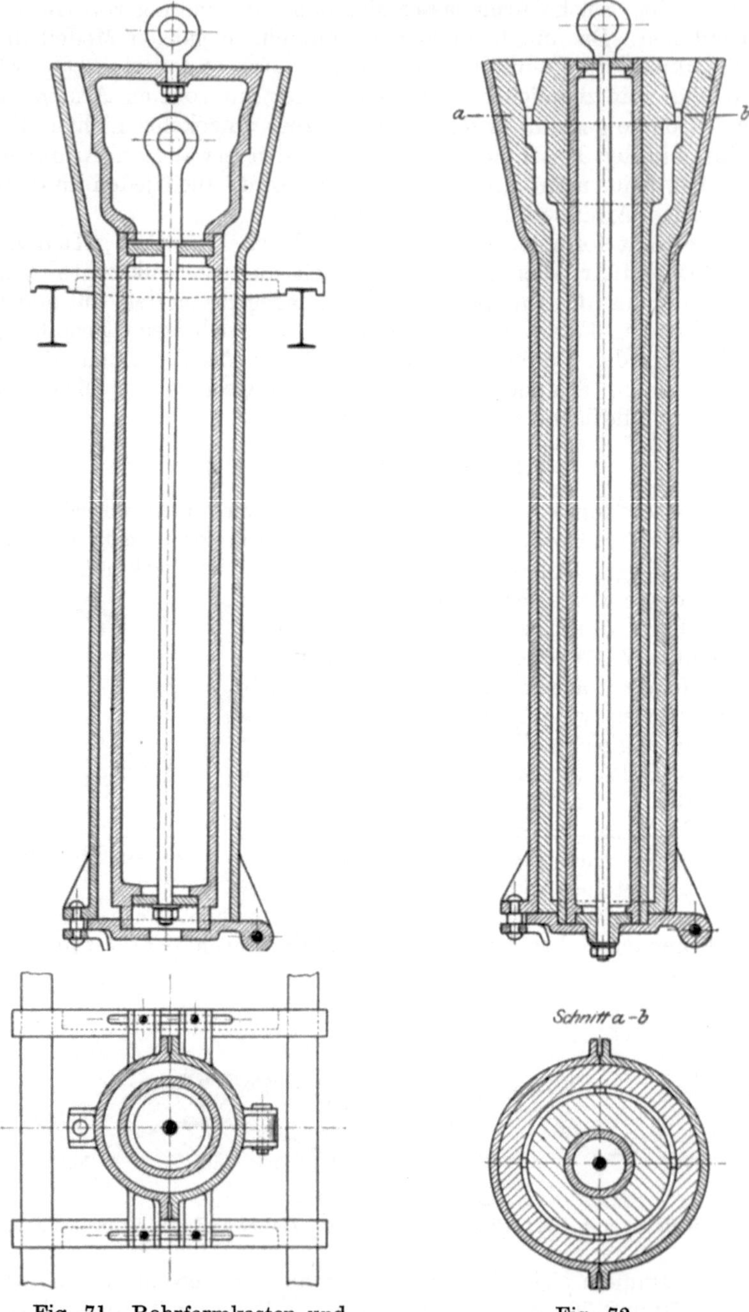

Fig. 71. Rohrformkasten und
-modell für stehenden Guß.

Fig. 72.
Stehende Rohrform.

Die Röhren werden zwecks ihrer Verbindung entweder mit Muffen oder mit Flanschen versehen. Im folgenden soll das Einformen eines Muffenrohres behandelt werden, da man solche Rohre in großen Mengen zu Gas- und Wasserleitungen gebraucht und die Röhrengießereien hauptsächlich Muffenrohre herstellen. Das Formverfahren wird am einfachsten, wenn das Rohr mit der Muffe nach oben eingeformt wird. Der in Fig. 71 mit dem Rohr- und Muffenmodell dargestellte Formkasten hängt auf zwei Querträgern, welche sich auf Längsträgern verschieben lassen. Zwischen zwei solchen meist quer durch das Gießereigebäude gehenden Längsträgern hängt eine ganze Reihe von Rohrformen. Das Gebäude enthält zahlreiche solche Formenreihen. Der Formkasten ist zweiteilig und von solchem Durchmesser, daß die Formsandschicht nur 25—40 mm stark wird. Das Modell besteht aus zwei Teilen, von denen der eine den zylindrischen Teil des Rohres, der andere die Muffe formt. Die Modelle sind mit einer kräftigen Öse versehen, um sie mit Hilfe eines Laufkrans in die Form hinein und wieder heraus zu bringen. Das Rohrmodell wird durch die Bodenklappe des Formkastens in der richtigen Lage gehalten, während das Muffenmodell mit einem Ansatze in das Rohrmodell eingreift. Das Einformen geschieht nun in folgender Weise: Zuerst wird das eiserne Rohrmodell in den Formkasten gesetzt, der Sand um dasselbe in den Hohlraum des Kastens eingestampft und dann das Muffenmodell eingesetzt. Das letztere kann nicht mit dem Rohrmodelle eingesetzt werden, weil sich dann der Sand um das Rohrmodell nicht feststampfen läßt. Nun wird der Zwischenraum zwischen dem Muffenmodell und dem Formkasten ebenfalls mit fettem Sande vollgestampft, dann zuerst das Muffenmodell und darauf das Rohrmodell nach oben herausgezogen. Eine Ausbesserung der Form ist meist nicht erforderlich. Das Trocknen derselben erfolgt durch eine darunter geschobene fahrbare Feuerung. Vor dem Trocknen findet das Schwärzen statt, indem man mit einer in Schwärze getauchten zylindrischen Bürste mit langem Stiele durch die Form hindurchfährt. Der besonders angefertigte Kern wird von oben in die Form eingesetzt. Unten wird derselbe durch die Form und die Bodenklappe und oben durch einen Bund in die richtige Stellung gebracht (zentriert), wie Fig. 72 zeigt. Der in Fig. 72 ebenfalls dargestellte Schnitt $a\,b$ läßt erkennen, daß der Bund stellenweise entfernt ist, um beim Gießen das flüssige Eisen und die Luft durchzulassen.

Das Trocknen der Formen.

Zum Trocknen der Masse- und Lehmformen und der Kerne benutzt man viereckige, überwölbte Räume (Fig. 73), Trockenkammern genannt, welche mit einer Seite der Gießerei zugekehrt sind und gegen diese durch eine eiserne Schiebetür a abgeschlossen werden. Im Innern der Trockenkammern sind Wandbretter b angebracht zur Aufnahme kleiner Kerne und Formen. Große Kerne werden auf Wagen in die Kammern gefahren und oft an der Decke aufgehängt. Die Trocken-

kammern werden meist mit Koks geheizt, dessen Verbrennungsprodukte
durch die Kammern ziehen (direkte Heizung). *c* ist eine solche Koks-

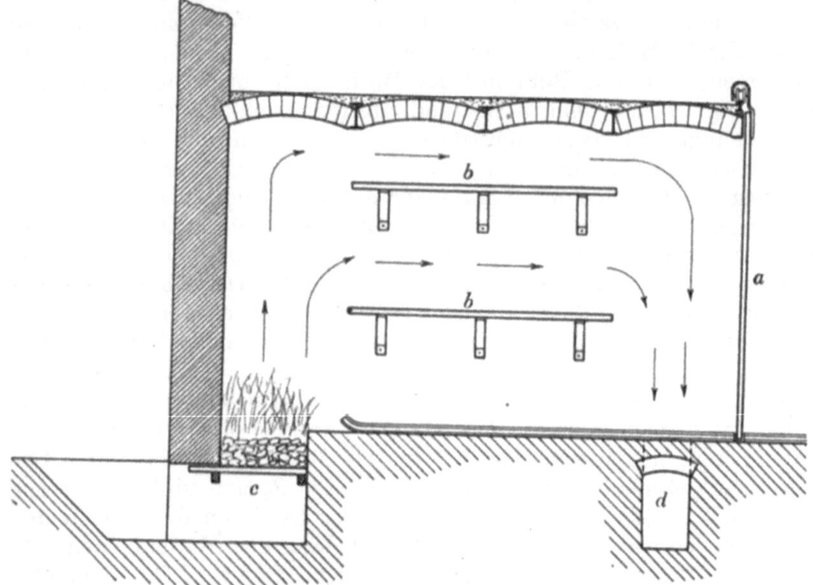

Fig. 73. Trockenkammer.

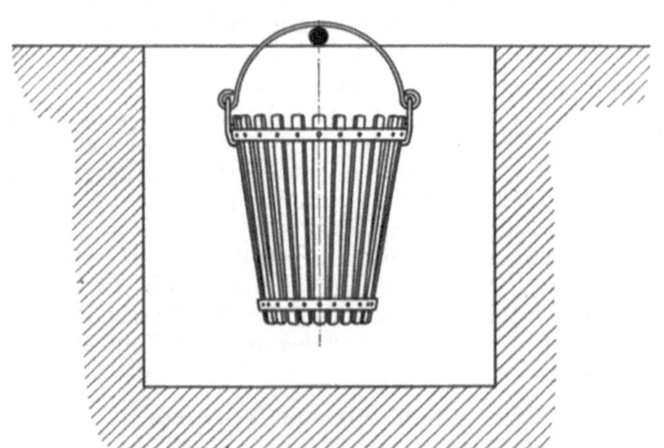

Fig. 74. Kokskorb in einer Form.

feuerung und *d* ein Kanal, welcher die in der Richtung der Pfeile sich
bewegenden Verbrennungsprodukte nach einem Schornstein führt.

Große Formen, welche im Herde der Gießerei hergestellt werden,
überhaupt alle Formen, die nicht in eine Trockenkammer gebracht

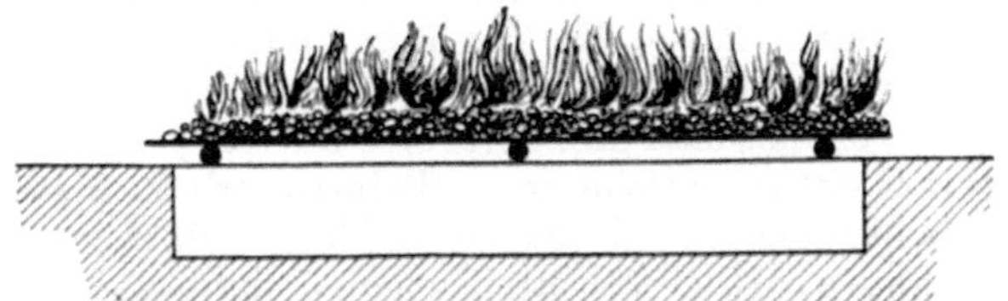

Fig. 75. Offenes Feuer auf einer Form.

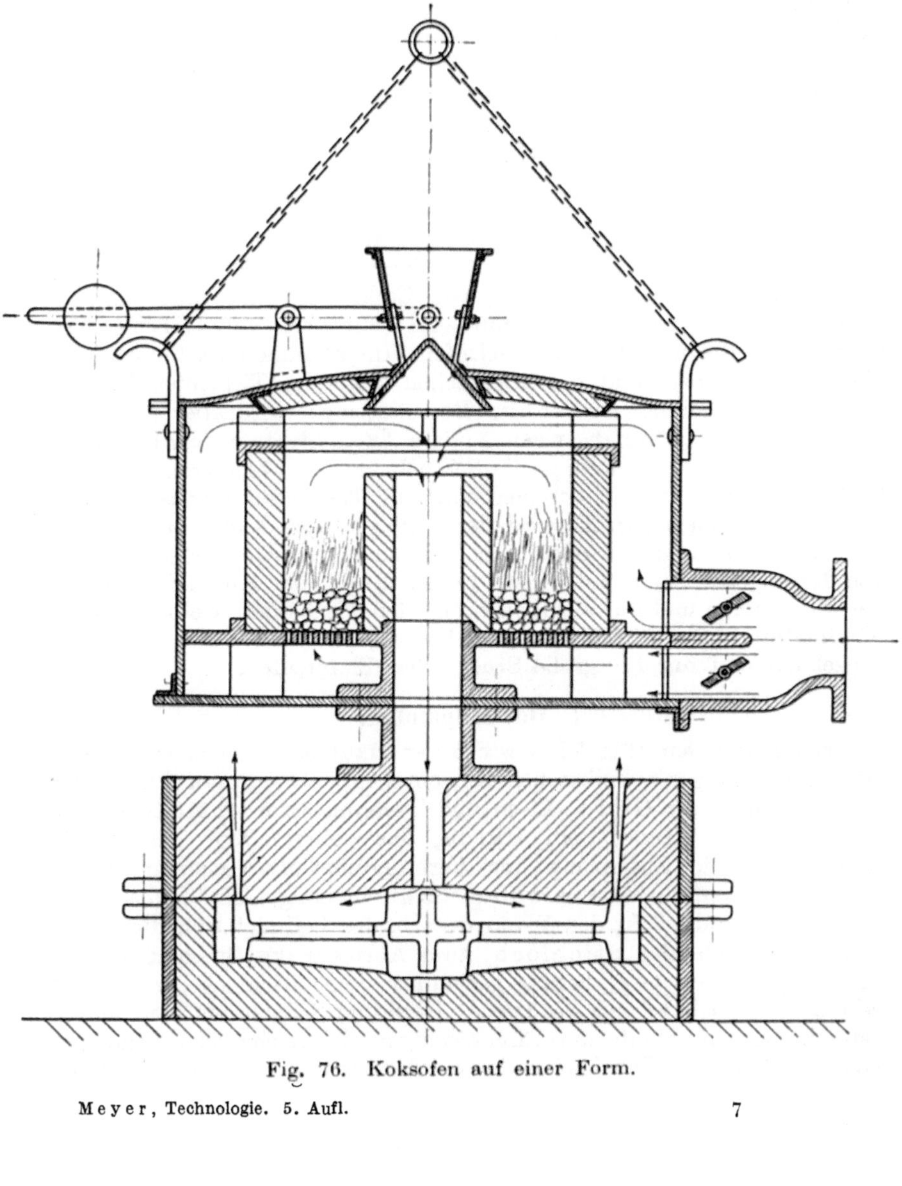

Fig. 76. Koksofen auf einer Form.

werden können, trocknet man nach Fig. 74 durch eingehängte eiserne Körbe mit glühendem Koks, Kokskörbe, oder durch ein offenes Feuer auf einem über die Form gelegten Eisenblech, wie Fig. 75 zeigt.

Neuerdings trocknet man große Formen mit heißer Luft und heißen Verbrennungsprodukten, welche man dadurch erhält, daß man den Wind des Kupolofengebläses durch einen kleinen über der Form aufgehängten Koksofen (Fig. 76) streichen und dann in die Form eintreten läßt. Der Gebläsewind geht teils durch den Koks, teils direkt zur Form. Beide Luftströme können durch Drosselklappen geregelt werden, so daß die Temperatur der in die Form tretenden Luftmischung nach Belieben geändert werden kann. Statt das Kupolofengebläse zu benutzen, kann man ein elektrisch betriebenes Gebläse mit dem Koksofen verbinden, wodurch lange Windleitungen fortfallen.

3. Die Gießerei.
Die Schmelzöfen und das Schmelzen.

Zum Schmelzen der Metalle dienen Kupolöfen, Flammöfen, Tiegel-, elektrische und Kesselöfen. Die Kesselöfen können nur zum Schmelzen leichtflüssiger Metalle wie Zink, Blei und Zinn benutzt werden. Der Kupolofen dient nur zum Schmelzen von Gußeisen, ist aber hierfür der wichtigste Schmelzofen. Im Flammofen schmilzt man Eisen und Bronze, und im elektrischen sowie im Tiegelofen können alle Metalle geschmolzen werden. Der Tiegelofen wird aber nur dann zum Schmelzen benutzt, wenn andere Öfen nicht anwendbar sind, weil bei seiner Anwendung die Schmelzung am teuersten ausfällt. Stahl kann nur im elektrischen oder im Tiegelofen umgeschmolzen werden. Der meiste Stahl wird daher gleich nach seiner Herstellung aus der Bessemer-Birne oder dem Siemens-Martin-Ofen gegossen. In den Eisengießereien benutzt man in der Regel den Kupolofen, selten den Flammofen und nur ausnahmsweise den Tiegelofen. Gelbgießereien (Gußmaterial: Rotguß, Messing und Bronze) benutzen in der Regel den Tiegelofen und nur für große Stücke den Flammofen.

1. Der Kupolofen.

Ein Kupolofen (Fig. 77) besteht der Hauptsache nach aus einem mehr oder weniger zylindrischen Schachte, in welchen man durch eine obere Öffnung, die Gicht, Eisen und Brennmaterial schüttet, und in dessen unterem Teile, dem Herde, das geschmolzene Eisen sich ansammelt. Die Zuführung der Verbrennungsluft geschieht durch Löcher a, Düsen oder Formen genannt, in einiger Höhe über dem Boden des Herdes. In der Wand des Herdes befindet sich dicht am Boden ein Loch, das Stichloch, zum Ablassen des flüssigen Eisens und eine Arbeitstür, häufig gegenüber dem Stichloche, zur Entleerung und Ausbesserung des Ofens. Herd und Schacht sind aus feuerfesten Steinen innerhalb eines Eisenblechmantels, welcher sie zusammenhält, aufgemauert. Der Boden des Herdes wird aus fettem Formsand

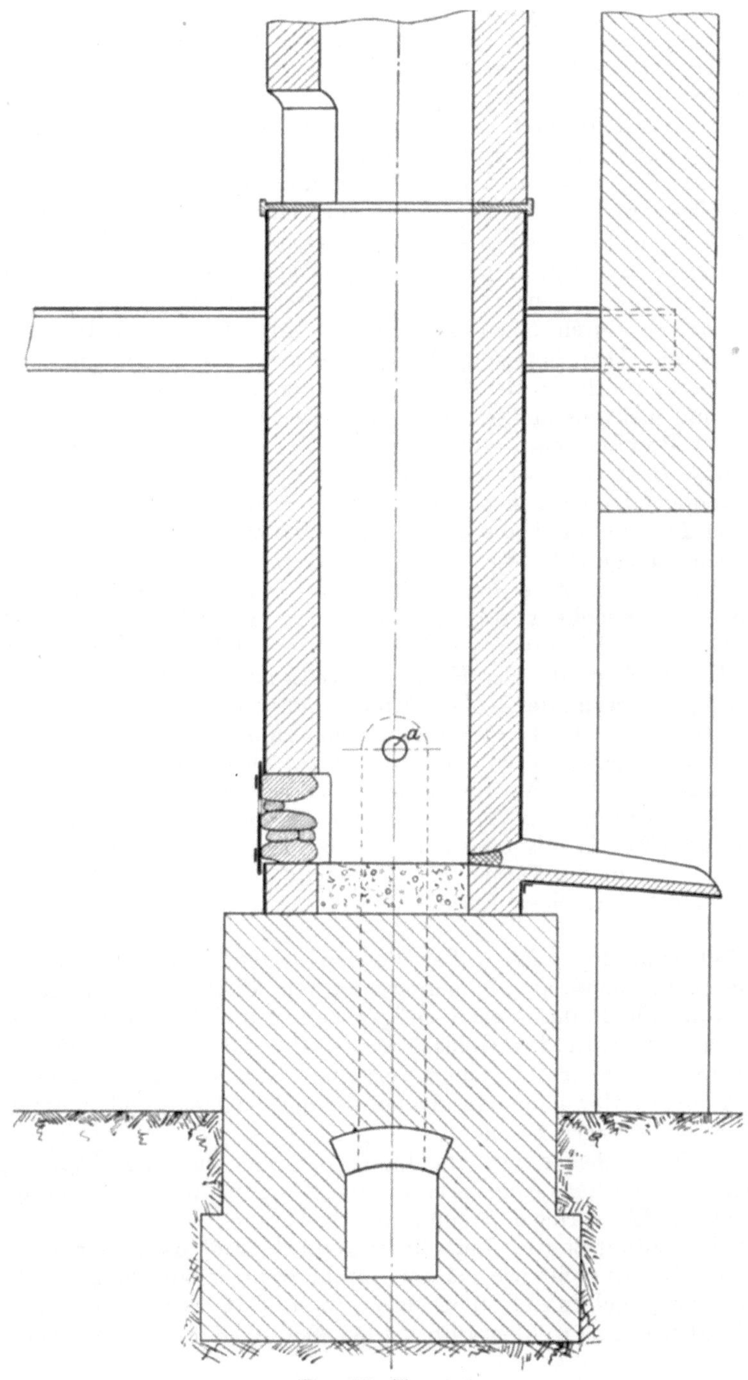

Fig. 77. Kupolofen.

oder aus feuerfestem Ton angefertigt und nach jeder Schmelzung erneuert bzw. ausgebessert. Über dem Boden des Herdes, jedoch noch unter den Düsen, ist an manchen Öfen ein zweites Stichloch zum Ablassen der Schlacke vorhanden.

Der Betrieb beginnt mit einer Anwärmung des Ofens durch Verbrennung von Holz und Koks in demselben. Ist der Koks genügend angebrannt, so wird die Arbeitstür geschlossen. Nach dem Anlassen des Gebläses werden bei offenem Stichloche noch einige Koksgichten aufgegeben, bis der Ofen in Glut ist. Alsdann wird abwechselnd Koks und Eisen aufgegeben. Die Größe der Gichten richtet sich nach dem Ofendurchmesser. Sobald die ersten Eisentropfen erscheinen, wird das Stichloch durch einen Tonpfropfen mit Hilfe einer Holzstange verschlossen. Den Fortgang des Schmelzens beobachtet man durch Schaulöcher, welche in der Windleitung den Formen gegenüber angebracht und meistens mit Glimmer oder roten Glasscheiben verschlossen sind. Als Brennmaterial eignet sich nur der dichte Hüttenkoks, nicht der poröse Gaskoks. Bei der Anwendung des letzteren wird das Eisen nicht genügend über seinen Schmelzpunkt erhitzt. Um die Koksasche und den Eisenabbrand aus den Ofen entfernen zu können, muß man eine leichtflüssige Schlacke aus ihnen bilden. Man erreicht dies durch einen Zusatz von etwa 3% Kalkstein zu jedem Roheisensatze. Die entstehende Schlacke wird durch das Schlackenstichloch aus dem Ofen entfernt, wenn sich zuviel von ihr angesammelt hat, was bei längerem Schmelzen vorkommt. Der Kalksteinzusatz ist noch dadurch nützlich, daß er den Schwefel des Kokses bindet und so seinen Übergang in das Eisen verhindert. Im Herde sammeln sich allmählich das geschmolzene Eisen und die geschmolzene Schlacke an, welch letztere, weil spezifisch leichter, auf dem Eisen schwimmt. Das Eisen wird dadurch der oxydierenden Wirkung des Gebläsewindes entzogen. Hat sich so viel Eisen angesammelt, als man zunächst braucht, spätestens aber, wenn der Herd bis an die Düsen mit Eisen und Schlacke gefüllt ist, wird das Stichloch mit einer Eisenstange aufgestoßen, um das Eisen abzulassen.

Will man den Ofen außer Betrieb setzen, weil demnächst alle Formen gefüllt sind, so gibt man zuerst kein Eisen und Brennmaterial mehr auf. Fließt dann nach einiger Zeit kein Eisen mehr aus dem Stichloche, so wird das Gebläse abgestellt und der Ofen durch die geöffnete Arbeitstür mit langen eisernen Haken entleert. Aus dem Ofen kommt dabei glühender Koks, flüssige Schlacke und meist auch noch etwas flüssiges Eisen.

Die Kupolöfen haben im Laufe der Zeit manche Änderungen erfahren, die meistens eine Verminderung des Brennmaterialverbrauches bezwecken. Ein geringer Brennmaterialverbrauch wird nun durch eine reichliche Zufuhr kalter Luft herbeigeführt, weil dann der Kohlenstoff des Kokses nicht wie bei der Zufuhr weniger oder heißer Luft zu Kohlenoxyd, sondern zu Kohlensäure verbrennt. Bei der Verbrennung von 1 kg Kohlenstoff zu Kohlensäure werden 8080 W.-E. entwickelt, während bei seiner Verbrennung zu Kohlenoxyd nur 2470 W.-E. entstehen. Eine reichliche Luftzufuhr erreicht man billiger durch einen großen Gesamtformenquerschnitt als durch hohe Windpressung, weil im ersten Falle der Arbeitsverbrauch des Gebläses geringer ist. Die Luftverteilung im Ofen wird um so besser, je geringer die Eintrittsgeschwindigkeit, also je geringer die Windpressung ist. Die Windpressung soll daher nur von dem Widerstande, den das Durchströmen der Schmelzsäule verursacht, nicht auch von engen Formen hervorgebracht werden. Nach Ledebur soll demgemäß der Gesamtformenquerschnitt mindestens $\frac{1}{8}$ des Schachtquer-schnitts betragen. Die Wind-pressung wird nach Fig. 78 durch eine Wassersäule ge-messen und beträgt je nach der Höhe und Größe des Ofens 30—60 cm.

Der Engländer Ireland ordnete an seinem Ofen um 1860 die Windformen in zwei übereinanderliegenden Reihen an, um das bei der hohen Temperatur entstehende Koh-

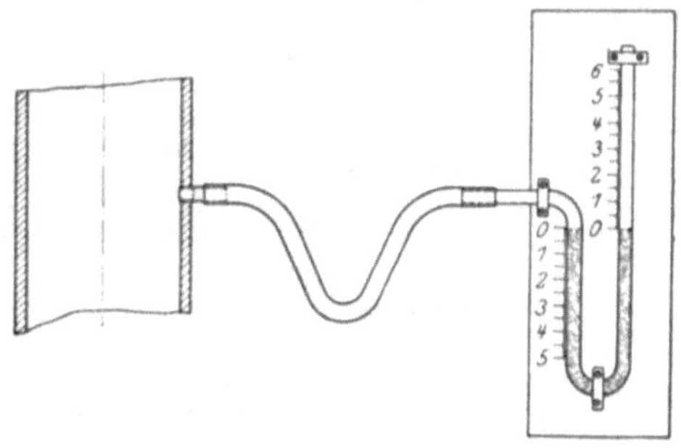

Fig. 78. Windpressungsmesser.

lenoxydgas nachträglich, aber noch im Ofen zu verbrennen. Fig. 79 zeigt die Windzuführung dieses Ofens, welcher sonst dem in Fig. 77 dargestellten gleicht.

Denselben Zweck verfolgen Greiner und Erft mit ihrer 1885 entstandenen Ofenkonstruktion. Bei diesem Ofen ist die zweite Formen-reihe statt in einem Kreise in einer Schraubenlinie angeordnet. Da-durch wird der Wind über einen großen Teil des Schachtes verteilt und erreicht, daß die Temperatur nicht abermals zu hoch wird.

Beim Krigar-Ofen, um 1865 erfunden, liegt der Herd nicht senkrecht unter dem Schachte, sondern ist vor dem Ofen angeordnet, wie Fig. 80 zeigt. Der Vorteil dieser Einrichtung besteht darin, daß man bedeutende Eisenmengen im Vorherde ansammeln kann, welche dort außer Berührung mit Koks und außer Berührung mit dem Ge-bläsewinde zur Ruhe kommen. Außerdem ist die Luftverteilung in diesem Ofen eine gute, weil nicht nur die Lufteintrittsöffnungen in der Schachtwand recht groß sind, sondern auch glühender Koks in sie hineinfällt. Der Wind trifft daher zuerst auf ihn und nicht auf Schlacke, welche, kalt geblasen, dem Winde den Weg verlegt. In die Lufteintritts-räume tritt der Wind aus der Leitung abwärts gerichtet ein, so daß seine eigentlichen Ausströmungsöffnungen sich gar nicht verstopfen können. Ferner vollzieht sich die Entleerung des Ofens von selbst nach Öffnung der Bodenklappe.

Außer diesen Gebläsekupolöfen ist noch der Saugkupolofen von Herbertz in Köln (Fig. 81) zu erwähnen. In diesen Ofen wird die Luft nicht eingeblasen, sondern durch die Absaugung der Verbrennungsprodukte mit einem Dampfstrahlsauger in den Ofen hineingesogen, und zwar durch einen ringförmigen Spalt zwischen Herd und Schacht. Die Gicht dieses Ofens muß verschließbar sein. Der Herd des Ofens läßt sich senken und heben. Man kann dadurch die Lufteinströmung regeln und bei ganz gesenktem Herde den Ofen bequem ausbessern.

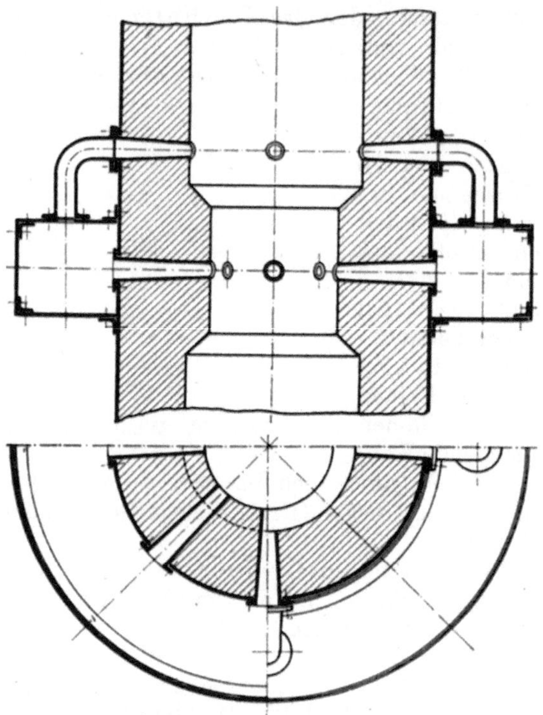

Fig. 79. Windzuführung des Ireland-Ofens.

Der Ofen verdankt seine Entstehung dem Bestreben, den lästigen und feuergefährlichen Funkenauswurf der Gebläsekupolöfen zu vermeiden, um infolgedessen auch in dichtbebauten Stadtteilen die Erlaubnis zur Anlage eines Kupolofens zu erhalten. Der Herbertz-Ofen arbeitete anfangs mit 8, später mit 20 cm Wassersäule Unterdruck. Die schwache Seite des Ofens ist der Dampfstrahlsauger, welcher doppelt so viel Dampf verbraucht als eine ein Gebläse treibende Dampfmaschine. Die Leistungsfähigkeit eines Kupolofens, d. h. das Gewicht des stündlich geschmolzenen Eisens ist unter sonst gleichen Verhältnissen abhängig vom lichten Schachtquerschnitte des Ofens. Nach Ledebur gebraucht ein Gebläsekupolofen für jedes Kilogramm stündlich zu schmelzenden Roheisens 0,7—0,8 qcm, ein Saugkupolofen 1,5 qcm Schachtquerschnitt. Der lichte Schachtdurchmesser der Kupolöfen schwankt zwischen 0,5 und 1,5 m und die Höhe der Öfen von den

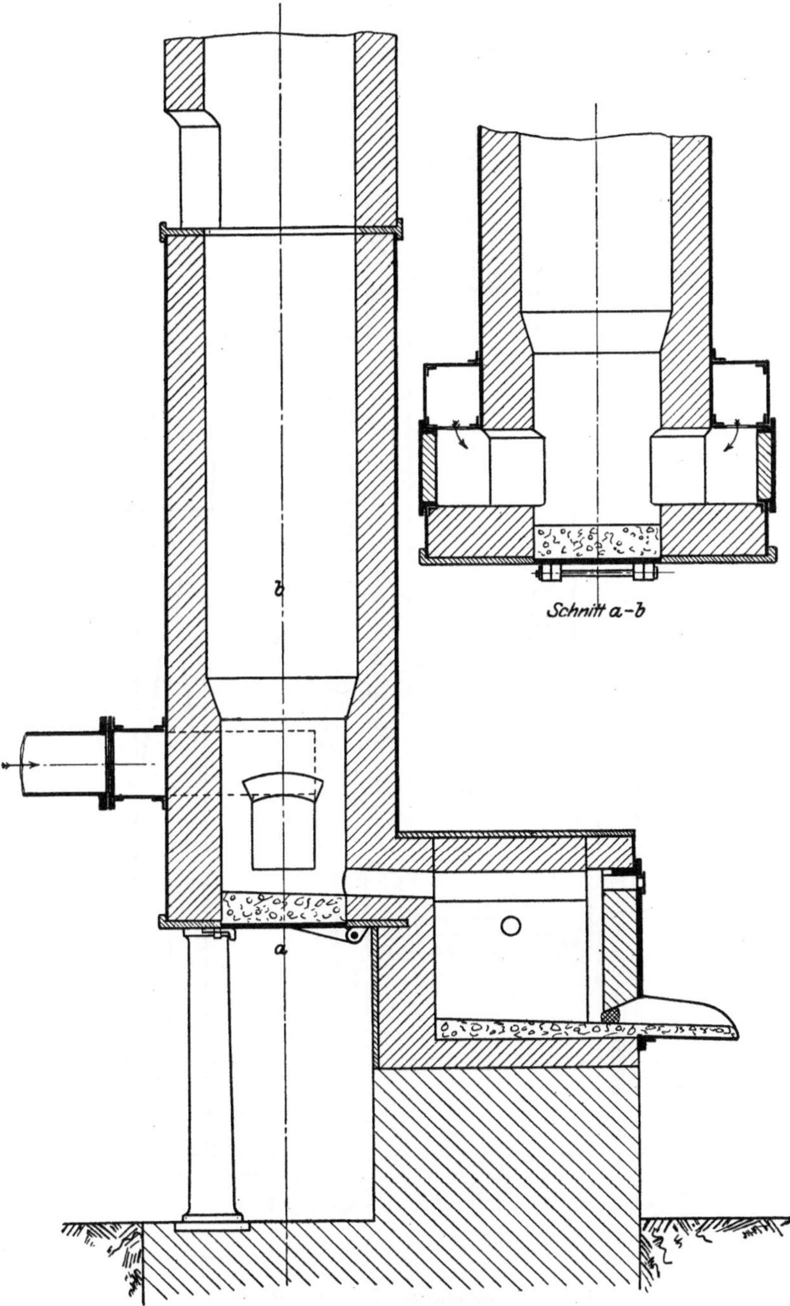

Fig. 80. Krigar-Ofen.

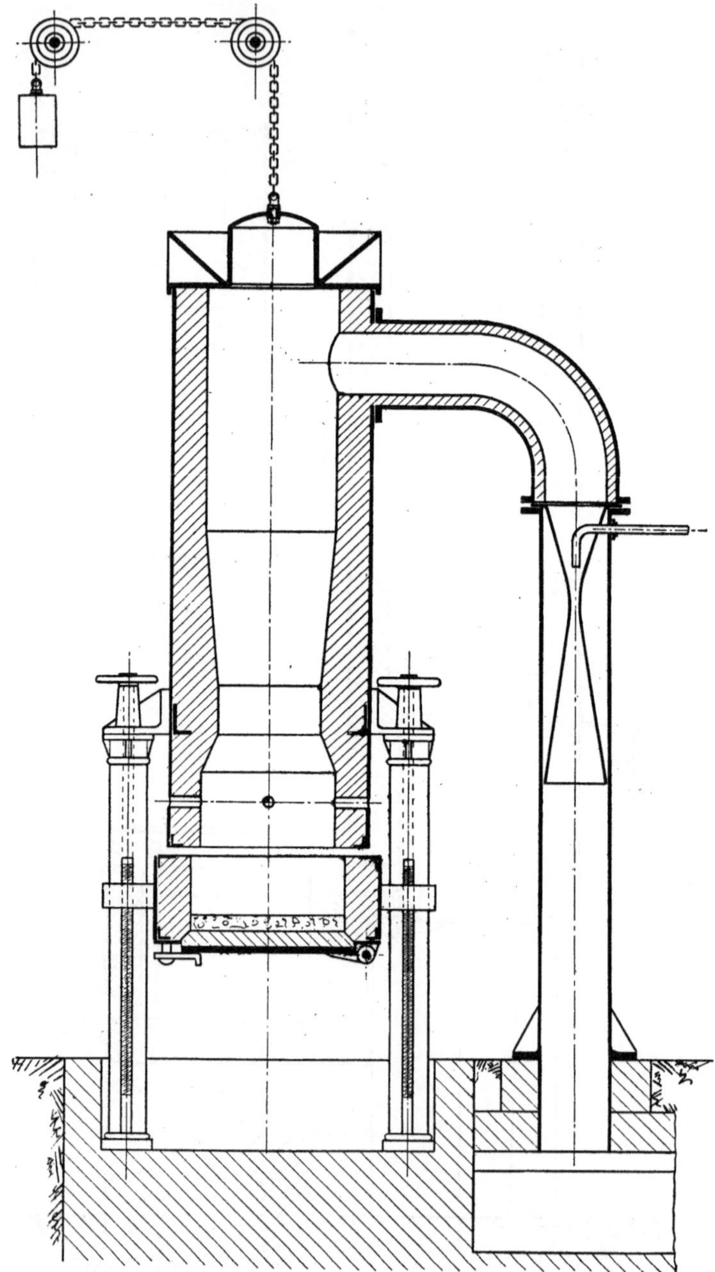

Fig. 81. Saugkupolofen von Herbertz.

Formen bis zur Gicht zwischen 2,5 und 6 m. Der Gesamtbrennstoff-verbrauch (Schmelzkoks und Füllkoks) beträgt für die Tonne Roh-eisen 60—100 kg. Hiernach werden im Kupolofen durchschnittlich 30% der vom Brennstoffe entwickelbaren Wärmemenge nutzbar gemacht. Der Kupolofen ist daher der am billigsten arbeitende Schmelzofen.

Obgleich das Eisen in den Kupolöfen nur kurze Zeit dem Gebläse-winde ausgesetzt ist, so ist doch eine Verbrennung von Eisen und besonders von Silizium nicht zu vermeiden. Hierdurch entsteht der Abbrand, welcher 3—6% beträgt und um so größer zu sein pflegt, je höher die Windpressung ist.

Da das Silizium das Ausscheiden von Graphit veranlaßt, also das Roheisen grau macht, so muß wegen der stärkeren Verbrennung desselben das einzuschmelzende Roheisen einen Überschuß von Sili-zium enthalten. Schmilzt man dasselbe Roheisen mehrmals, so wird schließlich alles Silizium verbrannt, und das Eisen wird weiß, also hart, spröde und unbearbeitbar, so daß Gußstücke daraus meist unver-wendbar sind. Man setzt daher dem Einsatze so viel siliziumreiches Roheisen zu, daß der Einfluß des Umschmelzens ausgeglichen wird. Hierin liegt die Hauptaufgabe des siliziumreichen Roheisens, welches als Gießereiroheisen Nr. I in den Handel kommt und teurer bezahlt wird als andere Gießereieisensorten.

Schmiedeisen und Stahl können im Kupolofen nicht geschmolzen werden, weil sie dabei ihren Kohlenstoff auf mindestens 2,8% an-reichern, also in Roheisen übergehen. Es hat daher auch keinen großen Wert, dem Roheisen Schmiedeisen zuzusetzen.

Zur Erzeugung des Gebläsewindes werden Schleudergebläse (Zentri-fugal-Ventilatoren) oder Kapselgebläse (z. B. Roots-Gebläse) ver-wendet. Der Wirkungsgrad sog. Hochdruck-Ventilatoren beträgt bis zu 0,6, derjenige verbesserter Kapselgebläse bis 0,8; die Schleuder-gebläse sind jedoch einfacher, haltbarer und wesentlich billiger als Kapselgebläse.

2. Der Flammofen.

Der Gießereiflammofen hat die wesentlichen Merkmale des Flammofens mit dem Puddelofen gemeinsam. Er besteht also aus Feuerraum und Herd, welche durch ein gemeinsames Gewölbe über-deckt und durch eine Feuerbrücke getrennt werden. Da der Ofen nur von Zeit zu Zeit etwa 6—8 Stunden geheizt wird, ist eine Kühlung des Herdes und der Feuerbrücke nicht nötig. Die Herdsohle wird stets geneigt angelegt, damit das flüssige Metall nach einem Ende des Herdes abfließt, doch wird die Neigung verschieden angeordnet. Entweder ist der Herd nach dem Fuchse hin geneigt oder nach der Feuerbrücke hin, wie in Fig. 82. Im letzteren Falle heißt die tiefste Stelle des Herdes Sumpf. An ihm befindet sich das Stichloch zum Ablassen des flüssigen Metalls. Das Schmelzgut wird durch eine Arbeitstür auf eine höhere Stelle des Herdes gebracht, damit es stets der Flamme ausgesetzt bleibt und nicht durch schon flüssiges Metall bedeckt wird. Um die Flamme auf das Schmelzgut zu lenken, wird das Gewölbe über dem Sumpfe heruntergezogen. Über dem Stichloche befindet sich in der Seitenwand ein Schauloch zur Beobachtung der Schmelzung. An den Fuchs des Ofens schließt sich unmittelbar ein Schornstein, welcher den nötigen Zug erzeugt und die Verbrennungsprodukte ins Freie führt. Zur Dampferzeugung verwendet man die Abgase nicht, weil der Ofen zu kurze Zeit im Betriebe zu sein pflegt.

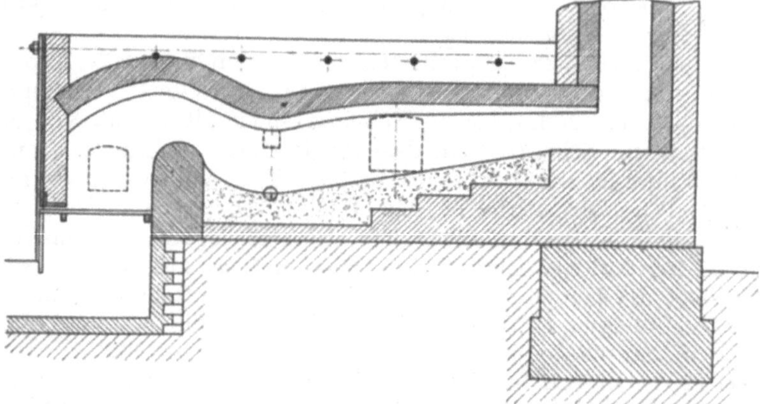

Fig. 82. Gießereiflammofen.

Solche Flammöfen werden angewendet zum Schmelzen von Gußeisen und von Bronze, wenn große Mengen derselben auf einmal gebraucht werden. Beim Schmelzen von Bronze darf die Flamme nicht oxydierend wirken, also keinen freien Sauerstoff enthalten, weil der Abbrand zu hochwertig ist. Aus diesem Grunde findet man in Bronzegießereien Flammöfen mit niedrigem Schornstein, schwachem Luftzuge und rauchender Flamme. Bei dem geringen Zuge würden Steinkohlen schlecht brennen, auch kann die schweflige Säure ihrer Flamme die Bronze verderben. Man verwendet daher in diesem Falle Holz zum Heizen der Öfen. Zum Roheisenschmelzen würde aber die so zu erzielende Hitze nicht genügen. Um die hierzu nötige Hitze zu erzeugen, muß man Steinkohlen mit einem Luftüberschusse, also bei gutem Zuge verbrennen. Dabei findet allerdings ein Verbrennen von Eisen statt, aber der Abbrand, 5—7%, ist geringwertiger als der beim Bronzeschmelzen. Silizium und Kohlenstoff verbrennen indessen in stärkerem Maße als Eisen, wodurch ein reineres, aber auch graphitärmeres Eisen entsteht, welches für große, dickwandige und langsam erkaltende Gußstücke geeignet ist, in kleinen, dünnwandigen dagegen hart und spröde wird. Darum pflegt man den Flammofen zum Einschmelzen nur dann zu gebrauchen, wenn große Gußstücke hergestellt werden sollen und auch das einzuschmelzende Material aus großen Stücken (z. B. alte massive Maschinenteile) besteht, welche sich unzerkleinert im Kupolofen nicht gut schmelzen lassen. Sonst kann man auch das im Kupolofen geschmolzene Eisen in großen Gießpfannen ansammeln, um große Stücke zu gießen. Man findet daher den Flammofen, in welchem 3 bis 10 t Metall auf einmal geschmolzen werden, in Eisengießereien nur selten und besonders nur dann, wenn Steinkohlen billig zu haben sind. Denn derselbe gebraucht zum Schmelzen von 1 t Metall durchschnittlich 600 kg Steinkohlen oder 1,2 cbm Holz. Die nutzbar gemachte Wärmemenge beträgt hiernach $7^1/_2-10\%$ der aus dem Brennmateriale entwickelbaren. In Bronzegießereien benutzt man den Flammofen zum Schmelzen der Bronze für den Guß von Kirchenglocken und Denkmälern.

3. Der Tiegelofen.

Derselbe ist ein Gefäßofen. Das Gefäß, der Tiegel, aus Graphit, feuerfestem Ton und gemahlenen alten Tiegelscherben, nimmt das zu schmelzende Metall auf, wird in den Ofen eingesetzt und erhitzt. Man unterscheidet Tiegelschacht- und Tiegelflammöfen. Die ersteren benutzt man, wenn nur ein oder wenige Tiegel zu erhitzen sind, wie in Gelbgießereien, die letzteren, wenn eine größere Anzahl von Tiegeln gleichzeitig erhitzt werden muß, wie es bei der Herstellung des Tiegelstahles vorkommt.

In Fig. 83 wird ein Tiegelschachtofen, wie er in Gelbgießereien zum Schmelzen von Rotguß und Messing benutzt wird, dargestellt. Ausnahmsweise kann ein solcher Ofen auch zum Roheisenschmelzen dienen. Der Tiegel, welcher 20—40 kg Metall faßt, steht im Schachte des Ofens von glühendem Koks umgeben auf einem tönernen Untersatze, dem Käse, welcher seinerseits auf dem Roste liegt. Der Untersatz ist notwendig, damit der Tiegel nicht von der durch den Rost eintretenden kalten Luft getroffen wird. Die obere Öffnung des Schachtes, die Gicht, durch welche der Tiegel in den Ofen gesetzt und der Koks eingefüllt wird, ist durch eine Klappe verschließbar, damit der Schornstein die zur Verbrennung des Kokses nötige Luft durch den Rost ansaugt. Der Betrieb beginnt mit dem Anheizen des Ofens und dem Anfüllen des Tiegels mit den zu schmelzenden Metallen. Dann wird der Tiegel mit einer Zange in den Ofen gesetzt, welche für schwere Tiegel an einer Laufkatze hängt, und der Ofen mit Koks gefüllt. Von Zeit zu Zeit muß Koks nachgefüllt werden. Wenn alles Metall geschmolzen ist, wird der Tiegel mit der schon erwähnten Zange aus den Ofen gehoben, in ein Trageisen gesetzt und damit nach den zu füllenden Formen getragen.

Neuerdings baut man Tiegelschachtöfen, welche transportabel sind und gekippt werden können, um den Inhalt des Tiegels in eine Form zu gießen, ohne den Tiegel aus dem Ofen zu nehmen. Dadurch wird der Tiegel geschont und seine Benutzbarkeit verlängert. Außerdem führt man diesen Öfen durch den Rost Gebläsewind zu, wodurch die Schmelzdauer von einigen Stunden auf 30—45 Minuten abgekürzt und Koks gespart wird. Ein solcher Ofen ist von dem Franzosen Piat konstruiert und in die Praxis eingeführt. Er besteht der Beweglichkeit wegen aus Eisen und ist mit feuerfesten Steinen ausgemauert. In

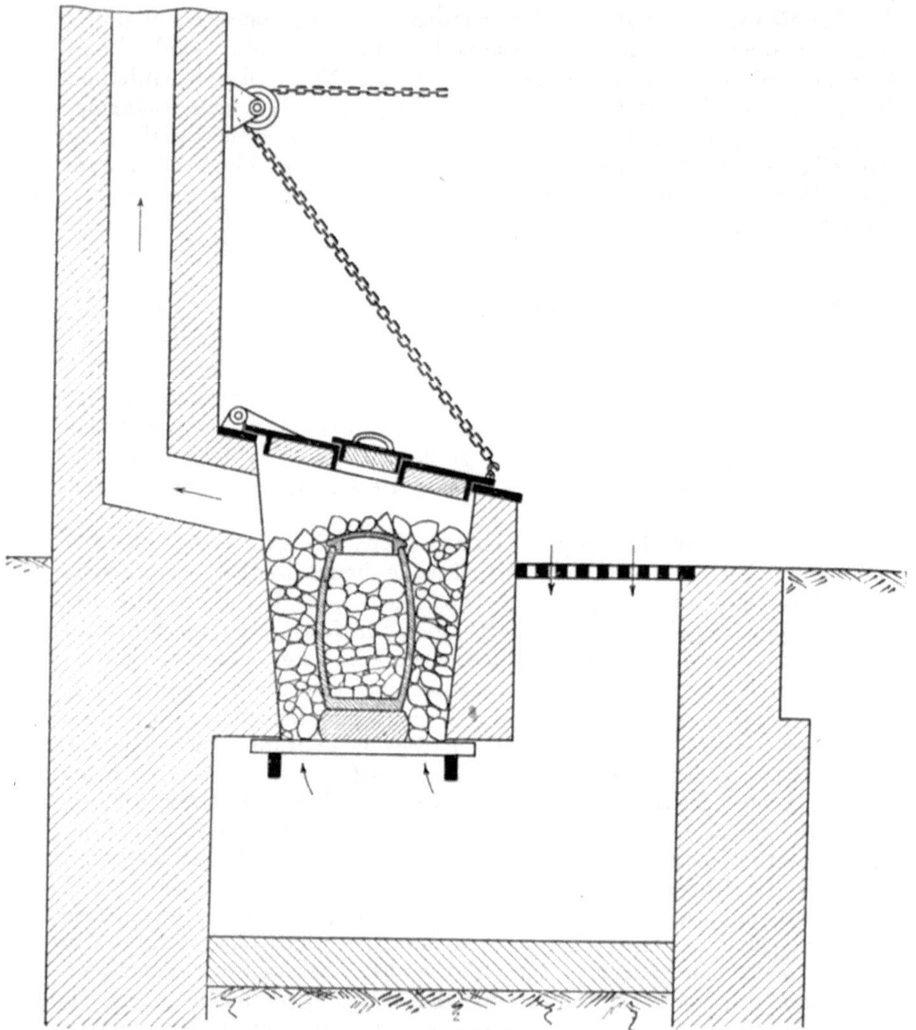

Fig. 83. Tiegelschachtofen.

diesem Ofen verwendet man Tiegel bis zu 300 kg Inhalt. Der Ofen wird dann durch einen Kran transportiert, während kleinere Öfen getragen werden. Oft stehen solche Öfen fest und sind nur kippbar.

Tiegelflammöfen werden durch Generatorgas geheizt und sind mit Siemensschen Wärmespeichern versehen, wie ein Martin-Ofen. Auf dem

Herde des Ofens, welcher ganz unter der Gießereisohle liegt, werden die Tiegel in Reihen aufgestellt, und zwar durch das Gewölbe des Ofens hindurch.

Neuerdings gibt es auch Tiegelöfen mit Ölfeuerung.

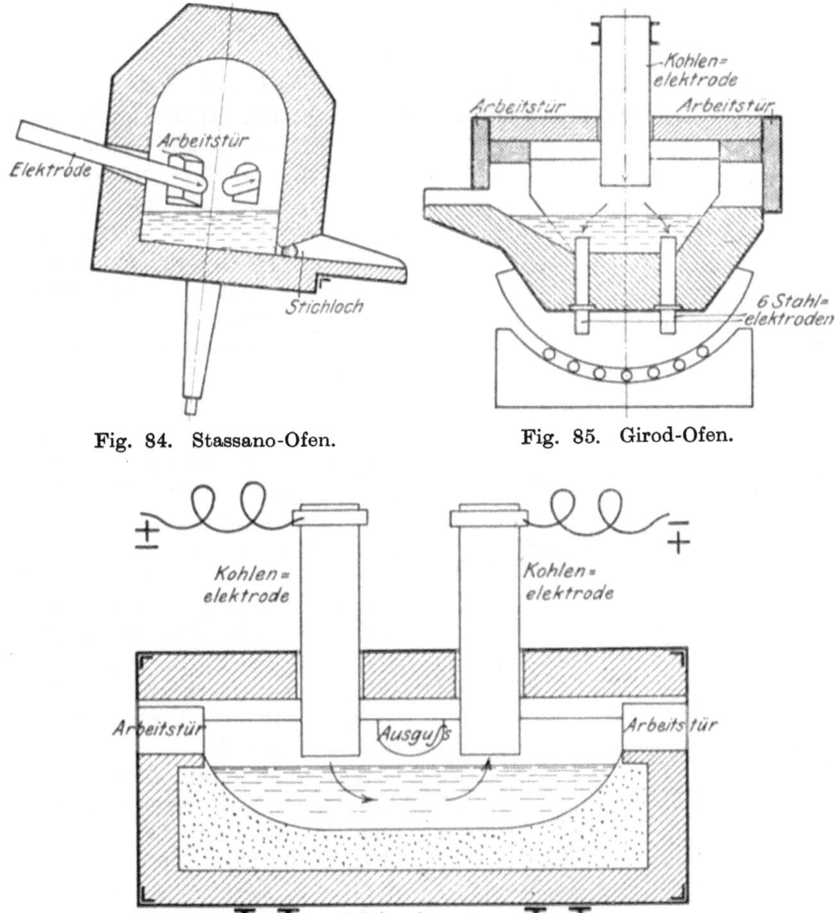

Fig. 84. Stassano-Ofen. Fig. 85. Girod-Ofen.

Fig. 86. Héroult-Ofen.

Das Tiegelschmelzen ist der kostspieligste aller Schmelzprozesse, einmal wegen des großen Verbrauchs an Tiegeln, die nur wenige Schmelzungen aushalten, und dann wegen des großen Brennmaterialverbrauchs. Auf die Tonne zu schmelzenden Metalls gebraucht man 1—3 Tonnen Brennstoff. Von der gesamten entwickelbaren Wärmemenge werden daher nur 2—3% nutzbar gemacht. Das Tiegelschmelzen wird deshalb nur dann angewandt, wenn das Schmelzgut weder mit dem Brennstoff noch mit dessen Flamme in Berührung kommen darf oder, wie bei Edelmetallen, auch mechanische Metallverluste zu vermeiden sind, oder endlich, wenn nur ganz geringe Metallmengen schwer schmelzbarer Metalle zu schmelzen sind. Die neuen Gebläsetiegelöfen arbeiten vorteilhafter, als oben angegeben wurde.

4. Der Elektrostahlofen.

Elektrisch geheizte Öfen[1]) dienen zum Schmelzen und Reinigen von Stahl. Man unterscheidet Lichtbogenöfen und Widerstandsöfen.

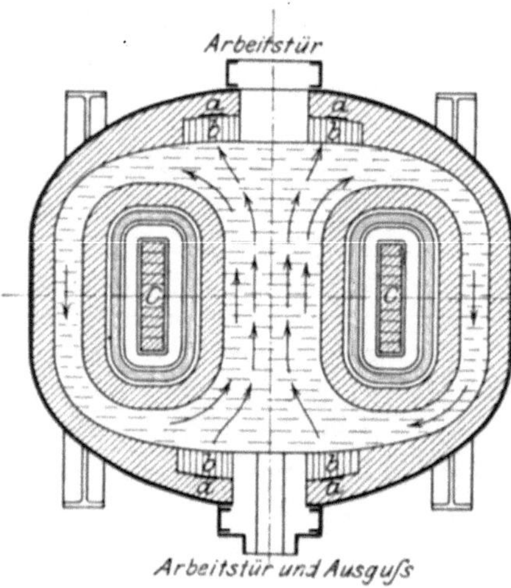

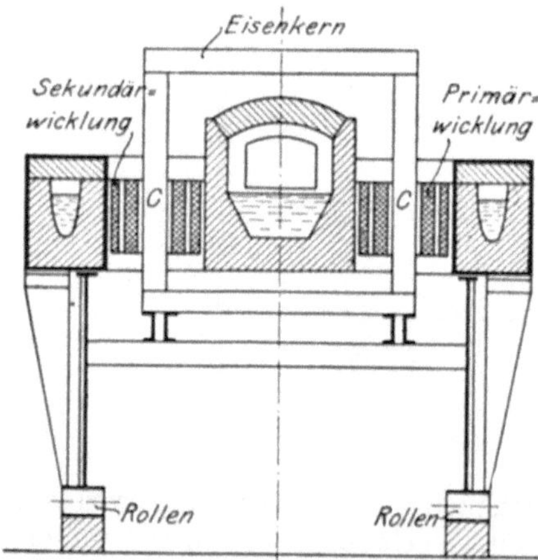

Fig. 87. Röchling-Rodenhauser-Ofen für Wechselstrom.

Die letzteren zerfallen wieder in solche, die mit dem zugeleiteten Strome direkt arbeiten, und in solche, welche mit einem Strome arbeiten, der durch den zugeleiteten Strom im Stahlbade induziert wird.

Die Lichtbogenöfen arbeiten nach dem Prinzip der Bogenlampen.

Stassano heizt seinen Ofen (Fig. 84) durch den Lichtbogen, welcher zwischen drei über dem Stahlbade angeordneten Kohlenelektroden durch den eingeleiteten Drehstrom entsteht. Bei dieser Anordnung wird das Gewölbe des Ofens ebenso wie das Stahlbad durch die strahlende Wärme des Lichtbogens erhitzt, woraus ein starker Ofenverschleiß entsteht.

Girod leitet den Strom durch eine Kohlenelektrode von oben bis nahe auf das Stahlbad (Fig. 85). Der Strom springt dann im Lichtbogen auf das Stahlbad über und wird durch 6 wassergekühlte Stahlelektroden in der Sohle des Ofens abgeleitet. Durch die senkrechte 20 bis 30 cm ins Quadrat messende Kohlenelektrode wird das Ofengewölbe vor der strahlenden Wärme des Lichtbogens gut geschützt. Der Ofen wird

---

[1]) Askenasy, Techn. Elektrochemie. 1. Elektrothermie.

mit Wechselstrom betrieben, weil Stromerzeuger für Gleichstrom teurer sind.

Héroult führt zwei Kohlenelektroden von oben durch das Gewölbe seines Ofens (Fig. 86) bis nahe auf das Stahlbad. Der Strom wird durch die eine Elektrode zu-, die andere abgeleitet; es entstehen also zwischen den Elektroden und dem Bade zwei Lichtbogen, welche hintereinander geschaltet sind. Der Héroult-Ofen gebraucht daher die doppelte Spannung wie einfache Lichtbogenöfen. Das Gewölbe dieses Ofens ist ebenso geschützt wie das des Girodofens, auch wird er wie dieser mit Wechselstrom betrieben.

Die Widerstandsöfen arbeiten nach dem Prinzip der Glühlampen.

Der Röchling-Rodenhauser-Ofen (Fig. 87) arbeitet mit Induktionsstrom, welcher teils im Transformator, teils im Stahlbade direkt erzeugt wird. Zur Speisung des Ofens wird entweder Wechselstrom oder Drehstrom benutzt. Im letzteren Falle ist aber die Ofenkonstruktion eine andere als im ersteren. Da bei den Widerstandsöfen die Hitze im Schmelzbade selbst entsteht, so werden ihre Wände geschont.

Alle Elektrostahlöfen haben den Vorteil, daß man in ihnen hohe, bisher unerreichbare Temperaturen erreichen und dadurch den Stahl reinigen kann. Dabei läßt sich die Hitze im Innern der Öfen konzentrieren, so daß die Ofenwände nicht übermäßig angegriffen werden.

5. Der Kesselofen.

Der Kesselofen ist ebenfalls ein Gefäßofen. Das Gefäß, in welches das Schmelzgut gegeben wird, ist ein gußeiserner Kessel. In einem solchen Kessel können aber nur leichtflüssige Metalle, wie Zinn, Blei, Zink und deren Legierungen geschmolzen werden. Der Ofen ist einem eisernen Kochherde ähnlich, und der Schmelzkessel wird in ein Loch seiner Deckplatte gesetzt wie ein Kochtopf. Der Ofen kann ebenso wie ein Kochherd mit Steinkohlen geheizt werden. Die Verbrennungsprodukte führt ein Ofenrohr aus Eisenblech in einen gewöhnlichen Gebäudeschornstein.

Da die Schmelztemperatur der in Kesseln schmelzbaren Metalle niedrig liegt, werden auch die Verbrennungsprodukte in diesem Ofen stärker abgekühlt als in anderen Schmelzöfen, sie ziehen also mit niedrigerer Temperatur ab als beim Tiegel- oder Flammofen. Die Wärmeausnutzung ist daher günstiger; sie beträgt 10—15% der entwickelbaren Wärme des Brennstoffs.

Das Gießen der Metalle.

Das flüssige Metall kann auf verschiedene Weise aus dem Schmelzofen in die Gußformen gebracht werden. Aus Kupol- und Flammöfen läßt man selten das flüssige Metall durch eine Rinne im Sande der Gießereisohle direkt in die Form laufen. Meist sticht man den

Ofen in Gießpfannen ab, welche nach den Formen gebracht und in diese ausgegossen werden. Ist das Metall im Tiegel geschmolzen, so wird, wie schon dort erwähnt, der Tiegel oder gar der Tiegelofen zu den Formen gebracht und direkt in sie ausgeleert. Aus dem Kessel eines Kesselofens schöpft man das flüssige Metall mit eisernen Kellen und füllt mit ihnen die Formen oder pumpt, z. B. in Schriftgießereien, das flüssige Metall mit einer Pumpe aus dem Kessel in die Form. Zuweilen wird auch das flüssige Metall durch einen Hahn am Boden des Kessels in eine Gießpfanne abgelassen. Werden Gießpfannen ange-

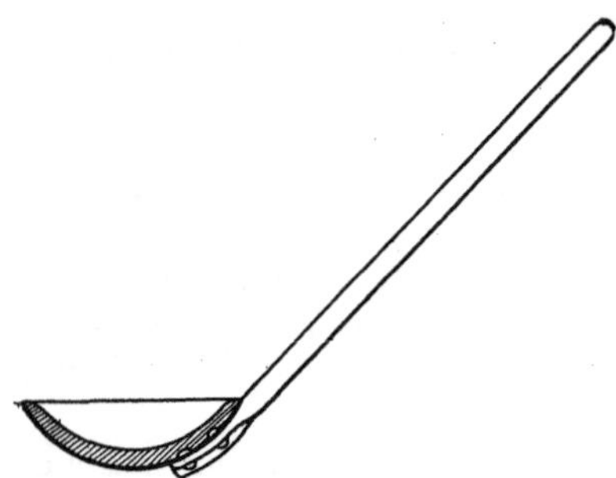

Fig. 88. Handpfanne.

wandt, so ist ihre Größe so zu bemessen, daß möglichst wenigstens eine Gußform mit ihrem Inhalte gefüllt werden kann. Man verwendet daher nach der Größe der Gußformen Pfannen verschiedener Größe und unterscheidet Hand-, Gabel- und Kranpfannen. Die kleinsten Pfannen sind die Handpfannen (Fig. 88), welche von einem Manne getragen werden. Sie bestehen aus einem in Form einer Kugelhaube gepreßten Eisenblech, welches an einen schmiedeeisernen Stiel genietet ist. Um die Pfanne vor dem Durchschmelzen zu bewahren, ist sie innen mit feuerfestem Ton ausgeschmiert. Diese Ausschmierung wird nach jedem Gießtage erneuert oder wenigstens ausgebessert. Vor der Verwendung der Pfanne muß die Ausschmierung getrocknet werden. Die Gabelpfanne (Fig. 89) wird, je nach ihrem Gewicht, von 2 bis 7 Mann getragen. Der Former, dessen Form gefüllt werden soll, faßt an der Gabel an, damit er das Kippen der Gießpfanne beherrscht. Greifen an der geraden Tragstange mehr als ein Mann an, so wird sie auf Querstangen gelegt. Die Gabelpfannen bestehen aus zusammengenietetem Eisenblech und sind innen ebenfalls mit feuerfestem Ton ausgeschmiert. Große Pfannen (Fig. 90) werden mit Hilfe eines Krans nach den Formen gebracht und heißen deshalb Kranpfannen. Sie bestehen aus Kesselblech, sind zusammengenietet und innen mit feuerfestem Ton ausgeschmiert. Die Pfannen sind mit Zapfen versehen und in einem Gehänge drehbar aufgehängt. Mit Hilfe von Schnecke und Schneckenrad werden solche Pfannen um die horizontale Zapfenachse gedreht und so ausgeleert. In den Eisengießereien hat man Kranpfannen, welche 5000 und mehr Kilogramm flüssiges Eisen fassen.

Beim Eingießen in die Form muß die Temperatur des flüssigen Eisens dem zu gießenden Gußstücke angemessen sein. Für dünnwandige Gußstücke muß das Eisen ziemlich weit über seinen Schmelzpunkt erhitzt sein, damit es nicht vorzeitig erstarrt, sondern die Form ganz voll wird. Für dickwandige Stücke dagegen darf das Eisen nur wenig über seinen Schmelzpunkt erhitzt sein, weil sonst der Formsand an das Gußstück anschmilzt und das Aussehen desselben verdirbt. Im Schmelzofen wird das Eisen stets stark überhitzt. Die richtige Gießtemperatur erhält man durch kürzeres oder längeres Stehenlassen in den Pfannen.

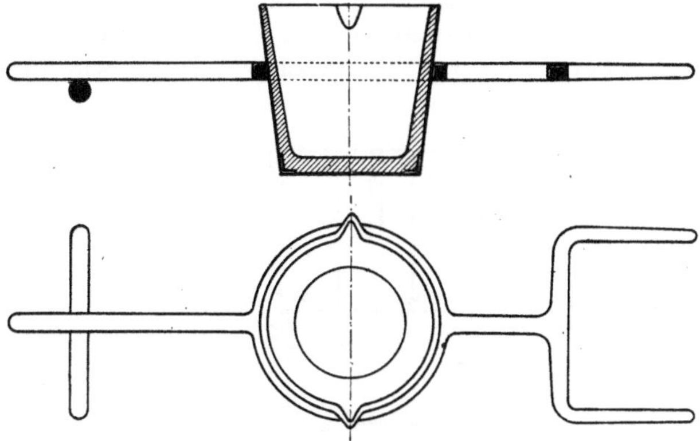

Fig. 89. Gabelpfanne.

Um die stets auf dem Eisen schwimmende Schlacke nicht in die Formen gelangen zu lassen, muß man dieselbe durch eine geeignete Eisenstange, den Krampstock, zurückhalten. Das Eingießen der

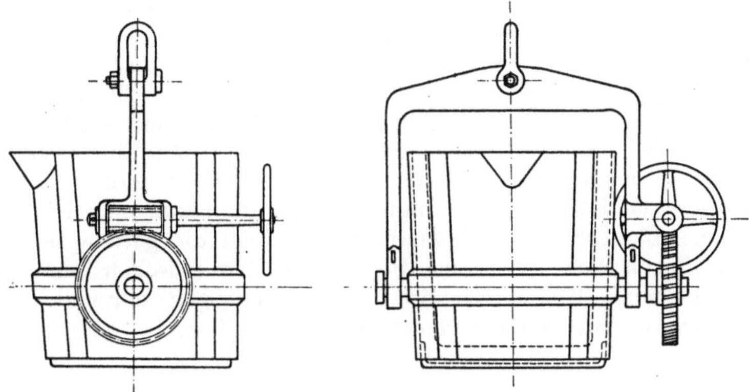

Fig. 90. Kranpfanne.

Metalle in eine Form muß möglichst ohne Unterbrechung geschehen, um das Entstehen unganzer Gußstücke zu vermeiden. Zur Erreichung dieses Ziels muß beim Beginn des Gießens so viel flüssiges Metall bereit sein, als die Form faßt. Kann man für ein großes Gußstück nicht so viel Metall in einer Pfanne ansammeln, so kann man auch mehrere Pfannen verwenden. Jedoch muß die Gußform mit zwei Eingüssen versehen sein, damit man mit dem Gießen aus der folgenden Pfanne beginnen kann, ehe die vorhergehende vollständig entleert ist.

Zu erwähnen ist noch das Angießen (vom Eisengießer „Anschweißen" genannt) von Teilen an schon fertige Gußstücke. Um z. B. abgebrochene Walzenzapfen anzugießen, wird die Walze in die Gießereisohle eingegraben, die Bruchstelle mit glühenden Kohlen vorgewärmt, dann eine Form für den Zapfen aufgesetzt, doch so, daß zwischen Walze und Form Abflußkanäle für das flüssige Eisen bleiben, wie Fig. 91 zeigt.

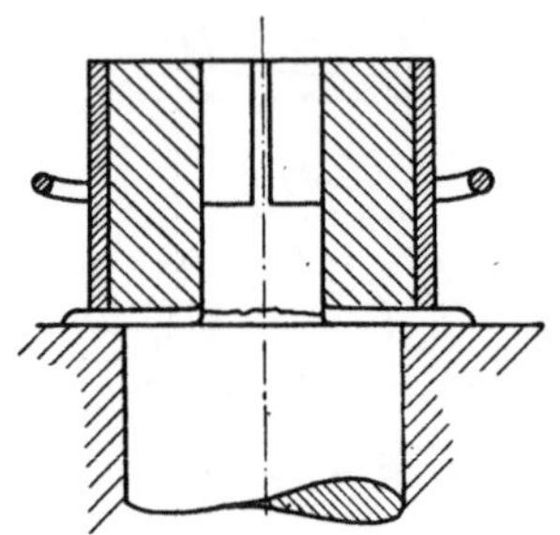

Fig. 91. Angießen eines Walzenzapfens.

Hierauf wird sehr heißes flüssiges Eisen in die Form gegossen, welches so lange abfließt, bis die Bruchstelle anfängt zu schmelzen. Jetzt werden die Abflußöffnungen mit Sand geschlossen und die Form vollständig gefüllt.

Sollen flußeiserne Gegenstände in dieser Weise ausgebessert werden, so kann man, um die nötige starke Überhitzung des geschmolzenen Metalls zu erreichen, sich des Thermits (Gemenge aus Aluminium und Eisenoxyd) bedienen. Durch die Entzündung des Thermits mit Hilfe eines darauf gestreuten Zündpulvers aus Aluminium und Baryumsuperoxyd wird in einem Tiegel das stark überhitzte Flußeisen hergestellt, welches man dann in die vorgewärmte Form gießt[1]).

Kleinere Fehlstellen an Stahlgußstücken kann man mit Hilfe des elektrischen Lichtbogens ausbessern, indem man die gereinigte Fehlstelle mit Stahlspänen füllt und diese durch den zwischen dem Gußstück und einem Kohlenstift erzeugten Lichtbogen schmilzt. Man nennt dieses Verfahren auch elektrisches Schweißen.

4. Das Putzen der Gußstücke.

Nach dem Erkalten der Gußstücke werden die Formkästen ausgeleert und die Gußstücke aus den Masse- und Lehmformen genommen. Dabei schlägt der Former Einguß und Steiger mit einem Hammer ab. In der Regel geschieht dies Ausleeren am anderen Morgen, wenn

---

[1]) Siehe „Stahl und Eisen" 1900, S. 567, und 1901, S. 23.

tags zuvor gegossen wurde. Große Gußstücke bedürfen jedoch mehrerer Tage zum Erkalten. Hiernach kommen die Gußstücke in die Putzerei, um von dem anhaftenden Formmaterial, den Kernen und den Gußnähten befreit zu werden. Die Kerne werden mit Eisenstangen aus den Hohlräumen des Gußstückes herausgestoßen, das anhaftende Formmaterial mit Stahldrahtbürsten abgebürstet und die Gußnähte und sonstige Vorsprünge mit Meißel, Hammer und Feile entfernt. Zum Putzen kleiner Gußstücke verwendet man neuerdings statt der Stahldrahtbürsten Gußputzmaschinen, in welchen die Gußstücke einen Sandstrahl durchlaufen. Den Sandstrahl erzeugt man, indem man Sand in einen Gebläsewindstrom fallen und mit diesem austreten läßt. In manchen Putzereien wird zum Beseitigen der Gußnähte usw. statt des Handmeißels der Druckluftmeißel benutzt, welcher, durch auf 6—8 at gepreßte Luft getrieben, 8000—10 000 Hübe in der Minute macht und mit der Hand geführt wird. Er arbeitet ganz bedeutend schneller als ein Handmeißel und gebraucht 2—3 m³ Luft in der Stunde.

5. Das autogene Schweißen.

Das Wort „autogen" bedeutet „von selbst erzeugt", d. h. eine Schweißung ist ohne Hammerschläge oder Druck erzeugt. Das autogene Schweißen erfolgt bekanntlich durch eine Gasflamme (Azetylen-, Wasserstoff- usw. Flamme), durch deren Hitze die Ränder zweier Arbeitsstücke geschmolzen werden, so daß sie zusammenfließen und beide Stücke zu einem verbinden. Das autogene Schweißen ist also eine Verarbeitung der Metalle durch teilweise Verflüssigung derselben.

Zur Erzeugung der Schweißflamme werden Wasserstoff, Azetylen, Leuchtgas, Blaugas oder Benzol mit reinem Sauerstoff verbrannt. Eine Verbrennung mit Luft genügt nicht zur Erzielung der nötigen Flammenhitze; daher ist zu dem Verfahren stets Sauerstoff erforderlich. Je höher die Hitze der Schweißflamme, desto besser ist die Ausnutzung der Wärme. Von allen obengenannten Gasen liefert das Azetylen C_2H_2 die höchste Verbrennungstemperatur, nämlich 3000°, während Wasserstoff nur 2000° ergibt. Dabei erzeugt 1 m³ Azetylen von 15° C 12 360 WE und 1 m³ Wasserstoff nur 2360 WE. Das Azetylen ist daher der geeignetste Brennstoff für das autogene Schweißen und wird meist dazu verwendet. Wasserstoff wurde indessen zuerst dazu gebraucht. Die übrigen Gase kommen nur in besonderen Fällen in Betracht. Da die Schweißflamme nicht oxydierend wirken darf, muß die Wasserstoffflamme einen großen Wasserstoffüberschuß enthalten. Man gebraucht daher auf 1 m³ Sauerstoff statt 2 m³ deren 4 Wasserstoff, während man auf 1 m³ Sauerstoff nur 0,86—0,95 m³ Azetylen gebraucht. Der große Wasserstoffüberschuß der Wasserstoffschweißflamme bedingt auch die niedrigere Temperatur derselben.

1. Die Schweißbrenner.

Brennbare Gase, mit Sauerstoff gemischt, sind in vielen Mischungsverhältnissen (z. B. 1 Teil C_2H_2 mit 0,25÷20 Teilen Luft) explosibel. Ihre Mischung erfolgt daher am ungefährlichsten erst in der Flamme. Diese Mischung ist aber unvollkommen und damit die Verbrennung. Im Schweißbrenner lassen sich die Gase vollkommen mischen, doch muß die Ausströmgeschwindigkeit der Mischung größer als ihre Zündgeschwindigkeit sein, wenn die Flamme nicht bis zum Mischraum im Brenner zurückschlagen soll.

Die Azetylenentwickler liefern das Gas unter dem geringen Drucke von 100÷150 mm Wassersäule gleich $\dfrac{1}{100} \div \dfrac{1,5}{100}$ at. Da dieser Druck zur Erzeugung der nötigen Ausströmgeschwindigkeit bei weitem nicht ausreicht, so muß der Sauerstoff mit einem Drucke von 0,2÷3 at das Azetylen im Brenner injektorisch ansaugen und das Gemisch mit

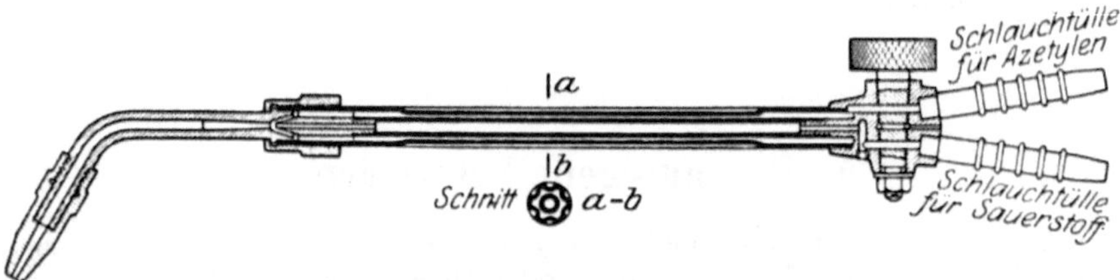

Fig. 92. Azetylen-Schweißbrenner.

der nötigen Geschwindigkeit zum Austritt bringen. Fig. 92 zeigt einen hiernach konstruierten Azetylen-Sauerstoff-Schweißbrenner. Verstopft sich die Ausströmöffnung des Brenners, wenn auch nur teilweise, z. B. durch angespritztes Metall, so schlägt die Flamme knallend bis zum Mischraum zurück. Soll der Brenner nun keinen Schaden leiden, so muß wenigstens die Zuleitung des Azetylens durch einen Hahn am Brenner schnell abgesperrt werden können oder besser, wie in Fig. 92, beide Gase durch einen Doppelhahn.

Dicke Arbeitsstücke leiten die Wärme schneller von der Schweißnaht ab als dünne. Um das Schmelzen des Materials zu erreichen, muß man daher dicken Werkstücken in der Zeiteinheit mehr Wärmeeinheiten zuführen als dünnen, welche bei zu großer Wärmezufuhr leicht durchschmelzen. Man gebraucht daher verschieden große Schweißflammen, also auch verschiedene Schweißbrenner oder wenigstens verschiedene Ansaug- und Ausströmdüsen. Der Brenner nach Fig. 92 ist so eingerichtet, daß man diese Düsen auswechseln kann. Für andere Brenngase werden ebenfalls andere Brenner gebraucht.

2. Die Wasservorlagen.

Wenn sich die Ausströmöffnung des Brenners zusetzt, tritt der höher gespannte Sauerstoff in die Azetylenleitung, also kann auch die

Flamme in die Azetylenleitung gelangen. Damit sie nun nicht in den Entwickler kommt, ordnet man in der Azetylenleitung eine Wasservorlage z. B. nach Fig. 93 an. Im regelrechten Betriebe muß das Azetylen das Sperrwasser durchströmen, ehe es durch den Auslaßhahn in den Gummi- oder Metallschlauch tritt, welcher die Wasservorlage mit dem Brenner verbindet. Dadurch wird der Gasdruck um die Höhe des Sperrwassers über der Mündung der Gaszuleitung vermindert. Damit dieser Gegendruck nicht zu groß wird, darf das Wasser nur bis an den Probierhahn stehen. Dem Brenner wird also das Gas mit einem Drucke von etwa 50 mm Wassersäule zugeführt. Tritt Sauerstoff vom Brenner in die Vorlage, so wird das Wasser in die Gaszuleitung ge drückt. Damit dasselbe nun nicht in den Entwickler gedrückt werden und der Sauerstoff nachtreten kann, muß für den Sauerstoff ein Ausweg vorhanden sein. Darum führt von dem oberen Gefäße ein Rohr bis in das Sperrwasser

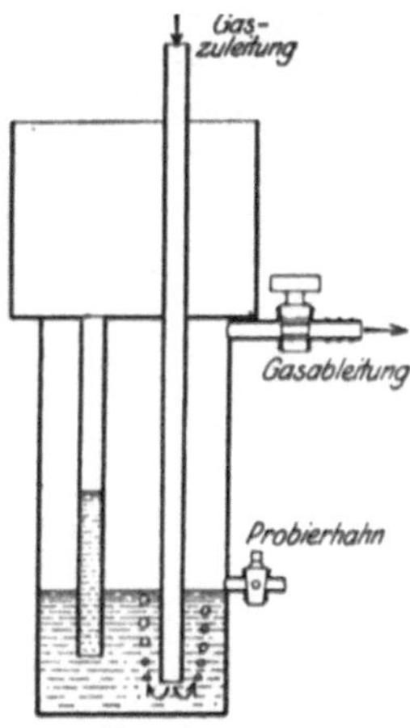

Fig. 93. Wasservorlage.

der Vorlage. Bei anhaltendem Sauerstoffdrucke wird nun das Sperrwasser durch das Rohr in das obere Gefäß gedrückt, bis der Sauerstoff durch dasselbe entweichen kann. Dabei bleibt das Gaszuleitungsrohr geschlossen, weil es weiter in das Sperrwasser hinabreicht als das Rohr des oberen Gefäßes.

3. Der Sauerstoff.

In besonderen Fabriken wird der Sauer stoff für die Autogenschweißerei hergestellt und zwar entweder durch Verflüssigung von Luft und Destillation derselben nach dem Lindeschen Verfahren oder durch elektrolytische Zerlegung von Wasser, wobei gleichzeitig Wasserstoff gewonnen wird. Die erzeugten Gase werden dann für den Verkauf in Stahlflaschen gepreßt. Fig. 94 zeigt eine Stahlflasche, welche 40 l Inhalt hat und durch 150 at Druck beansprucht werden darf. So hohen Druck braucht man, um genügend Gas in einer Flasche unterzubrin gen. Eine solche Flasche wiegt leer etwa 72 kg, enthält bei 150 at Druck 150 · 0,04 = 6 m³ Sauerstoff von 8,6 kg Gewicht und wird durch ein Ventil nach Fig. 95 verschlossen. Das Dich-

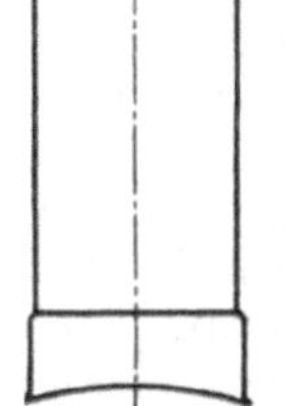

Fig. 94.
Stahlflasche.

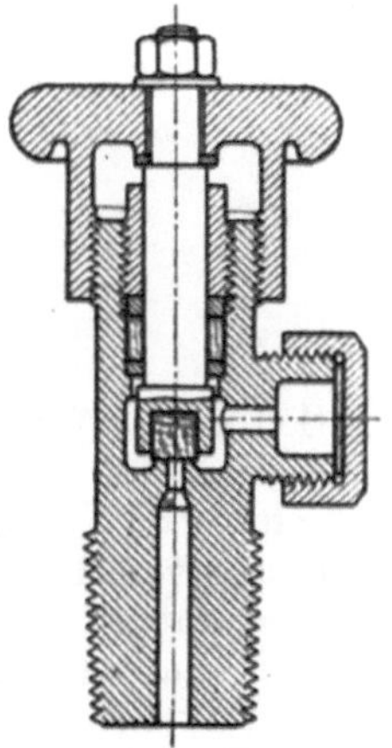

Fig. 95.
Stahlflaschenventil.

tungsmaterial dieses Ventils im Teller sowohl als in der Stopfbüchse ist Hartgummi. Auf dem Transport wird das Ventil durch eine darüber geschraubte Stahlkappe geschützt. Die Flaschen sind durch den hohen Druck stark in Anspruch genommen. Daher dürfen sie weder geworfen noch warm werden. Sie werden gefüllt von den Sauerstoffwerken zum Verbrauche des bezahlten Sauerstoffs verliehen, und zwar auf einen Monat ohne Entgelt, dann gegen 5 Pf. Leihgebühr (ohne Teuerungszuschlag) für jeden Tag.

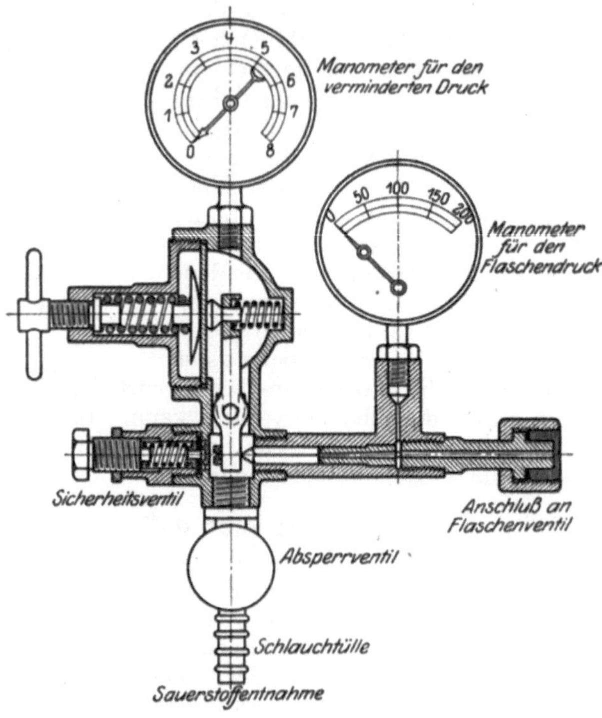

Fig. 96. Druckminderungsventil.

Soll eine gefüllte Flasche zum Schweißen benutzt werden, so ist zuerst die Schutzkappe, dann die Überwurfmutter vom Ventilstutzen abzuschrauben. An diesen Ventilstutzen schraubt man dann ein Druckminderungsventil, wie Fig. 96 eins zeigt. Nach dem Öffnen des Flaschenventils zeigt das eine Manometer des Reduzierventils den Druck in der Flasche, das andere den verminderten Druck an. Der letztere läßt sich durch Anspannen oder Abspannen der Membranfeder regeln. Vom Druckminderungsventil wird der Sauerstoff durch einen Gummi- oder einen Metallschlauch dem Schweißbrenner zugeführt.

4. Das Azetylen.

Dasselbe wird in der Schweißerei aus Kalziumkarbid CaC_2 und Wasser H_2O in Azetylenentwicklern hergestellt und nach seiner Reinigung durch die Wasservorlagen hindurch den Schweißbrennern zugeführt. Bringt man Kalziumkarbid mit Wasser zusammen, so tritt eine Zersetzung nach der Gleichung

$$CaC_2 + 2\,H_2O = C_2H_2 + Ca(HO)_2$$

ein, wobei jedes Kilogramm Kalziumkarbid 450 WE entwickelt.

Das Kalziumkarbid wird im elektrischen Ofen aus gebranntem Kalk und Kohle hergestellt und zwar da, wo große Wasserkräfte (in Norwegen, am Niagarafall) den elektrischen Strom billig liefern. Es wird zerkleinert, nach der Korngröße sortiert und kommt in zugelöteten, verbleiten Eisenblechbüchsen mit 100 kg Inhalt in den Handel. Die Blechbüchsen dürfen wegen der Explosionsgefahr nicht aufgelötet, sondern müssen aufgehauen werden. Die gebräuchlichsten Korngrößen sind: $1 \div 3$ mm, $4 \div 7$ mm, $8 \div 15$ mm, $16-25$ mm und $26-80$ mm.

Azetylenentwickler kann man nach vier verschiedenen Grundgedanken konstruieren. Man kann in eine größere Karbidmenge periodisch kleine Mengen Wasser eingießen oder dauernd eintropfen lassen. Auf diese Weise arbeiten die „Tropfapparate“. Zweitens kann man eine größere Karbidmenge in einem Korbe so in einem Apparate unterbringen, daß dieselbe bei Gasbedarf in das Entwicklungswasser eintaucht. Dies ist der Grundgedanke der „Tauchapparate“. Drittens kann man entweder von Hand oder automatisch von Zeit zu Zeit kleine Mengen Karbid in eine größere Wassermenge fallen lassen. Durch diesen Gedanken entstanden die „Einwurfapparate“. Endlich kann man von Zeit zu Zeit in einen bestimmten Raum des Entwicklers eine größere Karbidmenge bringen, zu welcher man das nötige Entwicklungswasser auf einmal zulaufen läßt. Hierdurch entstehen die „Wasserzulaufapparate“.

Wird Azetylen bis 480° erhitzt, so zerfällt es. Doch schon bei niedrigerer Temperatur bilden sich Verunreinigungen des Azetylens, welche es zum Schweißen ungeeignet machen, z. B. verdampft bei 100° das Entwicklungswasser. Man muß daher die Entwickler so konstruieren, daß sich die entwickelte Wärmemenge auf eine genügend große Wassermenge verteilt. Kommen z. B. auf 1 kg Karbid 10 Liter = 10 kg Wasser, so verteilen sich die entwickelten 450 WE auf dieselben und man erhält die zulässige Temperatur von 45°. Bei den Tropf- und den Tauchapparaten kommt dauernd oder zeitweise eine kleine Wassermenge mit einer größeren Karbidmenge in Berührung. Sie liefern daher ein unreines, zum Schweißen ungeeignetes Azetylen. Die Einwurfapparate erfüllen die gestellte Bedingung ausgezeichnet, solange sie rein sind. Sind sie aber bis zu einer gewissen Höhe voll Kalkschlamm, welcher ständig im Entwickler entsteht, so fällt das Karbid in den Schlamm und überhitzt sich dort so, daß unreines Azetylen entsteht. Da das rechtzeitige Reinigen der Entwickler aber leicht unterlassen wird, so

verdienen diejenigen Apparate den Vorzug, in welche das Karbid erst
eingebracht werden kann, nachdem der Kalkschlamm entfernt ist.
Solche Apparate sind die Wasserzulaufapparate.

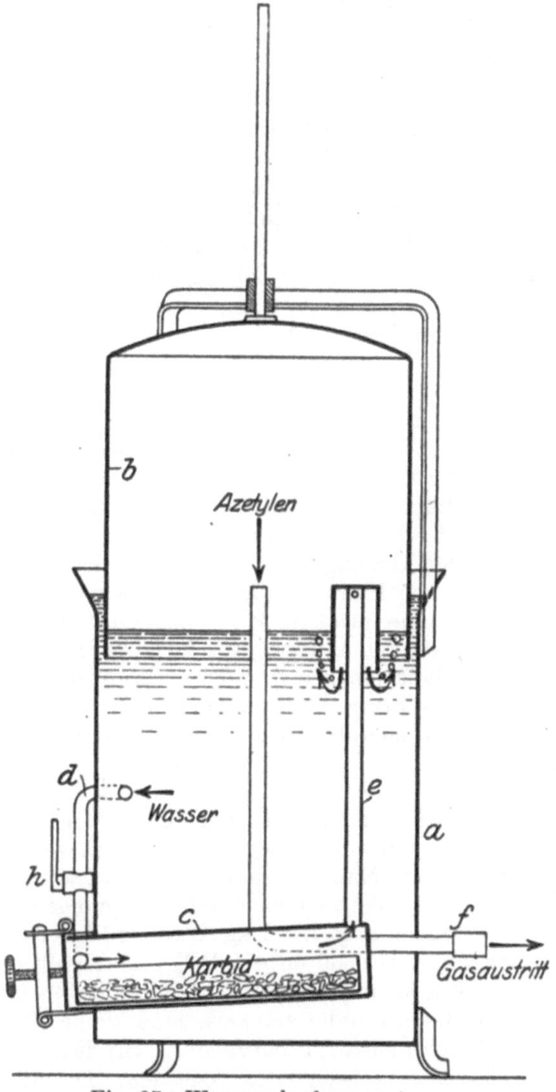

Fig. 97. Wasserzulaufsapparat.

Der Wasserzulaufapparat Fig. 97 besteht aus dem Wasserbehälter a
und der Gasglocke b. Im unteren Teile des zylindrischen Wasser-
behälters befinden sich nebeneinander zwei zylindrische Kammern c,
welche vom Wasser umgeben und an ihrem freien Ende durch einen

Deckel gasdicht verschlossen sind. Diese Kammern stehen durch ein Rohr d mit dem Wasserraume und durch ein zweites Rohr e mit dem Gasraume in Verbindung. In diesen Kammern wird das Azetylen entwickelt, da sie in langen Kästen das Karbid enthalten. Dabei wird die entstandene Wärme nicht nur an das zugeleitete Wasser, sondern auch durch die Wände der Kammer an die große Wassermasse im Behälter a abgegeben, so daß keine unzulässige Erwärmung eintritt. Die Kammern werden abwechselnd mit Karbid beschickt. Ist das Karbid in einer Kammer aufgebraucht, so öffnet man den Hahn h der anderen Kammer, um sie mit Wasser zu überfluten und schließt den Hahn h der ersten Kammer. Jetzt kann man diese Kammer öffnen, den Kästen mit Kalkschlamm herausziehen und durch einen trockenen mit Karbid gefüllten Kasten ersetzen. Hierbei kann kein Azetylen aus der Gasglocke zurücktreten, weil durch ein umgekehrtes Gefäß auf dem oberen Ende des Rohres e ein Wasserverschluß vorhanden ist. In der frisch gefüllten Kammer ist neben dem Karbid auch Luft enthalten, welche beim Öffnen des Wasserhahnes in die Gasglocke tritt. Ihre Menge ist indessen zu gering, um das Azetylen explosibel zu machen. Die Gasglocke dieses Apparates muß so groß sein, daß sie alles Azetylen, welches aus einer frisch gefüllten Kammer anfangs stürmisch entwickelt wird, aufnehmen kann, denn unterbrechen darf man den Wasserzufluß nicht früher, bis die Gasentwicklung aufgehört hat, weil sonst Überhitzung eintritt. 1 kg Karbid erzeugt mit $^1/_2$ l Wasser 300 l Azetylen. Sind 5 kg Karbid in einer Kammer enthalten, so muß die Gasglocke also $5 \cdot 300 = 1500$ l Azetylen aufnehmen können. Damit die frisch gefüllte Karbidkammer nicht überflutet wird, wenn die Gasglocke noch gefüllt ist, ordnet man statt zwei Hähne h einen Dreiweghahn für beide Kammern an, welcher verriegelt ist und durch die Gasglocke bei einem bestimmten Tiefstande entriegelt wird.

Da das Handelskarbid nie ganz rein ist, sondern Schwefel und Phosphor enthält, so ist auch das Azetylen nicht ganz rein, sondern enthält bis 0,3% Schwefelwasserstoff und bis 0,3% Phosphorwasserstoff. Ferner enthält das Azetylen Ammoniak, Wasserdampf und Kalkstaub. Um eine gute Schweißnaht herzustellen, ist aber reines Azetylen erforderlich. Dasselbe muß daher gereinigt werden. In Einwurfapparaten tritt das Azetylen durch eine hohe Wasserschicht, welche den Schwefelwasserstoff und das Ammoniak absorbiert. Phosphorwasserstoff ist unschädlich, wenn seine Menge weniger als 0,05% beträgt, sonst muß er mit dem Wasserdampfe in einem Reiniger entfernt werden. In den Wasserzulaufapparaten geht das Azetylen schnell durch eine niedrige Wasserschicht. Daher werden Schwefelwasserstoff und Ammoniak nicht ausreichend im Entwickler zurückgehalten, sondern müssen mit dem Phosphorwasserstoff in einem Reiniger entfernt werden. Der Reiniger, welchen das Azetylen durchströmen muß, enthält eine Reinigungsmasse, die sich mit den zu entfernenden Gasen verbindet oder sie absorbiert. Als Reinigungsmasse dienen: Puratylen, ein aus Chlorkalk, Kalziumchlorid und Ätzkalk hergestelltes Produkt; Heratol, ein Chromsäurepräparat; Frankolin, in poröse Körper aufgesaugte, saure Metallsalzlösungen und Akagin, ein Chlorkalk-Chromsäurepräparat. Puratylen, ein fester Körper, wird in den zylindrischen Reiniger, welchen das Azetylen von oben nach unten durchströmt, einfach eingefüllt und dann der Reiniger durch einen Deckel mit Bügel und Schraube verschlossen. Das beliebteste Reinigungsmittel Heratol wird in dünnen Schichten auf Sieben im Reiniger gelagert, wie Fig. 98 zeigt. Das Gas strömt bei diesem Reiniger unten ein und oben aus. Die Reinigungsmasse muß bei Einwurfapparaten alle 5÷6 Wochen, bei den anderen Azetylenentwicklern alle 3 Wochen erneuert werden.

Kommt der bei der Azetylenentwicklung von ihm mitgerissene Kalkstaub in die Schweißflamme, so wird er von dieser in die Schweißnaht geblasen und verringert ihre Festigkeit. Deshalb soll in die Aze-

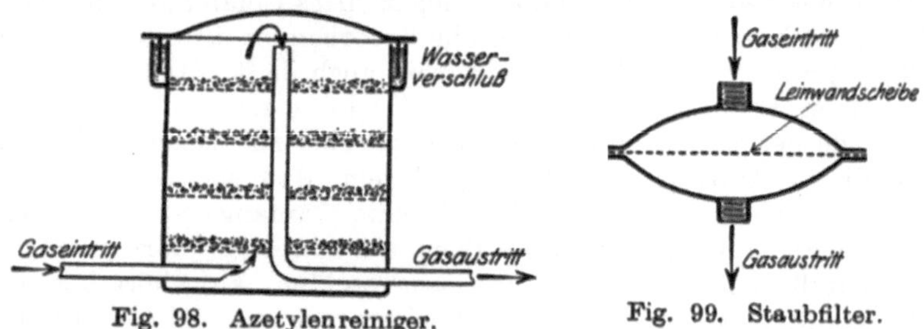

Fig. 98.   Azetylenreiniger.   Fig. 99.   Staubfilter.

tylenleitung vor jeder einzelnen Schweißstelle ein Staubfilter eingeschaltet werden, welches aus einer Leinwandscheibe als Filterkörper bestehen kann. Fig. 99 zeigt ein solches Staubfilter.

Azetylen hat die üble Eigenschaft, im komprimierten Zustande unter gewaltigen Wirkungen zu explodieren. Daher kann man dasselbe nicht ohne weiteres wie Sauerstoff in Stahlflaschen beziehen. Von Claude und Heß wurde gefunden, daß Azetylen in Azeton löslich ist und zwar um so mehr, je höher der Druck ist, unter dem es steht. Bei einem Drucke von 10 at absorbiert 1 Liter Azeton 439 Liter Azetylen. Diese Lösung kann ohne Gefahr in Stahlflaschen gefüllt und wie komprimiertes Gas verwendet werden. Sie wird im Handel Azetylen-Dissous genannt. Die Flaschen werden zuerst mit einer porösen Masse (Holzkohle, Kieselgur) gefüllt, dann geglüht, um alle Feuchtigkeit auszutreiben. Hierauf füllt man sie mit Azeton und preßt dann das Azetylen hinein. Die poröse Masse soll die Explosionssicherheit erhöhen. Zur Verwendung von Azetylen-Dissous dienen besondere Reduzierventile und besondere Schweißbrenner. Azetylen-Dissous ist leichter transportabel als Azetylenentwickler, welche für stationäre Anlagen vorgezogen werden, weil sie das Azetylen billiger liefern.

5. Die Schweißflamme.

Die Verbrennung des Azetylens erfolgt in zwei Stufen, die sich auf verschiedene Zonen der Schweißflamme verteilen. Fig. 100 zeigt diese Zonen der Schweißflamme. Ist die Flamme richtig eingestellt, was durch Hähne am Brenner oder durch Einstellung des Druckminderungsventils erfolgen kann, so erscheint der innere, stäbchenförmige Teil 1 weiß leuchtend und scharf begrenzt. Bei Sauerstoffüberschuß tritt eine Verkürzung des Flammenkernes ein und hat derselbe einen Schein ins Violette. Eine solche Flamme führt zum Verbrennen der Schweißnaht. Verliert der erste innere Teil der Flamme seine scharfe Begrenzung und umgibt sich mit einem trübe leuchtenden Mantel, so hat die Flamme Azetylen im Überschuß. Durch eine solche Flamme wird die Schweißnaht hart, weil der nun in ihr vorhandene freie Kohlenstoff zur Kohlung derselben führt. Man benutzt eine solche Flamme, um einzelne Stellen an Eisenkörpern hart zu machen, welche starker Abnutzung unterworfen sind.

Die erste Verbrennungsstufe des Azetylens vollzieht sich nach der Gleichung

$$C_2H_2 + 2\,O = 2\,CO + 2\,H.$$

Die zweite Zone der Flamme enthält die Verbrennungsprodukte der ersten Verbrennungsstufe, also Kohlenoxyd und Wasserstoff. Da beide redu-

Fig. 100. Schweißflamme.

zierend wirken, ist diese Flammenzone zum Schweißen geeignet, nicht aber die erste und dritte. Die erste Zone enthält neben unverbranntem Azetylen freien Sauerstoff und die dritte Wasserdampf, wie die zweite Verbrennungsgleichung zeigt:

$$2\,CO + 2\,H + 3\,O = 2\,CO_2 + H_2O.$$

Die 3 Atome Sauerstoff, welche den Verbrennungsprodukten der ersten Stufe zugeführt werden, entstammen der umgebenden Luft. Sie enthält neben Sauerstoff auch Stickstoff, der mit erhitzt wird. Daher ist die äußere Flamme weniger heiß als die innere. Trifft Wasserdampf geschmolzenes Eisen, so zerfällt er in Wasserstoff und Sauerstoff, wobei der letztere an das Eisen übergeht. Die dritte Flammenzone wirkt daher oxydierend, ebenso die erste Zone, die außerdem kohlend wirkt. Der Schweißer muß daher den Brenner so führen, daß der einige Millimeter vor dem ersten Teil der Flamme liegende mittlere Teil derselben die Schweißnaht trifft.

6. Die Anwendung der Schweißflamme.

Die autogene Schweißung fand zuerst Verwendung zum Schweißen dünner Eisenbleche, z. B. zur Gefäßbildung an den Kanten dieser Gefäße, wo eine Schweißung mit dem Hammer unmöglich ist. Jetzt schweißt man auch dicke Bleche und Gußstücke sowie Körper aus anderen Metallen (Kupfer, Aluminium) als Eisen mit der Schweiß-

flamme. Das autogene Schweißen ist daher besonders brauchbar zur
Ausführung von allerlei Ausbesserungen, auch solchen an zerbrochenen
Gußstücken. Es ist in Kleinbetrieben ebenso gut anwendbar als in
Großbetrieben, da seine Anlagekosten gering sind.

Das Schweißen von geraden Blechen und anderen kleinen Körpern
wird auf Tischen aus Eisen ausgeführt, deren Platte aus Schamottesteinen besteht. Die Schamottesteine sind feuerfest und leiten die

Fig. 101.

Wärme der Schweißstelle wenig ab, da sie schlechte Wärmeleiter sind.
Bleche von 2÷5 mm Dicke werden ohne Vorbereitung ihrer Kanten
in geringem Abstande nebeneinander auf den Schweißtisch gelegt, wie
in Fig. 101, und dann durch langsames Überfahren mit der Schweißflamme unter Zuhilfenahme von Zusatzmaterial verbunden. Man hält
dabei den Brenner in der rechten Hand so, daß die Flamme in der
Richtung der Naht etwa unter 45° das Blech trifft. Führt man nun
den Brenner in der Richtung der Flamme weiter, so werden die Blech-

Fig. 102.   Fig. 103.

ränder durch den äußeren Teil der Flamme vorgewärmt. In der linken
Hand hält man dabei einen dicken Draht aus schwedischem Holz-
kohleneisen in die Flamme, damit von ihm das nötige Zusatzeisen zur
Ausfüllung des Zwischenraumes der Bleche abschmilzt. Den Zwischen-
raum kann man nicht vermeiden, weil sonst die Bleche nur oben zu-
sammenschmelzen, aber unten unverbunden bleiben würden. Dicke
Bleche machen aus diesem Grunde eine Bearbeitung der Kanten nach
Fig. 102 oder Fig. 103 erforderlich. Um bei dicken Blechen die Naht

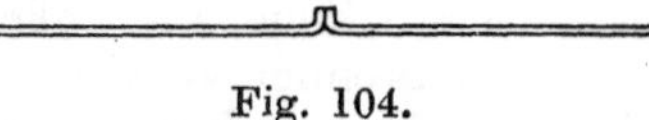

Fig. 104.

vollständig durchzuschweißen, muß man auf dem Grunde derselben
mit der Verflüssigung ihrer Ränder beginnen. Nach Fig. 103 vor-
bereitete Bleche müssen von beiden Seiten geschweißt werden. Dünne
Bleche unter 2 mm Dicke börtelt man am besten vor dem Schweißen
nach Fig. 104 und schmilzt dann mit der Schweißflamme die Börtel
nieder, wobei sie zusammenfließen.

Durch die lokale Erhitzung der Arbeitsstücke entstehen beim
Schweißen Spannungen, welche ein Verziehen des Arbeitsstückes,

sogar ein Aufreißen der Naht zur Folge haben können. Ist man beim Schweißen einer Naht, z. B. in Fig. 105, bis zur Stelle a gekommen, so dehnt sich durch die Wärme das Material bei a aus. Es entsteht dort Druckspannung, weil das umgebende Material sich nicht ausdehnt. Wird das Material bei a nun flüssig, so wird es gestaucht. Beim Erkalten zieht es sich hierauf zusammen, wodurch Zugspannung bei a

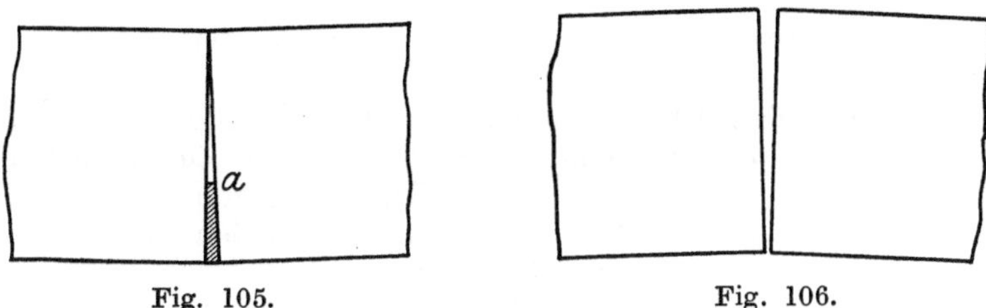

Fig. 105. Fig. 106.

entsteht, welche die Fuge zwischen den Blechen verkleinert. Bei fortschreitender Schweißung und längerer Naht kommen die Bleche zusammen wie in Fig. 105, und die Spannung bleibt bestehen, bis das Ende der Naht flüssig wird und nachgibt. Man legt daher zwei Blechstücke nach Fig. 106 so, daß sich die Fuge vom Anfange bis zum Ende der Naht erweitert. Diese durch das Schweißen entstehenden Spannungen müssen beim Arbeiten berücksichtigt werden. Schweißt man

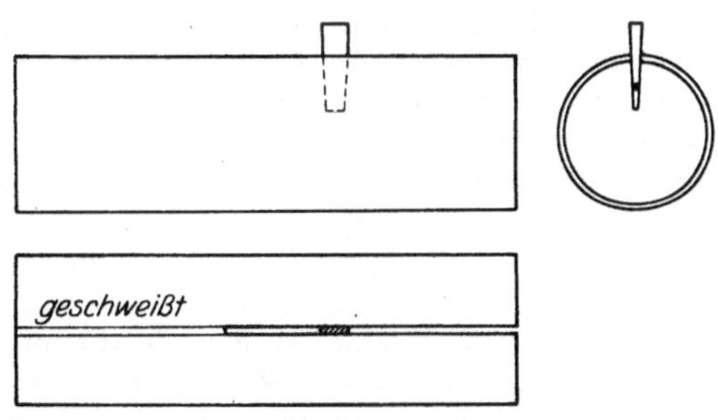

Fig. 107.

z. B. ein Rohr, Fig. 107, so setzt man einen Keil in die Fuge, damit sich die Blechkanten nicht übereinanderschieben und das Rohr nicht konisch wird.

Die autogene Schweißnaht hat Gußcharakter, da sie flüssig war. Sie ist daher weniger fest als das gewalzte Blech. Um sie möglichst fest zu machen, nimmt man das zähe, schwedische Holzkohleneisen als Zusatzeisen. Man kann auch die Schweißnaht während des Schweißens, also gleich nach ihrer Erstarrung, mit einem kleinen Hammer bearbeiten, wodurch sie fester wird.

Sollen an zylindrische Gefäße gewölbte Böden geschweißt werden, so ist die Schweißung nach Fig. 108, nicht nach Fig. 109 auszuführen,

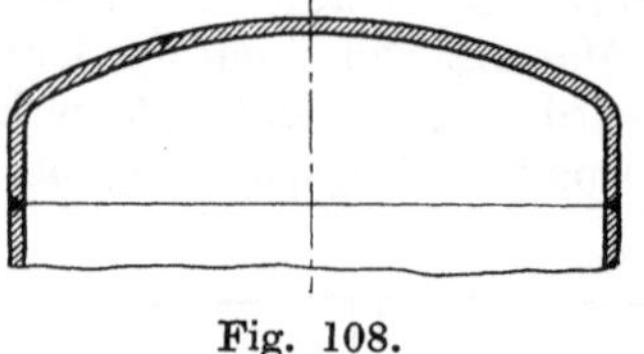

Fig. 108.

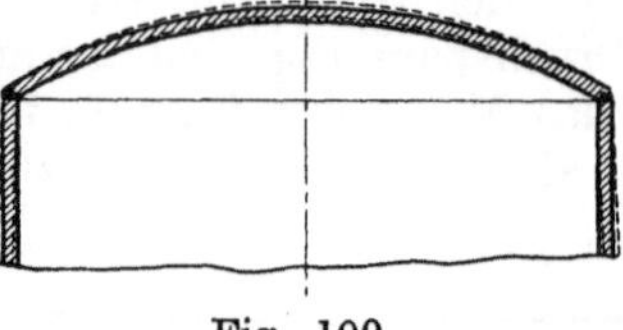

Fig. 109.

wenn das Gefäß möglichst fest werden soll. Denn in Fig. 108 wird die Schweißnaht durch den Druck im Gefäße fast nur auf Zug, in Fig. 109

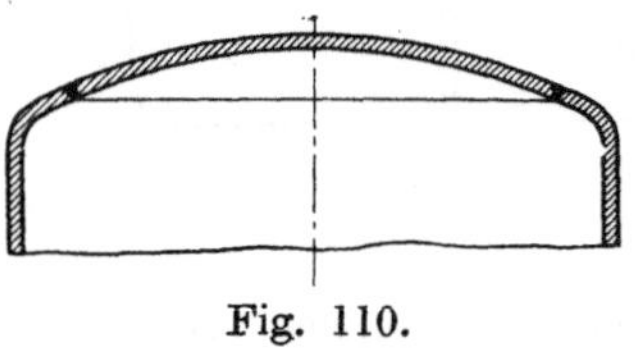

Fig. 110.

dagegen auf Zug und Biegung beansprucht. Ebensogut kann man den Deckel nach Fig. 110 einschweißen.

Eisen und Stahl können ohne Flußmittel geschweißt werden, weil ihre Oxyde leichter schmelzen als das Metall selbst. Dies ist jedoch bei hartem Stahl, Gußeisen, Kupfer, dessen Legierungen und Aluminium nicht so, weshalb man bei ihrer Schweißung Flußmittel benutzen muß, welche meist aus Borsäure, Borax, Kochsalz, gelbem Blutlaugensalz usw. zusammengesetzt sind.

6. Das autogene Schneiden.

Beim autogenen Schneiden wird weißglühendes Eisen einem kräftigen Sauerstoffstrome ausgesetzt. An der von diesem getroffenen Stelle wird das Eisen verbrannt und entwickelt dabei so viel Wärme, daß es nicht nur selbst flüssig wird, sondern auch die darunter liegenden Eisenteilchen bis zur Weißglut erhitzt. Hat nun der Sauerstoffstrom das flüssige und verbrannte Eisen fortgeblasen, so verbrennen und schmelzen die jetzt von ihm getroffenen Eisenteilchen. So ist es möglich, ganz dickes Eisen zu durchschneiden, nur muß der zugeführte Sauerstoff unter einem um so größeren Drucke stehen, je dicker das zu durchschneidende Eisen ist. Hat das Eisen 30 mm Dicke, so ist ein Sauerstoffdruck von 3 at erforderlich, während der Druck beim Schneiden von 200 mm dickem Eisen 12 at betragen muß.

Das Erhitzen des Eisens für das autogene Schneiden erfolgt nicht etwa im Schmiedefeuer, sondern durch eine Schweißflamme unmittelbar vor dem Schneiden. Zum Anwärmen und Schneiden hat man besondere Schneidbrenner. Diese Brenner haben eine zweite Sauerstoffzuführung zur Erzeugung des Sauerstoffstromes, weil der Sauerstoffdruck für diesen oft größer sein muß als für die Schweißflamme desselben Brenners. Die Schneidbrenner werden nun entweder so konstruiert, daß die Sauerstoffausströmung bei der Bewegung des Brenners gleich hinter der Schweißflamme hergeht oder, daß das Gasgemisch für die Schweißflamme aus einer ringförmigen Öffnung strömt, in deren

Mitte die Sauerstoffausströmung liegt. Die letztere Konstruktion hat den Vorteil, daß man den Brenner beim Schneiden in jeder Richtung senkrecht zum Sauerstoffstrome weiterbewegen kann. Da die Ausströmungsöffnungen für den Sauerstoff und das Gasgemisch der Schweißflamme in ganz bestimmter Entfernung (2—5 mm für erstere) über das zu zerschneidende Arbeitsstück geführt werden müssen, was aus freier Hand kaum möglich ist, so versieht man die Schneidbrenner in der Nähe dieser Öffnungen mit zwei Rädern, welche bei der Bewegung desselben auf dem Arbeitsstücke rollen.

Beim Schneiden kann der Brenner mit 8—10 mm Geschwindigkeit in der Sekunde weiterbewegt werden. Der erzielte Schnitt gleicht dem einer Warmsäge und hat nur eine Breite von etwa 2 mm. Zum Schneiden stärkerer Arbeitsstücke sind entweder zwei Sauerstoffflaschen mit je einem Druckminderungsventil oder eine Flasche mit einem doppelten Druckminderungsventil erforderlich.

Das autogene Schneiden ist außerordentlich wertvoll für das Zerlegen alter Brücken und Eisenkonstruktionen, zum Zerlegen von Blechtafeln in die gewünschten Stücke, zum Schneiden von beliebig gestalteten Löchern in Bleche und zum Abschneiden der Arbeitsstücke von Stabeisen und Profileisen. Das Verfahren ist in Kleinbetrieben, z. B. Kunst- und Bauschlossereien ebensogut verwendbar als in Großbetrieben, weil die nötigen Apparate wenig Anlagekapital erfordern und das Verfahren sehr leistungsfähig ist.

7. Andere Schweißverfahren.

Außer der altbekannten Feuerschweißung (siehe III. Abschnitt Werkzeuge zum Handschmieden), wobei die im Schmiedefeuer oder Schweißofen erhitzten Eisenstücke durch Schlag oder Druck vereinigt werden und der unter 5. behandelten autogenen Schweißung gibt es noch die Wassergasschweißung, drei elektrische Schweißverfahren und die schon früher erwähnte Thermitschweißung.

Die Wassergasschweißung ist eine Feuerschweißung, bei der die Erhitzung statt im Schmiedefeuer durch Wassergas erfolgt, wie bei der Herstellung schmiedeeiserner Rohre im III. Abschnitt beschrieben wird.

Die drei elektrischen Schweißverfahren sind: die Flammbogenschweißung, die Widerstandsschweißung und die Schweißung nach Lagrange und Hoho.

Die erste wurde schon bei der Ausbesserung von Gußstücken besprochen. Sie wird nicht viel angewendet, da sie gekohlte, d. h. harte Schweißungen liefert.

Die Widerstandsschweißung zerfällt in zwei Arten, und zwar in die Stumpfschweißung und in die Punktschweißung.

Die Stumpfschweißung wird mit Maschinen ausgeführt, in welche, wie Fig. 111 zeigt, die beiden zusammen zu schweißenden Stücke

a und b so eingespannt werden, daß ihre Enden dicht zusammenstoßen. Nun wird in der Regel durch einen Fußtritt der Primärstromkreis eines Transformators geschlossen, von welchem nun ein Sekundärstrom ausgeht nach der ersten Einspannvorrichtung und von dieser durch die Arbeitsstücke nach der zweiten und wieder zum Transformator. Dieser Strom erhitzt die Stoßstelle der Arbeitsstücke, an der er den größten Widerstand findet, in wenigen Sekunden bis auf Schweißhitze. Wenn diese erreicht ist, wird die eine Einspannvorrichtung, die beweglich ist, der festen genähert und dadurch die Schweißung vollzogen. Der elektrische Strom muß dem Querschnitte des Arbeitsstückes entsprechend stark sein, wogegen seine Spannung gering sein kann. Daher ist zu seiner Erzeugung ein Transformator nötig, welcher den zugeleiteten Strom von gebräuchlicher Spannung in einen solchen von $^1/_2$—2 Volt Spannung und genügender Stromstärke, welche 1000 und mehr Amp.

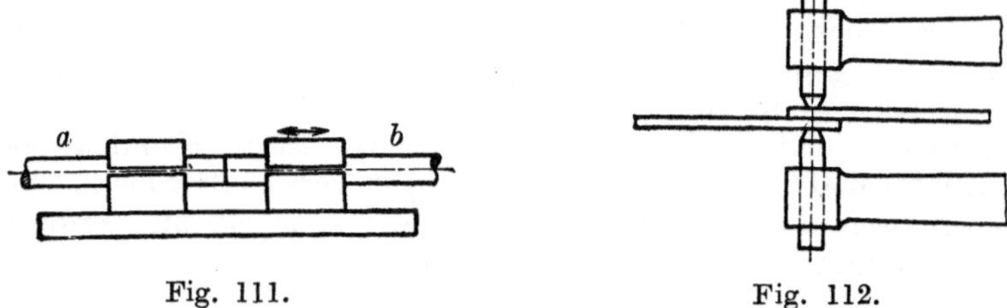

<table>
<tr><td>Fig. 111.</td><td>Fig. 112.</td></tr>
</table>

betragen kann, umwandelt. Damit diese Umwandlung durch einen einfachen Transformator erfolgen kann, muß der zugeleitete Strom Wechselstrom sein.

Außer Eisen und Stahl kann man auch Gußeisen, Nickel, Kupfer und Aluminium auf diese Weise schweißen. Die Schweißung ist fester als die Feuerschweißung, überhaupt tadellos; jedoch ist eine Maschine immer nur für gleiche oder ähnliche Arbeitsstücke verwendbar. Daher eignet sich dies Verfahren gut für die Massenfabrikation kleiner Gegenstände, nicht aber für beliebig wechselnde Schweißarbeiten. Z. B. lassen sich leichte Ketten durch dasselbe etwa 40% billiger herstellen als durch die Feuerschweißung.

Legt man zwei Arbeitsstücke aufeinander zwischen die Pole eines starken elektrischen Stromes, wie in Fig. 112, so findet der Strom, wenn die Pole aus einem besseren Elektrizitätsleiter (meist Kupfer) bestehen, an der Berührungsstelle der Arbeitsstücke den größten Widerstand. An dieser Stelle tritt in einigen Sekunden die Schweißhitze ein, und die Arbeitsstücke werden durch den Druck der Pole verbunden. Dann werden die Arbeitsstücke nach Hebung des oberen Poles und Unterbrechung des Stromes weitergeschoben und hierauf an einer anderen Stelle ebenso zusammengeschweißt. Dieselben werden also punktweise verbunden, ähnlich wie beim Nieten, und das Verfahren heißt darum Punktschweißung. Ebenso wie bei der Stumpf-

schweißung ist auch hier ein elektrischer Strom von 1000 und mehr
Amp. nötig, welcher ebenfalls in einem Transformator erzeugt wird.
Die Schweißung wird mit Maschinen ausgeführt, die einen Transformator enthalten, der zunächst stromlos ist. Hat der die Maschine
bedienende Arbeiter das Werkstück in die richtige Lage auf dem unteren
Pole gebracht, so drückt er durch einen Fußtritt nicht nur den oberen
Pol auf das Arbeitsstück, sondern schaltet auch den Primärstrom ein,
welcher nun den sekundären Strom induziert, der die Schweißung bewirkt. Verwendet man wie in Fig. 113 zwei sich drehende Rollen als
Strompole, so werden die Arbeitsstücke in einer stetigen Naht zusammengeschweißt.

Die Punktschweißung wird viel angewendet in der Geschirrindustrie
zum Anbringen der Gießtüllen und Henkel, in der Ofenrohrfabrikation,
in der Kleineisen- und Metallwarenindustrie usw., sie ist aber nicht so
vielseitig verwendbar als die autogene Schweißung, weil zu ihrer Anwendung Maschinen erforderlich sind, die den Arbeitsstücken angepaßt

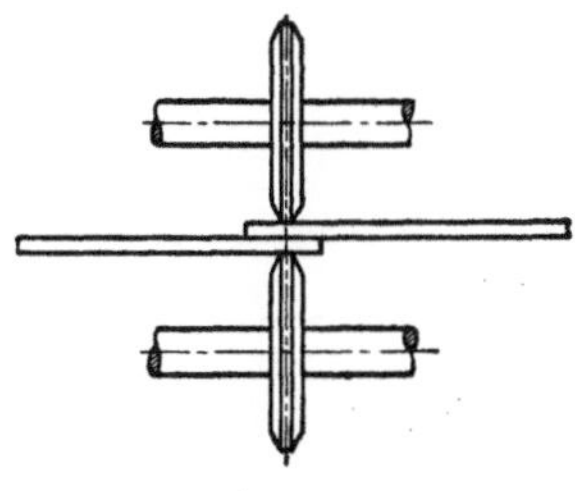

Fig. 113.

sein müssen. Kupfer kann durch die Punktschweißung nicht verbunden
werden, weil es die Elektrizität so gut leitet wie die Zuleitung, so daß
keine Erhitzung entsteht oder die Pole mit dem Arbeitsstücke ver-
schweißen.

Für die Schweißung von Eisen beträgt der Stromverbrauch bei den
Widerstandsverfahren 0,075 KW für jedes Quadratmillimeter zu
schweißenden Querschnittes.

Das Verfahren von Lagrange und Hoho dient nur zur Erhitzung der Arbeitsstücke statt des Schmiedefeuers, ihre Vereinigung
erfolgt also durch Hammerschläge oder Druck. Die Anlage zu diesem
Verfahren besteht aus einem von der Erde sorgfältig isolierten Bottich,
dessen Größe wenigstens 150 × 80 × 60 cm betragen soll. Seine beiden
Kopfseiten sind innen mit Bleiplatten belegt, welche mit dem positiven
Pole einer starken Gleichstromquelle durch einen Schalter verbunden
werden können. Die zu erhitzenden Werkstücke werden mit Zangen
erfaßt, deren Griffe isoliert sind. Diese Zangen, also auch die Werkstücke, sind mit dem negativen Pole der Stromquelle verbunden. Der
Bottich ist mit Sodalösung gefüllt, der zur Erhöhung ihrer Leitfähig-
keit Schwefelsäure usw. zugesetzt werden. In diese Lösung taucht man

bei eingeschaltetem Strome die Werkstücke so weit ein, als sie heiß werden sollen. Es entwickelt sich nun am negativen Pole, also an den Werkstücken, Wasserstoff, welcher aufsteigt und an der Oberfläche des Bades verbrennt. Da sich fortwährend Wasserstoff entwickelt, hüllt dieser die Werkstücke ein, soweit sie eingetaucht sind. Diese Wasserstoffhülle setzt dem Stromdurchgange großen Widerstand entgegen, wodurch die Wärme erzeugt wird, welche die Werkstücke rasch bis zur Weißglut erhitzt. Das Verfahren hat, da die Erhitzung der Arbeitsstücke im Wasserstoffstrome erfolgt, den Vorteil, daß sie nicht oxydiert werden, also sich gut ohne Schlackeneinschlüsse verbinden lassen. Dicke Stücke schmelzen indessen an ihrer Oberfläche ab, ehe ihr Inneres genügend erhitzt ist, wenn man sie nicht wiederholt aus dem Bade herausnimmt, womit ein Wärmeverlust verbunden ist. Das Verfahren soll daher vorteilhaft nur auf Arbeitsstücke bis 20 mm Dicke anwendbar sein, wenn der elektrische Strom billig zu haben ist.

Wie auch aus dem Vorstehenden hervorgeht, ist das autogene Schweißverfahren von allen das am vielseitigsten verwendbare.

Die Herstellung der Schmiedestücke
und die sonstige Verarbeitung der Metalle auf Grund ihrer Dehnbarkeit.

Allgemeines.

Eine andere Verarbeitung der Metalle kann durch Schmieden, Walzen, Ziehen und Pressen erfolgen. Bei diesen Arbeiten werden durch die Einwirkung äußerer Kräfte die kleinsten Teilchen der Metalle in eine andere gegenseitige Lage gebracht, wodurch die gewünschte Formänderung herbeigeführt wird. Je weitgehender diese Verschiebung der kleinsten Teilchen erfolgen kann, ohne daß dieselben ihren Zusammenhang verlieren, um so geschmeidiger und dehnbarer nennt man das Metall. Im entgegengesetzten Falle bezeichnet man das Metall als spröde. Einige Metalle (Gold) besitzen die zur erfolgreichen Bearbeitung nötige Dehnbarkeit schon bei gewöhnlicher Temperatur, andere erst in der Glühhitze (schmiedbares Eisen) oder bei bestimmter Temperatur (Zink). Die Formgebung kann entweder von Hand mit Hilfe von Werkzeugen oder durch Elementarkräfte mit Benutzung von Maschinen bewirkt werden. Da bei den meisten technisch verwertbaren Metallen eine Erhitzung der Formgebung vorausgehen muß, so sollen zuerst die Einrichtungen zur Erhitzung der Metalle behandelt werden.

1. Die Erhitzung der Metalle, besonders der Schmiedestücke.

Zur Erhitzung kleiner Schmiedestücke dient das Schmiedefeuer oder der Schmiedeherd. Auch große Stücke werden im Schmiedefeuer erhitzt, wenn nur eine Stelle des Stückes heiß zu sein braucht. Sollen dagegen große Schmiedestücke ganz erhitzt werden, so benutzt man dazu einen Schweißofen. Handelt es sich nicht um die Erhitzung von Stücken, welche geschmiedet werden sollen, sondern sollen die Stücke nur ausgeglüht oder zum Härten erhitzt werden, wozu eine niedrigere Temperatur als zum Schmieden ausreicht, so erhitzt man sie in Glühöfen.

Die Schmiedefeuer.

In allen Schmiedefeuern kommt das zu erhitzende Arbeitsstück mit dem Brennmateriale in unmittelbare Berührung. Man unterscheidet gemauerte und eiserne Schmiedeherde und ferner feststehende und transportable. Die letzteren werden Feldschmieden genannt und werden besonders bei Montagen gebraucht.

Fig. 114 zeigt einen gemauerten Schmiedeherd mit zwei Feuergruben für zwei Schmiede bestimmt. Der von einem Ventilator oder einem Kapselgebläse erzeugte Wind wird durch eine Leitung von der Seite in die Feuergrube geblasen. Derselbe kann vom Schmied durch Zuschieben eines Schiebers abgestellt und geregelt werden. Die beiden Feuergruben des Herdes werden von einem blechernen Rauchfange überragt, welcher den Rauch nach einem Schornsteine leitet. Als Brennmaterial dient in der Regel backende Steinkohle von geringer Stückgröße (Nuß 3), in einzelnen Fällen (z. B. beim Löten) Holzkohle. Um die Wärme im Innern des Feuers zu halten, in welchem das Arbeitsstück steckt, hat der Schmied die sich auf dem

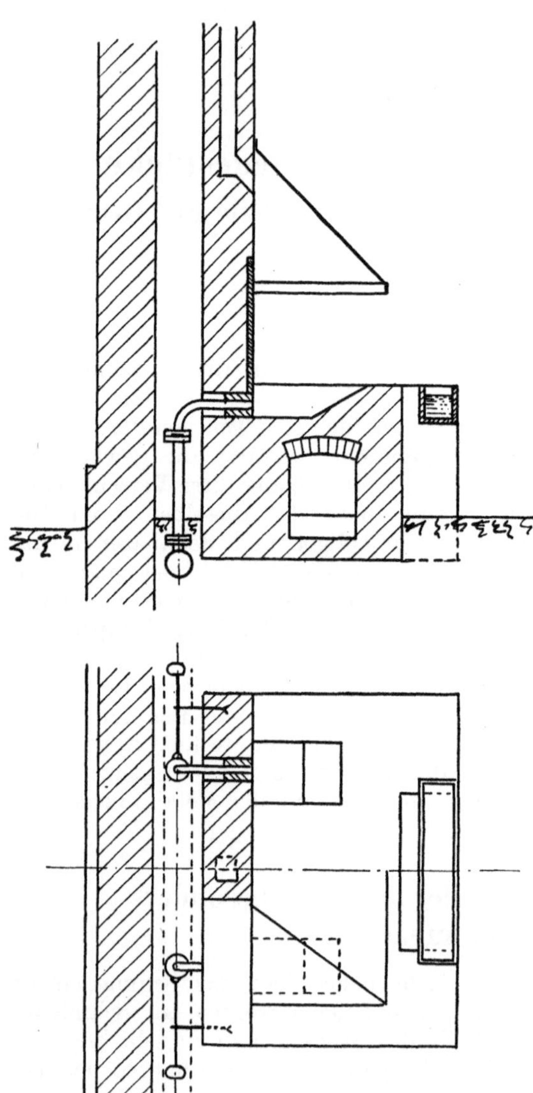

Fig. 114. Gemauerter Schmiedeherd.

Feuer bildende Kohlendecke möglichst lange vor dem Verbrennen zu schützen. Es geschieht dies durch Aufspritzen von Wasser aus dem

Löschtroge mit Hilfe eines Löschbesens oder Löschquastes. Trotzdem werden von der aus der Kohle entwickelbaren Wärmemenge nur etwa 3% nutzbar gemacht. Das Eisenstück, durch welches der Wind in das Feuer tritt, wird Eßeisen genannt. Die Eisenplatte über dem Eßeisen dient zum Schutze des Mauerwerks und wird durch eine neue ersetzt, wenn sie verbrannt ist. Der überwölbte Raum

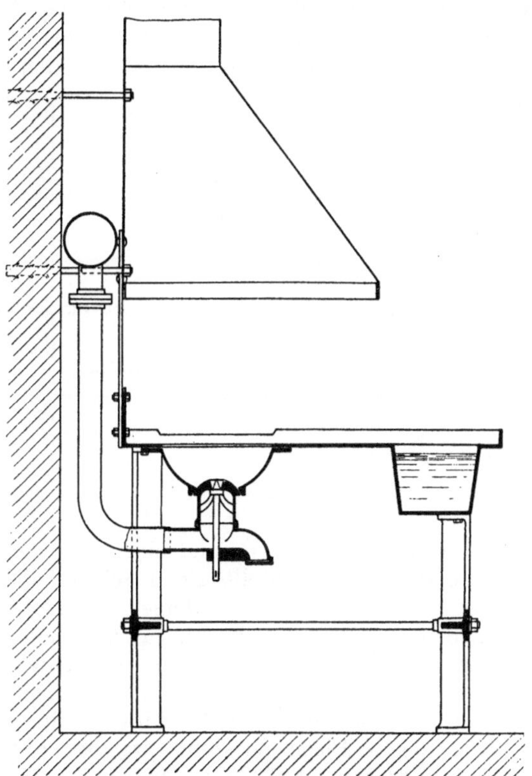

Fig. 115. Eiserner Schmiedeherd.

unter der Feuergrube wird zum Bereithalten von Schmiedekohle benutzt.

Gemauerte Herde werden immer mehr von eisernen Herden verdrängt, welche sich verstellen lassen, während bei einer Platzveränderung der gemauerte Herd abgebrochen und an dem anderen Orte wieder aufgemauert werden muß. In Fig. 115 ist ein eiserner Schmiedeherd dargestellt. Er ist mit einem verstellbaren Eßeisen ausgerüstet, welches dem Feuer den Wind von unten zuführt. Bei dieser Art der Windzuführung verteilt sich derselbe besser im Feuer. Die durch die Windausströmungsöffnung fallende Schlacke wird aus dem darunter befindlichen Kasten nach Öffnung eines Schiebers herausgeblasen.

Feldschmieden sind kleine eiserne Herde, welche mit einem durch Handkurbel oder Fußtritt zu treibenden Gebläse ausgestattet sind, also überall sofort in Betrieb gesetzt werden können.

Die Schweißöfen.

Dieselben dienen, wie schon erwähnt, zum gleichmäßigen Erhitzen großer Schmiede- und Walzstücke bis zur Schweißhitze, der Weißglut, und haben daher ihren Namen. Sie gehören zur Klasse der Flammöfen. Wie in allen Flammöfen befinden sich die zu erhitzenden Gegenstände

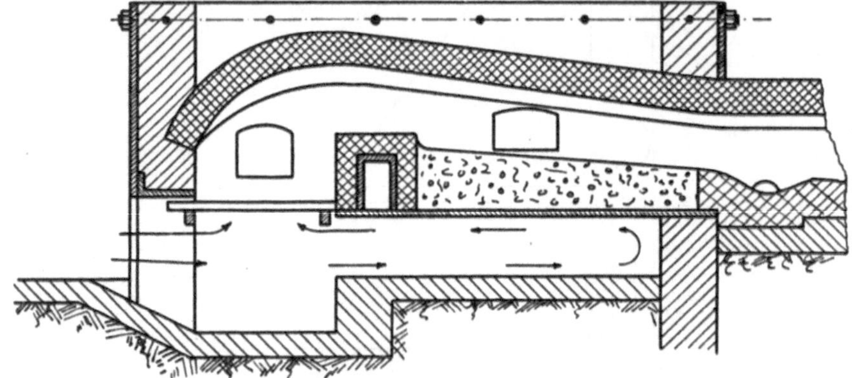

Fig. 116. Schweißofen.

auf dem überwölbten Herde des Ofens und sind dort der Einwirkung der Flamme ausgesetzt. Fig. 116 stellt einen Schweißofen mit Steinkohlenfeuerung dar. Die Verbrennung derselben erfolgt auf einem gewöhnlichen Planroste. Eine durch hindurchstreichende Luft gekühlte Feuerbrücke aus feuerfesten Steinen trennt den Feuerraum vom Herde. Der letztere besteht aus einer von Gußeisenplatten getragenen Sandschüttung. Da durch die Einwirkung der oxydierenden Flamme ein Abbrand von Eisen entsteht, welcher mit dem Sande des Herdes zu einer dickflüssigen Schlacke zusammenschmilzt, ist der Herd geneigt, so daß die Schlacke nach einer Vertiefung des Fuchses abfließt. Aus dieser Vertiefung wird die Schlacke durch ein Stichloch abgelassen. Der Ofen ist aus feuerfesten Steinen aufgemauert und wird durch Eisenplatten und Anker zusammengehalten. Die Arbeitsstücke werden durch die Arbeitstür auf den Herd und die Steinkohlen durch die Feuertür auf den Rost gebracht. Die Verbrennungsprodukte verlassen mit hoher Temperatur den Ofen durch den Fuchs und werden in der Regel zum Heizen eines Dampfkessels benutzt, ehe man sie durch einen Schornstein entweichen läßt. Weil die Verbrennungsprodukte mit hoher Temperatur den Ofen verlassen, werden von der erzeugbaren Wärmemenge nur 8—10% im Ofen nutzbar gemacht. Heizt man den Schweißofen mit einem Gase, so verwendet man Siemenssche Wärmespeicher zur besseren Ausnutzung des Brennstoffs.

In Stahlwerken benutzt man zur Erhitzung der Stahlblöcke Schweißöfen mit langen Herden auf denen die Stahlblöcke parallel zur Feuerbrücke in langer Reihe liegen. Ist der heißeste Block unmittelbar neben der Feuerbrücke durch eine seitliche Tür dem Ofen entnommen, so wird am Fuchsende des Ofens ein kalter Block in die Reihe gelegt und durch eine Maschine die ganze Blockreihe um eine Blockbreite nach der Feuerbrücke geschoben. Auf diese Weise rücken die kalten Blöcke ständig der Flamme entgegen, wodurch deren Hitze besser ausgenutzt wird.

Die Glühöfen.

Diese Öfen dienen zum Erhitzen metallener Arbeitsstücke bis zur Rotglut. Je nachdem die Arbeitsstücke der Flamme ausgesetzt werden dürfen oder nicht, benutzt man dazu Flamm- oder Gefäßöfen.

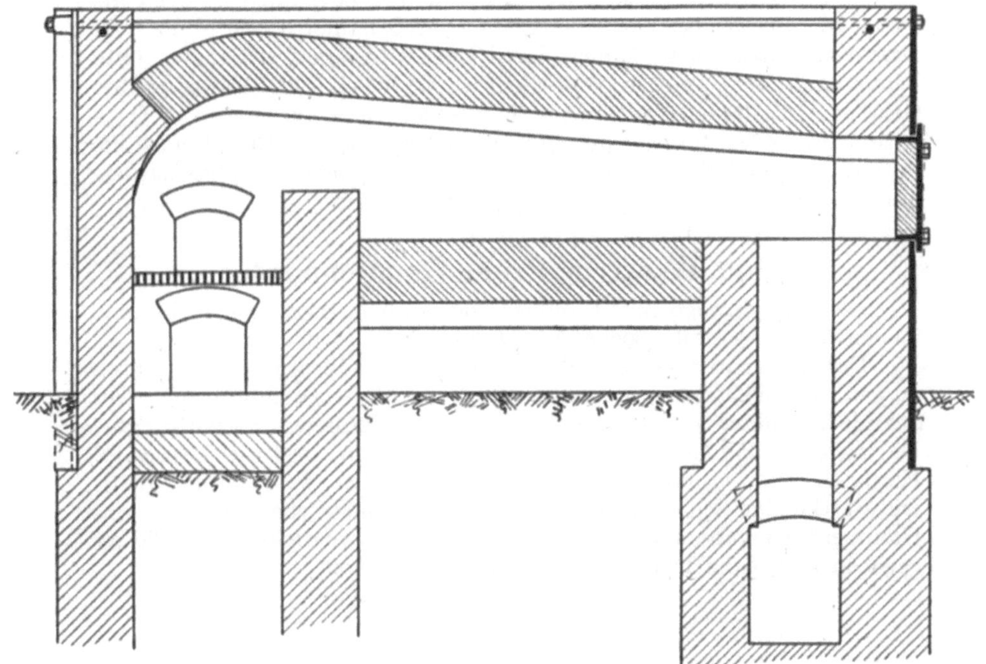

Fig. 117. Federglühofen.

a) Die Flammöfen.

Die zum Glühen benutzten Flammöfen haben, da sich in ihnen keine Schlacke bildet, einen wagerechten Herd, dessen sonstige Form sich nach den zu glühenden Stücken richtet. Der in Fig. 117 dargestellte Ofen dient zum Erhitzen von Eisenbahnwagenfedern, um dieselben zu härten. Dieser Ofen hat die Arbeitstür an seiner Stirnseite, um die Federn leicht in denselben einschieben zu können. Die Verbrennungsprodukte können nun den Ofen nicht in gerader Richtung verlassen, sie werden nach unten abgeleitet. Solche Öfen brauchen nur zum Teil aus feuerfesten Steinen zu bestehen, weil die Hitze in ihnen geringer ist. Aus demselben Grunde wird auch der Brennstoff, in der Regel Steinkohle, in ihnen besser ausgenutzt als im Schweißofen. Etwa 10—14% der entwickelbaren Wärme werden nutzbar gemacht.

b) Gefäßöfen.

Arbeitsstücke mit großer Oberfläche bei kleinem Inhalt, wie z. B. dünner Draht, erleiden durch Oxydation einen großen Materialverlust, wenn dieselben einer oxydierenden Flamme ausgesetzt werden. Man kann zwar durch hohe Brennstoffschüttung die oxydierende Wirkung der Flamme in einem Flammofen vermindern, aber nicht ganz vermeiden. In solchen und ähnlichen Fällen legt man die Arbeitsstücke in Gefäße und erhitzt diese in einem Flammofen oder in einem Schachtofen. Die Gefäße bestehen aus Eisen oder Schamotte. So glüht man Drähte in gußeisernen Töpfen, deren Deckel in eine mit Sand gefüllte Rinne eingreifen, um den Topf dicht zu schließen. Wegen der in den Gefäßen enthaltenen Luft findet doch eine, wenn auch geringe, Oxydation der Arbeitsstücke an ihrer Oberfläche statt. Die Brennstoffausnutzung beträgt in diesen Öfen kaum 3%. Daher wendet man sie nur an, wenn andere Öfen nicht anwendbar sind.

2. Die Werkzeuge zum Handschmieden.

Diese Werkzeuge sind Hammer und Amboß, Setzhammer, Schrotmeißel und Abschrot, Locheisen, Dorne, Gesenke und Zangen.

Der Hammer ist ein Werkzeug, welches bestimmt ist, durch ausgeübte Schläge mechanische Wirkungen hervorzubringen. Der Schmiedehammer insbesondere soll Formänderungen hervorbringen. Die Eigentümlichkeit des Schlages beruht darin, daß die Masse des Hammers mit großer Geschwindigkeit auf das Arbeitsstück trifft. Die Stärke des Schlages hängt daher nicht allein vom Gewichte des Hammers, sondern auch von der Auftreffgeschwindigkeit ab. Sie ist gegeben durch die lebendige Kraft des Hammers.

$$\frac{M v^2}{2} = \frac{G v^2}{2 g}.$$

Hierin bedeuten M die Masse, G das Gewicht und v die Auftreffgeschwindigkeit des Hammers; g ist die Beschleunigung der Schwere. Die lebendige Kraft des Hammers, also der Schlag, kann aber nur dann vollständig zu bleibender Formveränderung ausgenützt werden, wenn eine erhebliche elastische Formänderung des Arbeitsstückes und eine Bewegung desselben im ganzen ausgeschlossen ist. Die hiernach nötige, möglichst feste Unterstützung gibt man Schmiedestücken durch einen Amboß. In anderen Fällen benutzt man einen zweiten Hammer oder einen anderen schweren und festen Gegenstand zum Gegenhalten.

Man benutzt die Hämmer überall da, wo Gegenstände von wechselnden Formen hergestellt werden sollen.

An einem zum Schmieden bestimmten Handhammer (Fig. 118) unterscheidet man Bahn und Finne. Beide sind aus Stahl, wenn auch

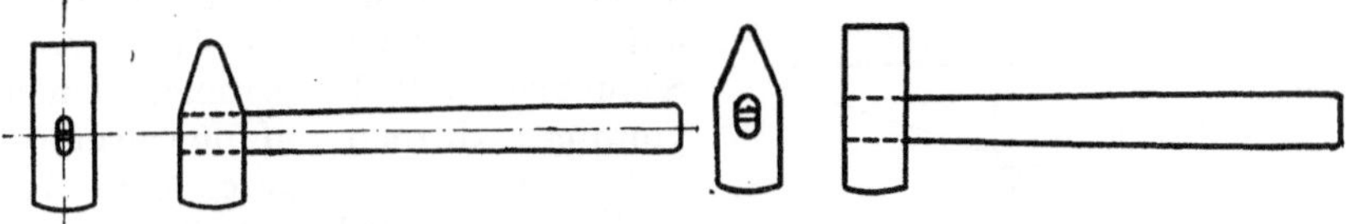

Fig. 118. Handhammer.   Fig. 119. Kreuzschläger.

der mittlere Teil des Hammers aus Schmiedeisen besteht. Die Bahn ist etwas gewölbt; die Finne stellt eine stumpfe, abgerundete Schneide dar, welche entweder rechtwinklig oder parallel zum Stiele ist. Im letzteren Falle heißen die Hämmer Kreuzschläger (Fig. 119). Der

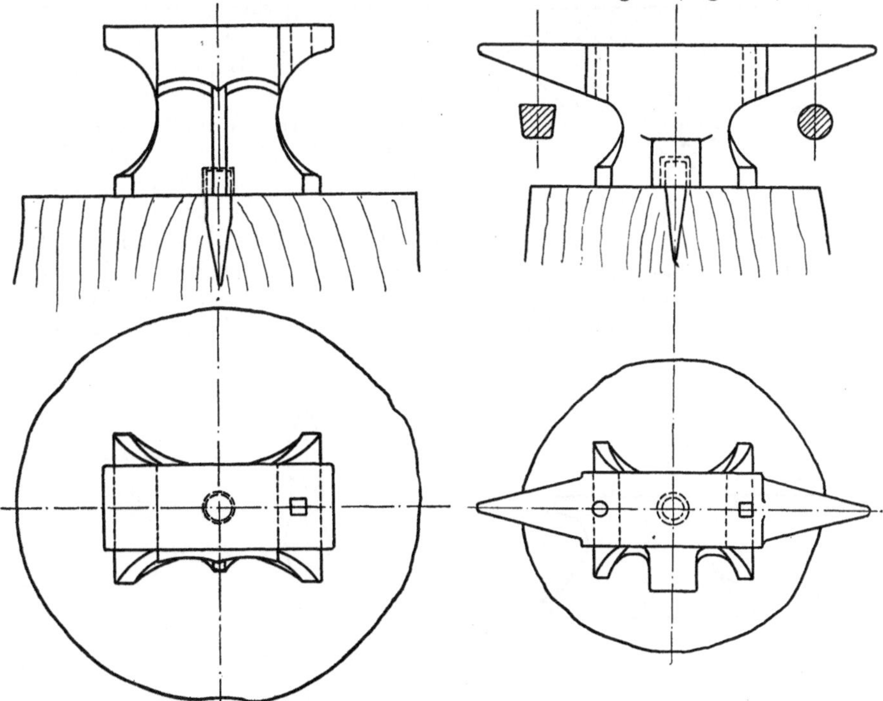

Fig. 120. Amboß ohne Hörner.   Fig. 121. Amboß mit Hörner.

Größe nach unterscheidet man eigentliche Schmiede- (Fausthämmer) und Vor- oder Zuschlaghämmer. Erstere haben ein Gewicht bis zu 2 kg und einen Stiel von 35—40 cm Länge. Sie werden vom Schmiede, dem Vorarbeiter, mit einer Hand geführt, während er mit der anderen das Arbeitsstück festhält. Zuschlaghämmer wiegen bis zu 10 kg, haben einen Stiel bis etwa 1 m Länge und werden mit beiden Händen vom Zuschläger, dem Gehilfen des Schmieds, geführt. Beim Schmieden schlagen Schmied und Zuschläger abwechselnd auf dieselbe Stelle des

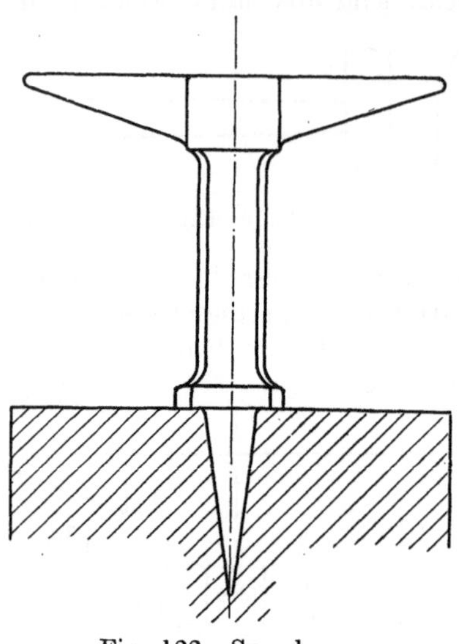

Fig. 122. Sperrhorn.

Arbeitsstückes. Der Schmied zeigt durch seinen Schlag dem Zuschläger, auf welche Stelle er schlagen soll. Schließlich läßt der Schmied seinen Hammer klirrend auf den Amboß fallen. Er zeigt dadurch dem Zuschläger das Ende der Arbeit an.

Der Amboß erfüllt seinen Zweck um so vollkommener, je schwerer er ist. Sein Gewicht pflegt etwa das 30fache des Zuschlaghammergewichts zu betragen. Zur Unterstützung des Ambosses dient der Amboßstock, in der Regel das Wurzelende eines Baumstammes. In der neuesten Zeit hat man aber auch gußeiserne Amboßuntersätze. Der Hauptkörper eines Schmiedeambosses besteht aus Schmiedeisen. Zur Herstellung der Amboßbahn, der oberen Fläche desselben, wird auf den Hauptkörper eine Stahlplatte aufgeschweißt und gehärtet. Die Amboßbahn ist gewöhnlich rechteckig. Je nach der Größe des Ambosses ist seine Befestigung verschieden. Kleine Ambosse,

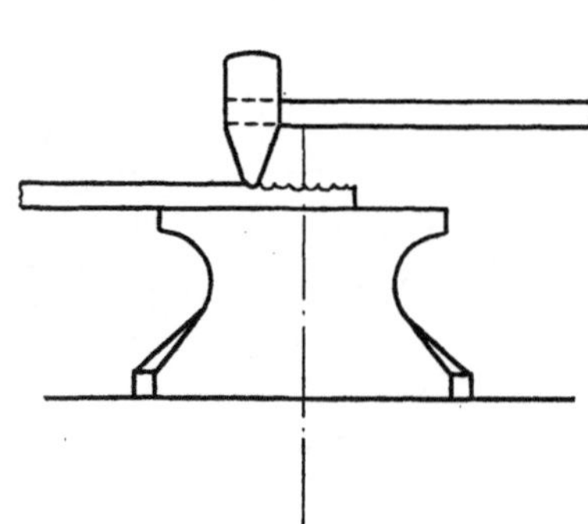

Fig. 123. Das Strecken.

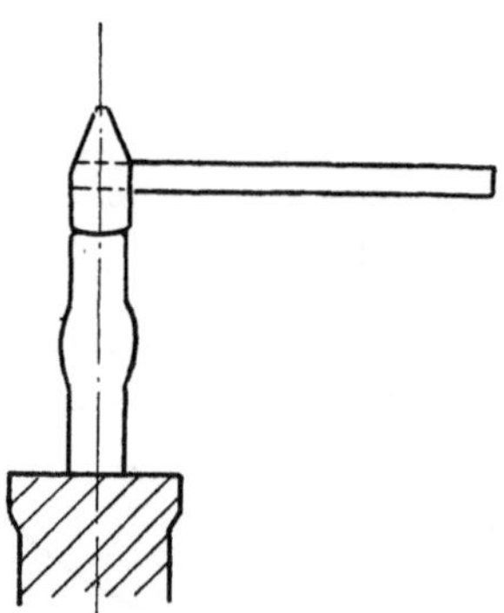

Fig. 124. Das Stauchen.

für Blecharbeiten, haben eine Verlängerung (Angel), welche in ein Loch des Amboßstockes geschlagen wird. Große Ambosse für Schmiede und Schlosser (Fig. 120 und 121) werden dagegen standfest genug, wenn ihre Grundflächen etwas größer als die Amboßbahn ist und gegen das seitliche Verschieben des Ambosses ein Zapfen, der in ein Loch des

Ambosses paßt, in den Amboßstock geschlagen ist. Soll der Amboß zum Biegen von Ringen usw. benutzt werden, so gibt man ihm entweder nur an einem Ende einen kegelförmigen Ansatz, Horn genannt, oder man gibt ihm an beiden Enden Hörner, das eine mit rundem, das andere mit trapezförmigem Querschnitte (Fig. 121). Auf dem

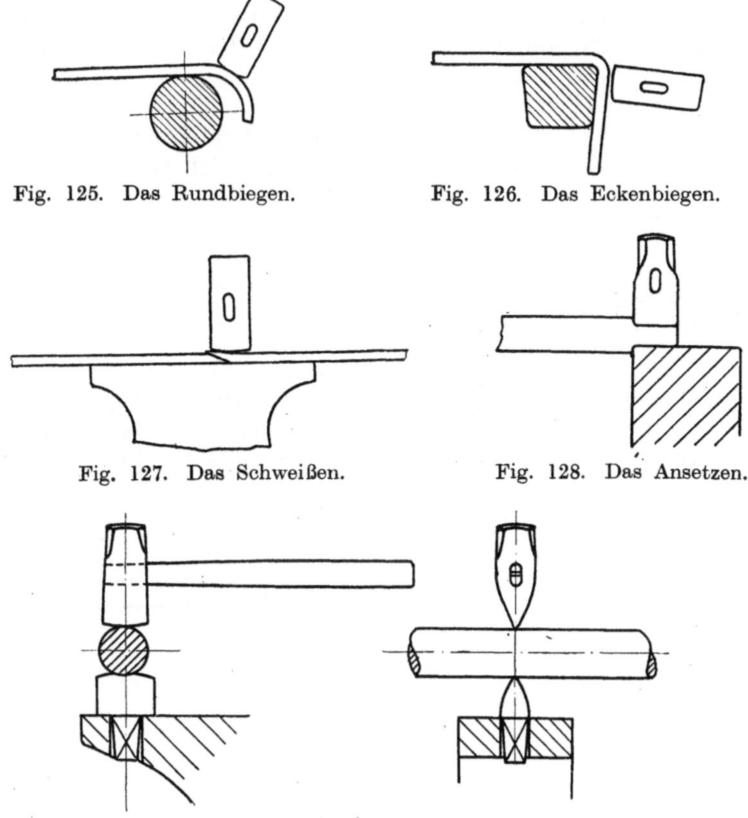

Fig. 125. Das Rundbiegen.　　　Fig. 126. Das Eckenbiegen.

Fig. 127. Das Schweißen.　　　Fig. 128. Das Ansetzen.

Fig. 129. Das Abhauen.

runden Horne werden runde, dem eckigen Horne eckige Biegungen ausgeführt. Ist die Ausführung solcher Biegearbeiten die Hauptsache, so benutzt man das Sperrhorn (Fig. 122).

Die Finne des Hammers wird gebraucht, um das Schmiedestück zu strecken, siehe Fig. 123, die Bahn dagegen soll die Oberfläche des Arbeitsstückes ·wieder glätten. Mit Hammer und Amboß kann der Schmied folgende Arbeiten ausführen: Strecken (Fig. 123), Stauchen (Fig. 124), Biegen (Fig. 125 und 126) und Schweißen (Fig. 127). Unter Schweißen versteht man die Vereinigung zweier Eisen- oder Stahlstücke zu einem Stücke. Zu einer erfolgreichen Schweißung ist erforderlich, daß die beiden Stücke weißglühend sind und sich metallisch rein berühren. Da in der Weißglut alles Eisen rasch oxydiert, müssen die Stücke von flüssiger Schlacke umgeben sein, welche beim Zusammenschlagen der Stücke mit dem Hammer ausgepreßt wird. Um die Schlacke zu erzeugen, benutzt man beim Schweißen Sand, Flußspat, Borax oder andere Flußmittel.

Soll die Wirkung der Hammerschläge genau auf dieselbe Stelle kommen und scharf begrenzt sein, so setzt der Schmied den Setzhammer (Fig. 128) auf das Arbeitsstück und der Zuschläger schlägt auf denselben. Die mit Hilfe des Setzhammers ausgeführte Arbeit heißt Ansetzen (Fig. 128).

Schrotmeißel und Abschrot (Fig. 129) dienen zum Abhauen des Arbeitsstückes von einer Stange oder einer Blechtafel.

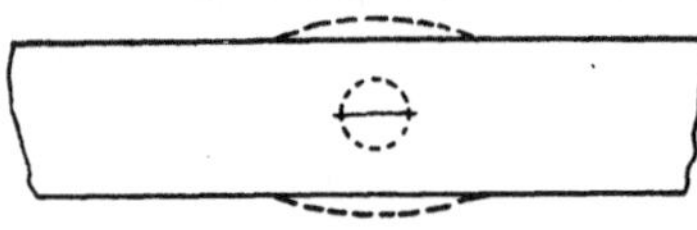

Fig. 130. Das Aufhauen.

Der Schrotmeißel dient auch noch zum Aufhauen (Fig. 130), wenn in ein Arbeitsstück ein Loch gemacht werden soll, ohne daß an der Stelle eine Schwächung des Arbeitsstückes entsteht.

Durch Dorne, d. h. schlanke konische Stahlstäbe, werden solche Löcher aufgeweitet und rund gemacht.

Darf an der zu lochenden Stelle ein Materialverlust eintreten, so bedient sich der Schmied des Locheisens (Fig. 131). Mit dem

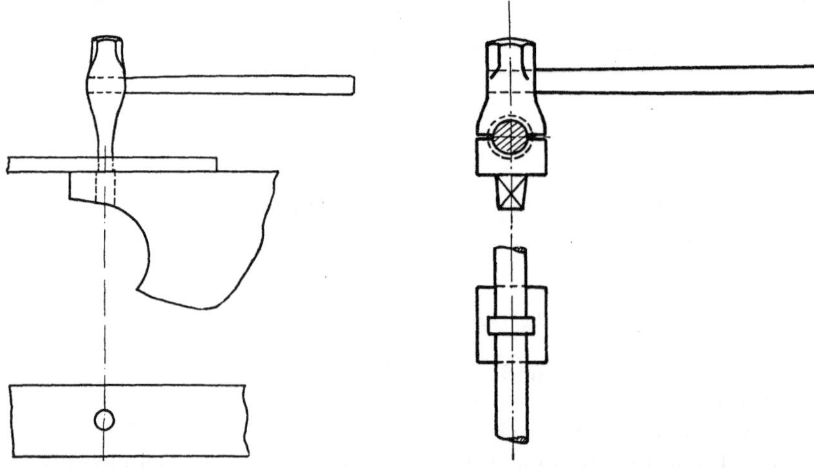

Fig. 131. Das Lochen.   Fig. 132. Gesenk mit Arbeitsstück.

Locheisen hergestellte Löcher werden oft noch aufgedornt, um sie zu vergrößern.

Soll den Arbeitsstücken eine weniger einfache Form gegeben werden, als sich mit den schon erwähnten Werkzeugen herstellen läßt, so bedient man sich der Gesenke. Das sind schmiedeiserne oder auch gußeiserne Formen, in welche das heiße und weiche Arbeitsstück mit dem Hammer geschlagen wird. Die Gesenke sind entweder einteilig, Untergesenke, oder sie sind zweiteilig und bestehen dann aus Ober- und Untergesenk. Mit einem einteiligen Gesenke kommt man aus, wenn die obere Fläche des Arbeitsstückes eine Ebene ist, also durch die Hammerbahn gebildet werden kann. Fig. 132 zeigt ein zweiteiliges Gesenk zum Ausschmieden eines Bundes auf einer Stange oder Welle. Alle Untergesenke passen mit einem vierkantigen Zapfen in das viereckige Loch des Ambosses. Die Obergesenke haben einen hölzernen Stiel, an welchem sie vom Schmiede gehalten werden, während der Zuschläger auf dieselben schlägt. Die gebräuchlichsten einfachen Gesenke pflegt man in einem gemeinschaftlichen Gußeisenblocke, dem Gesenkstock, zu vereinen.

Zum Festhalten kurzer Schmiedstücke, welche man nicht direkt mit der Hand anfassen kann, bedient man sich der Zangen. Damit der Schmied nicht fortwährend die Schenkel der Zange zusammendrücken muß, werden dieselben durch einen darüber geschobenen Bügel oder Ring zusammengehalten.

3. Die Maschinenhämmer.

Damit die Wirkung des Schlages bis ins Innere der Schmiedestücke eindringt, muß die Größe der Hämmer mit der Größe der Arbeitsstücke wachsen. Hämmer über 10 kg Gewicht sind nun für die menschliche Arbeitskraft zu groß. Daher kann man große Arbeitsstücke nur mit Maschinenhämmern bearbeiten. Man bearbeitet aber auch kleine Schmiedestücke mit Maschinenhämmern, um ihre Herstellung zu verbilligen. Die Maschinenhämmer haben daher sehr verschiedene Größe. Kennzeichnend für die Größe eines Maschinenhammers ist sein Fallgewicht und seine Hubhöhe, besonders aber das erstere.

Die Maschinenhämmer kann man einteilen: in Stielhämmer, Fallwerke, Federhämmer und Dampfhämmer. Die Fallwerke und Federhämmer werden von der Transmission getrieben; man bezeichnet daher beide auch als Transmissionshämmer.

Die Stielhämmer.

Sie waren die ersten Maschinenhämmer und dienten vor 100 und mehr Jahren statt der jetzt gebräuchlichen Dampfhämmer und Walzwerke zur Bearbeitung der Luppen und zur Herstellung von Stabeisen und Blech. Heute werden sie hierzu nicht mehr gebraucht. Ihr Fallgewicht, der Hammerbär, ist mit einem hölzernen Stiele versehen, welcher sich um eine wagerechte Achse drehen kann. Der Hammerbär wird durch die Daumen einer sich drehenden Welle gehoben und fällt, von den Daumen losgelassen, frei, aber in kreisförmiger Bahn, auf das auf dem Amboß liegende Schmiedestück nieder. Die

Daumenwelle wird durch ein Wasserrad bewegt, kann aber auch durch eine andere Kraftmaschine getrieben werden. Solche durch ein Wasserrad getriebene Hämmer werden auch Wasserhämmer genannt. Je nach der Lage der Daumenwelle zum Hammer unterscheidet man:

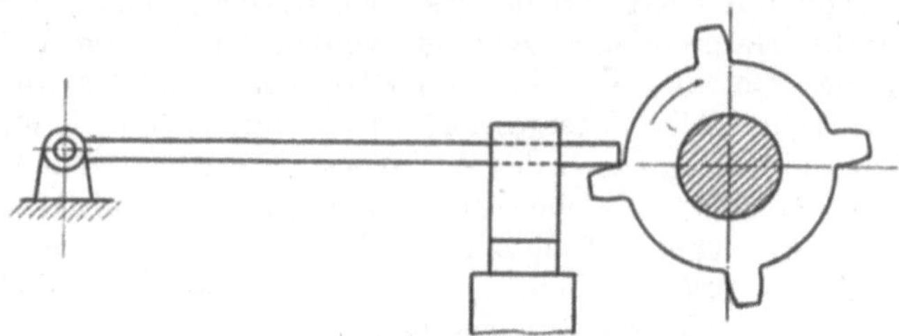

Fig. 133. Stirnhammer.

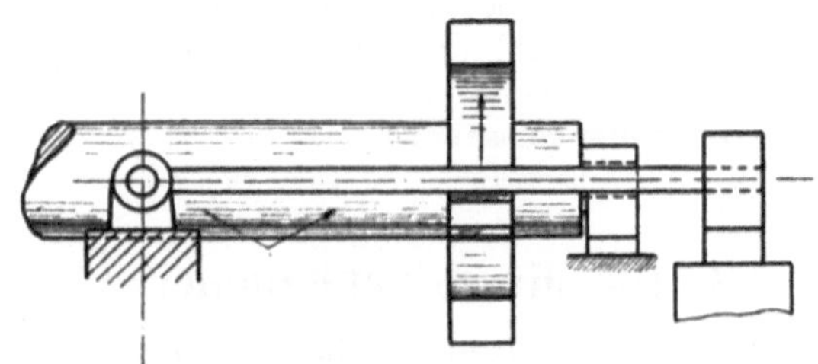

Fig. 134. Brusthammer.

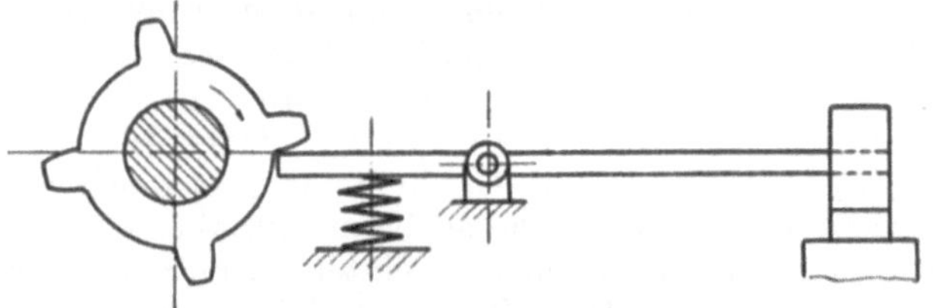

Fig. 135. Schwanzhammer.

1. Stirnhämmer (Fig. 133),
2. Brust- oder Aufwerfhämmer (Fig. 134),
3. Schwanzhämmer (Fig. 135).

Die größten Stielhämmer pflegt man als Stirnhämmer, die mittleren als Aufwerfhämmer und die kleinsten als Schwanzhämmer zu bauen.

Diese Hämmer haben zwei erhebliche Nachteile. Erstens ist bei ihnen Hammerbahn und Amboßbahn nur für Schmiedestücke von bestimmter Dicke beim Auftreffen parallel, und zweitens läßt sich ihre Schlagzahl nur in engen Grenzen vergrößern. Läßt man nämlich die Daumenwelle schneller laufen, so wird schon sehr bald der fallende Hammer vom nächsten Daumen aufgefangen, ehe er das Arbeitsstück

getroffen hat. Die Hebedaumen erhalten dann die Schläge, welche das
Schmiedestück treffen sollten. Man kann zwar durch federnde Prell-
vorrichtungen (Fig. 135) den Hammer zum schnelleren Fallen zwingen,
aber die dadurch erreichbare Vergrößerung der Schlagzahl ist nur gering.

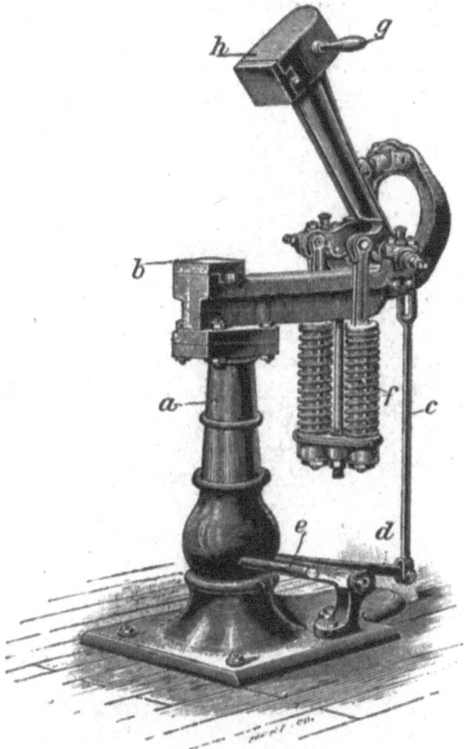

Fig. 136. Wipphammer (nach Fischer).

Ein moderner Stielhammer ist der Wipphammer (Fig. 136),
welcher zuweilen in kleinen Werkstätten gebraucht wird, um den Zuschläger zu ersetzen. Der Hammer, etwa 10 kg schwer, wird von Federn
gehoben und durch Treten auf einen Fußtritt heruntergeschnellt.

Die Fallwerke.

Wird der Bär eines Hammers zwischen senkrechten Führungen
geführt, durch eine Stange, einen Riemen oder ein Seil gehoben und
fällt dann durch sein eigenes Gewicht frei herunter auf den Amboß,
so nennt man ihn ein Fallwerk. Vor den Stielhämmern besitzen die
Fallwerke den Vorzug, daß ihre Hammerbahn in jeder Stellung des
Hammerbären parallel zur Amboßbahn bleibt, ihre Schlagstärke sich

durch Veränderung der Hubhöhe regeln läßt, und auch ihre Schlagzahl mehr verändert werden kann als die der Stielhämmer.

Zu den Fallwerken gehören der Friktionshammer und der Riemenhammer.

a) Der Friktionshammer (Fig. 137).
(Stangen-Reibhammer.)

Der Hammerbär b ist an einer Stange s (häufiger ein Brett) befestigt, welche durch zwei an sie gepreßte, sich drehende Rollen r emporgehoben wird. Mindestens eine der Rollen ist beweglich gelagert, um den Abstand der beiden Rollen verändern zu können. Soll ein Schlag erfolgen, so werden durch eine Steuerung die Rollen voneinander entfernt, der Anpressungsdruck hört auf und damit die als Hubkraft wirkende Reibung· zwischen der Stange und den Reibungsrollen. Durch frühes oder spätes Auseinanderrücken der Rollen kann man kleine Hübe, also schwache Schläge, bzw. große Hübe, also starke Schläge ausführen. Durch Wiederzusammendrücken der Reibungsrollen kann man sogar den schon fallenden Hammerbären aufhalten, also den Schlag abschwächen oder gar den Hammerbären wieder steigen lassen, so daß der Schlag unausgeführt bleibt. Diese Art der Regelung bringt aber an Rollen und Stange große Abnutzung und einen Verlust mechanischer Arbeit hervor. Man regelt daher besser die Schlagstärke nur durch die Hubhöhe. Eine große Schlagzahl kann dieser Hammer, wie alle Fallwerke, nur bei geringer Hubhöhe erreichen; will man starke Schläge ausführen, so muß man langsam schlagen.

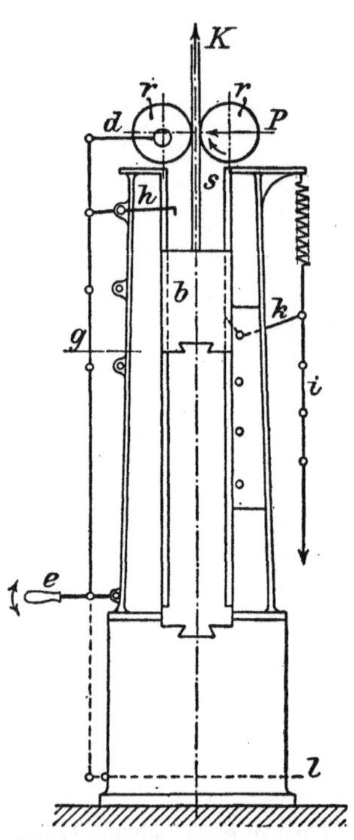

Fig. 137. Friktionshammer (nach Fischer).

An allen Stangen-Reibhämmern pflegt die Steuerung so eingerichtet zu sein, daß die Rollen stets durch ein Gewicht oder eine Feder zusammengedrückt werden, also der Hammerbär gehoben wird. Zur Ausübung des Schlages werden dann durch Niederdrücken eines Handhebels oder Niedertreten eines Fußtritts die Reibrollen auseinandergerückt. Um eine Beschädigung der Reibrollen durch den zu hoch steigenden Hammerbären zu verhüten, stößt derselbe vor dem Erreichen der größten Hubhöhe an einen Hebel h, welcher die Steuerstange g herunterdrückt. Verjüngt man die Hubstange oder das Hubbrett nach unten, so kann man den Hammerbären bei stillstehender

Steuerung in jeder Stellung in der Schwebe halten, also mit dem Schlage warten, bis das Arbeitsstück die geeignete Lage hat.

Das Fallgewicht dieser Hämmer beträgt 100—300 kg, die Hubgeschwindigkeit 0,8—1,2 m in der Sekunde. Werden beide Reibrollen angetrieben, so ist die Anpressungskraft gleich dem zweifachen Fallgewicht.

b) Der Riemenhammer.

Die einfachste Einrichtung eines solchen zeigt Fig. 138. Über eine sich rechtsum drehende Riemenscheibe ist ein Riemen gelegt, an dessen linkem Ende der Hammerbär hängt. Zieht man am Handgriffe des rechten Riemenendes mit der Kraft P, so wird das Bärgewicht K durch die Reibung zwischen Riemen und Scheibe und durch die Kraft P gehoben; läßt man los, so fällt er. Zwischen K und P besteht die Gleichung $K = Pe^{\varphi f}$, worin e die Grundzahl der natürlichen Logarithmen 2,718.., f der Reibungskoeffizient und φ der vom Riemen umspannte Bogen ist. Für den Reibungskoeffizienten $f = 0,56$ erhält man daraus $K = 5,8\,P$. Hieraus ergibt sich, daß nur bei kleinen Hämmern die Kraft P von der Hand eines Menschen ausgeübt werden kann. Ein Hammer nach Fig. 138 hat aber noch einen anderen Übelstand. Da das freie Riemenende mit dem Handgriffe nicht gewichtslos ist, muß zwischen Riemen und Scheibe auch während des Fallens des Hammerbären Reibung vorhanden sein, welche nicht nur den Schlag abschwächt, sondern auch einen baldigen Verschleiß des Riemens herbeiführt. Daher richtet man schon längst die Riemenhämmer so ein, daß der Riemen in dem Augenblicke, in welchem der Hammerbär fallen soll, von der Treibscheibe abgehoben wird. Er liegt dann auf lose sich drehenden Rollen, und zwischen Riemen und Rollen findet statt gleitender nur noch rollende Reibung statt. Fig. 132 stellt einen solchen Hammer von Koch & Co. in Remscheid-Vieringhausen dar. Um einen zweiten Arbeiter zu ersparen, wird die Kraft P von einem Gewichte ausgeübt und die Abhebevorrichtung durch einen Fußtritt vom Schmied selbst gesteuert. Solche Hämmer mit einem Riemenabheber baut man bis 250 kg Bärgewicht. Für größere Hämmer sind wegen der größeren Riemenbreite zwei Riemenabheber erforderlich.

Ein anderer Riemenhammer ist der Wickelhammer, bei welchem sich der Riemen auf eine rotierende Scheibe wickelt, wenn der Bär gehoben wird. Soll der Bär fallen, so löst man durch eine Steuerung die Reibungskuppelung, welche die Wickelscheibe mit ihrer Welle verbindet. Wickelhämmer wurden von der Aerzener Maschinenfabrik gebaut[1].

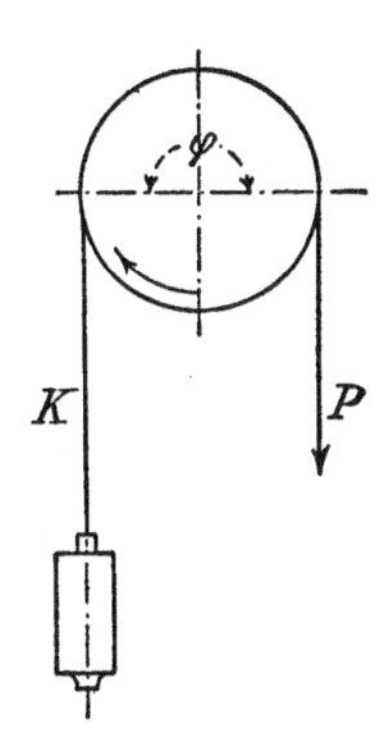

Fig. 138. Schema eines Riemenhammers (nach Fischer).

---

[1] Ausstellungsbericht in Zeitschr. d. Ver. deutsch. Ing. 1882, S. 93.

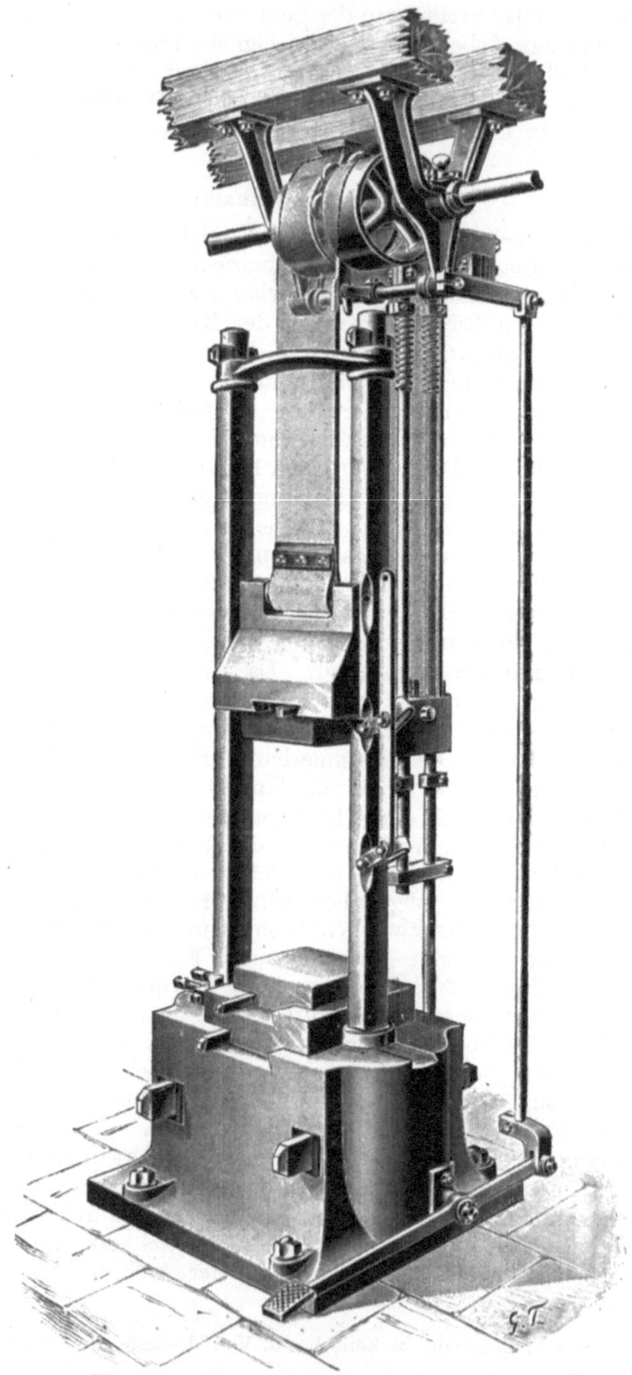

Fig. 139. Riemenhammer (nach Fischer).

Die Federhämmer.

Der Hammerbär wird bei ihnen durch einen Kurbelmechanismus in Bewegung gesetzt. Wollte man aber denselben durch die Schubstange des Mechanismus direkt antreiben, so würde sein Auf- und Niedergang nicht nur zwangläufig bestimmt sein, sondern der Bär würde das Arbeitsstück stets mit geringer Geschwindigkeit treffen, also keinen Schlag ausüben. Man schaltet daher ein elastisches Zwischenglied zwischen Kurbelmechanismus und Hammerbär ein, welches aus einer Stahlfeder oder aus eingeschlossener Luft besteht. Man unterscheidet hiernach den Stahlfederhammer und den Luftfederhammer.

a) Der Stahlfederhammer.

In Fig. 140 ist ein Hammer mit schwingender Blattfeder *a* skizziert. An dem einen Ende dieser Blattfeder hängt an einer Stange der in

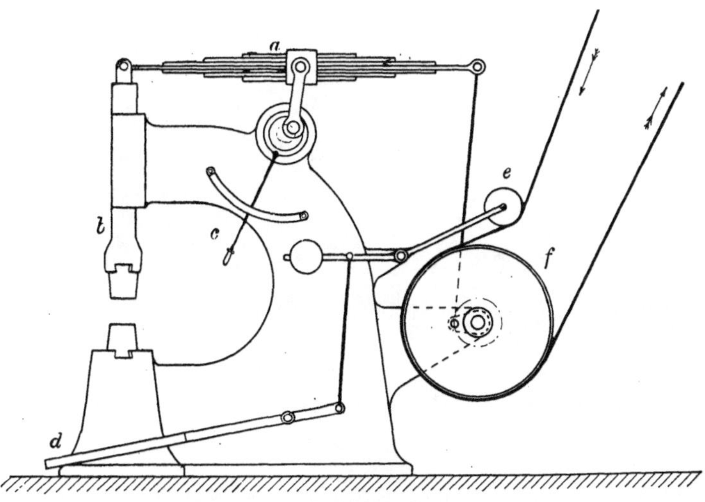

Fig. 140. Stahlfederhammer.

senkrechten Gleitbahnen des Gestells geführte Hammerbär *b*, am anderen Ende derselben greift die Lenkstange eines Kurbelmechanismus an. Die Kurbelwelle wird von einer Transmission aus durch einen Riementrieb angetrieben. Die Blattfeder besteht aus einzelnen Stahllamellen, welche in der Mitte durch einen Federbund zusammengehalten werden. Um die Mittellinie der beiden Zapfen dieses Bundes kann die ganze Feder schwingen. Die Lager dieser Zapfen sind am Gestell durch einen Hebel *c* auf und ab verstellbar, um die Höhe, in welcher der Hammerbär schwingt, der Dicke des Schmiedestückes anzupassen.

Der Schmied setzt den Hammer dadurch in Bewegung, daß er den Fußtritt *d* heruntertritt und hierdurch die Spannrolle *e* gegen den Antriebsriemen preßt. Der hierdurch gespannte Riemen setzt

Fig. 141. Bradley-Hammer (nach Fischer).

die Riemenscheibe *f* und damit den Kurbelmechanismus in Bewegung. Liegt der Bär auf dem Amboß, so steht der Kurbelzapfen oben. Bewegt sich nun der Kurbelzapfen mit der Lenkstange und dem rechten Federende abwärts, so steigt der Bär nicht gleich, sondern die Feder biegt sich. Erst wenn die Federspannung so groß geworden ist, daß sie dem Bärgewichte entspricht, fängt dieser an zu steigen. Gegen das Hubende geht der rechte Endpunkt der Feder langsamer abwärts, der Hammerbär aber behält seine größere Geschwindigkeit bei. Dadurch streckt sich die Feder. Geht nach dem Hubwechsel das rechte Ende der Feder aufwärts, so geht der Hammerbär nicht gleich abwärts, sondern steigt noch, wodurch sich die Feder in entgegengesetzter Richtung biegt. Ist endlich die lebendige Kraft des Bären vollständig in Federspannung umgesetzt, so steht der Bär still, um im nächsten Augenblicke nicht nur durch sein Gewicht, sondern auch durch die Federspannung auf den Amboß geworfen zu werden. Dabei folgt das rechte Federende mit dem Kurbelmechanismus nach, so daß der Hammerbär im Fallen die Feder nicht wieder spannt. Nach ausgeübtem Schlage beginnt dasselbe Spiel von neuem.

Den Gang des Hammers regelt der Schmied durch den Fußtritt. Tritt er denselben nicht ganz herunter, so wird der Riemen weniger gespannt und gleitet deshalb etwas auf der Riemenscheibe *f*. Der Kurbelmechanismus macht dann weniger Umdrehungen und der Hammer weniger Schläge. Mit der Abnahme der Umlaufszahl nimmt aber bei allen Federhämmern auch die Schlagstärke ab, weil mit der geringeren Geschwindigkeit des Hammerbären auch seine lebendige Kraft kleiner wird und damit auch die Federspannung, von welcher ja zum Teil die Schlagstärke abhängt. Mit diesem Verhalten stehen die Federhämmer im Gegensatze zu den Fallwerken, den Stielhämmern und den Dampfhämmern.

Statt der Stahlfedern verwendet man auch Gummifedern, z. B. bei dem Bradley-Hammer (Fig. 141), welcher gleichzeitig auch Stielhammer ist, aber vollständig wie ein Federhammer arbeitet.

b) Der Luftfederhammer.

Dieser Hammer wird meist kurz Lufthammer genannt. Bei ihm dient, wie schon erwähnt, eingeschlossene Luft als Zwischenglied zwischen Hammerbär und Kurbelmechanismus. In Fig. 142 ist die Lenkstange des letzteren mit einem Kolben *k* verbunden. Ferner ist der Hammerbär *b* gleichzeitig Kolben. Beide Kolben können sich luftdicht schließend in einem am Hammergestelle *c* befestigten senkrechten Zylinder *s* auf und ab bewegen, und zwischen ihnen befindet sich die als Feder dienende Luft. Der Hammer wird, ebenso wie der vorige, durch einen Riemen von der Transmission aus angetrieben.

Durch Verschieben des Antriebsriemens von der losen auf die feste Scheibe der Kurbelwelle wird der Hammer in Gang gesetzt. Beim Steigen des oberen Kolbens wird zuerst die eingeschlossene Luft verdünnt, dann auch der andere Kolben, also der Hammerbär, durch den Überdruck der äußeren Luft emporgehoben. Gegen Ende des Hubes geht der obere Kolben langsamer, der untere aber nicht, wo-

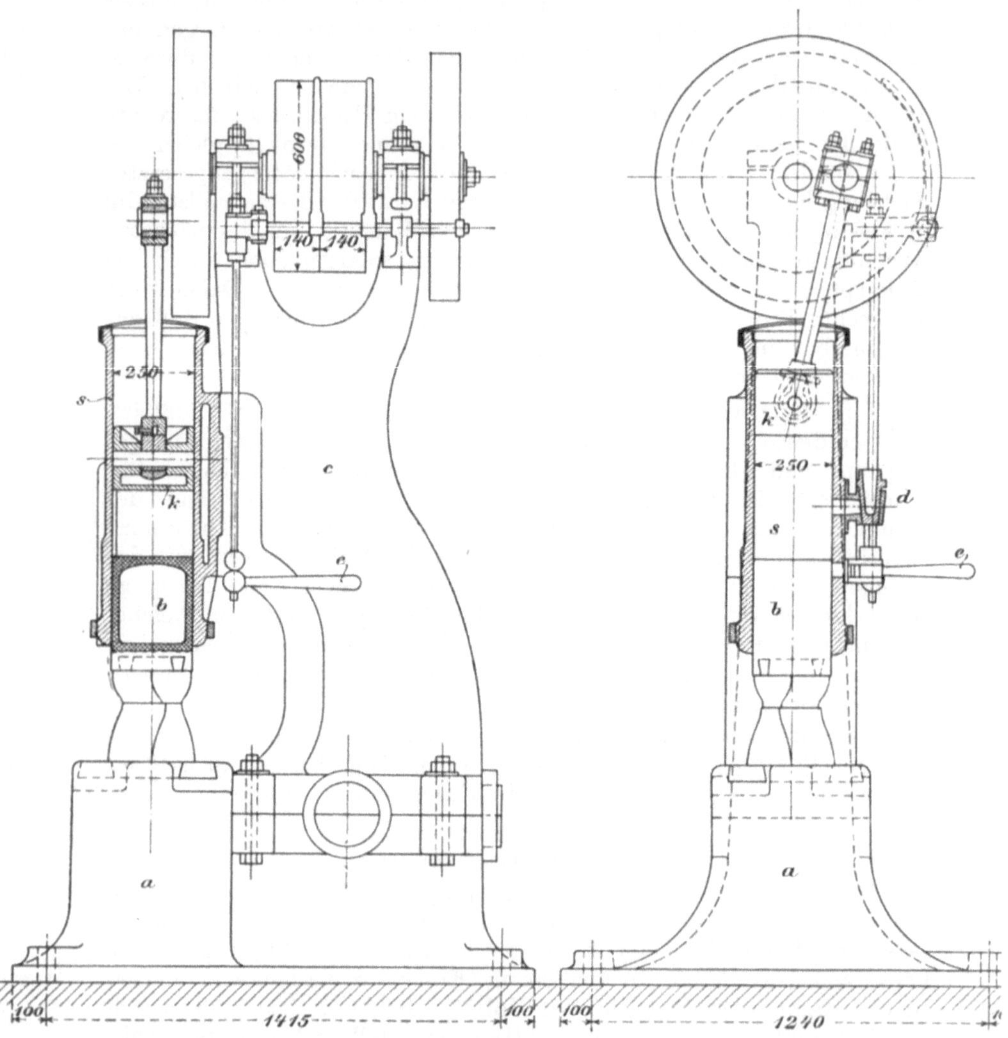

Fig. 142. Luftfederhammer von Breuer, Schumacher & Co. A.-G.
in Kalk bei Köln (nach Fischer).

durch die Verdünnung der eingeschlossenen Luft beseitigt wird. Der untere Kolben behält vermöge seiner lebendigen Kraft die Aufwärtsbewegung auch noch bei, wenn der obere Kolben schon abwärts geht.

Dadurch wird die eingeschlossene Luft so lange verdichtet, bis die lebendige Kraft des Hammerbären vollständig in Luftspannung umgesetzt ist. In diesem Augenblick kehrt der Hammerbär um und wird durch sein Gewicht und die Spannung der zusammengedrückten Luft auf den Amboß geworfen. Da hierbei der obere Kolben nachfolgt, wird der Schlag durch den äußeren Luftdruck nicht aufgefangen.

Ein Luftfederhammer läßt sich ebenso wie ein Stahlfederhammer durch Veränderung der Umlaufzahl regeln. Beim Stillstande des Hammers senkt sich der Hammerbär stets bis auf den Amboß. Ist aber der Hammer am Schlagen, so läßt sich das Arbeitsstück nicht immer schnell genug auf den Amboß bringen. Es ist daher eine Einrichtung erforderlich, durch welche der Hammerbär schwebend gehalten werden kann. Diese Einrichtung besteht in einer Bremse, mit welcher der Hammerbär festgehalten wird, und in einem Lufthahn d, durch welchen die Luft ein- und ausgehen kann.

Die Bremse besteht aus einem Bremsklotz und einem exzentrisch gebohrten Bremshebel e. Der Drehbolzen des Bremshebels ist die Fortsetzung des Hahnkükens. Ein Stift verbindet den Bremshebel mit dem Bolzen, so daß, wenn der Hebel in der Pfeilrichtung gedreht wird, nicht nur die Bremse angezogen, sondern auch der Lufthahn geöffnet wird. Mit Hilfe der Bremse und des Lufthahns läßt sich nun der Hammer steuern, d. h. die Anzahl und Kraft der Schläge innerhalb der durch die Umlaufszahl gegebenen Grenze beliebig verändern.

Derartige Hämmer werden von Breuer, Schumacher & Co. A.-G. in Kalk bei Köln von 125—350 mm Zylinderdurchmesser gebaut.

Ein anderer Luftfederhammer wird von H. Hessenmüller in Ludwigshafen gebaut.

Neuere Lufthämmer sind: Der Yeakley-Hammer von Billeter & Klunz A.-G. in Aschersleben, der Lufthammer der Aerzener Maschinenfabrik und der Bêché-Hammer von Bêché & Groß in Hückeswagen[1]). Bei diesen Hämmern bewegen sich die beiden Kolben in zwei nebeneinanderliegenden Zylindern, deren Lufträume durch eine Steuerung miteinander verbunden oder voneinander getrennt werden können. Durch diese Anordnung kommt die Kurbelwelle nach unten, der Hammer wird niedriger und stabiler, und die Zylinder werden oben geschlossen, weshalb sie nicht verstauben. Der Bärkolben des Yeakley-Hammers ist prismatisch, der des Aerzener und des Bêché-Hammers zylindrisch. Der erstere braucht daher keine besondere Führung.

Die Dampfhämmer.

Nicht jeder durch Dampfkraft betriebene Hammer, sondern nur ein solcher, dessen Fallgewicht direkt durch den Druck des Dampfes gehoben wird, ist ein Dampfhammer. Die Dampfhämmer arbeiten

---

[1]) Zeitschr. d. Ver. deutsch. Ing. 1908, S. 1341.

nun entweder so, daß das Fallgewicht durch den Dampf nur gehoben wird und zur Ausübung des Schlages herunterfällt: einfach wirkende Hämmer, oder daß der Dampf nicht nur die Hebung des Fallgewichts bewirkt, sondern dasselbe auch herunterwirft: doppelt wirkende Dampfhämmer. Nach der Wirkungsweise des Dampfes und nach ihren Erfindern unterscheidet man 4 Dampfhammer-Arten, nämlich:

Nasmyth - Hämmer,
Condie - Hämmer,
Daelen - Hämmer
und Hämmer mit frischem Oberdampf.

Der Nasmyth-Hammer.

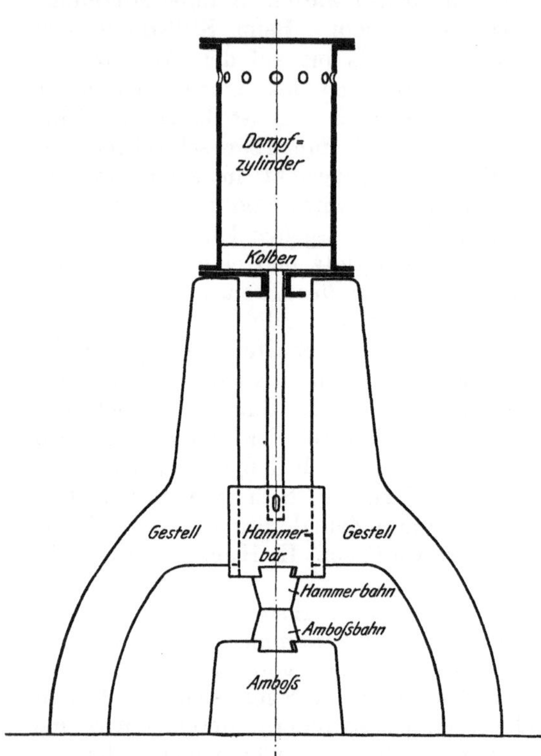

Fig. 143. Nasmyth-Hammer.

Wie Fig. 143 zeigt, ist der Hammerbär durch eine Kolbenstange mit einem Kolben verbunden, welcher sich in einem Dampfzylinder auf und ab bewegen kann. Der mit dem Kolben sich bewegende Hammerbär ist in Führungen des Gestells geführt. Der Dampf tritt unter den Kolben, um den Bären zu heben, wird dann abgesperrt und aus dem Zylinder herausgelassen, wenn der Bär fallen, also schlagen soll. Der Bär fällt nur durch sein Gewicht, der Hammer ist einfach wirkend. Die Regelung des Dampfein- und -austritts erfolgt durch eine Steuerung, welche der Hammerführer betätigt. Um eine Zerstörung des Hammers zu vermeiden, wenn der Hammerführer einmal zu spät den Dampf herauslassen sollte, ist der Hammer mit einer oberen Hubbegrenzung versehen. Zu diesem Zwecke ist der Zylinder auch oben durch einen Deckel verschlossen und in der zylindrischen Wand in einigem Abstande vom oberen Deckel mit Löchern versehen. Durch diese Löcher entweicht beim Steigen des Kolbens die Luft. Steigt nun der Kolben zu hoch, so verschließt er die Löcher und drückt die über ihm vorhandene Luft zusammen. Geht der Kolben schließlich über die Löcher hinweg, so tritt der Hubdampf durch dieselben aus, und der Kolben wird durch die zusammengepreßte Luft wieder heruntergedrückt. Die größten Hämmer baut man als Nasmyth-Hämmer.

Der Condie-Hammer.

Condie suchte einen besonderen Hammerbären dadurch zu ersparen, daß er den Dampfzylinder als Fallgewicht benutzte. In Fig. 144 stehen Kolben und Kolbenstange fest, und der Zylinder mit der Hammerbahn kann sich in Führungen des Gestells auf und ab bewegen. Der Hubdampf tritt durch die hohle Kolbenstange über dem Kolben in den Zylinder ein und hebt ihn. Soll der Schlag erfolgen, so wird der Dampf auf demselben Wege aus dem Zylinder herausgelassen. Das Fallgewicht, der Dampfzylinder, fällt dann allein durch sein Gewicht auf den Amboß herab. Der Hammer ist ebenfalls einfach wirkend. Die inneren Steuerungsorgane liegen in dem Querstücke des Gestells, an welchem die Kolbenstange hängt. Die Hubbegrenzung wird in derselben Weise erreicht wie beim Nasmyth-Hammer. Der Condie-Hammer hat sich wegen der starken Beanspruchung des Zylinders beim Aufschlagen nicht bewährt und wird darum nicht mehr gebaut.

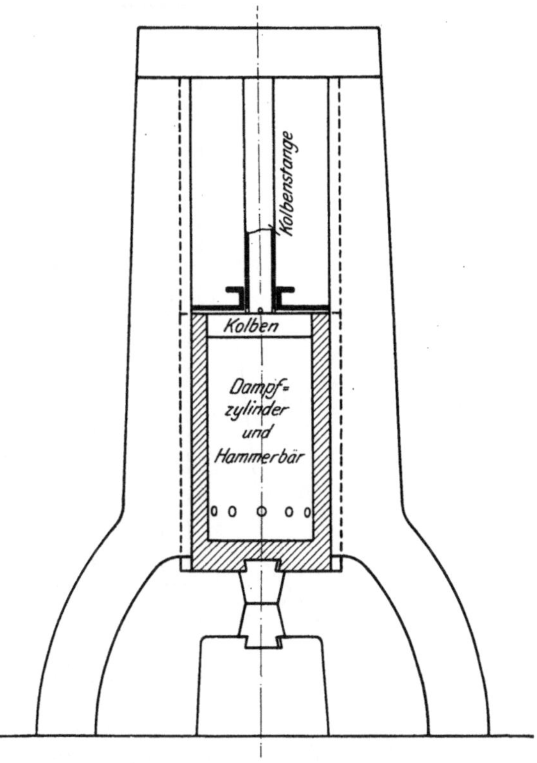

Fig. 144. Condie-Hammer.

Der Daelen-Hammer.

Dieser Hammer kennzeichnet sich äußerlich durch seine dicke Kolbenstange, eigentlich besteht aber seine Eigentümlichkeit in der Wirkungsweise des Dampfes. Fig. 145 stellt diesen Hammer dar. Wie beim Nasmyth-Hammer ist ein Bär vorhanden, welcher aber kleiner ist als dort, weil ein großer Teil des Fallgewichts in der dicken Kolbenstange steckt. Unter den Kolben tretender Hubdampf hebt Kolben, Kolbenstange und Bär. Soll der Schlag erfolgen, so wird aber der

Dampf nicht ins Freie, sondern in den Zylinderraum über den Kolben gelassen. Der Dampf drückt hier auf eine um den Kolbenstangenquerschnitt größere Fläche als unter dem Kolben. Daher fällt das Fallgewicht nicht nur infolge seiner Schwere, sondern wird durch den Überschuß des Dampfdruckes nach unten geworfen. Der Hammer

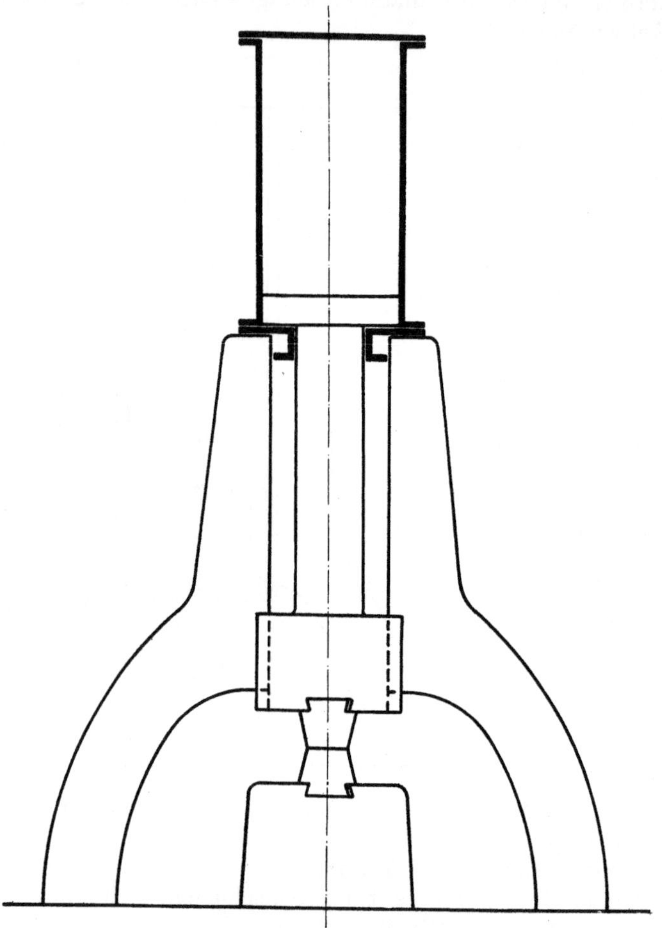

Fig. 145. Daelen-Hammer.

ist also doppeltwirkend. Um einen einigermaßen erheblichen Drucküberschuß zu haben, muß die Kolbenstange sehr dick sein. Hat zum Beispiel die Kolbenstange den halben Durchmesser des Zylinders, so beträgt ihr Querschnitt nur $^1/_4$ des Zylinderquerschnitts. Übrigens findet beim Fallen des Hammerbärs eine Expansion des eingeschlossenen Dampfes statt. Die Expansionsarbeit ist es auch, welche dem fallenden Bären mitgeteilt wird. Frischdampf wird zum Herunterwerfen nicht verbraucht. Diese Hämmer erhalten unbequem große Stopfbüchsen in den unteren Zylinderdeckeln. Sie sind durch kräftiger wirkende Hämmer mit frischem Oberdampf verdrängt worden.

Hämmer mit frischem Oberdampf.

Da es beim Schmieden gilt, das Eisen zu bearbeiten, solange es heiß ist, so zieht man den am kräftigsten und schnellsten wirkenden Hammer vor. Der frische Oberdampf, d. h. Kesseldampf, wirft aber den Bären kräftiger und schneller herunter als der nur wenig expandierende gebrauchte Dampf des Daelen-Hammers. Bei dem Hammer nach Fig. 146 bewegt frischer Dampf den Kolben auf und ab wie in einer

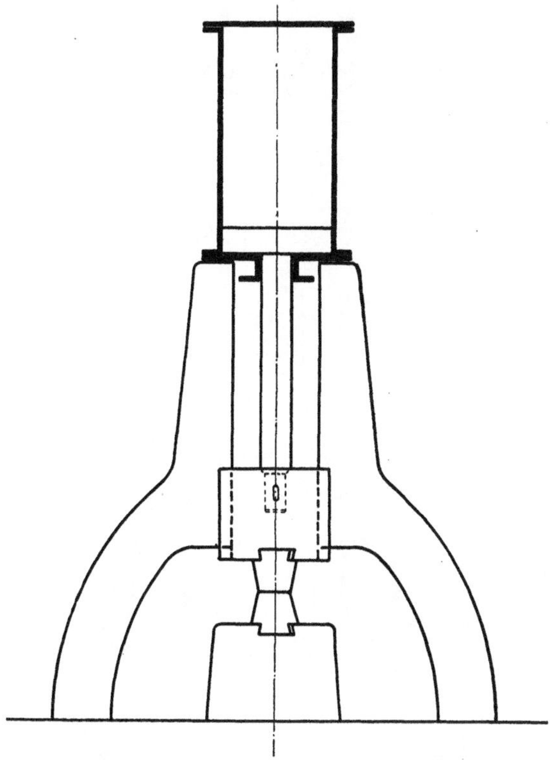

Fig. 146. Doppeltwirkender Dampfhammer mit frischem Unter- und Oberdampf.

doppeltwirkenden Dampfmaschine. Auch bei diesen Hämmern findet man dicke Kolbenstangen, um das Stauchen und Krummwerden derselben beim Aufschlagen zu vermeiden. In Fig. 147 ist ein Hammer mit frischem Oberdampf und 750 kg Fallgewicht von J. Banning A.-G. in Hamm mit den Einzelheiten gezeichnet.

Dampfhämmer werden in den verschiedensten Größen gebaut. Zur Bearbeitung kleiner Schmiedestücke verwendet man Dampfhämmer mit Fallgewichten bis auf 50 kg herab und Hubhöhen bis 15 cm herunter, welche aber bis 500 Schläge in der Minute machen. Im Gegen-

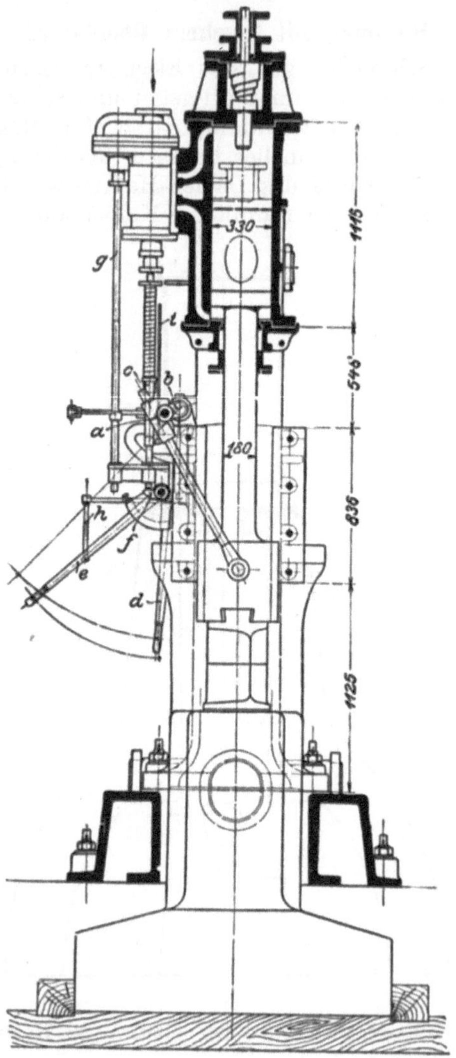

Fig. 147a.   Dampfhammer von J. Banning A.-G. in Hamm (nach Fischer).
Fallgewicht 750 kg.

satze dazu stehen Hämmer mit 50, sogar 127 t (125 tons)[1] Fallgewicht und Hubhöhen bis zu 5 m, wie sie in Stahlwerken zur Bearbeitung

---

[1]) Zeitschr. d. Ver. deutsch. Ing. 1893, S. 1180.

großer Flußeisen- und Flußstahlblöcke vorkommen. Schlagzahl und Schlagstärke der Dampfhämmer ist also in den weitesten Grenzen

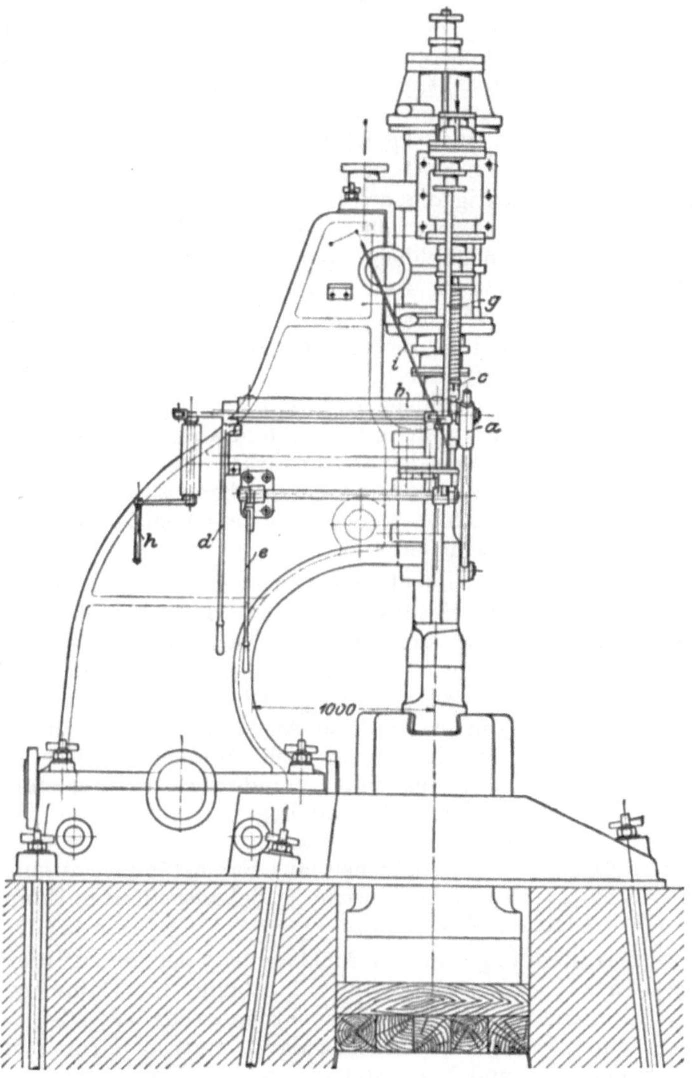

Fig. 147 b. Dampfhammer von J. Banning A.-G. in Hamm (nach Fischer). Fallgewicht 750 kg.

verschieden. Auch läßt sich Schlagzahl und Schlagstärke eines Hammers in weiteren Grenzen verändern, als das bei anderen Maschinenhämmern möglich ist. Der Dampfhammer ist daher der vollkommenste aller Maschinenhämmer. Geschickte Hammerführer sollen ihren Dampfhammer so in der Gewalt haben, daß sie den Hammerbären aus größter Höhe niedersausen lassen, dann aber den Schlag so abschwächen können, daß eine auf dem Amboß liegende Haselnuß nur geknackt, nicht zerquetscht wird. Die größten Hämmer sind stets einfach wirkend, weil in das Innere großer Schmiedestücke die Wirkung des Schlages um so weniger dringt, je mehr die Wucht desselben aus großer Auftreffgeschwindigkeit stammt. Die Steuerung großer Hämmer mit einem Fallgewichte über 1000 kg wird durch die Hand des Hammerführers bewegt. Nur die obere Hubbegrenzung erfolgt selbsttätig, indem der steigende Bär rechtzeitig an einen Hebel stößt, welcher die Steuerung so verstellt, daß der Hammerbär fällt. Kleine schnellschlagende Hämmer können nicht durch die menschliche Hand gesteuert werden, weil diese nicht schnell genug bewegt werden kann. Solche Hämmer haben Selbststeuerung, d. h. die Steuerung wird vom Fallgewichte aus in der Regel vom Hammerbären in Bewegung gesetzt. Meistens, besonders bei nicht ganz kleinen Hämmern, ist die Selbststeuerung von Hand beeinflußbar, so daß man Schlagstärke und Schlagzahl augenblicklich ändern kann. Bei allen Dampfhämmern nimmt aber gerade wie bei den Fallwerken mit der Zunahme der Schlagstärke, also der Hubhöhe, die Schlagzahl ab. Als innere Steuerungsorgane benutzt man: entlastete Schieber, Kolben, Röhrenschieber oder entlastete Ventile, bei kleineren Hämmern meist Röhrenschieber.

Der Amboß eines Maschinenhammers besteht stets aus mindestens zwei Teilen: dem auswechselbaren Oberamboß, dessen obere Fläche die Amboßbahn bildet, und aus dem Unteramboß oder der Schabotte, welcher den Hauptteil des Amboßgewichtes darstellt. Bei kleineren Hämmern wird das Hammergestell selbst als Unteramboß benutzt. Für große Hämmer ist diese Anordnung wegen zu starker Inanspruchnahme des Gestells jedoch nicht brauchbar. Der Unteramboß großer Hämmer bildet daher mindestens ein selbständiges Gußstück aus Gußeisen oder Stahl und liegt auf einem vom Gestellfundamente getrennten besonderen Fundamente. Das Amboßfundament besteht oft aus einem künstlichen, aus Baumstämmen zusammengesetzten Holzblock. Das Amboßgewicht ist bei ausgeführten Hämmern gleich dem 8—10fachen Fallgewichte.

Trotz der Anwendung schwerer Ambosse tritt bei großen Hämmern doch eine starke Erschütterung der Umgebung des Hammers ein, welche viel mechanische Arbeit verbraucht und sehr lästig ist. Man baut daher heute, wenigstens in Deutschland, nur noch Hämmer bis etwa 10 t Fallgewicht und bearbeitet die größten Schmiedestücke mit hydraulischen Schmiedepressen.

4. Die Pressen.

Während ein Hammer mit großer Geschwindigkeit auf das Arbeitsstück trifft und daher durch seine lebendige Kraft wirkt, trifft eine

Presse das Arbeitsstück im allgemeinen mit sehr geringer Geschwindigkeit und wirkt daher durch den Preßdruck. Der letztere muß bei großen Arbeitsstücken sehr groß sein und beträgt in Schmiedepressen bis zu 10 000 t. Dagegen fallen bei den Pressen alle lästigen und Verluste bringenden Erschütterungen fort. Da die Pressen meist mit Formen (Gesenken, Stempel und Matrize usw.) arbeiten, so ist ihre Anwendung um so vorteilhafter, je mehr gleiche Stücke man anzufertigen hat. Man unterscheidet: Hebelpressen, Schraubenpressen, Kurbel- oder Exzenterpressen und hydraulische Pressen.

Hebelpressen.

Die Fig. 148 zeigt, wie bei diesen Pressen der Druck der Hand des Arbeiters, durch Hebelübersetzung vergrößert, auf den Preß-

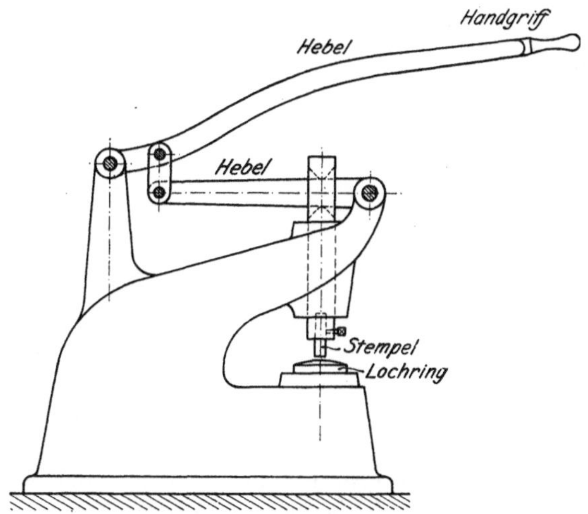

Fig. 148. Hebelpresse.

stempel übertragen wird. Man benutzt solche Pressen meistens zum Lochen, kann sie aber auch zum Prägen benutzen.

Schraubenpressen.

Die in Fig. 149 skizzierte Schraubenpresse läßt erkennen, wie bei dieser die Bewegung eines Schwengels mit Schwunggewichten durch eine Schraube mit steilem (mehrgängigem) Gewinde auf den Preßstempel übertragen wird. Beim Gebrauche wird der Schwengel mit der Hand bis zur erforderlichen Höhe emporgedreht und dann rasch zurückgeschleudert, so daß beim Aufstoßen des Stempels auf das Arbeitsstück die lebendige Kraft der Schwunggewichte zur Wirkung kommt. Die Schraubenpresse arbeitet daher mehr wie ein Hammer als wie eine Presse. Damit der angeworfene Schwengel mit der Schraubenspindel nicht vor dem Auftreffen des Stempels stehen bleibt, muß das Gewicht der sinkenden Teile wenigstens die Reibungsarbeit leisten. Aus diesem Grunde müssen sie sich bei jeder Umdrehung genügend senken und darum das Gewinde der Schraube steil sein. Schrauben-

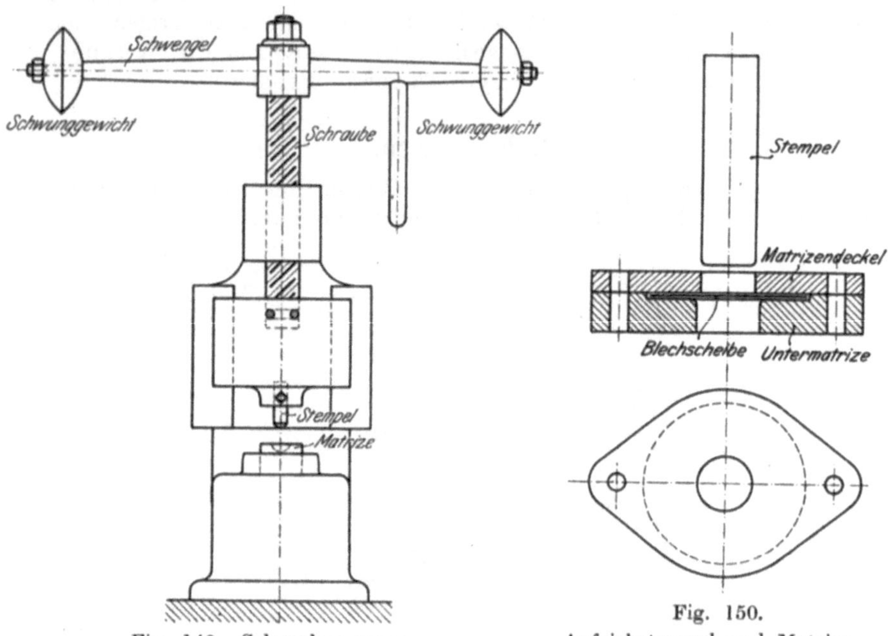

Fig. 149. Schraubenpresse.

Fig. 150. Aufziehstempel und Matrize.

pressen finden Verwendung zum Prägen, Stanzen oder Ausschneiden, Aufziehen usw., wobei die Arbeitsstücke in kaltem Zustande bearbeitet und die Pressen wie die nach Fig. 149 mit der Hand bewegt werden. Zum Pressen von Nieten und Bolzen im heißen Zustande benutzt man anders gebaute Schraubenpressen, deren Schraubenspindel durch drei kegelförmige Reibungsräder von einer Transmission aus bald rechts-, bald linksherum gedreht wird.

Fig. 150 stellt Stempel und Matrize zum Aufziehen dar. Der Stempel ist um die doppelte Blechstärke des Arbeitsstückes dünner als die Lochweite des Matrizenunterteils und hat abgerundete Kanten. Der Stempel zieht das Arbeitsstück, eine runde Blechscheibe, durch das Loch der Untermatrize, wobei der Matrizendeckel das Aufrichten und Faltigwerden des Blechrandes verhindert. Aus der runden Blechscheibe entsteht auf diese Weise ein Zylinder mit Boden. Zur Herstellung von Zündhütchen, Patronenhülsen, Lampenteilen und allerlei Schachteln wird das Aufziehen angewendet.

Die Kurbel- oder Exzenterpressen.

Dieselben Arbeiten, welche auf Schraubenpressen ausgeführt werden, werden vorteilhafter mit Exzenterpressen hergestellt, wenn die Presse nicht von Hand, sondern durch eine Kraftmaschine angetrieben wird. Bei den Exzenterpressen wird nämlich der Preßstempel durch einen Kurbelmechanismus auf und ab bewegt, wodurch eine Umkehrung des Antriebes überflüssig wird. Der Kurbelmechanismus besteht in der Regel aus einem exzentrischen Zapfen an der Arbeitswelle, der Druckstelze und dem stempeltragenden Stößel, wie in Fig. 311 Abschnitt IV, oder es wird statt des Kurbelmechanismus die Kreuzschleife, wie in Fig. 312 Abschnitt IV, verwendet. Da der Preßstempel während des Aufganges leer geht, und bei seinem Niedergange der Hebelarm des Widerstandes sich ändert, so ist das widerstehende Drehmoment in der Arbeitswelle sehr veränderlich. Um nun den Antriebsriemen nicht dem größten, sondern dem mittleren Momente anpassen zu können, bringt man auf der Arbeits- oder auch der Antriebswelle, falls eine solche vorhanden ist, ein Schwungrad an. An den neueren Exzenterpressen sitzt dieses Schwungrad lose auf der Arbeitswelle, wird selbst oder eine damit verbundene Riemenscheibe angetrieben und in dem Momente mit der Arbeitswelle gekuppelt, in dem der Stempel arbeiten soll.

Hydraulische Pressen.
(Schmiedepressen.)

Zur Ausführung von eigentlichen Schmiedearbeiten, d. h. zur Bearbeitung von allerlei, besonders aber von großen Schmiedestücken in heißem Zustande, dienen hydraulische Pressen. Je nachdem, ob der hydraulische Druck durch eine Pumpe oder durch einen Dampfkolben hervorgerufen wird, unterscheidet man rein hydraulische und dampfhydraulische Pressen. In Fig. 151 ist eine dampfhydraulische Presse der Firma Breuer, Schumacher & Co. A.-G. in Kalk bei Köln dargestellt. Sie wirkt in folgender Weise. Zuerst wird das Schmiedestück auf die untere Docke e gelegt. Dann wird der hydraulische Preßkolben b mit dem Querstück c und der oberen Docke d dadurch auf das Arbeitsstück herabgelassen, daß man den Dampf aus den Hubzylindern g austreten läßt. Beim Sinken von b füllt sich der hydraulische Preßzylinder a von dem Gefäße l aus durch ein geöffnetes Ventil und die Rohrleitung k mit Wasser. Nun wird das eben erwähnte Ventil geschlossen und Dampf in den Zylinder o unter den Kolben gelassen. Der aufwärtssteigende Kolben drückt nun durch seine Stange m_1, welche als Tauchkolben in den hydraulischen Zylinder m hineingeht, das gepreßte Wasser durch die Rohrleitung k in den Preßzylinder a, wodurch der Preßkolben b mit großer Kraft niedergeht und das Schmiedestück zusammenpreßt. Die Teile b, c und d werden alsdann dadurch wieder gehoben, daß man Dampf in die Zylinder g hinein- und den gebrauchten Dampf aus dem Zylinder o herausläßt.

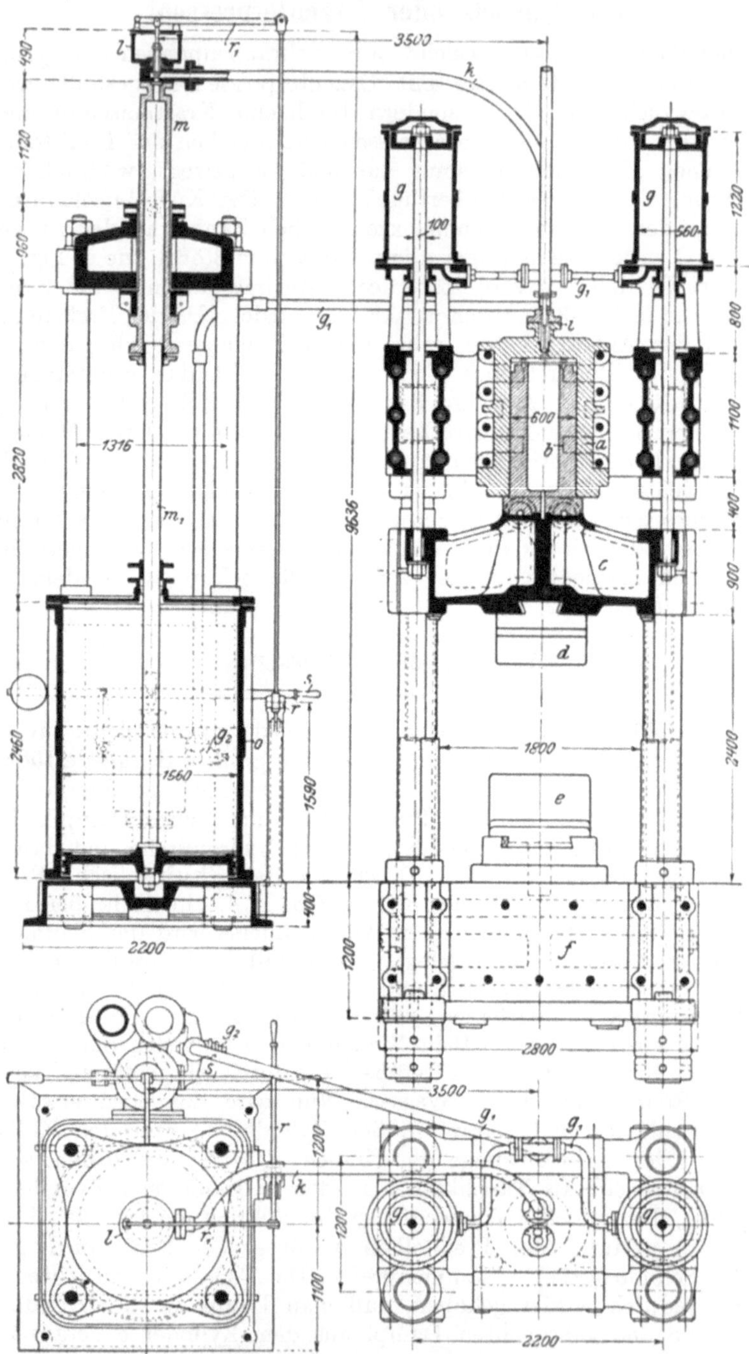

Fig. 151. Dampfhydraulische Schmiedepresse von Breuer, Schumacher & Co.
A.-G. in Kalk bei Köln.

Damit beim Pressen sich der Preßzylinder a nicht hebt, ist das ihn tragende Querstück durch vier starke Schrauben mit dem unteren Querstücke f, worauf die Docke e ruht, verbunden. Die innere Steuerung für den Dampfein- und Dampfaustritt befindet sich in einem Zylinder, welcher hinter dem Dampfzylinder o liegt, und wird durch den Handhebel s betätigt. Der Handhebel r ist durch eine Stange mit dem Hebel r_1 verbunden, welcher das Wasserventil steuert. Das anfangs erwähnte Einlassen von Wasser ist nötig, um den Preßhub so klein als möglich zu machen. Soll beim Aufgange des Preßkolbens die Docke d höher gehoben werden, als der vorhergehenden Zusammenpressung des Schmiedestückes entspricht, so muß das hereingelassene Wasser durch das Ventil wieder herausgelassen werden. Für die Größe der Presse ist der größte Druck maßgebend, den sie ausüben kann. Er beträgt bei der gezeichneten Presse 1200 t.

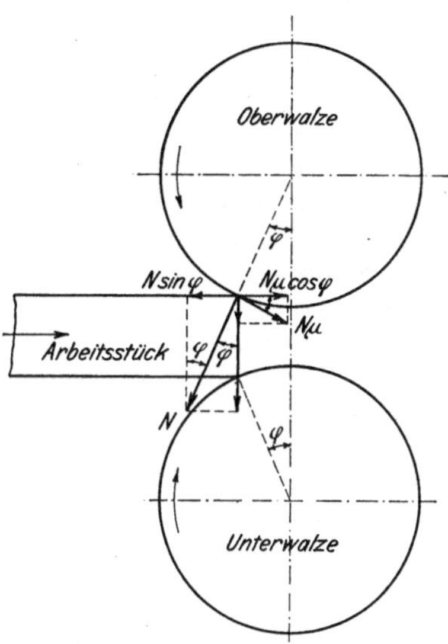

Fig. 152. Walzvorgang.

5. Die Walzwerke.

Lange stabförmige Schmiedestücke und Bleche können durch Walzen viel schneller und gleichförmiger hergestellt werden als durch Schmieden unter dem Hammer oder der Presse. Seit dem Auftreten der Walzwerke, d. h. seit etwa einem Jahrhundert, wurden daher immer mehr und jetzt werden wohl ausschließlich Stabeisen, Baueisen, Eisenbahnschienen und -schwellen, Bleche usw. in Walzwerken hergestellt.

Ein Walzwerk besteht aus mindestens zwei gußeisernen oder stählernen Walzen, deren horizontale Achsen, wie in Fig. 152, übereinander liegen, und welche sich nach entgegengesetzter Richtung drehen. Das gegen die Walzen geschobene Arbeitsstück wird, wenn es nicht zu dick ist, durch die Reibung von den Walzen mitgenommen und geht zwischen ihnen hindurch. Dabei findet eine der Entfernung der Walzen entsprechende Verkleinerung seiner Dicke, eine entsprechende Verlängerung und eine geringe Zunahme seiner Breite statt. Für das Erfassen des Arbeitsstückes durch die Walzen ergibt sich aus Fig. 130 die Beziehung:

$$\mu\, N \cos \varphi \gtreqless N \sin \varphi$$

oder

$$\mu \gtreqless \frac{\sin \varphi}{\cos \varphi} = \operatorname{tg} \varphi\,,$$

d. h. der Reibungskoeffizient μ muß mindestens gleich der Tangente von φ sein, oder es darf, da μ gleich der Tangente des Reibungswinkels ist, φ höchstens gleich dem Reibungswinkel werden. Der Winkel φ nimmt ab mit der Zunahme des Walzenradius und mit dem Unterschiede zwischen der Dicke des Arbeitsstückes und der lichten Entfernung der Walzen, d. h. mit der Verdünnung des Arbeitsstückes. Man kann daher bei einem Durchgange nur eine geringe Verdünnung und Streckung des Arbeitsstückes erzielen. Um trotzdem bedeutende Querschnittsänderungen herbeiführen zu können, muß das Arbeitsstück mehrmals durch das Walzwerk gehen, wobei die Walzen nach jedesmaligem Durchgange entweder einander genähert werden (bei Blech- und Universal-Walzwerken) oder an verschiedenen Stellen verschiedene lichte Entfernungen besitzen (bei Stab- und Baueisen-Walzwerken).

Ein Walzwerk besteht aus der Walzenstraße und der Walzenzugmaschine. Die letztere ist eine mit der Walzenstraße gekuppelte oder durch Riementrieb verbundene mächtige Dampfmaschine, welche nur die Walzenstraße treibt und in einzelnen Fällen bis zu 10 000 PS entwickelt. Neuerdings verwendet man auch Elektromotoren als Walzenzugmaschinen. Eine Walzenstraße ist in Fig. 153 skizziert. Sie besteht aus drei Walzgerüsten, nämlich den für die Vorwalzen, die Fertigwalzen und die Kammwalzen. In Fig. 153 enthält jedes Walzgerüst drei übereinanderliegende Walzen a, welche mit ihren zylindrischen Laufzapfen in verstellbaren Lagern der Ständer b gelagert sind. Die sternförmigen Verlängerungen der Laufzapfen heißen Kuppelzapfen. Durch Kuppelmuffen c werden dieselben mit den Kuppelspindeln d verbunden, so daß alle Oberwalzen, Mittelwalzen und Unterwalzen je für sich einen Walzenstrang bilden. Der mittlere Walzenstrang ist mit der Kurbelwelle der Walzenzugmaschine gekuppelt, und die drei Zahnräder e, Kammwalzen genannt, übertragen die Drehbewegung von dem mittleren auf den oberen und unteren Walzenstrang. Um bei zu großem Walzwiderstande ein Brechen der Walzen zu vermeiden, stellt man die Kuppelspindeln in ihrer Mitte so schwach her, daß sie leichter brechen als die Walzen. Denselben Zweck haben die Brechkapseln, welche zwischen den Schrauben f zur genauen Einstellung der Oberwalzenlager und diesen Lagern sich befinden.

Arten der Walzwerke.

Enthält eine Walzenstraße nur zwei Walzenstränge, von denen jeder sich im Betriebe stetig in derselben Richtung dreht, so heißt das Walzwerk ein Duo-Walzwerk oder kurz ein Duo. Bei diesem Walzwerke muß man das Arbeitsstück nach jedem Durchgange wieder auf die andere Seite der Walzenstraße schaffen, was man am einfachsten dadurch erreicht, daß man, wie Fig. 154, das Arbeitsstück auf die Oberwalze legt und durch die Reibung mitnehmen läßt. Den durch das leere Zurückgehen entstehenden Zeitverlust kann man vermeiden, wenn man drei Walzenstränge übereinander anordnet, wie in Fig. 153. Ein solches Walzwerk nennt man ein **Trio-Walzwerk** oder kurz ein **Trio**. Mit ihm kann man, wie Fig. 155 zeigt, nach beiden Richtungen walzen, nur muß man auf der einen Seite des Walzwerkes das Arbeitsstück heben und auf der anderen Seite senken. Um besonders bei schweren Arbeitsstücken (schweren Blechen, Panzerplatten) dies Heben, und Senken zu vermeiden und einen Walzenstrang zu sparen, aber doch ein leeres Zurückgehen zu vermeiden, kehrt man nach jedem Durchgange des Arbeitsstückes den Drehsinn der Walzen eines Duo-Walzwerkes um. Ein solches Duo-Walzwerk heißt Kehr- oder **Reversier-Walzwerk**.

Die Kaliber.

Zum Walzen von Blechen und Platten benutzt man Walzwerke, deren Walzen einfache Zylinder mit Zapfen sind. Stab- und Profileisen-Walzen sind dagegen so mit eingedrehten Furchen versehen, daß sie, wie in Fig. 153, das Arbeitsstück ganz umschließen. Die Furchen heißen **Kaliber**. Zum Walzen eines Stabes sind so viel Kaliber erforderlich, als er Durchgänge durch das Walzwerk machen muß.

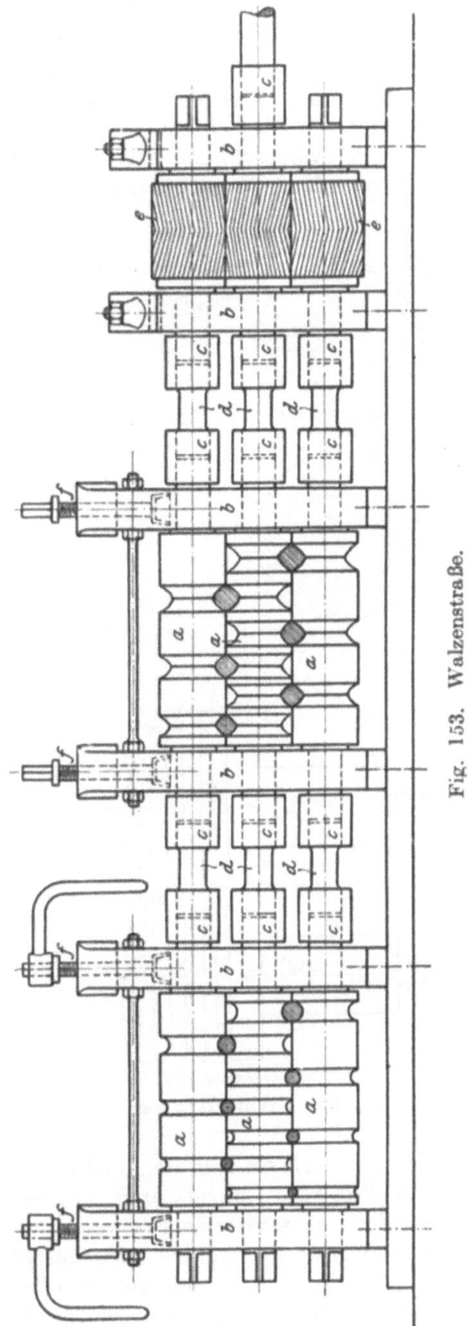

Fig. 153. Walzenstraße.

Die dazu nötige Zahl von Kalibern läßt sich meist nicht auf einem Walzenpaare oder Walzentrio anbringen. Man muß sie dann auf zwei oder mehr Paare oder Trios verteilen. Daher gebraucht man in einer Walzenstraße zwei oder mehr Walzgerüste, von denen das erste die Vorwalzen mit den großen Kalibern (den Vorkalibern), das letzte

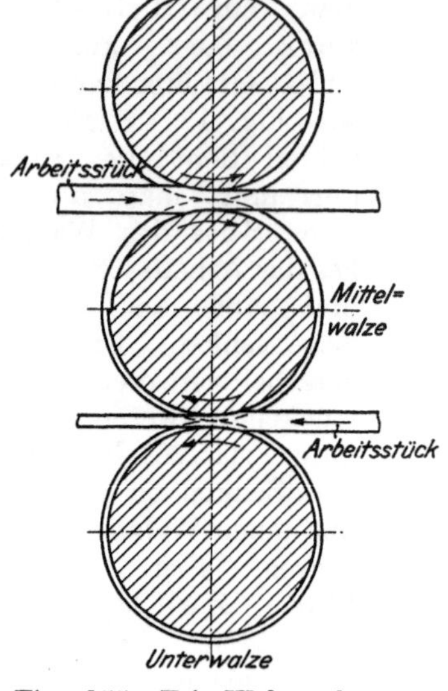

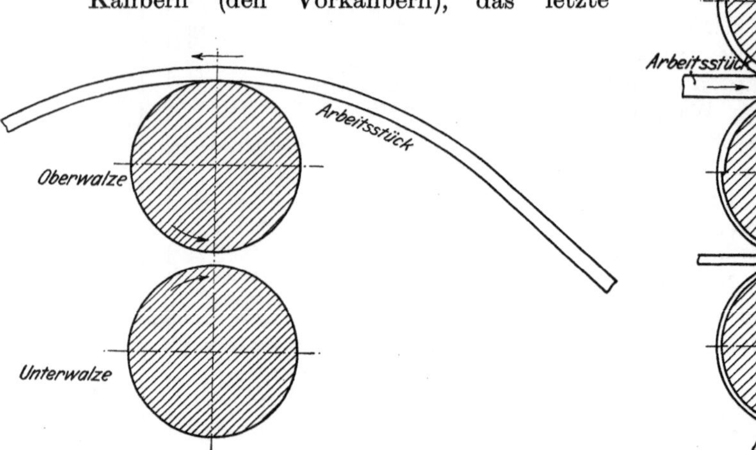

Fig. 154. Duo-Walzwerk.

Fig. 155. Trio-Walzwerk.

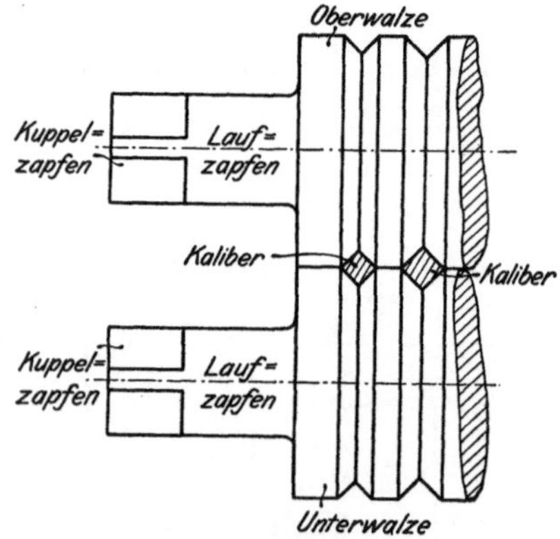

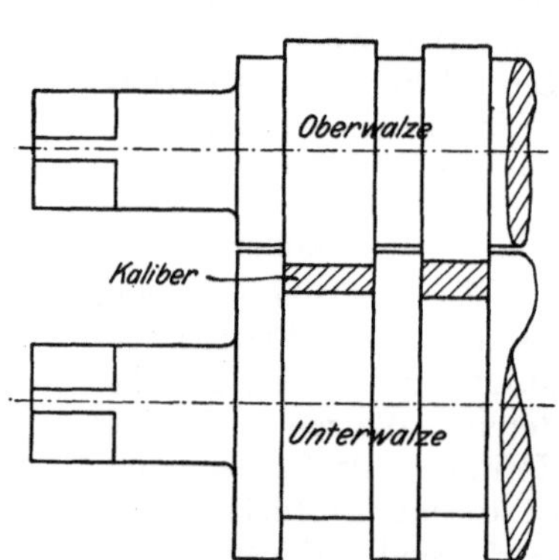

Fig. 156. Offene Kaliber.

Fig. 157. Geschlossene Kaliber.

die Fertigwalzen mit den kleineren und dem Fertigkaliber enthält, wie in Fig. 153. Blech- und Platten-Walzwerke enthalten dagegen außer dem Kammwalzgerüst nur ein Walzgerüst. Die Kaliber der Stabwalzwerke sind offene oder geschlossene. Offene Kaliber sind solche, welche sich an den Seiten öffnen, wenn man die Walzen voneinander entfernt. Sie sind, wie in Fig. 156, gleichmäßig in die Ober- und Unterwalze eingedreht und die Walzen berühren sich nur in einer

Linie. Geschlossene Kaliber dagegen öffnen sich nicht, wenn man die Walzen nur wenig voneinander entfernt. Sie sind, wie Fig. 157 zeigt, in die Unterwalze eingedreht und werden durch in sie eingreifende Bunde der Oberwalze geschlossen. In offenen Kalibern walzt man in der Regel nur Vierkant- und Rundeisen, während Flacheisen, Baueisen, Eisenbahnschienen und -schwellen in geschlossenen Kalibern gewalzt werden. Geringe Dickenunterschiede bringt man bei Flacheisen durch Verstellung der Walzen hervor. Fig. 153 zeigt offene Rundeisenkaliber und Fig. 158 ein geschlossenes I-Kaliber. Versieht man die Kaliber mit erhabenen oder vertieften Stellen, so bilden sich diese wiederkehrend bei jeder Umdrehung der Walzen auf dem Arbeitsstücke ab. Man kann auf diese Weise Inschriften (Firmen) und Verzierungen auf den Arbeitsstücken erzeugen und Arbeitsstücke mit abnehmendem Querschnitte herstellen. In derselben Weise wird Riffelblech hergestellt,

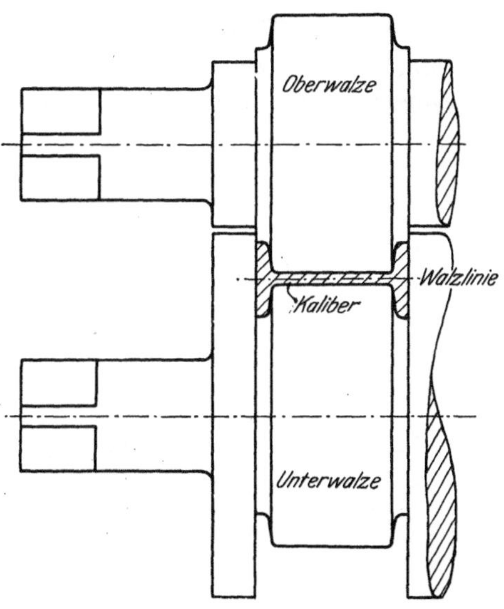

Fig. 158. Geschlossenes I-Kaliber.

indem man die zylindrischen Walzen mit schraubenförmig eingedrehten, sich kreuzenden Nuten versieht. Da Bleche beim Walzen seitlich nicht begrenzt werden, müssen sie nach dem Walzen nicht nur an den Enden, sondern auch an den Seiten beschnitten werden, wogegen von Stäben nur die Enden abzuschneiden sind. Bleche werden im kalten Zustande mit Scheren beschnitten; dagegen schneidet man die Enden der Stäbe sofort nach dem Auswalzen mit Warmsägen ab.

Größe und Geschwindigkeit der Walzwerke.

Die Größe der Walzwerke ist sehr verschieden. Damit bei großen Arbeitsstücken und starken Verdünnungen der Winkel φ (Fig. 152) nicht zu groß wird, muß der Walzenradius bzw. Durchmesser groß sein, andererseits wäre es unzweckmäßig, für kleine, dünne Arbeitsstücke dicke Walzen zu verwenden. Denn diese würden unnötig viel Leergangsarbeit verbrauchen und weniger gut strecken als dünne Walzen. Zieht man die von Hand gedrehten Walzwerke der Gold- und Silberarbeiter mit in Betracht, so steigt der Durchmesser der Walzen von wenigen Zentimetern bei diesen Walzwerken, bis zu 1 m und darüber bei Panzerplatten-Walzwerken. Auch die Drehgeschwindigkeit der Walzen hängt hauptsächlich von der Dicke des Arbeitsstückes ab, und zwar läßt man die Walzen um so schneller laufen, je dünner die Arbeitsstücke sind. Am schnellsten laufen daher die Draht-Walzwerke, am langsamsten die Panzerplatten-Walzwerke. Nur Gold, Silber und Blei werden kalt, alle übrigen Metalle werden heiß gewalzt. Eisen ist am Anfang schweißwarm, am Ende des Walzens noch rotwarm.

Hilfsvorrichtungen der Walzwerke.

Dünne Arbeitsstücke, wie Draht und dünnes Stabeisen, werden mit Zangen in die Kaliber eingeführt. Zum Heben und Einführen

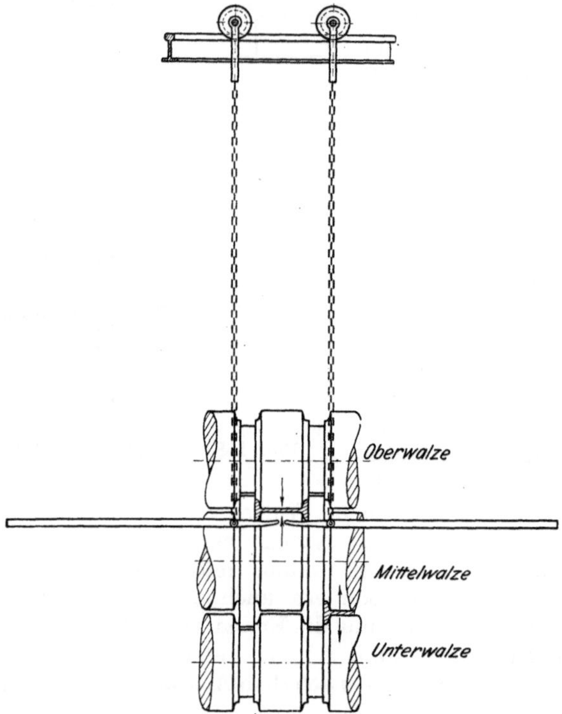

Fig. 159. Heben eines Walzstückes mit Hebeln.

mittlerer Walzstücke benutzt man Hebel, welche durch Ketten an Rollenbolzen aufgehängt sind, wie in Fig. 159. Die Rollen laufen auf Schienen, welche man durch Dampfdruck heben und senken kann. Zur Unterstützung schwerer Platten und Bleche werden auf beiden Seiten der Walzen Walztische angeordnet, welche bei Kehr-Walzwerken feststehen, bei Trio-Walzwerken dagegen zum Heben und Senken eingerichtet sein müssen. Im letzteren Falle werden die Tische hydraulisch oder durch Dampf bewegt. Damit sich die Arbeitsstücke auf den Tischen leicht an die Walzen heranschieben lassen, sind die Tische mit eingelassenen Rollen versehen, welche das Arbeitsstück

tragen. Solche Rollen werden oft, wie in Fig. 160, von einer Dampfmaschine aus durch eine lange Welle und konische Räder hin- und
zurückgedreht, um das Arbeitsstück weiter zu bewegen und wieder
zwischen die Walzen zu schieben. Sie heißen dann Rollengänge.

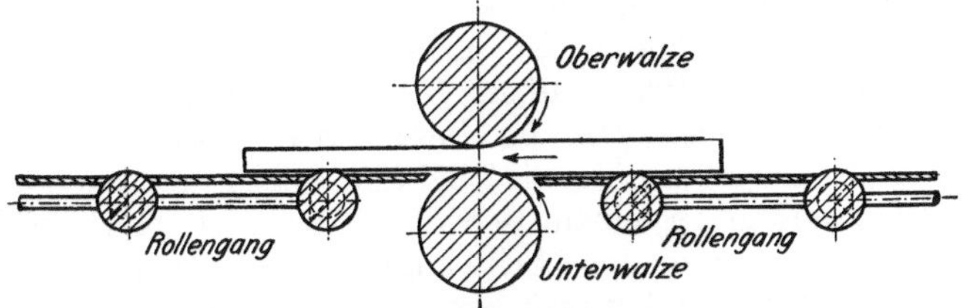

Fig. 160. Rollengang.

Halbkreisförmige Führungen von winkelförmigem Querschnitte
vermitteln bei Feineisen-Walzwerken zuweilen den selbsttätigen Übergang des Arbeitsstückes von einem Kaliber zum anderen.

Um die richtige Ein-
führung des Arbeitsstückes
in die Kaliber zu sichern,
bringt man vor den Kali-
bern rinnenartige Führun-
gen (Fig. 161) an. Ferner
ist es oft erforderlich, das
Aufwickeln des aus dem
Walzwerke tretenden Ar-
beitsstückes auf die Walzen
zu verhindern. Zu diesem
Zwecke ordnet man in
jedem Kaliber auf der
Unterwalze liegend einen
Abstreifmeißel (Fig.161)
an. Sämtliche Abstreif-
meißel stützen sich auf eine
starke, von Ständer zu
Ständer reichende Stange.
Das Umwickeln des Arbeitsstückes um die Oberwalze
verhindert man dadurch,

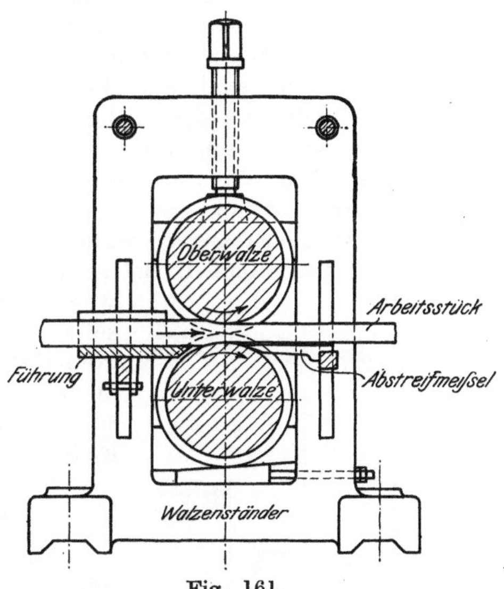

Fig. 161.
Kalibereinführung und Abstreifmeißel.

daß man den Kalibern Oberdruck gibt, d. h. ihre Mittellinie,
Walzlinie genannt, der Mittellinie der Unterwalze etwas näher
legt als der der Oberwalze. Der Oberdruck bewirkt eine größere
Umfangsgeschwindigkeit der Oberwalze, daher größere Streckung der
Oberseite des Arbeitsstückes und infolgedessen seine Biegung nach
unten. Trotz der Abstreifmeißel kommt es vor, daß sich ein Arbeitsstück um die Unterwalze wickelt und den Bruch der Walze herbei-

führt, wenn nicht die Brechkapseln oder die Kuppelspindeln rechtzeitig brechen.

Die Walzenzugmaschine.

Zwischen den einzelnen Durchgängen eines Arbeitsstückes durch das Walzwerk entsteht eine kleine Walzpause, während welcher das Walzwerk leer geht. Eine etwas größere Walzpause entsteht nach dem Durchlaufen des Fertigkalibers bis zum ersten Durchgange des nächsten Arbeitsstückes. Die in diesen Walzpausen überschüssige Arbeit der Walzenzugmaschine wird bei allen stetig umlaufenden Duo- und Trio-Walzwerken in einem schweren, auf der Kurbelwelle der Walzenzugmaschine sitzenden Schwungrade aufgesammelt, um sie beim Durchgange des Arbeitsstückes mit zu verwenden. Hierdurch ist es möglich, die Stärke der Walzenzugmaschine nach der mittleren und nicht nach der größten zu leistenden Arbeit zu richten. Kehrwalzwerke dürfen dagegen kein Schwungrad besitzen, weil es nur die Walzpausen verlängern würde, ohne daß man die aufgesammelte Arbeit benutzen könnte, denn die Walzenzugmaschine muß nach jedem Durchgange des Arbeitsstückes umgesteuert werden. Um diese Walzenzugmaschine über die toten Punkte zu bringen und sie in jeder Stellung angehen lassen zu können, muß sie mindestens eine Zwillingsmaschine, kann aber auch eine Drillingsmaschine sein. Durch die erwähnten Umstände und durch das Vorhandensein einer Umsteuerung wird die Walzenzugmaschine eines Kehrwalzwerkes größer und teurer die als eines andern Walzwerkes. Dagegen braucht bei Kehrwalzwerken das Arbeitsstück nicht gehoben zu werden, und die Kosten eines dritten Walzenstranges werden erspart. Das Heben der Arbeitsstücke kommt besonders in Betracht, wenn diese schwer sind. Daher werden Kehrwalzwerke zum Walzen schwerer Platten und Bleche benutzt. Kehrwalzwerke, welche durch ein Wendegetriebe umgesteuert werden, so daß die Walzenzugmaschine weiter laufen kann, sind nicht im Gebrauch.

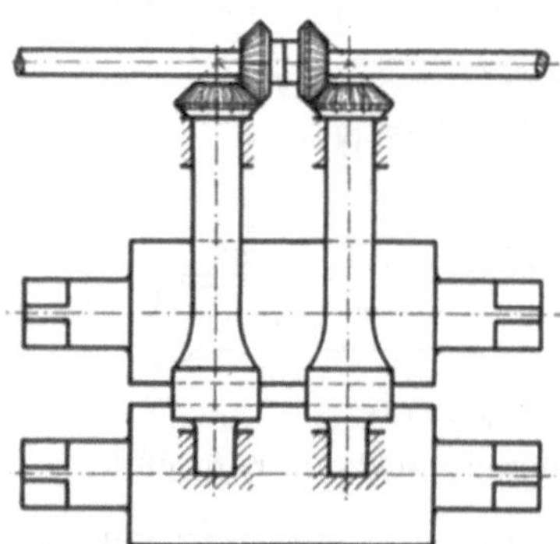
Fig. 162. Universal-Walzwerk.

Universal-Walzwerke.

Für jeden zu walzenden Stab mit anderem Querschnitt müssen Walzen mit anderen Kalibern in das Walzwerk eingebaut werden. In den vielen Kaliberwalzen eines Walzwerkes steckt daher ein bedeutendes Anlagekapital. Man hat daher versucht, Universal-Walzwerke zu konstruieren, mit welchen durch Verstellung der Walzen, Stäbe verschiedenen Querschnitts gewalzt werden können. Ein solches Universal-Walzwerk ist jedoch nur zum Walzen von Vierkant- und Flacheisen möglich. Es ist in Fig. 162 skizziert.

Blechbiege- und Blechrichtmaschinen.

Auch zum Blechbiegen und Blechrichten im kalten Zustande desselben werden Walzwerke benutzt. Sie sind jedoch besonders für diesen Zweck gebaut und werden Blechbiege- bzw. Blechrichtmaschinen genannt.

Eine Blechbiegemaschine zeigt Fig. 163 in einem Querschnitte. Sie besteht im wesentlichen aus 3 Walzen, welche in 2 Ständern gelagert sind. Die Unterwalzen liegen in verstellbaren Lagern und werden durch ein Wendegetriebe mit Hilfe von Zahnrädern bald rechts, bald links herumgedreht. DasArbeitsstück (Blech) wird zwischen die Walzen gelegt. Dann werden die Unterwalzen etwas heraufgestellt. Nun läßt man die Maschine laufen. Ist das Blech beinahe durchgelaufen, so steuert man die Maschine um und stellt die Unterwalzen nach. Dies wiederholt man so lange, bis das Blech die gewünschte Biegung hat. Wird das Blech dabei vollständig zu einem

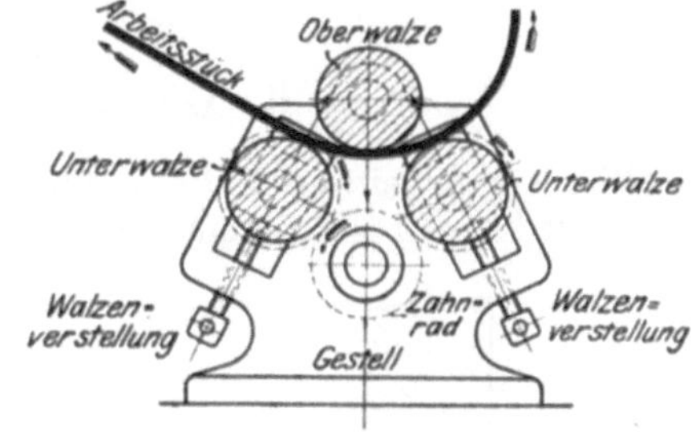

Fig. 163. Blechbiegemaschine (Querschnitt).

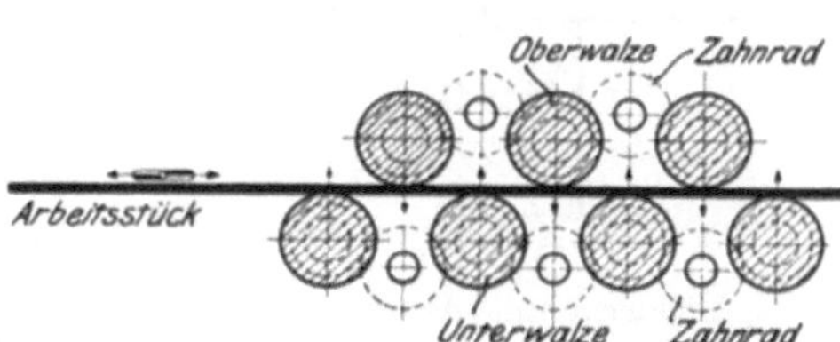

Fig. 164. Schema einer Blechrichtmaschine.

Rohr zusammengebogen, so muß das eine Lager der Oberwalze so eingerichtet sein, daß es sich schnell vom Walzenzapfen entfernen läßt, um das Arbeitsstück von der Oberwalze abziehen zu können.

Dünne, durch Walzen im heißen Zustande hergestellte Bleche pflegen nicht eben zu sein. Sie sind oft windschief und haben Beulen. Das Windschiefwerden der Bleche beim Walzen ist darauf zurückzuführen, daß die Walzen sich durchbiegen und dann an den Seiten stärker strecken als in der Mitte. Man kann solche Bleche mit dem Hammer von Hand gerade richten, jedoch gehört ein geschickter Arbeiter und ziemlich viel Zeit dazu. In neuster Zeit baut man Maschinen, welche diese Arbeit schneller ausführen. Eine solche Blechrichtmaschine besteht aus 5—7 Walzen, welche in Fig. 164 im Querschnitt dargestellt sind. Zum Richten von dicken Blechen genügen 5 Walzen (2 Ober- und 3 Unterwalzen), dagegen sind zum Richten dünner Bleche 7 Walzen (3 Ober- und 4 Unterwalzen) erforderlich. Alle Ober- und alle Unterwalzen sind durch Zahnräder so verbunden, daß sich alle Oberwalzen gleich schnell rechtsum, während sich alle Unterwalzen gleich schnell linksum drehen. Angetrieben werden sämtliche Walzen durch ein Wendegetriebe, so daß man die Walzen bald in der einen, bald in der andern Richtung umlaufen lassen kann. Man läßt nun das zu richtende Blech so lange zwischen den Ober- und Unterwalzen hin und zurück laufen, bis es eben ist. Die Oberwalzen sind sämtlich an beiden Enden in Schlitten gelagert, welche der Blechdicke entsprechend heruntergestellt werden. Das Blech wird zwischen den Walzen etwas auf und ab gebogen, wodurch die Unebenheiten beseitigt werden.

6. Die Ziehbänke.

Wird ein Arbeitsstück durch ein konisches Loch mit abgerundeten Kanten, das Ziehloch, in einer Zieheisen genannten Platte (Fig. 165)

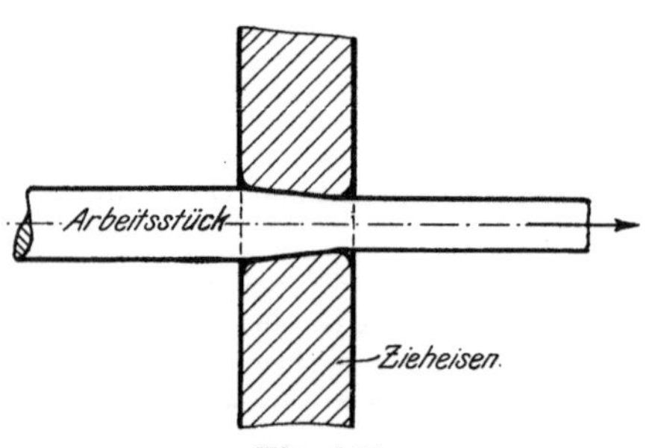

Fig. 165.
Zieheisen mit Arbeitsstück.

hindurchgezogen, wobei eine Verdünnung und Streckung des Arbeitstückes stattfindet, so nennt man die Arbeit Ziehen. Die Abrundung der Eintrittskante des Ziehlochs verhindert eine schabende Wirkung desselben und die Abrundung der Austrittskante deren Ausbrechen. Das Ziehen ist dem Walzen in Kalibern ähnlich, unterscheidet sich aber von ihm dadurch, daß beim Walzen das Kaliber mit dem Arbeitsstück mitgeht, wobei die Walze auf dem Arbeitsstück rollt, beim Ziehen dagegen das Zieheisen feststeht, das Arbeiststück also an der Lochwandung entlang gleiten muß. In bezug auf die aufzuwendende mechanische Arbeit ist daher das Walzen vorteilhafter als das Ziehen. Man wendet deswegen in der Regel das Ziehen nur an, wenn das Walzen nicht anwendbar ist; z. B. können Drähte unter 4—5 mm Dicke wegen ihrer schnellen Abkühlung nicht gewalzt werden. Man stellt sie daher durch Ziehen im kalten Zustande her. Das Ziehen erfolgt in der Regel im kalten Zustande. Es wird daher auch angewandt, um stabförmige Gegenstände blank zu ziehen. Da die Arbeitsstücke durch das kalte Ziehen hart und spröde werden, muß man sie, um sie wieder weich zu machen und weiter ziehen zu können, von Zeit zu Zeit ausglühen.

Die zum Ziehen dienenden Maschinen heißen Ziehbänke. Sie sind verschieden, je nachdem, ob Gegenstände von größerem Durchmesser (Röhren, Stäbe), welche ihre geradlinige Form beibehalten müssen, oder solche von geringem Durchmesser (Draht), die ein Aufwickeln gestatten, zu ziehen sind. Hiernach unterscheidet man Schleppzangenziehbänke (Fig. 166) und Leierziehbänke (Fig. 167). Um auf diesen Ziehbänken das Ziehen auszuführen, müssen die Arbeits-

stücke zugespitzt, durch das Ziehloch gesteckt und ihre Spitze in das
Maul der Zange eingeklemmt werden. Die abgebildete Schleppzangenziehbank ist für Handbetrieb bestimmt. Für Kraftmaschinenantrieb
versieht man diese Ziehbank mit einer über zwei Kettenräder ständig
umlaufenden Gallschen Kette, an welche die Zange mit einem Haken
angeschlossen wird, welcher sich nach dem Durchgange des Arbeitsstückes durch das Ziehloch selbsttätig auslöst. Die Leierziehbank

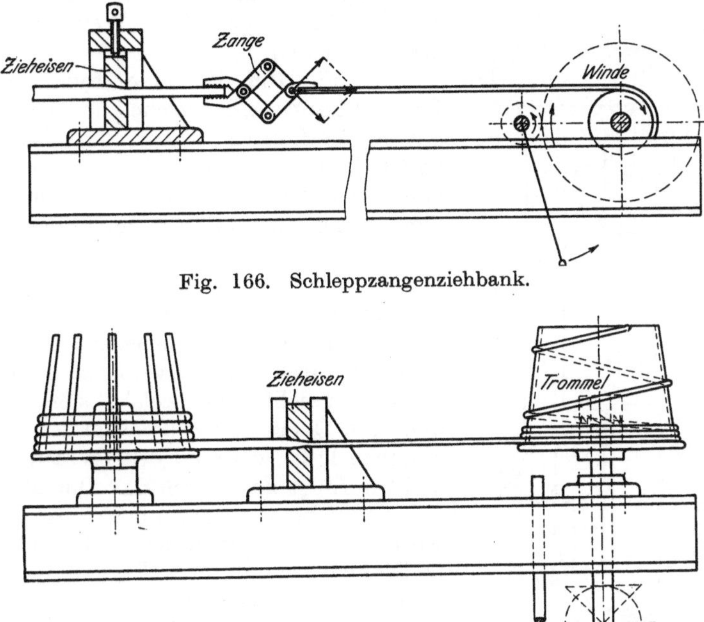

Fig. 166. Schleppzangenziehbank.

Fig. 167. Leierziehbank.

dient zum Drahtziehen. Sie zieht diesen durch das Ziehloch, indem sie
ihn auf eine konische Trommel wickelt, welche sich durch Herunter-
fallen in dem Augenblicke von ihrer Welle loskuppelt, in welchem
der Draht durch das Ziehloch gezogen ist und darum seine Spannung
verliert.

Der Querschnitt des Ziehlochs braucht nicht immer rund, sondern
kann auch viereckig, sternförmig usw. sein. Man kann demgemäß
auch viereckige und sternförmige Körper ziehen, z. B. die kleinen
Zahnräder der Uhren. Um die Drahtziehbänke leistungsfähiger zu
machen, zieht man neuerdings Draht auch im heißen Zustande; er muß
dabei auf der Ziehbank erhitzt werden.

7. Das Pressen weicher Metalle.

Dem Ziehen nahe verwandt ist ein Pressen, welches zur Herstellung von Bleidraht, Bleirohren und Bleizinnrohren dient. Statt das Arbeitsstück durch ein Loch zu ziehen, wird es vor dem Loche in einen Zylinder eingeschlossen und aus diesem durch das Loch gedrückt. Das Verfahren wird nur auf Metalle angewandt, welche sich wegen geringer Zugfestigkeit nicht ziehen, aber wegen ihrer Weichheit gut drücken lassen.

In Fig. 168 ist eine hydraulische Presse[1]) dargestellt, welche zur Ausübung dieses Verfahrens dient. a ist ein hydraulischer Druckzylinder, welchem von einer Druckpumpe durch ein seitliches Rohr Druckwasser zugeführt wird. Der Kolben b steigt, sobald das Druckwasser zuströmt. d ist ein oberhalb des Druckzylinders angeordneter Preßzylinder zur Aufnahme des flüssigen Bleies. Derselbe ist durch eine auswechselbare Preßplatte f geschlossen, welche sich, nachdem das Querstück h beseitigt ist, leicht abheben läßt, während des Pressens aber dicht aufliegt und durch das Querstück h nebst den beiden Schrauben festgehalten wird. In den geöffneten Zylinder d gießt man das flüssige Blei; es erstarrt dort. Um dasselbe aber warm und für das Pressen weich genug zu erhalten, ist der Zylinder d von einem Blechgefäße g umgeben, in welches man glühende Kohlen gibt. In der Mitte der Preßplatte f befindet sich eine glatt ausgearbeitete, konische Öffnung, deren kleinster Durchmesser dem äußeren Durchmesser des herzustellenden Drahtes oder Rohres entspricht. Für jede Sorte von Arbeitsstücken ist also eine andere Preßplatte erforderlich, welche die Stelle der Ziehplatte beim Ziehen vertritt. Sobald der von unten in den Zylinder d eintretende Preßkolben c, welcher mit dem hydraulischen Druckkolben b aus einem Stück besteht, steigt, muß das im Zylinder d eingeschlossene Metall durch die Öffnung der Preßplatte f austreten. Dabei verringert das Blei seinen Querschnitt von dem des Zylinders auf den des Preßloches und vergrößert dementsprechend seine Länge. Sollen Röhren hergestellt werden, so wird auf den Kolben c ein Dorn e

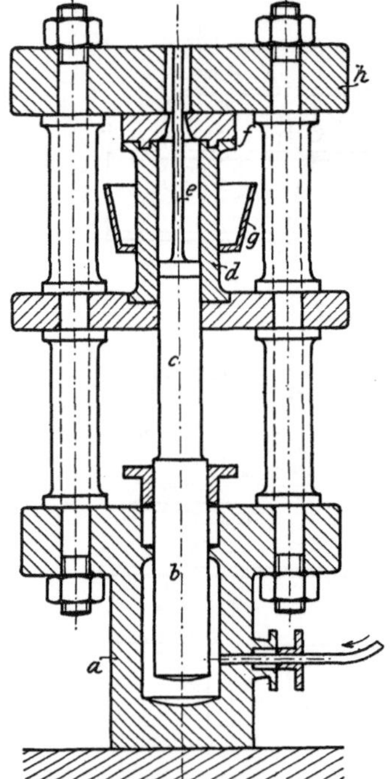

Fig. 168.
Hydraulische Bleirohrpresse.

---

[1]) Nach Ledebur, „Die Metalle".

aufgesetzt, wodurch in der Öffnung der Preßplatte ein ringförmiges Preßloch, gleich dem Rohrquerschnitt, freibleibt. Der zum Pressen nötige Druck beträgt bis zu 250 Atm., und eine Pressung dauert etwa 30 Min. Dünne Drähte oder Röhren werden dabei oft weit über 100 m lang.

Will man Bleizinnrohre herstellen, welche aus Gesundheitsrücksichten für Wasserleitungen bisweilen statt der Bleirohre verlangt werden, so setzt man in den Zylinder *d* eine Metallhülse, umgießt sie mit Blei und füllt nach Herausnahme der Hülse den Bleizylinder mit flüssigem Zinn. Die Wandstärken des Bleies und Zinnes verhalten sich dann im fertigen Rohre ebenso wie im Zylinder *d*.

8. Die Herstellung von Röhren aus schmiedbarem Eisen.

Man unterscheidet gegossene, gelötete, genietete, geschweißte und nahtlose metallene Röhren. Die Herstellung gegossener Rohre wurde im II. Abschnitt behandelt. Genietete Rohre werden in derselben Weise wie Dampfkessel hergestellt, indem man durch Rundbiegen einer Blechtafel und Nieten einer Längsnaht Schüsse bildet, welche ineinandergesteckt und durch um das Rohr laufende Rundnietnähte verbunden werden. Zur Herstellung gelöteter Rohre werden Blechstreifen durch Hämmern in eine Rille gebogen und über einen Dorn zu einem Rohre zusammengeschlagen, dessen Naht durch Löten geschlossen wird.

Geschweißte Rohre.

Nur eiserne Rohre können durch Feuerschweißung hergestellt werden. Die Schweißung ist entweder eine stumpfe, wie in Fig. 169, oder eine überlappte, wie in Fig. 170. Die stumpfe Schweißung erfolgt ohne Anwendung eines Dorns und wird auf Gasröhren angewandt, die überlappte Schweißung erfordert zur Schließung die Anwendung eines Dorns (Fig. 170) und wird bei der Herstellung von Siederohren benutzt.

Die stumpfe Schweißung ist weniger haltbar als die überlappte, besonders beim Biegen des Rohres.

Zur Herstellung der stumpf geschweißten Rohre schneidet man Blechstreifen von der Länge des herzustellenden Rohres und einer Breite zu, die etwas größer ist als der mittlere Umfang desselben. An das eine Ende dieser Blechstreifen wird zunächst ein etwa meterlanges Rundeisen geschweißt, um den Blechstreifen bei den folgenden Arbeiten handhaben zu können. Sofort nach dem Anschweißen dieses Rundeisens schlägt der Schmied den Blechstreifen an der Schweißstelle über einen Dorn zu einem Rohre zusammen, wie dies Fig. 169 zeigt. Nun wird der Blechstreifen mit anderen zusammen in einem langen Schweißofen, aus welchem das Rundeisen herausragt, bis zur hellen Rotglut erhitzt. Darauf wird derselbe von einer Schleppzangenziehbank, welche unmittelbar vor dem Ende des Ofens aufgestellt ist, aus dem Ofen heraus durch eine Ziehtüte (Ziehtrichter) gezogen, wodurch sich der ganze Blechstreifen zu einem Rohre zusammenbiegt. Nach Erhitzung des Rohres bis auf Schweißhitze in einem zweiten Schweißofen wird dasselbe aus diesem heraus durch ein Ziehloch gezogen, um in ihm geschweißt zu werden. Beim Ziehen greift die Schleppzange an dem Rundeisen an.

Die Blechstreifen zu überlappt geschweißten Rohren

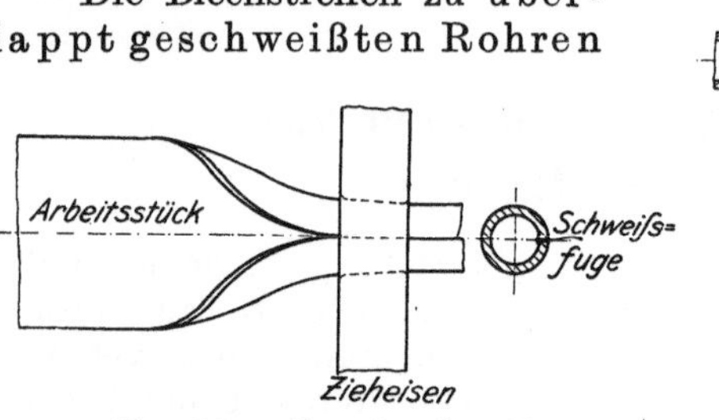

Fig. 169. Gasrohrschweißen.

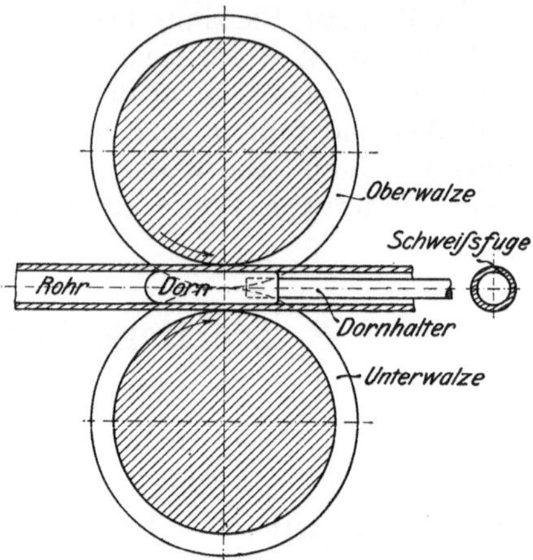

Fig. 170. Siederohrschweißen.

müssen um die Überlappung breiter sein als der mittlere Rohrumfang, und beide Längskanten müssen abgeschrägt sein. Die Abschrägung erfolgt auf einer Ziehbank mit schrägstehenden Messern. Hierauf werden die Blechstreifen ebenso behandelt wie die für stumpf geschweißte Rohre, nur muß das Schweißen der Rohre durch Walzen im Kaliber unter Anwendung eines kurzen, durch eine Stange gestützten Dorns erfolgen, wie Fig. 170 zeigt.

Weite Rohre für Dampf-, Wasserleitungen usw. mit hohem Druck (z. B. Turbinendruckrohre) werden nicht gezogen oder gewalzt, sondern stückweise von Hand überlappt geschweißt. Die zu schweißende Stelle wird von außen und innen durch einen transportablen Apparat erhitzt, dem Wassergas in Schläuchen zugeführt wird, welches an der Schweißstelle verbrennt. Beim Schließen der Schweißung mit dem Hammer wird in das Rohr ein Gegenhalter gestellt und von einem Manne mit einem langen Hebel an die Schweißstelle gedrückt. Statt des Handhammers wird zuweilen auch ein Transmissionshammer benutzt. Solche Rohre sollen in Abmessungen über 500 mm lichter Weite billiger als gußeiserne Rohre sein. Auch Formstücke (Abzweigstücke, Krümmungen usw.) werden auf diese Weise geschweißt.

Nahtlose Rohre.

a) Das Mannesmannsche Schrägwalzverfahren.

Durch das Mannesmannsche Schrägwalzverfahren werden
Röhren ohne Naht hergestellt. Man benutzt hierzu ein Walzwerk,
dessen konische Walzen, wie Fig. 143 erkennen läßt, geschränkt zueinander liegen. Doch sind zu einem Walzwerk, um ein seitliches Heraus-
fallen des Arbeitsstückes zu ver-
hüten, mindestens drei Walzen erforderlich, welche im Querschnitt
des Walzwerkes gleichmäßig verteilt
sind, während die Figur der Über-
sichtlichkeit wegen nur zwei Walzen
zeigt. Wegen der geschränkten
(schrägen) Lage der Walzen heißt das

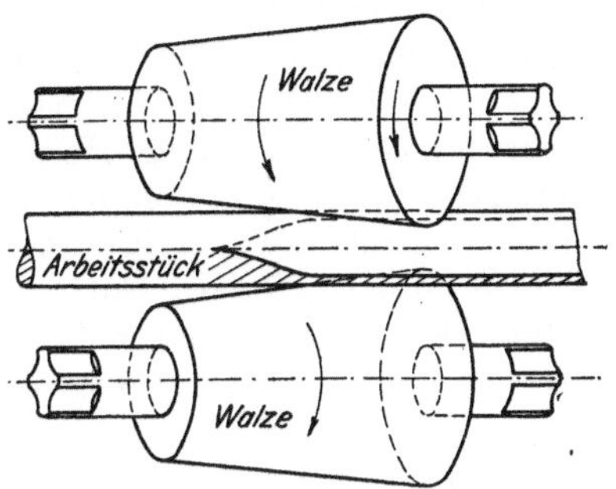

Fig. 171. Das Schrägwalzen.

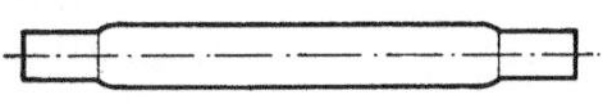

Fig. 172. Arbeitsstück vor dem Walzen.

Fig. 173. Rohr mit geschlossenen Enden.

Walzwerk Schrägwalzwerk. Das von links nach rechts (Fig. 171) in
das Walzwerk eingeführte Rundeisen, aus welchem ein Rohr gewalzt
werden soll, erhält durch die Drehung der Walzen nicht nur eine drehende,
sondern auch eine fortschreitende Bewegung. Ist nun das Arbeitsstück
so dick als der lichte kleinste Abstand der Walzen, so läuft es unverändert durch das Walzwerk hindurch, ist es aber dicker, so wird es
gestreckt. Die streckende Wirkung der Walzen übt zunächst ihren
Einfluß auf die äußeren, am Umfange liegenden Teilchen des Arbeitsstückes aus. Diese äußeren Teilchen ziehen dann die inneren mit und
infolgedessen an sich heran, so daß sich das Material in der Mittellinie
trennt und ein Rohr entsteht. Um beim Walzen eine bestimmte Wandstärke zu erzielen und das Rohr im Innern glatt zu erhalten, wird häufig
ein Dorn angewendet. Soll das erwalzte Rohr noch weiter ausgestreckt
werden, so muß man beim weiteren Walzen stets einen Dorn anwenden.
Das Walzen eines Rohres aus dem vollen Rundeisen wird Blocken
genannt.

Nach dem Mannesmannschen Verfahren werden hauptsächlich
Rohre aus Flußeisen oder Flußstahl und aus Kupfer gewalzt. Schweißeisen ist für das Schrägwalzverfahren nicht zu gebrauchen.

Durch das Mannesmannsche Walzverfahren lassen sich als
Merkwürdigkeit auch Rohre mit geschlossenen Enden walzen. Hierzu

muß das Arbeitsstück schon vor dem Walzen an beiden Enden, soweit sie vollbleiben sollen, nicht dicker sein als der kleinste lichte Walzenabstand, während es zwischen den Enden dicker sein muß, wie Fig. 172 zeigt. Das fertige Rohr mit geschlossenen Enden (Fig. 173) ist nicht, wie man denken sollte, luftleer, sondern enthält, wie Untersuchungen ergaben, sehr verdünnten Wasserstoff.

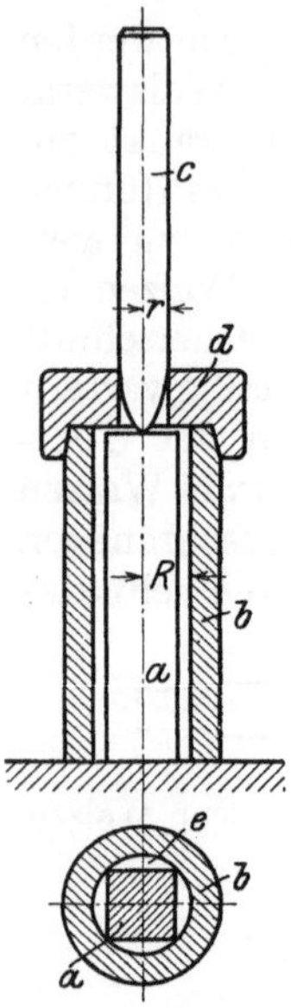

b) Das Ehrhardtsche Preßverfahren[1]).

Man bringt einen quadratischen auf helle Rotglut erhitzten Block a, Fig. 174, dessen Diagonale gleich dem äußeren Durchmesser des zu erzeugenden Hohlkörpers ist, in eine Matrize, den Hohlzylinder b von entsprechendem Durchmesser, und treibt mit einer hydraulischen Presse einen spitzen Dorn c durch den auf b gelegten Deckel d in den heißen Block. Wählt man den Radius r des Dornes nach der Gleichung:

$$r^2\pi = R^2\pi - 2R^2$$
$$r = 0{,}603\,R,$$

so kann das Material nach den Seiten ausweichen, und der Dorn dringt leicht ein, ohne den Block erheblich zu stauchen. Man kann auf diese Weise vielerlei Körper, wie Geschoßmäntel, Gewehrläufe, Kanonenrohre usw., pressen. Will man Rohre herstellen, so wird der gelochte Block in derselben Hitze auf der Ziehbank weiter ausgezogen.

Fig. 174.

---

[1]) Zeitschr. d. Ver. deutsch. Ing. 1900, S. 190.

Die Bearbeitung der Guß- und Schmiedestücke,
sowie des Holzes auf Grund ihrer Teilbarkeit und die Werkzeugmaschinen.

Allgemeines.

Die durch Gießen oder Schmieden hergestellten Gegenstände haben oft nicht genau genug die verlangte Gestalt. In solchen Fällen wird durch Abtrennen von größeren oder kleineren Stücken (Spänen) die verlangte Gestalt hergestellt. Die dazu nötigen Arbeitsverfahren gründen sich also auf die Teilbarkeit der Metalle. Da Holz unschmelzbar ist, läßt es sich nicht gießen. Auch auf Grund seiner Dehnbarkeit ist die Bearbeitung des Holzes sehr beschränkt. Sie erfolgt nur in besonderen Fällen (Wiener Stühle, Faßdauben, Schiffsplanken usw.) und in der Regel durch Biegen. Das Holz wird daher hauptsächlich auf Grund seiner Teilbarkeit bearbeitet. Diese Bearbeitung der Metalle und die des Holzes erfolgt nun entweder durch Maschinen oder mit Werkzeugen von Hand. Da die Maschinenarbeit billiger und oft auch besser ist als die Handarbeit, so sucht man die letztere immer mehr durch die erstere zu ersetzen. Im Maschinenbau pflegt man heute die Handarbeit auf Vollendungs- (Schleifen, Schaben usw.) und Montierungsarbeiten zu beschränken. Daher soll im folgenden nur die Maschinenarbeit berücksichtigt werden. Die zu der erwähnten Bearbeitung der Metalle und des Holzes dienenden Maschinen werden Werkzeugmaschinen genannt, weil sie ihre Arbeiten mit einem in die Maschine eingespannten Werkzeug ausführen.

Zur Erreichung ihres oben erwähnten Zweckes ist jede Werkzeugmaschine so eingerichtet, daß auf oder in bestimmte Teile derselben das zu bearbeitende Werkstück befestigt (aufgespannt) und an einem anderen Teile das Werkzeug, meistens ein schneidender Stahl, befestigt (eingespannt) werden kann. Durch geeignete Mechanismen werden dann mit den betreffenden Maschinenteilen entweder das Arbeitsstück oder das Werkzeug oder auch beide zugleich in solcher Weise bewegt, daß das Werkzeug vom Arbeitsstücke nach und nach Materialteile (in der Regel Späne) lostrennt, bis schließlich die gewünschte Form genau hergestellt ist.

Der Teil der Werkzeugmaschine, auf welchem das Arbeitsstück befestigt wird, heißt Tisch, Aufspannplatte, Planscheibe oder

Bohrfutter, und der das Werkzeug haltende Teil Werkzeugträger oder Support. Die resultierende gegenseitige Bewegung des Werkzeuges und des Arbeitsstückes wird in weitaus den meisten Fällen dadurch erhalten, daß zwei Einzelbewegungen ausgeführt werden, nämlich die Haupt- oder Arbeitsbewegung und die Vorschub- oder Schaltbewegung. Die erstere bedingt die Umfangs- oder Arbeitsgeschwindigkeit (Spanlänge in der Zeiteinheit), die letztere die Spandicke. Diese beiden Bewegungen können entweder auf Arbeitsstück und Werkzeug verteilt werden, oder sie können einem der beiden Stücke gleichzeitig zukommen, so daß sich folgende 4 Verteilungsmöglichkeiten ergeben:

1. Das Arbeitsstück macht die Hauptbewegung, der Stahl die Schaltbewegung, z. B. bei den Drehbänken, gew. Hobelmaschinen, Geschützbohrmaschinen.
2. Der Stahl macht die Hauptbewegung, das Arbeitsstück die Schaltbewegung, z. B. bei den Stoßmaschinen, manchen Querhobelmaschinen, manchen Fräsmaschinen.
3. Der Stahl macht die Arbeits- und die Schaltbewegung, das Arbeitsstück steht still, z. B. bei den Bohrmaschinen, manchen Querhobel- und manchen Fräsmaschinen.
4. Das Arbeitsstück macht beide Bewegungen, der Stahl steht still. Der letzte Fall kommt bei den gebräuchlichen Werkzeugmaschinen äußerst selten vor, z. B. bei der Whitworthschen Schraubenschneidmaschine.

Zur Erzielung genauer Arbeitsstücke ist ein ruhiger Gang der Werkzeugmaschinen erforderlich. Um diesen ruhigen Gang zu erzielen, ist es nötig, alle Teile der Maschinen, besonders aber die Gestelle, reichlich stark zu machen. Es genügt nicht, daß die beanspruchten Teile nicht zerbrechen, sondern dieselben müssen so stark sein, daß ihre elastischen Verbiegungen nicht zu groß werden. Den Anforderungen an die Festigkeit der Gestelle genügt man mit dem geringsten Materialaufwande und gibt gleichzeitig der Maschine ein gutes Aussehen, wenn man Hohlgußgestelle verwendet, welche darum üblich sind.

Die Einteilung der Werkzeugmaschinen.

Zwei sehr wesentlich verschiedene Materialien sind es, welche auf den Werkzeugmaschinen bearbeitet werden: die Metalle und das Holz. Die für die Bearbeitung in Betracht kommenden Eigenschaften dieser Materialien sind so verschieden, daß sie verschiedene Formen für das Werkzeug, sehr verschiedene Geschwindigkeiten und verschieden starke Bauart der Maschine bedingen. Daher zerfallen die Werkzeugmaschinen in zwei Hauptgruppen, nämlich in:

1. Metallbearbeitungsmaschinen und
2. Holzbearbeitungsmaschinen.

Faßt man ferner bei den verschiedenen Werkzeugmaschinen die Art der Arbeit und die Gestalt der Arbeitsstücke ins Auge, so ergibt sich, daß die Einrichtung einer Reihe von Maschinen sich wesentlich nur nach der Form der zu bearbeitenden Flächen, also nach der Art der Arbeit (Drehen, Hobeln, Bohren usw.) richtet, daß andere Maschinen dagegen nur zur Bearbeitung bestimmter Arbeitsstücke dienen. Die Maschinen der ersten Gruppe, welche man in jeder mechanischen Werkstätte antrifft, heißen allgemeine Werkzeugmaschinen. Die zweite Gruppe umfaßt die große, sich fortwährend vermehrende Zahl der Spezialmaschinen. In der Regel ist schon am Namen der Maschine zu erkennen, ob dieselbe zu den allgemeinen oder den Spezialmaschinen zu rechnen ist, indem die ersteren meistens nur nach der Art der Arbeit (z. B. Drehbank), die letzteren fast immer nach dem herzustellenden Gegenstande (z. B. Geschützbohrmaschine) benannt werden. Nach dem Vorhergehenden lassen sich nun sämtliche Werkzeugmaschinen in folgende vier Gruppen teilen:

1. allgemeine Metallbearbeitungsmaschinen,
2. allgemeine Holzbearbeitungsmaschinen,
3. Spezialmaschinen für die Metallbearbeitung,
4. Spezialmaschinen für die Holzbearbeitung.

Im folgenden werden hauptsächlich die allgemeinen Metall- und Holzbearbeitungsmaschinen, aber auch die im Maschinenbau gebräuchlichen Spezialmaschinen behandelt werden.

Die Metallbearbeitungsmaschinen sollen weiter eingeteilt werden in:
A Maschinen mit umlaufender Arbeitsbewegung,
B. Maschinen mit hin- und hergehender Arbeitsbewegung,
C. Maschinen zur Blechbearbeitung.

Die Werkzeuge oder Stähle.

Wie schon erwähnt, haben die Werkzeuge den Zweck, Teile, in der Regel Späne, vom Arbeitsstücke abzutrennen. Die Wirkungsweise des Werkzeuges bei dieser Arbeit ist jedoch nicht immer dieselbe. Denkt man sich ein Werkzeug (Fig. 175), dessen vordere Fläche einen Winkel von mehr als 90° mit der bearbeiteten Fläche bildet, auf dem Arbeitsstücke fortbewegt, so daß kleine Teilchen desselben abgenommen und von dem Werkzeuge vor sich hergeschoben werden, so heißt die Arbeit Schaben. Diese Arbeit wird nur als Vollendungsarbeit und zwar von Hand ausgeführt. Besitzt dagegen das Werkzeug (Fig. 176) Keilform und hat eine solche Stellung, daß eine Tangente, durch die Schneidkante an die vordere Fläche gezogen, einen kleineren Winkel als 90° mit der bearbeiteten Oberfläche des Werkstückes einschließt, also daß auf seiner vorderen Fläche eine beim Vordringen des Werkzeuges vom Arbeitsstücke losgelöste dünne Schicht, Span, emporgleiten kann, so heißt die Arbeit Schneiden. Handelt es sich um das Abarbeiten einer dicken Materialschicht, so ist das Schneiden viel vorteilhafter als das Schaben und wird daher bei den Werkzeugmaschinen immer angewendet.

Das Werkzeug wirkt beim Abtrennen des Spans stauchend auf denselben; daher ist die Länge eines Spans, auch wenn er nicht abbricht, stets kürzer als die Länge der bearbeiteten Fläche. Je zäher das bearbeitete Material und je spitzer der Stahl, desto länger werden die Späne, ehe sie abbrechen. Den Winkel a (Fig. 176), welchen die

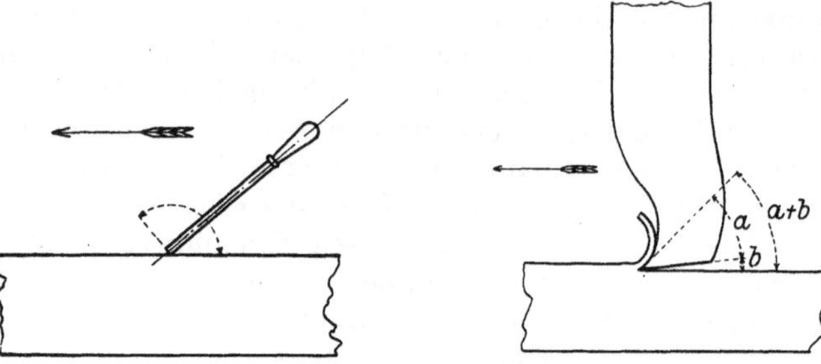

<table>
<tr><td>Fig. 175. Das Schaben.</td><td>Fig. 176. Das Schneiden.</td></tr>
</table>

beiden Keilflächen des Stahls miteinander bilden, nennt man den Zuschärfungswinkel; den Winkel b, welchen die untere Fläche desselben mit dem Arbeitsstücke bildet, den Anstellungswinkel; den Winkel $a + b$ endlich, welchen die Tangente durch die Schneidkante an die vordere Fläche des Stahls mit der bearbeiteten Fläche des Werkstückes bildet, den Schneidwinkel. Alle drei Winkel liegen in einer Ebene, welche in der Bewegungsrichtung des Stahls bzw. des Arbeitsstückes liegt und senkrecht zu der Fläche des Arbeitsstückes steht, von welcher der Span abgetrennt ist.

Von der Größe des Schneidwinkels hängt zum Teil der Verlauf der Arbeit und der Aufwand an mechanischer Arbeit ab. Nach französischen Versuchen ist ein Schneidwinkel von bestimmter Größe, aber für jedes Material ein anderer, am vorteilhaftesten. Da der Anstellungswinkel nur den Zweck hat, ein Reiben der unteren Fläche des Stahls auf dem Arbeitsstück zu verhüten, so kann derselbe in allen Fällen klein sein. Er pflegt bei der Metallbearbeitung nicht mehr als 3—4° zu betragen. Der Zuschärfungswinkel dagegen ist von der Härte des zu bearbeitenden Materials abhängig, und seine Größe muß im allgemeinen mit derselben zunehmen. Denn je spitzer das Werkzeug ist und je härter das zu bearbeitende Material, desto leichter wird offenbar die Schneide des Werkzeuges abbrechen. Daher wendet man bei Werkzeugen für die Bearbeitung des Holzes, wie auch weicher Metalle (z. B. Zinn, Blei) Zuschärfungswinkel von oft nicht mehr als 18—20° an. Der Anstellungswinkel ist in solchen Fällen etwa ebenso groß, weil sonst der Schneidwinkel zu klein würde. Dieser Winkel muß bei der Holzbearbeitung etwa 45° betragen, um ein Ausreißen von Holzfasern zu vermeiden. Bei der Bearbeitung von Gußeisen, Schweißeisen und Flußeisen beträgt dagegen der Zuschärfungswinkel zweckmäßig 50—60° und steigt bei sehr harten Metallen, z. B. Hartguß, auf 85°, so daß der Schneidwinkel beinahe 90° beträgt, also schon ein Übergang vom Schneiden zum Schaben stattfindet. Rotguß und Bronze erfordern, obgleich sie nicht härter als Eisen sind, doch einen größeren Schneidwinkel, nämlich 70°, dem ein Zuschärfungswinkel von 66° entspricht.

Die Kante, welche die beiden Keilflächen des Stahls miteinander bilden, heißt die Schneidkante; dieselbe kann geradlinig oder gekrümmt sein. Hat das Werkzeug beim Schneiden eine solche Stellung,

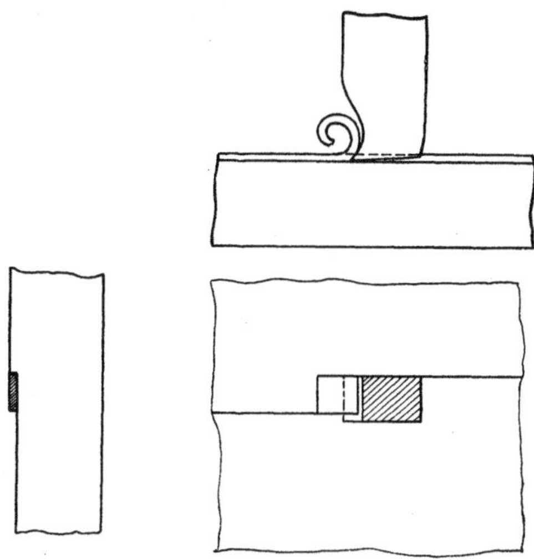

Fig. 177. Spiralförmiger Span.

daß die Schneidkante einen rechten Winkel mit der Bewegungsrichtung bildet, wie in Fig. 177, so rollt sich der entstehende Span beim Aufbiegen, wenn er nicht wegen Sprödigkeit kurz abbricht, spiralförmig zusammen. Steht dagegen die Schneidkante geneigt gegen die Bewegungsrichtung, wie in Fig. 178, so windet sich der Span schraubenförmig auf.

Man kann nun den Span auf zweierlei Weise von dem Arbeitsstücke abtrennen lassen. In Fig. 179 liegt die schneidende Kante $a—b$ des Stahls in der bearbeiteten Fläche Der Stahl muß daher nach jedem Doppelhube oder nach jeder Umdrehung um die Breite der Spanes fortrücken. Bei dieser Anordnung wird, da die Spandicke gewöhnlich nur $^1/_4$ bis 2 mm beträgt auch die Schnittiefe klein, daher das Werkzeug aus nur etwas buckeligen Arbeitsstücken häufig heraustreten und leer gehen. Es würde ebenso oft frisch fassen müssen und auf harter Gußhaut usw. bald stumpf werden. Ferner würde man keine ebene Fläche erhalten, wenn die Schneidkante keine gerade Linie wäre, und der Stahl nicht so eingespannt würde, daß seine Schneidkante genau parallel zur Richtung der Schaltbewegung wäre. Man läßt daher den Stahl in der Regel seitlich schneiden, wie Fig. 180 zeigt. Dabei bestimmt hauptsächlich die Fortrückung (der Verschub) die Dicke des Spans und die nähere oder weitere Stellung des Stahls gegen das Arbeitsstück, die Schnittiefe, hauptsächlich die Breite desselben. Übrigens stellt man dabei die Schneidkante schief gegen die zu bearbeitende

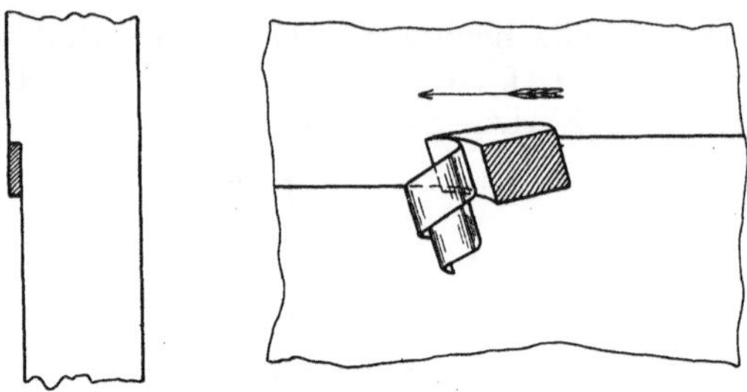

Fig. 178. Schraubenförmiger Span.

Fläche, wodurch der Spanquerschnitt nicht rechteckig wird, sondern die Form eines Parallelogramms erhält. Der Span trennt sich so leichter ab, und der Stahl enthält eine leichter herzustellende Form. Solange die Spanquerschnitte gleich sind, ist die Leistungsfähigkeit der beiden

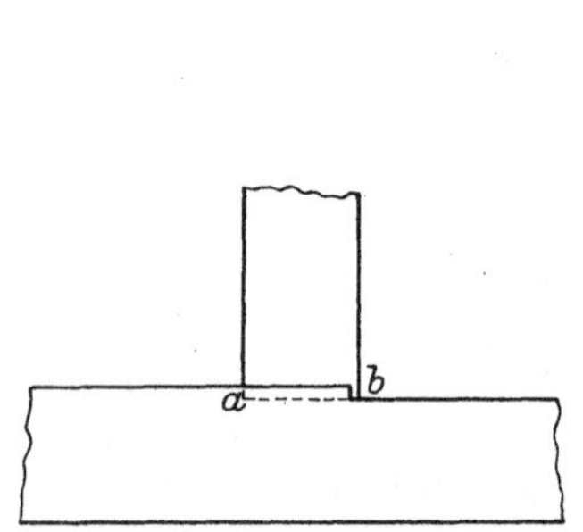

Fig. 179. Geringe Schnittiefe.

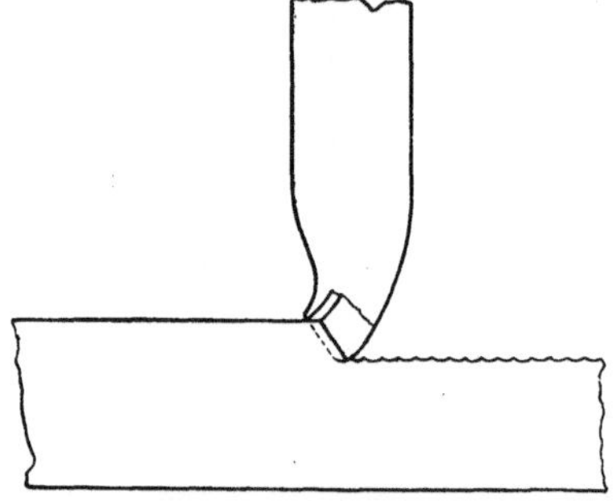

Fig. 180. Große Schnittiefe.

Arbeitsmethoden die gleiche. Handelt es sich, wie beim Schlichten, um die Abarbeitung einer dünnen Schicht (geringe Schnittiefe), so erhält man bei der ersten Methode größere Spanquerschnitte als bei der zweiten. Sie ist dann vorteilhafter. Dagegen schruppt man vorteilhafter nach der zweiten Methode.

Der Stahl soll vor der Schneide zurückgebogen sein, wie Fig. 181 zeigt, damit er beim Nachgeben (Federn) nicht in das Arbeitsstück hinein, sondern eher aus demselben heraustritt, weil er andernfalls leichter abbricht. Über die Herstellung der Stähle ist noch zu bemerken, daß dieselben in möglichst wenig Hitzen geschmiedet und der arbeitende Teil derselben nicht durch Stauchen seine Form erhalten soll, weil beides die Güte des Stahles verringert. Nach dem Ausschmieden werden die Stähle gehärtet, angelassen und geschliffen. Werkzeuge zur Bearbeitung von Hartguß werden aus Wolfram- oder Chromstahl hergestellt und sind naturhart, d. h. sie bedürfen keiner künstlichen Härtung. In Nord-Amerika verwendete man gußeiserne Werkzeuge besonders zum Vordrehen, deren Schneiden aus Hartguß bestanden.

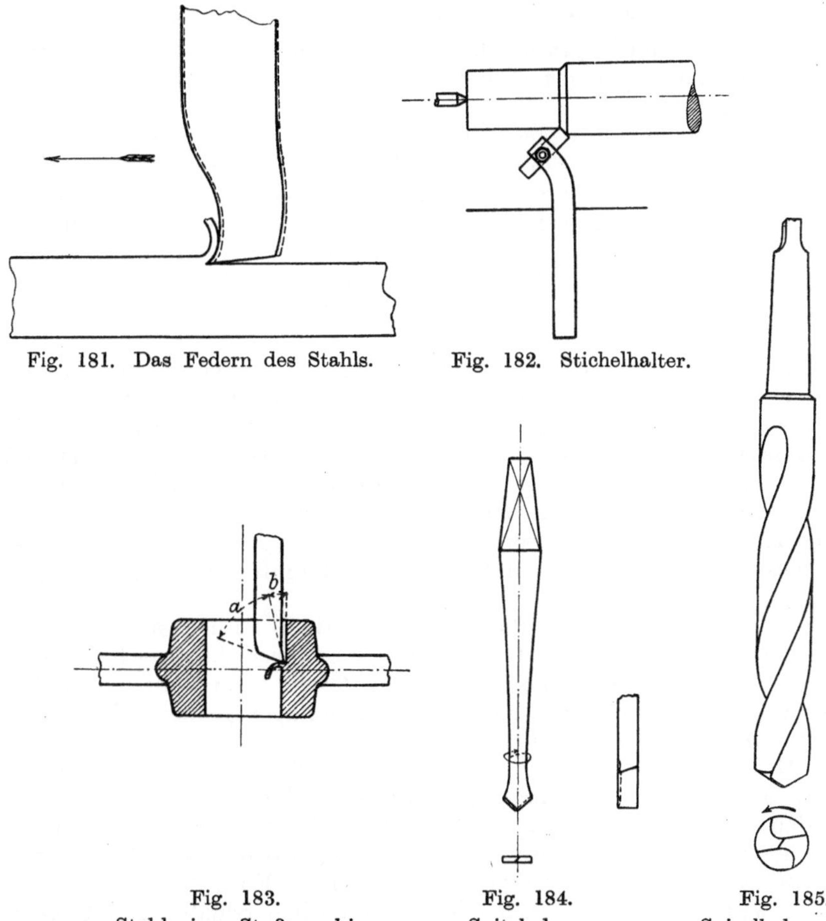

Fig. 181. Das Federn des Stahls.

Fig. 182. Stichelhalter.

Fig. 183.
Stahl einer Stoßmaschine.

Fig. 184.
Spitzbohrer.

Fig. 185.
Spiralbohrer.

Seit 1900 werden in allen Ländern Schnellarbeitsstähle benutzt, welche erheblich größere Arbeitsgeschwindigkeiten zulassen als die früher benutzten. Die Schnellarbeitsstähle werden durch künstliche Abkühlung, z. B. in einem Luftstrome oder in Petroleum oder in geschmolzenem Talg, gehärtet. Die Erhitzung einfacher Stähle für das Härten erfolgt im Schmiedefeuer. Um größere Werkzeuge (Fräser usw.) gleichmäßig zu härten, werden dieselben in einem Gasofen vorgewärmt, dann in ein Salzbad von bestimmter Temperatur getaucht und darauf abgekühlt. Das Salzbad besteht für Schnellarbeitsstahl aus elektrisch geschmolzenem Chlorbarium und besitzt eine Hitze von 1300° C, für gew. Werkzeugstahl aus elektrisch geschmolzenem Chlorkalium und ist 750° C heiß. Der Energieverbrauch beträgt für jedes cm³ des Salzbades bei 750° C etwa 0,25 Watt, bei 1300° etwa 3 Watt, also für ein 8 L-Bad 2 bzw. 24 KW. Werkzeuge aus Schnellarbeitsstahl werden dann in geschmolzenem Talg und solche aus gew. Werkzeugstahl erst in abgekochtem Salzwasser und dann in Öl abgekühlt.

Der Sparsamkeit wegen soll das Werkzeug mit einem möglichst geringen Aufwande an Stahl hergestellt werden. Um nun dünne und kurze Stähle verwenden zu können, hat man oft besondere Stichelhalter (Fig. 182) angewendet, welche aber doch nicht zu allgemeiner Einführung gelangt sind. Zur Ersparung von teurem Schnellarbeitsstahl werden jetzt häufig kleine Plättchen aus diesem Stahl auf schmiedeeiserne Stäbe so geschweißt oder gelötet, daß die Stahlplättchen die Scheiden bilden.

Die oben angegebenen Zuschärfungswinkel gelten für Stähle solcher Werkzeugmaschinen, deren Arbeitsbewegung senkrecht zur Längenachse des Stahls erfolgt; sie sind aber zu klein, wenn, wie bei Stoßmaschinen, die Arbeitsbewegung in der Richtung des Stahls stattfindet. Damit der Stahl bei diesen Maschinen durch Federung nicht zu tief in das Werkstück eindringt, muß der Zuschärfungswinkel a (Fig. 183) für die Bearbeitung von Schmiedeisen und Gußeisen mindestens 66° und für die von Bronze und Rotguß mindestens 76° betragen.

An den Stählen der Bohrmaschinen, den Bohrern (Fig. 184), lassen sich günstige Schneidwinkel an der Spitze nicht erreichen. Aus diesem Grunde ist auch die erforderliche Arbeit beim Bohren verhältnismäßig größer und muß die Schaltung geringer genommen werden als bei den übrigen Arbeiten.

Die Spiralbohrer (Fig. 185) haben außer an der Spitze gute Schneidwinkel, welche durch richtiges Nachschleifen nicht verändert werden. Außerdem zentrieren sich diese Bohrer gut in der Einspannvorrichtung und führen sich gut im Bohrloch, wodurch ein Verlaufen derselben fast unmöglich ist. Zu ihrer Einspannung besitzen sie entweder einen konischen oder zylindrischen Schaft. Die Bohrer mit konischem Schaft steckt man entweder direkt in die Bohrspindel der Bohrmaschine oder, wenn ihr Schaft dazu zu klein ist, in eine in die Bohrspindel eingesetzte Konushülse (Fig. 186). Für die konischen Schäfte sind dreierlei Normalien gebräuchlich: Der amerikanische Morsekonus in 6 Größen, der deutsche metrische Konus in 11 Größen, von denen die 4 kleinsten mit den entsprechenden Morsekonen übereinstimmen, und der Reineckerkonus in 10 Größen. Bohrer mit zylindrischem Schaft werden in ein zentrisch spannendes Futter eingespannt, welches seinerseits mit einem konischen Schafte in der Bohrspindel steckt.

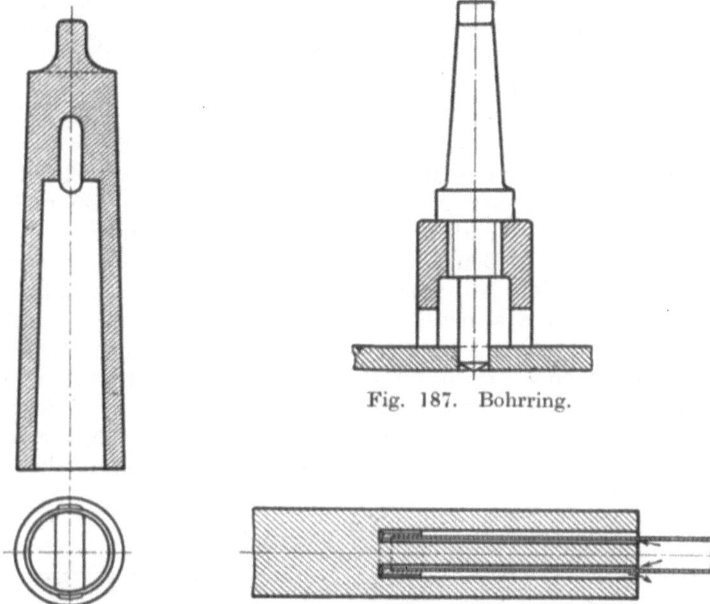

Fig. 187. Bohrring.

Fig. 186. Konushülse.

Fig. 188. Rohrbohrer.

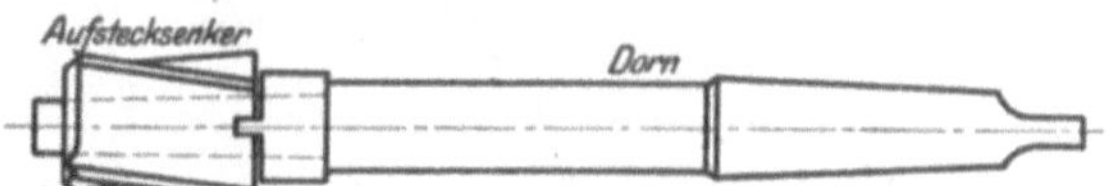

Fig. 189. Aufstecksenker mit Dorn.

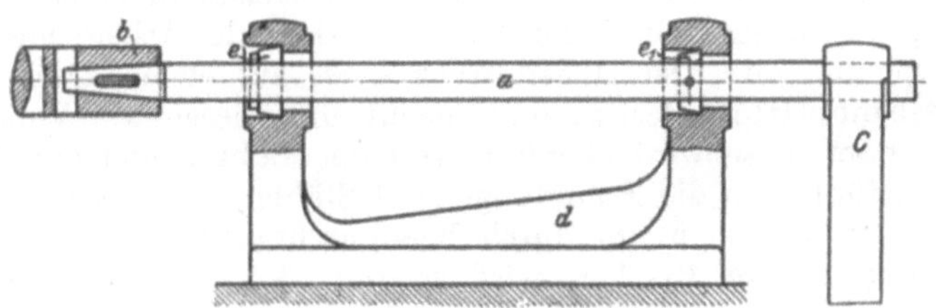

Fig. 190. Bohrstange.

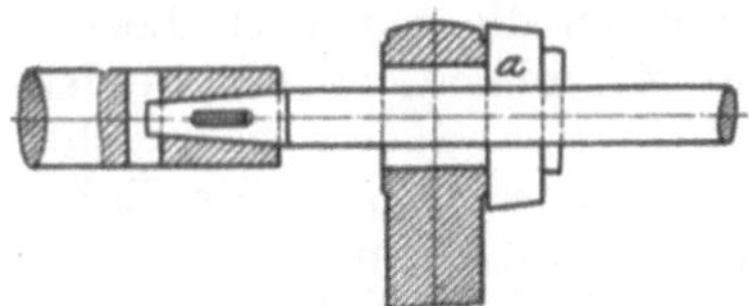

Fig. 191. Quermesser.

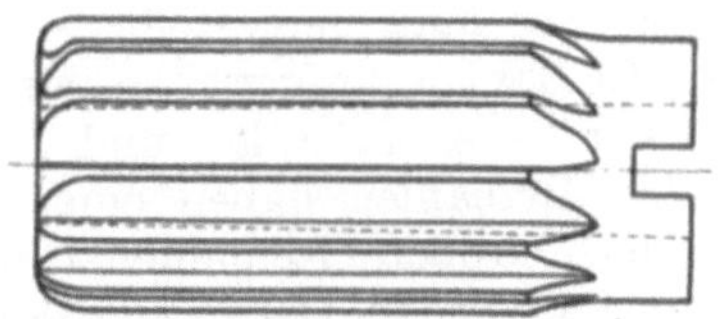

Fig. 192. Aufsteckreibahle.

Der Bohrring (Fig. 187) sticht aus dünnen Platten (z. B. den (Rohrwänden der Röhrenkessel) runde Putzen heraus, wobei nicht der ganze Lochinhalt zerspant, also Nutzarbeit gespart wird.

Zur Herstellung sehr tiefer Löcher, z. B. zum Bohren von Kanonenrohren und Schiffswellen, benutzt man den Rohr- oder Kernbohrer (Fig. 188). Durch den hohlen Bohrer wird Öl oder Seifenwasser unter Druck den Schneiden des Bohrers zugeführt, um sie zu kühlen und die Späne aus der Bohrung zu entfernen. An Bohrringen und Rohrbohrern lassen sich überall gute Schneidwinkel ausführen.

Größere, beim Gießen oder Schmieden hergestellte Löcher werden durch Senker oder Bohrstangen mit Stählen ausgebohrt. Man unterscheidet Spiralsenker und Aufstecksenker. Spiralsenker sind Spiralbohrer mit wenigstens drei Nuten, aber ohne Spitze. Einen Aufstecksenker nebst Dorn zeigt Fig. 189. Besondere Senker dienen zum Versenken von Schraubenköpfen (Kopfsenker) und Schraubenhälsen (Halssenker). Bohrstangen werden auf Wagerecht-Bohrmaschinen gebraucht. Fig. 190 zeigt eine solche nebst Arbeitsstück.

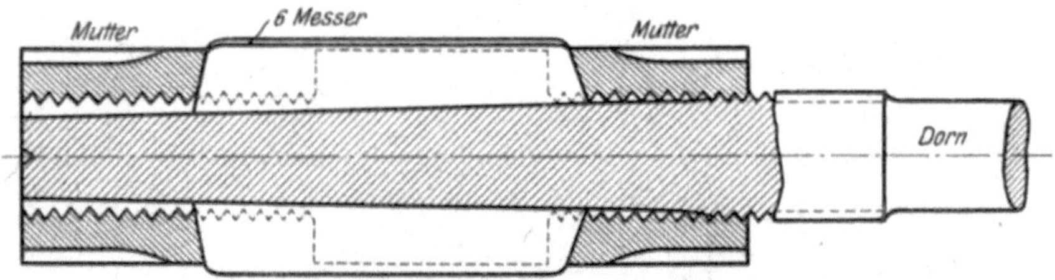

Fig. 193. Verstellbare Reibahle.

Die Bohrstange a ist einerseits mit ihrem konischen Schafte in die Bohrspindel b der Maschine eingekeilt, andererseits in einem besonderen Lager c gelagert und macht die rotierende Arbeitsbewegung der Bohrspindel mit. Das Arbeitsstück d ist auf einem Tische oder einer Aufspannplatte befestigt und macht mit diesen die Vorschubbewegung, oder diese wird ebenfalls von der Bohrspindel und Bohrstange ausgeführt. In die Bohrstange sind Stähle, Bohrzähne e und e_1 eingekeilt oder werden in ihr durch Klemmschrauben gehalten. Zum Abfräsen der Lagerendflächen wird in der Bohrstange ein Quermesser a, Fig. 191, befestigt oder auf sie ein Stirnfräser gesteckt, welche die Ringfläche in ihrer ganzen Breite mit einem Male bearbeiten.

Sollen, wie bei der Serienfabrikation erforderlich, Bohrungen genau auf Maß hergestellt werden, so müssen die gebohrten Löcher mit Reibahlen aufgerieben werden. Als Maschinenreibahlen werden Schaft-, Aufsteck- und verstellbare Reibahlen gebraucht. Kleine Reibahlen haben einen Schaft zum Einstecken in die Bohrspindel. Größere Reibahlen (Fig. 192) werden auf einen in der Bohrspindel sitzenden Dorn (Fig. 189) gesteckt. Da solche Reibahlen durch Abnutzung kleiner werden, sind sie bald für genaue Arbeiten unbrauchbar. Man benutzt daher mit Vorteil, besonders bei der Serienfabrikation, verstellbare Reibahlen (Fig. 193). Ihr Durchmesser läßt sich durch Verschiebung ihrer Messer mit Hilfe der beiden Muttern vergrößern und durch Nachschleifen der Reibahle berichtigen. Es gibt auch verstellbare Reibahlen, deren Messer bis ans Ende des Dornes reichen, um Sacklöcher aufreiben zu können. Sie werden verstellbare Grundreibahlen genannt.

Fräser sollen schneiden und nicht reiben. Es ist darum unzweckmäßig, sie fein zu zahnen. Als Muster gut schneidender Fräser können die hinterdrehten und deshalb ohne Profiländerung nachschleifbaren Fräser (Fig 194) gelten. Man unterscheidet Stirn-, Nuten-, Walzen-, Profil- und Wurmfräser, welche in den Figuren 194—199 dargestellt sind. Stirnfräser berühren mit ihrer Stirn- oder Endfläche die zu bearbeitende Fläche und sind hier gezahnt. Diese Zähne schneiden aber nur, wenn der Fräser wie ein Bohrer achsial vorgeschoben wird. Erfolgt der Vorschub rechtwinklig zur Umdrehungsachse, so schneiden Zähne am Umfange des Fräsers, wie in den Fig. 195 und 196, sichelförmige Späne vom Arbeitsstücke. Kleine Stirnfräser (Fig. 195) haben einen konischen Schaft (Schaftstirnfräser), größere werden auf einen Dorn oder eine Bohrstange gesteckt (Fig. 196). Der Schaft des Fräsers oder des Dorns wird mit seinem Konus in die Spindel der Maschine eingesetzt. Nuten- (Fig. 197), Walzen- (Fig. 198) und Profilfräser (Fig. 194) haben die Zähne an ihrem Umfange, berühren mit diesen die zu bearbeitende Fläche und werden besser nach Fig. 200 als nach Fig. 201 bewegt. Wurmfräser (Fig. 199) dienen zum Fräsen von Schnecken-, Stirn- und Schraubenrädern und haben die Gestalt gezahnter Schnecken. Nuten-, Walzen-, Profil- und Wurmfräser haben eine Bohrung, mit welcher sie wie in Fig. 198 auf einen Dorn gesteckt werden, welcher wie eine Bohrstange oder mit Konus und Schraube in der Arbeitsspindel der Maschine befestigt wird.

Die Sägen, besonders die Kreissägen, gleichen in ihrer Wirkungsweise den Nutenfräsern, nur sind sie schmäler. Sie sind entweder runde, dünne am Umfange gezahnte Stahlscheiben, Kreissägen, oder gezahnte, dünne Stahlstreifen, Blattsägen oder Bandsägen. Die Form der gebräuchlichen Sägezähne ist in den Figuren 202—206 dargestellt. Sie schneiden entweder nur in einer Richtung, wie die Dreieckzähne in den Figuren 202 und 206 und die Wolfszähne in Fig. 205, oder in beiden Bewegungsrichtungen der Säge, wie die gleichschenkeligen Dreieckzähne in Fig. 204 und die M-förmigen Zähne in Fig. 203. Fig. 202 stellt eine Metall-, die übrigen Figuren stellen Holzsägen dar. Damit das Sägeblatt sich „frei schneidet", d. h. sich leicht und ohne Klemmung in dem von ihm erzeugten Schnitte bewegt, muß die Schneide des Blattes breiter sein als das Sägeblatt dick ist. Dies wird entweder durch einen trapezförmigen Sägeblattquerschnitt (Fig. 202) oder durch die Schränkung der Zähne erreicht. Diese besteht, wie Fig. 206 zeigt, darin, daß die Zähne abwechselnd nach rechts und links aus der Ebene des Sägeblattes herausgebogen sind. Dadurch wird der Sägeschnitt

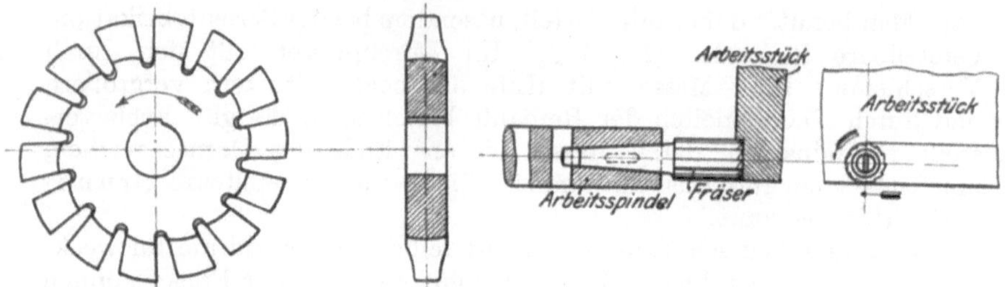

Fig. 194. Zahnradfräser (Profilfräser).

Fig. 195. Schaftstirnfräser.

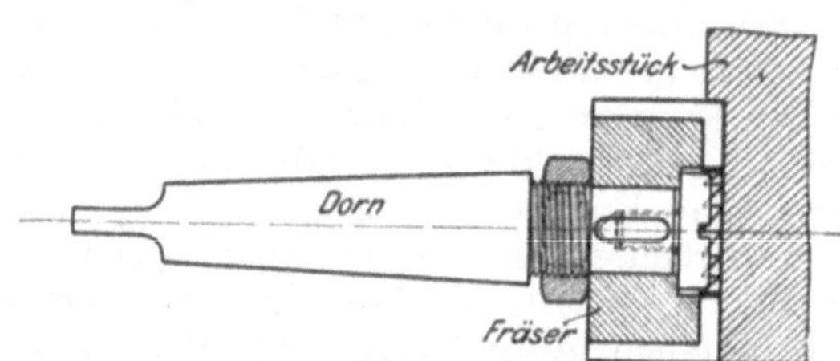

Fig. 196. Dornstirnfräser.

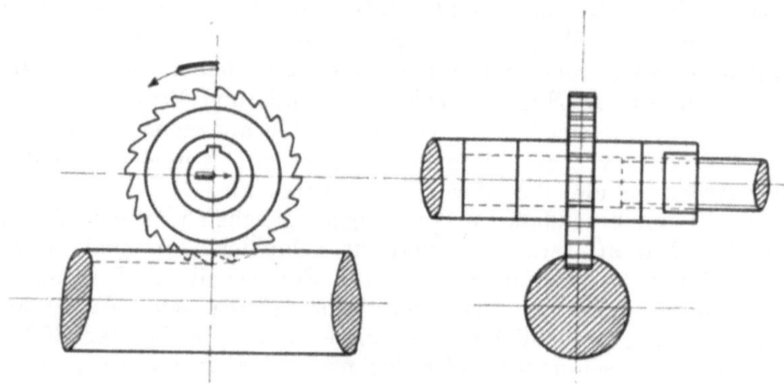

Fig. 197. Nutenfräser.

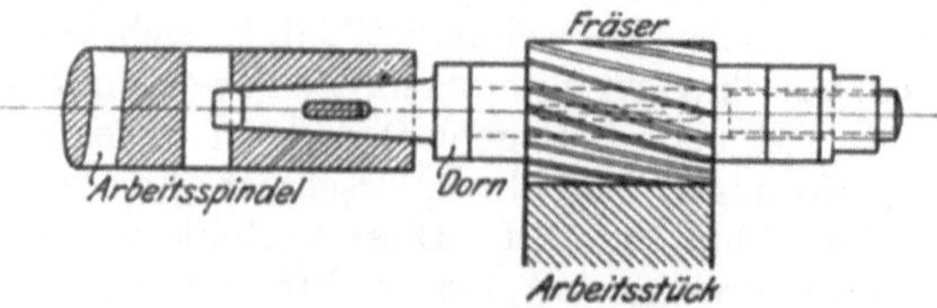

Fig. 198. Walzenfräser.

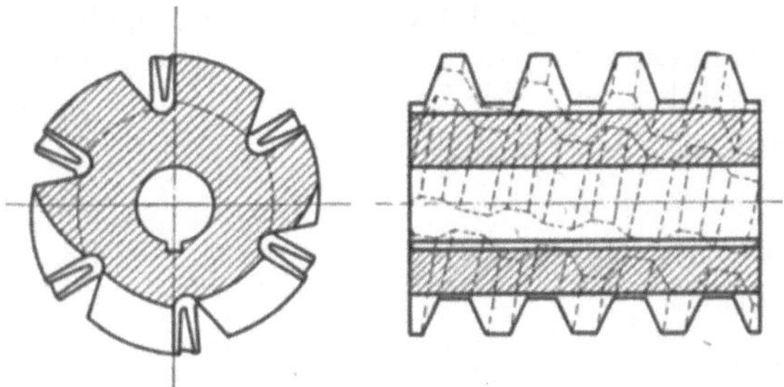

Fig. 199. Wurmfräser.

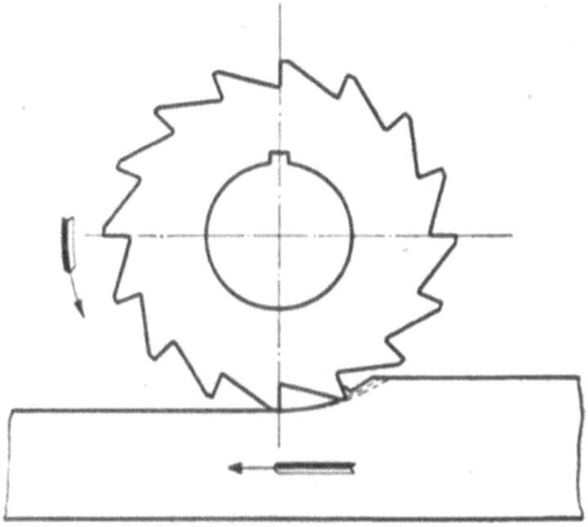

Fig. 200. Fräserbewegung.

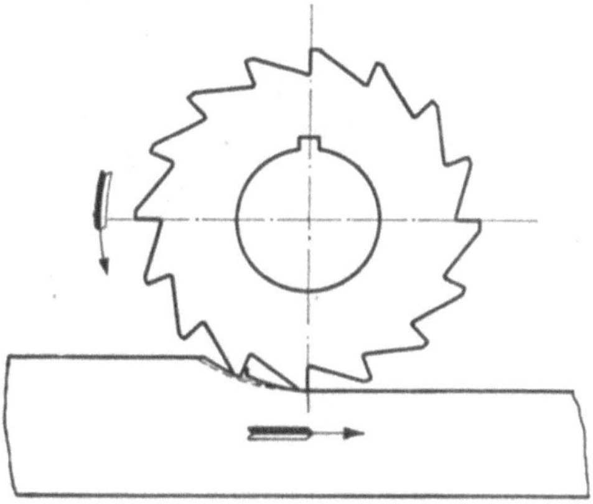

Fig. 201. Fräserbewegung.

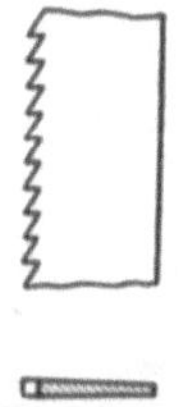

Fig. 202.
Dreieckzähne.

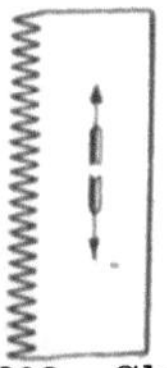

Fig. 203. Gleich-
schenkelige Dreieckzähne.

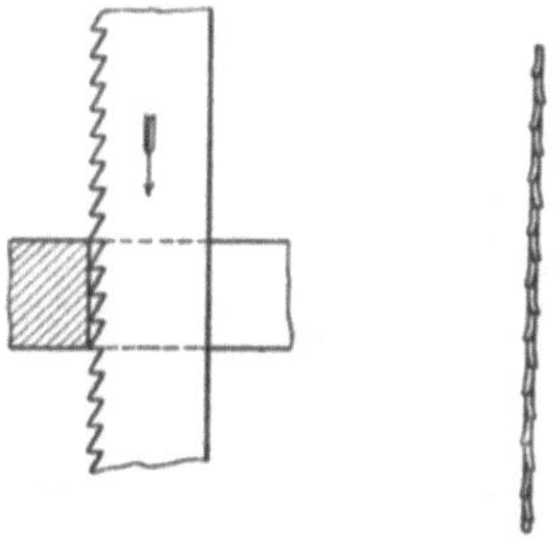

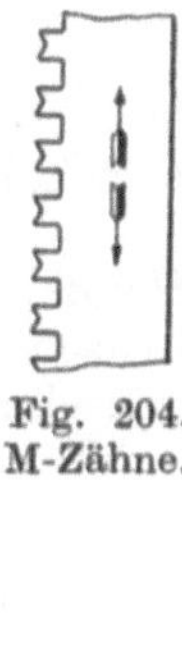

Fig. 204.
M-Zähne.

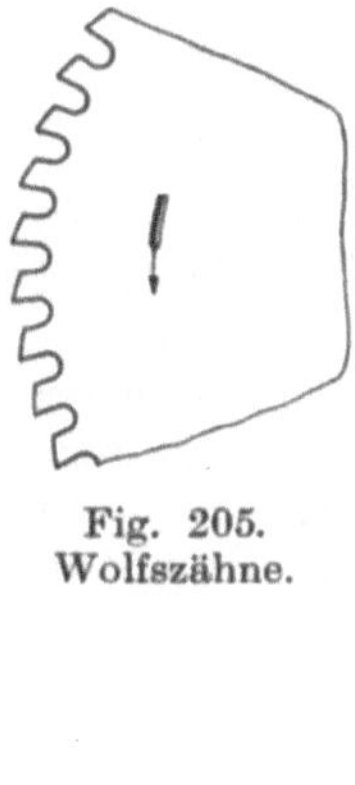

Fig. 205.
Wolfszähne.

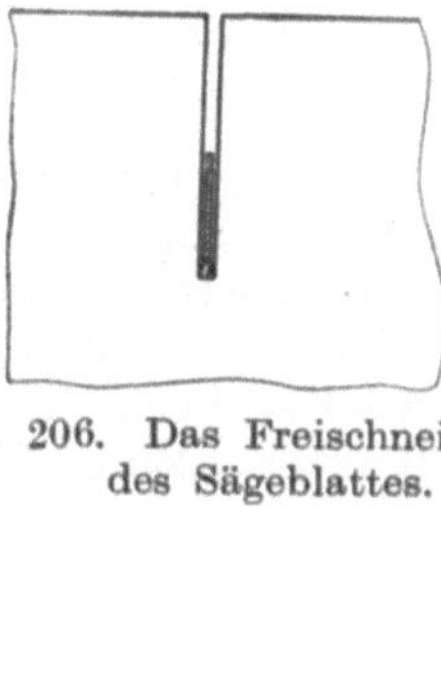

Fig. 206. Das Freischneiden
des Sägeblattes.

breiter als die Dicke des Sägeblattes. An einem Sägeblatte mit M-förmigen Zähnen schneidet in jeder Bewegungsrichtung jedesmal nur die Hälfte der Schneidkanten. Die Zähne nach Fig. 203 haben in beiden Bewegungsrichtungen unvorteilhaftere Schneidwinkel wie die übrigen

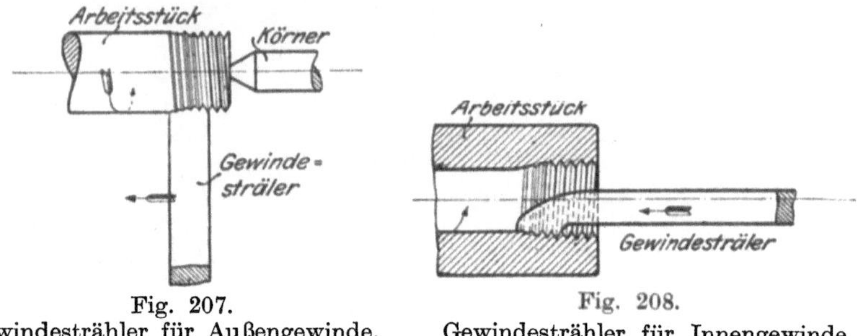

Fig. 207.
Gewindesträhler für Außengewinde.

Fig. 208.
Gewindesträhler für Innengewinde.

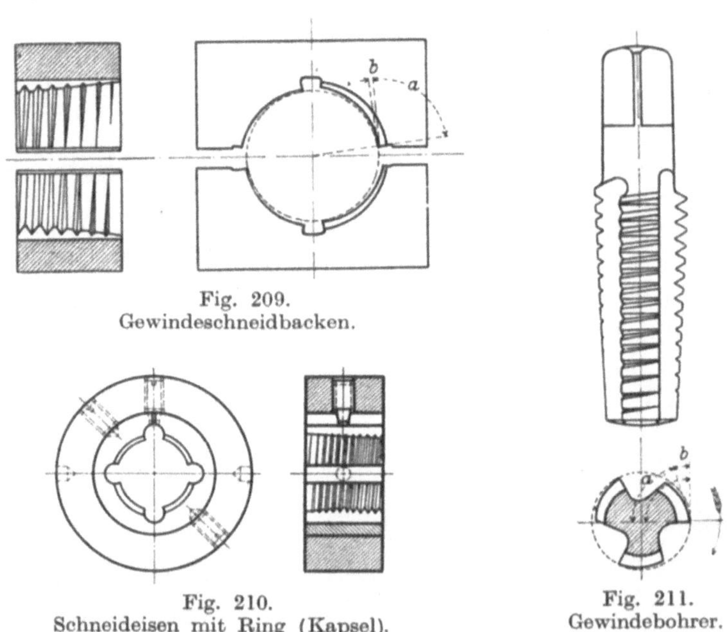

Fig. 209.
Gewindeschneidbacken.

Fig. 210.
Schneideisen mit Ring (Kapsel).

Fig. 211.
Gewindebohrer.

Zähne in der benutzten Bewegungsrichtung. Wolfszähne und M-Zähne bieten den Sägespänen mehr Platz als Dreieckzähne.

Die Gewinde der Schrauben werden entweder von Hand oder auf der Drehbank oder auf besonderen Schraubenschneidmaschinen (Gewindeschneidmaschinen), Muttergewinde auch auf Bohrmaschinen geschnitten. Zum Gewindeschneiden auf Drehbänken benutzt man einfache Stähle oder Gewindesträhler (Fig. 207 und 208), während man in den übrigen Fällen Schneidbacken (Fig. 209) oder Schneideisen (Fig. 210 und Gewindebohrer (Fig. 211) anwendet. Diese Schneid-

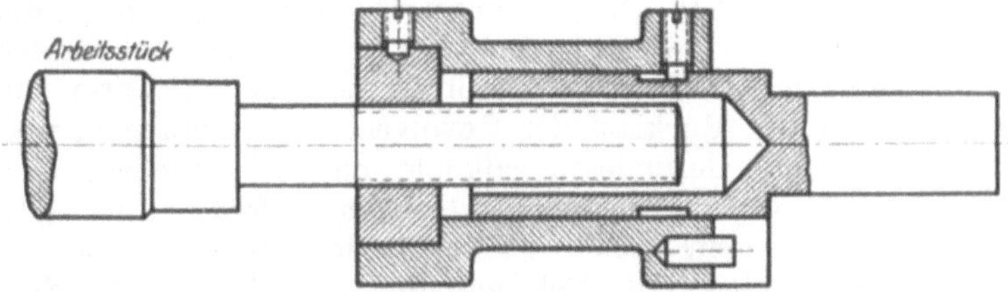

Fig. 212. Selbstauslösender Schneideisenhalter.

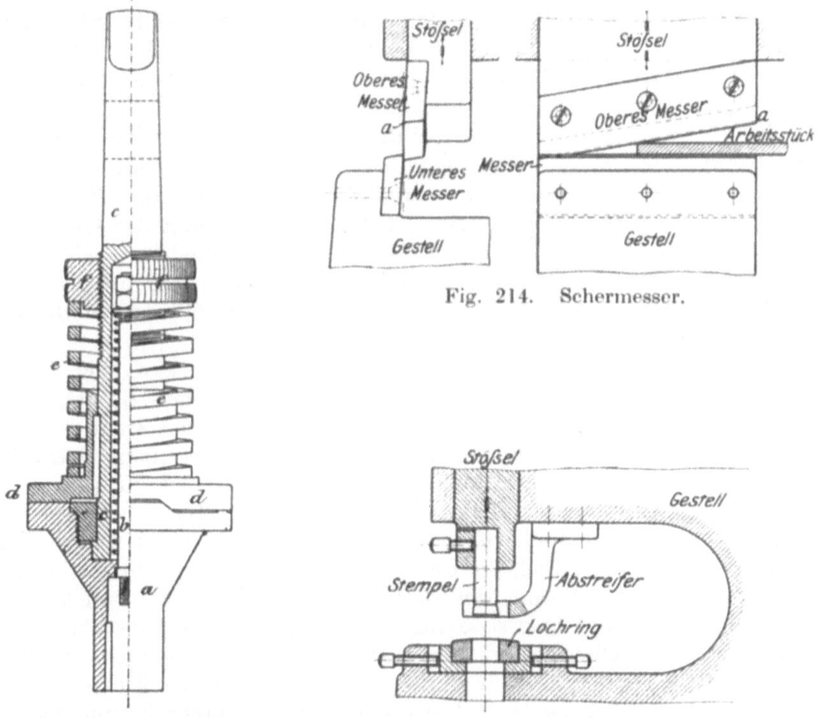

Fig. 214. Schermesser.

Fig. 213. Patent-Gewindeschneidvorrichtung (nach Fischer).

Fig. 215. Stempel und Lochring.

zeuge sollen wirklich schneiden und nicht quetschen. Sie werden daher mit Nuten versehen, so daß ihre Schneidwinkel nicht größer als 90° werden. Außerdem macht man sie nach Sellers Vorgange konisch, so daß ein allmählicher Angriff des Werkzeuges stattfindet, und das Gewinde in einem Durchgange geschnitten werden kann.

Meyer, Technologie. 5. Aufl. 13

Nur beim Gewindeschneiden in Sacklöcher ist dies nicht möglich. Man muß daher einen zweiten Gewindebohrer, den zylindrischen Nachschneider anwenden. Maschinengewindebohrer haben einen längeren Schaft als der Handgewindebohrer (Fig. 211). Schneideisen werden auf Revolverdrehbänken in selbstauslösenden Schneideisenhaltern (Fig. 212) verwendet. Zur Entfernung des Arbeitsstückes aus dem Schneideisen muß die Revolverdrehbank rückwärts laufen. Um die Zeit für den Rücklauf der Revolverbank zu ersparen, wendet man selbstöffnende Gewindeschneidköpfe an, bei welchen, ähnlich wie in Fig. 392, drei Gewindeschneidbacken selbsttätig radial auseinanderbewegt werden, sobald das Gewinde geschnitten ist. Zum Mutergewindeschneiden auf Bohrmaschinen wird in ihre Spindel eine Gewindeschneidvorrichtung eingesetzt, welche den Gewindebohrer enthält. Hat der Gewindebohrer den Grund des Loches erreicht, so wird je nach der Einrichtung der Gewindeschneidvorrichtung entweder die Umlaufrichtung der Bohrmaschine umgekehrt, oder die Vorrichtung kehrt die Drehrichtung des Gewindebohrers um. Das erstere ist bei der Patent-Gewindeschneidvorrichtung (Sicherheitskupplung), Fig. 213, das letztere bei der Errington - Gewindeschneidvorrichtung der Fall. Die Sicherheitskupplung verhindert durch ihr Auslösen einen Bruch des Gewindebohrers wenn die Maschine nicht rechtzeitig umgesteuert wird. Bei der Anwendung der letzteren Vorrichtung wird oben auf der Bohrspindel ein Stellring befestigt, welcher kurz vorher, ehe der Gewindebohrer den Grund des Loches erreicht, auf das Antriebskegelrad c (Fig. 349) aufstößt und dadurch die umgekehrte Drehung des Gewindebohrers einleitet.

Das Werkzeug der Scheren besteht aus 2 Messern (Fig. 214), von denen das obere an einen auf und ab beweglichen Stößel, das untere an das Gestell geschraubt ist. Das obere Messer steht in der Regel schräg. Sein Neigungswinkel (8—10°) darf aber nicht so groß werden, daß das Arbeitsstück zur Seite geschoben wird. Die Neigung des oberen Messers wird nötig, wenn man Schnitte auszuführen hat, welche länger als die Messer sind. Man schiebt dann nach jedem Hube der Maschine das Arbeitsstück in der Schnittrichtung vor, bis es ganz durchschnitten ist. Damit bei dieser Arbeit das Arbeitsstück am Scherenschnitte keine Querrisse bekommt, darf der höchste Punkt a der Schneide des Obermessers in seiner tiefsten Stellung nicht in das Arbeitsstück eindringen. Durch den Druck der beiden Messer wird ein Kippmoment auf das Arbeitsstück ausgeübt. Dieses Kippmoment kann dünne Arbeitsstücke so umbiegen, daß sie sich zwischen die Messer klemmen, wenn diese nicht gepreßt aneinander vorbeigehen. Damit nun bei seinem Niedergange sich das obere Messer nicht auf das untere setzt, gestaltet man dasselbe so, daß es auch in seiner höchsten Stellung noch an dem unteren Messer liegt. Dies kann ebenfalls durch die Schrägstellung des Obermessers erreicht werden.

Fig. 215 zeigt das aus Stempel und Lochring bestehende Werkzeug der Lochmaschinen. Der Stempel ist durch eine Klemmschraube im Stößel befestigt und macht mit diesem die Arbeitsbewegung. Der Lochring liegt in einem Ringe, welcher durch Stellschrauben zentriert werden kann, auf dem Gestelle der Maschine. Der Abstreifer dient zum Niederhalten des Arbeitsstückes, wenn der Stempel beim Rückgange sich aus ihm herauszieht.

Die Aufspannvorrichtungen.

Zum Befestigen der Arbeitsstücke auf den Werkzeugmaschinen sind ihre Tische, Aufspannplatten oder Planscheiben mit ⊥- oder trapezförmigen Aufspannuten oder mit Löchern oder Schlitzen versehen.

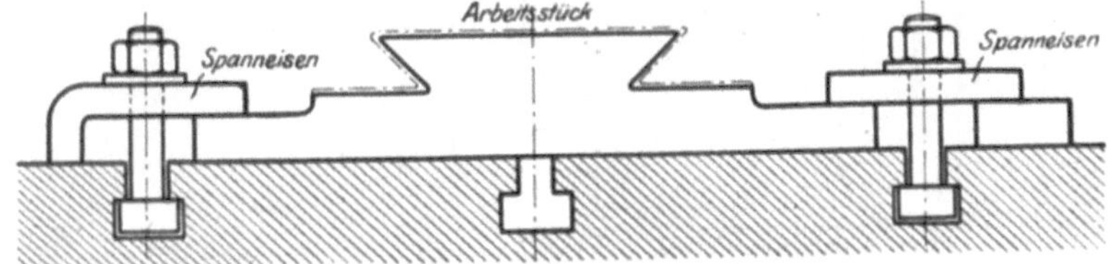

Fig. 216. Befestigung mit Spanneisen.

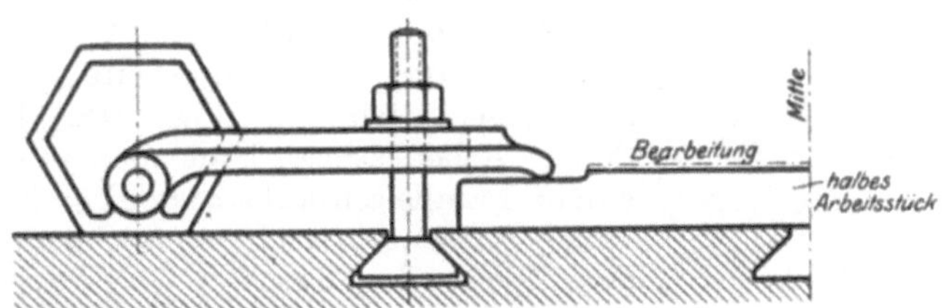

Fig. 217. Verstellbares Spanneisen.

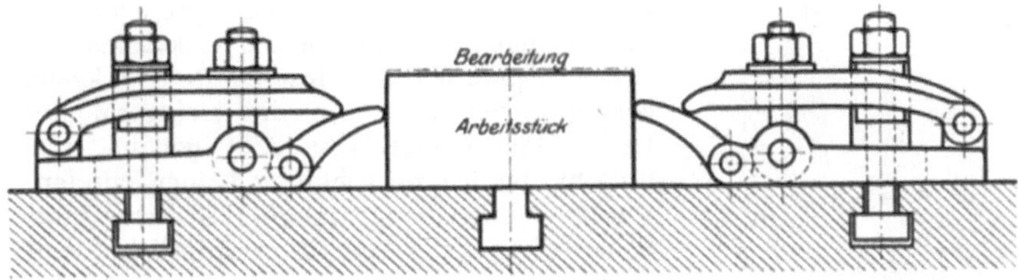

Fig. 218. Seitenspanner.

In die Nuten werden Schrauben mit ihren Köpfen geschoben, welche zum Befestigen von Spanneisen dienen. Die Löcher und Schlitze, z. B. in Planscheiben, werden zum Durchstecken der Spannschrauben benutzt. Fig. 216 zeigt die Befestigung eines Arbeitsstückes mit gew. Spanneisen. Sie sind entweder an einem Ende umgebogen, oder man gebraucht für sie Unterlagen in der ungefähren Höhe des Arbeitsstückes an der zu spannenden Stelle. Verstellbare Spanneisen (Fig. 217) gebrauchen keine Unterlagen und spannen doch verschieden hohe

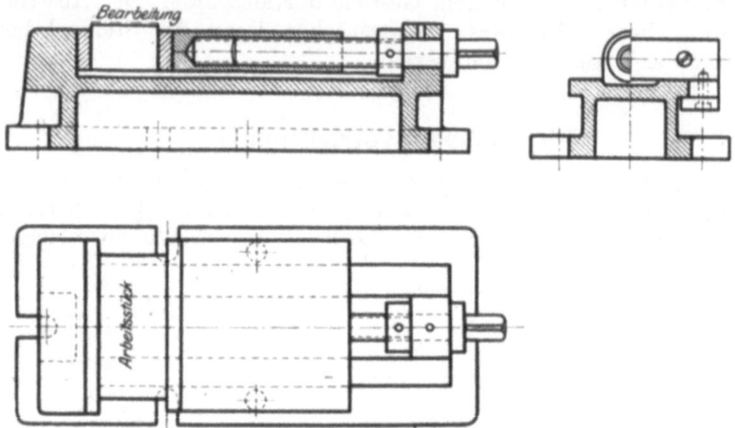

Fig. 219.   Maschinenschraubstock.

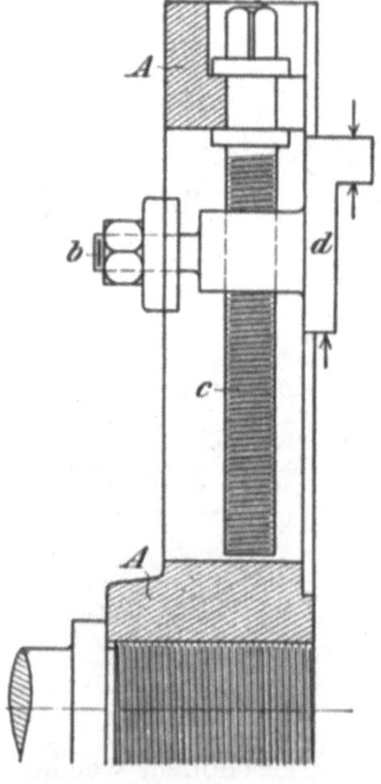

Fig. 220.   Universal Planscheibe (nach Fischer).

Arbeitsstücke fest. Arbeitsstücke, deren ganze obere Fläche bearbeitet werden soll, werden durch von der Seite spannende Spanneisen, wie in Fig. 218, befestigt. Solche Arbeitsstücke kann man schneller in einem Parallelschraubstocke (Fig. 219) festspannen, der seinerseits entweder direkt auf dem Tische der Maschine oder drehbar auf einem Untersatze und mit diesem auf dem Tische befestigt ist. Dünne Arbeitsstücke lassen sich nicht gut von der Seite spannen. Sie werden am besten durch elektromagnetische Spannplatten festgehalten. Solche Spannplatten sind wie die elektromagnetische Planscheibe (Fig. 222) gebaut, nur umgibt die Magnetwicklung keinen runden, sondern einen langrunden Eisenkern, und Schleifringe sind nicht erforderlich, weil eine Leitungskordel zur Zuführung des Stromes benutzt werden kann. Zur Aufnahme des Stahldruckes ist am Ende der Spannplatte eine Anschlagleiste vorhanden, gegen welche das Arbeitsstück sich legt. Elektromagnetische Spannplatten werden auf Schleif-, Fräs- u. Hobelmaschinen verwendet.

Planscheiben dienen auf Drehbänken zum Aufspannen kurzer Arbeitsstücke (Riemenscheiben, Zahnräder usw.). Die Stücke werden entweder durch Schrauben und Spanneisen vor der Planscheibe befestigt oder zwischen verstellbare Klauen (Backen) gespannt, oder man benutzt beide Befestigungsmittel. Die mit 4 radial verstellbaren

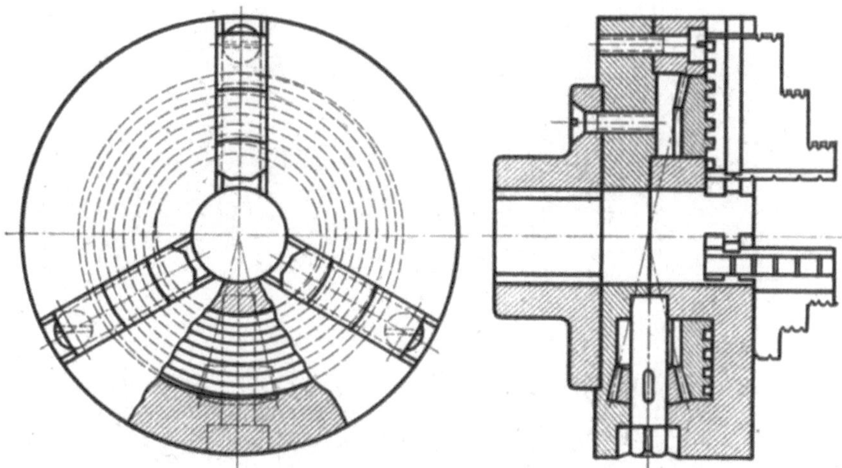
Fig. 221. Dreibackenfutter.

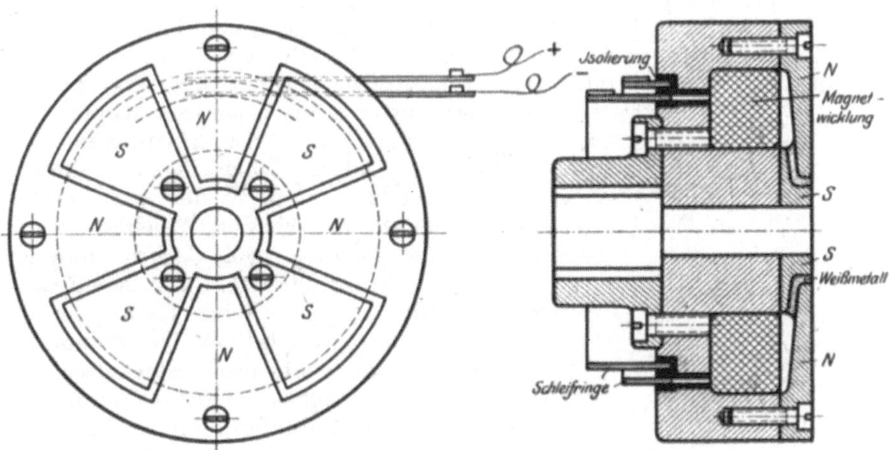

Fig. 222. Elektromagnetische Planscheibe.

Spannklauen versehene Planscheibe (Fig. 220) wird Universalplanscheibe genannt. Die amerikanischen Planscheiben sind nicht mit Spannklauen, nur mit Löchern versehen. Zum selbsttätigen Zentrischspannen von Arbeitsstücken dienen Aufspannfutter oder Planscheiben mit zwei oder drei gleichzeitig radial verstellbaren Spannbacken. Die

Aufspannfutter heißen demgemäß Zwei- oder Dreibackenfutter. Fig. 221 zeigt ein solches Aufspannfutter. Andere Zwei- oder Dreibackenfutter werden zum Einspannen von Bohrern mit zylindrischen Schäften gebraucht.

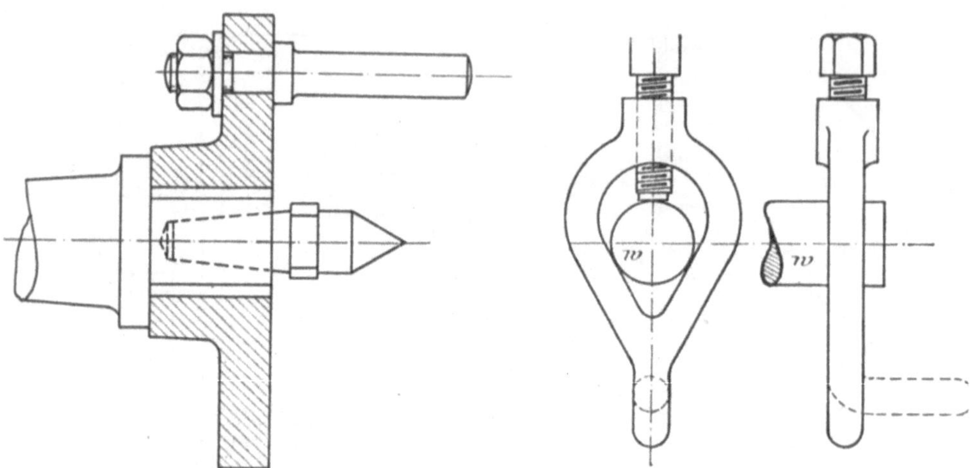

Fig. 223. Mitnehmerscheibe.

Fig. 224. Drehherz (nach Fischer).

Manche Arbeitsstücke, z. B Kolbenringe, lassen sich besonders zum Schleifen sehr leicht auf einer elektromagnetischen Planscheibe (Fig. 222) aufspannen. Diese Planscheine besteht aus einer dicken gußeisernen Scheibe mit einer ringförmigen Aussparung für die

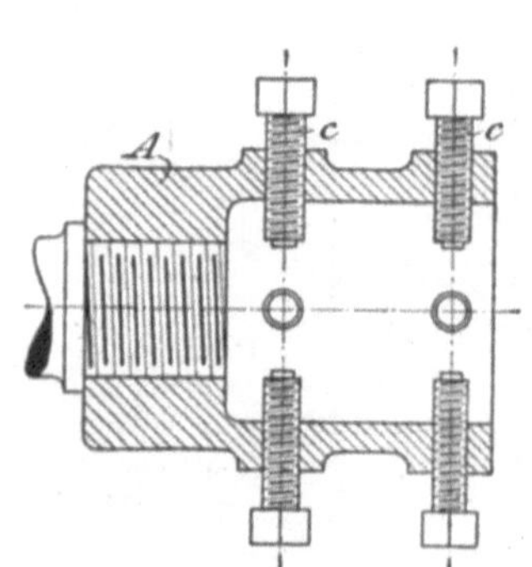

Fig. 225. Bohrfutter
(nach Fischer).

Magnetwickelung aus isoliertem Kupferdraht. Der elektrische Strom wird durch 2 Bürsten und 2 Schleifringe in die Magnetwickelung und wieder aus ihr herausgeleitet, sobald das Arbeitsstück festgehalten werden soll. Wird nun durch den Strom der Rand der Scheibe zum Nordpol, so wird ihr Kern zum Südpol. Das Arbeitsstück wird am stärksten angezogen, also festgehalten, wenn es beide Pole verbindet. Darum bildet die aufgeschraubte Scheibe durch Weißmetall getrennte Polschuhe für beide Pole, welche so ineinander greifen, daß auch verschieden große Arbeitsstücke stets beide Polschuhe verbinden. Soll das Arbeitsstück abgenommen werden, so wird der Strom durch einen Ausschalter unterbrochen. Ein an die Planscheibe geschraubtes Paßstück mit Muttergewinde dient dazu, die Scheibe auf einer Spindel zu befestigen. Nur eiserne Arbeitsstücke können auf diese Scheibe gespannt werden, und die Späne bleiben meist am Arbeitsstücke hängen, bis der Strom ausgeschaltet wird.

Lange Arbeitsstücke (Wellen usw.) werden zwischen die beiden Körner einer Drehbank gespannt. Damit das so eingespannte Arbeits-

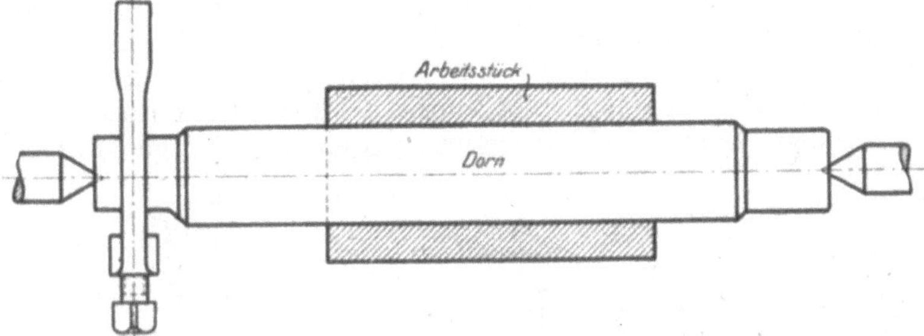

Fig. 226. Drehdorn.

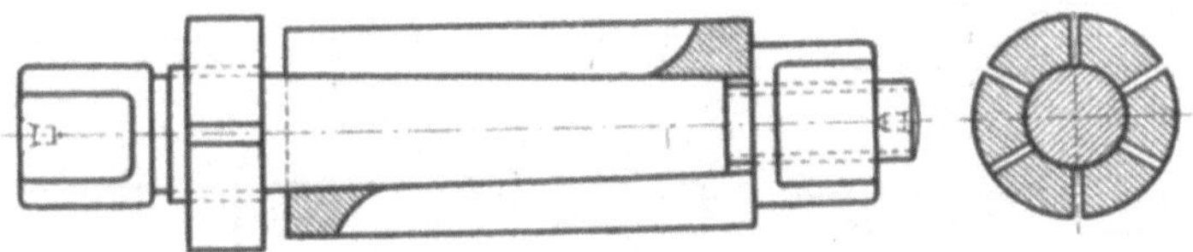

Fig. 227. Expandierender Drehdorn.

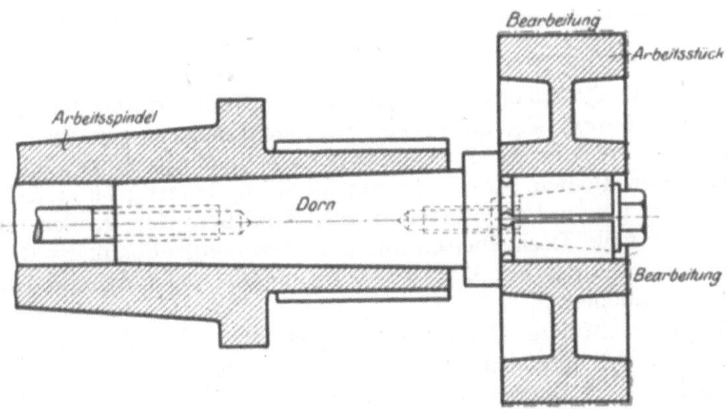

Fig. 228. Freitragender Drehdorn.

stück an der Drehbewegung der Arbeitsspindel teilnimmt, muß der Bolzen der auf der letzteren befindlichen Mitnehmerscheibe (Fig. 223) an das auf dem Arbeitsstücke befestigte Drehherz (Fig. 224) schlagen und dasselbe mitnehmen.

Zum Aufspannen kleiner Arbeitsstücke, wie Büchsen usw., welche ausgebohrt werden sollen, dient das Bohrfutter (Fig. 225). Da dasselbe 8 einzustellende Schrauben enthält, spannt man solche Stücke schneller in ein selbstzentrierendes Aufspannfutter nach Fig. 221.

Sollen ausgebohrte Arbeitsstücke auch außen, und zwar konzentrisch zur Bohrung abgedreht werden, so sind sie beim Aufspannen nach der Bohrung auszurichten. Man schlägt oder preßt solche Stücke daher auf einen Dorn, den man wie in Fig. 226 zwischen die Körnerspitzen einer Drehbank spannt. Diese Dorne sind um einige hundertstel mm konisch geschliffen, damit nach Grenzlehren gebohrte Stücke darauf fest werden. Wegen der Kegelform des Dornes muß das Arbeitsstück auf dem Dorne noch ausgerichtet werden. Ein genaues Aus-

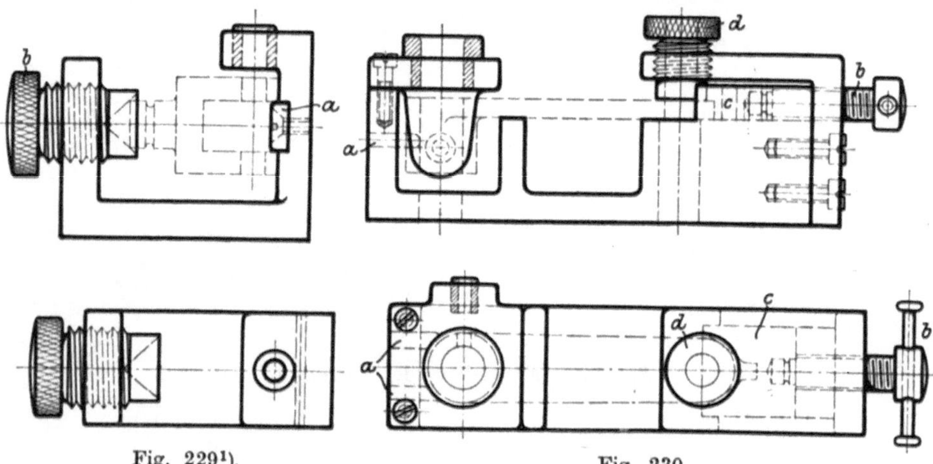

Fig. 229[1]).   Fig. 230.

richten des Arbeitsstückes nach der Bohrung findet durch den expandierenden Dorn (Fig. 227) statt, welcher daher für genaue Arbeiten zu empfehlen ist. Dieser Dorn wird ohne Schlagen oder Pressen durch Anziehen der kleinen Mutter in der Bohrung befestigt und nach der Lösung der genannten Mutter durch Anziehen der großen Mutter gelöst. Für viele Dreharbeiten auf der Revolverdrehbank ist der freitragende Dorn nach Fig. 228, welcher ebenfalls expandierend ist, sehr gut zu gebrauchen.

Um eine größere Genauigkeit zu erzielen, das Anreißen zu ersparen und ein schnelles Aufspannen zu ermöglichen, wendet man besondere den herzustellenden Arbeitsstücken angepaßte Aufspannvorrichtungen an. Die Herstellung solcher Aufspannvorrichtungen lohnt sich aber nur, wenn eine größere Zahl gleicher Arbeitsstücke hergestellt werden kann, d. h. bei der Serien- oder Massenfabrikation. Besonders auf Bohrmaschinen finden solche Aufspannvorrichtungen, in diesem Falle auch Bohrlehren genannt, häufig Verwendung. Die Figuren 229—235 zeigen solche Bohrlehren Fig. 229 zeigt eine Lehre

―――――――――

[1]) Die Fig. 229—236 sind der Arbeit „Stock, Bohrlehren" in der „Werkstattstechnik" 1912 entnommen.

zum Bohren eines rohen Gelenkstückes. Durch die Leiste a und die kegelförmig ausgedrehte Schraube b wird das Arbeitsstück ausgerichtet und fest gehalten. Zum Bohren eines einfachen Hebels dient die Lehre Fig. 230. In ihr wird der Hebel von den Stiften a und dem Prisma c ausgerichtet und durch Anziehen der Schraube b und Bohrbüchse d

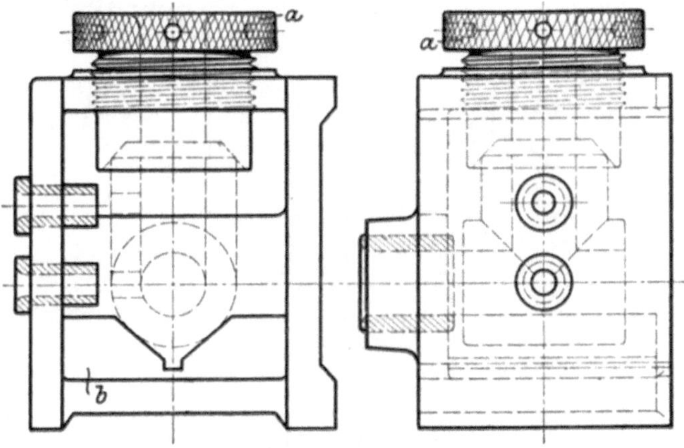

Fig. 231.

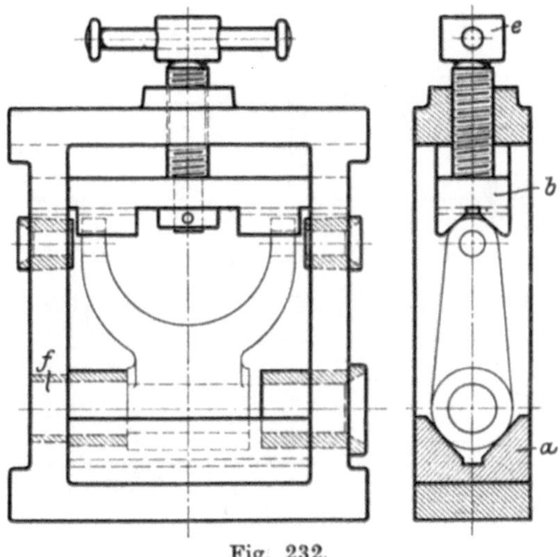

Fig. 232.

festgehalten. Eine Lehre zum Bohren gegossener roher T-Stücke stellt Fig. 231 dar. Das T-Stück wird durch die Schraube a und das Prisma b ausgerichtet und festgespannt. Da das Arbeitsstück roh ist, also keine genauen Abmessungen hat, kann es beim Bohren des durchgehenden Loches keine feste Unterstützung bekommen. Es wird vom Prisma b

hierbei nur durch Reibung gehalten. Daher muß die Schraube a mit einem Hakenschlüssel fest angezogen werden. Fig. 232 veranschaulicht eine Lehre zum Bohren eines rohen Gabelhebels. Sie ist ein offner

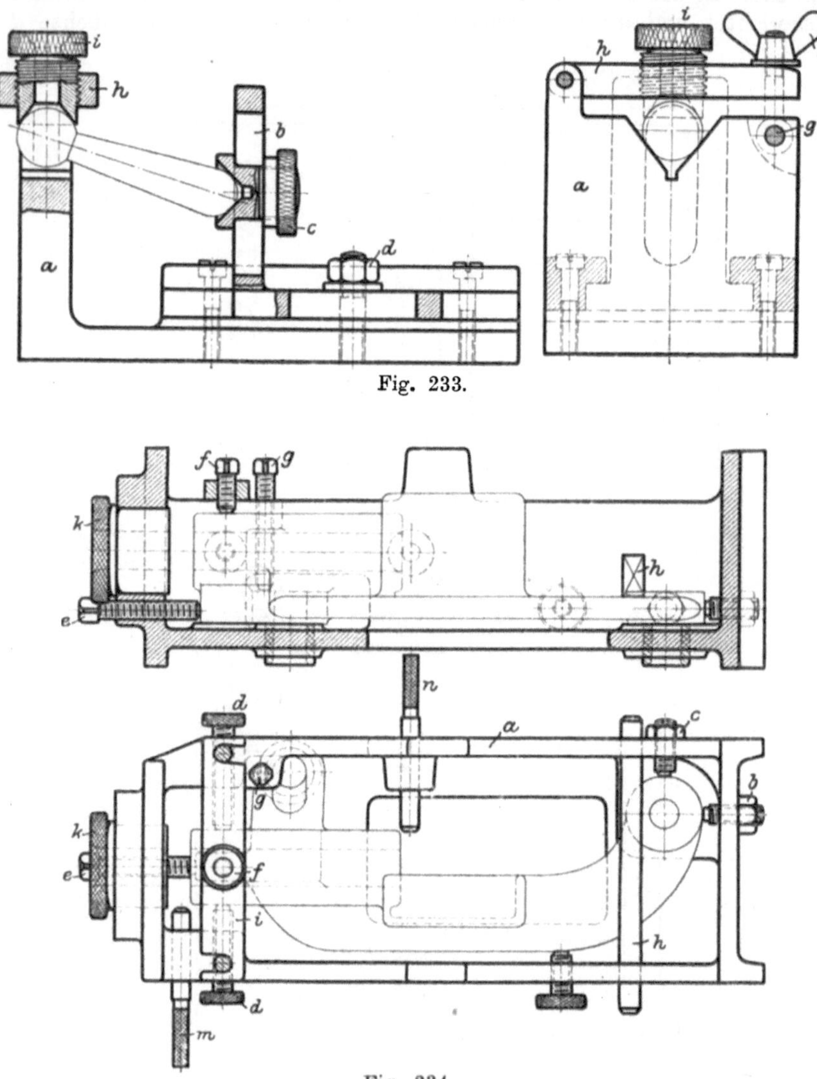

Fig. 233.

Fig. 234.

Rahmen. Der in den Rahmen gelegte Hebel wird durch das feste Prisma a und das durch eine Knebelschraube e bewegliche Prisma b ausgerichtet und festgehalten. Die Büchse f dient als Anschlag beim Einlegen des Arbeitsstückes und als Unterstützung beim Bohren des

Nabenloches. Zum Bohren eines Kugelgriffs von wechselnder Länge und Kugelgröße und beliebiger Neigung der Bohrung zum Griff kann man sich der in Fig. 233 dargestellten Bohrlehre bedienen. Sie besteht aus dem Winkel a und einem kleineren, verstellbaren Winkel b. Die

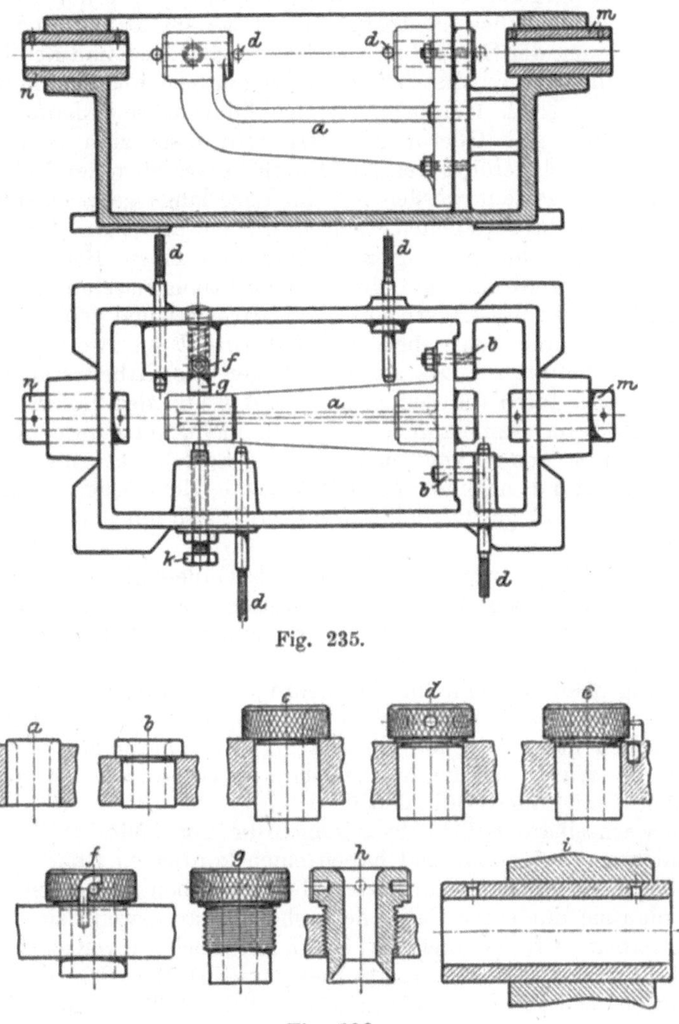

Fig. 235.

Fig. 236.

Kugel des Arbeitsstückes wird durch Herunterschlagen des Bohrdeckels h, Aufklappen und Anziehen der Klappschraube g in einer winkelförmigen Ausfräsung des einen Schenkels der Bohrlehre festgespannt. Das Ende des Griffes nimmt die in dem verstellbaren Winkel b auf und ab verstellbare Schraube c auf. Der Winkel b wird durch die

Schraube d festgestellt. Die Bohrbüchse i ist verstellbar, um die Lehre wechselnden Kugelgrößen anpassen zu können. Die Bohrlehre besteht aus Siemens-Martin-Eisen. Die Bohrbüchse i und die Schraube c sind gehärtet. Eine Bohrlehre für das Fallager einer Bohrmaschine ist in Fig. 234 dargestellt. Die Schrauben b, c, d, e, f, g und der Keil h halten das Arbeitsstück in bestimmter Lage im Bohrkasten a fest. Nach der Lösung der Schrauben f und g, der Brücke i und des Keiles h kann das gebohrte Arbeitsstück herausgenommen und ein neues eingelegt werden. Nach Herausnahme der Bohrbüchse k kann bequem eine Bohrstange mit Quermesser oder Stirnfräser zum Anschneiden des Augenlagers eingeführt werden. Durch Vorschieben der Meßstifte m und n kann festgestellt werden, ob die Lagerlänge genau erreicht ist.

Die bisher beschriebenen Lehren dienen alle zum Bohren mit Senkrechtbohrmaschinen. Fig. 235 zeigt nun einen Bohrkasten für einen Lagerbock, welcher auf der Wagerechtbohrmaschine verwendet wird. Der Flansch des Lagerbocks a ist bearbeitet und gebohrt. Dieser Flansch wird durch Schrauben und Paßstifte b an zwei Leisten des Bohrkastens befestigt. Das vordere Lager des Arbeitsstückes wird noch besonders durch die Schrauben f und k und den Bolzen g so gehalten, daß beim Festspannen der Bock nicht verspannt wird. Die Bohrbüchsen m und n sind mit leichtem Schiebesitz eingepaßt und werden von Hand nachgeschoben. Die mit dem Quermesser angeschnittenen Augenlager werden auf genaue Länge mit den Meßstiften d nachgemessen.

Die Bohrlehren werden am besten als Gußeisenkästen hergestellt, es kommen aber auch solche aus Walzeisen vor.

Die Fig. 236 a—i zeigen die gebräuchlichsten Formen der Bohrbüchsen.

In Fig. 236a ist eine in die Lehre eingepaßte Bohrbüchse dargestellt. Ihre Länge ist gleich dem doppelten Bohrerdurchmesser. Sie ist außen meist schwach konisch und wird meist angewendet.

Ist die Wand der Lehre schwach, so verwendet man die feste Bohrbüchse mit Bund (Fig. 236b).

Auswechselbare Bohrbüchsen zeigen die Fig. 236c—f. Sie werden auf Schiebesitz eingepaßt und haben einen kordierten Rand zum Herausdrehen. Unter dem kordierten Rande haben sie einen Ansatz, damit man sie mit einer Gabel herausheben kann, wenn sie sich festgesetzt haben. Oft ist auch ihr Rand mit Löchern versehen, um sie mit einem Hakenschlüssel herausdrehen zu können. Um das Drehen und Verschieben solcher Büchsen während des Bohrens zu verhindern, sichert man sie wie in Fig. 236e durch einen Stift bzw. wie in Fig. 236f.

Die Bohrbüchse Fig. 236g dient gleichzeitig zum Festhalten des Arbeitsstückes und die Bohrbüchse Fig. 236h zentriert außerdem das Arbeitsstück.

Fig. 236i zeigt eine auf leichten Schiebesitz eingepaßte Bohrbüchse mit 2 Öllöchern, welche nur an Bohrkästen für Wagerechtbohrmaschinen vorkommen.

Die Bohrbüchsen werden in Massen angefertigt und auf Lager gehalten. Sie bestehen aus Gußstahl (Werkzeugstahl) oder aus Siemens-Martin-Eisen oder selten aus Gußeisen. Gußstahlbüchsen werden erst in Wasser, dann in Öl gehärtet und bei 225° angelassen. Bohrbüchsen aus Siemens-Martin-Eisen werden im Einsatz gehärtet, indem man sie mit Knochenkohle in Einsatzkästen einpackt, in diesen in einen Glühofen bringt und sie dort 5 bis 6 Stunden lang bei 900° glüht. Nach dem Erkalten werden sie nochmals für sich allein auf 800° erwärmt und dann in Salzwasser abgekühlt.

Die Geschwindigkeiten.

Entsprechend den bei den Werkzeugmaschinen vorkommenden beiden Bewegungen sind auch zwei Geschwindigkeiten zu unterscheiden, nämlich die Arbeits- oder Schnitt- und die Schaltgeschwindigkeit. Die erstere ist bei Maschinen mit umlaufender Arbeitsbewegung die Umlaufgeschwindigkeit des Arbeitsstückes oder des Stahls, bei Maschinen mit geradliniger Arbeitsbewegung die Hubgeschwindigkeit von Arbeitsstück oder Werkzeug. Durch diese Geschwindigkeit wird die Spanlänge in der Zeiteinheit (in der Sekunde oder in der Minute) bestimmt. Die Größe der Schaltbewegung wird in der Regel nicht auf die Zeiteinheit bezogen, sondern bei Maschinen mit umlaufender Hauptbewegung für die einzelne Umdrehung und bei Maschinen mit geradliniger Arbeitsbewegung für einen Hin- und Hergang oder Doppelhub angegeben. Im Interesse der Leistungsfähigkeit der Werkzeugmaschinen sind die beiden Geschwindigkeiten so groß als möglich zu machen. Die obere Grenze für die Geschwindigkeiten ist in der Regel durch die begrenzte Haltbarkeit der Stähle gegeben und muß durch Erfahrung oder durch Versuche bestimmt werden. Die Stähle erhitzen sich nämlich und verlieren, wenn der Wärmegrad eine gewisse Größe übersteigt, ihre künstliche Härte. Durch Kühlen des Stahls mit Seifenwasser oder Öl kann man den Wärmegrad auch bei gesteigerter Arbeitsgeschwindigkeit niedrig halten. Eine noch größere Steigerung der Arbeitsgeschwindigkeit ist möglich bei der Verwendung von Schnellarbeitsstählen, welche einen viel höheren Wärmegrad vertragen als gewöhnliche.

Die Erhitzung des Werkzeuges ist um so größer, je härter und fester das zu bearbeitende Material ist. Daher sind die zulässigen Arbeitsgeschwindigkeiten bei der Bearbeitung harter Materialien kleiner als bei der Bearbeitung weicher.

Nur bei Schleif- und Holzbearbeitungsmaschinen ist die größte Arbeitsgeschwindigkeit nicht durch die Erhitzung des Werkzeuges, sondern durch die Inanspruchnahme der umlaufenden Teile durch die Zentrifugalkraft begrenzt.

Die Arbeitsgeschwindigkeit ist von der Größe der Maschinen nur wenig abhängig. Kleine Maschinen gehen nur wenig schneller als große. Dagegen ist es angemessen, die Schaltung, von welcher ja die Spandicke abhängt, bei großen, kräftigen Maschinen erheblich größer zu nehmen als bei kleinen und leichten.

Die gebräuchlichen Größen der Arbeitsgeschwindigkeiten und Schaltungen sind in den Ingenieur-Kalendern angegeben. Früher gab man die Arbeitsgeschwindigkeiten in mm/sec, jetzt gibt man sie meist in m/min an. 100 mm/sec sind $\dfrac{100 \cdot 60}{1000} = 6$ m/min. Bei der Abnahme schwacher Späne (beim Schlichten) nimmt man die Arbeitsgeschwindigkeit größer als bei der Abnahme starker Späne (beim Schruppen). Die Schnellarbeitsstähle vertragen doppelt bis dreimal so große Arbeitsgeschwindigkeiten als gewöhnliche Stähle.

Die Mechanismen der Werkzeugmaschinen.

Dieselben dienen, wie schon erwähnt, zur Hervorbringung derjenigen Bewegungen, welche Arbeitsstück und Werkzeug gegeneinander machen sollen. Für die Gestaltung dieser Mechanismen oder Getriebe kann die Herkunft der Bewegung von Bedeutung sein. Beim Antriebe von Arbeits-, also auch von Werkzeugmaschinen, unterscheidet man nun: den Gesamtantrieb, den Gruppenantrieb und den Einzelantrieb.

Eine Fabrik hat Gesamtantrieb, wenn alle Arbeitsmaschinen durch eine Transmission von einer Kraftmaschine angetrieben werden (früher allgemein gebräuchlich).

Beim Gruppenantriebe sind die Arbeitsmaschinen in Gruppen eingeteilt, deren jede durch einen besonderen Motor (in der Regel einen Elektromotor) mit Hilfe einer Transmission angetrieben wird.

Wird jede Arbeitsmaschine durch je eine Kraftmaschine angetrieben, so hat man den Einzelantrieb.

Seit Einführung der elektrischen Kraftübertragung bevorzugt man den Gruppen- und für große Maschinen den Einzelantrieb.

Welcher dieser Antriebe nun auch vorhanden sein mag, stets gehen alle selbsttätigen Bewegungen der Werkzeugmaschinen von einer umlaufenden Welle, der Transmissionswelle oder der Motorwelle aus.

Wie sich nun die Bewegungen der Werkzeugmaschinen in Arbeits- und Schaltbewegungen teilen, so unterscheidet man auch:

1. Mechanismen für die Arbeitsbewegung oder Antriebsmechanismen.
2. Mechanismen für den Vorschub oder Schaltmechanismen.

An diese reihen sich noch zur Ausführung gewisser Hilfsbewegungen (Wechseln der Bewegungsrichtung, Abstellen) an:

3. Umkehr- und Umsteuerungsmechanismen.
4. Abstellmechanismen oder Ausrückvorrichtungen.

1. Antriebsmechanismen.

Die Antriebe der Werkzeugmaschinen fallen verschieden aus, je nachdem, ob ihre Arbeitsbewegung eine umlaufende oder eine hin- und her gehende ist.

Bei umlaufender Arbeitsbewegung können zum Antriebe alle Maschinenteile benutzt werden, welche zur Übertragung der Drehbe-

wegung von einer Welle auf eine andere brauchbar sind. Dies sind:
Reibungsräder, Riementriebe, Zahn- und Kettenräder.

Wenn die Arbeitswelle nur e i n e bestimmte Umlaufzahl hat, wie
bei manchen Schleifmaschinen, Holzhobelmaschinen usw., so ist nur
eine Riemenscheibe auf derselben erforderlich. Diese kann durch
einen Riemen von der Transmission angetrieben werden, falls dieselbe
schnell genug läuft, sonst ist noch ein Vorgelege zwischen beiden erforderlich.

Soll die Arbeitswelle verschiedene Umlaufzahlen machen können,
so ist anstatt der Riemenscheibe eine Stufenscheibe zu verwenden.

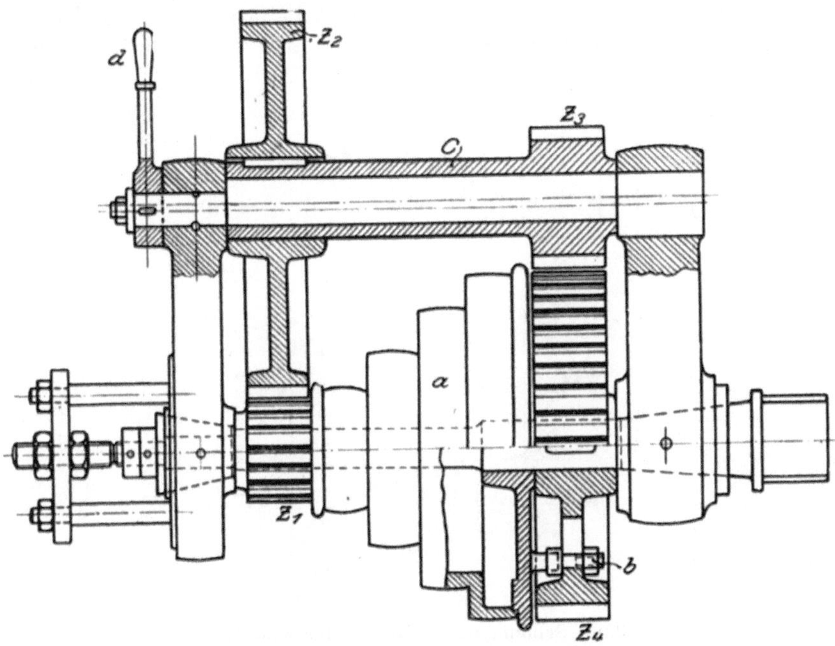

Fig. 237. Stufenscheibenantrieb einer Drehbank.

Die Stufenscheiben haben 3—6 Stufen und erzeugen ebensoviele verschiedene Umlaufzahlen der Arbeitswelle.

Reichen die durch Stufenscheiben erzielten Verschiedenheiten der
Umlaufzahlen nicht aus, so wendet man außerdem noch ausrückbare
Rädervorgelege an, wodurch man die Anzahl der verschiedenen
Umlaufzahlen verdoppelt. Besonders an Drehbänken kommen solche
Rädervorgelege zur Anwendung. Sie bilden mit je einer Stufenscheibe
Mechanismen zur Erzeugung verschiedener Umlaufzahlen.

In dem Rädervorgelege (Fig. 237) sitzt das Rad z_4 fest auf der
Arbeitswelle, z. B. der Drehbankspindel. Die Stufenscheibe a kann
sich auf dieser Welle drehen. Durch die Schraube b kann die Stufenscheibe mit dem Rade z_4 und dadurch mit der Arbeitswelle verbunden

werden, so daß letztere direkt angetrieben wird. Soll die Arbeitswelle langsamer gehen, als es durch Legen des Riemens auf die größte Stufe erreichbar ist, so löst man die Stufenscheibe vom Rade z_4 und rückt das Rädervorgelege durch Herumlegen des Handgriffes d ein. Das mit der Stufenscheibe a fest verbundene Rad z_1 treibt nun mit Hilfe des Rades z_2 die Büchse c und das mit ihr aus einem Stück bestehende Rad z_3. Das Rad z_3 treibt dann durch Eingriff in das Rad z_4 die Arbeitswelle oder Arbeitsspindel. Durch Legen des Riemens auf die verschiedenen Stufen der Stufenscheibe erhält man nun abermals ebenso viele verschiedene Umlaufszahlen, als Stufen vorhanden sind.

Die verschiedenen Umlaufszahlen der Arbeitsspindel einer Drehbank, Bohrmaschine usw. bilden zweckmäßig eine geometrische Reihe.

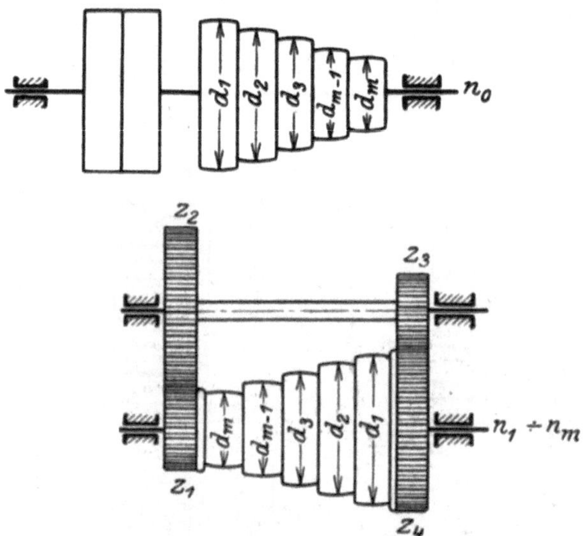

Fig. 238. Schema eines Stufenscheibenantriebs.

Unter dieser Voraussetzung und der der Gleichheit beider Stufenscheiben lassen sich die Stufendurchmesser und die Zähnezahlen der Räder bestimmen, sobald die kleinste und die größte Umlaufszahl (n_1 und n_m) der Arbeitsspindel bestimmt sind. Man berechnet diese aus der Arbeitsgeschwindigkeit c, nachdem der größte Durchmesser d_{max} und der kleinste d_{min} der zu drehenden Fläche oder der zu bohrenden Löcher bestimmt ist.

Es ist:

$$n_1 = \frac{c}{\pi\, d_{max}} \quad \text{und} \quad n_m = \frac{c}{\pi\, d_{min}},$$

worin c in m/min und d_{max} bzw. d_{min} in m zu setzen sind. Ferner ist

$$n_2 = n_1 q; \qquad n_3 = n_1 q^2; \qquad n_4 = n_1 q^3 \ldots n_m = n_1 q^{m-1},$$

woraus sich ergibt:

$$q = \sqrt[m-1]{\frac{n_m}{n_1}}$$

und

$$(m-1)\log q = \log n_m - \log n_1,$$

$$m = 1 + \frac{\log n_m - \log n_1}{\log q}.$$

Man wählt $q = 1{,}25$ bis 2. Sobald ein Rädervorgelege angewendet wird, muß m eine gerade Zahl sein.

Ist

$$\frac{z_1}{z_2} \cdot \frac{z_3}{z_4} = i, \qquad \text{so ist} \qquad n_1 = i\, n_{\frac{m}{2}+1}$$

also

$$i = \frac{n_1}{n_{\frac{m}{2}}+1} \qquad \text{oder} \qquad i = \frac{n_1}{n_1 q^{\frac{m}{2}}} \qquad \text{(siehe die geometr. Reihe)}$$

$$i = \frac{1}{q^{\frac{m}{2}}}.$$

Es ist ferner:

$$n_1 = n_0 \frac{d_m}{d_1} i \qquad \text{und} \qquad n_{\frac{m}{2}} = n_0 \frac{d_1}{d_m} i \qquad \text{oder} \qquad n_0 = n_{\frac{m}{2}} \frac{d_m}{d_1 i},$$

wenn n_0 die Umlaufszahl der treibenden Stufenscheibe ist. Aus der ersten und der letzten Gleichung folgt:

$$n_1 = n_{\frac{m}{2}} \left(\frac{d_m}{d_1}\right)^2 \qquad \text{oder} \qquad \frac{d_1}{d_m} = \sqrt{\frac{n_{\frac{m}{2}}}{n_1}}.$$

Aus der geometrischen Reihe ergibt sich:

$$n_{\frac{m}{2}} = n_1 q^{\frac{m}{2}-1}$$

$$\frac{d_1}{d_m} = \sqrt{q^{\frac{m}{2}-1}}.$$

Ebenso erhält man:

$$\frac{d_2}{d_{m-1}} = \sqrt{q^{\frac{m}{2}-3}}$$

und

$$\frac{d_3}{d_{m-2}} = \sqrt{q^{\frac{m}{2}-5}}$$

Ferner ist:

$$n_m = n_0 \frac{d_1}{d_m} = n_0 \sqrt{q^{\frac{m}{2}-1}}$$

$$n_0 = \frac{n_m}{\sqrt{q^{\frac{m}{2}-1}}}$$

Ist kein Rädervorgelege vorhanden, so tritt in den Formeln m an die Stelle von

$$\frac{m}{2} \qquad \text{z. B.} \qquad \frac{d_1}{d_m} = \sqrt{q^{m-1}}.$$

Beispiel. Gegeben $c = 12$ m/min $d_{\max} = 250$ mm $d_{\min} = 25$ mm. Es ist:

$$n_1 = \frac{c}{\pi\, d_{\max}} = \frac{1}{\pi} \frac{c}{d_{\max}} = 0{,}318 \frac{12}{0{,}25} = 15{,}3\,,$$

$$n_m = \frac{1}{\pi} \cdot \frac{c}{d_{\min}} = 0{,}318 \frac{12}{0{,}025} = 153\,.$$

Nimmt man $q = 1{,}25$, so ist:

$$m = 1 + \frac{\log n_m - \log n_1}{\log q} = 1 + \frac{\log 153 - \log 15{,}3}{\log 1{,}25}\,,$$

$$m = 1 + \frac{1}{0{,}0975} = 11{,}25 = \infty\, 10\,.$$

Nunmehr:

$$q = \sqrt[m-1]{\frac{n_m}{n_1}} = \sqrt[9]{\frac{153}{15{,}3}} = 1{,}29\,,$$

$$i = \frac{1}{q^{\frac{m}{2}}} = \frac{1}{1{,}29^5} = \frac{1}{3{,}59}\,.$$

Zerlegt man i in zwei **gleiche** Übersetzungen, so ist:

$$i = \frac{1}{\sqrt{3,59}} \cdot \frac{1}{\sqrt{3,59}} = \frac{1}{1,895} \cdot \frac{1}{1,895} = \frac{z_1}{z_2} \cdot \frac{z_3}{z_4} = \frac{\mathbf{28}}{\mathbf{53}} \cdot \frac{\mathbf{28}}{\mathbf{53}}$$

$$\frac{d_1}{d_m} = \sqrt{q^{\frac{m}{2}-1}} = \sqrt{1,29^4} = 1,29^2 = 1,67 = \frac{\mathbf{250}}{\mathbf{150}}.$$

also

$$d_1 = \mathbf{250}\,\text{mm}; \qquad d_m = d_5 = \mathbf{150}\,\text{mm},$$

$$\frac{d_2}{d_{m-1}} \sqrt{q^{\frac{m}{2}-3}}; \qquad \frac{d_2}{d_4} = \sqrt{1,29^2} = \mathbf{1,29}.$$

Bei der Feststellung der Durchmesser d_2 und d_4 muß nun beachtet
werden, daß die Riemenlänge unverändert bleibt. Für gekreuzte
Riemen ist das genau und für offene mit großem Wellenabstand im
Verhältnis zu den Scheibendurchmessern angenähert der Fall, wenn

$$d_2 + d_4 = d_1 + d_5 \quad \text{ist,}$$

also ist:

$$d_2 + d_4 = 250 + 150 = 400$$

$$\text{und } \frac{d_2}{d_4} = 1,29$$

$$\overline{1,29\,d_4 + d_4 = 400}$$

$$d_4 = \frac{400}{2,29} = \sim \mathbf{175}, \quad d_2 = 400 - 175 = \mathbf{225},$$

$$\frac{d_3}{d_{m-2}} = \sqrt{q^{\frac{m}{2}-5}}; \quad \frac{d_3}{d_3} = \sqrt{1,29^0} = 1; \quad d_3 = d_3 = \frac{400}{2} = \mathbf{200},$$

$$n_0 = \frac{n_m}{\sqrt{q^{\frac{m}{2}-1}}} = \frac{153}{\sqrt{1,29^4}} = \frac{153}{1,29^2} = \mathbf{92}.$$

Durch Stufenscheiben lassen sich die Umlaufszahlen immer nur
sprungweise und ziemlich umständlich ändern. Man ist daher in letzter
Zeit bemüht, dieselben durch Mechanismen zu ersetzen, welche eine
stetige Änderung der Umlaufszahl gestatten, oder deren Umlaufszahlen
sich wenigstens schnell wechseln lassen. Einen Mechanismus der ersteren
Art zeigt Fig. 239. Der mit Holzklötzchen d besetzte Lederriemen c
liegt sowohl an der treibenden als auch an der getriebenen Welle zwischen

zwei kegelförmigen Scheiben *e*, welche durch Verdrehen von Schneckenrädern mit schraubenförmig begrenzten Naben auf ihren Wellen axial

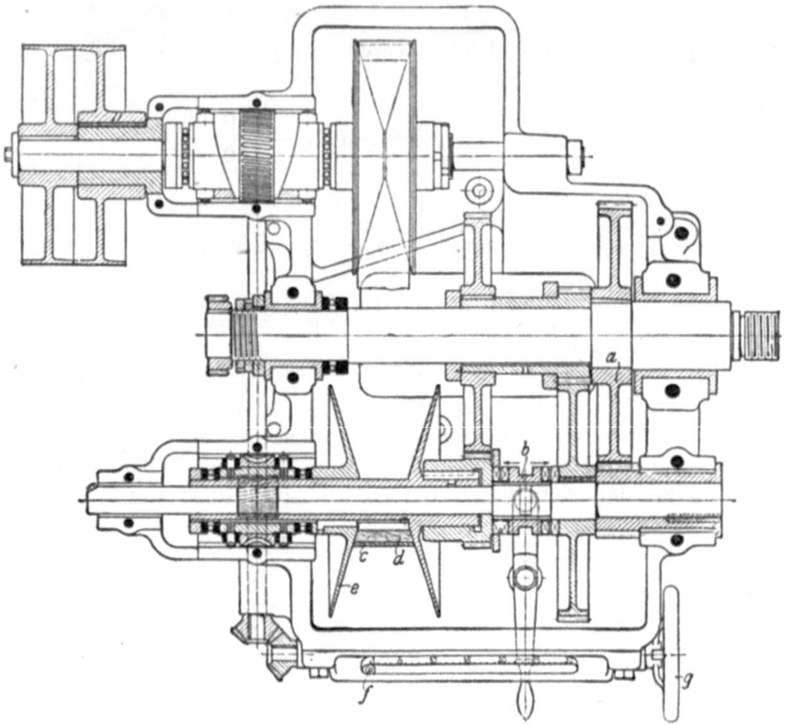

Fig. 239. Keilriemenantrieb einer Drehbank von John Lang & Sons in Jonstone (nach Schlesinger).

verschoben werden können. Durch Drehen des Handrades *g* werden beide Schneckenräder gleichzeitig gedreht, und ihre Naben sind so eingerichtet, daß, wenn die Kegelscheiben der einen Welle sich nähern, die der anderen Welle sich entfernen. Dadurch wird der Riemen *c* an der einen Welle radial nach außen gedrängt, während er an der anderen nach innen gleitet, so daß die Übersetzung sich ändert. Ein Zeiger *f* zeigt die Umlaufszahl der Arbeitsspindel an.

Mechanismen der zweiten Art sind die in den letzten Jahren immer häufiger ange-

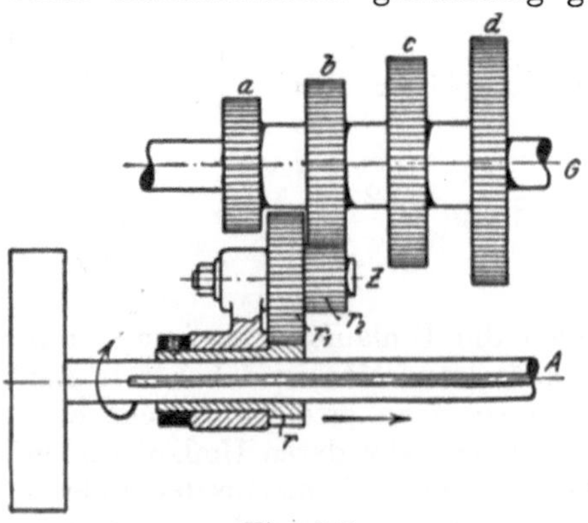

Fig. 240.
Isler-Getriebe (nach Ruppert).

wendeten **Stufenrädergetriebe**. Die Figuren 240, 269, 321 und 357 zeigen solche Getriebe. In Fig. 240 ist das **Isler**-Getriebe dargestellt. Rad r_1 kann der Reihe nach mit den Rädern a, b, c und d in Eingriff gebracht werden, wobei es als Zwischenrad wirkt. Ebenso kann das Rad r_2 mit den Rädern a, b, c und d in Eingriff kommen. Dabei kommt die Übersetzung $r_1 : r_2$ zur Geltung. Es sind also acht verschiedene Umlaufszahlen der Arbeitswelle G möglich.

Gegenüber den Stufenscheiben haben die Stufenrädergetriebe noch den Vorteil, daß ihr Antriebsriemen immer mit derselben Geschwindigkeit läuft und daher immer mit derselben Umfangskraft belastet ist, so lange der Spanquerschnitt, also der Stahldruck und die Arbeitsgeschwindigkeit sich nicht ändern. Beträgt z. B. an einer Drehbank der Stahldruck auf den Span in der Schnittrichtung Q kg und ist die Arbeitsgeschwindigkeit c Meter in der **Minute**, so ist

$$\frac{Qc}{75 \cdot 60} = N_n$$ die Anzahl der zu

leistenden Pferdestärken. Überträgt der Antriebsriemen am Umfange seiner Scheibe P kg und läuft er mit v Meter Geschwindigkeit in der Sekunde,

so leistet er $\dfrac{P\,v}{75} = N$ Pferde-

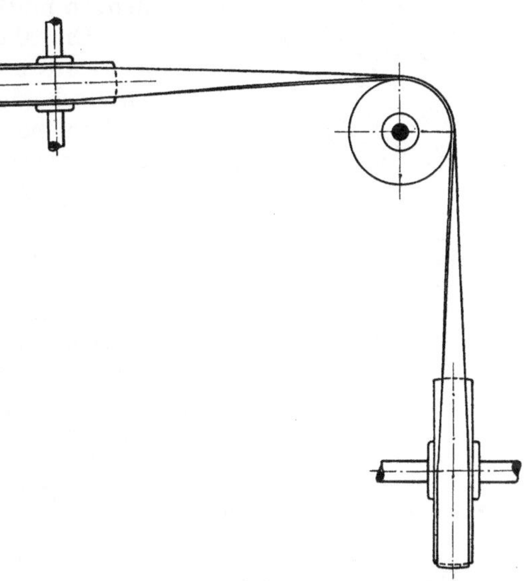

Fig. 241. Riemenantrieb mit Leitrollen.

stärken. Nun ist die Nutzleistung N_n gleich der Antriebsleistung N multipliziert mit dem Wirkungsgrade der Werkzeugmaschine, also $N_n = \eta N$. Demnach ist

nun $\dfrac{P\,v}{75} = N = \dfrac{N_n}{\eta} = \dfrac{Qc}{\eta\,75 \cdot 60}$ oder $P = \dfrac{Qc}{\eta\,60 \cdot v}$, d. h. P ist unveränderlich, so lange Q, c und v sich nicht ändern. Bei den Stufenräder getrieben ist nun außer Q und c auch v unveränderlich, während v bei Stufenscheiben mit jeder Riemenverlegung sich ändert. Liegt der Riemen auf der kleinsten Stufe der oberen Stufenscheibe, so erreicht v seinen kleinsten, also die erforderliche Umfangskraft P ihren größten Wert. In dieser Lage kann der Riemen am wenigsten Leistung übertragen, er wird daher in ihr am ersten gleiten.

Zur Übertragung kleiner Kräfte werden zuweilen **Schnurläufe** statt der Riementriebe verwendet.

Da die Transmissionen wagerecht liegen, so liegt auch die erste Antriebswelle in der Maschine wagerecht. Steht nun die Arbeitswelle, wie z. B. bei den Senkrecht-Bohrmaschinen, senkrecht, so werden

zur Übertragung der Bewegung von der Antriebs- auf die Arbeitswelle entweder **Kegelräder** (Fig. 344) oder **Riementriebe** mit
Leitrollen (Fig. 241) angewendet.

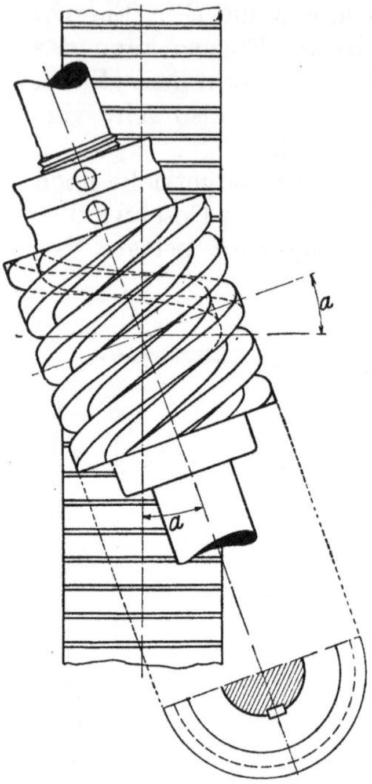

Muß zwischen Antriebs- und Arbeitswelle eine große Übersetzung ins Langsame stattfinden, wie z. B. bei Zylinder-
bohrmaschinen, so verwendet man als einfachsten Mechanismus **Schnecke** und
Schneckenrad. Soll dabei der Verlust
an mechanischer Arbeit nicht groß werden, so muß die Schnecke mehrgängig sein.

Die Maschinen mit **hin und her
gehender Arbeitsbewegung** sind zu
unterscheiden in solche mit **großem Hube**
und solche mit **kleinem Hube.** Kleine
Hübe werden in der Regel durch Mechanismen hervorgebracht, welche eine Kurbel
enthalten, weil dann ohne weiteres an
jedem Hubende die Umkehrung der Bewegung erfolgt. Für große Hübe ist die
Anwendung einer Kurbel konstruktiv unbequem und teuer. Daher wird bei Maschinen mit **großen Hüben** die Umwandlung der umlaufenden Bewegung der Antriebswelle in eine hin und her gehende
durch folgende Mechanismen bewirkt:

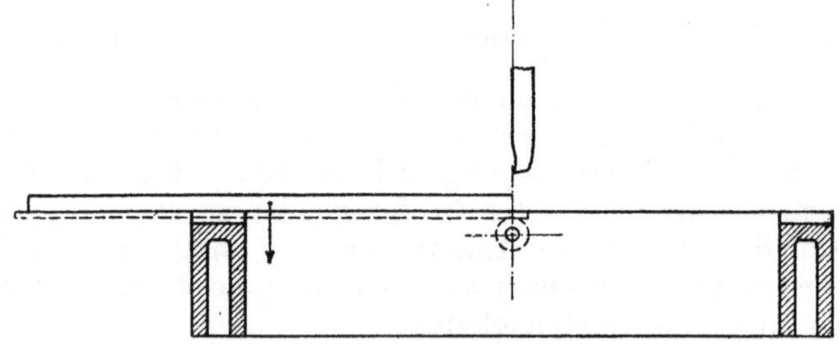

Fig. 242.
Zahnstange und Schnecke.

1. Zahnstange und Rad.
2. Zahnstange und Schnecke.
3. Schraubenspindel und Mutter.

Diese Mechanismen ergeben, im Gegensatze zu denen für kurze Hübe,
eine gleichförmige Arbeitsbewegung, erfordern aber, zur Umkehrung der
Bewegung an jedem Hubende, besondere Umkehrmechanismen. Große

Fig. 243.   Hobelmaschinenantrieb durch Zahnstange und Rad.

Hübe kommen nur an Hobelmaschinen vor. Bei diesen ist die Zahnstange,
in welche das Rad oder die Schnecke eingreift, oder die Mutter an der
unteren Seite des Tisches befestigt. Kommt eine Schnecke zur Verwen-

dung, so wird ihre Achse in der Regel um den Steigungswinkel a (Fig. 242) der mittleren Schraubenlinie gegen die Mittellinie der Zahnstange geneigt, damit die Zähne der Zahnstange rechtwinkelig zu ihrer Mittellinie stehen. Soll durch die Schraubenreibung kein Seitendruck auf die Zahnstange ausgeübt werden, so muß die Richtung der Zähne um den Reibungswinkel ϱ von der Senkrechten zur Zahnstangenmittellinie abweichen und die Schneckenmittellinie mit der Zahnstangenmittellinie

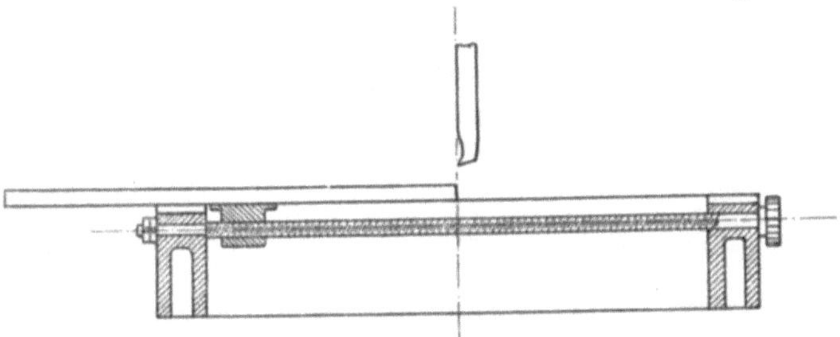

Fig. 244. Hobelmaschinenantrieb durch Schraubenspindel und Mutter.

den Winkel $a + \varrho$ bilden. Die größte Hobellänge (Hub) ist gleich der Zahnstangenlänge, vermindert um einige Zahnteilungen bzw. um die Schneckenlänge. Um bei gegebener Zahnstangenlänge den größtmöglichen Hub zu erreichen, muß das Stirnrad bzw. die Schnecke in der Mitte des Hobel-
maschinenbettes liegen, und der Stahl senkrecht darüber stehen, wie in Fig. 243. Die Tischlänge pflegt gleich dem größten Hube zu sein. Das Bett muß länger als der Tisch sein, damit dieser in seinen Endstellungen nicht umkippt (Fig.243). Werden Schraube und Mutter zur Ausführung der Arbeitsbewegung benutzt, so ist dieMutter in der Mitte des Tisches befestigt und die Spindel im Bette gelagert.

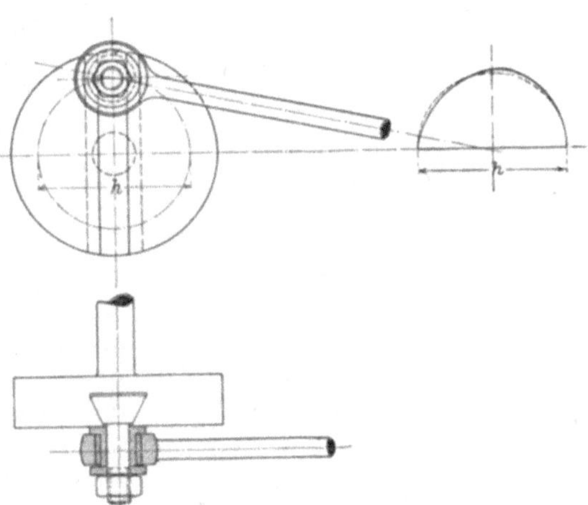

Fig. 245. Einfacher Kurbelmechanismus.

Der größte Hub ist hier gleich der Spindellänge, vermindert um die Mutterlänge (Fig. 244).

Durch Schnecken- oder durch Schraubenantrieb läßt sich leichter ein sanfter Gang der Maschine erzielen als durch Räderantrieb, bei dem letzteren geht aber weniger mechanische Arbeit durch Reibung verloren als bei den beiden ersten Mechanismen. Um den Arbeitsverlust möglichst klein zu halten, ist es vorteilhaft, die Steigung der Schnecke bzw. Schraube groß zu wählen, also eine mehrgängige Schraube zu verwenden. Der Schneckenantrieb ist billiger herzustellen als der Schraubenantrieb, doch ist die Abnutzung an letzterem geringer.

Zur Hervorbringung k u r z e r H ü b e pflegt man folgende Mechanismen zu verwenden:

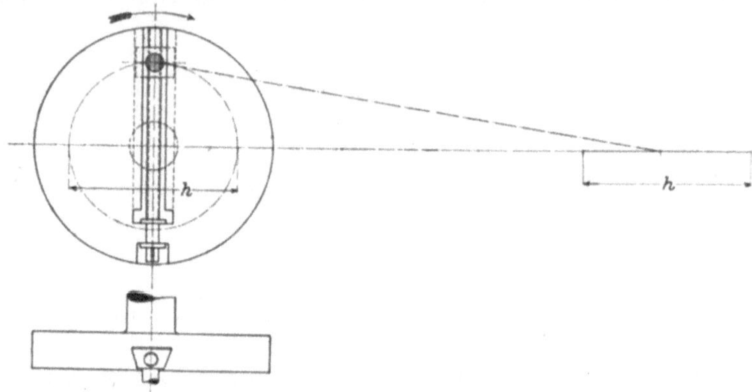

Fig. 246. Einfacher Kurbelmechanismus mit Stellspindel.

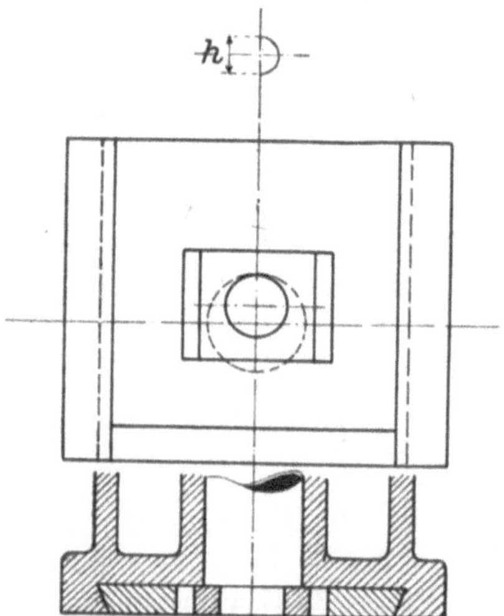

Fig. 247. Kreuzschleife.

1. Den einfachen Kurbelmechanismus.
2. Die Kreuzschleife.
3. Die schwingende (oszillierende) Kurbelschleife.
4. Die umlaufende (rotierende) Kurbelschleife.
5. Den Kurbelmechanismus mit elliptischen Rädern.

Man kann auch die in der Regel zur Erzeugung großer Hübe gebrauchten Mechanismen zur Hervorbringung kleiner Hübe verwenden, wie es bei manchen amerikanischen Querhobelmaschinen (Shapingmaschinen) durch Anwendung von Zahnstange und Rad geschieht.

Der einfache Kurbelmechanismus (Fig. 245) enthält statt der Kurbel in der Regel eine Kurbelscheibe. Um den Hub des Stahles verändern zu können, ist der Kurbelzapfen in einem Schlitze der Kurbelscheibe radial verstellbar. Die Zusammensetzung und Befestigung des Kurbelzapfens ist aus Fig. 245 zu ersehen. Bei größeren Maschinen wird der Kurbelzapfen durch eine Schraubenspindel verstellt (Fig. 246), weil das Verstellen von Hand zu schwer gehen würde.

Die Kreuzschleife (Fig. 247) ist theoretisch ein Kurbelmechanismus mit unendlich langer Lenkstange. Sie findet hauptsächlich an Scheren und Lochpressen Verwendung. Die Lenkstange wird durch den wagerechten Schlitz (Kulisse) im Scherenstößel oder Schlitten und durch das in ihm hin und her gehende Gleitstück (Kulissenstein), welches zugleich Lager für den Kurbelzapfen ist, ersetzt. Der Kurbelzapfen ist hier ein exzentrischer, fest an einer Welle sitzender Zapfen.

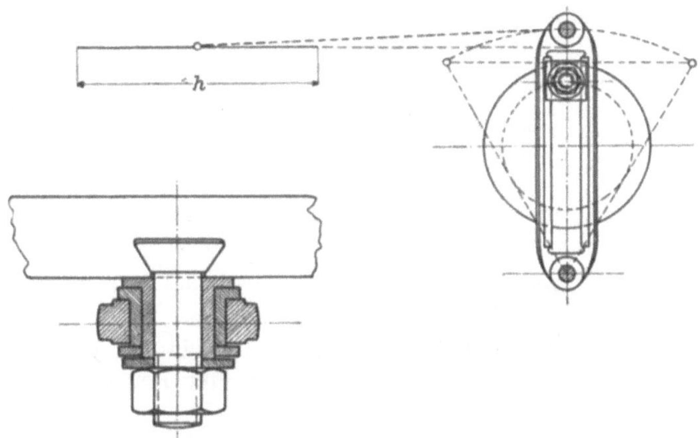

Fig. 248. Schwingende Kurbelschleife.

Bei beiden Mechanismen ist die erzeugte Hin- und Herbewegung zwar ungleichförmig, doch erfolgt der Rückgang in derselben Zeit wie der Hingang. Nennt man c die mittlere Geschwindigkeit des geradlinig bewegten Punktes (in der Minute), so ist bei dem Hube h und der Umdrehungszahl n der Kurbel (in der Minute):

$$c = 2\,h\,n\,.$$

Trägt man senkrecht zum Hube in jedem Punkte desselben die gerade herrschende Geschwindigkeit als Linie auf, so ergeben sich für die betreffenden Mechanismen die in den Fig. 245 und 247 gezeichneten Schaulinien. Diese zeigen in den Endpunkten des Hubes die Geschwindigkeit Null und in Fig. 245 in der Nähe der Mitte, in Fig. 247 genau in der Mitte desselben die größte Geschwindigkeit.

Im Interesse der Leistungsfähigkeit der Werkzeugmaschinen liegt es, die Zeit für den arbeitslosen Rückgang möglichst abzukürzen. Daher sind Mechanismen, welche den Rückgang schneller vollziehen als den Hingang oder Arbeitsgang, wünschenswert. Solche Mechanismen sind die oben aufgeführten drei letzten.

Die schwingende Kurbelschleife (Fig. 248 und 249) besteht aus einer Kurbelscheibe mit radial verstellbarem Zapfen, dem Gleitstück, der Schwinge (Schleife) und der Lenkstange. Die Schwinge ist an einem Ende drehbar gelagert, an das andere Ende (Fig. 248) oder auch an einen beliebigen anderen Punkt derselben (Fig. 249) ist

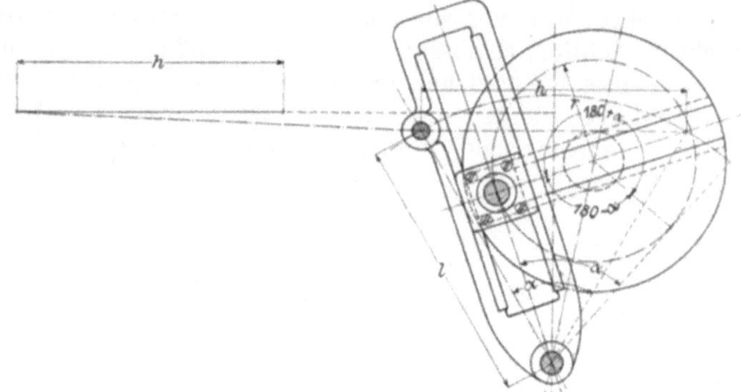

Fig. 249. Schwingende Kurbelschleife.

die Schubstange (Lenkstange) angeschlossen, welche den Stößel oder den Tisch der Maschine bewegt.

In Fig. 250 zeigen Schaulinien, welche wie die in den Fig. 245 und 247 gezeichnet werden, die Ungleichförmigkeit der Bewegung.

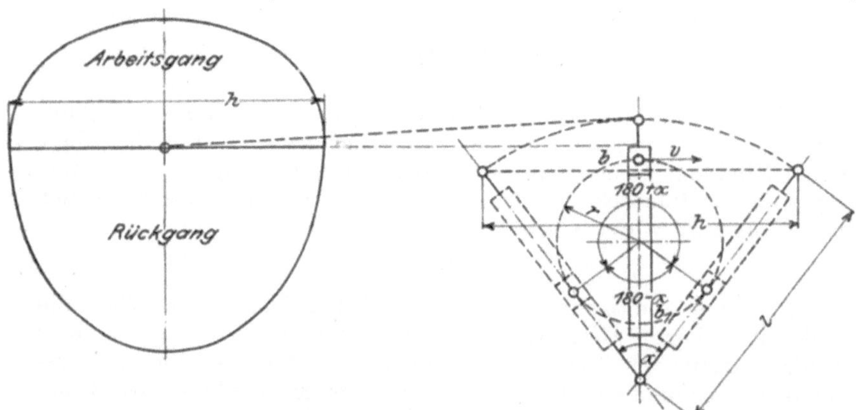

Fig. 250. Schema einer schwingenden Kurbelschleife.

Bezeichnet man mit c_1 bzw. c die mittlere Rückgangs- bzw. Hingangsgeschwindigkeit, auf die Minute bezogen, mit t_1 bzw. t die Zeit für den Rückgang bzw. Hingang, mit b_1 bzw. b den vom Kurbelzapfen während des Rück- und Hinganges durchlaufenen Bogen, mit n die minutliche Umlaufszahl der Kurbelscheibe, und benutzt man außerdem die in die Fig. 250 eingeschriebenen Bezeichnungen, so ist:

$$c_1 = \frac{h}{t_1};$$

$$t_1 = \frac{b_1}{v}; \quad b_1 = r \cdot \operatorname{arc}(180 - \alpha); \quad \operatorname{arc}(180 - \alpha) = \frac{\pi(180 - \alpha)}{180}; \quad v = 2\pi r n$$

$$c_1 = \frac{h v}{b_1} = \frac{h v}{r \operatorname{arc}(180 - \alpha)} = \frac{h v \cdot 180}{r \pi (180 - \alpha)} = \frac{h \cdot 180 \cdot 2\pi r n}{r \pi (180 - \alpha)};$$

$$c_1 = \frac{360\, h\, n}{180 - \alpha}.$$

Ebenso findet man:

$$c = \frac{360\, h\, n}{180 + \alpha}.$$

Das Verhältnis m zwischen Rück- und Hingangsgeschwindigkeit ist demnach:

$$m = \frac{c_1}{c} = \frac{180 + \alpha}{180 - \alpha}.$$

Nach Fig. 250 ist:

$$\sin \frac{\alpha}{2} = \frac{h}{2l}.$$

Beispiel: Die Schwinge einer Kurbelschleife ist 600 mm lang, der Hub soll 45 cm und die Arbeitsgeschwindigkeit 200 mm in der Sekunde betragen. Wie groß ist das Geschwindigkeitsverhältnis und wie groß die Umlaufszahl des Mechanismus?

$$\sin \frac{\alpha}{2} = \frac{450}{2 \cdot 600}; \quad \frac{\alpha}{2} = 22°; \quad \alpha = 44°;$$

$$m = \frac{180 + \alpha}{180 - \alpha} = \frac{224}{136} = 1,65;$$

$$c = \frac{360\, h\, n}{180 + \alpha}; \quad n = \frac{c \cdot (180 + \alpha)}{360\, h} = \frac{12 \cdot 224}{360 \cdot 0,45} = 16,6.$$

Bei der **umlaufenden Kurbelschleife** (Fig. 251) nimmt ein gleichförmig rotierender Zapfen a eine Schleife k mit, welche sich um eine Achse dreht, die exzentrisch zur Drehachse des Zapfens a gelagert ist. Mit der Schleife k ist eine Kurbelscheibe s fest verbunden oder besteht mit ihr, wie in Fig. 251, aus einem Stück. Der Zapfen d dieser Kurbelscheibe ist zur Veränderung des Hubes der Maschine verstellbar. Ferner ist er durch eine Schubstange l mit dem Stößel oder dem Tische der Maschine verbunden, d. h. mit demjenigen Maschinenteile, welcher das Werkzeug oder das Arbeitsstück trägt und sich hin und her bewegen soll. Damit der schnellere Rückgang durch diesen Mechanismus erzielt wird, muß der hin und her schiebende Teil am Hubende sein, wenn die Schleife senkrecht zur Exzentrizität e steht.

Die Ungleichförmigkeit der hervorgebrachten Bewegung wird durch die Schaulinien (für Arbeits- und Rückgang) in Fig. 251 dargestellt.

Der Zapfen a muß, um von der Stellung I in die Stellung II (Fig. 251) zu gelangen, den längeren Bogen b, welcher dem Winkel $360 - \alpha$ entspricht, und, um von der Stellung II wieder in die erste Stellung zu gelangen, den kürzeren Bogen b_1, welcher dem Winkel α

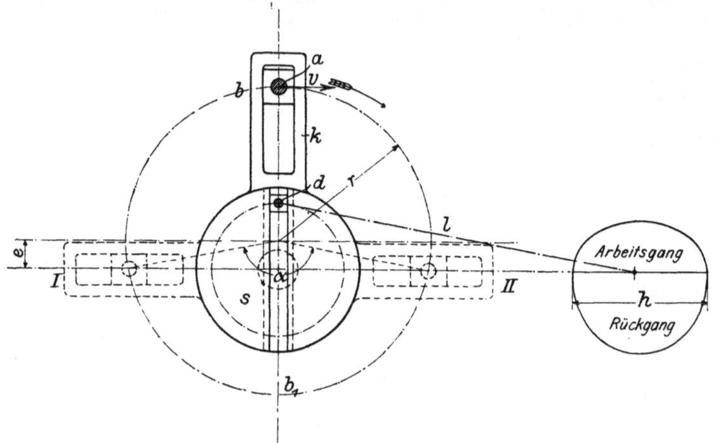

Fig. 251.   Schema einer umlaufenden Kurbelschleife.

entspricht, durchlaufen. Während jeder dieser beiden ungleichen Zeiten t und t_1 durchläuft der geradlinig sich bewegende Endpunkt der Schubstange den Hub h. Die kürzere Zeit wählt man für den Rückgang. Wählt man die noch nicht erwähnten Bezeichnungen wie bei der schwingenden Kurbelschleife, so ist:

$$c_1 = \frac{h}{t_1}; \quad t_1 = \frac{b_1}{v}; \quad v = 2\pi r n; \quad b_1 = r \operatorname{arc} \alpha; \quad \operatorname{arc} \alpha = \frac{\pi \alpha}{180},$$

folglich
$$c_1 = \frac{h v}{b_1} = \frac{2 h \pi r n}{b_1} = \frac{2 h \pi r n}{r \operatorname{arc} \alpha} = \frac{h \pi r n\, 360}{r \pi \alpha},$$

$$c_1 = \frac{360\, h\, n}{\alpha}.$$

Ebenso erhält man:

$$c = \frac{360\, h\, n}{360 - \alpha}.$$

Das Verhältnis m zwischen Rück- und Hingangsgeschwindigkeit ist demnach:

$$m = \frac{c_1}{c} = \frac{360 - \alpha}{\alpha}.$$

Für den Winkel α ergibt sich aus der Figur die Gleichung:

$$\cos\frac{\alpha}{2} = \frac{e}{r}.$$

Der Winkel α ist bei diesem Mechanismus unveränderlich, infolgedessen auch das Geschwindigkeitsverhältnis m, während bei der schwingenden Kurbelschleife sich der Winkel α und das Geschwindigkeitsverhältnis mit dem Hube h ändern.

Fig. 252 zeigt die praktische Ausführung einer umlaufenden Kurbelschleife für eine Stoßmaschine. Das Zahnrad, welches den Zapfen a

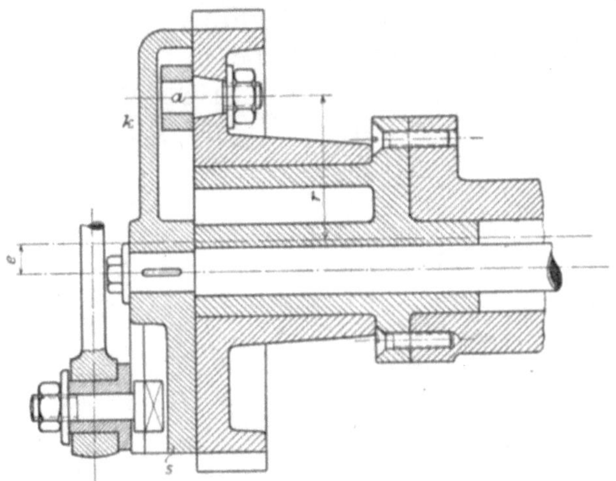

Fig. 252. Ausführung einer umlaufenden Kurbelschleife.

trägt, wird durch ein anderes gleichförmig angetrieben und nimmt eine Scheibe ks mit. Diese letztere ist zugleich Schleife und Kurbelscheibe. Das Zahnrad dreht sich um eine Büchse, welche exzentrisch

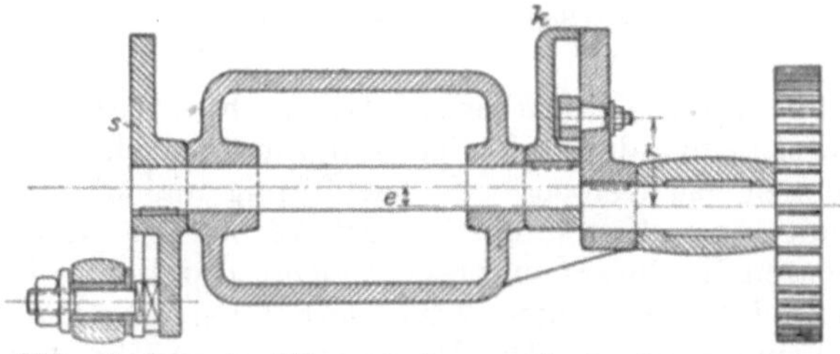

Fig. 253. Andere Ausführung einer umlaufenden Kurbelschleife.

zur Welle der Scheibe ks am Gestell der Maschine befestigt ist. Fig. 253 zeigt, wie man Schleife k und Kurbelscheibe s als getrennte Stücke herstellen und an den beiden Enden einer Welle befestigen kann. In diesem Falle wird die große exzentrische Büchse und die große Nabe des Zahnrades vermieden. Auch kann man das Zahnrad (wie in Fig. 253) durch eine Kurbel ersetzen.

Beispiel: Die Exzentrizität einer umlaufenden Kurbelschleife beträgt 30 mm, die Entfernung des gleichförmig umlaufenden Zapfens von seiner Drehachse 115 mm, und der Hub der Maschine soll 20 cm betragen. Wie groß ist das Geschwindigkeitsverhältnis und die Umlaufszahl des Mechanismus, wenn die Arbeitsgeschwindigkeit 12 m/min beträgt?

$$\cos\frac{\alpha}{2}=\frac{e}{r}=\frac{30}{115}\,;\qquad \frac{\alpha}{2}=74°\,52'\,;\qquad \alpha=149°\,44'=149,73°\,,$$

$$m=\frac{360-\alpha}{\alpha}=\frac{360-149,73}{149,73}=\frac{210,27}{149,73}=1,4\,,$$

$$c=\frac{360\,h\,n}{360-\alpha}\,;\quad n=\frac{c\cdot(360-\alpha)}{360\,h}=\frac{12\cdot210,27}{360\cdot0,2}=35,0\,.$$

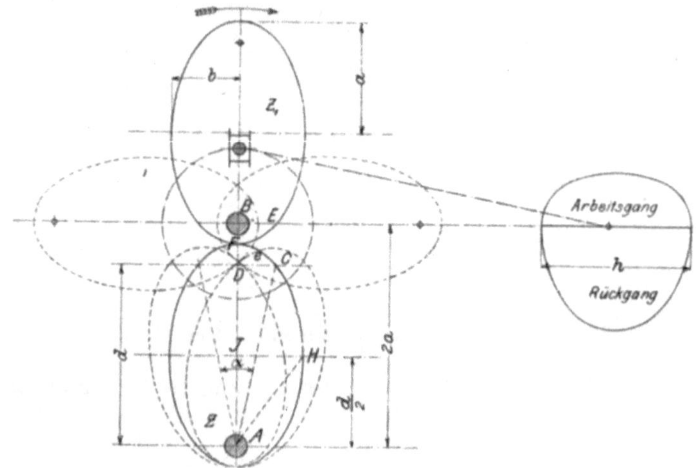

Fig. 254. Schema elliptischer Räder.

Der Kurbelmechanismus mit elliptischen Rädern (Fig. 254) besteht aus zwei ineinandergreifenden kongruenten, elliptischen Zahnrädern, von denen das treibende Z gleichförmig umläuft und das getriebene Z_1 mit einer Kurbelscheibe fest verbunden ist oder selbst einen verstellbaren Kurbelzapfen trägt, welcher durch eine Lenkstange mit dem hin und her gehenden Teile verbunden ist. Die Teillinien der Zahnräder sind Ellipsen. Die Räder sind so auf ihren Wellen befestigt, daß die Drehachsen durch die einander entsprechenden Brennpunkte der Teilellipsen gehen.

Solche Räder bleiben während der ganzen Umdrehung im richtigen Eingriff, d. h. ihre Teilellipsen berühren sich stets. Bezeichnet man die halbe große Achse der Teilellipse mit a und ihre halbe kleine Achse mit b, so ist die Entfernung der Drehachsen gleich $2\,a$, gleich der großen Achse der Ellipse. Denn in jeder Ellipse ist die Summe der Entfernungen irgendeines Ellipsenpunktes von den beiden Brennpunkten gleich der großen Achse, also $FA+FD=2\,a$. Da nun FD gleich dem gleichliegenden Stücke FB in der kongruenten Ellipse ist, so ist $FA + FB$ oder $AB = 2\,a$. Dasselbe kann man für jede Stellung der elliptischen Räder nachweisen. Daher berühren sich die Teilellipsen in jeder Räderstellung.

Die Schaulinien in Fig. 254 stellen die Ungleichförmigkeit der hervorgebrachten Hin- und Herbewegung dar. Der schnelle Rückgang ist eine Folge der veränderlichen Winkelgeschwindigkeit des getriebenen Rades.

In Fig. 254 fallen die großen Achsen der Teilellipsen zunächst in eine Richtung. Nach einer Viertelumdrehung des getriebenen Rades nach rechts bildet die große Achse des treibenden Rades mit ihrer ursprünglichen Richtung einen Winkel $\dfrac{\alpha}{2}$. Von derselben Anfangsstellung ausgehend, erhält man auf der entgegengesetzten Seite einen gleichgroßen Winkel, wenn man das getriebene Rad eine Viertelumdrehung in entgegengesetzter Richtung machen läßt. Addiert man diese beiden Winkel $\dfrac{\alpha}{2}$, so erhält man denjenigen Winkel α, um welchen sich das treibende Rad dreht, während der Tisch oder Stößel der Maschine seinen Rückgang ausführt. Seinen Vorgang (Schnittgang) führt der Stößel bzw. Tisch aus, während das treibende Rad sich um den Winkel $360 - \alpha$ dreht. Bezeichnet man die Winkelgeschwindigkeit des treibenden Rades mit w und benutzt im übrigen dieselben Bezeichnungen wie bei den früheren Mechanismen, so ist:

$$c_1 = \frac{h}{t_1}; \quad t_1 = \frac{\text{arc}\,\alpha}{w}; \quad w = 2\,\pi\,n; \quad \text{arc}\,\alpha = \frac{\pi\,\alpha}{180},$$

$$c_1 = \frac{h\,w}{\text{arc}\,\alpha} = \frac{2\,h\,\pi\,n\,180}{\pi\,\alpha},$$

$$c_1 = \frac{360\,h\,n}{\alpha}.$$

Ebenso erhält man:

$$c = \frac{360\,h\,n}{360 - \alpha}.$$

Das Verhältnis m zwischen Rück- und Hingangsgeschwindigkeit ist demnach:

$$m = \frac{c_1}{c} = \frac{360 - \alpha}{\alpha}.$$

Es bleibt nun noch der Winkel α zu bestimmen. Nach dem oben erwähnten Gesetze der Ellipse ist in dem rechtwinkligen Dreiecke ADC die Seite $AC = 2\,a - e$. Nennt man die Entfernung der Brennpunkte d, so ist nach dem Pythagoras:

$$(2\,a - e)^2 = d^2 + e^2,$$
$$4\,a^2 - 4\,a\,e + e^2 = d^2 + e^2,$$
$$4\,a^2 - 4\,a\,e = d^2.$$

In dem Dreiecke AHJ ist ebenfalls nach dem obenerwähnten Gesetze der Ellipse $AH = a$. J ist der Mittelpunkt, also HJ die halbe kleine Achse der Ellipse b. Nach dem Pythagoras folgt nun:

$$\left(\frac{d}{2}\right)^2 = a^2 - b^2,$$

$$d^2 = 4\,a^2 - 4\,b^2.$$

Setzt man diesen Wert für d^2 in die oben gefundene Gleichung ein, so erhält man:

$$4\,a^2 - 4\,a\,e = 4\,a^2 - 4\,b^2,$$

$$e = \frac{b^2}{a}.$$

Dreht man das getriebene Rad um eine Viertelumdrehung rechtsherum, so kommt der Punkt E in die Zentrale. Gleichzeitig kommt aber auch der Punkt C in die Zentrale, und zwar in E, da die Ellipsenbogen FE und FC gleichlang sind. Daher ist der Winkel DAC der obenerwähnte Winkel $\dfrac{\alpha}{2}$. Es ist nun:

$$\sin\frac{\alpha}{2} = \frac{e}{2\,a - e}$$

Setzt man für e den oben gefundenen Wert, so ist:

$$\sin\frac{\alpha}{2} = \frac{b^2}{a\left(2\,a - \dfrac{b^2}{a}\right)} = \frac{b^2}{2\,a^2 - b^2},$$

$$\sin\frac{\alpha}{2} = \frac{1}{2\left(\dfrac{a}{b}\right)^2 - 1}$$

Elliptische Räder sind schwer genau herzustellen und daher teuer, auch kaum in gutem Gange zu erhalten, wenn ihre Exzentrizität (d) groß ist. Anders liegen die Verhältnisse, wenn man die Exzentrizität klein nimmt. Alsdann kann man die elliptischen Räder annähernd, aber genau genug durch exzentrisch gebohrte Stirnräder (Kreisräder) ersetzen, deren genaue Herstellung keine Schwierigkeiten macht. Durch solche exzentrische Räder erreicht man immer noch einen ebenso schnellen Rückgang als durch die Kurbelschleifen.

Beispiel: Die beiden Achsen elliptischer Räder messen 300 und 290 mm, der mit dem getriebenen Rade verbundene Kurbelmechanismus macht 24 cm Hub. Wie groß ist das Geschwindigkeitsverhältnis und die Umlaufszahl des Mechanismus, wenn die Arbeitsgeschwindigkeit 12 m/min beträgt?

$$\sin\frac{\alpha}{2} = \frac{1}{2\left(\dfrac{150}{145}\right)^2 - 1} = \frac{1}{1,14} = 0,877,$$

$$\frac{\alpha}{2} = 61°\,20'; \quad \alpha = 122°\,40' = 122,66°,$$

$$m = \frac{360 - \alpha}{\alpha} = \frac{237,33}{122,66} = 1,93,$$

$$c = \frac{360\,h\,n}{360 - \alpha}; \quad n = \frac{c\,(360 - \alpha)}{360\,h} = \frac{12 \cdot 237,33}{360 \cdot 0,24} = 33.$$

Bei allen Antriebsmechanismen, welche eine Kurbel enthalten, wird der Hub durch Verstellung des Kurbelzapfens verändert. Um dabei die mittlere Schnittgeschwindigkeit nicht zu ändern, muß die Umlaufszahl der Kurbelscheibe geändert werden. Dies geschieht in der Regel mit Hilfe einer Stufenscheibe auf der Antriebswelle.

2. Schaltmechanismen.

Als eigentliche Schalt- oder Vorschubmechanismen kommen bei geradlinig fortschreitender Schaltung zur Verwendung:

1. Schraubenspindel und Mutter.
2. Zahnstange und Rad.
3. Der Kurbelmechanismus mit exzentrischem und elliptischem Rade.
4. Riffel- oder Speisewalzen.

Früher wurde vorwiegend der erste Mechanismus benutzt, es tritt aber mehr und mehr der zweite an seine Stelle, weil bei seiner Benutzung die Maschine sich schneller einstellen läßt. Der dritte Mechanismus wird selten (bei Langlochbohrmaschinen) gebraucht, und der vierte findet bei Holzbearbeitungsmaschinen Verwendung.

Besteht der Schaltmechanismus aus Schraubenspindel und Mutter, ist S die Steigung des Gewindes und macht die Spindel oder die Mutter n Umdrehungen, während die Arbeitswelle eine Umdrehung oder die Maschine einen Doppelhub macht, so ist die Schaltung

$$s = n\,S.$$

Ist Zahnstange und Rad der Schaltmechanismus, hat das Rad z Zähne und ist t die Teilung desselben, so ist, wenn das Rad während einer Umdrehung der Arbeitswelle n Umdrehungen macht, die Schaltung

$$s = z\,t\,n.$$

Da der Kurbelmechanismus für sich allein eine stark ungleichförmige Hin- und Herbewegung ergibt, fügt man ein elliptisches und ein exzentrisches Rad hinzu, um die Bewegung möglichst gleichförmig zu machen. Das exzentrische Rad (Fig. 255) hat den halben Umfang des elliptischen und macht mit gleichbleibender Winkelgeschwindigkeit doppelt so viele Umdrehungen als dieses. Das elliptische

Rad dreht sich während einer Umdrehung zweimal mit großer und zweimal mit kleiner Winkelgeschwindigkeit. Mit dem elliptischen Rade ist nun ein verstellbarer Kurbelzapfen so verbunden, daß derselbe sich mit großer Geschwindigkeit bewegt, während das andere Ende der Lenkstange sich am Hubende befindet, dagegen mit geringer Geschwindigkeit, während das andere Ende der Lenkstange die Hubmitte durchläuft. Wie die Kurbelbewegung durch das exzentrische

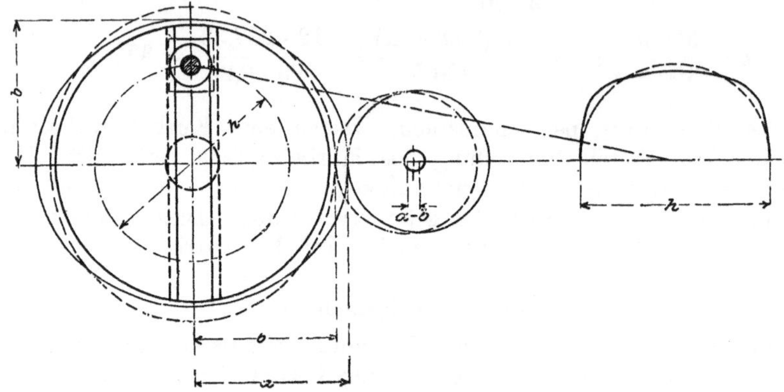

Fig. 255. Schema eines Kurbelmechanismus mit exzentrischem und elliptischem Rade.

und elliptische Rad verbessert wird, zeigt die ausgezogene Schaulinie in Fig. 255 im Vergleich mit der punktierten. Man darf aber die Exzentrizität des elliptischen Rades nicht zu groß nehmen, sonst wird die Bewegung nicht gleichförmiger, sondern ungleichförmiger, wie die ausgezogene Schaulinie in Fig. 256 zeigt. Sollen die beiden Räder stets richtig ineinandergreifen, so muß der Wellenmittelpunkt des exzentrischen Rades um den Mittelpunkt des elliptischen einen Kreis beschreiben, wenn man das erstere um das letztere herumrollt. Dieser Anforderung wird genau Genüge geleistet, wenn die Teillinie des elliptischen Rades nicht genau eine Ellipse ist, sondern Abplattungen zeigt, wie in Fig. 256.

Ist der Hub dieses Getriebes h und macht das elliptische Rad n Umdrehungen, während die Arbeitsspindel eine Umdrehung macht, so ist die Schaltung

$$s = 2\,h\,n$$

und die Schaltgeschwindigkeit für die Minute

$$s_1 = 2\,h\,n_1,$$

worin n_1 die minutliche Umlaufszahl des elliptischen Rades bedeutet.

Haben Speisewalzen den Durchmesser d und machen sie n Umdrehungen während einer Umdrehung der Arbeitswelle oder einem Doppelhube der Maschine, so ist die Schaltung

$$s = \pi\,d\,n\,.$$

Machen dieselben n_1 Umdrehungen in der Minute, so ist die Schaltung in der Minute

$$s_1 = \pi\, d\, n_1.$$

Zur Hervorbringung der kreisförmigen Schaltung (Rundschaltung) dient fast nur Schnecke und Schneckenrad. Ist d der Durchmesser des Arbeitsstückes, welches rund bearbeitet werden soll, und dreht sich dasselbe n mal um, während die Arbeitswelle eine Umdrehung oder die Maschine einen Doppelhub macht, so ist die Schaltung

$$s = \pi\, d\, n\,,$$

wobei n natürlich ein echter Bruch ist.

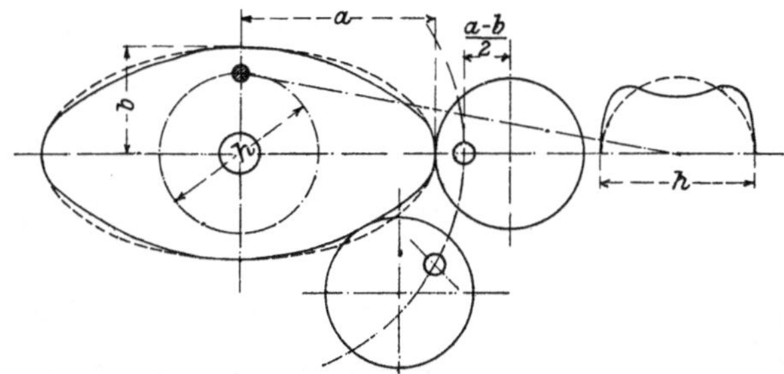

Fig. 256. Schema eines Kurbelmechanismus mit stark exzentrischem und elliptischem Rade.

Der Antrieb dieser Mechanismen ist verschieden, je nachdem, ob die Schaltung stetig oder ruckweise erfolgen soll.

Erfolgt der Verschub stetig, so benutzt man zur Übertragung der Bewegung von der Arbeits- oder der Antriebswelle auf den eigentlichen Schaltmechanismus:

1. Riemen- bzw. Stufenscheiben,
2. Reibungsräder,
3. Zahnräder (Stirn-, Kegel- und Schneckenräder),
4. Kettenräder.

Werden für den Vorschub ganz bestimmte Größen verlangt, wie beim Gewindeschneiden auf Drehbänken, wobei als eigentlicher Schaltmechanismus fast immer eine Schraubenspindel mit zweiteiliger Mutter angewendet wird, die dann den Namen Leitspindel führt, so darf die Überleitung der Bewegung von der Arbeits- nach der Leitspindel nicht mittels Riementriebe oder Reibungsräder, sondern muß durch Zahnräder erfolgen, weil bei den beiden ersten Mechanismen der Vorschub durch Gleiten ungleichmäßig werden kann. Da diese Zahnräder für jeden anderen Vorschub gegen andere Räder ausgewechselt werden, nennt man dieselben Wechselräder. Die abnehmbaren Wechselräder werden in der neuesten Zeit durch Stufenrädergetriebe ersetzt.

Bei einem Zahnräderpaare (Fig. 257) verhalten sich bekanntlich die Umlaufszahlen umgekehrt wie die Zähnezahlen, also:

15*

$$\frac{n_0}{n_1} = \frac{z_1}{z_0}$$

oder

$$n_0 = n_1 \frac{z_1}{z_0}.$$

Diese Gleichung läßt sich wie folgt lesen: Die gesuchte Umlaufszahl ist gleich der gegebenen, multipliziert mit dem Übersetzungsverhältnisse, welches man erhält, wenn man die Zähnezahl des Rades, dessen Umlaufszahl man kennt, dividiert durch die Zähnezahl des Rades dessen Umlaufszahl man sucht. Wendet man diesen Satz auf das folgende Räderpaar in Fig. 257 an, so ergibt sich:

$$n_2 = n_0 \frac{z_0}{Z_1}.$$

Setzt man nun den Wert für n_0 aus der ersten Gleichung in diese ein, so ist:

$$n_2 = n_1 \frac{z_1}{z_0} \cdot \frac{z_0}{Z_1} = n_1 \frac{z_1}{Z_1}.$$

Aus dieser Gleichung hat sich die Zähnezahl z_0 des zweiten Rades herausgehoben, sie ist also für die folgenden Umlaufszahlen gleichgültig. Ein solches Rad, welches an zwei Stellen seines Umfanges eingreift, nennt man ein Zwischenrad. Es hat entweder den Zweck, den Abstand zweier Räder zu überbrücken oder den Drehsinn der Bewegung umzukehren.

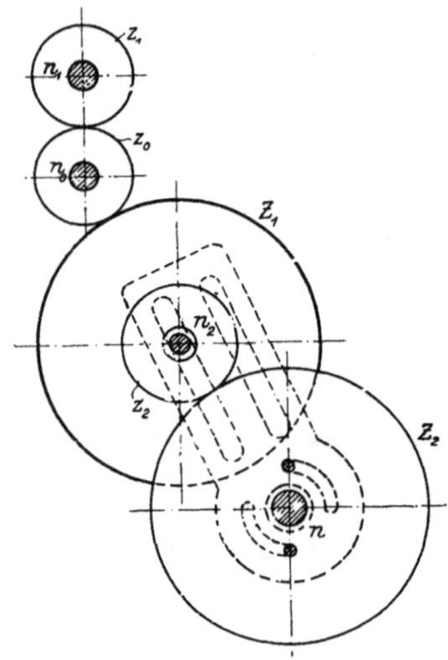

Fig. 257.
Wechselräder und Stelleisen.

Nach dem oben aufgestellten Satze und Fig. 257 ist ferner:

$$n = n_2 \frac{z_2}{Z_2}.$$

Setzt man den oben für n_2 gefundenen Wert in diese Gleichung ein, so folgt:

$$n = n_1 \frac{z_1}{Z_1} \cdot \frac{z_2}{Z_2}.$$

Nennt man $\dfrac{z_1}{Z_1} \cdot \dfrac{z_2}{Z_2}$ die Gesamtübersetzung zwischen zwei Wellen, so ist also die gesuchte Umlaufszahl gleich der gegebenen Umlaufszahl, multipliziert mit der Gesamtübersetzung. Die Gesamtübersetzung ist ihrerseits das Produkt aus den einzelnen Übersetzungen.

Was hier für Zahnräder nachgewiesen wurde, gilt ebenso auch für Riementriebe, Ketten- und Reibungsräder. Nur treten bei Riementrieben und Reibungsrädern an die Stelle der Zähnezahlen die Durchmesser der Riemenscheiben bzw. Reibungsräder. Die Gesamtübersetzung kann auch das Produkt aus den Einzelübersetzungen verschiedener Mechanismen, wie Reibungsräder, Riementriebe, Ketten- und Zahnräder, sein.

Die Räder der Fig. 257 sind Wechselräder einer Drehbank. Die Schaltung s oder die Steigung s der zu schneidenden Schraube ist der Weg des Stahles bei einer Umdrehung des Arbeitsstückes. Es ist daher in der letzten Gleichung $n_1 = 1$ und infolgedessen:

$$n = \frac{z_1}{Z_2} \cdot \frac{z_2}{Z_2},$$

d. h. die Umdrehungszahl des eigentlichen Schaltmechanismus, hier der Leitspindel, ist gleich der Gesamtübersetzung zwischen ihm und der Arbeitswelle. Es ist also die Schaltung:

$$s = S \frac{z_1}{Z_1} \cdot \frac{z_2}{Z_2}.$$

Beispiel: Das Rad auf der Arbeitsspindel einer Drehbank habe 20 Zähne, das auf der Leitspindel 60 Zähne. Auf dem Bolzen des Stelleisens befinden sich ein 40er und ein 30er Rad, wovon das erstere in das 20er und das letztere in das 60er eingreift. Wie groß wird die Zahl der Gänge der zu schneidenden Schraube auf einen Zoll engl., wenn die Leitspindel $\frac{1}{2}''$ engl. Steigung hat?

$$s = n\, S,$$

$$n = \frac{z_1}{Z_1} \cdot \frac{z_2}{Z_2}$$

$$s = \frac{z_1}{Z_1} \cdot \frac{z_2}{Z_2} \cdot S = \frac{20}{40} \cdot \frac{30}{60} \cdot \frac{1}{2} = \frac{1}{8}'' \text{ oder 8 Gänge.}$$

Beispiel: Das Rad auf der Arbeitsspindel einer Drehbank habe 20 Zähne, das auf der Leitspindel 40. Die Leitspindel hat $\frac{1}{2}''$ engl. Steigung. Es soll ein Gewinde geschnitten werden, welches 5 Gänge auf $1''$ engl. hat. Welche Zähnezahlen können die auf den Bolzen am Stelleisen zu steckenden Räder haben?

$$n = \frac{s}{S} = \frac{\frac{1}{5}}{\frac{1}{2}} = \frac{2}{5}$$

$$\frac{2}{5} = \frac{z_1}{Z_1} \cdot \frac{z_2}{Z_2} = \frac{20 \cdot z_2}{Z_1 \cdot 40}$$

$$\frac{z_2}{Z_1} = \frac{2 \cdot 40}{5 \cdot 20} = \frac{40}{50}.$$

Zur Hervorbringung der **ruckweisen Schaltung** wird die Bewegung durch ein **Schalt-** oder **Sperrwerk** auf den eigentlichen Schaltmechanismus übertragen. Man unterscheidet Zahn- und Klemmschaltwerke.

Ein Zahnschaltwerk (Fig. 258) besteht aus einem Schalthebel mit Sperrer oder Sperrklinke und dem Sperr- oder Schaltrade. Das letztere ist auf der Schaltwelle befestigt und hat sägeförmige oder symmetrische Zähne wie ein Stirnrad. Solche Zähne sind erforderlich, wenn nach beiden Richtungen geschaltet werden soll, was in der Regel zutrifft. In diesem Falle ist der Sperrer ebenfalls symmetrisch, wie in Fig. 235, d. h. auf beiden Seiten mit Haken zum Eingreifen in das Sperrad versehen. Der Schalthebel steckt lose auf der Schaltwelle und schwingt hin und her. Der Sperrer wird durch eine Feder an das Sperrad gedrückt. Durch Verstellung des Bolzens im Schlitze des Schalthebels wird die Größe der Schwingung und damit die Größe der Schaltung geändert. Macht der Schalthebel eine Hin- und Herbewegung, so dreht sich das Schaltrad um m Zähne, wobei m stets eine ganze Zahl ist. Hat nun das Sperrad z Zähne, so ist die durch das Schaltwerk hervorgebrachte Übersetzung gleich $\dfrac{m}{z}$.

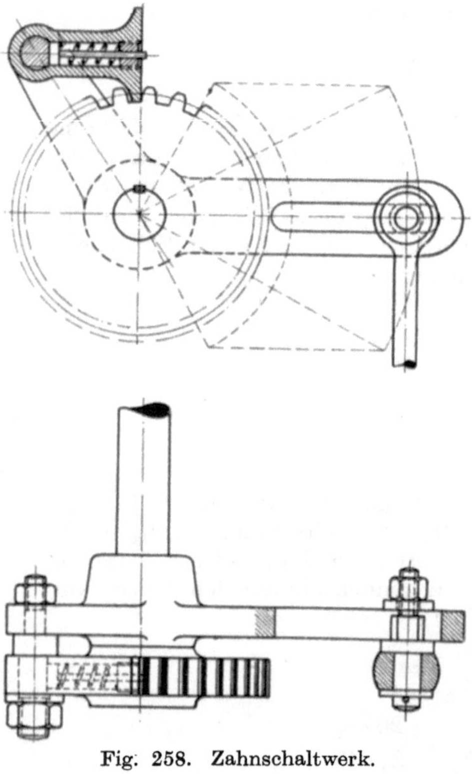

Fig. 258. Zahnschaltwerk.

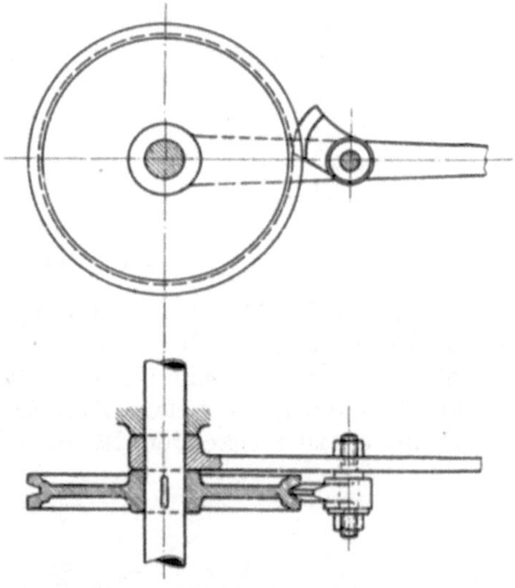

Fig. 259. Klemmschaltwerk.

Klemmschaltwerke (Fig. 259) kommen besonders an Gattersägen vor. An die Stelle des gezahnten Schaltrades tritt hier ein Reibungs-, in Fig. 259 speziell ein Keilrad, und der Sperrer ist dementsprechend anders geformt. Dreht sich das Reibungsrad bei einer Hin- und Herschwingung des Schalthebels um den Bogen b vom Radius $\dfrac{d}{2}$, so ist die durch das Schaltwerk hervorgebrachte Übersetzung $\dfrac{b}{\pi d}$.

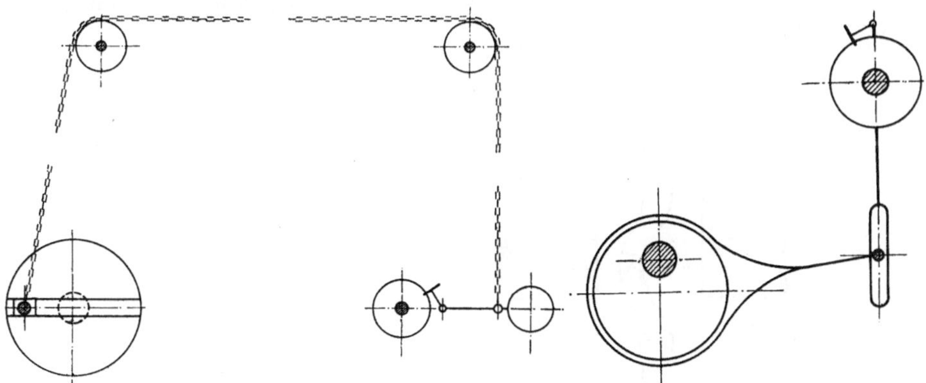

Fig. 260. Kurbelscheibe und Kette (Faulenzer).   Fig. 261. Exzenter.

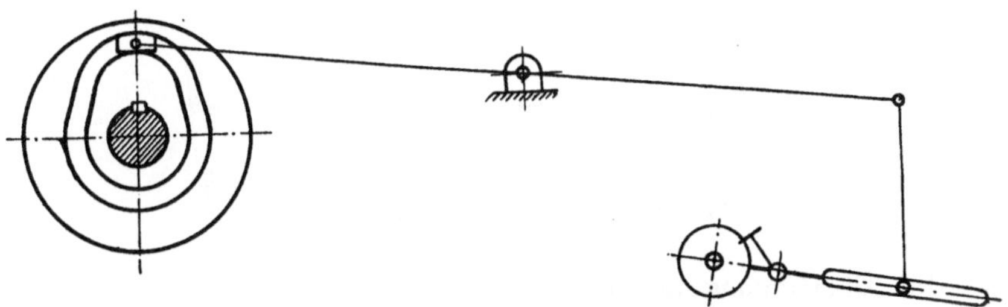

Fig. 262. Nutenscheibe und Hebel.

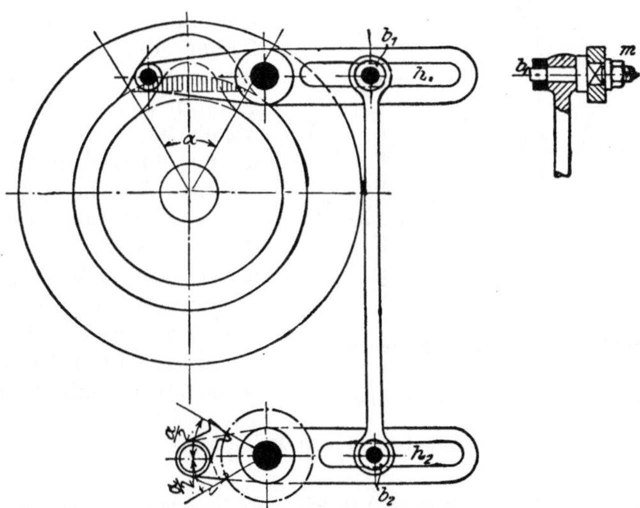

Fig. 263. Nutenscheibe und Hebel (nach Ruppert).

Die **Ableitung** der ruckweisen Schaltbewegung von der Arbeits-
oder der Anriebswelle erfolgt:
1. durch Kurbelscheiben (Fig. 260),
2. durch Exzenter (Fig. 261),
3. durch Nutenscheiben (Fig. 262 und 263),
4. durch Nutenwalzen (Fig. 264),

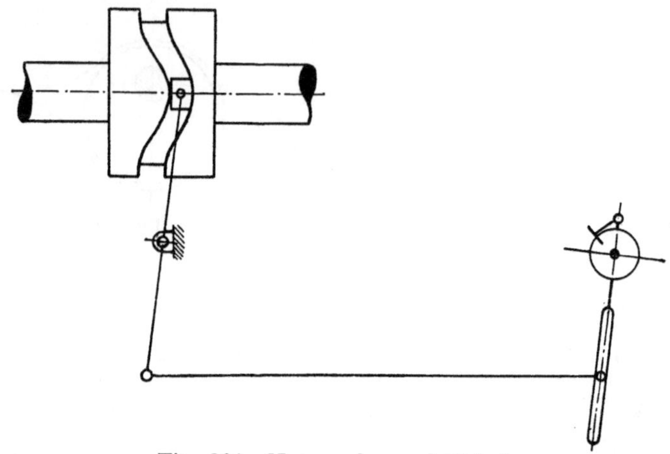

Fig. 264.   Nutenwalze und Hebel.

und die Übertragung auf das Schaltwerk durch Ketten und Leitrollen (Fig. 260, Faulenzer), Exzenterstangen (Fig. 261), Hebel und
Zugstangen (Fig. 262—264) und durch schwingende Wellen.

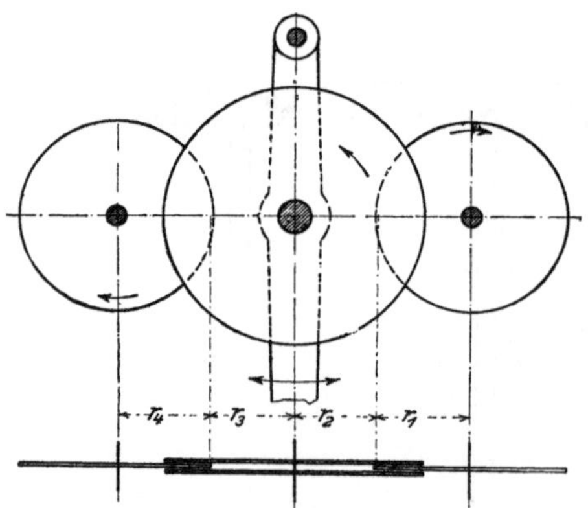

Fig. 265.   Reibungsrädergetriebe.

Bei den Hobelmaschinen
mit großem Hube wurde
früher die Schaltbewegung
nicht von der Antriebswelle,
sondern von der Umsteuerung
abgeleitet. Jetzt geht man
aber mehr und mehr zur Ableitung der Schaltbewegung
von der Antriebs- oder einer
Zwischenwelle über, und zwar
durch eine Reibungskuppe-
lung, wie bei den Hobel-
maschinen gezeigt wird.

Zur **Veränderung** des
Vorschubes bedient man sich
bei der stetigen Schaltung:
der Stufenscheiben, Wechselräder, Reibungsräder- und Stufenrädergetriebe.

Das mittlere **Reibungsrad** in Fig. 265 und 266 ist nach rechts und
links verstellbar, wodurch die Radien r_2 und r_3 geändert werden können.

Durch die Änderung der genannten Radien ändert sich auch die Übersetzung der Reibungsräder, denn es ist

$$n = n_1 \frac{r_1}{r_2} \cdot \frac{r_3}{r_4}$$

Das Stufenrädergetriebe mit Ziehkeil (Fig. 267) wird anstatt abnehmbarer Wechselräder benutzt und gestattet ein schnelleres Wechseln des Vorschubes als diese.

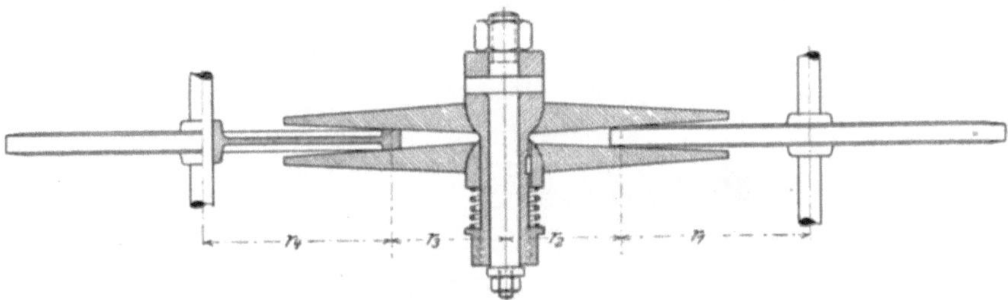

Fig. 266. Reibungsrädergetriebe.

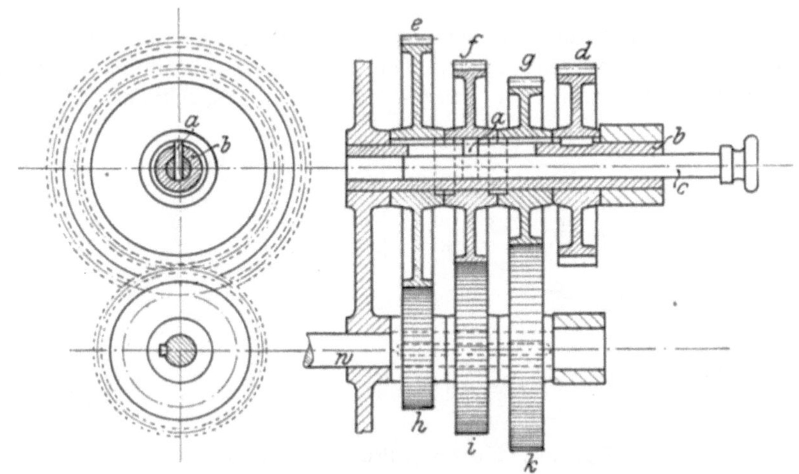

Fig. 267. Stufenrädergetriebe mit Ziehkeil.

Der Ziehkeil a ist ein verschiebbarer Keil, welcher in dasjenige Rad gezogen oder geschoben wird, welches mit der hohlen Welle b verbunden werden soll. Zu dem Zwecke steckt der Ziehkeil in einer Stange c, welche sich in der hohlen Welle bequem verschieben läßt. Der Keil greift durch einen Schlitz der hohlen Welle hindurch in die Nut des betreffenden Rades. Da die Keilnuten der auf der Welle b sitzenden Räder nicht ständig eine fortlaufende Nut bilden, so sind die Naben dieser Räder an ihren Enden bis auf den Grund der Keilnut ausgebohrt, und zwar so tief, daß die Ausbohrungen zweier benach-

barter Räder zusammen der Breite des Keiles a entsprechen, also diesem
hier Platz lassen, ohne daß dadurch ein Rad mit der Welle b verbunden
wird. Steht der Ziehkeil in einer solchen erweiterten Bohrung, so ist
die Schaltbewegung ausgerückt. Die hohle Welle b wird durch das
Rad d ständig angetrieben. Hat der Keil die in der Figur gezeichnete
Stellung, so wird von der Welle b das Rad f mitgenommen, welches
durch Eingriff in das Rad i die Welle w treibt. Da alle drei Räder
h, i und k auf der Welle w befestigt sind, so laufen die Räder h und k
und mit ihnen die Räder e und g leer mit.

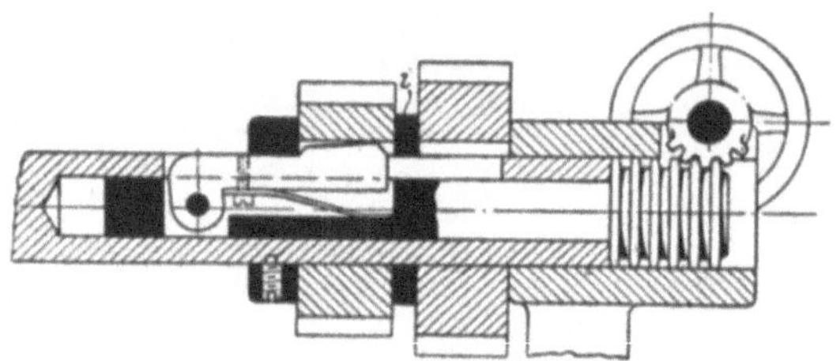

Fig. 268. Neuester Ziehkeil (nach Ruppert).

Der Ziehkeil kann schneller verstellt werden, weil man die richtige
Stellung der Keilnut des Rades nicht abzuwarten braucht, wenn er,
wie in Fig. 268, durch eine Feder nach außen gedrückt wird.

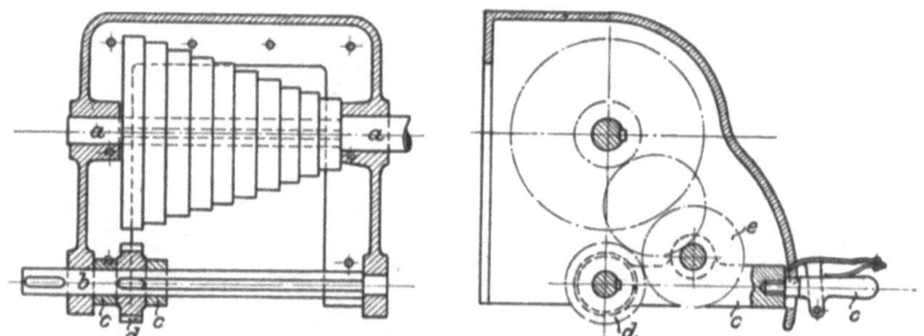

Fig. 269. Nortons Stufenrädergetriebe.

Das Nortonsche Stufenrädergetriebe (Fig. 269) ersetzt ebenfalls die abnehmbaren Wechselräder durch eine feste Anordnung, welche
durch einfaches Einstellen eines Hebels die gewünschte Schaltung
schnell erreichen läßt.

Auf der Leitspindel a sitzen so viel Zahnräder mit verschiedenen
Zähnezahlen, als man verschiedene Schaltungen wünscht (in der
Regel 12). Parallel zur Leitspindel liegt eine Welle b, auf welcher ein
gegabelter Hebel c und ein Zahnrad d sich verschieben lassen. Der
Hebel c trägt noch ein Zwischenrad e, welches in d eingreift. Durch
Verschiebung und Drehung des Hebels c kann nun das Zwischenrad e

mit jedem Rade auf der Leitspindel in Eingriff gebracht werden. Die
Drehbewegung empfängt die Welle b von der Arbeitsspindel. Da das
Zahnrad d mit einem losen Keil in eine lange Nut der Welle b ein-
greift, so müssen mit dieser sich die Räder d und e drehen. Das Rad e
dreht dann dasjenige Rad der Leitspindel, in welches es gerade ein-
greift, und dadurch die Leitspindel selbst. Am Gehäuse ist bei jeder
Hebelstellung durch eine Zahl angegeben, welche Schaltung dieser
Hebelstellung entspricht.

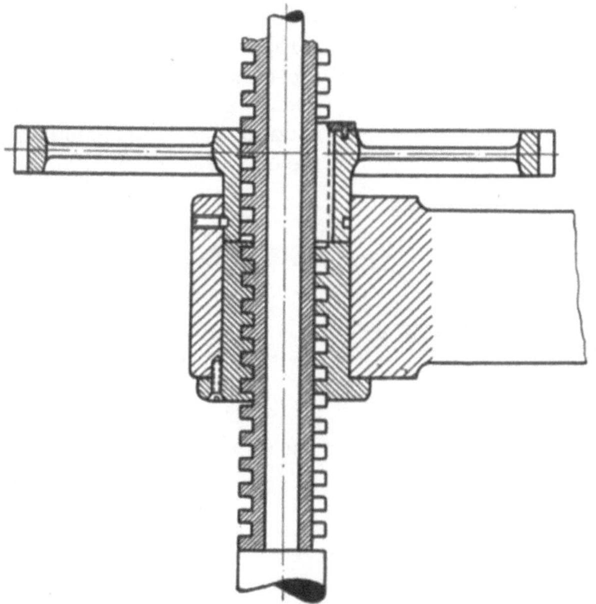

Fig. 270. Schaltmechanismus einer älteren Bohrmaschine.

Die Größe einer ruckweisen Schaltung ändert man durch Verstellen von Zapfen in geschlitzten Hebeln, wie in Fig. 258, oder durch
Verstellen von Kurbelzapfen, wie in Fig. 260.

Bei den Bohrmaschinen werden als Schaltmechanismus ent-
weder Schraubenspindel und Mutter oder Zahnstange und Rad benutzt.
Während aber bei den übrigen Maschinen in den meisten Fällen die
Schraubenspindel die drehende und die Mutter die fortschreitende
Bewegung ausführt, führt bei den Bohrmaschinen fast immer die
Schraubenspindel die fortschreitende Bewegung aus. Die drehende
Bewegung kann dabei entweder die Mutter, wie in Fig. 346, oder eben-
falls die Schraubenspindel, wie in Fig. 270, ausführen. Im letzteren
Falle steht die Mutter still und ist gewöhnlich im Gestelle der Maschine
befestigt.

Bei der Verwendung von Zahnstange und Rad ist es ebenso. Gewöhnlich liegt die Zahnstange fest, und das Rad macht sowohl die

drehende als auch die fortschreitende Bewegung. Dagegen macht bei den Bohrmaschinen die Zahnstange die fortschreitende und das Rad die drehende Bewegung, wie in Fig. 271.

Machen die Schaltmechanismen, wie z. B. beim fliegenden Support (Fig. 272), die umlaufende Hauptbewegung der Maschine mit, so benutzt man zur besonderen Bewegung des Schaltmechanismus oft kreuz- oder sternförmige Schaltkreuze (a Fig. 272). Die Arme dieser Schaltkreuze schlagen bei jeder Umdrehung des fliegenden Supports an einen feststehenden Anschlag b, wodurch das Schaltkreuz gedreht wird. Die Übersetzung durch das Schaltkreuz ist die gleiche wie beim Zahnschaltwerk.

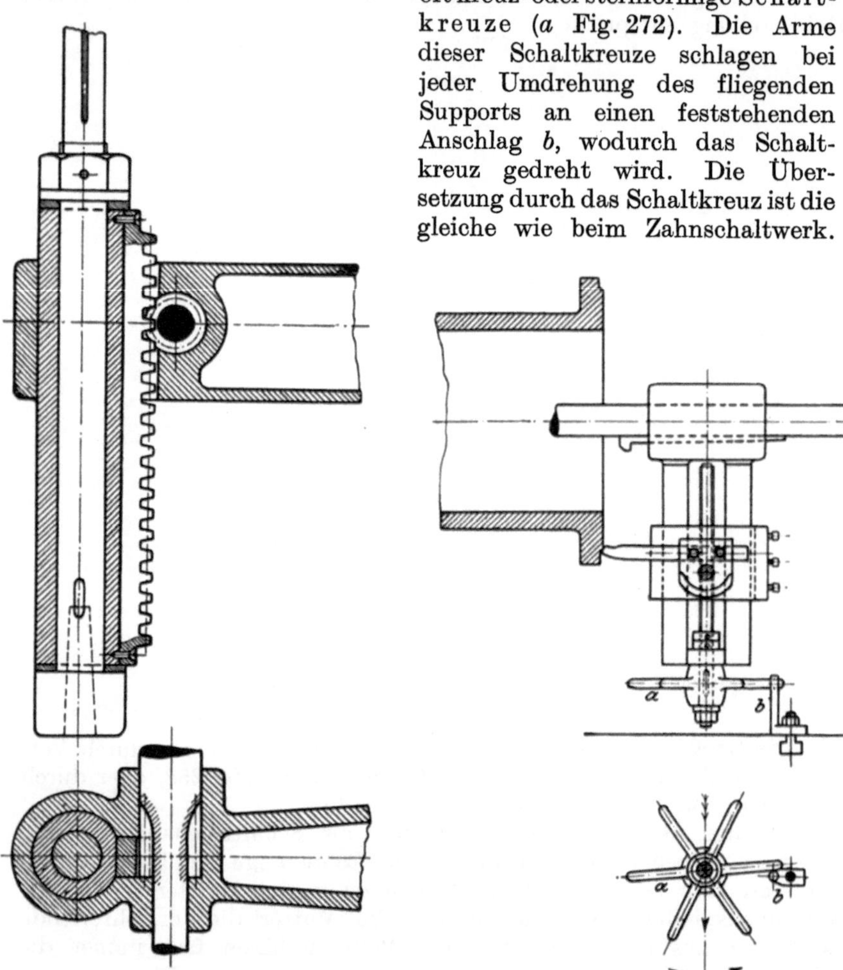

Fig. 271. Schaltmechanismus einer modernen Bohrmaschine.

Fig. 272. Fliegender Support.

An Horizontal- und Zylinderbohrmaschinen machen Schraubenspindel und Mutter in der Regel ebenfalls die drehende Arbeitsbewegung der Bohrspindel mit. Zum Zwecke der Schaltung muß dann

die Schraubenspindel oder die Mutter noch eine relative Vor- oder
Rückdrehung gegen die Bohrspindel machen. Diese relative Drehung
kann bewirkt werden:

1. durch Schaltkreuz und Anschlag (Fig. 273),
2. durch ein Differentialrädergetriebe (Fig. 274—276),
3. durch ein Umlaufräderwerk (Fig. 277).

In Fig. 273 ist in einer Nut der Bohrspindel b die Schraubenspindel a drehbar gelagert. Auf der Schraubenspindel ist ein Schaltkreuz c befestigt, welches bei der Drehung der Bohrspindel an einen
Anschlag d stößt, wodurch dasselbe und die Schraubenspindel gedreht
werden. In der Nut der Bohrspindel findet auch die Mutter der
Schraubenspindel Platz, welche an dem auf der Bohrspindel verschieb-
baren Bohrkopfe befestigt ist. Durch die relative Drehung der Schraubenspindel verschiebt sich die Mutter mit dem Bohrkopfe.

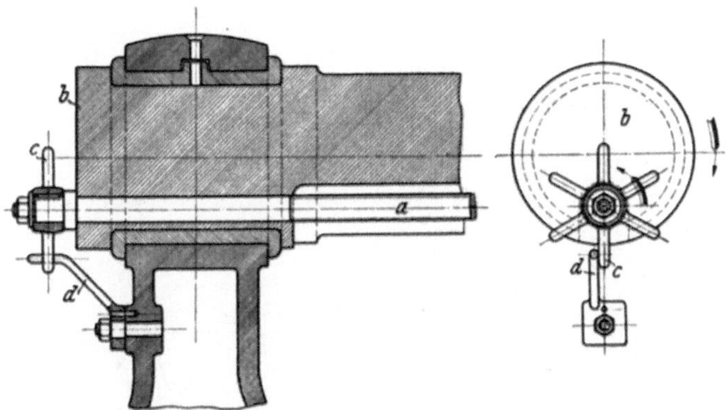

Fig. 273. Schaltkreuz und Anschlag.

Das **Differentialrädergetriebe** besteht aus vier Rädern, von
denen das erste mit z_1 Zähnen mit der hohlen Bohrspindel b verbunden,
das letzte mit z_4 Zähnen in Fig. 274 auf der Schraubenspindel a, in
Fig. 275 auf der Mutter c befestigt ist. Zwei aneinander befestigte
Räder stecken lose drehbar auf einem Bolzen. Von diesen beiden
Rädern greift das mit z_2 Zähnen in das erste und das mit z_3 Zähnen
in das letzte Rad des Getriebes ein. Wenn man auf vollständig richtigen
Eingriff der Räder verzichtet, kann man die beiden Räder auf dem
Bolzen durch ein doppelt breites Rad ersetzen. Das letztere geht dann
mit dem kleineren der eingreifenden Räder gesperrt, d. h. ihre Teil-
kreise kommen nicht zur Berührung. Zwischen die Räder auf dem
Bolzen und die übrigen kann man auch, wie in Fig. 276, Zwischenräder einschalten. Diese ändern an der Übersetzung des Mechanismus
nichts, erlauben aber ein Auswechseln der Räder, ohne daß die Summen
der Zähnezahlen der beiden Räderpaare jedesmal einander gleich sein
müssen, was sonst wenigstens annähernd bei gleicher Teilung der

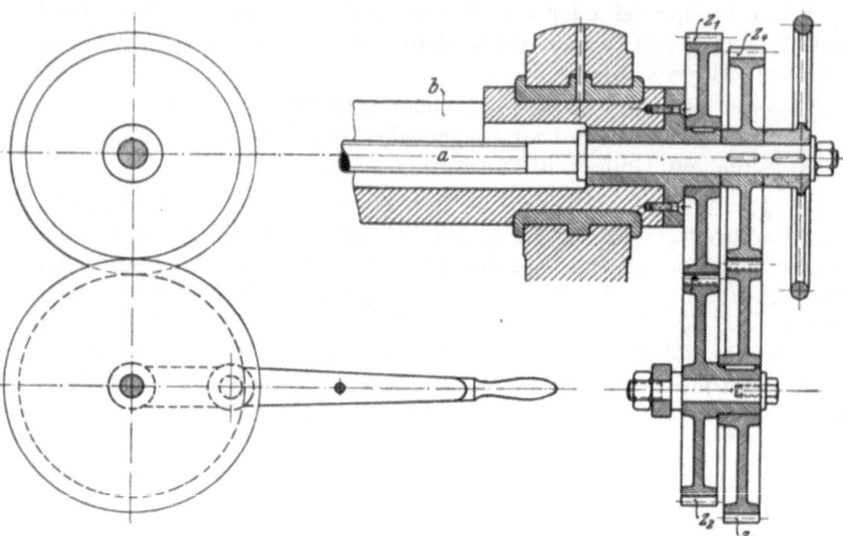

Fig. 274. Differentialrädergetriebe einer Zylinderbohrmaschine.

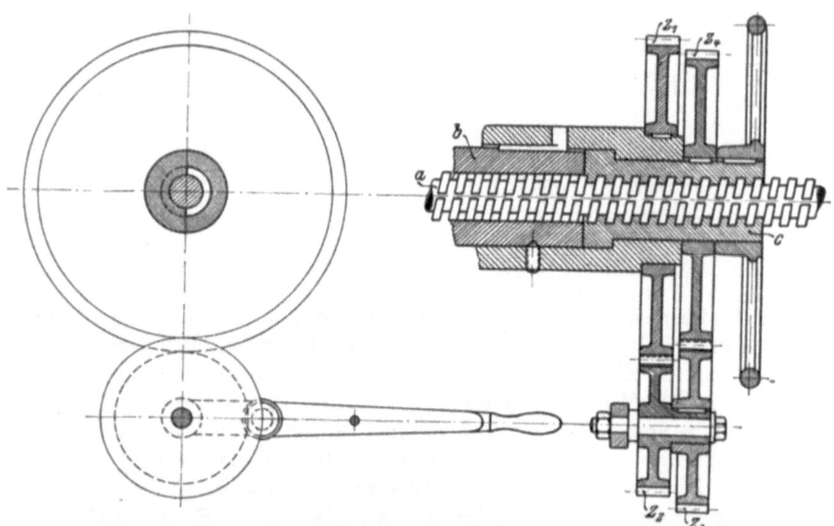

Fig. 275. Differentialrädergetriebe einer Wagerechtbohrmaschine.

Räder der Fall sein müßte. Denn bezeichnet man die Radien der Räder der Reihe nach mit r_1, r_2, r_3 und r_4, so ist:

$$r_1 + r_2 = r_3 + r_4\,,$$
$$2\,\pi\,r_1 + 2\,\pi\,r_2 = 2\,\pi\,r_3 + 2\,\pi\,r_4\,,$$
$$t\,z_1 + t\,z_2 = t\,z_3 + t\,z_4\,,$$
$$z_1 + z_2 = z_3 + z_4\,.$$

Ist n_1 die Umdrehungszahl der Bohrspindel, n_2 die Umdrehungszahl der Räder auf dem Bolzen, n_3 die absolute Umdrehungszahl der
Schraubenspindel oder der Mutter und n die relative Umdrehungszahl der Schraubenspindel oder der Mutter, so ist:

$$n_2 = n_1 \frac{z_1}{z_2}\,,$$

$$n_3 = n_2 \frac{z_3}{z_4}$$

$$\overline{\phantom{n_3 = n_1 \frac{z_1}{z_2}}}$$

$$n_3 = n_1 \frac{z_1}{z_2} \cdot \frac{z_3}{z_4}\,,$$

$$n = n_3 - n_1 = n_1 \frac{z_1}{z_2} \cdot \frac{z_3}{z_4} - n_1$$

$$n = n_1 \left(\frac{z_1}{z_2} \cdot \frac{z_3}{z_4} - 1 \right).$$

Für die Berechnung der Schaltung wird $n_1 = 1$, also:

$$n = \frac{z_1}{z_2} \cdot \frac{z_3}{z_4} - 1\,.$$

Dieser Wert für n ist auch
die durch das Differentialräderwerk
hervorgerufene Übersetzung. Von
der Differenz, welche dieser Aus-
druck darstellt, hat der Mechanismus seinen Namen. Sie kann sowohl

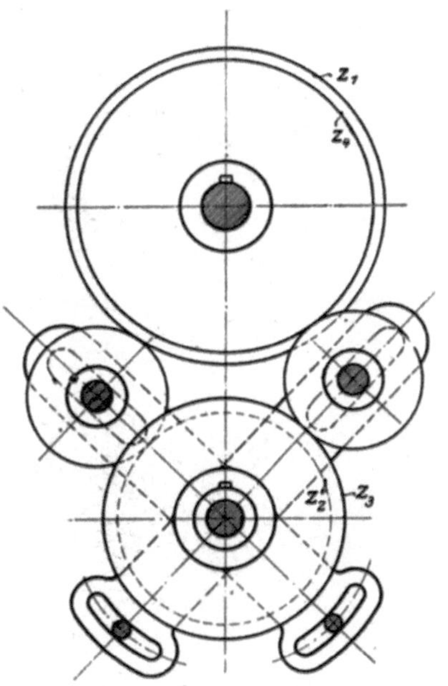

Fig. 276. Differentialrädergetriebe
mit Zwischenrädern.

positiv als auch negativ werden. Ist sie positiv, so findet die relative
Drehung in der Drehrichtung der Bohrspindel, ist sie negativ, so findet
dieselbe in entgegengesetzter Richtung statt.

Beispiel: In einem Differentialrädergetriebe hat das Rad auf der
Bohrspindel 51 Zähne, das auf der Mutter 50. Auf dem Bolzen stecken
ein 45er und ein 46er Rad, von denen das erste in das 51er das
zweite in das 50er Rad eingreift. Die Steigung des Gewindes der Mutter
beträgt $^2/_3{}''$ engl. Wie groß ist die Schaltung in Millimeter?

$$s = n\,S = \left(\frac{z_1}{z_2} \cdot \frac{z_3}{z_4} - 1 \right) S\,,$$

$$s = \left(\frac{51}{45} \cdot \frac{46}{50} - 1 \right) \frac{25{,}4 \cdot 2}{3} = 0{,}724\,\text{mm}.$$

Das **Umlauf-** oder **Planetenräderwerk** (Fig. 277) besteht ebenfalls aus vier Rädern, von denen das erste mit z_1 Zähnen mit dem
Gestelle der Maschine fest verbunden, das letzte mit z_1 Zähnen auf
der Schraubenspindel a befestigt ist. Die beiden anderen Räder sind

auf einer kurzen Welle d befestigt, welche sich in einem Arme c um ihre
Achse drehen kann. Der Arm c ist auf die Bohrspindel b aufgekeilt
und dreht sich mit ihr, wobei die Welle d mit den beiden Rädern im
Kreise herumgeführt wird. Dabei greift das Rad mit z_2 Zähnen in das
festliegende und das mit z_3 Zähnen in das Rad auf der Schraubenspindel.

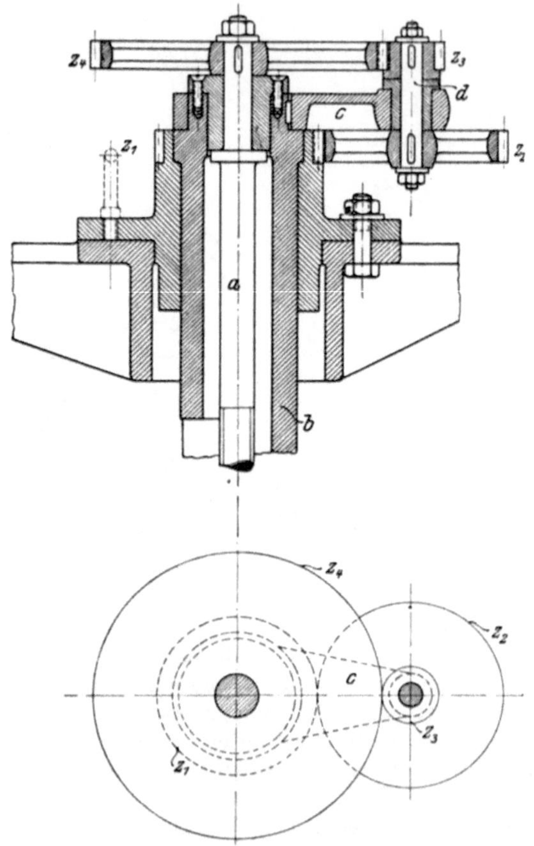

Fig. 277.   Umlauträderwerk einer Zylinderbohrmaschine.

Wenn man nicht noch Zwischenräder hinzufügt, müssen auch an
diesem Mechanismus bei gleicher Teilung der Zahnräder die Summen
der Zähnezahlen beider Räderpaare einander gleich sein.

Ein Umlauträderwerk bewegt sich relativ zur Bohrspindel wie
ein zusammengesetztes Räderwerk, dessen Wellenlager feststehen. Um
dies zu erkennen, braucht man nur in Gedanken seinen Standpunkt
auf dem Arme c zu nehmen. Für die Schaltung kommt nur diese
relative Bewegung in Betracht. Nennt man die Umdrehungszahl

der Bohrspindel n_1 und die relative Umdrehungszahl der Schraubenspindel n, so ist:

$$n = n_1 \frac{z_1}{z_2} \cdot \frac{z_3}{z_4} \, .$$

Für die Berechnung der Schaltung wird $n_1 = 1$, also

$$n = \frac{z_1}{z_2} \cdot \frac{z_3}{z_4} \, .$$

Dieser Wert für n ist auch die durch den Mechanismus hervorgebrachte Übersetzung.

Das Umlaufräderwerk wird weniger angewendet als das Differentialräderwerk.

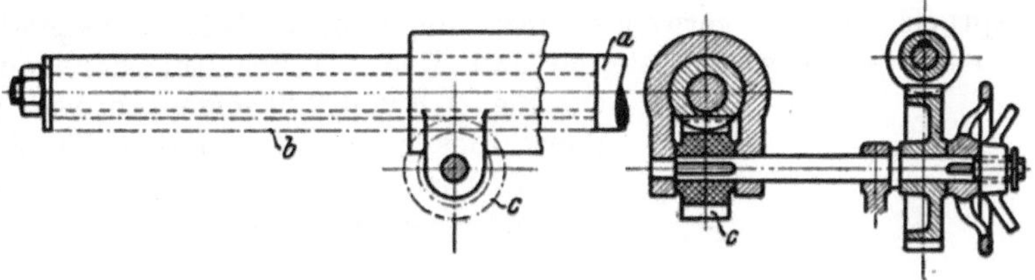

Fig. 278. Schaltmechanismus einer Wagerechtbohrmaschine.

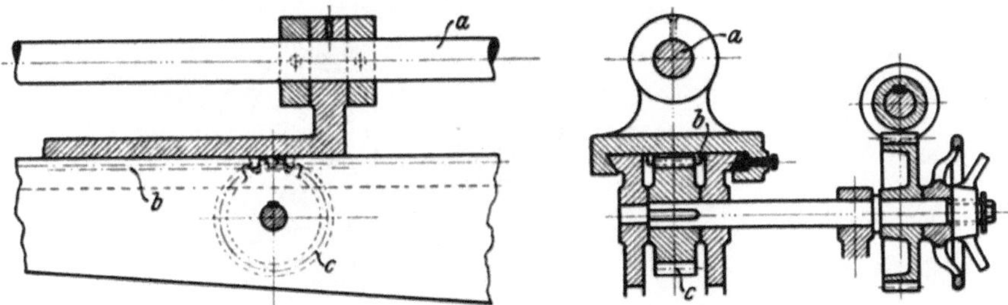

Fig. 279. Verbesserter Schaltmechanismus einer Wagerechtbohrmaschine.

Beispiel: In einem Umlaufräderwerk hat das am Gestell befestigte Rad 30 Zähne und das Rad auf der Schraubenspindel 60.
Die auf der Welle d befestigten Räder haben 50 bzw. 20 Zähne, und
zwar greift das 50er in das 30er und das 20er in das 60er Rad ein.
Wie groß ist die Schaltung in Millimeter, wenn die Steigung des Spindel-
gewindes $^1/_3''$ engl. beträgt?

$$s = n\,S\,,$$

$$s = \frac{z_1}{z_2} \cdot \frac{z_3}{z_4} \cdot S = \frac{30}{50} \cdot \frac{20}{60} \cdot \frac{25{,}4}{3} = \mathbf{1{,}69} \text{ mm.}$$

In Fig. 275 ist die Schraubenspindel a zugleich Bohrspindel der
Wagerechtbohrmaschine. Da in ihr die Bohrstange ausgerüstet mit
Werkzeugen bzw. mit einem Bohrkopfe befestigt wird, muß sie für
große Maschinen stark werden. In solchen Fällen geht das Drehen

der Mutter durch das Handrad von Hand sehr schwer und langsam.
Es nimmt dann das Einstellen der Maschine ungebührlich viel Zeit

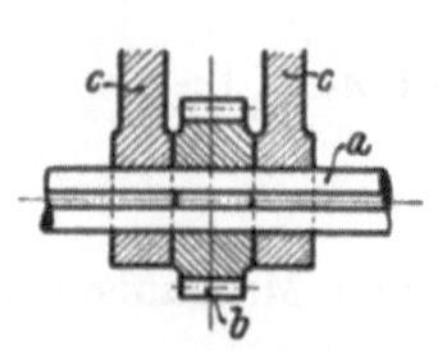

Fig. 280. Nutenwelle
und zwei Mitnehmer.

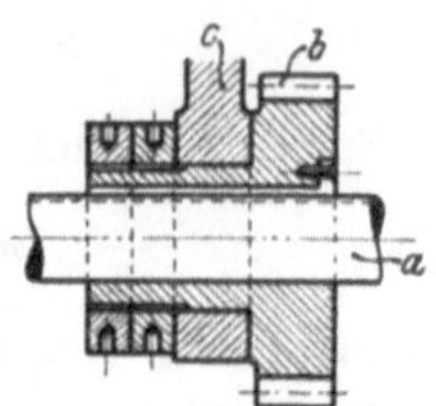

Fig. 281. Nutenwelle
und ein Mitnehmer.

in Anspruch. Daher verwendet man nicht mehr Schraubenspindel
und Mutter, sondern Zahnstange und Rad als Schaltmechanismus.
Die Fig. 278 und 279 zeigen, in welcher
Weise dies geschieht. In den Fig. 278
und 279 ist a die Bohrspindel, b die
Zahnstange und c das Zahnrad.

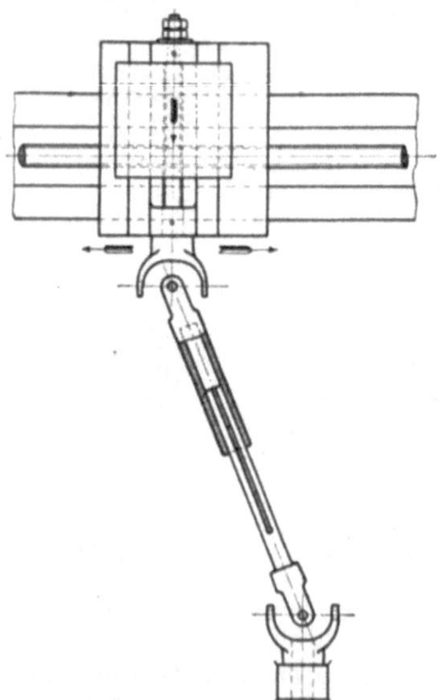

Fig. 282. Kreuzgelenk-Anordnung.

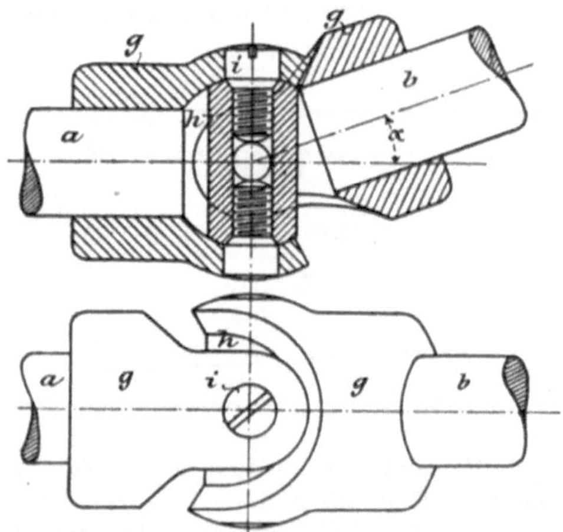

Fig. 283. Kreuzgelenk (nach Fischer).

Hat irgendein Mechanismus außer seiner Bewegung noch eine
andere mitzumachen, so bedient man sich bei seinem Antriebe:

1. der Nutenwellen und Mitnehmer (Fig. 280 u. 281),
2. der Kreuzgelenke (Fig. 282 u. 284),
3. beweglicher Riementriebe (Fig. 285).

Von der Nutenwelle a (Fig. 280 u. 281) erfolgt die Bewegungsübertragung mit Hilfe eines losen Keils auf das Zahnrad b, welches
durch den oder die Mitnehmer c auf der Nutenwelle verschoben wird.
Das Zahnrad b gibt die Bewegung an ein anderes weiter, welches auf dem

sich verschiebenden Schlitten gelagert ist. Die Stelle des Zahnrades kann auch eine Riemenscheibe oder ein schwingender Hebel einnehmen.

Fig. 284 zeigt ein amerikanisches Kreuzgelenk. Die Kugel enthält zwei sich rechtwinklig kreuzende Nuten mit sechsseitigem Querschnitte und ist zweiteilig. Die Wellenenden greifen mit halbkreisförmigen Rippen von gleichem Querschnitt wie die Nuten in dieselben ein.

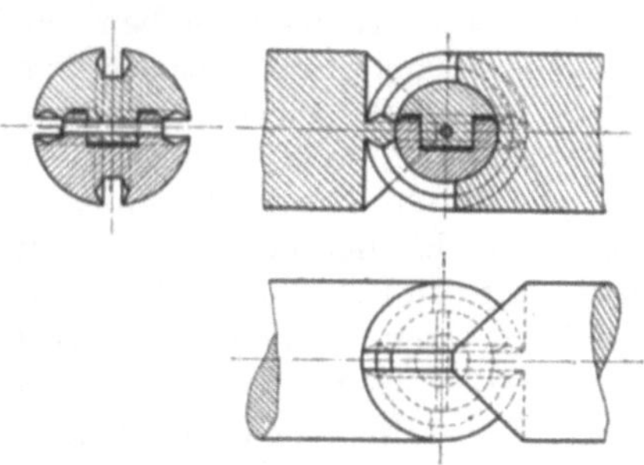

Fig. 284.
Amerikanisches Kreuzgelenk.

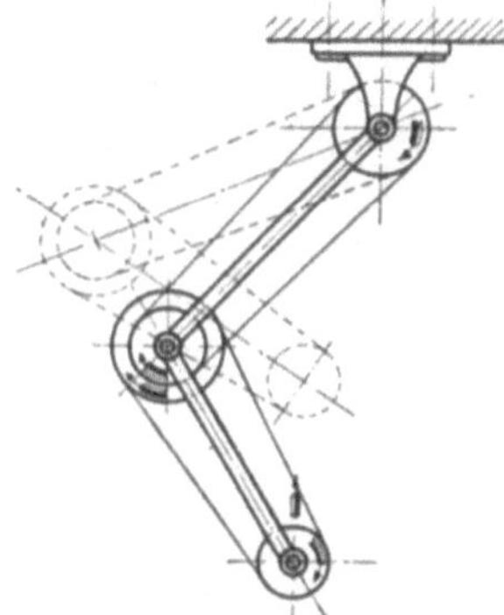

Fig. 285.
Beweglicher Riementrieb.

In Fig. 285 ist die erste Welle in festen Lagern gelagert. Die Lager der zweiten können sich um die erste Welle auf einem Kreisbogen drehen, und die dritte Welle kann relativ zur zweiten einen Kreis beschreiben, ohne daß die Riemenspannungen sich ändern. Die dritte Welle kann also fortwährend rotieren und außerdem sich in einer beliebigen geraden oder gekrümmten Bahn bewegen.

3. Umkehr- und Umsteuerungsmechanismen.

Umkehrmechanismen kommen sowohl zur Umkehrung der Arbeitsals auch der Schaltbewegung zur Anwendung.

Eine Umkehrung der Arbeitsbewegung durch geeignete Mechanismen ist namentlich erforderlich bei den Hobelmaschinen mit großem Hube, dann auch bei den Drehbänken zum Gewindeschneiden, manchen Schraubenschneidmaschinen, den Blechkantenhobelmaschinen usw.

Das Umkehren dieser Mechanismen erfolgt meist durch Riemenverschiebung, kann aber auch durch Aus- und Einrücken von Kuppelungen erfolgen. Zur Umkehrung der Arbeitsbewegung können folgende Mechanismen in Anwendung gebracht werden:

1. das Riemenscheiben-Wendegetriebe ohne schnellen Rückgang,
2. das Riemenscheiben-Wendegetriebe mit schnellem Rückgang,
3. das Sellerssche Wendegetriebe,
4. das Riemenscheiben-Wendegetriebe mit Kurvenschlitzsteuerscheibe,
5. das Riemenscheiben-Wendegetriebe mit doppelter Reibungskuppelung,

6. das Dreischeiben-Wendegetriebe mit einfacher und doppelter Stirnräderübersetzung,
7. das Dreischeiben-Wendegetriebe mit drei schiefwinkligen Kegelrädern,
8. das Dreischeiben-Wendegetriebe mit vier rechtwinkligen Kegelrädern.

Das **Riemenscheiben-Wendegetriebe ohne schnellen Rückgang** (Fig. 286) besteht aus 2 Riemen, einem offenen und einem gekreuzten, und drei Riemenscheiben auf der angetriebenen Welle. Auf der treibenden Welle (der Transmissionswelle) befindet sich eine Riementrommel, welche ebenso breit ist als die drei genannten Riemenscheiben zusammen. Von den Riemenscheiben ist die mittlere einfachbreit und auf der Welle befestigt, während die beiden anderen doppeltbreit und lose sind. Im Betriebe liegt entweder der offene oder der gekreuzte Riemen auf der festen Scheibe. Beim Umkehren werden beide Riemen durch Riemenführer gleichzeitig verschoben. Dabei verläßt der treibende Riemen zunächst vollständig die feste Scheibe, ehe der andere Riemen auf dieselbe geschoben wird. Daher müssen die losen Scheiben doppeltbreit sein, und die Maschine steht bei der Mittelstellung der Riemen still.

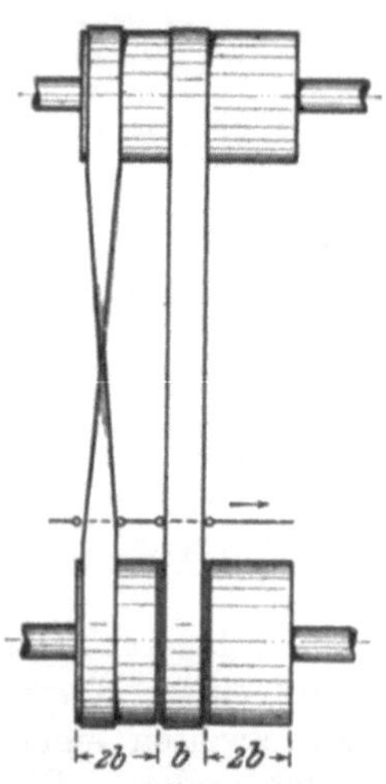

Fig. 286. Riemenscheiben-Wendegetriebe ohne schnellen Rückgang.

Das **Riemenscheiben-Wendegetriebe mit schnellem Rückgang** (Fig. 287) besteht ebenfalls aus einem offenen und einem gekreuzten Riemen, enthält aber vier Riemenscheiben auf der angetriebenen Welle. Während diese Riemenscheiben beim vorigen Wendegetriebe alle gleichen Durchmesser besaßen, haben in diesem die beiden ersten einen größeren Durchmesser als die beiden letzten. Die beiden mittleren Riemenscheiben sind einfachbreit und auf der Welle befestigt, dagegen die äußeren doppeltbreit und lose. Die Umkehrung der Bewegung erfolgt ebenso wie beim vorigen Mechanismus. Dieses Wendegetriebe kann auch drei doppeltbreite, gleichgroße Riemenscheiben enthalten. Dann müssen aber zwei Riementrommeln von verschiedenem Durchmesser nebeneinander auf die treibende Welle gesetzt werden.

Nennt man die Schnittgeschwindigkeit c, die Rückgangsgeschwindigkeit c_1, die Umdrehungszahl der skizzierten Antriebs- oder Vorgelegewelle während des Arbeitsganges n_1 und während des Rückganges n_2, so verhält sich:

$$\frac{c_1}{c} = \frac{n_2}{n_1}.$$

Macht ferner die Transmission n Umläufe, und ist d_1 der Durchmesser der Riementrommel, so ist mit den Bezeichnungen der Fig. 287:

$$n_2 = n \frac{d_1}{d}$$

$$n_1 = n \frac{d_1}{D}$$

$$\frac{n_2}{n_1} = \frac{D}{d}$$

oder das Geschwindigkeitsverhältnis:

$$m = \frac{c_1}{c} = \frac{D}{d}\;.$$

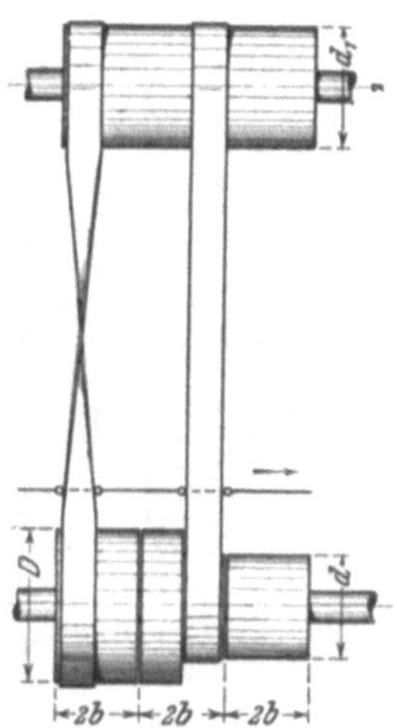

Fig. 287. Riemenscheiben-Wendegetriebe mit schnellem Rückgang.

Das Sellerssche Wendegetriebe (Fig. 288) ist ein Riemenscheiben-Wendegetriebe, welches schnellen Rückgang hervorbringen kann, wenn man die Antriebsscheiben auf der Transmission ungleich groß macht. a und b sind Losscheiben, während c fest aufgekeilt ist. In der gezeichneten Stellung der Riemenführer f und g liegen beide Riemen, sowohl der offene als auch der gekreuzte, auf den Losscheiben, und die Maschine steht still. Wird das Bogenstück e von dem Winkelhebel d linksherum gedreht, so stößt der Vorsprung i desselben an den kleinen Hebel h und dreht dadurch die mit h verbundene Riemengabel f linksherum, bringt also einen Riemen auf die feste Scheibe. Der kleine, mit f verbundene Hebel h_1 tritt während der Drehung des Stückes e in die dafür bestimmte Aussparung. Wird das Stück e in seine Mittelstellung zurückgedreht, so stößt der Ansatz i_1 gegen den Hebel h_1 und bewegt dadurch den Riemenführer f wieder in seine alte Lage zurück. Während dieser Bewegungen des Bogenstückes e bleibt die Riemengabel g unbewegt stehen. Dreht man nun das Bogenstück e über die gezeichnete Mittelstellung hinaus rechtsherum, so bleibt die Riemengabel f stehen, der Zahn k dreht aber die Riemengabel g linksherum, indem er an den Hebel l anstößt, und bringt dadurch den anderen Riemen auf die befestigte Scheibe c. Bei der Rückwärtsbewegung des Stückes e in die Mittelstellung nimmt der Zahn k den Hebel l_1 und dadurch die Riemengabel g mit zurück.

Der Zweck des Riemenverstellungsmechanismus ist die Vermeidung der doppeltbreiten Losscheiben.

Die Fig. 289—291 zeigen verschiedene Anordnungen des Sellersschen Wendegetriebes bei einer Hobelmaschine mit Schneckenantrieb.

Ein Riemenscheiben-Wendegetriebe mit Kurvenschlitzsteuerscheibe ist in den Fig. 395 u. 396 mit enthalten. Es ist wie das

Sellerssche Wendegetriebe, nur ist der Riemenverstellungsmechanismus des letzteren durch die einfache Kurvenschlitzscheibe ersetzt.

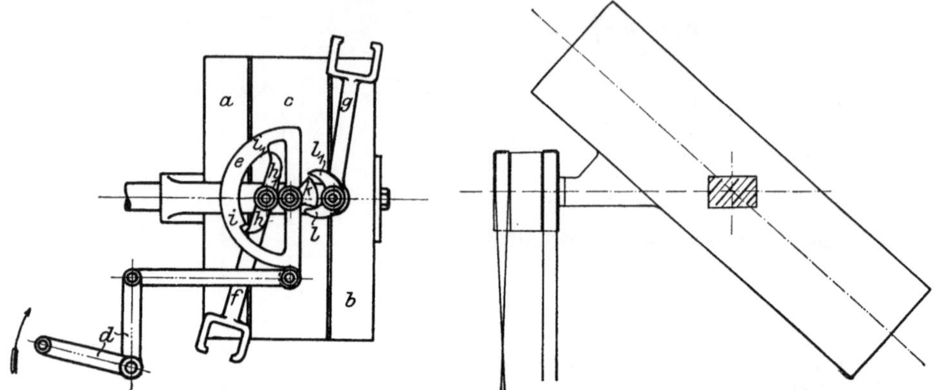

Fig. 288. Sellers-Riemen-
scheiben-Wendegetriebe.

Fig. 289. Hobelmaschine mit Schneckenantrieb. Schiefe Aufstellung.

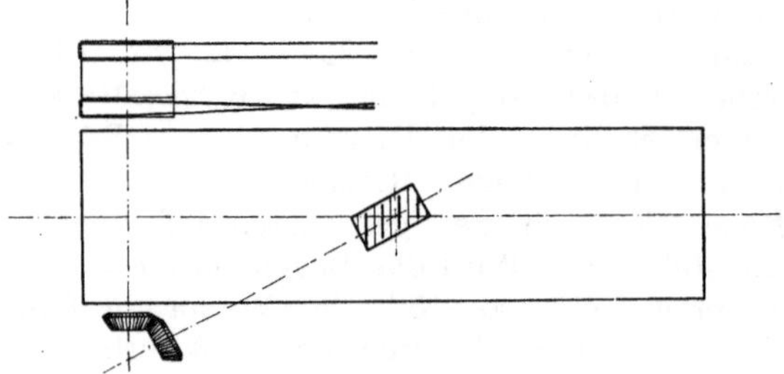

Fig. 290. Hobelmaschine mit Schneckenantrieb. Tischbewegung senkrecht zur
Transmission.

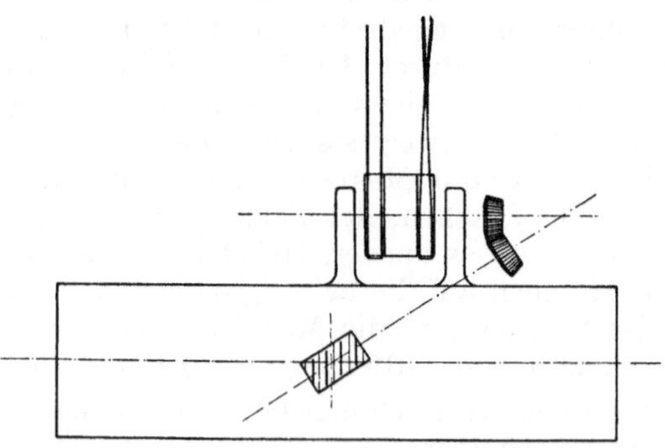

Fig. 291. Hobelmaschine mit Schneckenantrieb. Tischbewegung parallel zur
Transmission.

Das Riemenscheiben-Wendegetriebe mit doppelter Reibungskuppelung (Fig. 405) besteht aus einem offenen und einem

gekreuzten Riemen und nur 2 Riemenscheiben. Den weiteren Text siehe bei Fig. 405.

Das Dreischeiben - Wendegetriebe mit einfacher und doppelter Stirnräderübersetzung zeigt Fig. 292. Dieses Stirnräder-Wendegetriebe enthält für den Arbeitsgang eine doppelte und für

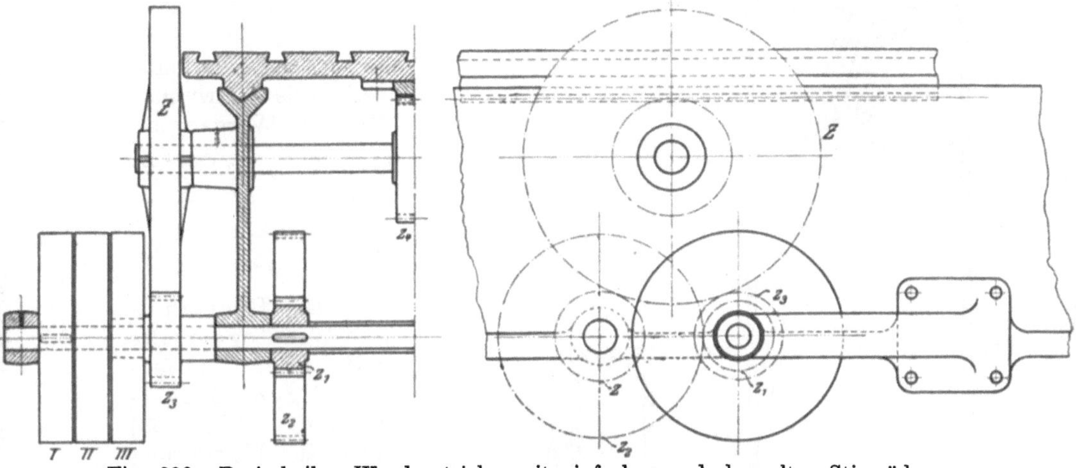

Fig. 292. Dreischeiben-Wendegetriebe mit einfacher und doppelter Stirnräder-übersetzung.

den Rückgang eine einfache Räderübersetzung ins Langsame. Der einzige Antriebsriemen treibt eine der drei Riemenscheiben I, II oder III stets in derselben Richtung. Riemenscheibe I ist fest auf die Welle gekeilt, Riemenscheibe II ist Losscheibe und Riemenscheibe III ist auf der verlängerten Nabe eines kleinen Zahnrades befestigt, welches lose auf seiner Welle sitzt und z_3 Zähne hat. Die Bewegung wird entweder von der Riemenscheibe I durch zwei Räderübersetzungen $\dfrac{z_1}{z_2}$ und $\dfrac{z}{Z}$ oder von der Riemenscheibe III durch die Räderübersetzung $\dfrac{z_3}{Z}$ auf die Welle des Zahnstangenrades übertragen. Da durch jede Räderübersetzung eine Drehbewegung umgekehrt wird, so ist die Drehrichtung der Welle des Zahnstangenrades bei der Anwendung zweier Räderübersetzungen (beim Arbeitsgange) die umgekehrte wie bei der Anwendung einer Räderübersetzung (beim Rückgange).

Die Umdrehungszahl des Zahnstangenrades beim Arbeitsgange des Tisches werde mit n_1, die beim Rückgange desselben mit n_2 bezeichnet. Ferner bezeichne n die Umlaufszahl der angetriebenen Riemenscheibe und c_1 bzw. c die Rückgangs- bzw. Arbeitsgeschwindigkeit in der Minute. Dann ist:

$$c_1 = z_4\, t\, n_2 \quad \text{und} \quad c = z_4\, t\, n_1 ,$$

wenn t die Teilung des Zahnstangenrades ist.

Da ferner $n_2 = n \dfrac{z_3}{Z}$ und $n_1 = n \dfrac{z_1}{z_2} \cdot \dfrac{z}{Z}$ ist, so folgt:

$$c_1 = z_4 \, t \, n \, \frac{z_3}{Z} \quad \text{und}$$

$$c = z_4 \, t \, n \, \frac{z_1}{z_2} \cdot \frac{z}{Z} \, .$$

Das Geschwindigkeitsverhältnis zwischen Rück- und Vorgang ist:

$$m = \frac{c_1}{c} = \frac{z_3 \cdot z_2 \cdot Z}{Z \cdot z_1 \cdot z}$$

$$m = \frac{z_3 \cdot z_2}{z \cdot z_1} \, .$$

Das Dreischeiben-Wendegetriebe mit drei schiefwinkligen Kegelrädern (Fig. 293) dient zur Umkehrung einer Arbeitsbewegung, welche durch Zahnstange und Schnecke hervorgerufen wird. Die Riemenscheiben sind angeordnet wie bei den vorhergehenden Dreischeiben-Wendegetrieben. Das auf der Schneckenwelle sitzende Rad wird einmal von dem kleinen, auf der Riemenscheibenwelle befestigten Rade, ein andermal von dem großen, mit der Riemenscheibe III verbundenen Rade in

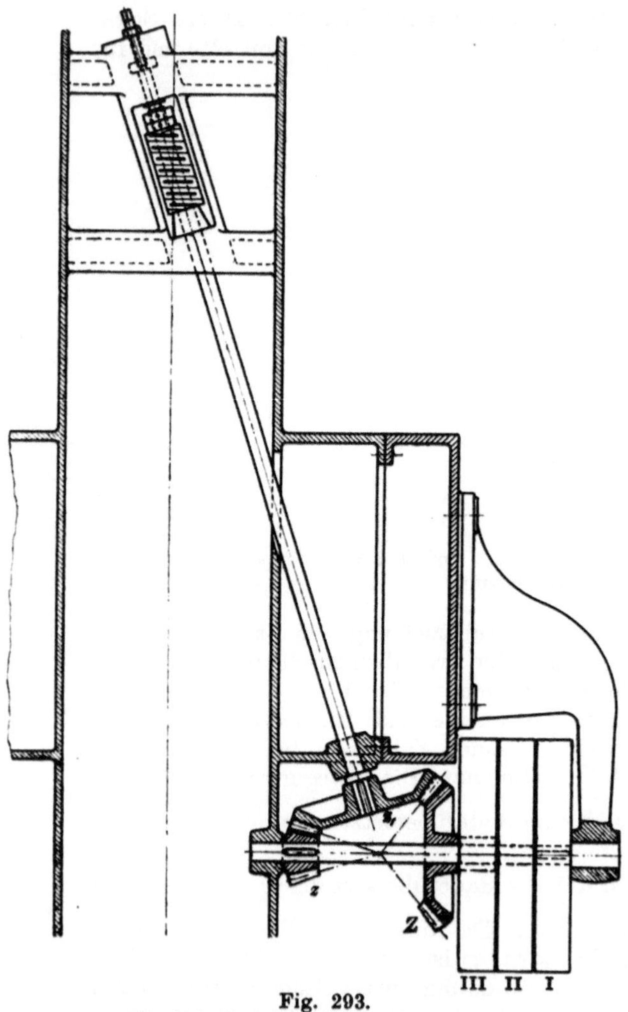

Fig. 293.
Dreischeiben-Wendegetriebe mit drei
schiefwinkligen Kegelrädern.

entgegengesetzter Richtung gedreht, je nachdem, ob der Riemen auf der Scheibe I oder der Scheibe III liegt.

Bezeichnet man mit t die Teilung der Zahnstange, mit i die Gangzahl der Schnecke und benutzt außer den Bezeichnungen der Figur noch die schon bei den früheren Mechanismen verwendeten Bezeichnungen, so ist:

$$c_1 = i\,t\,n_2 \qquad \text{und} \qquad c = i\,t\,n_1$$

$$n_2 = n\dfrac{Z}{z_1} \qquad \text{und} \qquad n_1 = n\dfrac{z}{z_1}$$

$$c_1 = i\,t\,n \cdot \dfrac{Z}{z_1} \qquad\qquad c = i\,t\,n \cdot \dfrac{z}{z_1}$$

$$m = \frac{c_1}{c} = \frac{Z}{z_1} \cdot \frac{z_1}{z}$$

$$m = \frac{Z}{z}\,.$$

Beispiel: In einem Dreischeiben-Wendegetriebe mit drei schiefwinkligen Kegelrädern hat das auf der Riemenscheibenwelle befestigte Rad 18 Zähne, das mit der Riemenscheibe verbundene Rad 44 und das Rad auf der Schneckenwelle 44 Zähne. Die Zahnstange hat 30 mm Teilung, die Schnecke ist zweigängig, und die Arbeitsgeschwindigkeit beträgt 200 mm/sec. Wie groß ist das Geschwindigkeitsverhältnis, und wie groß ist die Umlaufzahl der angetriebenen Riemenscheibe?

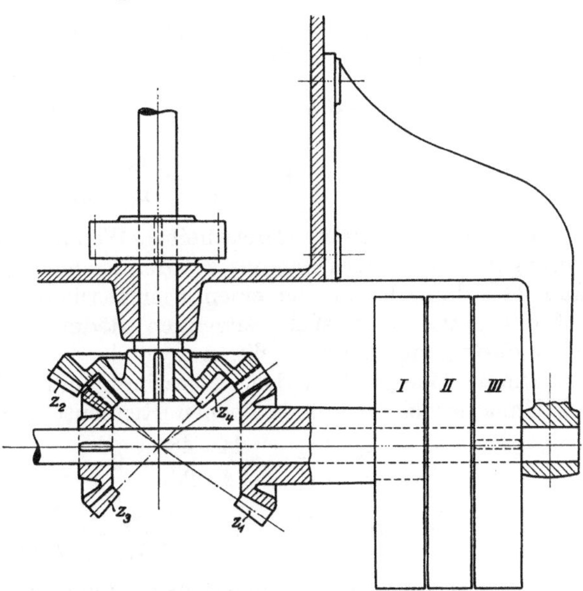

Fig. 294. Dreischeiben-Wendegetriebe mit vier rechtwinkligen Kegelrädern.

$$m = \frac{Z}{z} = \frac{44}{18} = 2{,}44$$

$$c = i\,t\,n \cdot \frac{z}{z_1} \qquad n = \frac{c\,z_1}{i\,t\,z} = \frac{12000 \cdot 44}{2 \cdot 30 \cdot 18} = 489\,.$$

Das Dreischeiben-Wendegetriebe mit vier rechtwinkligen Kegelrädern (Fig. 294) dient zur Umkehrung einer durch Schraubenspindel und Mutter hervorgerufenen Arbeitsbewegung. Die Riemenscheiben sind ebenso angeordnet wie bei den anderen Dreischeiben-Wendegetrieben. Auf der Riemenscheibenwelle befinden sich zwei Räder, von denen das eine auf der Welle, das andere an einer der Riemenscheiben befestigt ist. Auf einer unter der Schraubenspindel liegenden Welle befinden sich zwei Räder oder ein Doppelrad, in welches die beiden Räder der Riemenscheibenwelle eingreifen. Von der Welle des Doppelrades erfolgt durch ein Stirnräderpaar die Bewegungsübertragung ohne Übersetzung auf die Schraubenspindel. Der Arbeitsgang erfolgt, wenn der Riemen auf Scheibe I, der Rückgang, wenn er auf Scheibe III liegt.

Bezeichnet man mit S die Steigung des Gewindes der Schraubenspindel und benutzt außer den Bezeichnungen der Figur noch die oben verwendeten Bezeichnungen, so ist:

$$c_1 = S\, n_2 \qquad \text{und} \qquad c = S\, n_1$$

$$n_2 = n\, \frac{z_3}{z_4} \qquad \text{und} \qquad n_1 = n\, \frac{z_1}{z_2}$$

$$\overline{c_1 = S\, n \cdot \frac{z_3}{z_4}} \qquad\qquad \overline{c = S\, n \cdot \frac{z_1}{z_2}}$$

$$m = \frac{c_1}{c} = \frac{z_3}{z_4} \cdot \frac{z_2}{z_1}\,.$$

Beispiel: In einem Dreischeiben-Wendegetriebe mit vier rechtwinkligen Kegelrädern hat das auf der Riemenscheibenwelle befestigte Rad 24 Zähne, das an der einen Riemenscheibe befestigte 24 und die auf der getriebenen Welle sitzenden Räder 24 und 48 Zähne. Die Gewindesteigung beträgt 60 mm und die Arbeitsgeschwindigkeit 12 m/min. Wie groß ist das Geschwindigkeitsverhältnis und wie groß die Umlaufszahl der angetriebenen Riemenscheibe?

$$m = \frac{z_3}{z_4} \cdot \frac{z_2}{z_1} = \frac{24 \cdot 48}{24 \cdot 24} = 2$$

$$c = S\, n \cdot \frac{z_1}{z_2} \qquad n = \frac{c \cdot z_2}{S\, z_1} = \frac{12 \cdot 48}{0{,}06 \cdot 24} = 400\,.$$

Die zum Zwecke des Umkehrens an den soeben behandelten Mechanismen vorzunehmenden Verstellungen von Riemengabeln, Hebeln usw. können nun entweder von Hand oder selbsttätig bewerkstelligt werden. Das letztere geschieht bei denjenigen Maschinen, bei welchen ein Doppelhub, d. h. Hin- und Rückgang von bestimmter Größe in steter Wiederholung auszuführen ist (bei Hobelmaschinen). Man pflegt die für eine solche selbsttätige Verstellung noch weiter nötigen Mechanismen gewöhnlich als Umsteuerungsmechanismen zu bezeichnen. Als solche gebräuchlichen Mechanismen können folgende genannt werden:

1. Stoßknaggen und Stoßhebel (Fig. 295),
2. Stoßknaggen und Stoßhebel nebst Kipphebel mit Schwunggewicht (Fig. 296),
3. Stoßknaggen und Nutenwalze (Fig. 297).

In den Mechanismen nach den Fig. 295 und 296 stößt gegen Ende jeden Hubes einmal der Knaggen (Frosch) a an den Arm d des Stoßhebels (Stiefelknecht), das andere Mal der Knaggen b an den Arm c

des Stoßhebels und nimmt ihn mit, wodurch der Stoßhebel sich um
einen bestimmten Winkel einmal nach rechts und einmal nach links

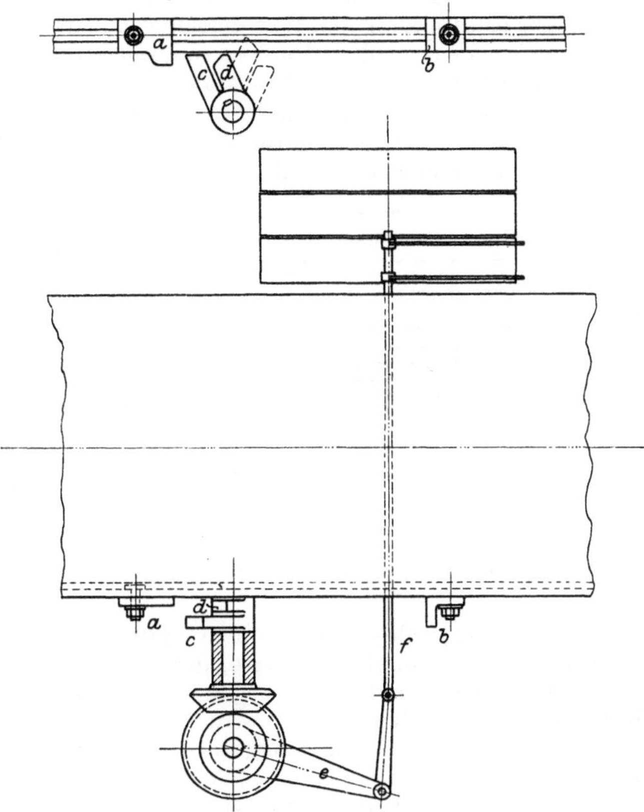

Fig. 295. Umsteuerung einer Hobelmaschine durch Stoßknaggen und Stoßhebel.

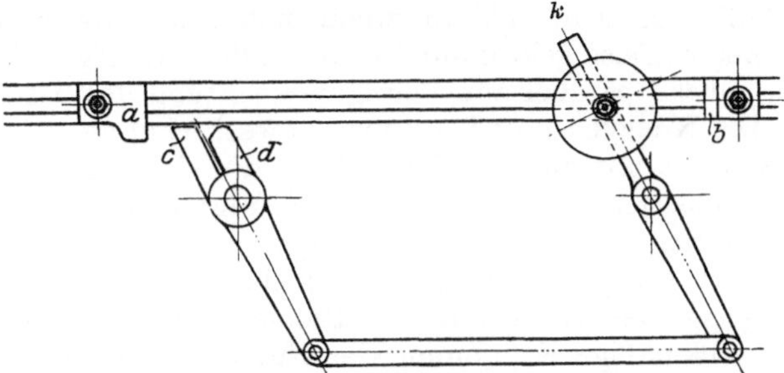

Fig. 296. Stoßhebel mit Kipphebel und Schwunggewicht.

dreht. Die Drehung des Stoßhebels wird entweder von einer Verlängerung desselben durch eine Zugstange oder, wie in Fig. 295, durch
die Stoßhebelwelle, ein Kegelräderpaar und einen Hebel e auf die

Riemenführerschiene *f* übertragen, welche durch die Riemenführer den Riemen verschiebt und dadurch den Umkehrmechanismus in Tätigkeit setzt. Die Knaggen *a* und *b* sind an dem Tische der Hobelmaschine verstellbar befestigt, um den Hub derselben ändern zu können.

Sobald beim Umsteuern der Umsteuerungsmechanismus seine Mittelstellung erreicht hat, liegt der Antriebsriemen auf der Losscheibe, und der Tisch geht nur noch durch seine lebendige Kraft weiter, wobei er noch die Umsteuerung vollenden und die von nun an entgegengesetzt gerichtete Antriebskraft überwinden muß. Reicht seine lebendige Kraft

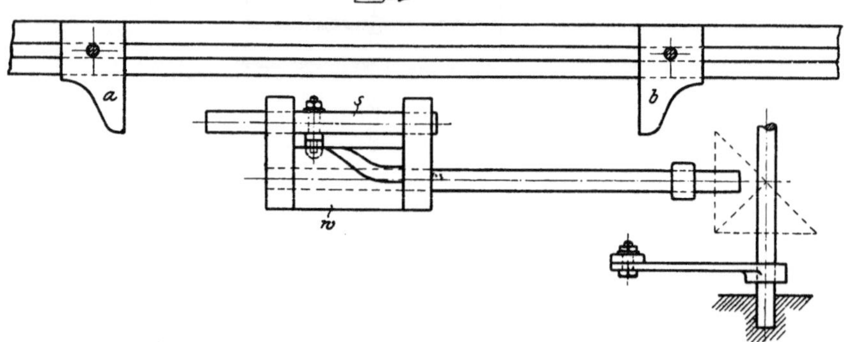

Fig. 297.   Umsteuerung mit Nutenwalze.

dazu nicht aus, so muß während der ersten Hälfte der Umsteuerbewegung lebendige Kraft durch besondere, der Umsteuerung hinzugefügte Teile angesammelt werden, um sie in der zweiten Hälfte der Umsteuerbewegung zu benutzen. Dies wird erreicht durch Hinzufügung eines Kipphebels *k* mit Schwunggewicht, wie in Fig. 296 geschehen ist.

Stößt eine Knagge an den Stoßhebel, so wird plötzlich der ganze Umsteuerungsmechanismus in Bewegung gesetzt. Den hierdurch entstehenden Stoß kann man mildern, wenn man eine Nutenwalze, deren Nut in geeigneter Weise gekrümmt ist, anwendet. In Fig. 297 ist diese Nutenwalze, welche parallel zur Bewegungsrichtung des Tisches liegt, dargestellt. Die Knaggen *a* und *b* stoßen abwechselnd an einen kleinen Schieber *s*, welcher mit einer kleinen Rolle, die sich um einen Zapfen dreht, in die teils gerade, teils schraubenförmig verlaufende Nut der Walze *w* eingreift. Der von den Knaggen mitgenommene Schieber dreht wegen des schraubenförmigen Teils der Nut die Walze, deren Drehung in geeigneter Weise auf den Riemenführer übertragen wird. Durch eine zweckmäßige Krümmung der Nut beim Übergange aus der geraden in die Richtung der Schraubenlinie kann ein allmähliches Angehen der Nutenwalze und damit der Umsteuerung erreicht werden.

Zur Umkehrung einer stetigen Schaltbewegung könnten die Umkehrmechanismen für die Arbeitsbewegung wohl benutzt werden, wenn Riementriebe in den Schaltmechanismen immer zulässig wären und man nicht verschieden große Schaltungen gebrauchte. Die letzteren werden oft durch Stufenscheiben verwirklicht, bei welchen eine Umsteuerung durch Riemenverschieben nicht gut ausführbar ist.

Darum pflegt man zur Umkehrung einer stetigen Schaltbewegung Mechanismen anzuwenden, bei denen eine Riemenverschiebung nicht vorkommt. Es sind dies folgende Mechanismen:

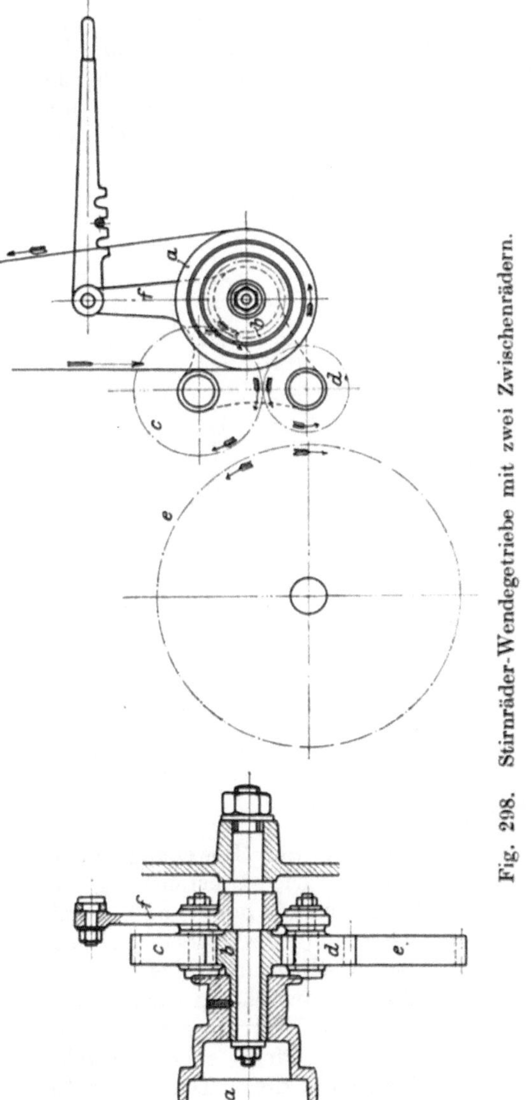

Fig. 298. Stirnräder-Wendegetriebe mit zwei Zwischenrädern.

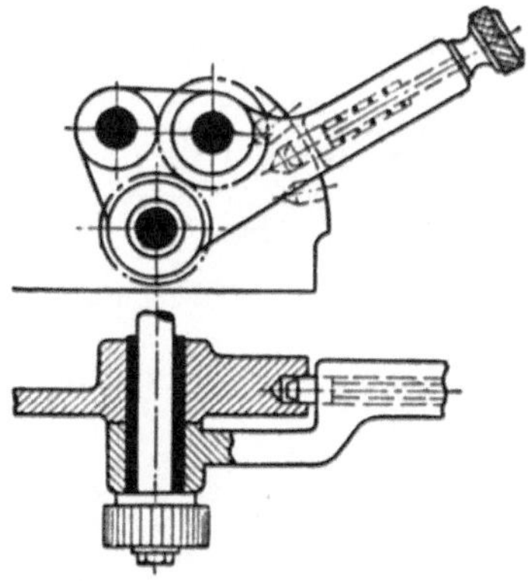

Fig. 299. Stirnräder-Wendegetriebe mit zwei Zwischenrädern (Herzumsteuerung) (nach Ruppert).

1. das Stirnräder-Wendegetriebe mit zwei Zwischenrädern,

2. das Stirnräder-Wendegetriebe mit einem Zwischenrade,

3. das Kegelräder-Wendegetriebe ohne Zwischenrad.

4. das Kegelräder-Wendegetriebe mit Zwischenrad.

Das Stirnräder-Wendegetriebe mit zwei Zwischenrädern (Fig. 298) besteht aus zwei Stirnrädern b und e und 2 Zwischenrädern c und d, welche letzteren sich um Bolzen des Hebels f drehen können. Der Hebel *f* ist drehbar um denselben Bolzen, auf dem das Rad *b* lose sitzt. Die Zwischenräder *c* und *d* greifen ineinander, aber nur das eine von ihnen (*c*) greift in das Rad *b* ein. Das letztere ist mit einer Stufenscheibe *a* oder mit einem Zahnrade fest verbunden. Durch einen Riemen wird nun die Stufenscheibe *a* von der Arbeitswelle oder einer Nebenwelle angetrieben. Statt der Stufenscheibe kann auch ein

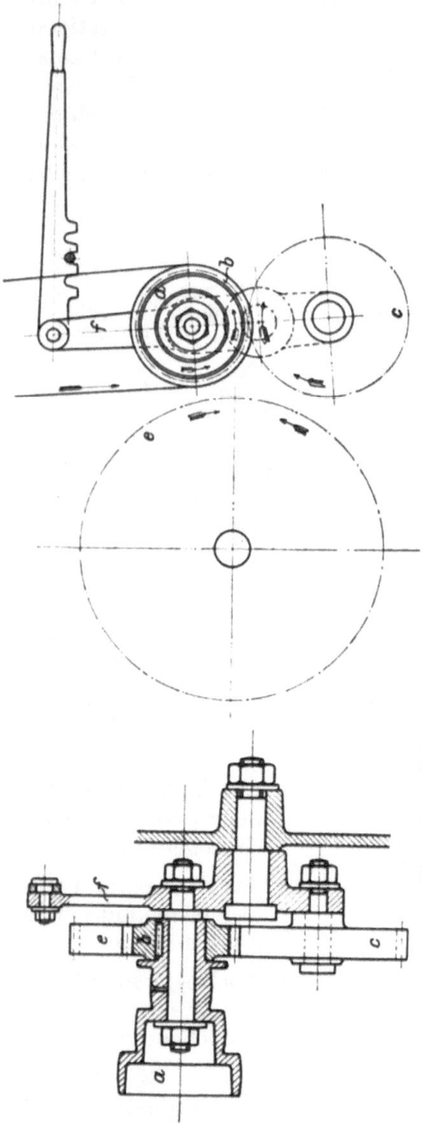

Fig. 300. Stirnräder-Wendegetriebe mit einem Zwischenrade.

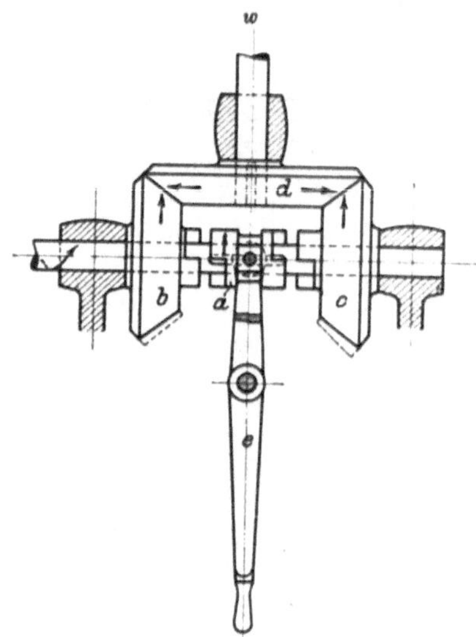

Fig. 301. Kegelräder-Wendegetriebe ohne Zwischenrad.

Zahnrad die Bewegung übertragen. Die Umsteuerung erfolgt nun dadurch, daß durch Verstellung des Hebels *f* einmal das Zwischenrad *c* und ein anderes Mal das Zwischenrad *d* mit dem Rade *e* in Eingriff gebracht wird. Wie die Pfeile zeigen, erfolgt dadurch die Drehbewegung des Rades *e* in dem einen Falle umgekehrt wie in dem anderen. Steht der Hebel *f* auf seiner Mittelstellung, so greift keins von den Rädern *c* und *d* in *e* ein; das letztere steht daher still, und die Schaltbewegung ist ausgerückt. Der Mechanismus wird jetzt mehr so benutzt, daß die Bewegung umgekehrt durch ihn hindurch geht, wie Fig. 299 zeigt. Die Bewegung geht dann vom Rade e (Fig. 298) aus und wird von der Stufenscheibe a weiter geleitet. Im letzteren Falle laufen die Räder b, c und d nicht unnötig mit, wenn der Mechanismus in seiner Mittelstellung steht.

Das Stirnräder-Wendegetriebe mit einem Zwischenrade (Fig. 300) besteht aus 2 Stirnrädern b und e und einem Zwischenrade c. Das Stirnrad b, verbunden mit der Stufenscheibe a, sitzt lose auf einem Bolzen und das in b eingreifende Zwischenrad c lose auf einem zweiten Bolzen am Hebel f. Dieser Hebel ist drehbar um einen Bolzen, welcher

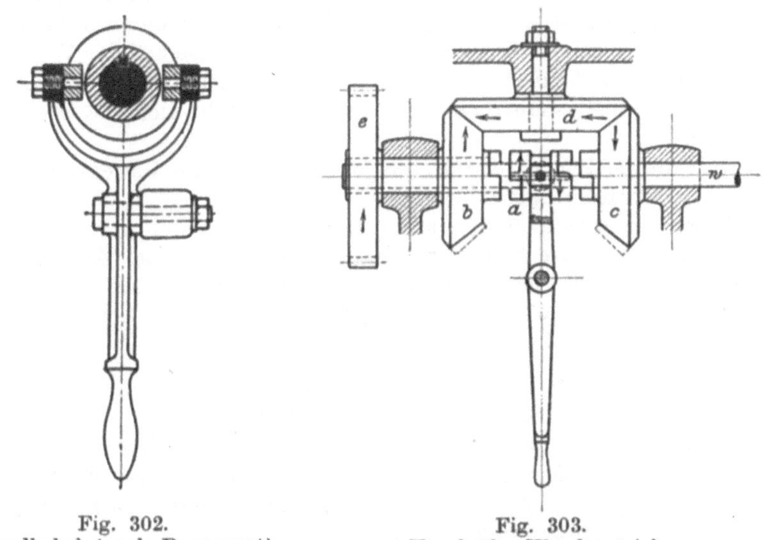

Fig. 302.
Handhebel (nach Ruppert).

Fig. 303.
Kegelräder-Wendegetriebe
mit Zwischenrad.

mitten zwischen den beiden erwähnten Bolzen angebracht ist. Die Riemenleitung zur Stufenscheibe a muß wenigstens annähernd in die Richtung der Verbindungslinie der drei Bolzenmitten fallen, damit der Riemen in den beiden äußersten Stellungen des Hebels f gespannt ist. Durch Verstellung des Hebels f wird einmal das Rad b, ein anderes Mal das Zwischenrad c mit dem Rade e in Eingriff gebracht und dadurch der Drehsinn des letzten Rades umgekehrt. In der Mittelstellung des Mechanismus ist wieder die Schaltbewegung ausgedrückt. Auch durch dieses Getriebe kann die Bewegung in umgekehrter Richtung hindurchgeleitet werden.

Das Kegelräder-Wendegetriebe ohne Zwischenrad (Fig. 301) besteht aus drei rechtwinkligen Kegelrädern und einer doppelten Klauenkuppelung. Das Mittelstück a der doppelten Kuppelung wird von seiner Welle stets nach derselben Richtung gedreht. Die Kegelräder b und c stecken lose auf dieser Welle, das Kegelrad d

dagegen ist auf die Welle w gekeilt. Kuppelt man das Mittelstück a durch Verschieben mit dem Rade b, so drehen sich das Rad d und die Welle w linksherum; kuppelt man dagegen a mit c, so werden das Rad d und die Welle w rechtsherum gedreht. Die Verschiebung des Stückes a beim Umsteuern wird durch einen gegabelten Handhebel e bewirkt, welcher mit Zapfen und Gleitstücken in eine in das Stück a gedrehte Nut eingreift, wie Fig. 302 zeigt.

Das Kegelräder-Wendegetriebe mit Zwischenrad (Fig. 303) besteht ebenfalls aus drei rechtwinkligen Kegelrädern und einer doppelten Klauenkupplung. Das Kegelrad d ist aber nur Zwischenrad, und das Kegelrad b sitzt mit dem Antriebsrade e auf derselben Büchse. Nur das Kuppelungsstück a ist mit der Welle w durch einen losen Keil verbunden, alle gezeichneten Räder dagegen sitzen lose auf der Welle w. Kuppelt man a mit b durch Verschieben von a, so dreht sich die Welle w linksherum; kuppelt man dagegen a mit c, so dreht sich die Welle w rechtsherum.

Durch die beiden letzten Wendegetriebe kann die Bewegung auch in umgekehrter Richtung hindurchgeleitet werden.

Soll eine ruckweise Schaltbewegung umgekehrt werden, so sind dazu nur doppelte Schalthaken oder Sperrer und bei Zahnschaltwerken symmetrisch gezahnte Schalträder erforderlich. Zur Umkehrung der Schaltbewegung ist dann nur das Herumschlagen der doppelten Schalthaken nötig.

4. Abstellmechanismen.

Jede Werkzeugmaschine ist mit Ausrück- oder Abstellvorrichtungen zu versehen, und zwar zunächst mit einer Vorrichtung zum Stillstellen der ganzen Maschine und außerdem noch mit geeigneten Ausrückungen für die einzelnen Bewegungen derselben.

Die Abstellung der ganzen Maschine wird meistens am Deckenvorgelege vorgenommen, und zwar durch Verschieben des Riemens von der Fest- auf die Losscheibe; es werden aber auch Ausrückkuppelungen zum Abstellen von Werkzeugmaschinen benutzt. Zuweilen, z. B. bei schnellgehenden Holzbearbeitungsmaschinen, wendet man Riemenabstellung und Bremsen vereinigt an.

Zur Überleitung des Riemens von der Fest- auf die Losscheibe des Deckenvorgeleges dient eine Ausrückschiene mit Riemenführer, welche vom Stande des Arbeiters aus durch folgende Einrichtungen bewegt werden kann:

1. durch einfache Ausrückhebel (Fig. 304),
2. durch drehbare Ausrückstangen (Fig. 305),
3. durch Kreuzhebel mit Zugseilen oder Zugdrähten (Fig. 306),
4. durch Kipphebel mit Zugseil oder Zugdraht (Fig. 307).

In den Fig. 304—307 ist a und b die Fest- bzw. Losscheibe, c die Ausrückschiene, und d sind die Riemenführer. Die Ausrückschiene c wird nach Fig. 304 durch den Hebel e verschoben. In Fig. 305 ist e

eine drehbare Stange, welche vom Stande des Arbeiters bis zum Vorgelege bzw. bis zur Decke geht. Auf dieser Stange ist unten der Handhebel g und oben der Hebel f befestigt, dessen Zapfen in den Schlitz

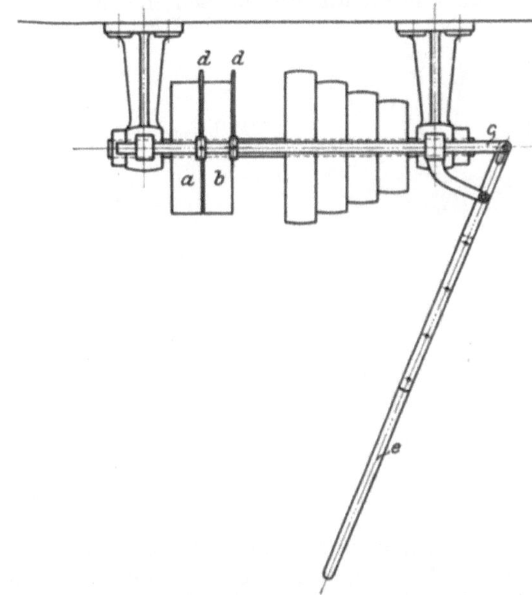

Fig. 304. Deckenvorgelege mit Ausrückhebel.

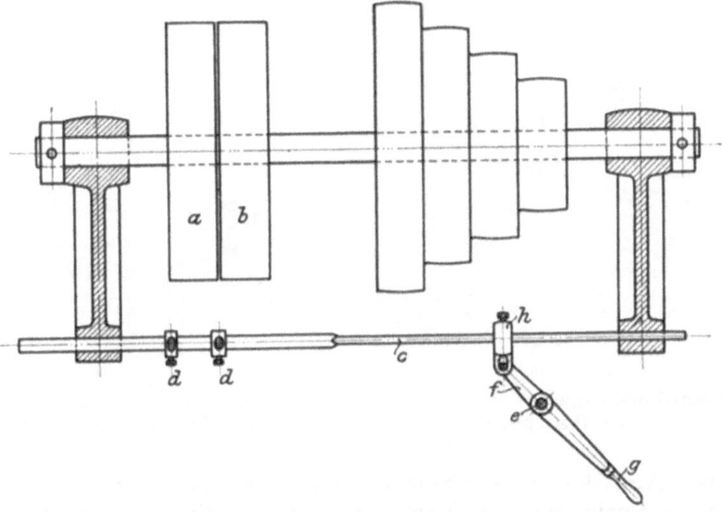

Fig. 305. Deckenvorgelege mit drehbarer Ausrückstange.

des Stückes h eingreift, welches auf der Ausrückschiene befestigt ist. Durch den Handhebel g wird die Stange e gedreht und die Ausrückschiene

c verschoben. Der Kreuzhebel e in Fig. 306 wird durch Ziehen an einem der Zugseile f nach rechts und durch Ziehen an dem anderen Zugseile nach links gedreht. Derselbe nimmt dabei die mit einem Zapfen in seinen Schlitz greifende Ausrückschiene mit. In Fig. 307 ist

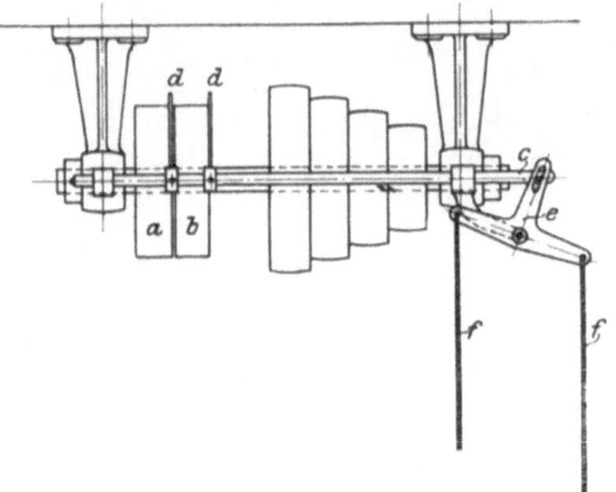

Fig. 306. Deckenvorgelege mit
Kreuzhebel und Zugseilen.

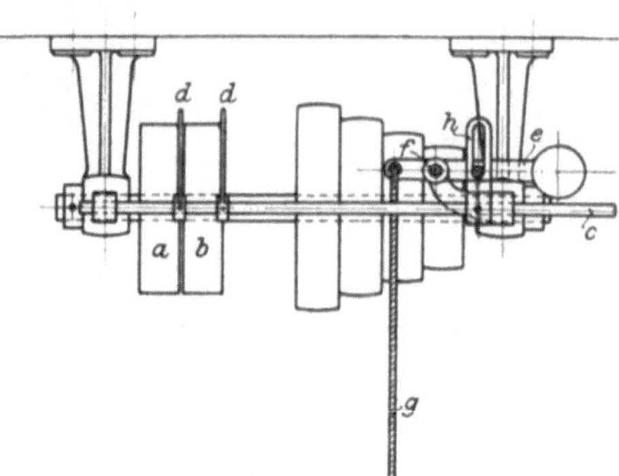

Fig. 307. Deckenvorgelege mit
Kipphebel und Zugseil.

e ein Kipphebel, welchen man durch einen Ruck am Seile g zum Überkippen bringt. Der Hebel e faßt mit einem Bolzen (Zapfen) in den Schlitz des Stückes h und nimmt mit diesem zugleich die Schiene c mit. Der Kipphebel e dreht sich dabei um den Bolzen f, und zwar um 180°.

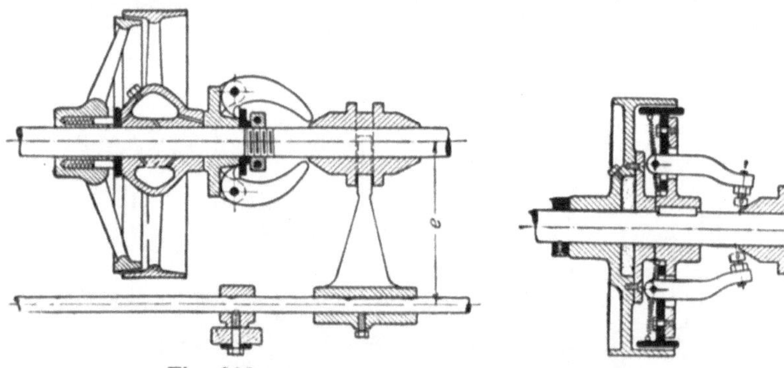

Fig. 308.
Reibkuppelungsvorgelege von Gisholt
(nach Ruppert).

Fig. 309.
Reibkuppelungsvorgelege von
Brown & Sharpe (nach Ruppert).

Die Amerikaner verwenden Ausrückkuppelungen, und zwar Reibungskuppelungen, an Deckenvorgelegen. Ein wesentlicher Vorteil dieser Vorgelege ist jedoch nicht ersichtlich, im Gegenteil scheinen ihre Nachteile ihre Vorteile zu überwiegen. Die Fig. 308 und 309 zeigen derartige Vorgelege.

Bei Hobelmaschinen ohne Kurbelantrieb wird meistens kein besonderes Deckenvorgelege angewendet, weil hier Stufenscheiben nicht erforderlich sind. Die Abstellung muß daher an der Maschine selbst

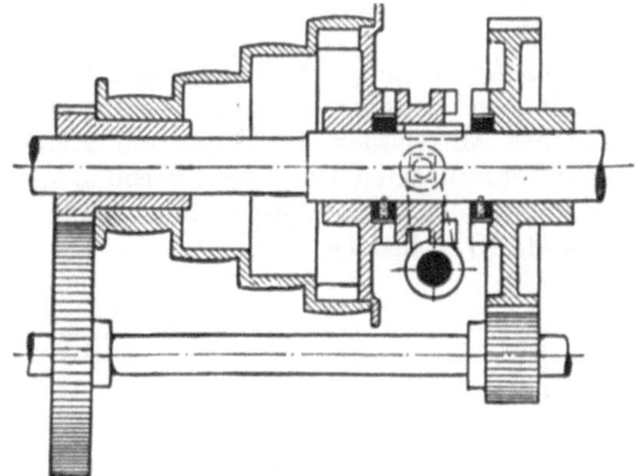

Fig. 310. Rädervorgelege-Ausrückung (nach Ruppert).

erfolgen. Dies geschieht durch Verstellen der Umsteuerung von Hand auf ihre Mittelstellung. Zur Sicherung des Arbeiters vor unvermutetem Angehen der Maschine kann die Steuerung auf ihrer Mittelstellung

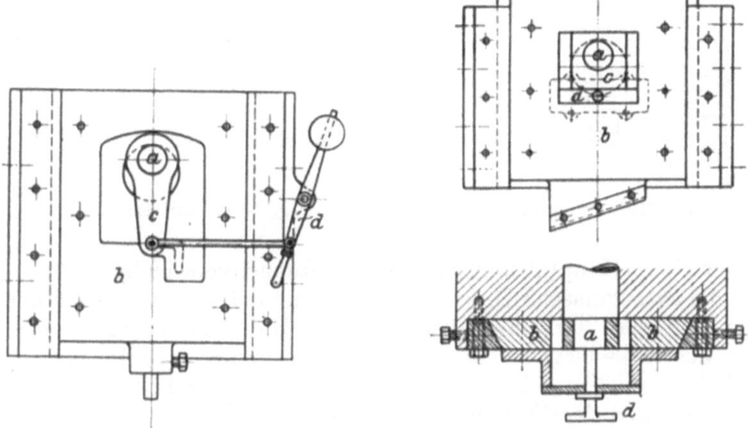

Fig. 311. Ausrückbare Druckstelze.   Fig. 312. Ausziehbare Schieber.

in der Regel festgestellt werden, und zwar durch Einlegehaken oder Vorschiebriegel.

Für die Arbeitsbewegung der Werkzeugmaschinen kommt die Aus- und Einrückung der Rädervorgelege in Betracht. Sie kann durch folgende Mittel bewerkstelligt werden:

1. durch verschiebbare Räder,
2. durch verschiebbare Wellen,
3. durch exzentrische Lagerköpfe oder Lagerbüchsen,
4. durch Ausrückkuppelungen, welche Räder und Wellen verbinden.

Die dritte Art der Ausrückung ist in der Fig. 237 und die vierte in Fig. 310 dargestellt, die anderen sind ohne weiteres verständlich. In Fig. 310 ist nur das Mittelstück der doppelten Klauenkuppelung mit der Arbeitsspindel durch einen losen Keil verbunden, alle übrigen Teile sitzen lose auf ihr. Die Ein- oder Ausrückung wird hier sehr schnell durch nur einen Handgriff vollzogen.

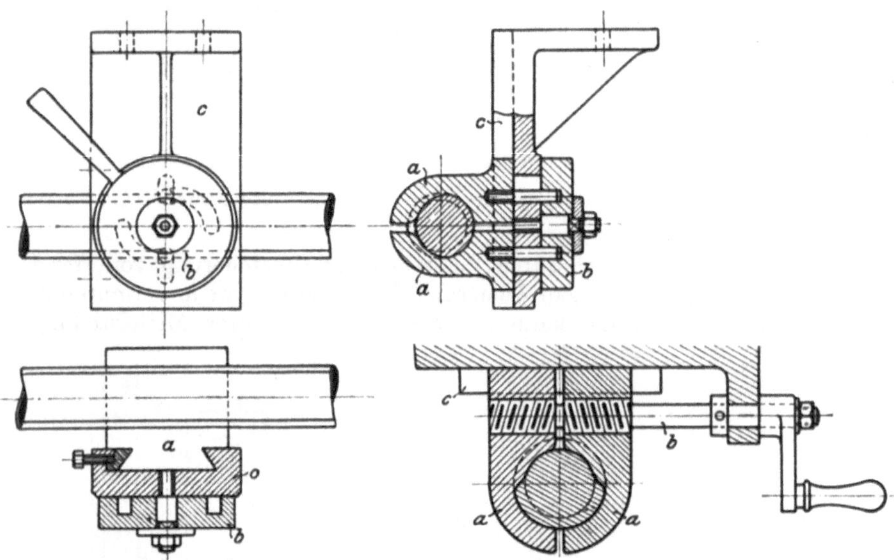

Fig. 313. Mutterschloß.   Fig. 314. Mutterschloß.

Außer der Hauptabstellung durch Riemenverschieben ist für manche Werkzeugmaschinen, wie Scheren und Durchstoßmaschinen, noch eine schneller wirkende Abstellung der Hauptbewegung erforderlich, um das Arbeitsstück vor falscher Bearbeitung zu schützen. In diesen Fällen muß die Einwirkung des exzentrischen Zapfens oder Exzenters auf den das Werkzeug tragenden Stößel augenblicklich aufgehoben werden können. Dies geschieht:

1. durch ausrückbare Druckstelzen (Schubstangen), Fig. 311,
2. durch ausziehbare Schieber (Beilagen), Fig. 312.

In den Fig. 311 und 312 ist a der exzentrische Zapfen an der Arbeitswelle, b der Stößel oder Schlitten der Maschine und c die Druckstelze bzw. das Gleitstück. Fig. 311 stellt übrigens einen einfachen Kurbelmechanismus und Fig. 312 eine Kreuzschleife dar. Die Aus-

rückung erfolgt in Fig. 311 durch Beiseiteziehen der Druckstelze c mit
Hilfe des Handhebels d und in Fig. 312 durch Herausziehen des Schiebers
d aus dem Stößel b.

Zum An- und Abstellen stetiger Vorschubbewegungen
kommen folgende Mechanismen hauptsächlich in Betracht:

1. das Mutterschloß,
2. Klauenkuppelungen,
3. Sperradkuppelungen,
4. Reibungskuppelungen,
5. verschiebbare Zahnräder.

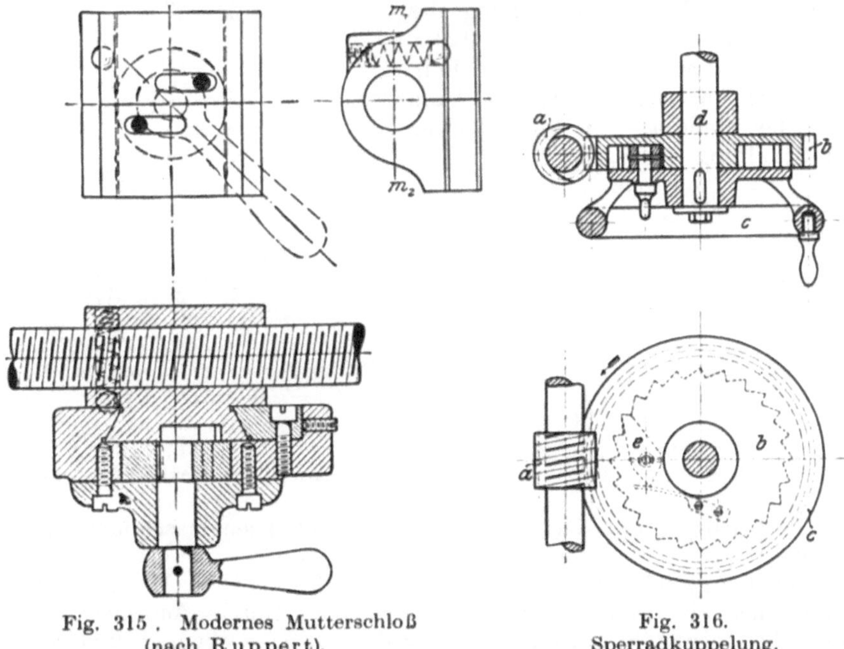

<table>
<tr><td>Fig. 315. Modernes Mutterschloß
(nach Ruppert).</td><td>Fig. 316.
Sperradkuppelung.</td></tr>
</table>

Das Mutterschloß (Fig. 313 u. 314) besteht aus einer zweiteiligen Mutter a, deren Teile nach Fig. 313 durch eine Spiralscheibe b,
nach Fig. 314 durch eine Schraube b mit Rechts- und Linksgewinde
voneinander entfernt oder einander genähert werden. Im ausein-
andergerückten Zustande greifen die Mutterhälften nicht mehr in das
Gewinde der Leitspindel ein. Die beiden Teile der Mutter bewegen sich
in einer Führung c, welche bei Drehbänken am Bettschlitten des Supports befestigt ist.

Fig. 315 zeigt ein neueres Mutterschloß. Es besitzt statt der
Spiralscheibe eine runde Scheibe mit zwei Bolzen, welche in gefräste,
gerade Schlitze der beiden Mutterhälften eingreifen. Ferner ist es mit
einer Festhaltung in der Schlußlage, welche aus Kugel und Schrauben-

feder besteht, versehen. Klauenkuppelungen sind aus den Maschinenelementen bekannt.

In der Sperradkuppelung nach Fig. 316 ist das Sperr- und Schneckenrad b lose auf der Welle d, das Handrad c ist dagegen fest aufgekeilt. Die von der Schnecke a auf das Schneckenrad b übertragene Bewegung wird vom Sperrer e auf das Handrad c und dadurch auf die Welle d übertragen. Bei Bohrmaschinen überträgt ein Stirnräderpaar die Drehung der Welle d auf die Nachstellspindel der Maschine, wie die Fig. 344 und 346 zeigen. Durch Auslösen des Sperrers e wird die Schaltbewegung ausgerückt. Das Handrad c dient bei ausgerücktem Sperrer zur Rückwärtsbewegung des Schaltmechanismus, also bei Bohrmaschinen zum Zurückholen des Bohrers. Bei eingerücktem Sperrer kann man das Handrad zur Vergrößerung der Schaltung benutzen.

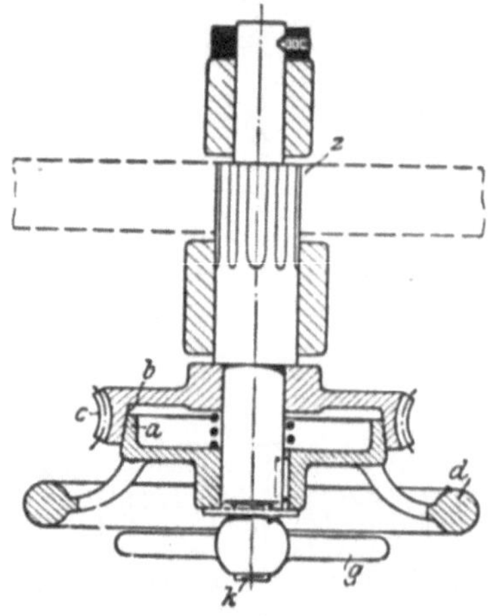

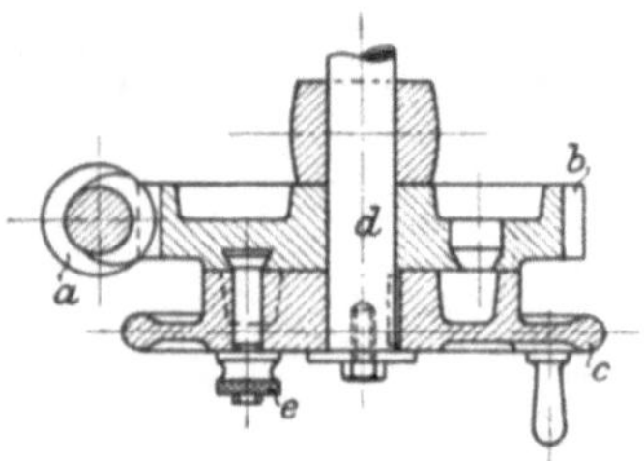

Fig. 317.
Reibungskuppelung.

Fig. 318.
Reibungskuppelung (nach Ruppert).

Reibungskuppelungen, wie sie an Werkzeugmaschinen vorkommen, sind in den Fig. 317 und 318 dargestellt.

Nach Fig. 317 sitzt das Schneckenrad b lose auf der Welle d, dagegen das Handrad c fest auf derselben. Durch Anziehen der Schraube e entsteht zwischen Handrad und Schneckenrad und am Kopfe der Schraube e so viel Reibung, daß das letztere Rad das erstere mitnimmt, also die Kuppelung geschlossen ist. Die von der Schnecke a auf das Schneckenrad b übertragene Bewegung wird nun auf das Handrad c und die Welle d übertragen. Bei Bohrmaschinen wird, wie beim vorigen Mechanismus, die Bewegung durch ein Stirnräderpaar von der Welle d an den eigentlichen Schaltmechanismus der Maschine weitergegeben. Das Handrad dient hier bei gelöster Kuppelung zum Einstellen und Zurückbewegen des Bohrers.

Nach Fig. 318 wird die Kegel-Reibungskuppelung durch Anziehen der auf der Welle k sitzenden Flügelmutter g geschlossen. Sonst unterscheidet sich der Mechanismus nicht wesentlich von dem vorigen.

Das Ausrücken einer Schaltbewegung, welche durch Zahnräder übertragen wird, kann auch dadurch erfolgen, daß man das eine Rad

im Paare auf seiner Welle um die Radbreite verschiebt. Diese einfache
Ausrückung durch Räderverschiebung wurde an Werkzeugmaschinen oft benutzt, wird jetzt aber häufig durch Klauenkuppelungen
ersetzt.

Eine ruckweise Schaltung wird in einfachster Weise durch
Einlegen oder Auslösen des Sperrers ein- oder ausgerückt.

Über die Berechnung der Werkzeugmaschinen.

Die Grundlage für die Größenverhältnisse einer Werkzeugmaschine
bilden einerseits die Abmessungen der größten auf der betreffenden
Maschine zu bearbeitenden Werkstücke, andererseits die Geschwindigkeit der Arbeitsbewegung und die Größe der Schaltung.

Die Arbeitsgeschwindigkeit und die Schaltung sind mit Rücksicht
auf das Material der Werkstücke und Arbeitsstähle nach Erfahrungen
oder Versuchen zu wählen.

Die Berechnung, falls dieselbe vollständig durchgeführt werden
soll, muß sich auf folgende drei Verhältnisse erstrecken:
1. auf die Geschwindigkeitsverhältnisse der Maschine,
2. auf die erforderliche Betriebsarbeit derselben,
3. auf die Stärke ihrer einzelnen Teile (Festigkeitsabmessungen).

Die Durchführung des ersten Teils dieser Berechnung macht keine
Schwierigkeiten, da sich alles, was auf die Geschwindigkeitsverhältnisse
Bezug hat, wie bei den Mechanismen gezeigt wurde, berechnen läßt.

Nicht so sicher kann man die Betriebsarbeit und die Festigkeitsabmessungen berechnen. Die Betriebsarbeit hängt außer von dem
veränderlichen Spanquerschnitte und der Arbeitsgeschwindigkeit von
nicht genau bestimmbaren Reibungen ab, und die zur Festigkeits-
berechnung nötigen Kräfte sind bis jetzt oft nicht genau oder nur selten
oder gar nicht durch Versuche bestimmt. Ohne grundlegende Versuche
lassen sich diese Kräfte aber nicht sicher feststellen. In der Praxis wird
daher häufig nur die Berechnung der Geschwindigkeitsverhältnisse
vorgenommen, die erforderliche Betriebsarbeit geschätzt, und die Festigkeitsabmessungen werden nach ähnlichen Ausführungen und nach dem
Gefühle bestimmt.

Über die erforderliche Betriebsarbeit läßt sich im allgemeinen fol-
gendes angeben.

Die beim Gange einer jeden Werkzeugmaschine auftretenden
Widerstände sind von zweierlei Art, nämlich solche, die unmittelbar
durch die Tätigkeit des Werkzeuges, durch die Spanbildung, verursacht
werden, und die Reibungswiderstände der Maschine. Der erste Teil
der Betriebsarbeit ist abhängig von dem zu bearbeitenden Materiale
und von der in der Zeiteinheit zerspanten Materialmenge. Da diese
Arbeit die von der Maschine verlangte, nützliche Arbeit ist, so nennt
man sie die Nutzarbeit A_n. Der übrige Teil der Betriebsarbeit A_b
ist für den Zweck der Maschine verloren und heißt darum die verlorene Arbeit.

Das Verhältnis der Nutzarbeit zur Betriebsarbeit nennt man den Wirkungsgrad der Maschine. Bezeichnet man den Wirkungsgrad mit η, so ist demnach:

$$\eta = \frac{A_n}{A_b}\,.$$

Aus dieser Gleichung läßt sich die Betriebsarbeit berechnen, wenn die Nutzarbeit und der Wirkungsgrad bekannt sind. Je größer der Wirkungsgrad einer Maschine ist, um so besser ist sie, abgesehen von anderen Verhältnissen. Bei den Werkzeugmaschinen ist die Leistungsfähigkeit von größerer Bedeutung als der Wirkungsgrad. Derselbe ist bei den Werkzeugmaschinen mit dem Spanquerschnitte veränderlich. Daher muß man für genauere Berechnungen die Betriebsarbeit ohne den Wirkungsgrad zu ermitteln suchen.

Die verlorene Arbeit der Maschine kann man sich zusammengesetzt denken aus dem Arbeitsverbrauche der leergehenden Maschine, der Leergangsarbeit A_l, und der zusätzlichen Reibung oder dem Zuwachs, welchen die Leergangsarbeit infolge des Arbeitens der Maschine erfährt. Diese zusätzliche Reibungsarbeit ist der Nutzarbeit nahezu proportional, also gleich $\alpha \cdot A$, wenn α eine bestimmte Verhältniszahl bedeutet. Demgemäß ist nun:

$$A_b = A_n + \alpha\, A_n + A_l = A_n\,(1 + \alpha) + A_l\,.$$

Sind die Arbeiten in mkg/sk ausgedrückt, so erhält man sie in Pferdestärken, wenn man die Gleichung durch 75 dividiert, also:

$$\frac{A_b}{75} = \frac{A_n}{75}\,(1 + \alpha) + \frac{A_l}{75}\,.$$

Setzt man $\dfrac{A_b}{75} = N$, $\dfrac{A_n}{75}\,(1 + \alpha) = N_1$ und $\dfrac{A_l}{75} = N_0$, so schreibt sich die Gleichung:

$$N = N_1 + N_0\,.$$

Professor Hartig, welcher im Jahre 1873 Versuche über den Arbeitsverbrauch von Werkzeugmaschinen gemacht hat, nennt N_1 die Nutzarbeit und setzt sie gleich $e\,G$, wobei e den spezifischen Arbeitswert, d. h. die Anzahl der Pferdestärken zur stündlichen Abtrennung von 1 kg Späne, und G das Gewicht der stündlich abgetrennten Späne in Kilogramm bezeichnet. Demgemäß erhält man:

$$N = e\,G + N_0$$

In den technischen Taschenbüchern, z. B. Uhlands Kalender, II. Teil, sind nach den Versuchen von Hartig für die verschiedenen Werkzeugmaschinen Werte von e und N_0 angegeben. G läßt sich leicht aus der Arbeitsgeschwindigkeit, dem Spanquerschnitte und dem spezifischen Gewichte des zu bearbeitenden Materials berechnen.

Für weniger genaue Berechnungen kann man den mittleren Wirkungsgrad benutzen. Setzt man mit Hartig $\eta = \dfrac{N_1}{N}$, so ist:

$$\eta = \frac{e\,G}{N}$$

oder

$$N = \frac{e\,G}{\eta}\ .$$

Der mittlere Wirkungsgrad ist in den technischen Taschenbüchern ebenfalls nach Hartig angegeben.

Wenn die Betriebsarbeit einer Werkzeugmaschine bekannt ist, so läßt sich wenigstens das laufende Werk, als da sind Riementriebe, Zahnräder und Wellen, berechnen, und zwar in der Weise, wie solche Maschinenteile auch sonst berechnet werden. Nur wird man manchmal im Interesse des ruhigen Ganges der Maschine die zulässige Spannung kleiner annehmen als bei anderen Maschinen.

Die Metallbearbeitungsmaschinen.

A. Die Maschinen mit umlaufender Hauptbewegung.

Zu diesen Maschinen gehören: 1. die Drehbänke, 2. die Bohrmaschinen, 3. die Fräsmaschinen, 4. die Kaltsägen, 5. die Schleifmaschinen und 6. die Schraubenschneidmaschinen.

1. Die Drehbänke.

Drehbänke dienen zur Herstellung genauer zylindrischer Außen- und Innenflächen sowie genauer ebener, kegel-, kugel- und schraubenförmiger Flächen an den zu bearbeitenden Werkstücken. Die Arbeiten heißen demgemäß: Langdrehen, Ausbohren, Plandrehen, Konischdrehen, Kugeldrehen und Gewindeschneiden. Auf besonders eingerichteten Drehbänken, Ovalwerken, kann man auch elliptische und dreieckige Körper mit abgerundeten Ecken bearbeiten. Eine entsprechend ausgerüstete Drehbank kann überhaupt zur Ausführung der vielseitigsten Arbeiten, so auch zum Hinterdrehen von Fräsern, zum Bohren und Fräsen benutzt werden. Sie ist daher die verbreitetste aller Werkzeugmaschinen.

Im wesentlichen bestehen alle Drehbänke gewöhnlicher Konstruktion (Fig. 319) aus den folgenden 4 Hauptteilen: a) dem Spindelstocke, b) dem Reitstocke, c) dem Supporte und d) dem Bette.

a) Der Spindelstock.

Der Spindelstock dient zur Lagerung der Arbeitswelle, Arbeitsspindel genannt, und derjenigen Maschinenteile, welche zum Antriebe derselben und zur Ableitung der Schaltbewegung dienen. Er besteht

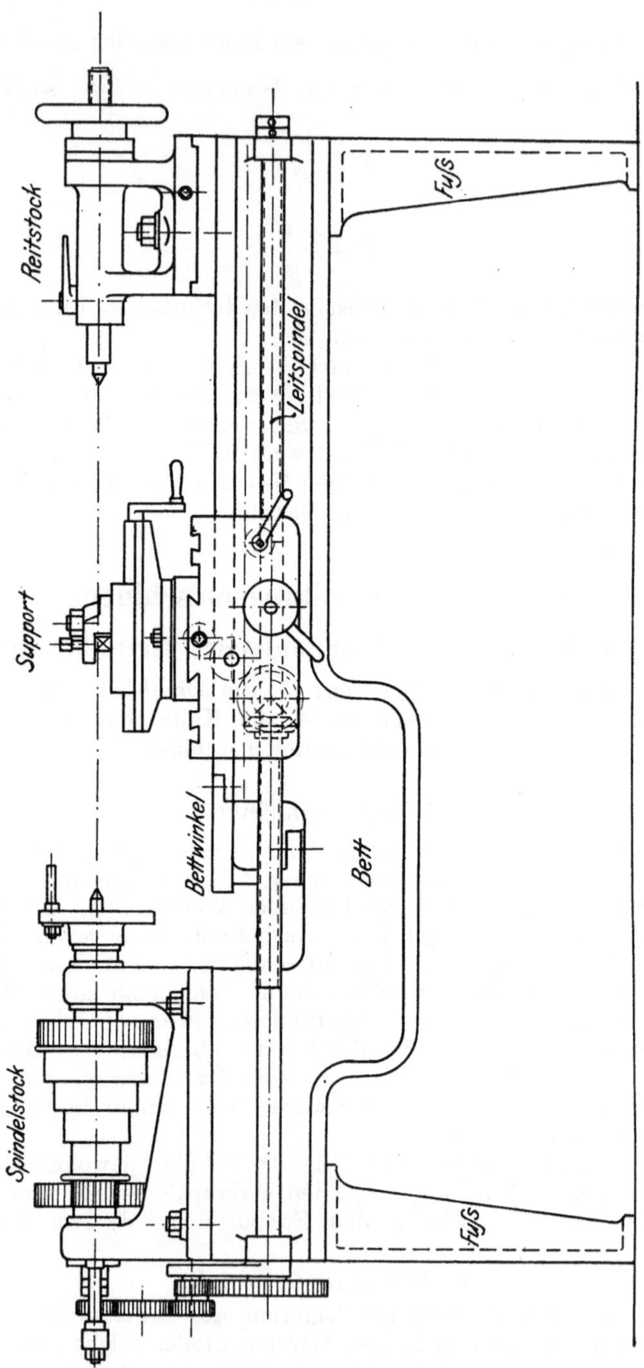

Fig. 319. Deutsche Drehbank.

in der Hauptsache aus zwei miteinander zu einem Stück verbundenen Lagern mit seitlichen Armen zur Lagerung der Vorgelegewelle, wie die Fig. 237 und 319 zeigen. Der Antrieb der Arbeitsspindel erfolgt in der Regel, wie in Fig. 237, durch Stufenscheiben und ein Rädervorgelege. Um das Rädervorgelege schneller aus- und einrücken zu können, wendet man jetzt statt der Schraube *b* einen durch eine Schraubenfeder eingerückt gehaltenen Bolzen, Federbolzen (Fig. 320), an. Da das Umlegen des Riemens von einer Stufe auf die andere nicht nur während des Betriebes gefährlich ist, sondern auch verhältnismäßig lange dauert und der Riemen auf den verschiedenen Stufen verschieden beansprucht ist, ersetzen amerikanische und auch deutsche Fabriken die Stufenscheiben durch Stufenräder. Fig. 321 zeigt einen Spindelkasten mit Ruppertschem

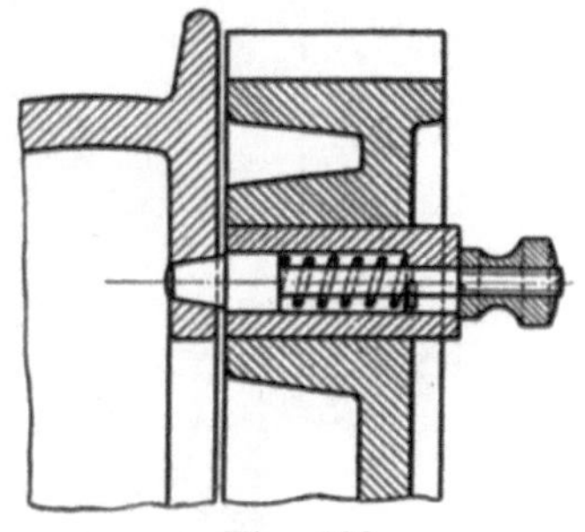

Fig. 320.
Federbolzenausrückung.

Stufenrädergetriebe, welches durch Verstellen dreier Handhebel 8 verschiedene Umlaufszahlen der Arbeitsspindel und Übersetzungen von 3 : 1 bis 1 : 30 ermöglicht.

Um die im Laufe der Zeit eintretende Abnutzung der Spindellagerschalen und Zapfen unschädlich machen zu können, sind sie entweder konisch oder zylindrisch und die Schalen zweiteilig. An den gewöhnlichen Drehbänken sind Zapfen und Lagerschalen in der Regel konisch, während zweiteilige Lager an großen Plandrehbänken und Räderdrehbänken verwendet werden, weil bei diesen der Lagerdruck stets nur wenig von der Senkrechten abweicht. Der axiale Druck, den die Spindel beim Drehen erfährt, wird zweckmäßig nicht von den konischen Lagerschalen, sondern von einer Gegenspitze, wie in Fig. 237, aufgenommen. Bei der Anwendung konischer Zapfen und Lagerschalen muß die Nachstellung durch axiales Verschieben entweder der Spindel oder der Lagerschalen erfolgen.

Fig. 322 zeigt die früher übliche Lagerkonstruktion mit Nachstellung durch Verschiebung der Spindel, welche durch Anziehen zweier runder Muttern am linken Lager erfolgt. In Fig. 323 ist die von Wohlenberg in Hannover angewendete Nachstellung der Spindellager dargestellt. Durch diese Nachstellung werden die beiden Lager des Spindelstockes nicht wie bei der älteren zusammengedrückt, wodurch die Stufenscheibe eingeklemmt werden kann.

Der Spindelstock wird durch 2 oder 4 Schrauben auf dem Bette befestigt. Um die Mittellinie der Spindel genau parallel zu den Kanten des Bettprismas einstellen zu können, was zum Zylindrischdrehen vor der Planscheibe erforderlich ist, befinden sich an den Enden des Spindelstockes Ansätze, welche nach unten zwischen die Prismen des Bettes reichen. Mindestens durch einen derselben geht eine Schraube (Fig. 324), durch welche der Spindelstock auf dem Bette verschoben

Fig. 321. Rupperts Stufenrädergetriebe.

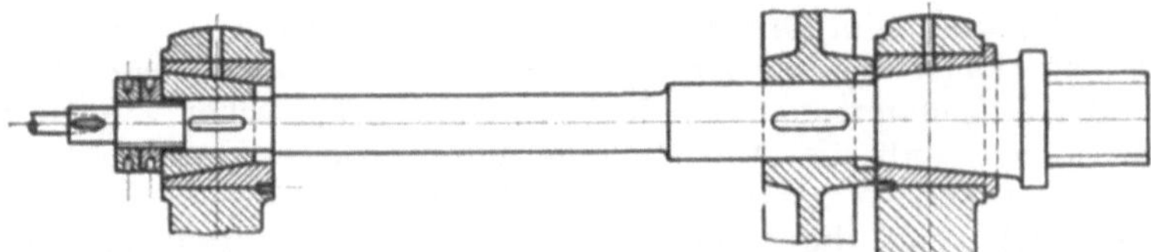

Fig. 322. Lagerung der Arbeitsspindel.

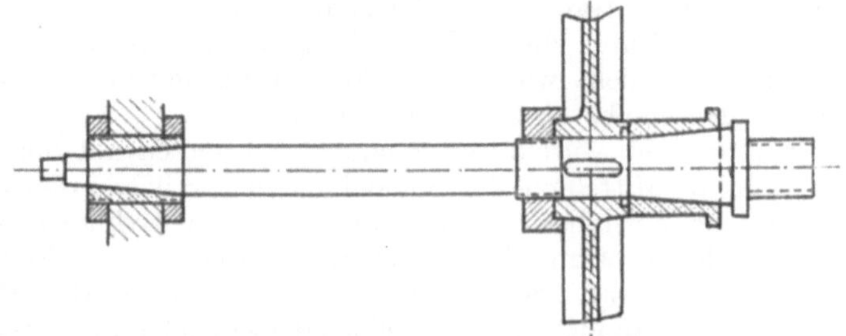

Fig. 323. Wohlenbergs Spindellagernachstellung.

werden kann, wenn die Befestigungsschrauben den nötigen Spielraum in ihren Löchern haben.

An ihrem rechten Ende ist die Spindel mit einem Gewindezapfen versehen, um eine Planscheibe oder eine Mitnehmerscheibe oder ein Bohrfutter darauf befestigen zu können. Ferner enthält dieser Gewindezapfen eine konische Bohrung für einen Körner. Amerikanische Fabriken durchbohren die Spindel ganz, um die Drehbank auch als Revolverdrehbank benutzen zu können.

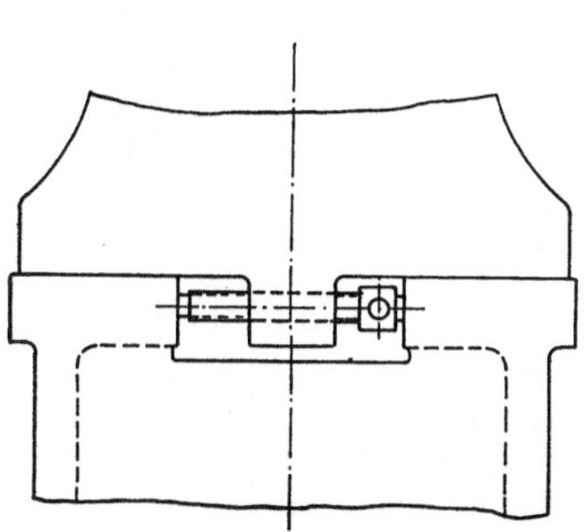

Fig. 324.
Spindelstockeinstellung.

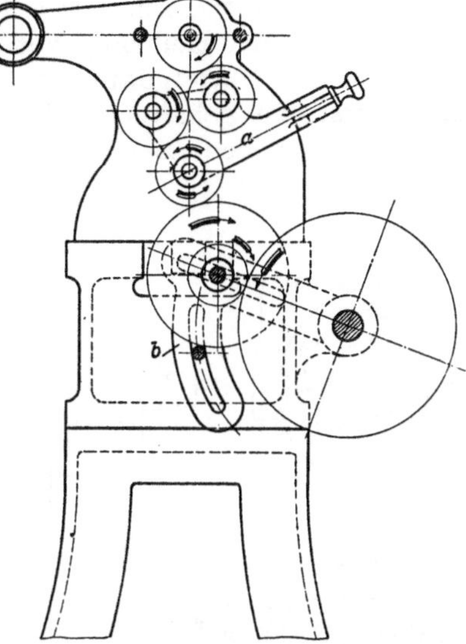

Fig. 325. Umsteuerung und Wechselräder
einer Drehbank.

Nahe dem linken Lager der Arbeitsspindel (Fig. 319) befindet sich auf derselben ein kleines Rad, welches zur Einleitung der Schaltbewegung dient. Bei den neueren Drehbänken befindet sich die Umsteuerung für die Schaltbewegung am linken Ende des Spindelstockes, während sie früher am Bette angebracht wurde. Entweder direkt unter dem kleinen Rade auf der Arbeitsspindel oder unter einem Zwischenrade befindet sich der in den Fig. 299 und 325 gezeichnete Herzhebel a mit dem Stirnräderwendegetriebe, dessen obere Räder abwechselnd mit der Hebelstellung in das darüber liegende Rad eingreifen. Am Stelleisen b befinden sich die Wechselräder.

b) Der Reitstock.

Da der Reitstock der Träger des zweiten Körners der Drehbank ist, so wird derselbe nur bei der Bearbeitung langer Arbeitsstücke benutzt. Zur Anpassung an die verschiedenen Arbeitsstücke und Arbeiten muß der Reitstockkörner auf dreierlei Weise verstellt werden können. Erstens zur groben Anpassung an die Länge des Arbeitsstückes in der Längsrichtung der Bank, zweitens zum Einklemmen des Arbeitsstückes in derselben Richtung und drittens quer zur Bank zum Konischdrehen. Der Reitstock (Fig. 326) besteht deshalb aus drei Hauptteilen: dem Reitnagel, welcher den Körner aufnimmt, zum Einklemmen des Arbeitsstückes, dem Reitstockoberteil, welcher quer verstellt werden kann, und dem Reitstockunterteile, welcher sich auf dem Bette verstellen läßt. Nach der Einstellung des Reitstockes für das Arbeitsstück wird derselbe durch Anziehen der Schraube in seiner Mitte festgestellt. Der Reitnagel, welcher mit Gewinde versehen und durch Keil und Nut an einer Drehung gehindert ist, wird durch ein mit Muttergewinde versehenes, durch eine zweiteilige Scheibe am Reitstocke gehaltenes Handrad zum Einklemmen des Arbeitsstückes verschoben. Bei großen Reitstöcken sitzt das Handrad auf einer

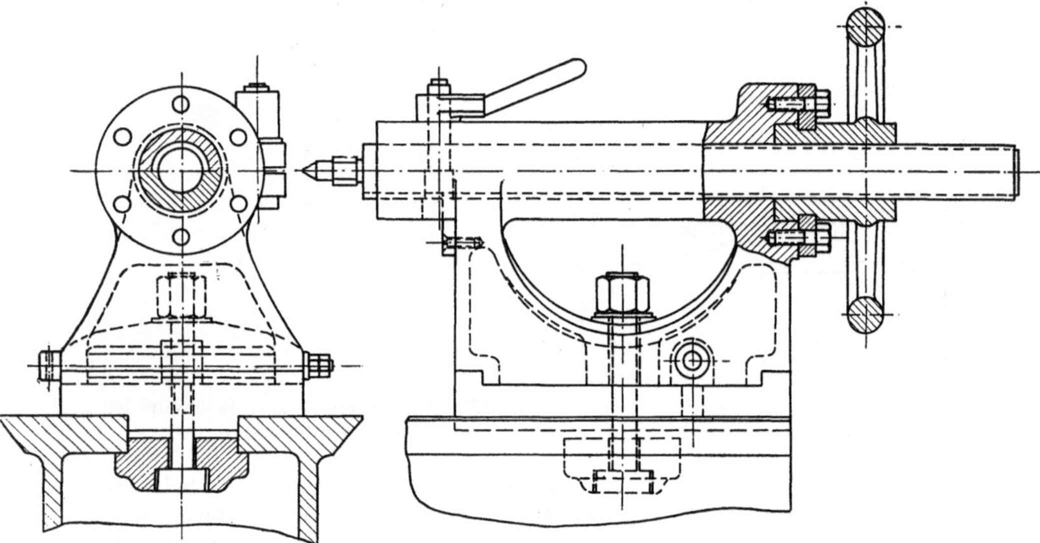

Fig. 326. Reitstock.

unverschieblich gelagerten Schraubenspindel, deren Muttergewinde sich in dem ausgebohrten Reitnagel befindet. Um den Reitnagel mit Körner während der Arbeit unbeweglich feststellen zu können, ist die ihn umgebende Büchse des Reitstockes gespalten und kann durch Anziehen einer Schraube, deren Mutter mit Handgriff versehen ist, zusammengezogen werden. Zum Konischdrehen muß die Verbindungslinie der Körnerspitzen, welche bei langen Arbeitsstücken stets die Rotationsachse ist, aus der Parallelen zum Bettprisma gebracht werden. Da die Schneide des Werkzeuges parallel zum Bettprisma fortschreitet, so hat alsdann die Rotationsachse des Arbeitsstückes am einen Ende desselben einen andern Abstand von der Stahlschneide wie am anderen, und das Arbeitsstück wird kegelförmig. Durch Verschiebung des Reitstockoberteils quer zum Bette, mit Hilfe von Schraube und Mutter, wird der Reitstockkörner aus der verlängerten Mittellinie der Arbeitsspindel gebracht. Man kann auf diese Weise aber nur schlanke Kegel, d. h. solche mit kleinem Spitzenwinkel, drehen. Neuere Reitstöcke pflegen in der Endansicht unsymmetrisch zu sein. Sie sind, um mehr Platz für den Support zu schaffen, auf der Vorderseite ausgehöhlt.

Die senkrechte Entfernung von den Körnerspitzen bis zum Bette heißt die Spitzenhöhe und die größte Entfernung der Körnerspitzen die Spitzenweite einer Drehbank. Die Spitzenhöhe, von welcher der Durchmesser der Arbeitsstücke und das widerstehende Moment beim Drehen abhängen, ist das grundlegende Hauptmaß der Maschine.

Alle Abmessungen außer der Bettlänge sind von ihr abhängig. Die Bettlänge dagegen wird durch die Spitzenweite bestimmt. Beide Hauptmaße kennzeichnen die Größe einer Drehbank vollständig.

c) Der Support.

Zum Einspannen und Führen des Werkzeuges dient der Support. Ein vollständiger Support besteht aus dem Bettschlitten, dem Bettschlittenschieber, dem Dreh- oder Tellerteile, dem Drehteilschieber, dem Oberschieber und der Einspannvorrichtung für das Werkzeug. An manchen Supporten fehlt der Oberschieber. Die Einspannvorrichtung ist dann auf dem Tellerteilschieber angebracht. Der vollständige Support heißt doppelter Kreuzsupport, weil bei ihm, sowohl unter als auch über dem Drehteil, zwei sich rechtwinklig kreuzende Prismenführungen vorhanden sind. Der Bettschlitten liegt unmittelbar auf dem Bette und führt durch Vermittlung einer Schraubenspindel, der Leitspindel, oder einer am Bette befestigten Zahnstange, die Bewegung des Stahles beim Langdrehen, Ausbohren und Gewindeschneiden aus. Das dazu nötige Mutterschloß oder die nötigen Räder sowie die für die Planschaltung werden in der Regel von einer am Bettschlitten befestigten Platte, dem Schilde, getragen. Für das Plandrehen ist eine Querverschiebung des Werkzeuges notwendig. Diese führt der Bettschlittenschieber, von seiner Schraubenspindel bewegt, aus. Der Drehteil und der Drehteilschieber sind zum Konischdrehen solcher Arbeitsstücke erforderlich, welche an der Planscheibe befestigt werden müssen oder einen großen Kegelwinkel haben. Zu diesem Zwecke wird das Prisma des um eine senkrechte Achse drehbaren Drehteils in die Richtung der Kegelseite gestellt, und der Drehteilschieber durch seine Schraubenspindel bewegt. Die Bewegung dieser Schraubenspindel findet in der Regel von Hand statt. Der Oberschieber dient zum Anstellen, Nachstellen und Zurückziehen des Stahles, wobei er ebenfalls durch eine Schraubenspindel von Hand bewegt wird. Ist ein Oberschieber nicht vorhanden, so erfolgt das Anstellen usw. durch den Tellerteilschieber oder den Bettschlittenschieber. Zum Unschädlichmachen der Prismenabnutzung ist an ihrer einen Seite in den Schiebern eine nachstellbare Leiste angebracht, wie die Fig. 327 und 328 an verschiedenen Stellen zeigen. Der spitze Winkel der Prismen beträgt meist 55°.

Die Fig. 327 und 328 stellen einen **deutschen Drehbank-Support**, dessen Bettschlitten um das Prisma des Bettes herumgreift, dar. *a* ist der Bettschlitten, *b* der Bettschlittenschieber, *c* der Drehteil, *d* der Drehteilschieber, *e* eine um ihre Befestigungsschraube dreh-

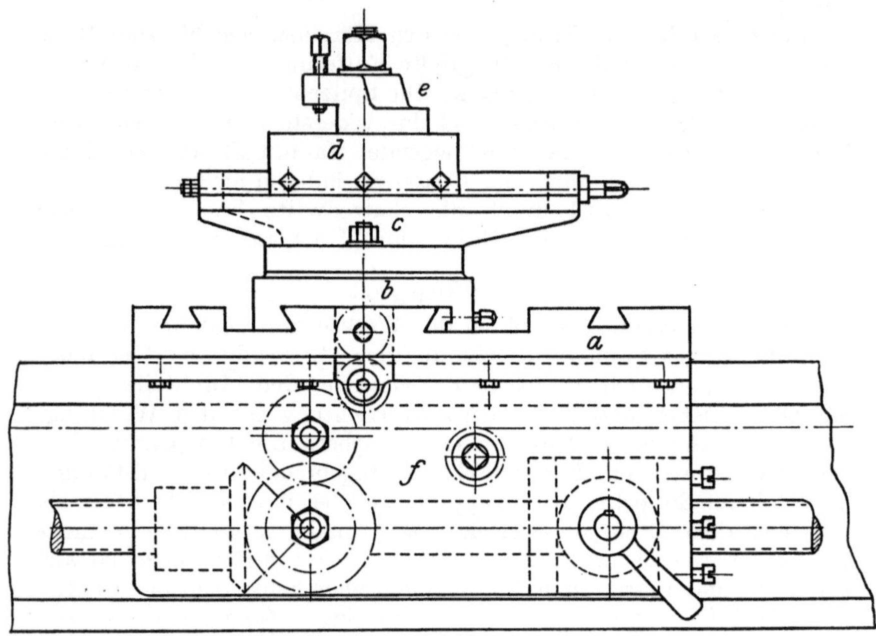

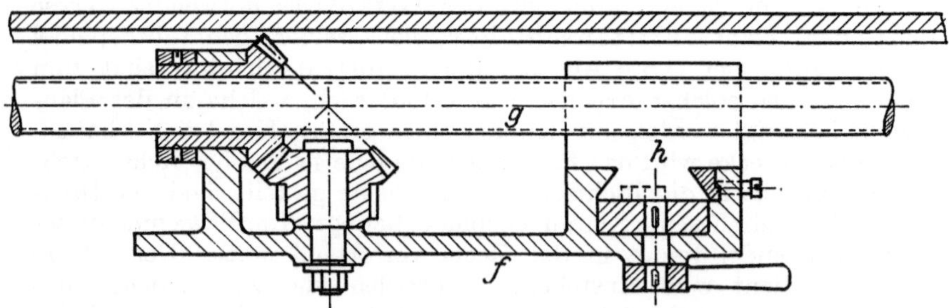

Fig. 327. Deutscher Drehbank-Support.

bare Klaue zum Einspannen des Stahles. Ferner ist *f* der am Bett-schlitten befestigte Schild. Zum Langdrehen und Gewindeschneiden dienen die Leitspindel *g* und das Mutterschloß *h*. Beim Plandrehen ist das Mutterschloß ausgerückt, dagegen das eine Kegelrad durch An-

ziehen der Klemmschraube auf der Leitspindel festgestellt, so daß die
Leitspindel jetzt als Welle wirkt und ihre Drehbewegung durch die
beiden Kegelräder und 4 Stirnräder auf die Schraubenspindel im Bettschlitten übertragen wird. Das dritte Stirnrad ist axial verschiebbar,
um die Bewegung schnell ausrücken zu können. Die vorhandene Zahnstange dient hier nur zum schnellen Verschieben des Supports auf dem
Bette beim Einstellen desselben. Das dazu nötige Stirnrad ist mit seiner
Welle im Schilde f gelagert. Auf das Vierkant dieser Welle wird eine
Kurbel oder ein Handkreuz gesteckt.

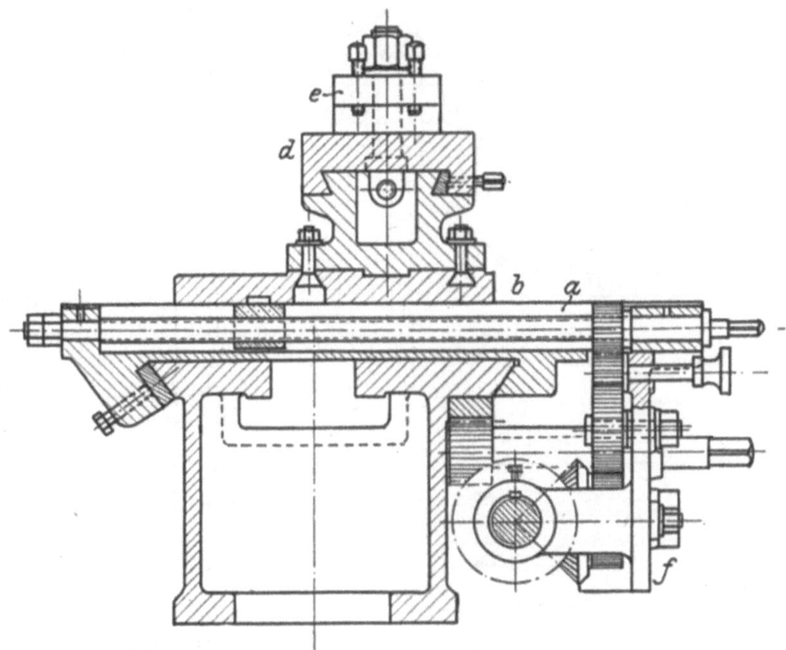

Fig. 328. Deutscher Drehbank-Support.

Ältere deutsche Drehbänke haben keinen Schild. Bei ihnen sind,
wie Fig. 329 zeigt, Mutterschloß und Räderwerklager direkt am Bettschlitten befestigt. Noch ältere Drehbänke haben oft kein Mutterschloß, sondern nur den Mutterradmechanismus (Fig. 330) zum Lang-
und Plandrehen. a_1 ist ein Kegelrad mit Muttergewinde, das Mutterrad.
Beim Langdrehen wird Schraube d, beim Plandrehen Schraube c angezogen.

Der Übergang vom Lang- zum Plandrehen ist beim deutschen
Supporte (Fig. 327 und 328) noch zu umständlich und zeitraubend.
In dieser Beziehung und überhaupt in der schnellen Einstellung für
die betreffende Arbeit sind die amerikanischen Werkzeugmaschinen
manchen deutschen überlegen. Die Fig. 331 und 332 zeigen den

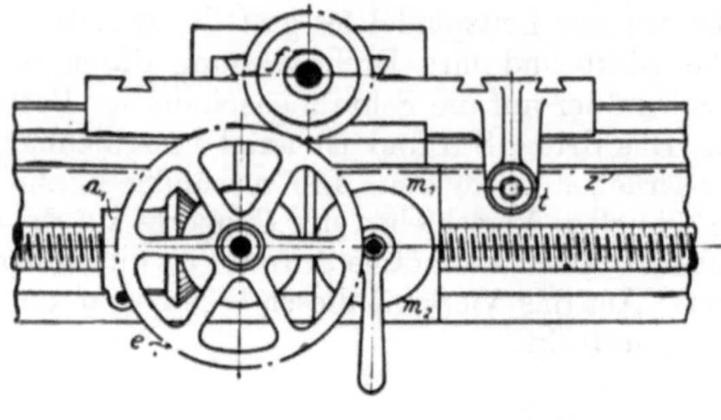

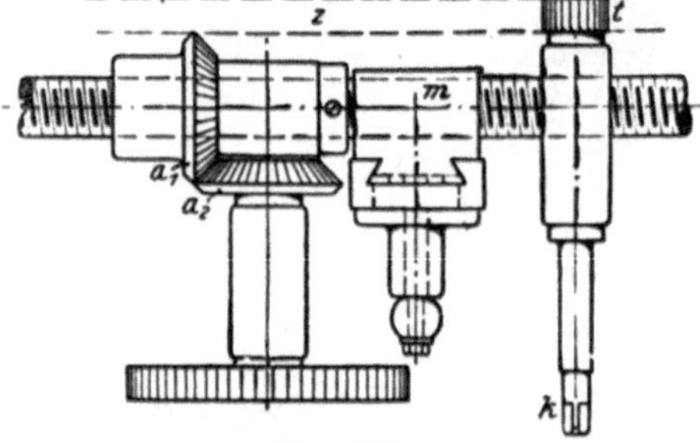

Fig. 329.
Support-Antrieb (nach Ruppert).

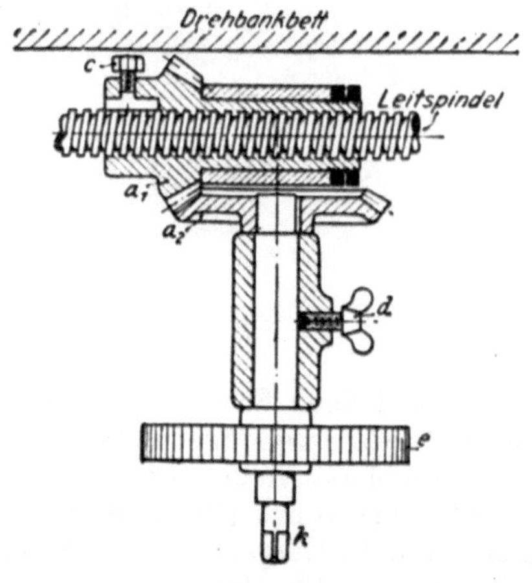

Fig. 330.
Mutterradmechanismus (nach Ruppert).

Schild der amerikanischen Norton-Drehbank. Das Gewinde der Leitspindel dient bei dieser Drehbank nur zum Gewindeschneiden, wobei das Mutterschloß benutzt wird. Beim Lang- und Plandrehen wird die Schraubenspindel nur als Welle benutzt und ist zu diesem Zwecke genutet. Sie geht nämlich durch zwischen zwei Mitnehmer gelagerte Schnecken, welche durch in die Nut der Schraubenspindel greifende Keile gezwungen sind, an der Drehung der Spindel teilzunehmen. Von der links liegenden dieserSchnecken geht die Langschaltung, von der rechts liegenden die Planschaltung aus. Von der ersten Schnecke wird die Bewegung durch ein Schneckenrad und zwei Stirnräder auf das Zahnstangenrad bei a übertragen und dadurch die Langschaltung bewirkt. Durch geringe Drehung der Mutter g_1 wird die Reibungskuppelung gelöst, welche das Schneckenrad mit der Welle des ersten Stirnrades verbindet. Dadurch wird die Langschaltung abgestellt, und man kann nun durch Drehen am Handrade den Support auf dem Bette einstellen.

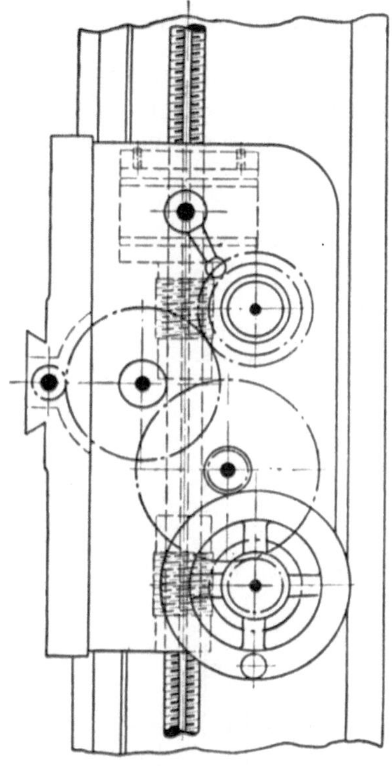

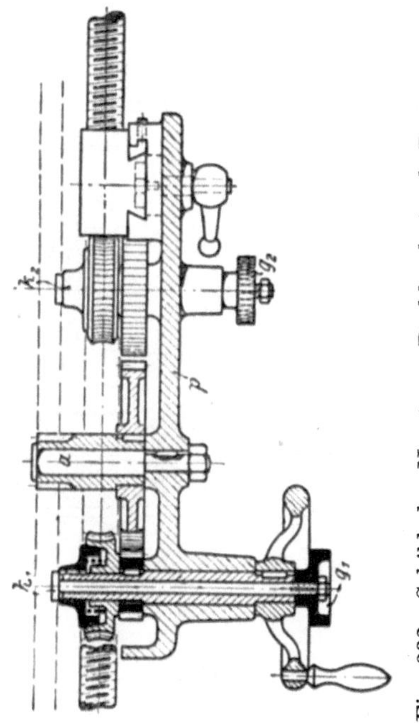

Fig. 332. Schild der Norton - Drehbank (nach Ruppert).

Fig. 331. Schild der Norton - Drehbank (nach Ruppert).

Von der zweiten Schnecke wird die Bewegung ebenfalls durch ein Schneckenrad und Stirnräder auf die Schraubenspindel im Bettschlitten übertragen. Dieses zweite Schneckenrad wird ebenso wie das erste durch eine Reibungskuppelung mit seiner Welle verbunden, welche durch die Mutter g_2 geöffnet und geschlossen wird. Durch Lösen der Mutter g_1 und Anziehen der Mutter g_2 geht man bei dieser Drehbank sehr schnell vom Lang- zum Plandrehen über. Die Übertragung der Drehbewegung von der Umsteuerung auf die Leitspindel erfolgt bei dieser Drehbank nicht durch auswechselbare Räder (Wechselräder),

18*

sondern durch den Nortonschen Wechselrädermechanismus (Stufenrädergetriebe), Fig. 269.

Statt der Klaue besitzt der amerikanische Support eine Einspannvorrichtung nach Fig. 333, welche ein Einstellen der Stahlschneide auf
die richtige Höhe durch Verschieben der Unterlage *a* ermöglicht und

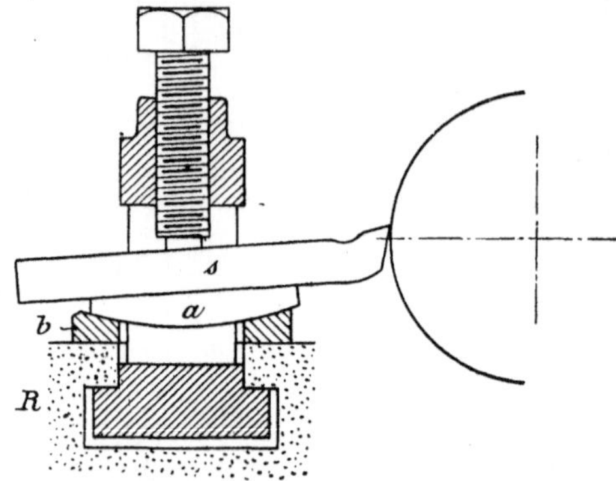

Fig. 333. Amerikanischer Stahlhalter (nach Fischer).

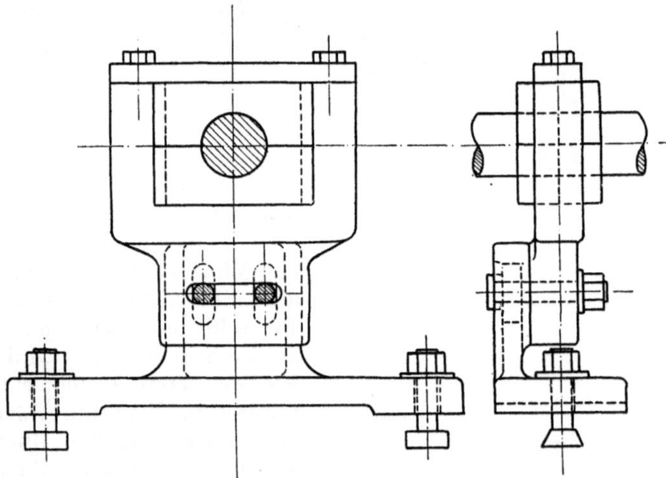

Fig. 334. Deutscher Support-Setzstock.

dadurch das Suchen nach geeigneten Unterlagen überflüssig macht.
Die unten bogenförmige Unterlage *a* liegt auf dem kugelförmig aus-
gedrehten Ringe *b*, welcher den runden, in eine ⊥-förmige Nut ein-
geschobenen Stichelhalter umgibt.

Zu jedem Supporte gehört noch ein Setzstock. Derselbe, auch
Lünette genannt, hat den Zweck, lange Arbeitsstücke in der Nähe
des arbeitenden Werkzeuges so zu lagern oder zu halten, daß sie
durch den Stahldruck nicht verbogen werden. Dieser Setzstock wird

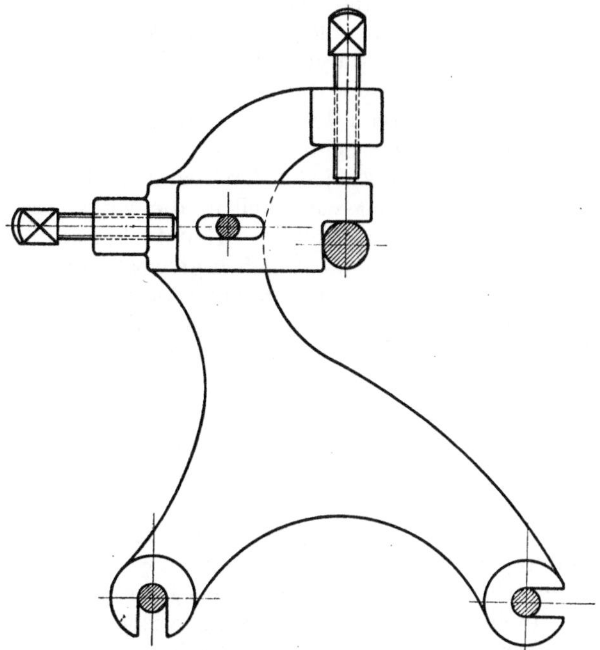

Fig. 335. Amerikanischer Support-Setzstock.

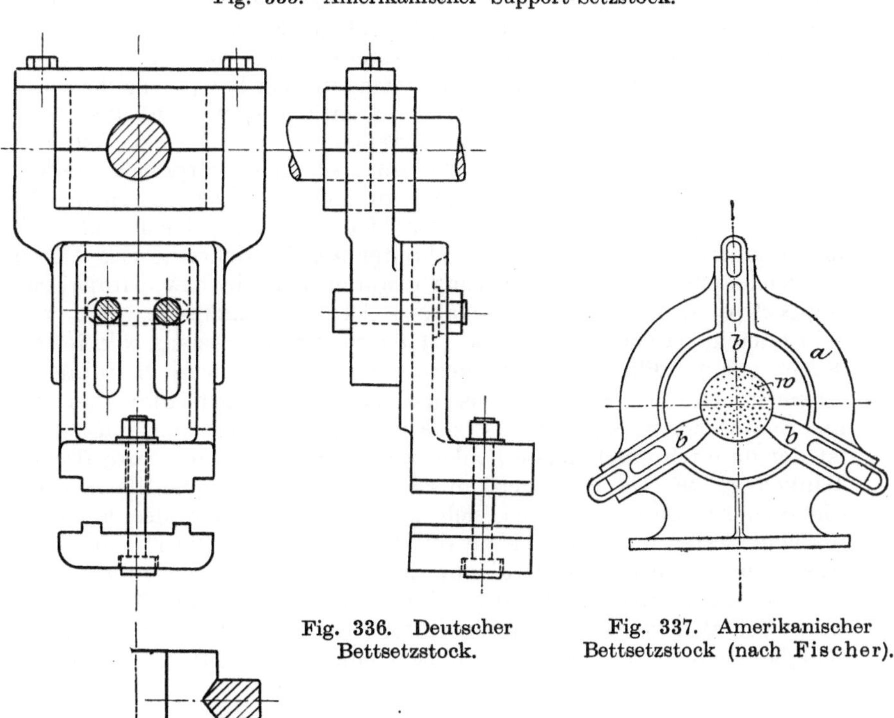

Fig. 336. Deutscher
Bettsetzstock.

Fig. 337. Amerikanischer
Bettsetzstock (nach Fischer).

auf dem Bettschlitten befestigt, damit er stets in der Nähe des Stahles bleibt. In Fig. 334 ist ein solcher Setzstock deutscher Art und in Fig. 335 ein amerikanischer dargestellt. Zur Befestigung des deutschen Setzstockes werden die Köpfe der Fußschrauben in Nuten des Bettschlittens geschoben, während der amerikanische Setzstock durch Kopfschrauben seitlich am Bettschlitten befestigt wird. Außer diesem Support-Setzstocke gehört zu jeder Drehbank noch ein zweiter Setzstock, welcher beim Drehen von Wellen, die länger als die Spitzenweite der Drehbank sind, an Stelle des Reitstockes auf das Drehbankbett gestellt und wie ein Reitstock befestigt wird. Ein deutscher Setzstock dieser Art ist in Fig. 336, ein amerikanischer in Fig. 337 dargestellt. Die deutschen Setzstöcke haben hölzerne Lagerschalen, während die amerikanischen mit passend gestalteten verstellbaren Eisenteilen das Arbeitsstück stützen.

d) Das Bett.

Dasselbe dient zum Tragen der übrigen Teile der Drehbank und zum Führen des Supports beim Langdrehen, Ausbohren und Gewindeschneiden. Es besteht in der Hauptsache aus zwei annähernd $\top$-förmigen Wangen, welche mit ihren Querverbindungen ein Gußstück bilden. Die bearbeiteten oberen Teile der Wangen, welche zur Führung des Supports (Bettschlittens) dienen, heißen das Prisma oder die Prismen des Bettes. In der Form dieser Führungsprismen unterscheiden sich die europäischen und amerikanischen Drehbänke. Aus den Fig. 319 und 328 ist die Form eines europäischen (und zwar deutschen) Drehbankbettes zu erkennen, während Fig. 311 die Endansicht eines amerikanischen zeigt. Der Unterschied besteht darin, daß bei der europäischen Drehbank der Bettschlitten flach auf dem Bettprisma liegt und es seitlich umgreift, während bei der amerikanischen Bank der Bettschlitten auf zwei trapezförmigen Prismen des Bettes liegt, und nur besonders angeschraubte kleine Platten unter das Bettprisma greifen, um den Support gegen Aufkippen zu sichern. Der amerikanische Support kippt aber auch ohne diese Sicherung nicht leicht auf, weil das amerikanische Bett erheblich breiter als das deutsche ist. Durch die Nachstellung infolge Abnutzung wird der deutsche bzw. europäische Support quer zum Bett verschoben. Der amerikanische stellt von selbst nach, indem er sich senkt. Ist nun die Abnutzung, wie in der Regel, vor der Planscheibe stärker als anderswo, so wird die führende Prismenfläche bei der europäischen Bank in wagerechter, bei der amerikanischen in senkrechter Ebene krumm. Bei gleichen Abnutzungen ist der dadurch entstehende Fehler am Arbeitsstücke bei europäischen Bänken größer als bei amerikanischen. Außer den Gleitflächen für die Sicherungsplatten lassen sich alle Prismenflächen des amerikanischen Bettes mit einem Male durch einen Profilfräser bearbeiten, was beim europäischen Bette mit den eigentlich führenden schrägen Flächen nicht möglich ist. Beim Arbeiten mit einem Profilfräser fällt aber viel Meßarbeit fort. Das deutsche Bett pflegt unter der Planscheibe nach unten gekröpft zu sein, um kurze Arbeitsstücke von größerem Durchmesser ausbohren und drehen zu können, als es die Spitzenhöhe sonst zulassen würde. Das amerikanische Bett besitzt diese Kröpfung nicht. Werden Stücke von großem Durchmesser nicht gedreht, so wird die Kröpfung durch den Bettwinkel größtenteils ausgefüllt, damit der Support in der Nähe der Planscheibe genügend geführt wird.

Das Bett wird durch zwei oder, wenn es lang ist, durch mehr Füße unterstützt. Die Höhe dieser Füße wird danach bemessen, daß die Rotationsachse des Arbeitsstückes sich in für den Arbeiter bequemer Höhe, etwa 1—1,2 m über dem Fußboden, befindet. Wenn bei großer Spitzenhöhe die Kröpfung des Bettes beinah bis auf den Fußboden reicht, so führt man es unter dem Spindelstocke und der Kröpfung bis auf diesen herunter und bildet es als Werkzeugschrank aus. Bei noch größerer Spitzenhöhe fallen alle Füße fort, und das Bett liegt seiner ganzen Länge nach auf dem Fundamente.

Besondere Drehbänke.

Plandrehbänke oder Kopfdrehbänke dienen zum Ausbohren und Drehen von Arbeitsstücken mit großem Durchmesser und geringer Länge, wie z. B. Schwungräder, Seil- und Riemenscheiben. Solche Arbeitsstücke müssen an der Planscheibe befestigt werden. Daher ist ein Reitstock überflüssig und an diesen Bänken nicht vorhanden. Es gibt Plandrehbänke mit senkrechter und solche mit wagerechter Planscheibe. Früher kannte man nur die ersteren. In Fig. 338 ist eine Plandrehbank mit senkrechter Planscheibe skizziert. Da die großen Arbeitsstücke oft in eine Grube vor der Planscheibe hinabreichen, so ist ein durchgehendes Bett in diesem Falle kaum möglich. Der Spindelstock steht daher direkt auf dem Fundamente, und für den Support ist ein Bett vorhanden, welches, weil es in der Regel senkrecht (quer) zur Rotationsachse liegt, Querbett genannt wird. Das Querbett liegt auf einer Fundamentplatte und wird zum Langdrehen über die Grube parallel zur Rotationsachse gelegt. Zum Antriebe der Planscheibe ist in der Regel an ihr ein innen verzahnter Zahnkranz befestigt, in welchen ein kleines Zahnrad eingreift, um die Arbeitsspindel vom Drehmomente zu entlasten und die nötige große Übersetzung ins Langsame zu erreichen. Die Schaltbewegung wird in der Regel durch den Faulenzer (Fig. 260) zum Support geleitet. Eine Plandrehbank mit liegender Planscheibe, Karuselldrehbank, auch Dreh- und Bohrwerk genannt, ist in Fig. 339 skizziert. Die Planscheibe p liegt auf dem Spindelstocke a, und das Querbett ist, wie bei Hobelmaschinen, an zwei Ständern d befestigt. Fig. 340 zeigt im Schnitte die Lagerung der Arbeitsspindel und den Antrieb der Planscheibe. Das Aufspannen, besonders eines schweren Arbeitsstückes, erfolgt viel leichter und schneller auf einer liegenden als vor einer stehenden Planscheibe. Daher sind die Bohr- und Drehwerke den Drehbänken mit senkrechter Planscheibe in der Leistung überlegen. Zur Bearbeitung von Stücken mit großem Durchmesser gebrauchen aber die Drehbänke mit wagerechten Planscheiben weit mehr Grundfläche als die mit senkrechten.

Die Räder- oder Radsatzdrehbänke dienen in den Eisenbahnwerkstätten zum Nachdrehen der Radreifen an vollständigen

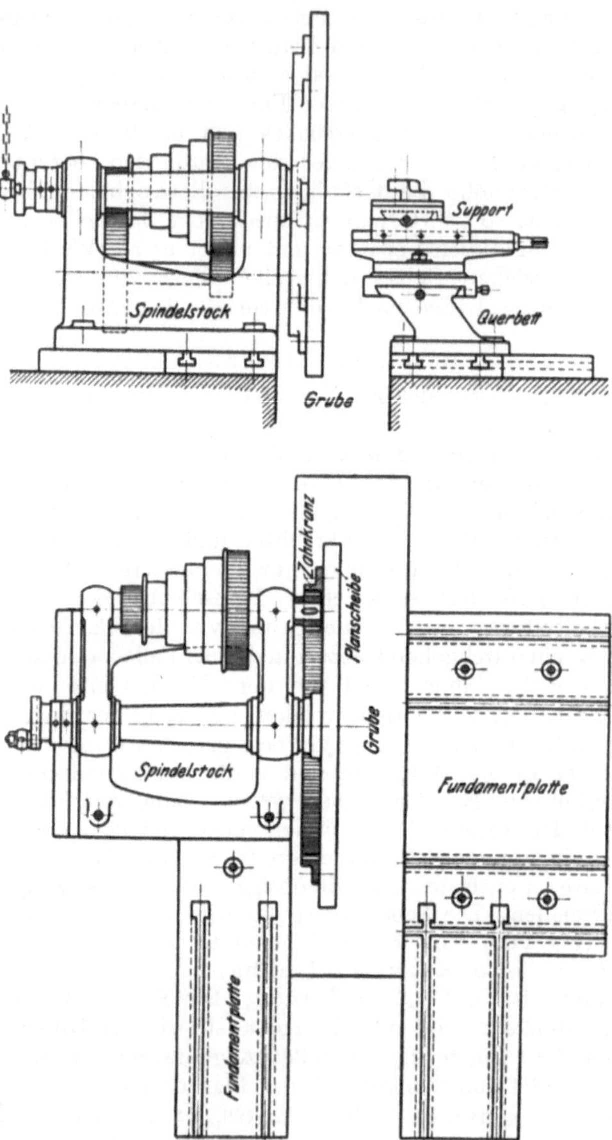

Fig. 338. Plandrehbank mit senkrechter Planscheibe.

Radsätzen. Sie besitzen 2 Planscheiben und 2 Supporte, um gleichzeitig beide Radreifen drehen zu können.

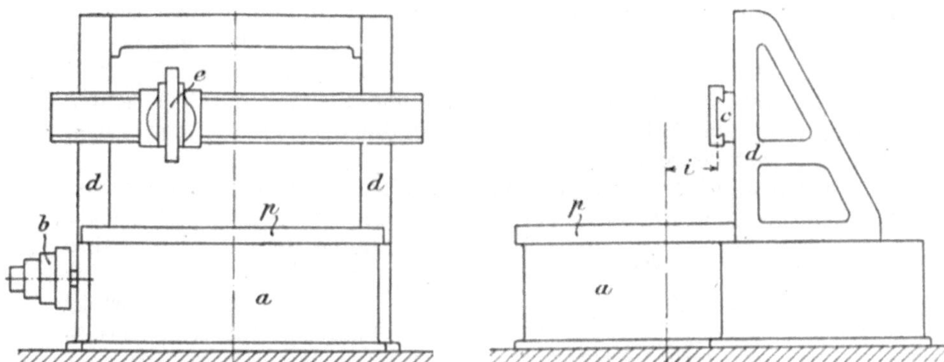

Fig. 339. Plandrehbank mit wagerechter Planscheibe
(nach Fischer).

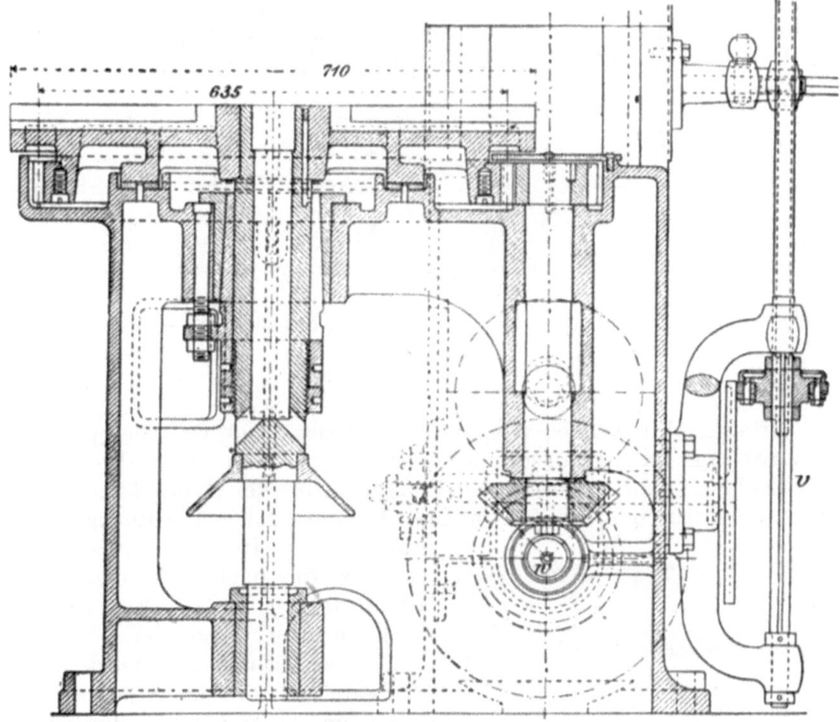

Fig. 340. Schnitt durch ein Dreh- und Bohrwerk
(nach Fischer).

Wellendrehbänke sind Spitzendrehbänke (wie Fig. 319 zeigt), jedoch mit einem langen Bette. Sie besitzen oft auf einem gemeinsamen Bettschlitten die übrigen Supportteile doppelt, so daß gleichzeitig mit zwei Stählen gearbeitet werden kann. Diese greifen (wie in Fig. 341) das Arbeitsstück von beiden Seiten an und nehmen gleichzeitig den Schrupp- und den Schlichtspan ab, so daß die Welle etwa in der halben Zeit als sonst gedreht wird.

Revolver-Drehbänke (Fig. 342) sind zur Bearbeitung von Stücken geeignet, welche nicht einzeln, sondern in größerer Anzahl

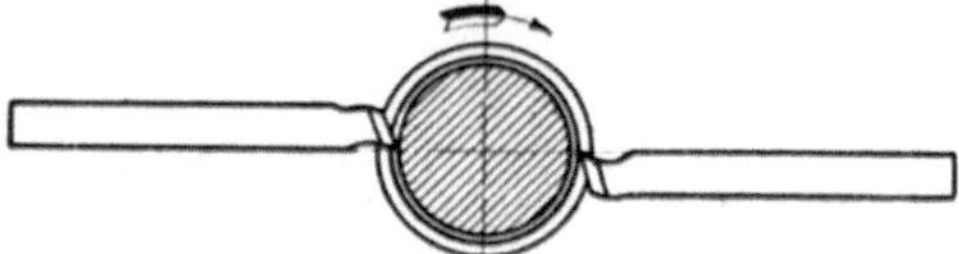

Fig. 341.   Drehen mit zwei Stählen.

hergestellt werden. Ihre Anwendung soll schon für 6 gleiche Stücke vorteilhaft sein. Das Arbeitsstück wird in der Regel von einer Stange *a* abgearbeitet, welche man durch die hohle Arbeitsspindel der Revolverbank steckt und in einem Klemmfutter *b* festklemmt. Die Werkzeuge *c*, welche zur Herstellung des Arbeitsstückes nacheinander zur Wirkung kommen, sind in einem drehbaren Zylinder, dem Revolver *d*, befestigt. Der Revolver ist mit einem Schlitten *e* drehbar verbunden, welcher

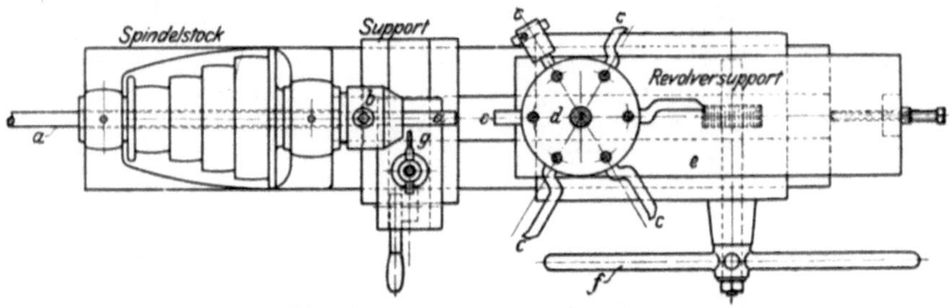

Fig. 342.   Revolver-Drehbank.

vom Arbeiter durch Drehen eines Handkreuzes *f* gegen den Spindelstock vor- und wieder zurückgeschoben werden kann. Beim Vorgange des Revolversupports arbeitet ein Werkzeug, bis der Support an einen eingestellten Anschlag stößt. Am Ende des nun erfolgenden Rückganges dreht sich der Revolver um so viel, daß jetzt das nächste Werkzeug in Arbeitsstellung steht. Ein Revolver kann in der Regel 6 Werkzeuge aufnehmen. Haben alle Werkzeuge gearbeitet, so wird das Arbeitsstück durch ein besonders von der Seite herangeführtes Werkzeug *g* ab-

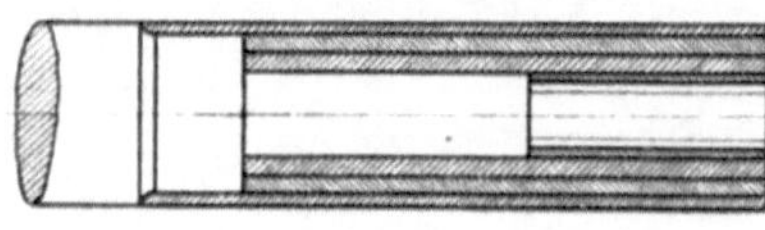

Fig. 343.
Arbeit einer Revolver-Drehbank.

gestochen und die Stange bis zu einem Anschlage vorgeschoben. Solange die Werkzeuge noch scharf sind, werden alle Arbeitsstücke genau einander gleich. Fig. 343 kennzeichnet durch Schraffierung die mit den einzelnen Werkzeugen abgearbeiteten Materialschichten.

Revolverdrehbänke, an denen alle Bewegungen selbsttätig erfolgen, nennt man Automaten. Sie dienen zur Massenherstellung kleiner Gegenstände, wie kleiner Schrauben u. dgl. Ein Mann kann wohl 10 Automaten bedienen, da er nur neues Material einzustecken und fertige Gegenstände fortzunehmen hat. Halbautomaten nennt man solche Revolverdrehbänke, auf welche die Arbeitsstücke von Hand aufgespannt und abgenommen werden, während alle übrigen Bewegungen selbsttätig erfolgen.

Zum genauen Messen der Durchmesser von Wellen, Bolzen und Bohrungen dienen Kaliberbolzen und Ringe oder Rachenlehren. Die letzteren werden oft als Grenzlehren ausgeführt, welche an einem Ende das größte zulässige (Maximal-), am anderen das kleinste zulässige (Minimal-) Maß haben.

2. Die Bohrmaschinen.

Diese Maschinen werden zur Herstellung zylindrischer Höhlungen, Bohrungen genannt, und in neuerer Zeit auch zum Muttergewindeschneiden in allerlei Arbeitsstücke benutzt. Die Bohrungen werden entweder im vollen Materiale hergestellt, oder eine vorhandene Höhlung wird durch das Bohren nur bearbeitet und erweitert. Im ersten Falle nennt man die Arbeit Bohren aus dem Vollen, im zweiten Ausbohren. Das Bohren aus dem Vollen kommt in der Regel nur bei kleinen Löchern zur Anwendung und erfolgt am besten mit Spiralbohrern (Fig. 185), das Ausbohren mit Senkern oder mit Bohrstangen. Die Bohrspindel (Fig. 346 u. 347) ist zur Aufnahme der Bohrer usw. mit einem konischen Loch versehen. Das Querkeilloch in ihr dient zur Aufnahme des rechteckigen Bohreransatzes und beim Herausschlagen des Bohrers zur Aufnahme eines Keils. Größere Löcher stellt man schon beim Gießen oder Schmieden her und bohrt sie aus. Das Ausbohren von Arbeitsstücken erfolgt auch auf Drehbänken, und zwar dann, wenn sie sich gut vor die Planscheibe spannen lassen, und besonders, wenn sie auch noch gedreht werden müssen. Bei den Bohrmaschinen liegt das Arbeitsstück in der Regel ganz still, während das Werkzeug beide Bewegungen ausführt. Die Hauptbewegung wird im Gegensatze zu den Drehbänken bei den Bohrmaschinen vom Werkzeuge ausgeführt, während die Schaltbewegung bei einigen Wagerecht-Bohrmaschinen auch vom Arbeitsstück ausgeführt wird. Die Hauptbewegung ist stets eine gleichförmige Drehbewegung, die Schaltbewegung entweder eine stetige, wie bei den Drehbänken, oder eine ruckweise. In bezug auf Bauart und Verwendung lassen sich die Bohrmaschinen einteilen in: Senkrecht-, Radial-, Wagerecht-, Zylinder- und Langloch-Bohrmaschinen.

a) Die Senkrecht-Bohrmaschinen.

Die gewöhnlichen Bohrmaschinen, welche zum Bohren von Löchern aus dem Vollen und zum Gewindeschneiden in allerlei, besonders in kleine Arbeitsstücke dienen, sind die Senkrecht- oder Vertikal-Bohrmaschinen. Diese Maschinen bestehen aus der Bohrspindel mit ihren Antriebs- und Schaltmechanismen, dem Gestelle und dem Bohrtische zur Aufnahme des Arbeitsstückes.

Eine alte Senkrecht-Bohrmaschine, und zwar nach Whitworth, zeigt Fig. 344, jedoch ohne den Bohrtisch (Fig. 345), welcher unter der Arbeitsspindel auf einer Konsole liegt, die sich am Prisma des Gestelles auf- und abstellen und um eine senkrechte Achse zur Seite drehen läßt, um größeren auf die Fundamentplatte zu stellenden Arbeitsstücken Platz zu machen. Die Spindelkonstruktion solcher Maschinen, wie sie früher in Deutschland allgemein ausgeführt wurden, zeigt Fig. 346. Die Nachstellung der Bohrspindel wird bei dieser Konstruktion durch die hohle Schraubenspindel a und ihre Mutter, auf welcher das Stirnrad c sitzt, ausgeführt. Zum Einstellen und Zurückholen des Bohrers muß nach Lösung der Flügelmutter (Kuppelung nach Fig. 317) das Handrad h am Handgriffe b gedreht werden. Besonders zum Zurückholen des Bohrers aus tiefen Löchern sind dazu viele zeitrau-

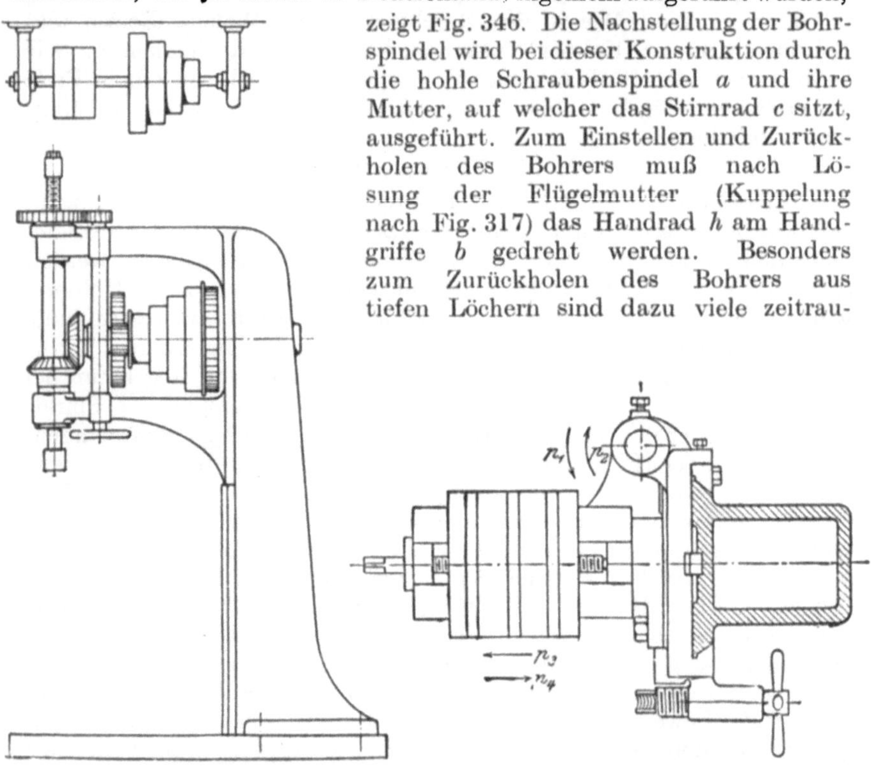

Fig. 344. Altes Whitworth-
Gestell (nach Ruppert).

Fig. 345. Alter Bohrmaschinentisch
(nach Ruppert.)

bende Umdrehungen nötig. Daher sind bei der neuzeitlichen amerikanischen Bohrspindel (Fig. 347) Schraubenspindel und Mutter durch Zahnstange und Rad ersetzt. Das Zahnstangenrad g wird (wie Fig. 348 zeigt) durch Schnecke und Schneckenrad angetrieben. Das Schneckenrad wird nach dem Lösen einer Reibungskuppelung (wie in Fig. 318) lose auf der Welle des Zahnstangenrades, und dieses kann durch Drehen des oberen Handrades oder des Hebels h jetzt leicht gedreht werden, wodurch ein schnelles Zurückholen des Bohrers

erfolgt. Kleinere Bohrmaschinen haben auf der Welle des Zahnstangenrades statt des Handrades einen langen, verstellbaren Handhebel, kleine

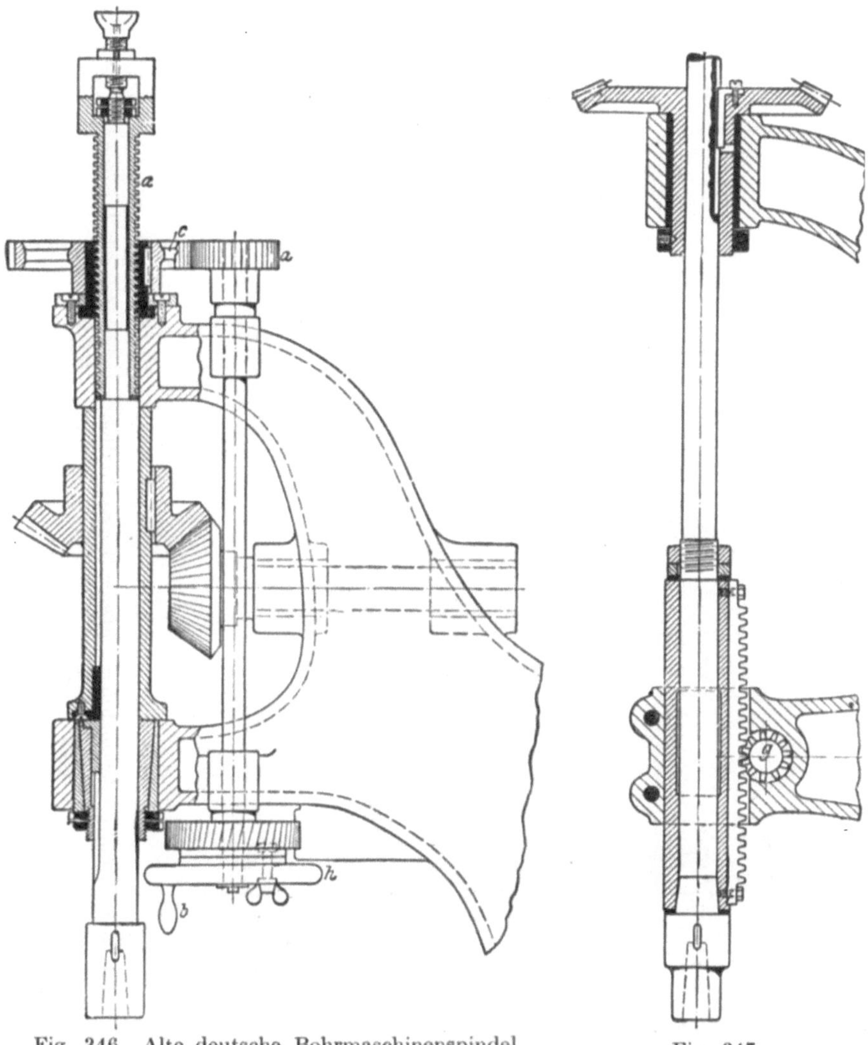

Fig. 346. Alte deutsche Bohrmaschinenspindel
mit Antrieb und Schaltung
(nach Ruppert).

Fig. 347.
Neuzeitliche Bohrspindel
(nach Ruppert).

Schnellbohrmaschinen nur diesen Handhebel und kein Schneckenrad.
Fig. 349 zeigt eine große amerikanische Senkrecht-Bohrmaschine in
einem Schaubilde. Um Löcher in verschiedener Höhenlage bohren zu
können, kann an dieser Maschine sowohl das untere Lager der Bohr-

spindel mit dem Nachstellungsmechanismus als auch der Bohrtisch am
Gestell der Maschine auf- und abwärts verstellt werden. Zur Einstellung des Arbeitsstückes unter den Bohrer wird dasselbe (wie Fig. 350
zeigt) exzentrisch auf dem Tische befestigt und kann nun schnell durch

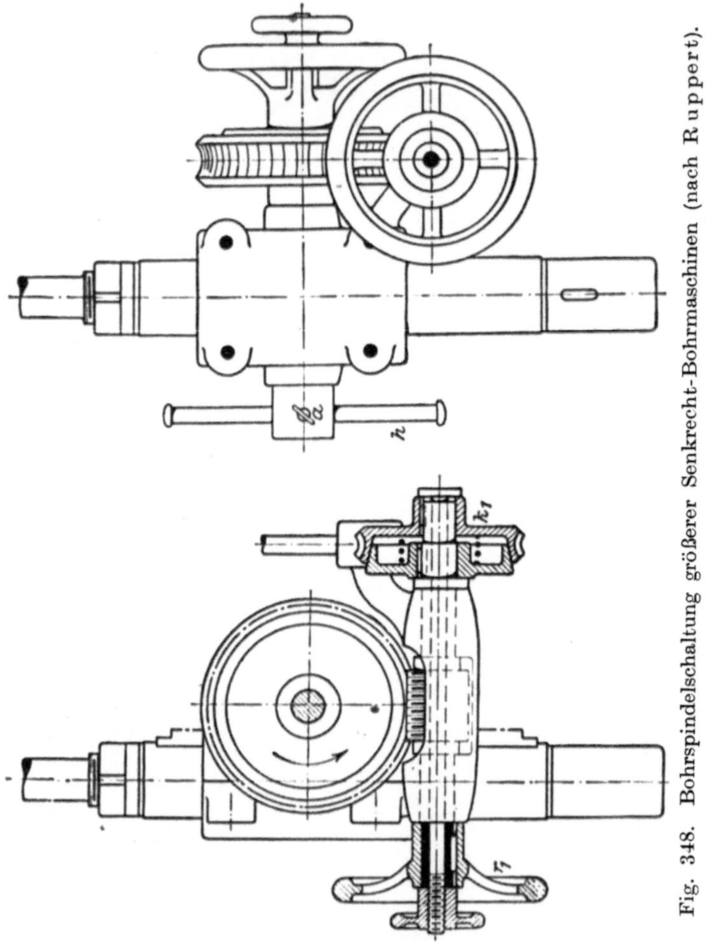

Fig. 348.   Bohrspindelschaltung größerer Senkrecht-Bohrmaschinen (nach Ruppert).

Drehen des Tisches und seiner Konsole unter den Bohrer gebracht
werden. Außerdem kann der Tisch beiseite gedreht werden, um die
Fundamentplatte für das Aufspannen hoher Arbeitsstücke frei zu
machen.

Der Bohrspindeldurchmesser, die Ausladung (das ist der Abstand
der Bohrspindelmitte vom Gestell) und die größte Bohrtiefe oder
Spindelnachstellung sind die grundlegenden Hauptmaße für die Kon-

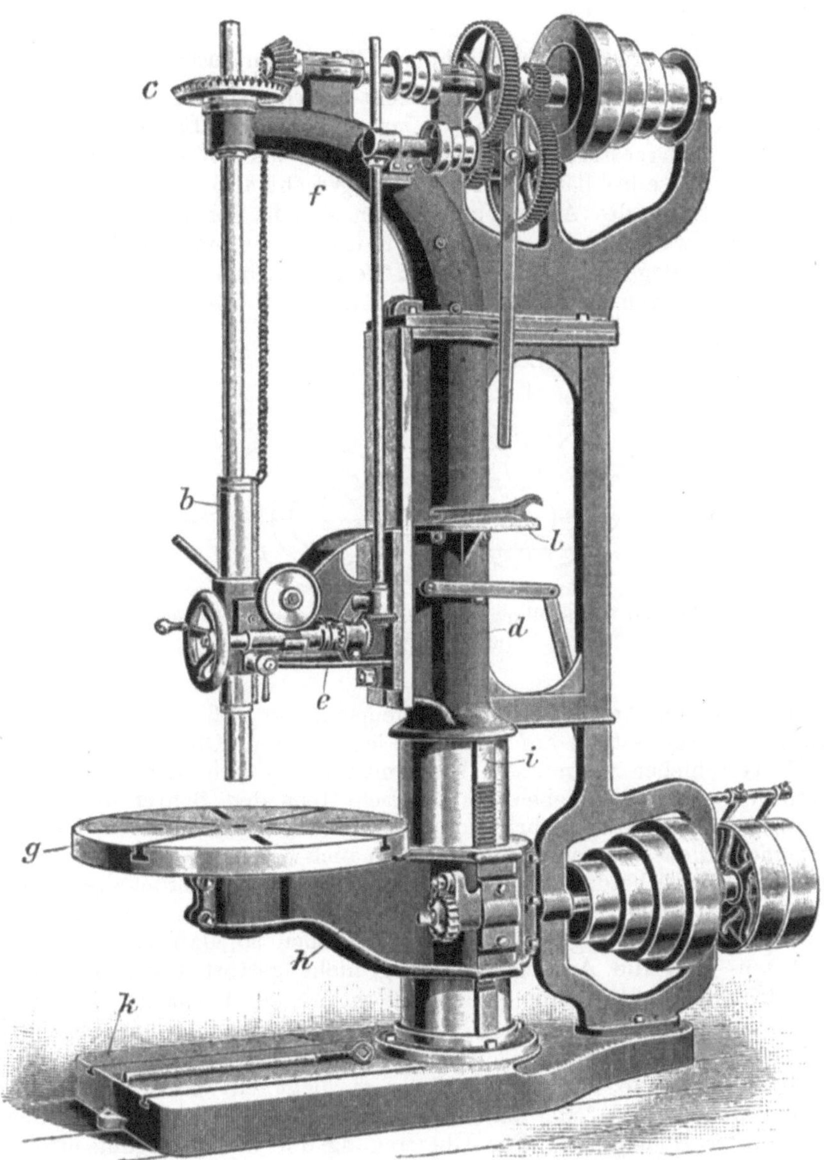

Fig. 349. Große amerikanische Senkrecht-Bohrmaschine
(nach Fischer).

struktion einer Senkrecht-Bohrmaschine. Vom Bohrspindeldurchmesser ist der Durchmesser des größten benutzbaren Bohrers abhängig.

b) Die Radial-Bohrmaschinen (Flügelbohrmaschinen).

Dieselben sind zwar auch Senkrecht-Bohrmaschinen, doch ist ihre Bohrspindel a (Fig. 351) nicht in unverrückbaren Lagern, sondern an einem Bohrschlitten gelagert, welcher sich auf einem um eine senkrechte Achse drehbaren Auslieger wagerecht, also radial verschieben läßt. Die Lager des Ausliegers befinden sich in der Regel an einem Schlitten, welchen man an einem Ständer auf- und abstellen kann, um die Höhenlage des Bohrers der Höhe des Arbeitsstückes anpassen zu können. Durch Beiseitedrehen des Ausliegers wird eine Aufspann-

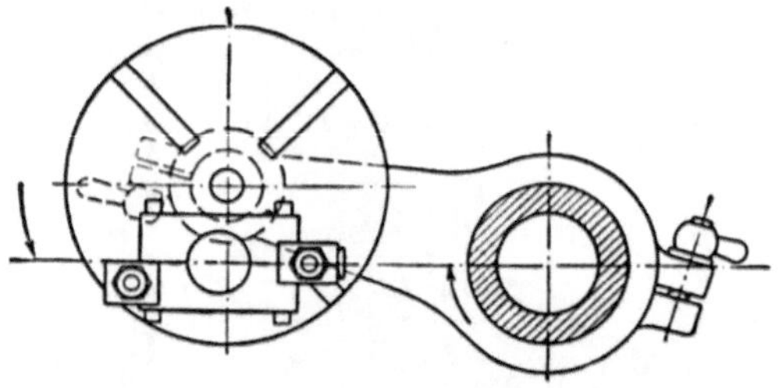

Fig. 350.   Einstellung eines amerikanischen Bohrtisches
(nach Ruppert).

platte oder ein Aufspanntisch frei gemacht, so daß man mit einem Kran ein Arbeitsstück auf dieselben legen kann. Ohne das Arbeitsstück verschieben zu müssen, kann man nun durch Schwenken des Ausliegers und Verschieben des Bohrschlittens den Bohrer über jede Stelle des Arbeitsstückes bringen. Die Maschine hat daher Ähnlichkeit mit einem Gießereikrane und wird darum auch Kran - Bohrmaschine genannt. Sie ist besonders zum Bohren schwerer Arbeitsstücke geeignet, welche mit einem Kran gehandhabt werden müssen. Der Antrieb der Bohrspindel erfolgt durch mehrere Wellen so, daß er durch die Schlitten- und die Ausliegerbewegung nicht gestört wird. Zu dem Zwecke fällt die Mittellinie einer Welle w_1 mit der Drehachse des Ausliegers zusammen, und eine andere Welle w_2 muß im oder am Auslieger parallel zu dessen Prisma gelagert sein. Eine dritte am oder im Bohrschlitten gelagerte wagerechte Welle w_3 liegt entweder parallel zu w_2 (wie in Fig. 351) oder bildet die senkrechte Verbindung zwischen w_2 und der Bohrspindel. Die Übertragung der Drehbewegung erfolgt von der Antriebswelle nach w_1, von w_1 nach w_2 und von w_3 nach der Bohrspindel durch Kegelräder, während sie von w_2 nach w_3 entweder durch Stirn- oder ebenfalls durch Kegelräder erfolgt.

Um in ein Arbeitsstück ohne Umlegung desselben nicht nur parallele Löcher bohren zu können, baut man auch Kran-Bohrmaschinen, deren

Bohrspindel aus der senkrechten in eine schiefe oder in die wagerechte
Lage gebracht werden kann. Die Fig. 352—354 zeigen eine solche

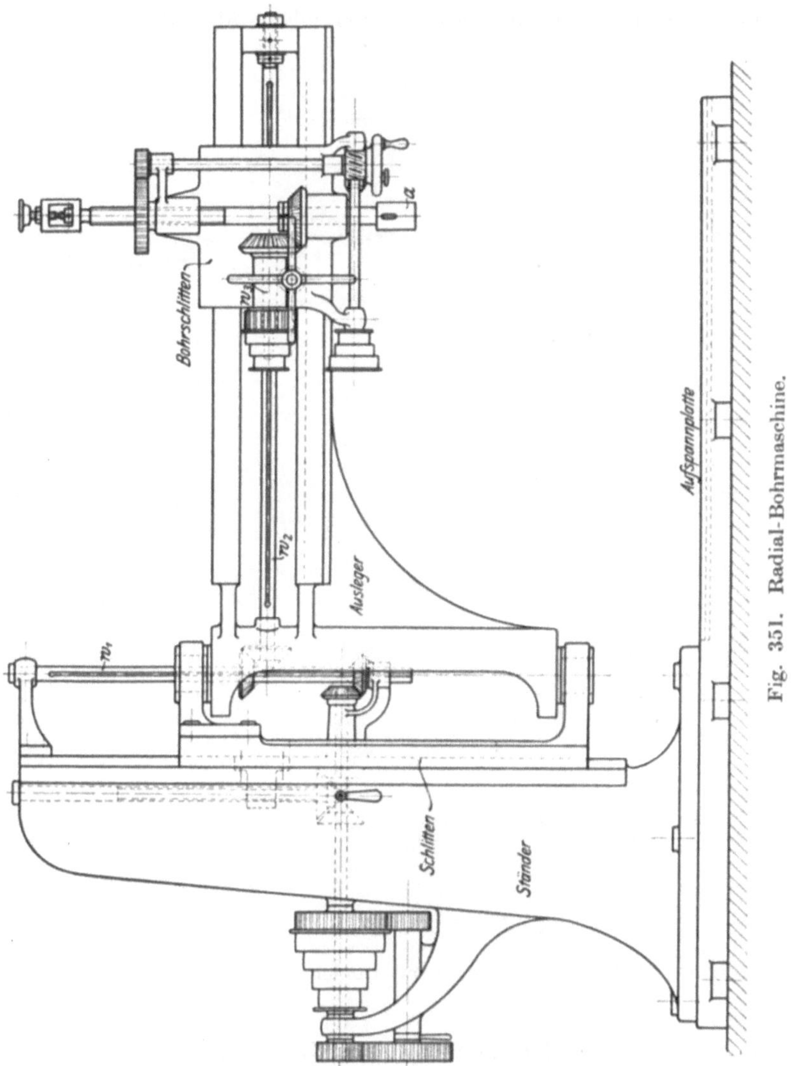

Bohrmaschine, welche außerdem statt prismatischer runde Führungen
hat, in drei verschiedenen Stellungen und Ansichten.

An der neuzeitlichen amerikanischen **Bickford - Radial - Bohrmaschine** (Fig. 355 und 356) ist die Antriebsstufenscheibe der älteren
Maschinen durch das Bickford-Stufenrädergetriebe und ihre in der

Regel ruckweise Schaltung nach Fig. 251 durch eine stetige ersetzt, deren Größe sich durch einen Ziehkeil verändern läßt. Die Maschine besitzt 16 verschiedene, in geometrischer Reihe abgestufte Spindelgeschwindigkeiten und 8 ebenso abgestufte Vorschübe, welche durch einfaches Verstellen von Hebeln oder Ziehkeilen während des Betriebes

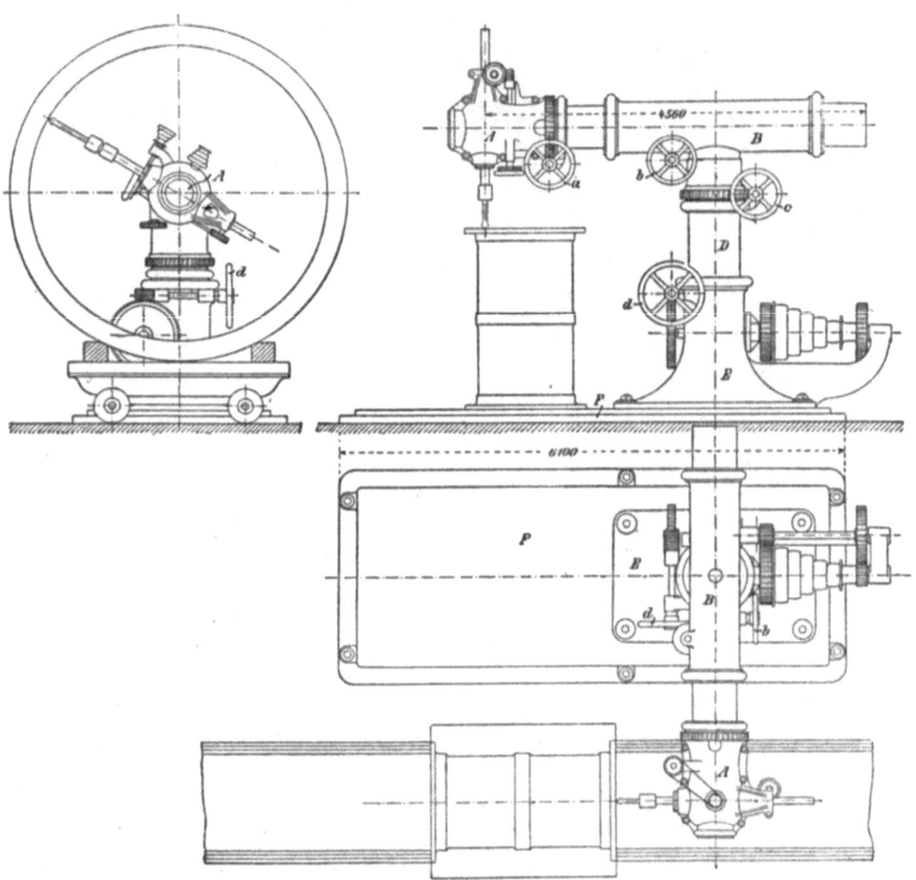

Fig. 352—354. Radial-Bohrmaschine mit runden Führungen (nach Fischer).

schnell gewechselt werden können. Das Bickford-Stufenrädergetriebe im Antriebsräderkasten (Fig. 357) ergibt für sich allein 4 verschiedene Geschwindigkeiten.

Die Kran-Bohrmaschinen haben dieselbe Spindelkonstruktion wie die einfachen Senkrecht-Bohrmaschinen und werden wie diese, wenn sie Zahnstangenvorschub oder Umsteuerung haben, zum Gewindeschneiden benutzt.

Fig. 355. Bickford-Radial-Bohrmaschine (nach Schlesinger).

Fig. 356. Bickford-Radial-Bohrmaschine (nach Schlesinger).

Zum Bohrspindeldurchmesser und der Bohrtiefe treten bei den Radial-Bohrmaschinen noch die Größen der Bewegungen des Bohrschlittens und des Ausliegers als Hauptmaße hinzu.

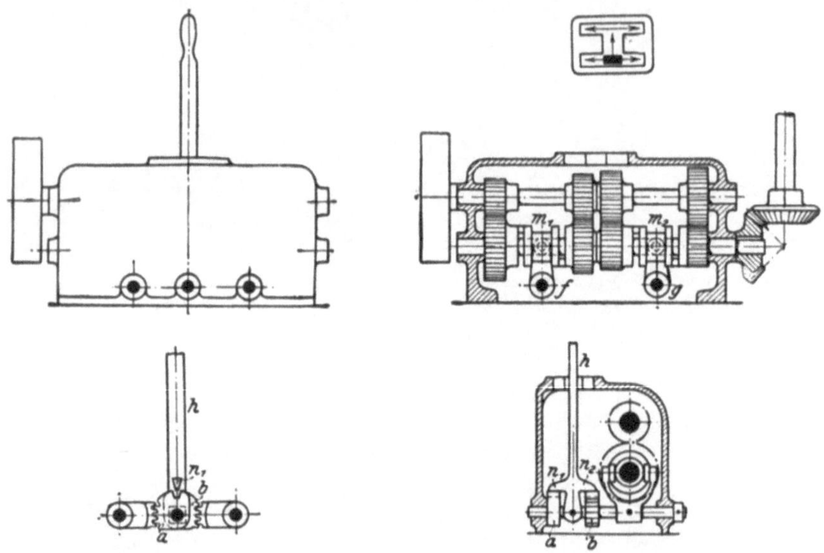

Fig. 357. Bickford-Stufenrädergetriebe (nach Ruppert).

c) Die Wagerecht-Bohrmaschinen.

Während die Senkrecht- und Kran-Bohrmaschinen hauptsächlich zum Bohren aus dem vollen benutzt werden, dienen die Wagerecht-Bohrmaschinen mehr zum Ausbohren von Lagern, Zylindern usw. Das Ausbohren von zwei Lagern an einem Arbeitsstücke, deren Mittellinien in eine Linie fallen müssen, kann ohne Umspannen des Arbeitsstückes schnell und genau nur mit einer Bohrstange (Fig. 290) erfolgen. Auch zum Ausbohren von längeren Zylindern sind Bohrstangen erforderlich. Daher arbeiten Wagerecht-Bohrmaschinen meist mit einer Bohrstange, seltener mit einem Spiralbohrer oder Spiralsenker.

Die Bearbeitung der Flanschen eines Zylinders nach dem Ausbohren, ohne ihn umzuspannen, ist nicht nur der Zeitersparnis wegen erwünscht, sondern verbürgt allein die genaue rechtwinklige Lage der Endflächen zur Zylindermittellinie. Sie erfolgt daher durch einen fliegenden Support (Fig. 272), welcher auf der Bohrstange befestigt wird.

Die ältere Form der Wagerecht-Bohrmaschine für kleinere Arbeitsstücke zeigt Fig. 358. Die Bohrspindel a geht durch eine hohle Spindel (Büchse) hindurch, welche von einer Stufenscheibe nebst Rädervorgelege wie die Arbeitsspindel einer Drehbank angetrieben wird und vermittels eines Keils die Bohrspindel mitnimmt, wie Fig. 360 zeigt. Der Aufspanntisch i liegt verstellbar auf einem Schlitten h, welcher

seinerseits auf der Konsole *e* verschoben werden kann. Die Konsole *e*
kann durch die Schraubenspindel *f*, deren Mutter im Fuße des Gestelles
liegt, und welche selbst bei *g* durch Schnecke und Schneckenrad gedreht
werden kann, am Prisma des Gestelles auf und ab verstellt werden.

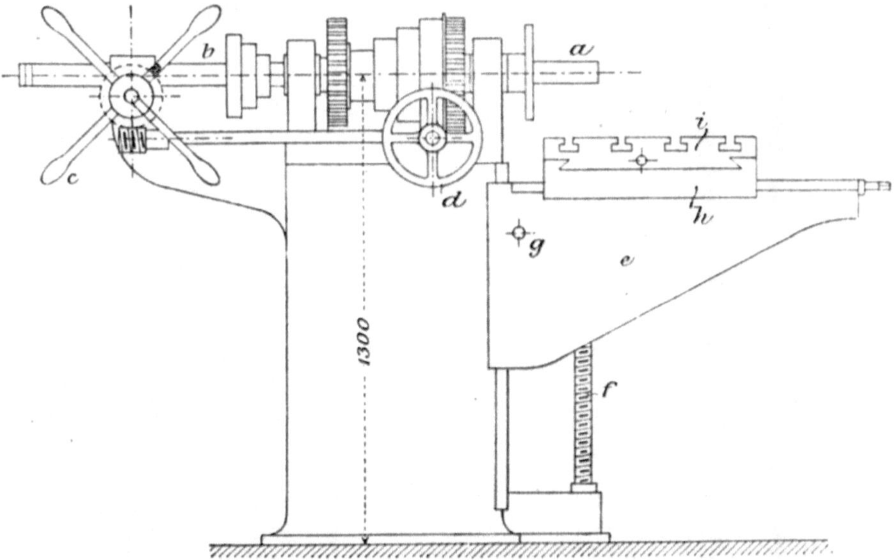

Fig. 358. Ältere Wagerecht-Bohrmaschine für kleine Arbeitsstücke
(nach Fischer).

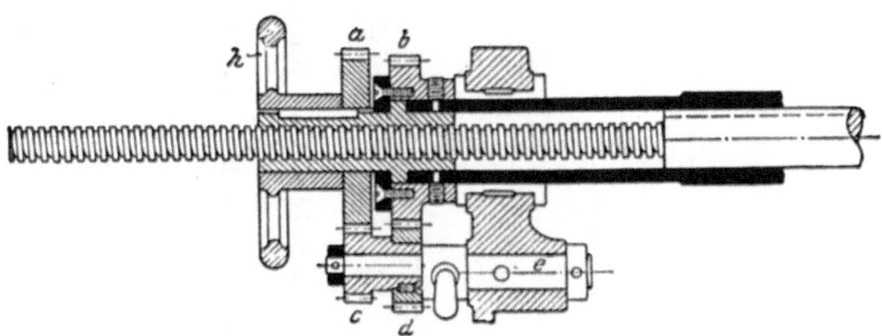

Fig. 359. Alte Bohrspindelnachstellung (nach Ruppert).

Der Vorschub der Bohrspindel erfolgt an alten Maschinen nach Fig. 359
durch Schraubenspindel und Mutter, an neueren Maschinen dagegen
der schnelleren Einstellung wegen durch Zahnstange und Rad, wie
in Fig. 278 und 358, an den neuesten Maschinen wie in Fig. 279 und
360, um eine Schwächung der Bohrspindel zu vermeiden. In Fig. 359
bilden die 4 Räder *a*, *b*, *c* und *d* ein Differential-Rädergetriebe, welches
schon in Fig. 275 vorgeführt wurde. Bei der Konstruktion nach Fig. 360

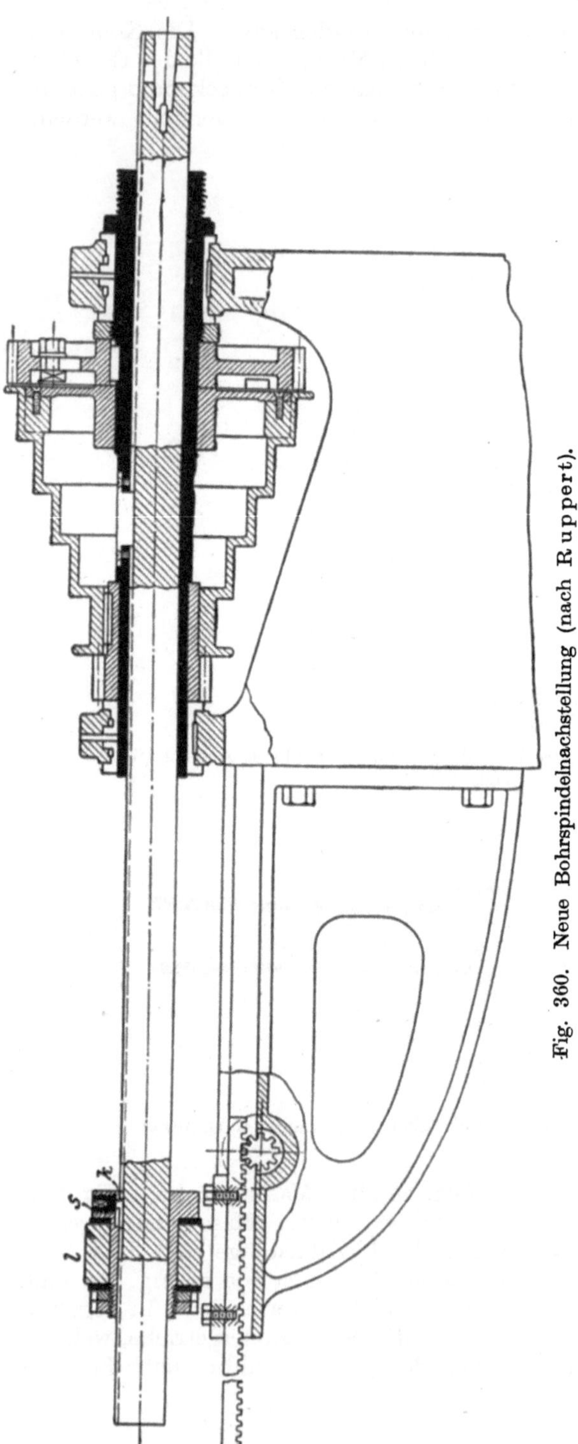

Fig. 360. Neue Bohrspindelnachstellung (nach Ruppert).

kann man durch Lösen der Schraube *s*, Zurückschieben des Lagers *l* und Wiederanziehen der Schraube die Vorschublänge über die Zahnstangenlänge hinaus vergrößern.

Die neuzeitliche Form der Wagerecht-Bohrmaschine ist in dem Schaubilde Fig. 361 dargestellt. Bei dieser steht das Bohrstangenlager fest auf der Fundamentplatte der Maschine, während es bei den älteren Maschinen, wie Fig. 362 zeigt, an ihrer Konsole befestigt ist und sich mit dieser auf und ab bewegt, obgleich die Bohrspindellager feststehen. Das an die Stelle der Konsole getretene Bett wird durch 2 Schraubenspindeln getragen und auf und ab verstellt. Zur Übertragung und Veränderung der Vorschubbewegung ist an dieser Maschine das in Fig. 265 u. 266 dargestellte Reibrädergetriebe benutzt.

Für große Arbeitsstücke wie Maschinengestelle hat die Wagerecht-Bohrmaschine eine andere Gestalt. Das große Arbeitsstück spannt man am besten auf einer niedrig gelegenen Aufspannplatte fest und läßt alle Bewegungen durch die Bohrspindel ausführen. Wie das Schaubild Fig. 363 zeigt, ist daher die Bohrspindel nicht in fest-

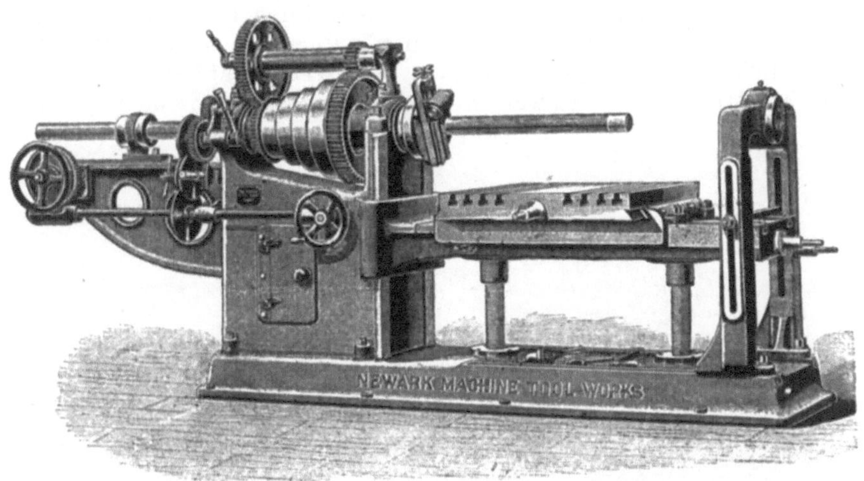

Fig. 361. Neue Wagerecht-Bohrmaschine für kleine Arbeitsstücke
(nach Fischer).

stehenden Lagern, sondern an einem Bohrschlitten gelagert, welcher sich an einem Ständer auf und ab verstellen läßt. Dieser Ständer ist auf einem wagerechten Bette verschiebbar, welches mit der Aufspannplatte verbunden ist. Das Bohrstangenlager kann man in der gleichen Weise verstellen. Alle Einstellbewegungen an dieser Maschine werden schnell ausgeführt durch Zahnstange und Rad, wie es in neuester Zeit von der Werkzeugmaschinenfabrik Union in Chemnitz durchgeführt und in Fig. 364 am Setzstock- oder Bohrstangenlager gezeigt ist. Die grobe Einstellung erfolgt dabei durch direktes Drehen der Zahnradwellen. Zur feinen Einstellung werden die Zahnradwellen durch Schnecke und eingerücktes Schneckenrad gedreht.

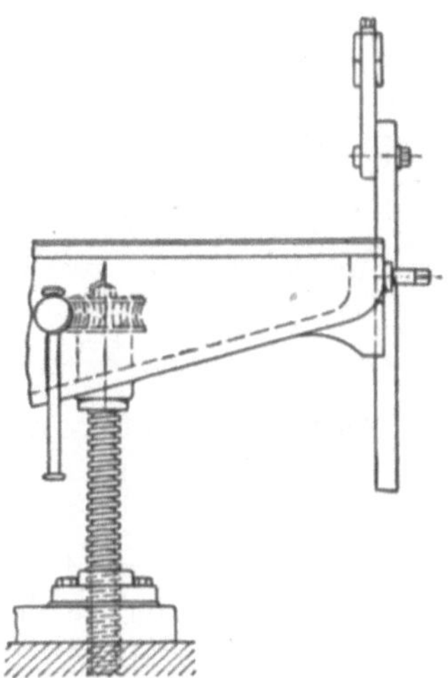

Fig. 362. Bohrstangenlager
(nach Ruppert).

Die Einstellbewegungen kann man an allen Werkzeugmaschinen zum genauen Abmessen der bearbeiteten Teile des Arbeitsstückes benutzen. Es dienen dazu die vorhandenen Schraubenspindeln oder Zahnstangen, oder es werden besondere Maßstäbe an oder neben den

Führungsprismen angebracht. Die Schraubenspindeln messen durch ihre Steigung, die dann nach Millimetern ausgeführt wird, und ein auf ihnen angebrachtes, mit Teilstrichen versehenes Meßrad. Zahnstangen messen durch ihre nach Millimetern auszuführende Teilung und ein Meßrad auf der Zahnradwelle. Das Messen durch feste Maßstäbe ist von der Werkzeugmaschinenfabrik Union in Chemnitz an der in Fig. 340 dargestellten Maschine durchgeführt. Die Arbeitsstücke für eine solche Maschine brauchen nicht angerissen zu werden,

Fig. 363. Neuzeitliche Wagerecht-Bohrmaschine für große Arbeitsstücke
(nach Ruppert).

doch müssen in die Arbeitszeichnung die Maße nicht, wie gewöhnlich, nach Fig. 365, sondern von einer zu bearbeitenden Richtkante aus, wie in Fig. 366, eingeschrieben werden.

Die Wagerecht-Bohrmaschinen, besonders die großen, sind für den neuzeitlichen Maschinenbau unentbehrliche Maschinen, da er alle feststehenden Teile einer Maschine in einem Gußstücke, dem Maschinengestelle, zu vereinigen sucht, dessen Lagerstellen nur auf einer solchen Maschine genau bearbeitet werden können. Kleine derartige Arbeitsstücke kann man auch auf einer Drehbank ausbohren, indem man die

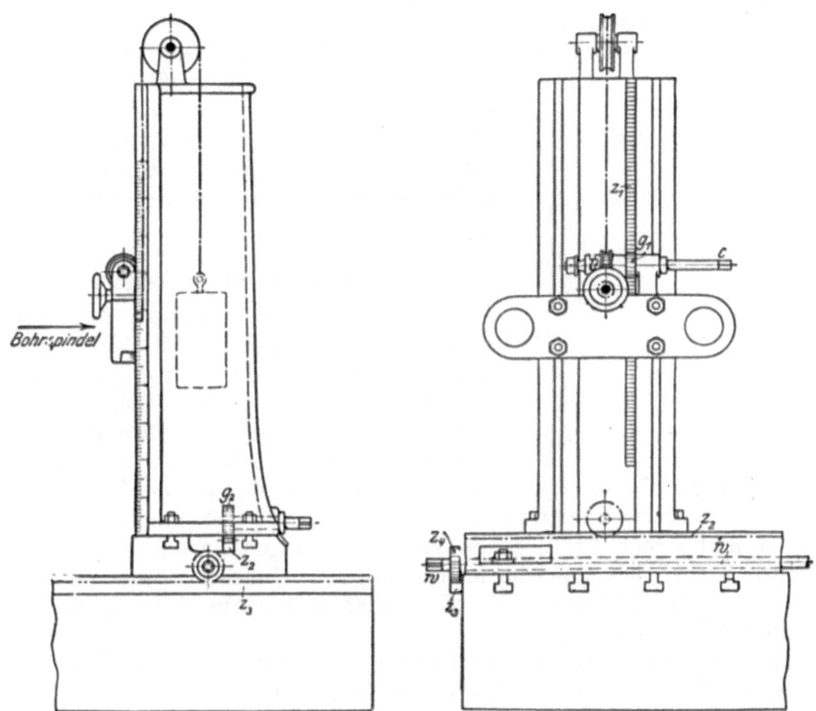

Fig. 364. Setzstock einer Wagerecht-Bohrmaschine (nach Ruppert).

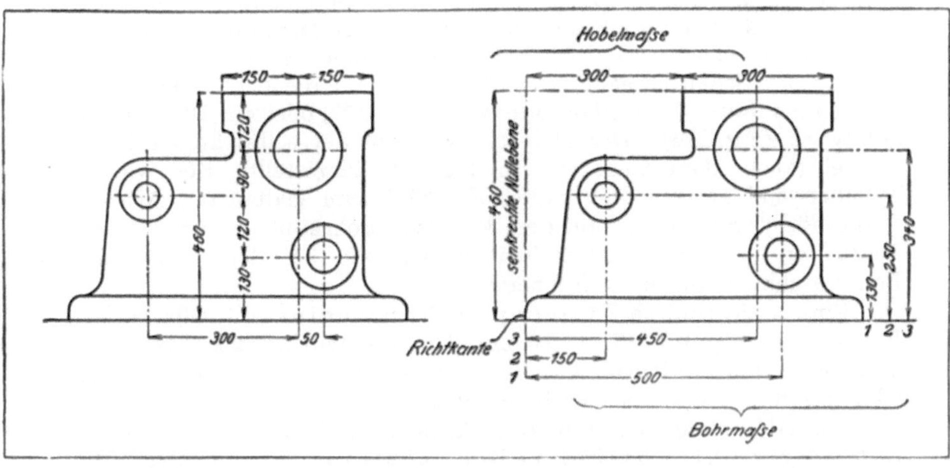

Fig. 365. Maße von den Mittellinien aus (nach Ruppert).

Fig. 366. Maße von der Richtkante
aus (nach Ruppert).

Bohrstange zwischen die Körnerspitzen nimmt und das Arbeitsstück
auf dem Bettschlitten befestigt.

Die Hauptmaße einer Wagerecht-Bohrmaschine sind der Bohrspindeldurchmesser, die größte Längsver-
schiebung der Bohrspindel und entweder
die Größe der Tischverstellungen oder
die Größe der Aufspannplatte und die
Größe der Ständer- und Bohrschlittenver-
schiebung.

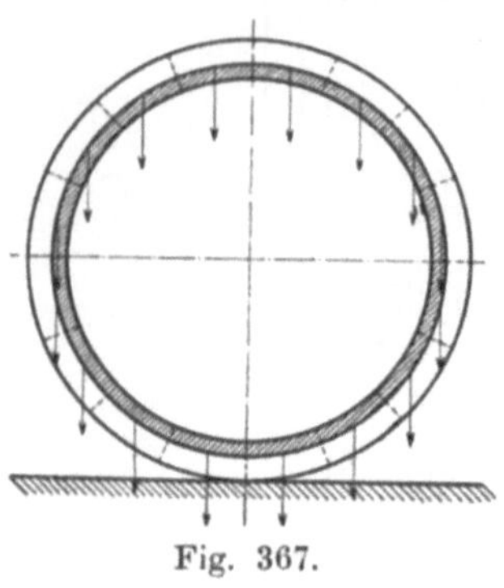

Fig. 367.

d) Die Zylinder-Bohrmaschinen.

Kleine Zylinder bohrt man auf einer
Wagerecht-Bohrmaschine aus. Zum Ausbohren großer Zylinder sind dagegen die
Bohrspindeln der Wagerecht-Bohrmaschinen nicht stark genug. Darum baut
man besondere Zylinder-Bohrmaschinen.
Große Dampfzylinder usw. bohrt man am besten in der Lage aus,
in welcher sie verwendet werden, also Zylinder für stehende Maschinen
stehend und solche für liegende Maschinen liegend, weil sie andernfalls durch ihr Eigengewicht nach erfolgtem Umlegen etwas unrund
werden, wie Fig. 367 zeigt. Es gibt daher senkrechte und wagerechte
Zylinder-Bohrmaschinen.

Eine senkrechte Zylinder-Bohrmaschine ist in Fig. 368
skizziert. Sie besitzt eine selbsttätige Bohrspindel, d. h. eine solche,
deren auf ihr verschiebbarer Bohrkopf durch eine in ihr liegende
Schraubenspindel nebst den nötigen Rädergetrieben die Schaltbewegung
ausführt. Um den auszubohrenden Zylinder auf und von der Aufspannplatte bringen zu können, muß die Bohrspindel durch einen
Kran gehoben werden. Durch das unter der Aufspannplatte liegende
Schneckengetriebe wird die Bohrspindel angetrieben. Zur Übertragung der Schaltbewegung von der Bohr- auf die Schraubenspindel
dient in der Regel ein Umlaufräderwerk (Fig. 277) oder ein Differentialräderwerk (Fig. 274). Der kleinste Bohrkopf der selbsttätigen Bohrspindel (auch Bohrstange) ist in Fig. 369 dargestellt. Für weitere
Zylinder sind größere Bohrköpfe (Fig. 370) zum Halten der Arbeitsstähle nötig. Sie werden auf dem kleinsten Bohrkopfe befestigt. Zum
Bearbeiten der Zylinderflanschen dienen, wie bei den Wagerecht-
Bohrmaschinen, fliegende Supporte.

Eine wagerechte Zylinder-Bohrmaschine mit selbsttätiger
Bohrspindel zeigt Fig. 371 als Skizze. Um das Arbeitsstück aufspannen
zu können, muß entweder die Bohrspindel aus ihren Lagern gehoben
oder das rechte Spindellager beseitigt werden.

Zur Abkürzung der Zeit zum Aufspannen baut man in neuerer
Zeit wagerechte Zylinder-Bohrmaschinen nach Fig. 372.
Diese Maschine hat eine volle, durch ein Schneckenrad angetriebene
Bohrspindel, welche einen festen Bohrkopf trägt und zur Ausführung

der Schaltbewegung von dem Schlittenlager durch das Schneckenrad hindurchgeschoben wird. Das Schlittenlager wird durch eine Schrauben-

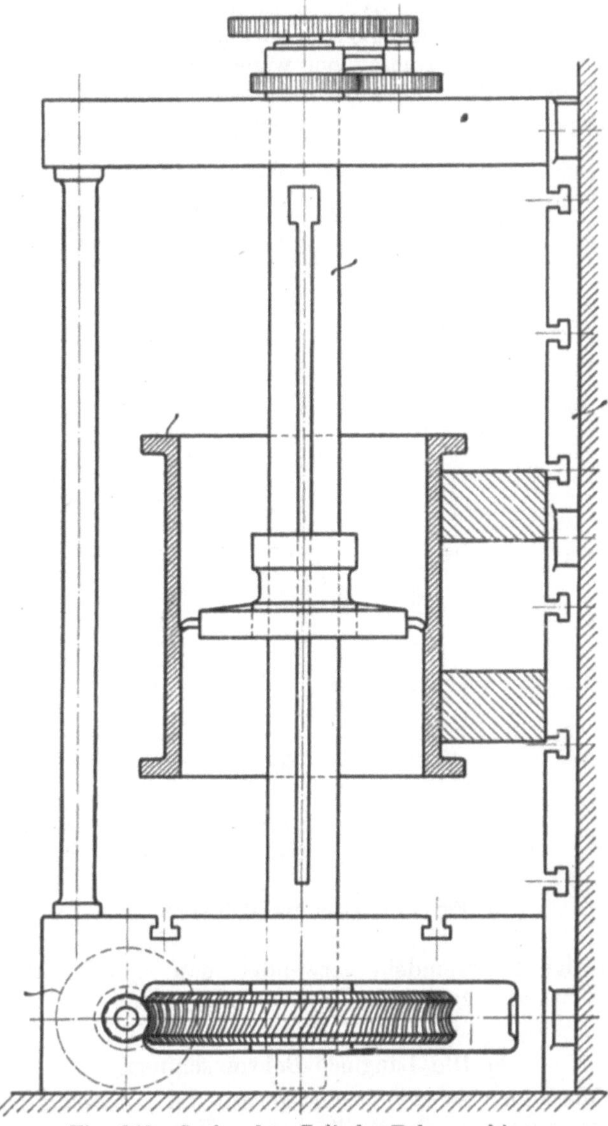

Fig. 368. Senkrechte Zylinder-Bohrmaschine.

spindel bewegt, welche aber auch bei der schnelleren Einstellbewegung nicht von Hand, sondern von der Maschine bewegt wird. Wie in Fig. 337 die Büchse, so können hier die Stellringe am Schlittenlager an verschiedenen Stellen der Bohrspindel festgestellt werden, wodurch es möglich wird, dieselbe so weit nach links zu bewegen, daß sie die Aufspannplatte für das Aufspannen frei läßt.

Die Hauptmaße einer Zylinder-Bohrmaschine sind: der Durchmesser der Bohrspindel, die Bohrlänge und die Länge und Breite der Aufspannplatte. Dazu kommt bei wagerechten Maschinen noch die Höhe der Spindel über der Aufspannplatte.

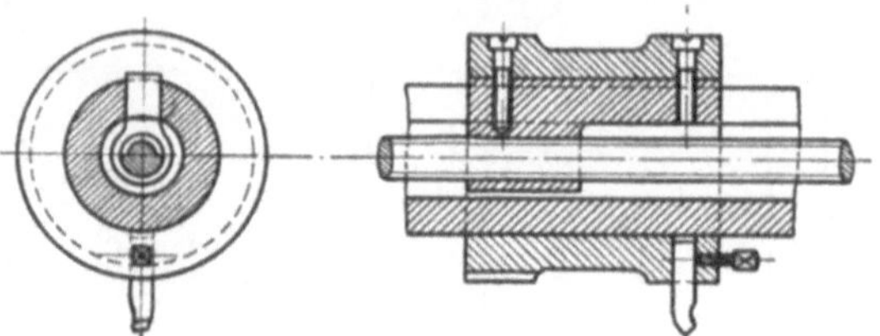

Fig. 369. Kleinster Bohrkopf.

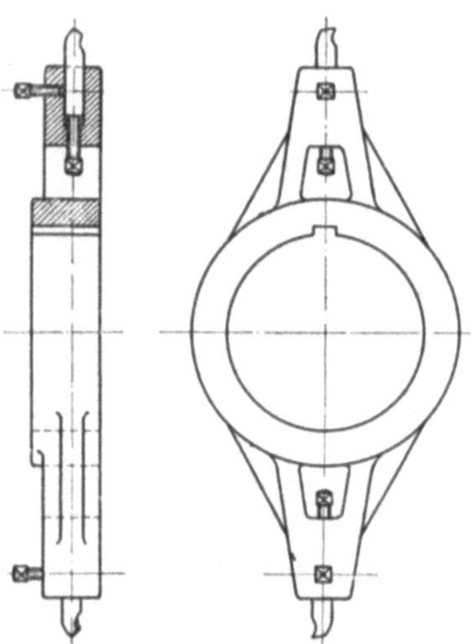

Fig. 370. Größerer Bohrkopf.

Selbsttätige Bohrspindeln verwendet man zum Nachbohren von Dampfzylindern am Orte ihrer Verwendung.

e) Die Langloch-Bohrmaschinen.

Diese Maschinen wurden früher gebaut zur Herstellung von Keilnuten in Wellen und von Querkeillöchern in Kolbenstangen usw. Heute baut man Fräsmaschinen zu diesen Zwecken. Die Langloch-Bohrmaschine ist eine Senkrecht-Bohrmaschine, deren Bohrspindel nicht am Gestelle, sondern an einem Schlitten gelagert ist, welcher sich während der Arbeit wagerecht hin und her bewegt Sie führt drei

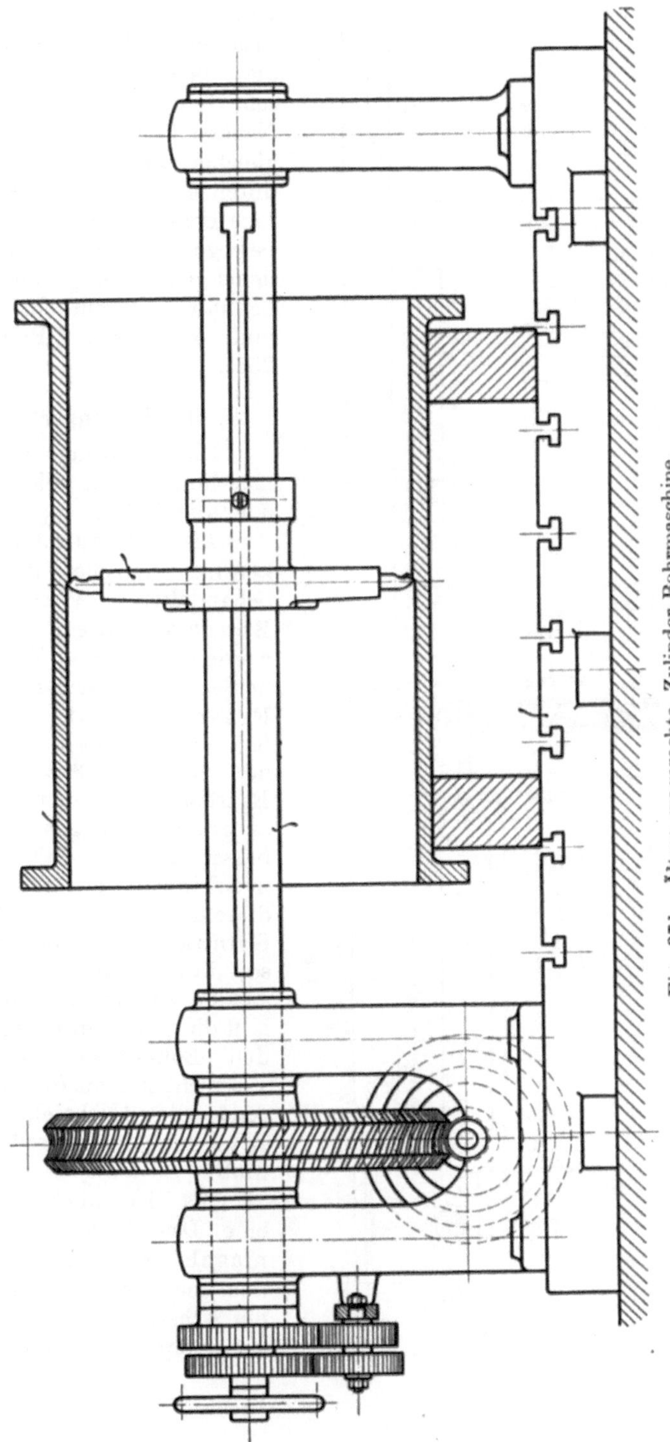

Fig. 371. Ältere wagerechte Zylinder-Bohrmaschine.

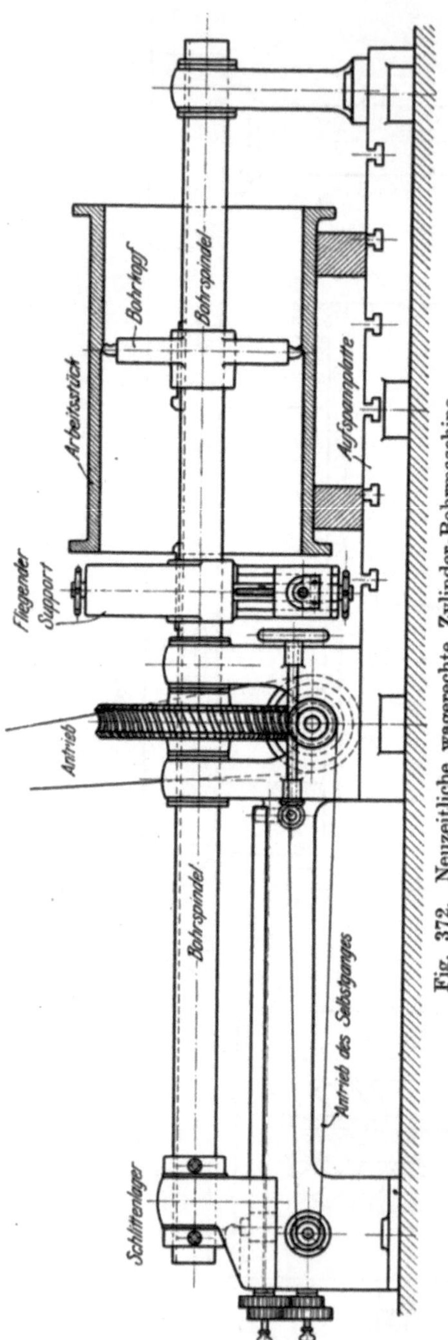

Fig. 372. Neuzeitliche wagerechte Zylinder-Bohrmaschine.

selbsttätige Bewegungen, die rotierende Arbeitsbewegung, die Bewegung des Bohrschlittens und die senkrechte Nachstellung der Spindel zu gleicher Zeit aus. Um die durch einen Kurbelmechanismus erzeugte Hin- und Herbewegung des Schlittens möglichst gleichförmig zu machen, benutzt man ein elliptisches und exzentrisches Rad (Fig. 255).

3. Die Fräsmaschinen.

Die Werkzeuge der Fräsmaschinen sind die Fräser oder die Fräsen.

Als Fräsmaschinen können zunächst die oben behandelten Wagerecht-Bohrmaschinen benutzt werden. Diese Maschinen heißen daher oft Bohr- und Fräsmaschinen. Die großen Wagerecht-Bohrmaschinen nach Fig. 363 sind zur Bearbeitung ebener Flächen an großen sperrigen Gestellen besser geeignet als Hobelmaschinen. Man arbeitet in diesem Falle meist mit einem Stirnfräser, legt das Gestell so, daß die zu bearbeitende Fläche senkrecht steht, und läßt die Schaltbewegung durch den Bohrständer oder den Bohrschlitten ausführen, während die Nachstellung der Arbeitsspindel ausgerückt sein muß.

Es ist auch möglich, eine Drehbank als Fräsmaschine zu benutzen, indem man den Fräserdorn wie ein Arbeitsstück zwischen die Körnerspitzen nimmt und das

Arbeitsstück auf dem Supporte befestigt. Die oberen Supportteile müssen dazu abgenommen und das Arbeitsstück auf dem Bettschlitten- schieber befestigt werden. Zum Befestigen ist aber nur die kreis- förmige Nut für die Köpfe der Drehteilschrauben vorhanden, und das Arbeitsstück kann ebensowenig wie der Fräser in senkrechter Richtung verstellt werden.

Eigentliche Fräsmaschinen gibt es in sehr verschiedenen Bauarten, den verschiedenen Arbeiten und Arbeitsstücken entsprechend. Von ihnen läßt die Universal-Fräsmaschine die vielseitigste Ver- wendung zu. Man benutzt sie zum Planfräsen, Profilfräsen und Nuten- fräsen, zum Fräsen von schraubenförmigen Nuten in Spiralbohrer, Reibahlen, Gewindebohrer, Walzen- und Wurmfräser und zum Fräsen von Stirn-, Schrauben-, Kegel-[1]) und Schneckenrädern[1]). Fig. 373 zeigt eine von Frister & Roßmann in Berlin gebaute Universal- Fräsmaschine. Der Ständer A mit dem Spindelstocke B gleicht im wesentlichen den gleichen Teilen einer Wagerecht-Bohrmaschine mit festgelagerter Arbeitsspindel, nur fehlt die Verschieblichkeit derselben; dagegen ist ein verschiebbarer Arm vorhanden, welcher dem in der Arbeitsspindel befestigten Fräserdorne eine zweite Stütze gibt. Das Arbeitsstück wird entweder unmittelbar oder mit Hilfe eines Parallel- schraubstockes (beim Plan-, Profil- und Nutenfräsen) auf dem Tische F befestigt oder zwischen die Körnerspitzen des Teilkopfes HG und des Reitstockes JK gespannt (beim Fräsen von Spiralbohrern, Zahnrädern usw.). Zu letzterem Zwecke müssen aufzuspannende Zahnräder auf einem Drehdorne befestigt werden. Die Schaltbewegung führt der Tisch F, von der Schraubenspindel k angetrieben, aus. Er führt sich dabei in einem Stücke E, welches, um eine senkrechte Achse drehbar, von einem Schlitten D getragen wird. Der Schlitten liegt verschieb- bar auf der Konsole C, welche sich am Prisma des Ständers senkrecht verstellen läßt. Die Bewegungen des Drehteils, des Schlittens und der Konsole dienen an dieser Maschine nur zum Einstellen des Arbeits- stückes und werden durch Schraubenspindeln von Hand ausgeführt, nur die Drehung von E unmittelbar von Hand. Die Schaltbewegung wird von der Stufenscheibe e auf die Gegenstufenscheibe und von ihr durch das Kreuzgelenk f, die Welle g und zwei Schraubenräder auf die Welle g_2 übertragen. Von dieser überträgt sie die Schnecke h (Fig. 374) durch ein Schneckenrad auf eine kurze senkrechte Welle, deren Mittellinie mit der Drehachse des Drehteils E zusammenfällt. Auf dem oberen Ende dieser Welle und auf der Schraubenspindel k sitzen die drei Kegelräder eines Kegelräderwendegetriebes (Fig. 374 u. 301), welches durch den Hebel m in den Fig. 373 u. 374 betätigt und durch die Anschläge p selbsttätig ausgerückt wird. Für den Keil der Kuppelungsmuffe des Wendegetriebes ist die Schraubenspindel k ihrer ganzen Länge nach genutet. Um schraubenförmige Nuten und Zahnlücken fräsen zu können, muß man den Tisch mit dem Drehteil

---

[1]) mit einem Scheibenfräser; werden aber theoretisch nicht richtig.

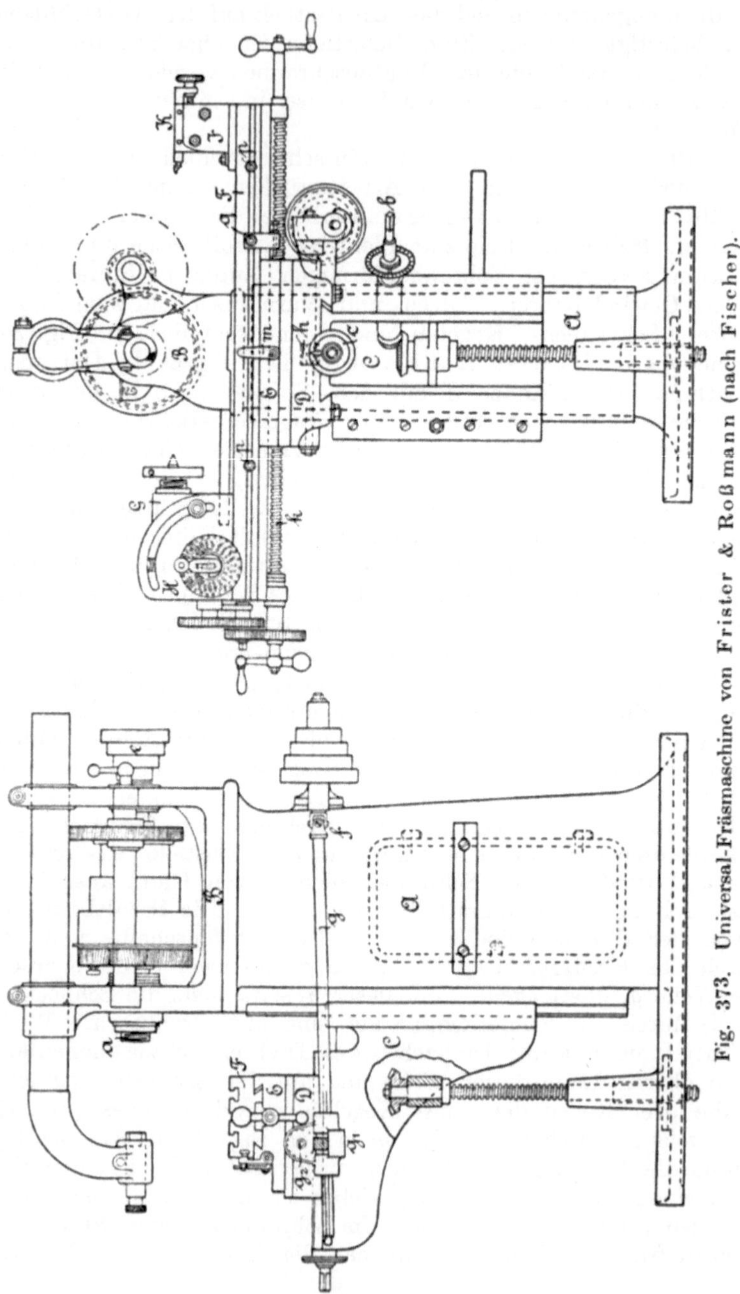

Fig. 373. Universal-Fräsmaschine von Frister & Roßmann (nach Fischer).

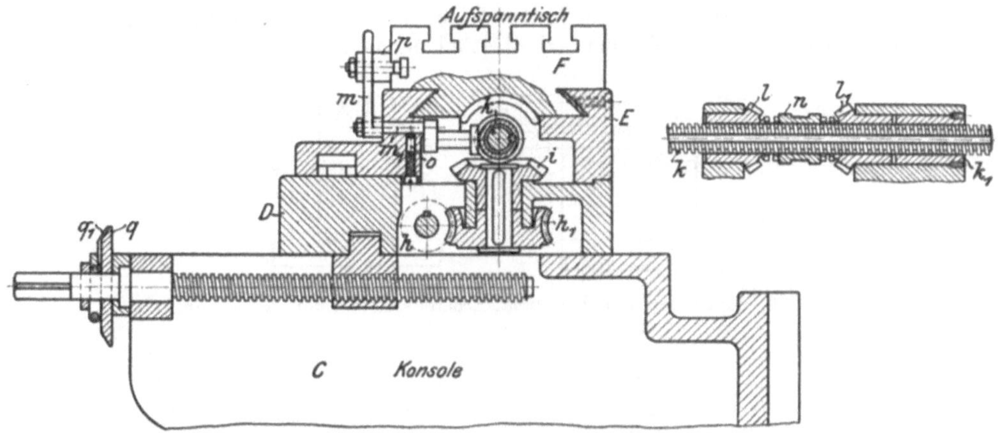

Fig. 374. Tischantrieb der Universal-Fräsmaschine (nach Fischer).

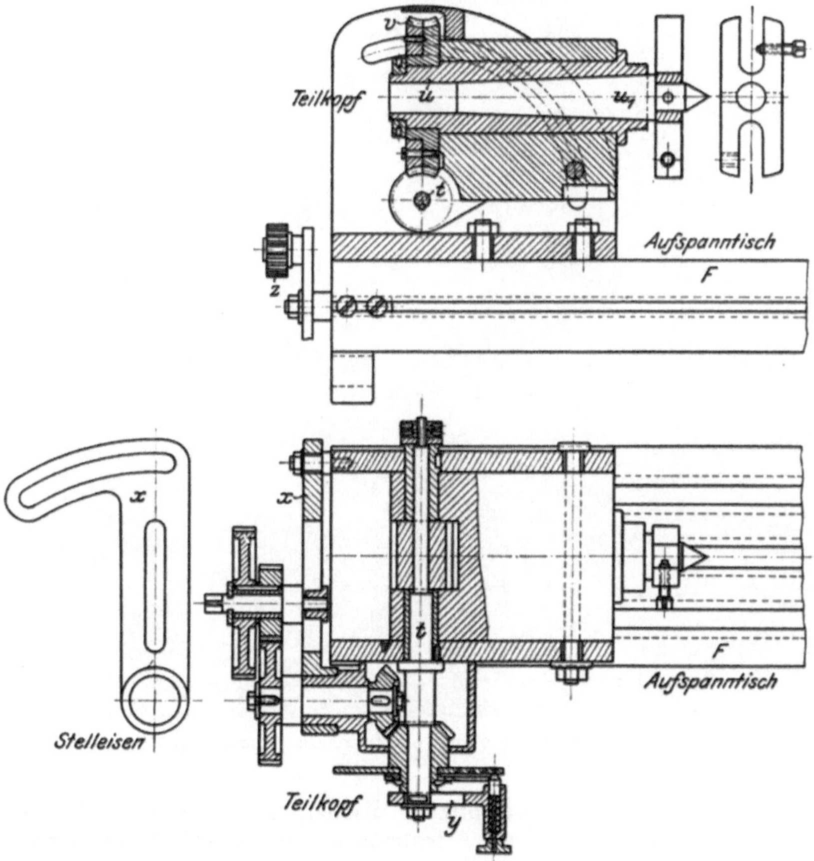

Fig. 375. Teilkopf der Universal-Fräsmaschine (nach Fischer).

Meyer, Technologie. 5. Aufl.   20 so viel drehen, daß der Fräser in der Richtung der Schraubennut steht, und während der Arbeit das Arbeitsstück so viel um seine Achse, die

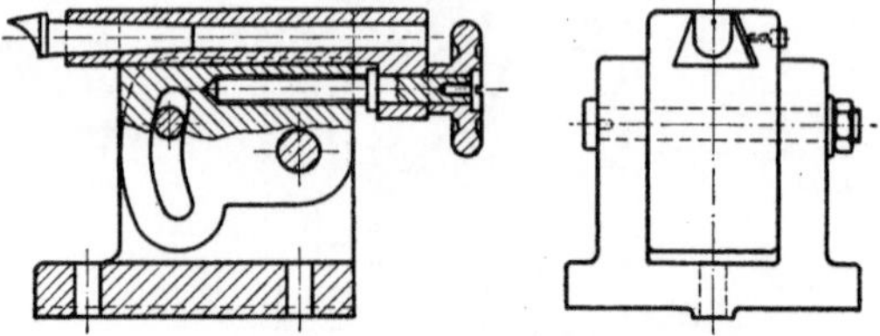

Fig. 376. Reitstock der Universal-Fräsmaschine (nach Fischer).

Fig. 377. Universal-Fräsmaschine mit elektrischem Antriebe (nach Möller).

Verbindungslinie der Körnerspitzen, drehen, als es der Drall der Schraubennut erfordert. Das Arbeitsstück wird dabei durch Dreh-

Vorderansicht (Gehäuse geschlossen).

Hinteransicht (Gehäuse geöffnet).

Fig. 378. Cincinnati-Stufenrädergetriebe (nach Ruppert).

herz und Mitnehmer von der Teilkopfspindel mitgenommen, welche durch Wechselräder von der Schraubenspindel k aus gedreht wird. Zur Einteilung der Zahnräder läßt sich die Spindel im Teilkopfe durch eine an einer Teilscheibe feststellbare Kurbel y (Fig. 375) um bestimmte Teile einer Umdrehung drehen. Die Bewegung der Kurbel wird von der Welle t durch eine Schnecke und Schneckenrad v auf die Spindel u übertragen. Der Teil G des Teilkopfes läßt sich in H um die Achse der Schnecke drehen, was erforderlich ist, wenn Zähne in kegelförmige Fräser gefräst werden sollen. Die Teilkopfspindel ist durchbohrt, um nach dem Herausnehmen des Körners u_1 solche Fräser an ihr befestigen zu können. An ihrem rechten Ende hat die Teilkopfspindel einen Gewindezapfen zur Befestigung eines Einspannfutters. Den Reitstock zeigt Fig. 376. Sein Körner kann beim Fräsen schlanker Kegel in die Richtung der Kegelachse gestellt werden.

Die Hauptmaße einer Universal-Fräsmaschine sind außer dem Durchmesser der Arbeitsspindel die Größen der Lang-, Quer- und Senkrechtverschiebung des Tisches und die Spitzenhöhe und Spitzenweite des Teilkopf- und Reitstockkörners.

Das Schaubild (Fig. 377) zeigt eine ganz neuzeitliche Universal-Fräsmaschine mit elektrischem Antriebe der Cincinnati Milling Machine Co. Die Maschine ist zur Verwendung von Fräsern aus Schnellarbeitsstahl kräftiger gebaut als die vorige, und der Fräserdornhalter wird durch verstellbare Stützen an der Tischkonsole abgesteift. Nicht nur die Längs-, sondern auch die Quer- und Senkrechtbewegung des Tisches kann an dieser Maschine selbsttätig erfolgen, und die kleinen Stufenscheiben für den Vorschub sind wegen des schnelleren Vorschubwechsels durch Stufenräder nach Fig. 378 ersetzt. Die Figur zeigt auch, wie in neuerer Zeit Räderwerke eingekapselt werden, um den bedienenden Arbeiter vor Unfällen zu schützen.

Einfache Fräsmaschinen amerikanischen Systems sind den Universal-Fräsmaschinen ähnlich gebaut. Ihr Tisch ist jedoch nicht drehbar und trägt weder Teilkopf noch Reitstock. Daher können diese Maschinen nur zum Plan-, Profil- und Nutenfräsen benutzt werden.

Zum Planfräsen langer Arbeitsstücke, welche sonst gehobelt werden, baut man Langfräsmaschinen. Ihre Bauart gleicht fast der der Hobelmaschinen nach den Fig. 395 und 396. Nur führt der Tisch mit dem Arbeitsstücke nicht die Haupt-, sondern die Schaltbewegung aus, und an die Stelle des Querbalkens für den Support tritt die ebenfalls senkrecht verstellbare wagerechte Fräserwelle, welche die rotierende Arbeitsbewegung ausführt. Die Arbeitswelle kann auch senkrecht oder es können auch zwei Arbeitswellen eine wagerechte und eine senkrechte angeordnet werden.

Fräsmaschinen mit senkrechter Arbeitsspindel, Senkrecht-Fräsmaschinen, sind den Stoßmaschinen (Fig. 409) ähnlich gebaut. Bei ihnen tritt an die Stelle des auf und ab gehenden Stößels die rotierende Arbeitsspindel, welche meist einen Stirnfräser enthält und senkrecht verstellbar ist. Die verschiedenen Vorschubbewegungen werden, wie

bei der Stoßmaschine, durch den Tisch mit dem Arbeitsstücke ausgeführt, nur nicht ruckweise, sondern stetig. Auf dieser Maschine kann
man neben anderen Arbeiten auch Keilnuten und Keillöcher statt auf
der Langloch-Bohrmaschine herstellen.

An Zahnräder werden die Zähne entweder gleich angegossen,
oder man gießt Radscheiben mit vollem Radkranz und stellt die Zähne
durch Einhobeln oder Einfräsen der
Zahnlücken her. Gegossene Zähne
sind weniger genau, aber wegen der
harten Gußhaut haltbarer als ge-
hobelte oder gefräste. Das Fräsen
eines Stirnrades zeigt Fig. 379.
Erfolgt es auf der Universal-Fräsmaschine, so steckt das Zahnrad auf
einem zwischen die Körnerspitzen
gespannten Dorne und macht die
Schaltbewegung von rechts nach
links. Auf einer besonderen Stirnräder-Fräsmaschine macht dagegen der
Fräser die Schaltbewegung von links
nach rechts. Hat der Fräser eine
Zahnlücke ausgefräst, so wird
die Vorschubbewegung schnell rückwärts ausgeführt und dann das
Rad durch einen Teilmechanismus

Fig. 379. Das Stirnräderfräsen
mit dem Scheibenfräser.

(Teilscheibe oder Schnecke und Schneckenrad) um eine Teilung
gedreht. Diese beiden Bewegungen erfolgen bei der Universal-Fräsmaschine von Hand, bei der Stirnräder-Fräsmaschine entweder ebenfalls von Hand oder besser selbsttätig. Im letzteren Falle nennt
man die Maschine eine automatische.

Schraubenräder lassen sich nach Fig. 380 auf einer Universal-
Fräsmaschine fräsen. Die Radscheibe wird ebenso aufgespannt wie
beim Stirnräderfräsen, nur muß der Tisch F mit dem Drehteil E um
90° weniger den Steigungswinkel der Zahnschraubenlinie aus seiner
ursprünglichen Lage senkrecht zur Arbeitsspindel und das Arbeitsstück
während des Vorschubes gedreht werden. Diese Drehung erfolgt durch
Wechselräder von der Schraubenspindel k aus. Die Einteilung der
Schraubenräder erfolgt ebenso wie bei den Stirnrädern. Natürlich muß
der Teilmechanismus die Drehung des Arbeitsstückes während des
Fräsens als Ganzes mitmachen.

An die Schnecke anschließende Schneckenräder können mit
einem Scheibenfräser nicht richtig bearbeitet werden, sondern nur mit
einem Schneckenfräser nach Fig. 381. Der Schneckenfräser gleicht in
seiner Grundform der Schnecke, welche mit dem Schneckenrade arbeiten
soll, nur muß an ihm Kopf- und Fußlänge vertauscht sein, wenn die ge-
frästen Räder ohne Flankenspielraum gehen sollen. Er ist durch Einfräsen von Nuten und Hinterdrehen der entstandenen Zähne aus der

Grundform hergestellt. Das Schneckenrad muß während des Fräsens zwangläufig so gedreht werden, wie es später im Betriebe durch seine Schnecke gedreht wird. Die Nachstellung erfolgt durch Hineinschieben

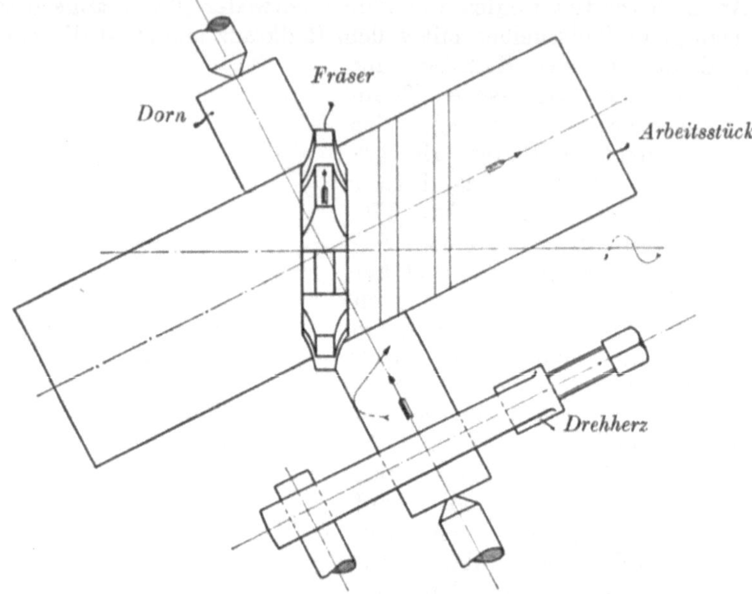

Fig. 380. Das Schraubenräderfräsen.

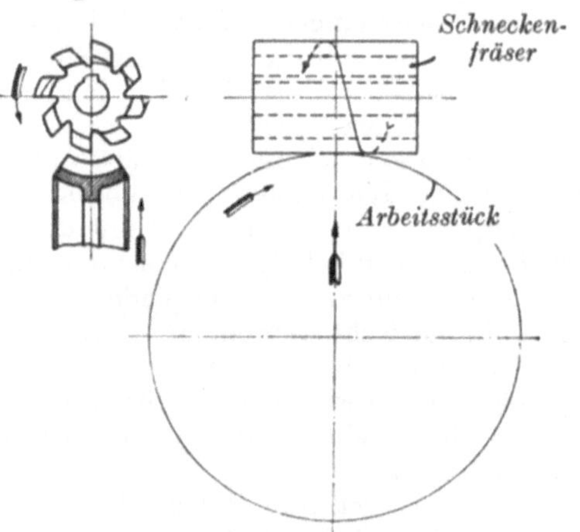

Fig. 381. Das Schneckenräderfräsen.

der Radscheibe in den Schneckenfräser. Diese Bewegungen lassen sich nur mit besonderen Maschinen ausführen. Hat der Fräser den Zahngrund erreicht, so sind alle Zähne des Schneckenrades fertig.

Mit dem Schneckenfräser lassen sich, wie Fig. 382 zeigt, auch Stirnräder fräsen, und zwar auf besonderen Maschinen, welche aber auch zum Fräsen der Schneckenräder benutzt werden. Das Stirnrad muß sich dabei wie ein Schneckenrad drehen und der schräg gelagerte rotierende Fräser sich langsam in der Achsenrichtung des Rades vorschieben. Wenn der Fräser einmal an dem Rade vorbeigegangen ist, sind alle Zähne fertig. Dieses Verfahren hat außer dem Fortfallen aller Leergänge den Vorteil, daß man alle Räder derselben Teilung mit einem Fräser herstellen kann, während man theoretisch nicht nur für jede Teilung, sondern auch für jede Zähnezahl einen anderen Scheibenfräser (Profilfräser) braucht, sich tatsächlich aber mit einem

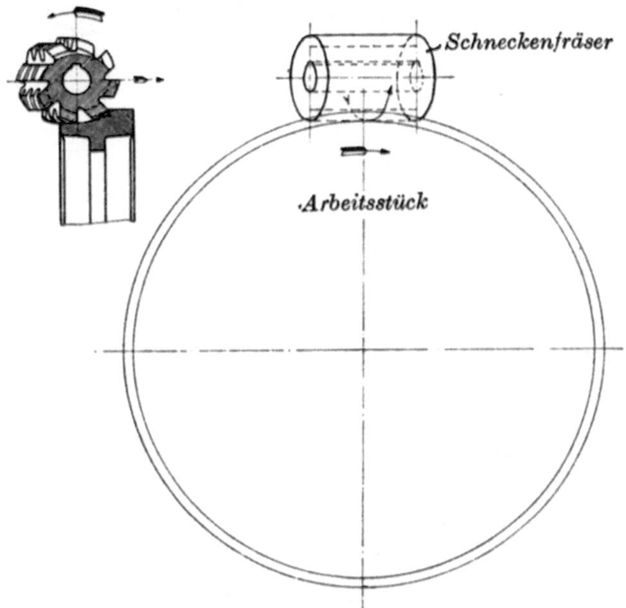

Fig. 382. Das Stirnräderfräsen mit dem Wurmfräser.

Satze von 15 Fräsern für jede Teilung begnügt. Der Schneckenfräser kostet etwa fünfmal soviel als ein Scheibenfräser, also nur $^1/_3$ mal soviel als ein Fräsersatz.

Kegelräder lassen sich theoretisch richtig nach Fig. 383 fräsen, doch werden die Fräser für ihre Länge zu dünn. Das Verfahren wird daher nicht angewandt. Wie die Figur zeigt, muß der Vorschub des Fräsers in einer Kurve gleichen Abstandes von der Zahnkurve erfolgen und seine Rotationsachse stets durch die Kegelspitzen gehen.

Fig. 348 zeigt das Fräsen von Kegelrädern nach dem Abwälzverfahren Patent Warren. Die Maschine wurde von Löwe & Co. in Berlin gebaut. Jeder der beiden Fräser ist so dünn, daß er die Zahnlücke am spitzen Ende durchlaufen kann. Die arbeitende Seite des

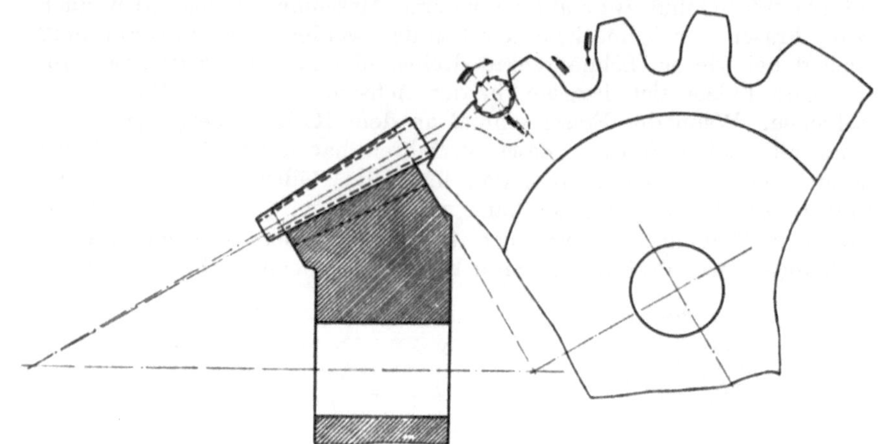

Fig. 383. Kegelräderfräsen.

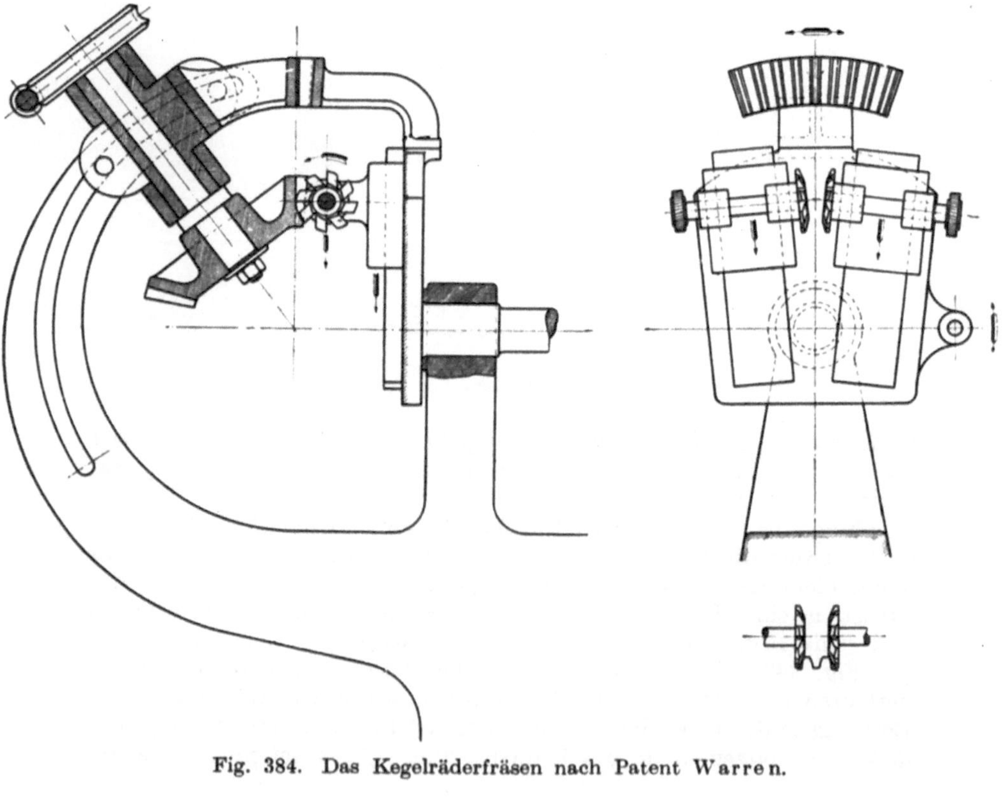

Fig. 384. Das Kegelräderfräsen nach Patent Warren.

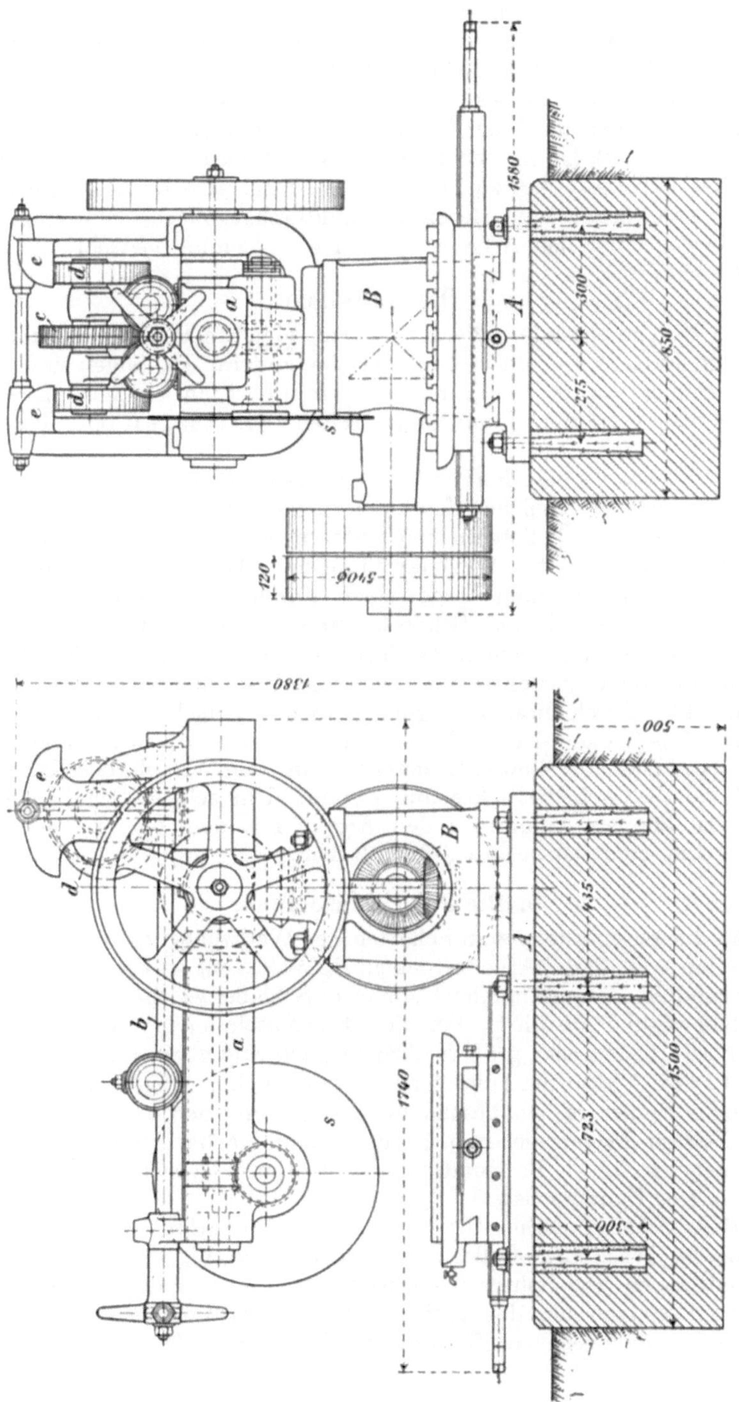

Fig. 385. Kaltkreissäge (nach Fischer).

Fräsers stellt die Zahnflanke eines Planrades dar, ist also für Evolventen-
räder kegelförmig.   Außer der rotierenden Arbeitsbewegung machen
nun die Fräser mit dem Arbeitsstücke eine schwingende Bewegung
gerade so, als ob die Fräser Zähne eines Planrades wären, welches mit
dem Arbeitsstücke im Eingriffe steht und hin und her gedreht wird.
Der Vorschub erfolgt in der Richtung der Kegelseite auf die Kegelspitze des Arbeitsstückes zu. Die beiden Fräser arbeiten jeder für sich
in einer Zahnlücke. Sind sie einmal hindurchgegangen, so werden sie
zurückbewegt und das Arbeitstück um eine Teilung gedreht.

4. Die Kaltsägen.

Die Sägen, besonders die Kreissägen, gleichen in ihrer Wirkungsweise den Fräsern, nur ihre Gestalt ist eine andere. Die Sägen sind entweder runde, dünne, am Umfange gezahnte Stahlscheiben, Kreissägen, oder gezahnte, dünne Stahlstreifen, Blattsägen oder Bandsägen.

In Fig. 385 ist eine Kaltkreissäge von Breuer, Schumacher
& Co. dargestellt. Solche Maschinen dienen zum Abschneiden von
Eisenbahnschienen, I-Trägern und anderem Walzeisen, auch zum Ausschneiden geschmiedeter Wellenkröpfungen. Die Säge macht die rotierende Arbeitsbewegung, angetrieben durch zwei Kegelräderpaare,
ein Kegelzwischenrad und Schnecke und Schneckenrad. Die Welle
der Kreissäge s ist an einem Auslieger a gelagert, welcher sich durch
Drehen um die wagerechte Achse des Kegelzwischenrades heben und
senken läßt. Durch diese Bewegung wird der Vorschub der Säge ausgeführt. Das Senken des Armes a erfolgt durch sein Gewicht und wird
durch verschiebbare Gewichte geregelt, um den Vorschub selbsttätig
der Dicke des Arbeitsstückes anzupassen. Um schiefe Schnitte ausführen zu können, kann man den Arm a mit dem oberen Teile des
Gestells um eine senkrechte Achse drehen.

5. Die Schleifmaschinen.

Sie dienen einesteils zum Schärfen der Werkzeuge, andernteils zum
Bearbeiten von allerlei Arbeitsstücken. Ihr Werkzeug ist eine Schmirgel-,
Karborundum-, Alundum oder Diamantin-Scheibe, welche die rotierende
Arbeitsbewegung ausführt. Von den Fräsmaschinen unterscheiden sie
sich durch bedeutend größere Arbeitsgeschwindigkeit (12$\div$15 m/sek
bezw. 19$\div$25$\div$35 m/sek.) und geringere Spandicke. Wegen der geringen
Spandicke eignen sie sich besonders zur Erzielung der größten Genauigkeit. Darum dienen sie immer mehr zum Nacharbeiten schon be-
arbeiteter Stücke, z. B. Rundschleifen gedrehter Wellen, Ausschleifen
ausgebohrter Zylinder usw.

Eine amerikanische Spiralbohrer - Schleifmaschine, nach
Angabe des Washburne-College konstruiert, zeigt Fig. 386. Sie schleift
die Endflächen der Bohrer nach Kegeln mit den Spitzenwinkeln 26°
an, deren Spitzen um das 1,9fache des Bohrerdurchmessers von der
Bohrerachse abliegen, wie Fig. 387 und 388 zeigen. Diese Kegelflächen

ergeben brauchbare Anstellungswinkel für den Bohrer. Durch das kleine
Handrad an der Vorderseite der Auflage, Fig. 386, wird diese mit Hilfe
einer Skala für den Bohrerdurchmesser eingestellt, indem für kleinere
Bohrerdurchmesser der obere Teil der Auflage sich von der Schleifscheibe entfernt und gleichzeitig die Bohrermittellinie an die Schwingungs-
achse der Auflage heranrückt, weil die Mittellinie der Schraubenspindel
des Handrades zur Bohrerachse geneigt ist. Nachdem nun der Bohrer
auf die Auflage gelegt und durch eine Schraube am rechten Ende der
Auflage so lange axial verschoben wurde bis eine seiner Schneidkanten
nach einer Lippe am linken Ende der Auflage ausgerichtet ist, wird der
Auflagenträger im Gestell verschoben bis der Bohrer die Schleifscheibe
berührt. Dadurch wird die Schwenkachse der Auflage der Schleifscheibe genähert und die Kegelspitze rückt bis auf 1,9 D (D Bohrer-

Fig. 386. Spiralbohrer-Schleifmaschine (nach Fischer).

durchmesser) an den Bohrer heran. Beim Schleifen wird nun die Auflage mit der Hand nach hinten geschwenkt, wodurch die Kegelfläche
entsteht. Zum Schleifen der zweiten Schneide muß der Bohrer von
Hand um 180° um seine Achse gedreht und dann die Auflage wieder
nach hinten geschwenkt werden. Damit nicht immer dieselbe Stelle
der Schleifscheibe zum Schleifen benutzt werden muß, läßt sich der
Auflagenträger im Gestell drehen
   Die Arbeitsweise der Spiralbohrer-Schleifmaschine nach
Patent Weißker zeigt Fig. 389. Bei dieser Maschine bildet die Schwenk-
und Kegelachse mit der Bohrermittellinie einen Winkel von 90°, während bei der vorigen Maschine dieser Winkel 45° betrug. Mit der
Schleifscheibe bildet die Schwenkachse einen Winkel von 30°, dadurch
ergibt sich ein Schneidenwinkel am Bohrer von 120°. Die Kegelspitze
liegt bei dieser Maschine im Gegensatz zu der vorigen auf derselben Seite
der Bohrerachse wie die zu schleifende Fläche. Hierdurch und durch

die Gestalt der Auflagegabeln wird es möglich, durch Einlegen des Bohrers in die Gabeln die richtige Entfernung (1,16 D) der Bohrerachse von der Kegelspitze ohne Verstellung der Auflage zu erreichen.

Die automatische Spiralbohrer-Schleifmaschine von Mayer & Schmidt in Offenbach schleift in einem Aufspannen des Bohrers beide Flächen als Schraubenflächen, indem der Bohrer sich um seine Achse dreht und gleichzeitig axial gegen die Schleifscheibe vorgeschoben und nach einer Vierteldrehung wieder zurückgezogen wird.

Zum Schleifen von Spiralbohrern sind besondere Maschinen unbedingt erforderlich, da es unmöglich ist, durch freihändiges Anschleifen beide Schneiden gleichmäßig zu schleifen. Gleichmäßiges Anschleifen der Schneiden ist aber zum guten Arbeiten des Bohrers unbedingt erforderlich.

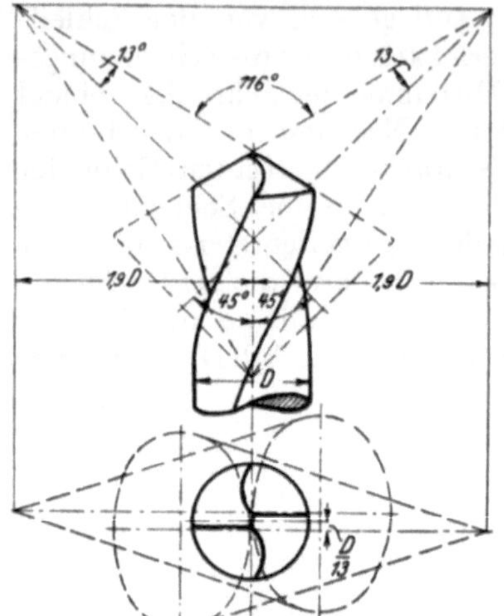

Fig. 387. Spiralbohrer-schleifflächen.

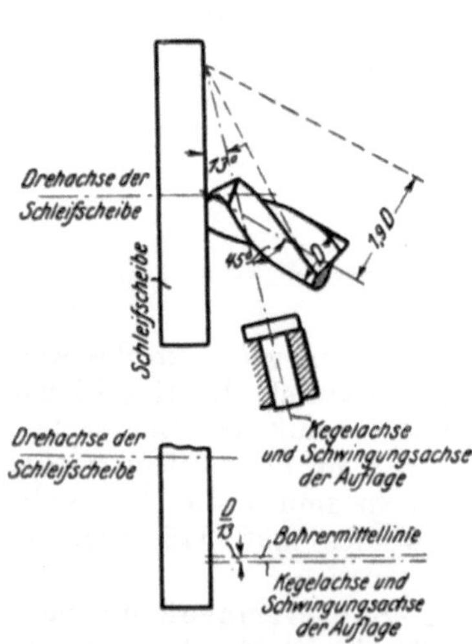

Fig. 388. Schleifen nach dem
Washburne-College.

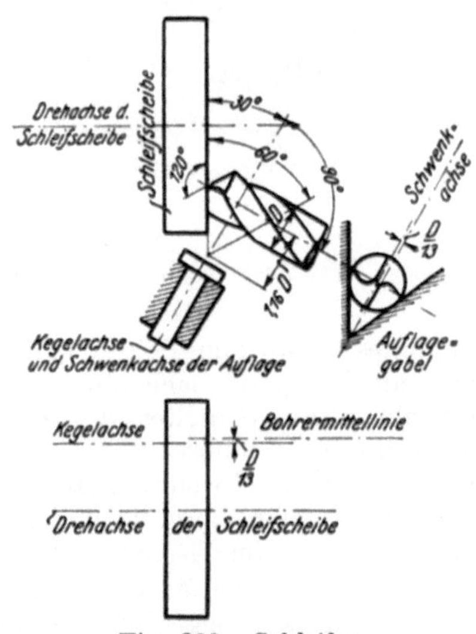

Fig. 389. Schleifen
nach Weißker.

Eine Werkzeug-Schleifmaschine von Friedr. Schmaltz in Offenbach zeigt Fig. 390. Die Maschine ist der Universal-Fräsmaschine nachgebaut. Das Schleifen eines Wurmfräsers ist aus der Figur unmittelbar zu ersehen.

Eine Walzen-Schleifmaschine von Mayer & Schmidt in Offenbach zeigt Fig. 391. Diese Maschine ist eine Rund-Schleifmaschine, welche auch zum Rundschleifen von Wellen dienen kann. Solche Maschinen ersetzen in letzter Zeit das Schlichten und Schmirgeln von Wellen und Walzen usw. durch Schleifen, welches auf ihnen erheblich schneller ausgeführt werden kann, als auf Drehbänken das Schlichten und Schmirgeln. Das Arbeitsstück ist zwischen Körner gespannt, wie auf der Drehbank, und rotiert verhältnismäßig langsam. Die schnell rotierende Schmirgelscheibe ist auf einem Supporte gelagert, welcher langsam auf dem Bette weiter gleitet und die Schmirgelscheibe am Arbeitsstücke entlangführt. Durch einen von einer Pumpe gelieferten kräftigen Wasserstrahl werden Arbeitsstück und Schmirgelscheibe gekühlt.

Fig. 390. Werkzeug-Schleifmaschine von Fr. Schmälz in Offenbach a. M.

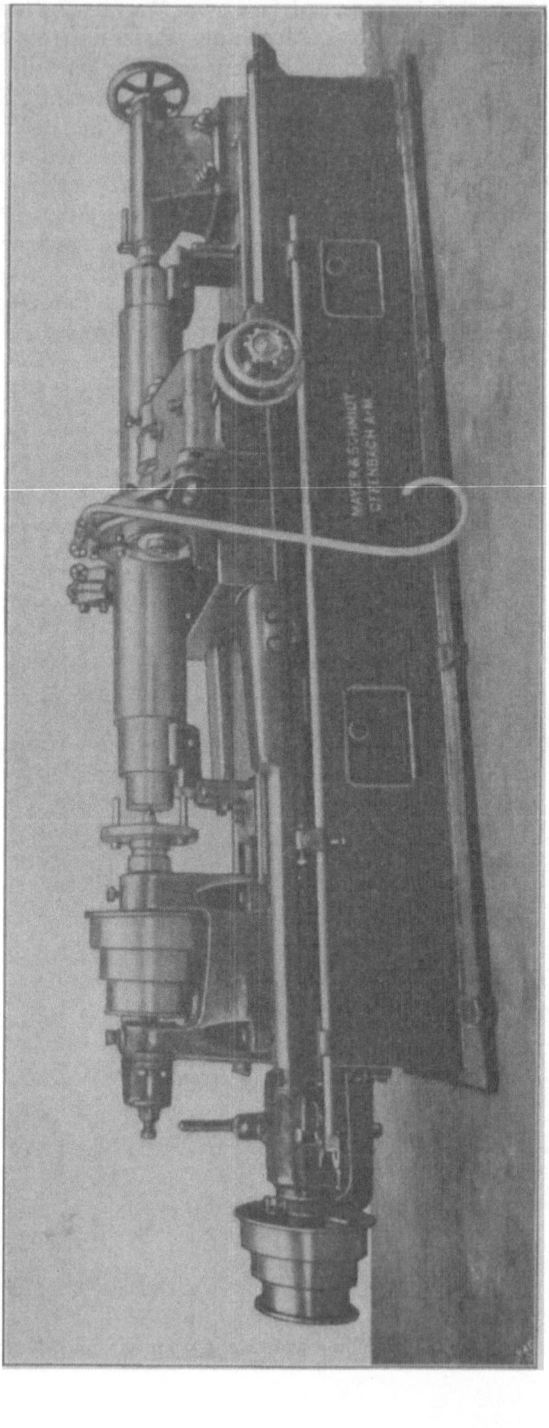

Fig. 391. Walzen-Schleifmaschine von Mayer & Schmidt in Offenbach a. M.

6. Die Schrauben-Schneidemaschinen.

Die Gewinde der Schrauben werden entweder von Hand oder auf der Drehbank oder auf besonderen Schrauben-Schneidmaschinen (Gewinde-Schneidmaschinen) hergestellt. Sie können auch gefräst oder gewalzt werden. Im ersten und dritten Falle benutzt man als Werkzeuge Schneidbacken zur Herstellung des Bolzengewindes und Gewindebohrer zur Herstellung des Muttergewindes, während man zum Schneiden auf der Drehbank bei beiden Gewinden einfache Stähle oder Gewindesträhler benutzt.

Die Schrauben-Schneidmaschinen schneiden das Bolzengewinde in der Regel mit 3 Schneidbacken (*b* Fig. 392), welche in einem rotierenden Schneidkopfe radial verstellbar angeordnet sind. Der Bolzen wird in einer selbst zentrierenden Ein-

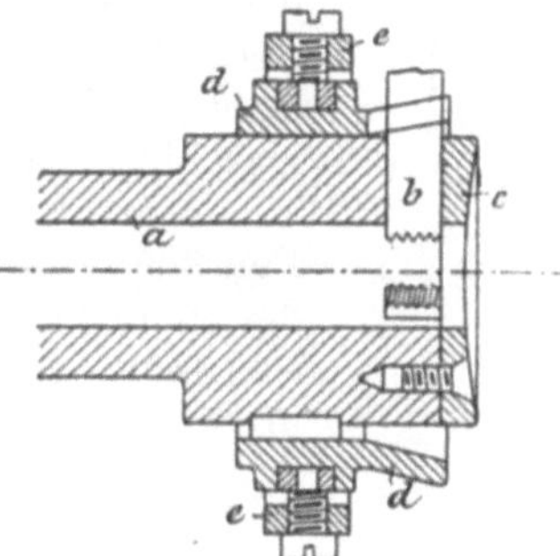

Fig. 392. Schneidkopf (nach Fischer).

Fig. 393. Schrauben-Schneidmaschine (nach Fischer).

spannvorrichtung befestigt, welche sich in der Richtung der Rotationsachse des Schneidkopfes leicht auf dem Gestelle der Maschine verschieben läßt. Zum Gewindeschneiden werden die Schneidbacken zusammengestellt und die Einspannvorrichtung von Hand gegen den

Schneidkopf geschoben. Haben die Backen den Bolzen erfaßt, so ziehen sie ihn selbsttätig durch ihr Gewinde in den Schneidkopf hinein. Ist das Gewinde lang genug geschnitten, so rückt man die Schneidbacken auseinander und zieht die Einpannvorrichtung nebst dem Schraubenbolzen zurück. Das Werkzeug macht also die Arbeitsbewegung und das Arbeitsstück die Schaltbewegung. Es gibt aber auch Schrauben-Schneidmaschinen, bei denen gerade das Umgekehrte stattfindet.

Einen Schneidkopf nach Braß in Nürnberg zeigt Fig. 369. Die Schneidbacken b liegen in radialen Nuten des Schneidkopfes a, welche durch die Scheibe c geschlossen werden. Die Schneidbacken stecken außerdem in Schlitzen des kegelförmigen Randes eines verschieb-

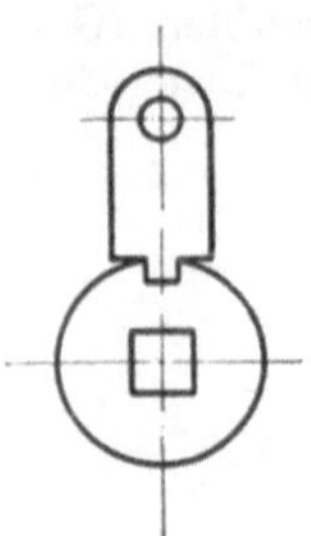

Fig. 394. Büchse.

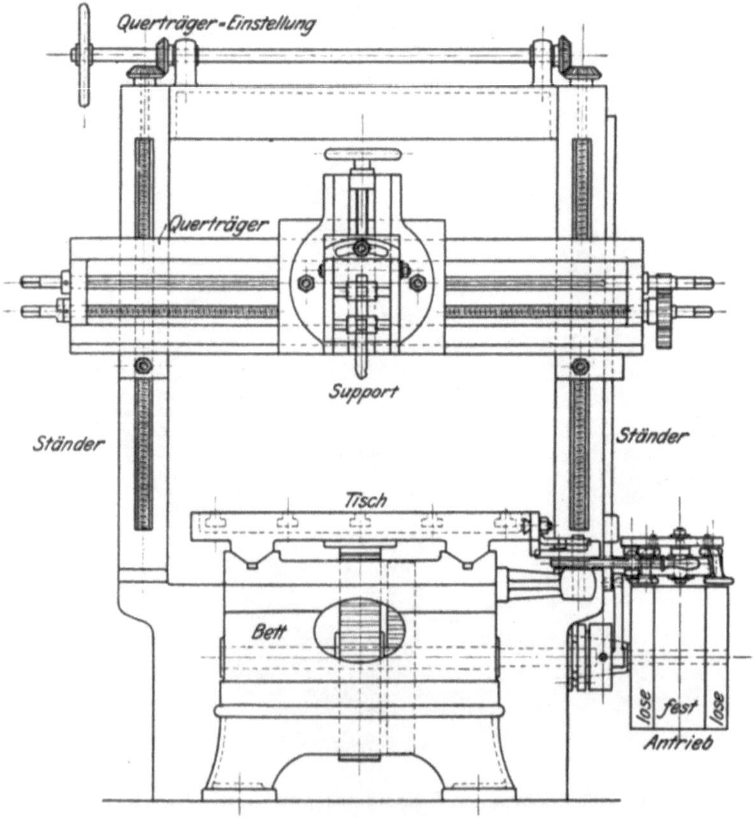

Fig. 395. Tischhobelmaschine (Endansicht).

baren Ringes d. Die Schlitze sind aber enger als die Dicke der Backen, so daß der kegelförmige Rand beiderseits in schräge Nuten der Backen eingreift. Der mit a rotierende Ring d läßt sich durch den

gegabelten Hebel *e*, welcher mit eingeschraubten Zapfen und Gleitstücken in eine Nut desselben greift, axial verschieben, wodurch die
Schneidbacken eine radiale Bewegung machen.

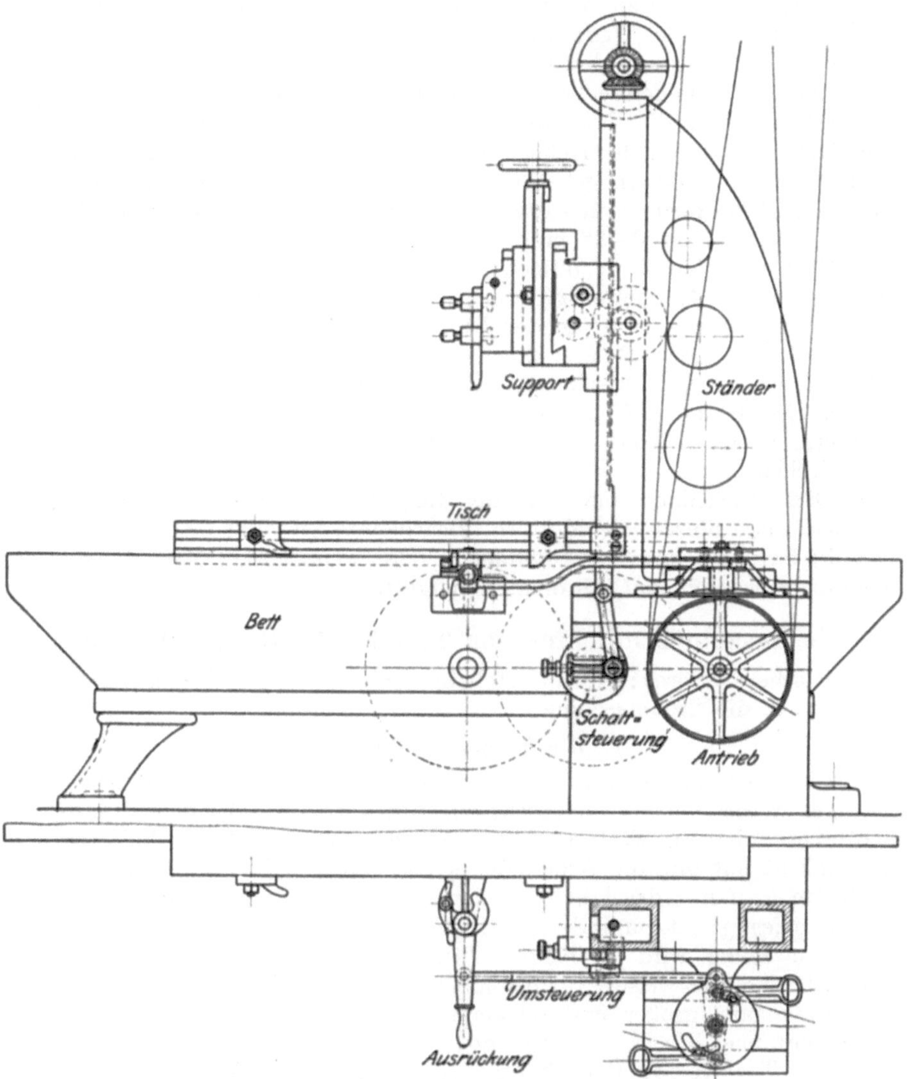

Fig. 396. Tischhobelmaschine (Längenansicht).

Die Fig. 393 zeigt eine Schrauben-Schneidmaschine der
Lodge & Davis machine tool Co. in Cincinnati, O. An dieser
Maschine werden die 4 Schneidbacken durch 4 schräg an einem ver-

schiebbaren Ringe sitzende Bolzen verschoben, welche durch die Schneidbacken hindurchgehen. Durch eine Rechtsdrehung des Winkelhebels h, welcher durch ein Gewicht stets nach links gedreht wird, stellt man die Schneidbacken in Arbeitsstellung. Der Hebel e hält den Hebel h in dieser Lage fest. Das Arbeitsstück wird durch Drehen des großen Spillenrades, dessen Welle Rechts- und Linksgewinde besitzt, eingespannt. Durch Drehen der kleinen Spillenräder wird die Einspannvorrichtung nach dem Schneidkopfe k bewegt. Ist das Gewinde geschnitten, so stößt die auf die Gewindelänge eingestellte Anschlagstange i an den Hebel e, wodurch der Hebel h frei und durch das Gewicht linksherum gedreht wird. Dadurch gehen die Schneidbacken auseinander, so daß man den Schraubenbolzen zurückziehen kann. Die Maschine schneidet Bolzengewinde von 9—38 mm Durchmesser und bis 430 mm Länge.

Zum Schneiden von Muttergewinde wird in den Schneidkopf eine Büchse (Fig. 394) eingesetzt, welche durch einen falschen (blinden) Backen gezwungen wird, an der Drehung teilzunehmen. In das viereckige Loch dieser Büchse steckt man einen Gewindebohrer. Die Mutter wird in der Einspannvorrichtung befestigt. Selbstverständlich ist für jedes andere Gewinde nicht nur ein anderer Gewindebohrer, sondern auch für das Bolzengewinde sind andere Schneidbacken erforderlich.

Diese Maschinen dienen in der Regel zum Gewindeschneiden an roh bleibende Bolzen und Muttern. Bearbeitete Schrauben werden vollständig fertig auf Revolver-Drehbänken oder, wenn sie in großen Mengen gebraucht werden, auf Automaten hergestellt.

B. Die Maschinen mit hin- und hergehender Hauptbewegung.

Hierher gehören: 1. die Hobelmaschinen, 2. die Querhobelmaschinen, 3. die Stoßmaschinen.

1. Die Hobelmaschinen.

Dieselben dienen vorzugsweise zur Bearbeitung ebener Flächen, seltener werden auch zylindrische Flächen gehobelt. Bei den Tischhobelmaschinen wird das Arbeitsstück auf dem Tische befestigt und macht mit ihm die Arbeitsbewegung, während bei den Grubenhobelmaschinen das Arbeitsstück in einer Grube auf einer Fundamentplatte befestigt ist, und der Stahl die Arbeitsbewegung macht. Die Schaltbewegung wird in beiden Fällen vom Werkzeuge ausgeführt und ist eine ruckweise. Grubenhobelmaschinen werden nur zur Bearbeitung ganz großer und schwerer Arbeitsstücke verwendet, sonst gebraucht man Tischhobelmaschinen.

Die Tischhobelmaschinen (Fig. 372 und 373) bestehen aus folgenden Hauptteilen: dem Bette, dem Tische, den Bewegungsmechanismen, dem Querträger (Quersupporte) mit dem eigentlichen Supporte und den Supportständern. Der Tisch dient zum Aufspannen des Arbeitsstückes und macht mit diesem die Arbeitsbewegung, welche durch den Antriebsmechansmus hervorgerufene und durch ein Wendegetriebe umgekehrt wird. Das Bett dient zur Unterstützung und Führung des Tisches sowie zur Lagerung der Antriebs- und Umsteuerungsmechanismen. Der Support trägt den Arbeitsstahl und führt auf dem Querträger rechtwinklig zur Bewegungsrichtung des Tisches die Schaltbewegung aus. Der Querträger ist an den Supportständern verstellbar befestigt, wird während der eigentlichen Arbeit festgestellt und vor der Arbeit zur Anpassung der Maschine an das Arbeitsstück höher oder

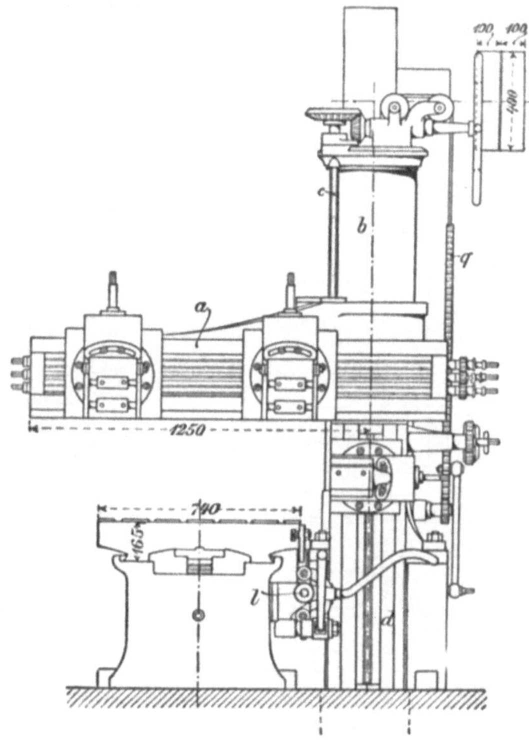

Fig. 397. Einständer- oder Einpilaster-Hobelmaschine (nach Fischer).

tiefer gestellt. Diese Verstellung erfolgt durch zwei in den hohlen Ständern liegende Schraubenspindeln, welche von einer wagerechten Welle aus durch zwei Kegelräderpaare gleichzeitig gedreht werden.

Die Supportständer bilden mit ihrem Verbindungsstücke, dem Joche, ein Tor, durch welches das auf dem Tische liegende Arbeitsstück hindurch muß. Die lichte Weite und lichte Höhe desselben bis zum Querträger, der Durchgang, und die Tisch- oder größte Hublänge sind daher die Hauptmaße einer Hobelmaschine.

Um von der lichten Weite zwischen den Supportständern unabhängig zu sein, baut man auch Einständer- oder Einpilaster-Hobelmaschinen (Fig. 397).

Der eigentliche Support (Fig. 398) besteht aus mindestens 4 Hauptteilen: dem Querschlitten, der drehbaren Lyra, dem Lyraschieber und der Klappe mit den Einspannbügeln für den Stahl. Oft ist zwischen dem Lyraschieber und der Klappe noch ein drehbares Zwischenstück, der Klappenträger, vorhanden. Der Querschlitten führt, durch eine im Querträger gelagerte Schraubenspindel, Leitspindel, bewegt, beim Hobeln einer wagerechten Ebene die Schaltbewegung aus. Soll eine senkrechte Fläche bearbeitet werden, so muß der Lyraschieber auf dem senkrecht stehenden Prisma der Lyra herabbewegt werden. Die Bewegung geht von der genuteten Welle, Zugspindel, aus über die Kegelräder nach der Lyraspindel, welche den Lyraschieber be-

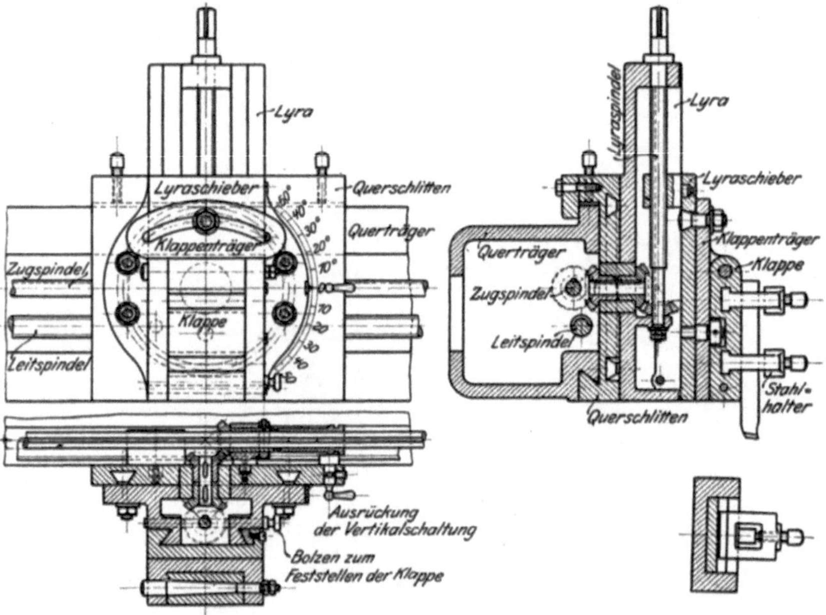

Fig. 398. Hobelmaschinen-Support.

wegt. Die durch 4 Schrauben, deren Köpfe in einer kreisförmigen Nut des Querschlittens gehen, an demselben befestigte Lyra läßt sich um eine wagerechte Achse drehen, um ihr Prisma geneigt stellen zu können. Diese Stellung des Lyraprismas ist erforderlich, um geneigt schalten zu können, was zur Bearbeitung einer geneigten Fläche (Prismenfläche, Fig. 399) nötig ist. Beim Verschieben des Querschlittens wird das erste Kegelrad durch einen Mitnehmer so mitgenommen, daß es stets mit dem zweiten Rade im Eingriffe bleibt, doch kann man das erste Kegelrad ausrücken, wenn man die Lyraspindel behufs Einstellung des Stahls von Hand bewegen will. Damit das dritte und vierte Kegelrad nicht außer Eingriff kommen, wenn die Lyra gedreht wird, muß die Drehachse des dritten Kegelrades mit der Drehachse der Lyra zusammenfallen. Die **Klappe** ist um einen wagerechten Bolzen drehbar am Klappenträger oder am Lyraschieber befestigt, damit der Stahl beim Rückgange des Arbeitsstückes sich heben kann und nicht an das Arbeitsstück gedrückt wird, wodurch er sich unnötig erhitzen würde. Ein um eine wagerechte Achse wie die Lyra drehbarer **Klappenträger** hat den Zweck, beim Hobeln von senkrechten und geneigten Flächen den Drehbolzen der Klappe nei- gen bzw. stärker neigen zu können als die Lyra, um das Lüften des Stahls beim

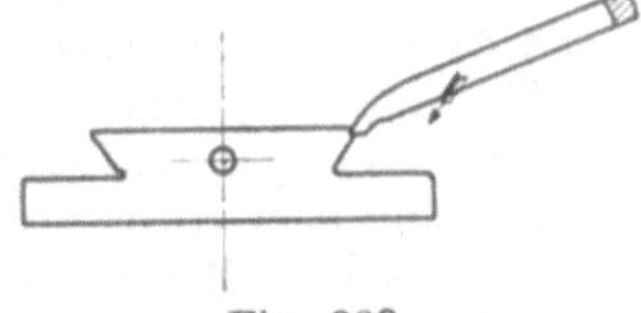

Fig. 399.
Hobeln einer Prismenfläche.

Rückgange möglich zu machen. Muß der Stahl, wie beim Aushobeln von ⊥-Nuten, unter das Arbeitsstück greifen, so darf die Klappe beim

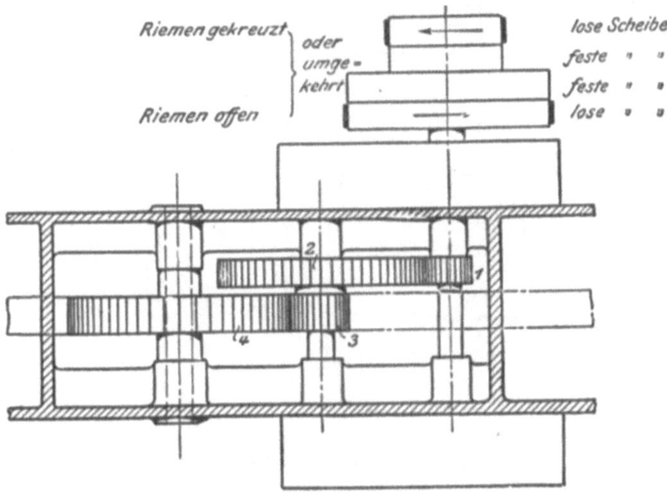

Fig. 400. Hobelmaschinen-Antrieb (nach **Ruppert**).

Rückgange nicht aufklappen, weil sonst der Stahl ins Arbeitsstück eindringen würde. Für solche Arbeiten kann die Klappe an manchen Maschinen durch Einstecken eines Bolzens festgestellt werden.

Von den drei möglichen **Antriebsmechanismen** ist bei der Hobelmaschine nach den Fig. 395 und 396 Zahnstange und Rad und zur Umkehrung der Arbeitsbewegung ein Riemenscheibenwendegetriebe benutzt. Das letztere erzeugt einen Rücklauf, welcher 3—4 mal schneller ist als der Vorlauf, während man sich früher mit einer $2—2^1/_2$ mal größeren Rücklaufgeschwindigkeit begnügte. Bei der Einführung des größeren Geschwindigkeitsverhältnisses wurden die früher gebräuch- lichen Zahnräderwendegetriebe durch Riemenscheibenwendegetriebe ver- drängt. Das in den Fig. 395 und 396 mit dargestellte Riemenscheiben- wendegetriebe ist, wie das früher besprochene **Seller**sche, ein solches, bei welchem die Riemenführer die Riemen nicht gleichzeitig, sondern nacheinander bewegen. Fig. 399 zeigt in einem Horizontalschnitt durch das Hobelmaschinenbett die Zahnräderübersetzung zwischen einem solchen Wendegetriebe und dem Zahnstangenrade *4*. Das Zahnstangenrad ist hier nur Zwischenrad und ist groß, um einen stoßfreien Eingriff in die Zahnstange zu erzielen und das Rad *2* unter den Tisch zu bringen.

Um den Zeitverlust für den leeren Rückgang ganz zu vermeiden, ist man schon seit Jahrzehnten bemüht, Hobelmaschinen zu bauen, welche auch beim **Rückgange schneiden**. Es ist aber bis jetzt nicht gelungen, solche Maschinen zu ausgedehnter Verwendung zu bringen, wahrscheinlich, weil man bei der Einstellung des Werkzeuges die gewonnene Zeit ganz oder zum größten Teile wieder verliert.

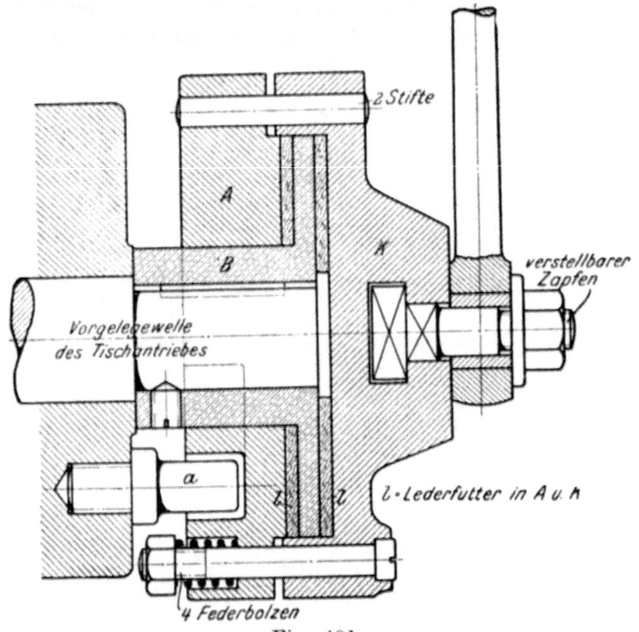

Fig. 401.
Momentkuppelung (nach Hülle).

Zur **Umsteuerung der Hobelmaschinen** benutzt man in der Regel die früher beschriebenen Stoßknaggen und Stoßhebel (Fig. 295). Die ungleiche Länge der Stoßhebel dient zur Ausgleichung der ungleichen Tischgeschwindigkeiten für die Bewegung der Steuerung. An der in den Fig. 395 und 396 dargestellten Hobelmaschine ist der lange Stoßhebel umklappbar, um am Ende des Rücklaufs das Anschlagen der Stoßknagge zu vermeiden, wenn man die Maschine stillstellen will. Der Tisch läuft nun weiter, bis man den Stoßhebel von Hand auf seine Mittelstellung bringt. Nun steht die Maschine, und das Arbeitsstück liegt frei, nicht vom Supporte überdeckt.

Die Ableitung der Schaltbewegung erfolgt bei älteren Hobelmaschinen stets durch die Umsteuerung. Bei großen Tischgeschwindigkeiten,

wie sie heute üblich sind, erfolgen dann aber ziemlich starke Stöße
der Knaggen gegen die Stoßhebel. Daher wird an neuen Hobelmaschinen,
wie in den Fig. 395 und 396, die Schaltbewegung durch eine Momentkuppelung von einer der hin und zurück
sich drehenden Wellen des Antriebsräder-
werks abgeleitet.

Die Momentkuppelung (Fig. 401)
ist eine durch vier Federn geschlossene
Reibungskuppelung, deren angekuppelter
Teil sich so lange mit seiner Welle dreht,
als der Länge der Aussparung für den An-
schlagbolzen a entspricht. Diese Aussparung befindet sich in der Scheibe A,
während B fest auf die Welle gekeilt ist.
Das mit A verbundene Stück K ist zugleich Kurbelscheibe. Sie überträgt durch
einen verstellbaren Kurbelzapfen und eine
Lenkstange ihre Bewegung auf eine
am Supportständer heraufgehende Zahnstange, welche in ein am Querträger ge-
lagertes Zahnrad eingreift.

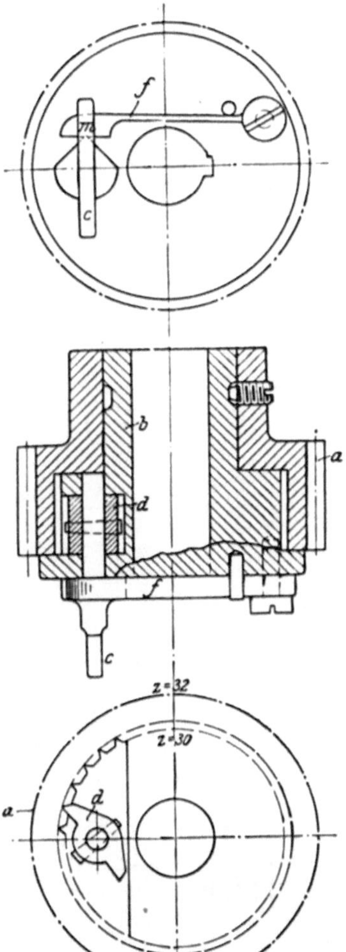

Zur Übertragung der Drehbewegung
von dem Zahnstangenrade auf die Leit-
oder die Zugspindel dient die Schaltdose
von Sellers und Gray (Fig. 402). Die
Schaltdose wird je nach Erfordernis auf
die Leit- oder die Zugspindel gesteckt.
Diese Spindeln sind nun so angeordnet,
daß der als Zahn- und Sperrad ausgeführte
äußere Teil a der Dose stets in ein mit
dem Zahnstangenrade auf gleicher Welle
sitzendes Zahnrad eingreift. Durch den
doppelten Sperrer d kann nun der äußere
Teil a mit dem inneren Teile b verbunden
werden. Die Dose ist also eine Sperrrad-
kuppelung. Der innere Teil b ist durch
einen Keil mit der Spindel verbunden.
Durch Umstellung des doppelten Sperrers
ist es möglich, die Spindel auch in entgegengesetzter Richtung zu drehen.

Hat eine Hobelmaschine mehrere
Supporte, so wird die umsteckbare

Fig. 402. Schaltdose von
Sellers und Gray
(nach Ruppert).

Schaltdose besonders wertvoll, weil man dann die beiden Schaltbewegungen des einen Supports in jeder wünschenswerten Weise mit
denen des anderen kombinieren kann. Man gebraucht dann für zwei
Supporte außer einer gemeinsamen Zugspindel zwei Leitspindeln und
zwei umsteckbare Schaltdosen.

2. Die Querhobelmaschinen.

Diese Maschinen werden auch Feilmaschinen oder Wagerecht-Stoßmaschinen oder Shapingmaschinen genannt. Sie bearbeiten die

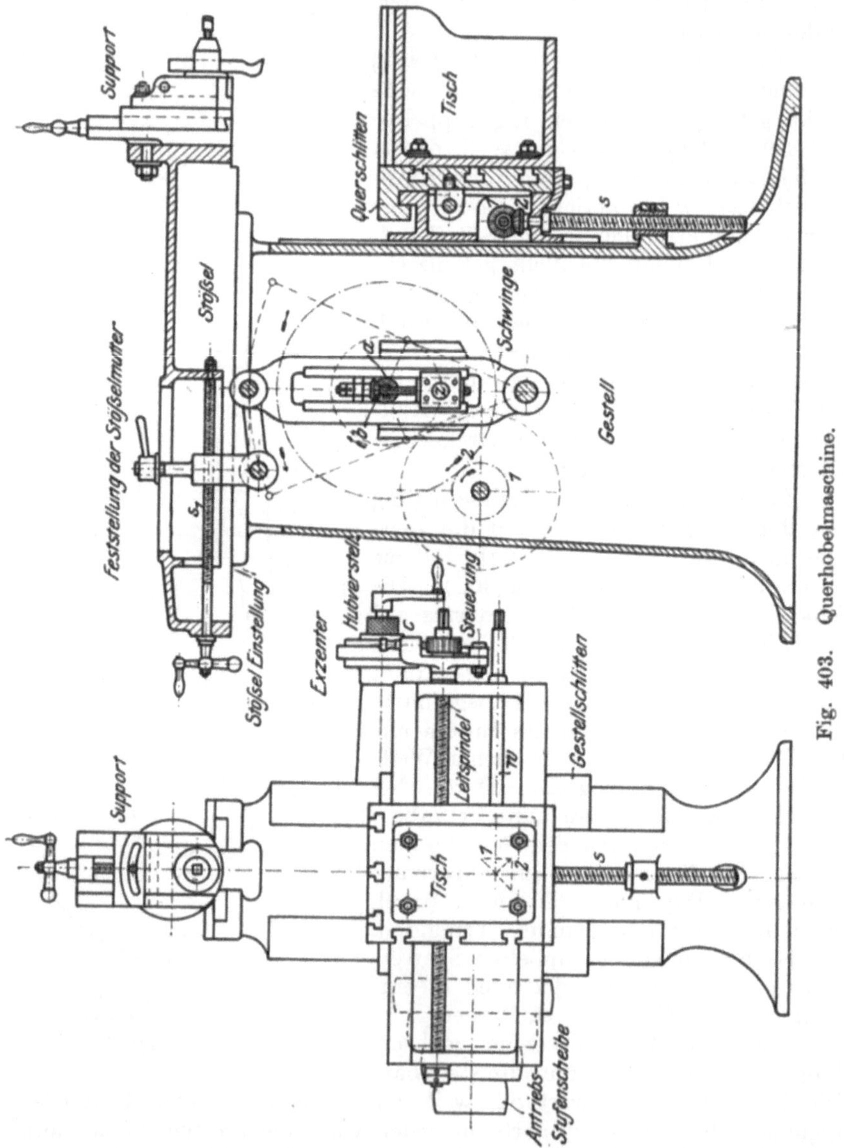

größeren Arbeitsstücke quer zu ihrer Längenrichtung, wodurch der obige Name gerechtfertigt erscheint.

Manche Stücke, an welchen eine ebene oder auch eine zylindrische
Fläche bearbeitet werden soll, eignen sich ihrer Form wegen nicht zum
Aufspannen auf eine Hobelmaschine, z. B. der Feuerbüchsenring einer
Lokomotive. Bei der Bearbeitung solcher Stücke läßt man vorteil-
hafter das Werkzeug die Hauptbewegung machen und das Arbeitsstück
entweder ruhen oder nur die Schaltbewegung ausführen. Dies ist das
Arbeitsverfahren der Querhobelmaschinen. Sie eignen sich aber nicht
nur zur Bearbeitung der oben gekennzeichneten, sondern auch zur
Bearbeitung aller kleinen Arbeitsstücke.

Die Querhobelmaschine (Fig. 403) besteht aus: dem Gestelle,
dem Stößel mit dem Supporte, dem Gestellschlitten, dem Querschlitten
mit dem Tische, den Antriebs- und den Schaltmechanismen. Der Support

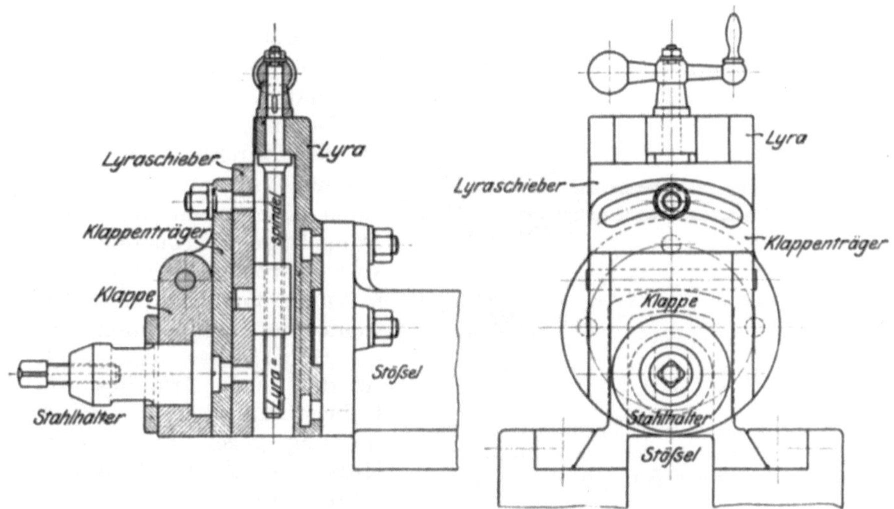

Fig. 404. Support einer Querhobelmaschine.

trägt den Stahl und macht mit ihm und dem Stößel die Arbeitsbewegung. Auf dem Tische wird das Arbeitsstück befestigt und macht
mit ihm und dem Querschlitten die Schaltbewegung.

Der Support einer Querhobelmaschine (Fig. 404) ist aus der Lyra,
dem Lyraschieber, dem Klappenträger, der Klappe und dem Stahlhalter
zusammengesetzt. Die Lyra ist mit drei Schrauben, deren Köpfe in
einer kreisförmigen Nut von T-förmigem Querschnitte stecken, am
Stößel drehbar befestigt. Der Lyraschieber kann wie beim Hobel-
maschinen-Supporte durch die Lyraspindel bewegt, mit den auf ihm
sitzenden Teilen eine senkrechte Bewegung ausführen, welche entweder
zum Einstellen oder zum Schalten des Stahles dient. Nach der Drehung
der Lyra kann man auch schräg schalten. Auch der Klappenträger,
die Klappe und der Stahlhalter dienen denselben Zwecken wie die
gleichen Teile am Hobelmaschinen-Support. Die Lyraspindel des dar-

gestellten Supports kann nur von Hand gedreht werden, es gibt aber auch Querhobelmaschinen mit selbsttätiger Vertikalschaltung.

Der Antrieb der Querhobelmaschine nach Fig. 403 erfolgt durch eine Stufenscheibe, das Zahnräderpaar 1 und 2 und eine schwingende Kurbelschleife. Da die Querhobelmaschinen nur kurze Hübe bis 600, höchstens 800 mm machen, so ist dieser Mechanismus anwendbar. Um zur Erzielung einer Zeitersparnis den Hub während des Ganges verstellen zu können, wendet man nach dem Vorgange der Amerikaner Zahnstange und Rad zum Stößelantriebe an. In diesem Falle wird jedoch ein Wendegetriebe erforderlich. Als solches benutzt man ein Riemenscheibenwendegetriebe (Fig. 405), welches nicht durch Riemenverschieben, sondern durch eine doppelte Reibungskuppelung umgesteuert wird. Beide Antriebsriemenscheiben sitzen lose auf der Welle und werden abwechselnd durch den zwischen ihnen liegenden Doppelkegel mit ihrer Welle verbunden. Die Verschiebung des Doppelkegels besorgt eine in der durchbohrten Welle liegende Stange, die durch einen Querbolzen mit dem Doppelkegel verbunden ist. Der Querbolzen bewegt sich in einem Schlitze der Welle, wenn die Stange durch den ⊣-Hebel verschoben wird. An den einen Arm des ⊣-Hebels stoßen in der Pfeilrichtung gegen Ende jedes Hubes abwechselnd die beiden verstellbaren Knaggen des

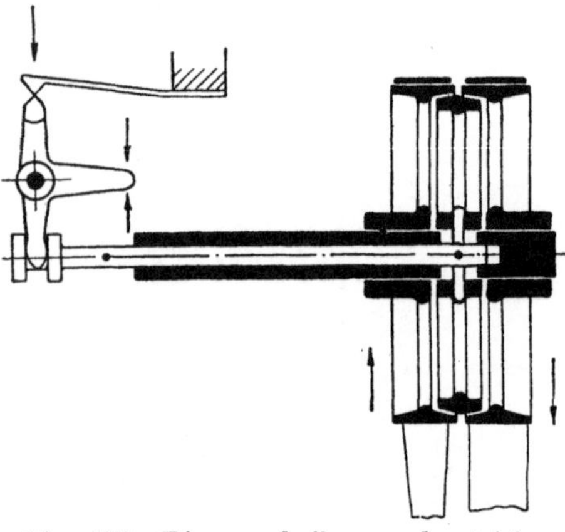

Fig. 405. Riemenscheibenwendegetriebe mit doppelter Reibungskuppelung (nach Ruppert).

Stößels. Eine starke Blattfeder mit dreieckiger Spitze, welche auf das zugespitzte Ende des dritten ⊣-Hebelarmes wirkt, dient zum Geschlossenhalten der jeweils eingerückten Kuppelung. Die Stößelknaggen sind während des Ganges verstellbar und dadurch der Hub der Maschine veränderbar.

An einer schwingenden Kurbelschleife läßt sich ebenfalls, und zwar wie in Fig. 403 dargestellt ist, der Hub während des Ganges verstellen. Es geschieht dies durch Drehen der bezeichneten Kurbel nach der Lösung der Gegenmutter c. Die Drehung der Kurbelwelle wird durch die Kegelräder a und b auf eine Schraubenspindel übertragen, welche den Kurbelzapfen z in einer radialen Führung am großen Stirnrade 2 verschiebt. Die hierdurch bewirkte Hubveränderung macht aber ein Anhalten der Maschine nicht entbehrlich, wenn eine Zeitersparnis eintreten soll. Denn wenn nach einer Hubverkleinerung die Maschine nicht mit kleinerer Arbeitsgeschwindigkeit arbeiten soll, muß die Antriebsstufenscheibe mehr Umdrehungen machen, also der Riemen auf eine kleinere Stufe gelegt werden. Aus diesem Grunde ist überhaupt eine Stufenscheibe zum Antriebe dieser Maschine erforderlich.

Die Schaltbewegung geht von der Welle des Zahnrades *2* aus, in deren Durchbohrung die Kurbelwelle der Hubverstellung liegt. Ein auf der ersten Welle aufgekeiltes Exzenter (Fig. 406) setzt durch seine Stange den lose auf der Leitspindel steckenden Schalthebel in schwingende Bewegung. Der im Schalthebel steckende Sperrer gleitet in der einen Richtung über die Zähne des auf der Leitspindel befestigten Sperrades hinweg, während er das Sperrad in der anderen Richtung mitnimmt und dadurch die Leitspindel dreht. Durch die Drehung der Leitspindel wird der Querschlitten mit dem Tische verschoben. Durch Anheben des Sperrers und Drehen desselben um 90° wird die Schaltung ausgerückt. Dreht man dagegen den angehobenen Sperrer um 180°, so kehrt man die Schaltbewegung um. Die Größe der Schaltung wird durch Verstellung des Zapfens, an dem die Exzenterstange angreift,

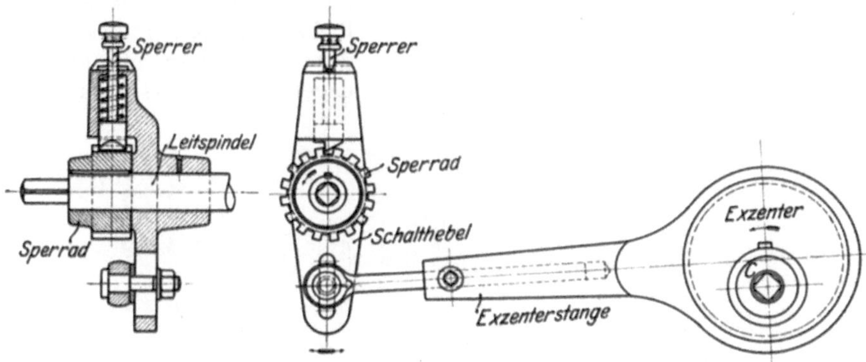

Fig. 406. Zahnschaltewerk einer Querhobelmaschine.

in einem Schlitze des Schalthebels bewirkt. Da mit der Verstellung des Gestellschlittens sich die Entfernung des Schalthebels von der Arbeitswelle ändert, ist die Länge der Exzenterstange veränderbar gemacht.

Zur Einstellung des Tisches dienen die Leitspindel und die Schraubenspindel *s* (Fig. 403). Eine aufgesteckte Kurbel dient zur Drehung der ersteren, zur Drehung der letzteren eine auf die Welle *w* gesteckte Kurbel und die Kegelräder *1* und *2*. Der Stößel wird durch die Schraubenspindel s_1 eingestellt.

Der größte Hub des Stößels und die mögliche Verstellung des Tisches in wagerechter Richtung sind maßgebend für die Größe der Maschine.

Auf besonders eingerichteten Querhobelmaschinen lassen sich Stirnräder durch Hobeln herstellen. Das Werkzeug ist, wie Fig. 407 zeigt, ein kleines Stirnrad. Es ist so am Stößel der Maschine befestigt, daß es sich um seine Achse drehen kann. Das Arbeitsstück ist auf dem Tische auch so befestigt, daß es um seine Achse gedreht werden kann. Nach jedem Rückgange des Werkzeuges werden Arbeitsstück und

Werkzeug durch die Schaltvorrichtung der Maschine um ein kleines Stückchen so gedreht, als ob sie ein zusammenarbeitendes Stirnräderpaar wären. Hat sich das Arbeitsstück einmal um seine Achse gedreht, so sind alle Zähne desselben fertig bearbeitet. Zur Anfertigung von Rädern mit den verschiedensten Zähnezahlen, aber gleicher Teilung und Verzahnung ist nur ein Werkzeug erforderlich.

Auch Kegelräder sind auf besonders dazu eingerichteten Querhobelmaschinen herstellbar. Ein Rad als Werkzeug ist hier nicht anwendbar, weil die Zahnlücken eines Kegelrades nach der Kegelspitze hin stetig enger werden. Das Werkzeug

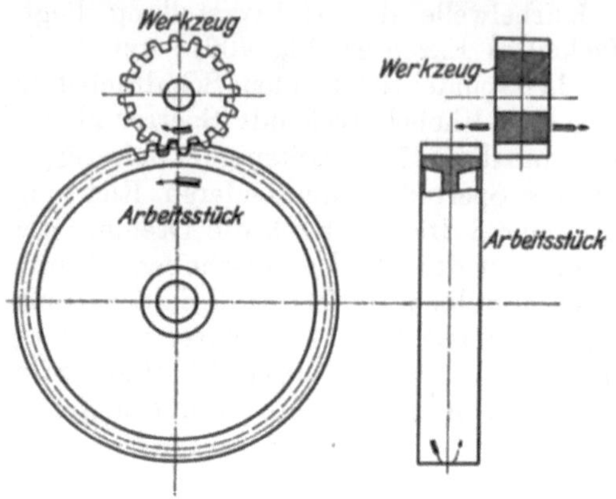

Fig. 407. Das Stirnräderhobeln.

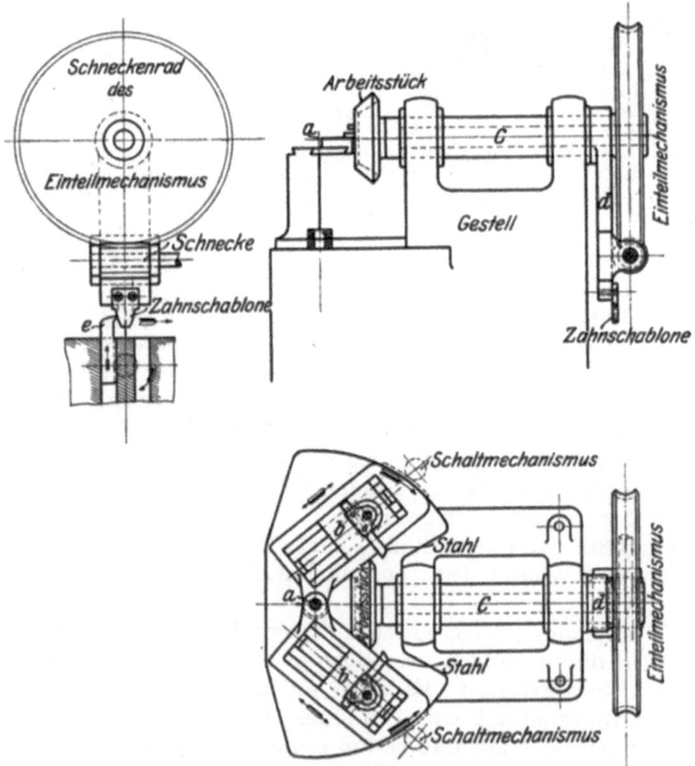

Fig. 408. Das Kegelräderhobeln.

ist daher, wie Fig. 408 zeigt, ein einfacher Stahl. Mit seiner Schneidkante berührt der Stahl die Zahnflanke und macht die Arbeitsbewegung in der Richtung auf die Kegelspitze a des zu bearbeitenden Rades. Nach jedem Rückgange des Stahles muß der Support b samt seiner Gleitbahn sich um eine senkrechte Achse drehen, welche durch die Kegelspitze a geht, damit der Stahl beim nächsten Hube tiefer durch die Zahnlücke geht. Aber diese Nachstellung genügt allein nicht, um eine gekrümmte Zahnflanke zu erzeugen. Hierzu ist noch eine gleichzeitige kleine Drehung des auf einem Dorne befestigten Arbeitsstückes erforderlich. Der Aufspanndorn liegt in einer hohlen Welle c, welche in zwei Lagern des Gestells gelagert ist. Auf dieser Welle ist ein Arm d befestigt, welcher die Schnecke des Einteilmechanismus und eine Zahnschablone trägt. Diese Zahnschablone ist in demselben Verhältnisse größer als der herzustellende Zahn, wie ihre Entfernung von der Mittellinie des Aufspanndornes größer ist als die des Zahnes. Eine durch den Schaltmechanismus bewegte Zahnstange e drängt nun bei jeder Schaltung die Schablone zur Seite und dreht dadurch das Arbeitsstück in dem erforderlichen Maße, wobei der Einteilmechanismus den Arm d mit dem Aufspanndorn verbindet. Oft sind zwei Supporte vorhanden, so daß auf jeder Seite des Rades eine Zahnflanke bearbeitet wird. Sind die Arbeitsstähle bis auf den Grund der Zahnlücken gekommen, so wird der Schaltmechanismus zurückgedreht und durch Drehen der Schnecke des Einteilmechanismus, welcher aus Schnecke, Schneckenrad und Teilscheibe besteht, um einen bestimmten Winkel das Rad um eine Zahnteilung gedreht. Jetzt beginnt das Hobeln in den beiden nächsten Lücken von neuem. Hat so das Arbeitsstück eine halbe Umdrehung gemacht, so ist eine Flanke jedes Zahnes bearbeitet. Zur Bearbeitung der anderen Flanke muß nun das Arbeitsstück während der Schaltung die entgegengesetzte Drehung machen. Hierzu muß die Zahnstange e in die rechtsseitige Führung gesteckt und das Zahnstangenrad statt rechts- linksherum gedreht werden.

Die **Bilgram**sche Kegelräder-Hobelmaschine arbeitet nach dem Abwälzverfahren. Sie gebraucht keine teuren Schablonen und liefert sehr schöne und genaue Evolventen-Zähne.

3. Die Stoßmaschinen.

Die Stoßmaschinen dienen in erster Linie zum Stoßen von Keilnuten in die Naben der Räder, Riemenscheiben, Hebel usw., dann zum Ausstoßen von Pleuelköpfen, Wellenkröpfungen und ähnlichen Arbeitsstücken, endlich aber auch zum Bestoßen ebener und zylindrischer Flächen. Sie führen also zum Teil Arbeiten aus, welche auch auf Querhobelmaschinen gemacht werden. Nach ihrem Hauptzwecke werden sie oft Nutstoßmaschinen genannt.

Bei den Stoßmaschinen führt das Werkzeug die Arbeitsbewegung aus und das Arbeitsstück die Schaltbewegung. Die Arbeitsbewegung pflegt in senkrechter Richtung zu erfolgen. Dem Zwecke der Maschine gemäß fällt die Längenachse des Stahls in seine Bewegungsrichtung.

Die dadurch bedingte Vergrößerung des Zuschärfungswinkels wurde
schon bei den Arbeitsstählen erwähnt (siehe Fig. 183).

Die Stoßmaschine (Fig. 409) besteht aus: dem Stößel, dem
Tische, dem Querschlitten, dem Längsschlitten, dem Gestelle, den
Antriebs- und den Schaltmechanismen. Der Stößel trägt den Stahl und
macht mit ihm die Arbeitsbewegung. Das Arbeitsstück wird auf den

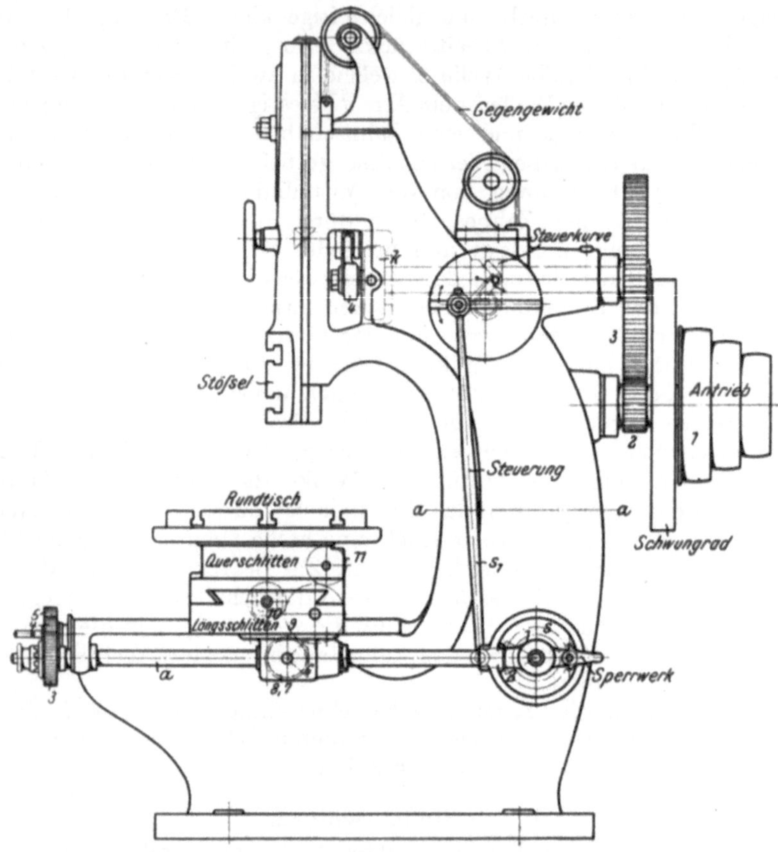

Fig. 409. Stoßmaschine von Lorenz, Ettlingen (nach Hülle).

Tisch gespannt und macht mit diesem die Schaltbewegung. Der Tisch
liegt zum Rundschalten drehbar auf dem Querschlitten. Dieser kann
in wagerechter Richtung auf dem Längsschlitten bewegt werden und
der Längsschlitten senkrecht dazu auf dem wagerechten Teile des
Gestells. Durch diese beiden wagerechten Verschiebungen des Tisches
kann nicht nur jeder Punkt desselben unter den Arbeitsstahl gestellt,
sondern es kann auch der Tisch in der einen oder der anderen Richtung
geschaltet werden.

Da die Stoßmaschinen kurzhübige Maschinen sind, so erfolgt der Antrieb des Stößels durch einen der Mechanismen, welche eine Kurbel enthalten, hier, wie Fig. 410 zeigt, durch die schwingende Kurbelschleife. Diese wird mit Hilfe des Rädervorgeleges *2, 3* von der Stufenscheibe *1* aus durch einen Riemen in Bewegung gesetzt. Die Stufenscheibe ist nötig, um bei kleinem Hube dieselbe Schnittgeschwindigkeit zu erreichen als bei großem. Das Schwungrad dient zur

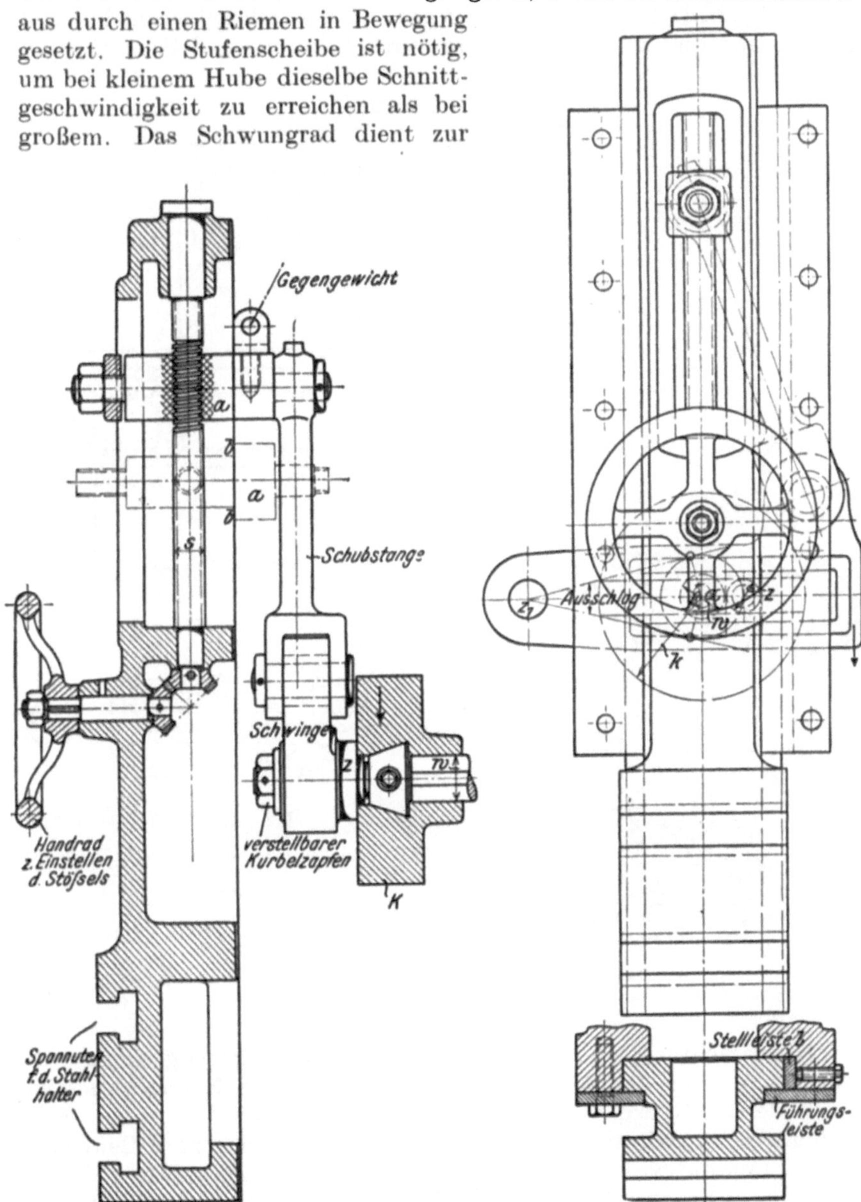

Fig. 410. Stößelantrieb und Führung (nach Hülle).

Ausgleichung des ungleichmäßigen Stahlwiderstandes und das im hohlen Ständer hängende Gegengewicht zur Ausgleichung des Stößelgewichts.

Fig. 411 zeigt einen senkrechten Schnitt durch den Tisch und die beiden ihn tragenden Schlitten. Wie daraus ersichtlich, werden die beiden **geradlinigen Schaltungen** durch Schraubenspindel und Mutter und die **Rundschaltung** durch Schnecke und Schneckenrad

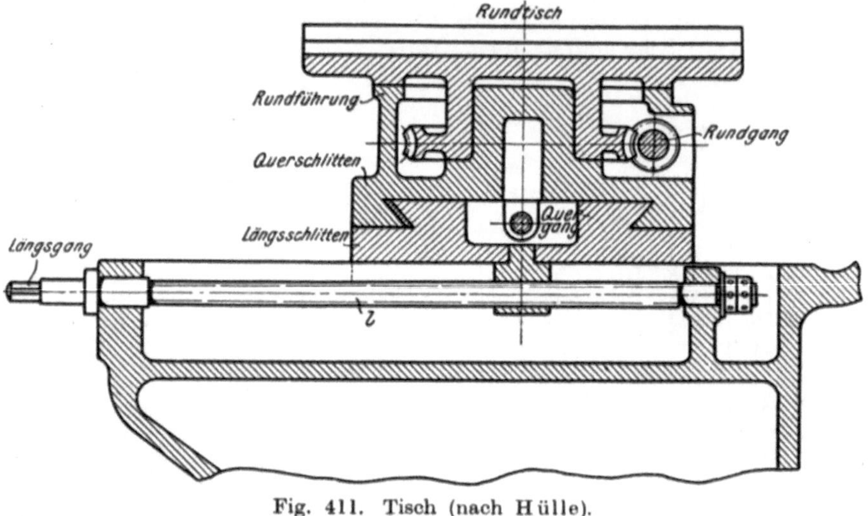

Fig. 411. Tisch (nach Hülle).

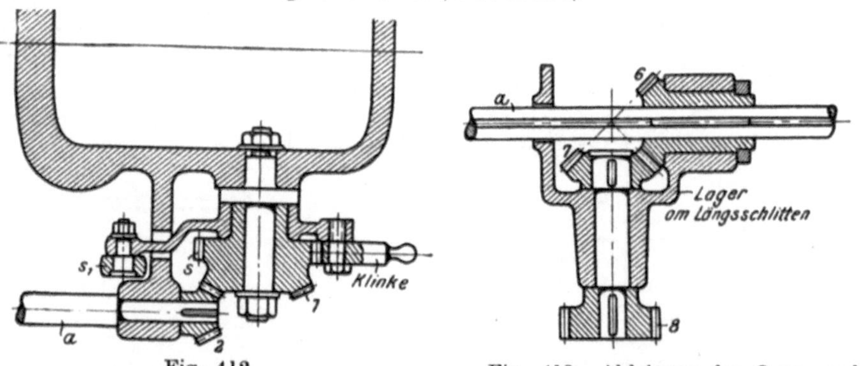

Fig. 412.
Schaltwerk (nach Hülle).

Fig. 413. Ableitung des Quer- und Rundganges (nach Hülle).

hervorgebracht. Nach Fig. 409 wird die Schaltbewegung durch eine Nutenwalze von der Arbeitswelle abgeleitet. Diese Nutenwalze setzt zu Ende des Rückganges und zu Anfang des Arbeitshubes eine Kurbelscheibe in schwingende Bewegung. Die schwingende Bewegung wird durch die Stange s_1 auf das in Fig. 412 im wagerechten Schnitte gezeichnete Schaltwerk übertragen. Dieses Sperrwerk dreht die Welle a je nach der Klinkenstellung durch die Kegelräder *1* und *2* ruckweise

rechts- oder linksherum. Aus Fig. 409 ersieht man, wie die Drehung
der Welle *a* durch die Klauenkuppelung und die Stirnräder *3, 4* und *5*
auf die Schraubenspindel des Längsschlittens übertragen werden
kann. Die Fig. 409 und 413 zeigen, wie die Drehung der Welle *a* durch
die Kegelräder *6* und *7* und die Stirnräder *8, 9* und 10 auf die Schraubenspindel des Querschlittens und durch die Stirnräder *8, 9* und *11* auf die
Schneckenwelle der Rundschaltung übertragen wird. Um die Verschiebung
des Längsschlittens zuzulassen, muß das Kegelrad *6* auf der Welle *a* verschiebbar sein und durch einen Mitnehmer mitgenommen werden. Das
gleiche gilt für die Verschiebung des Querschlittens und die Schnecke.

Der größte Durchmesser der Arbeitsstücke ist von der Ausladung
des Gestells, d. h. der wagerechten Entfernung des Stahls vom Ständer
abhängig. Diese kommt daher neben dem größten Hube und den
größten Tischverschiebungen für die Größe der Maschinen mit in Betracht. Um von dieser Ausladung unabhängig zu sein, baut man Nutstoßmaschinen, deren Stößel unter dem Tische liegt, und deren Arbeitsstahl von unten her durch den durchbrochenen Tisch hindurchgreift.
Dabei ist aber auch der Abwärtsgang des Stahles der Arbeitshub.

Sollen in schwere Arbeitsstücke, z. B. Schwungräder, Keilnuten
gestoßen werden, so ist es vorteilhafter, die Maschine zum Arbeitsstücke, als das Arbeitsstück auf die Maschine zu bringen. In diesem
Falle benutzt man kleine, von Hand betriebene Stoßmaschinen, z. B.
Weitmannsche, welche an dem Arbeitsstücke befestigt werden.

C. Die Maschinen zur Blechbearbeitung.

Zu diesen Maschinen gehören: 1. die Scheren und Lochmaschinen,
2. die Blechkanten-Hobelmaschinen. Die Maschinen, welche Bleche auf
Grund ihrer Dehnbarkeit bearbeiten, wurden schon im III. Abschnitte
besprochen.

1. Die Scheren und Lochmaschinen.

Zum Zerschneiden und Durchlochen dünner Bleche und Stäbe
benutzt man Scheren und Lochpressen, welche durch Hebel von Hand
bewegt werden. Dicke Bleche und Stäbe zerschneidet und durchlocht
man mit Scheren und Lochmaschinen, welche entweder von einer Transmission oder von einer besonderen Dampfmaschine oder einem Elektromotor direkt angetrieben werden. Sehr häufig werden beide Werkzeuge,
nämlich Schermesser und Lochstempel, an einer Maschine angebracht.

In Fig. 414 ist eine vereinigte Schere und Lochmaschine
mit Transmissions-Antrieb dargestellt. Mit der durch einen Riemen
getriebenen Antriebsscheibe drehen sich die Antriebswelle, das Schwungrad und das Zahnrad *1.* Durch die Räder *1* und *2* wird die Drehung
auf eine Vorgelegewelle und von dieser durch die Räder *3* und *4* auf die
Arbeitswelle übertragen. Diese bewegt durch zwei Kreuzschleifen die
beiden Stößel. Nach jedem Hube muß das Arbeitsstück durch den
bedienenden Arbeiter verschoben und zurechtgelegt werden. Reicht

die Zeit bis zum nächsten Arbeitshube nicht aus, so muß die Bewegung des Werkzeuges schnell unterbrochen werden. Hierzu dienen vorziehbare Schieber, die unter den Gleitstücken der Kreuzschleifen liegen.

Das Maß a ist die Ausladung der Maschine. Von diesem Maße ist die Größe der zu durchschneidenden oder zu durchlochenden Blechtafeln abhängig, wenn der Schnitt oder das Loch nicht am Rande der

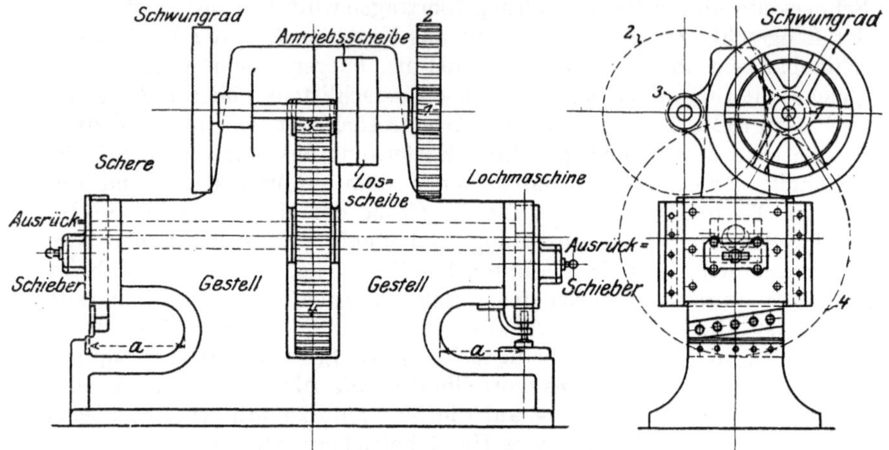

Fig. 414. Schere und Lochmaschine.

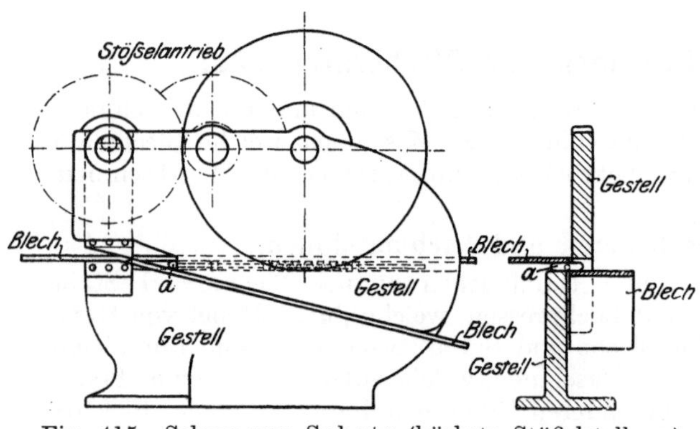

Fig. 415. Schere von Schatz (höchste Stößelstellung).

Tafeln liegt. Von der Ausladung wird aber in hohem Maße die Größe und das Gewicht des Gestelles und damit der Preis der Maschine bestimmt. Eine große Ausladung wird nun vermieden, ja es wird sogar möglich, unbegrenzt große Blechtafeln zu zerschneiden, wenn das Gestell der Schere so konstruiert wird, daß es in dem Scherenschnitte Platz findet. Dazu ist eine Kröpfung des Gestelles nach Fig. 415 erforderlich. Um für das Gestell Platz zu schaffen, muß der eine Teil der Blechtafel heruntergebogen werden. Da er aber nach oben federt und sich fest an das Gestell anlegt, wie in Fig. 415, so läßt sich die Blechtafel nur schwer vorschieben, wenn sie dick ist. Durch eine patentiert gewesene Einrichtung[1]) läßt sich nun das Vorschieben der Blech-

---

[1]) Patent Schatz, Weingarten in Württemberg.

tafel sehr erleichtern. Wie Fig. 416 zeigt, drückt beim Schneiden das obere Messer den in Betracht kommenden Teil der Blechtafel herunter, so daß er sich von dem betreffenden Gestellteile entfernt. Nach dem Heraufgehen des Messers ist nun die Blechtafel leicht vorzuschieben, wenn man das Zurückfedern des niedergedrückten Blechteils verhindert. Dies besorgt ein hammerförmiges Stück a, welches durch eine schwache Schraubenfeder zwischen die beiden Blechteile geschoben wird. Beim Vorschieben des Bleches wird die Schraubenfeder wieder gespannt.

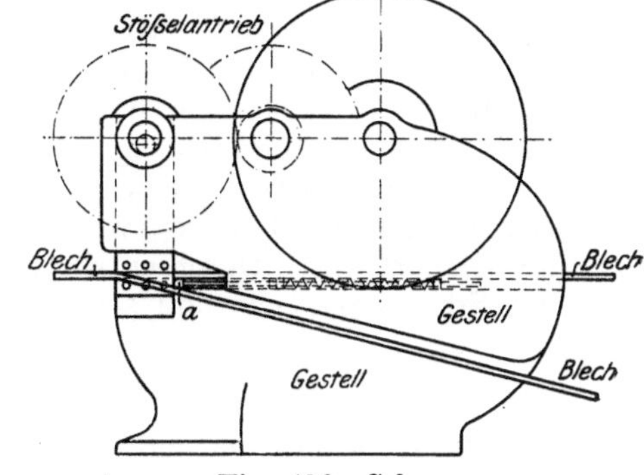

Fig. 416. Schere von Schatz (tiefste Stößelstellung).

2. Die Blechkanten-Hobelmaschinen.

Diese Maschine dient in Kesselschmieden zur Bearbeitung der Stemmkanten der Kesselbleche. Wie Fig. 417 zeigt, liegen die Bleche auf einem langen, schmalen Gestelle, welches als Aufspanntisch dient

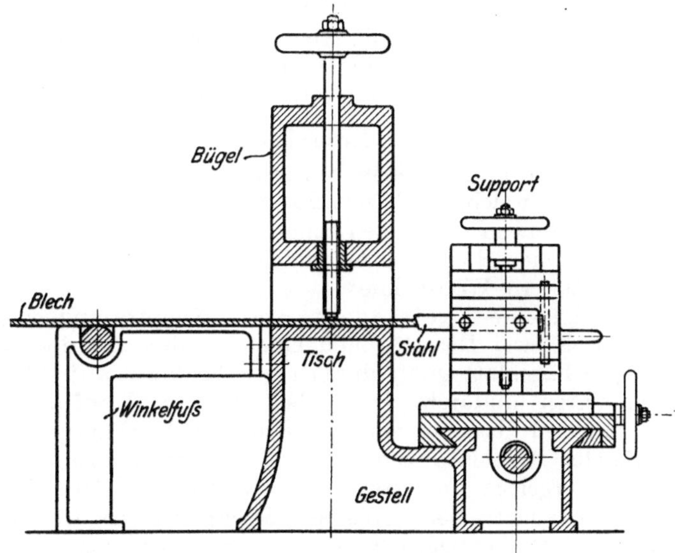

Fig. 417. Blechkanten-Hobelmaschine.

und in der Figur im Querschnitte dargestellt ist. Der Tisch wird von einem langen Bügel überragt, in welchem sich in einer Reihe hintereinander eine Anzahl Schraubenspindeln mit Handrädern befinden,

22*

mit welchen man das Arbeitsstück auf dem Tische festspannt. Durch angeschraubte Winkelfüße, in denen eine Walze zur Unterstützung des Bleches liegt, wird der Tisch verbreitert. Unten neben dem Tische ist das Gestell mit einer prismatischen Führung versehen, auf welcher, durch Schraubenspindel und Mutter getrieben, sich der Support bewegt. Es ist häufig ein Doppelsupport mit zwei Arbeitsstählen, so daß sowohl beim Hin- als auch beim Rückgange ein Stahl schneidet. Die Umkehrung der Arbeitsbewegung wird in der Regel durch ein Riemenscheibenwendegetriebe bewirkt, welches durch den Support am Hubende umgesteuert wird. Durch entsprechende Einrichtung des Supports kann der Stahl wagerecht und senkrecht eingestellt werden.

Die Holzbearbeitungsmaschinen.

Diese Maschinen dienen einesteils zum Beschneiden und Zerlegen roher Baumstämme in Balken, Bohlen oder Bretter, andernteils werden sie bei der Anfertigung von Gebrauchsgegenständen, wie Möbeln, Modellen usw., benutzt. Dem ersten Zwecke dienen: die Vertikal- und die Horizontalgatter, die Blockkreis- und Blockbandsägen. Im zweiten Falle werden außer Kreis- und Bandsägen besonders Hobelmaschinen, aber auch Drehbänke, Bohr-, Stemm- und Fräsmaschinen benutzt.

Die Sägen.

Ihr Werkzeug heißt ebenfalls Säge und ist, wie bei den gleichnamigen Metallbearbeitungsmaschinen, entweder eine kreisrunde, gezahnte Stahlscheibe oder ein gezahnter, bandförmiger Stahlstreifen.

1. Die Kreissägen.

Dieselben haben ihren Namen von ihrem Werkzeuge, einem kreisrunden Sägeblatte, welches sich mit 20—65 m sekundlicher Umfangsgeschwindigkeit stets in demselben Sinne dreht. Die Zähne brauchen daher nur nach einer Richtung zu schneiden und sind Dreieck- oder bei größeren Blättern Wolfszähne.

Fig. 418 zeigt eine Kreissäge in einem Schnitte und einer Ansicht. Das durch zwei Rosetten und eine Schraube auf der Arbeitswelle befestigte Sägeblatt greift durch einen Schlitz des tischförmigen Gestells von unten hindurch. Das Arbeitsstück wird auf das Gestell gelegt und mit den Händen von rechts her an der Führung entlang dem umlaufenden Sägeblatte zugeschoben. Von der Transmission wird zunächst ein Vorgelege und von diesem durch den Antriebsriemen die Arbeitswelle angetrieben. Aus der Tischplatte des Gestells läßt sich die Einlegeplatte herausheben, wenn das Sägeblatt von der Arbeitswelle genommen werden soll. Die Führung ist durch eine Schraube mit Fingerrad auf der Stange a befestigt und läßt sich auf ihr verschieben, wenn ihr Abstand vom Sägeblatte geändert werden muß. Als Sicherungen gegen die Verletzung des Arbeiters werden Spaltkeil und Schutzhaube angewendet.

Da das Sägeblatt stetig und schnell rotiert, so arbeitet eine Kreissäge schnell. Ist aber ihr Sägeblatt groß, so muß es seiner Steifigkeit wegen auch dick sein. Die Säge zerspant dann viel, vielleicht sehr wertvolles Material und gebraucht viel Betriebsarbeit. Da nun dicke Hölzer große Sägeblätter erfordern, so sind Kreissägen zum Zerschneiden dicker und wertvoller Hölzer nicht vorteilhaft.

Das Hauptmaß für die Größe einer Kreissäge ist der Durchmesser des größten verwendbaren Sägeblattes.

2. Die Bandsägen.

Denkt man sich ein durch Zusammenlöten endlos gemachtes bandförmiges Sägeblatt wie einen Riemen auf zwei Scheiben gelegt, deren eine durch Maschinenkraft umgedreht wird, so hat man den Grundgedanken einer Bandsäge.

In Fig. 419 ist eine solche Säge größtenteils in einer Ansicht dargestellt. Das gespannte Stück des Sägebandes läuft von oben nach unten durch den Schlitz eines Tisches, welcher das Arbeitsstück trägt. Das Arbeitsstück ist auf dem

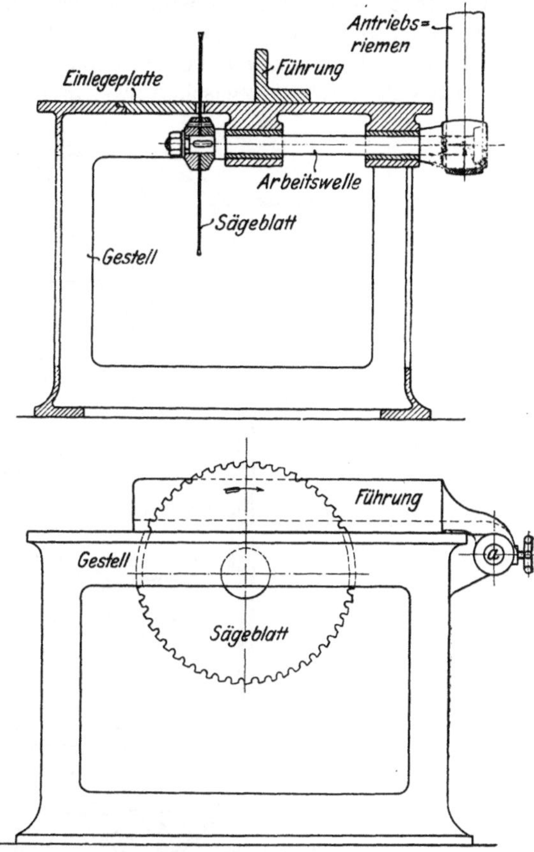

Fig. 418. Kreissäge.

Tische frei beweglich und wird mit den Händen vorgeschoben. Ist das Sägeblatt schmal, so braucht das Arbeitsstück nicht in gerader Linie, sondern kann im Bogen vorgeschoben werden. Die Bandsäge eignet sich daher zur Ausführung der mannigfaltigsten Tischlerarbeiten. Das dünne Sägeblatt bedarf dicht über und unter dem Arbeitsstücke einer Führung. Die untere Führung liegt fest unter dem Tische, die obere ist, um der verschiedenen Dicke der Arbeitsstücke Rechnung zu tragen, verstellbar. Zur Stützung des Sägeblattes gegen den Druck des Holzes dient eine gehärtete Stahlrolle *a*. Die seitlichen Führungen bestehen aus aufeinandergepackten Lederscheiben oder Holzklötzchen. Um das Sägeblatt stets gleichmäßig anzuspannen, werden die Lager der oberen Bandscheibenachse durch ein an einem Hebel wirkendes Gegengewicht beständig aufwärts gedrückt. Wird das Sägeblatt durch wiederholtes Zusammenlöten verkürzt, so können die Lager der oberen Bandscheibenachse durch das Handrad nebst Schraubenspindel heruntergestellt werden, wodurch der Gegengewichtshebel seine wagerechte Lage wieder erhält. Zum Schutze des Arbeiters gegen Verletzungen durch das sehr schnell laufende Sägeblatt geht letzteres zwischen zwei Schutzbrettern aufwärts, und ist

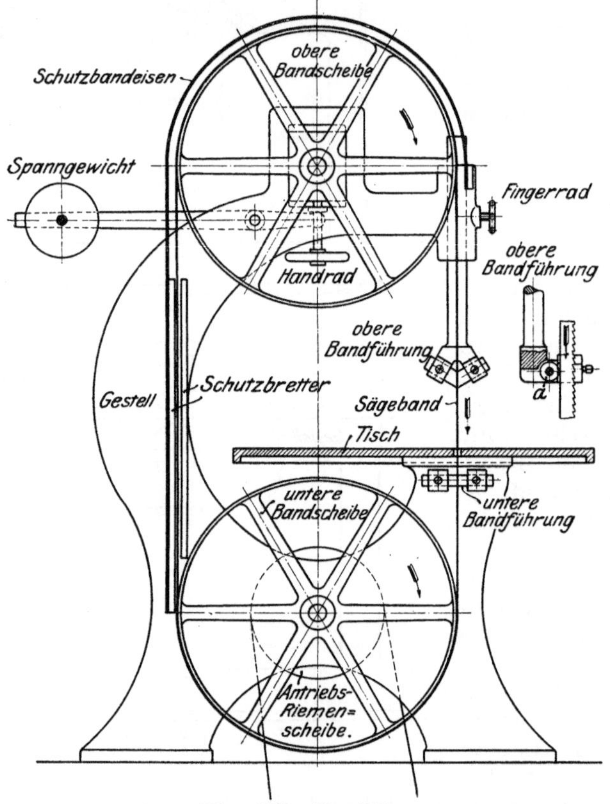

Fig. 419. Bandsäge.

die obere Bandscheibe mit einem Bandeisen umgeben, welches beim Reißen des Sägebandes dessen Umherfliegen verhindern soll.

Das Sägeband einer Bandsäge läuft mit 20—40 m sekundlicher Geschwindigkeit stets in derselben Richtung um, es schneidet daher stetig und schnell. Um die Biegungsspannung im Sägeblatte nicht zu groß oder die Durchmesser der Bandscheiben nicht zu groß zu erhalten, muß das Sägeblatt möglichst dünn sein. Die Bandsäge kann daher ebenso schnell als die Kreissäge arbeiten, zerspant aber nicht so viel Material und braucht daher weniger Betriebsarbeit.

Als Blockbandsäge (Fig. 420) ist die Bandsäge nur geeignet, wenn das sonst leicht abreißende Sägeblatt sehr breit (130—300 mm) ist. Erst in neuerer Zeit ist es gelungen, solche praktisch brauchbaren Blockbandsägen zu bauen.

Das Hauptmaß für die Größe einer Bandsäge ist der Durchmesser der Bandscheiben. Hierzu kommt bei Blockbandsägen noch die Größe des Durchganges und die Länge des Blockwagens.

Fig. 420. Blockbandsäge von Kirchner (nach Fischer).

3. Die Gattersägen.

Dies sind Maschinensägen, deren Sägeblätter durch ein Kurbelgetriebe entweder auf und ab oder hin und her bewegt werden, und welche ausschließlich zum Beschneiden oder Zerteilen roher Baumstämme dienen. Bewegen sich die Sägeblätter in senkrechter Richtung auf- und abwärts, so heißt das Gatter Vertikalgatter. Dagegen ist ein Horizontalgatter ein solches, bei welchem sich das Sägeblatt in wagerechter Richtung hin und herbewegt. Vertikalgatter enthalten in der Regel mehrere Sägeblätter, um den Baumstamm bei einmaligem Durchgange durch das Gatter entweder vollständig in Bretter zu zerlegen oder auf zwei Seiten zu beschneiden. Sie heißen dann Bund- oder Vollgatter bzw. Saumgatter. Horizontalgatter enthalten stets nur ein Sägeblatt.

a) Die Vertikalgatter.

Ihre Sägeblätter sind in der Regel 125—175 mm breit und 1,25 bis 2,50 mm dick. Sie sind in dem eigentlichen Gatter, dem Gatterrahmen (Fig. 421), befestigt, welcher aus den beiden Riegeln und den

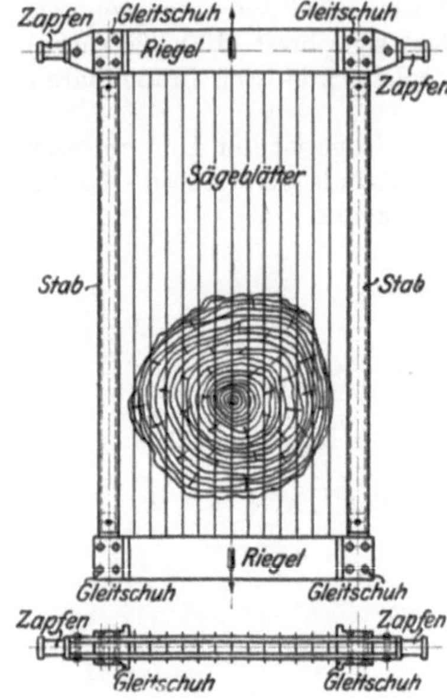

beiden Stäben besteht. Die Sägeblätter werden zwischen den beiden Gatterriegeln so eingespannt, daß sich ihre Entfernung verändern läßt, sobald man Bretter von anderer Dicke schneiden will. Fig. 422 zeigt eine Befestigung der Sägeblätter, welche dieser Anforderung entspricht und auch möglichst dünne Bretter zu schneiden gestattet. Der Gatterrahmen wird an den Ständern des Vertikalgatters gerade geführt, und der obere Gatterriegel hat zwei Zapfen, an welchen die Pleuelstangen der beiden Kurbelgetriebe angreifen.

Fig. 423 zeigt die Arbeitsweise eines Vertikalgatters in schematischer Skizze. Der Baumstamm (Sägeblock) wird auf zwei Blockwagen liegend durch die sich drehenden Speisewalzen den mit dem Gatterrahmen auf und ab gehenden Sägeblättern zugeführt. Die Blockwagen werden von dem darauf befestigten Baumstamme mitgenommen und laufen auf Schienen. Da die Blockwagen nicht durch das Sägegatter hindurch können, muß der hintere Blockwagen rechtzeitig vom Blocke gelöst werden. Der vordere Blockwagen wird erst unter das Arbeitsstück geschoben, wenn es genügend weit aus dem Gatter heraussteht. Die Druckwalzen drükken den Baumstamm stets auf die Speisewalzen, damit er von ihnen mitgenommen wird.

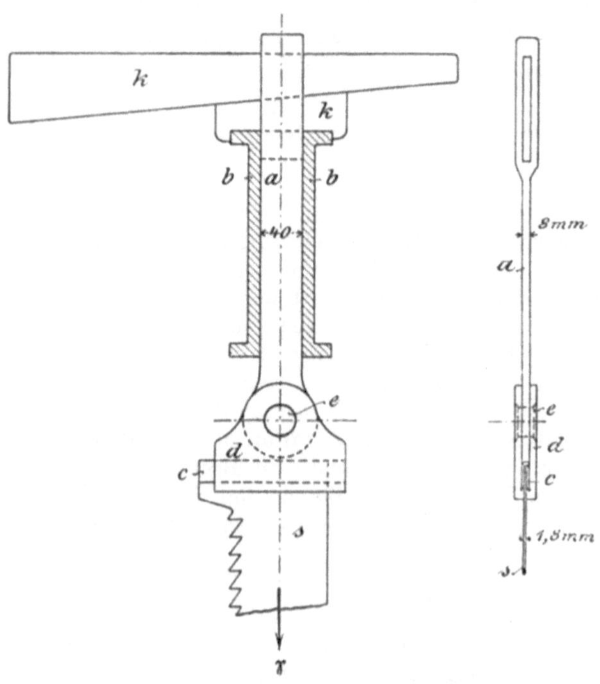

Fig. 422. Sägeblatt-Befestigung (nach Fischer.)

Ein vollständiges Vertikalgatter ist in Fig. 424 in zwei
Ansichten dargestellt. Dasselbe wird durch einen Riemen entweder
direkt von einer Kraftmaschine oder von einer Transmission aus an-

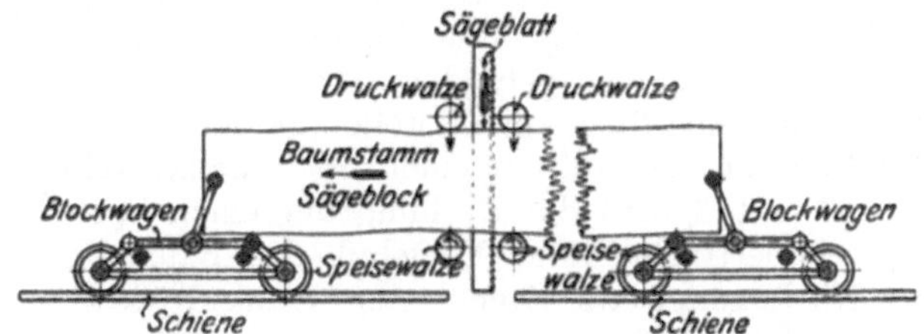

Fig. 423. Schema eines Vertikalgatters.

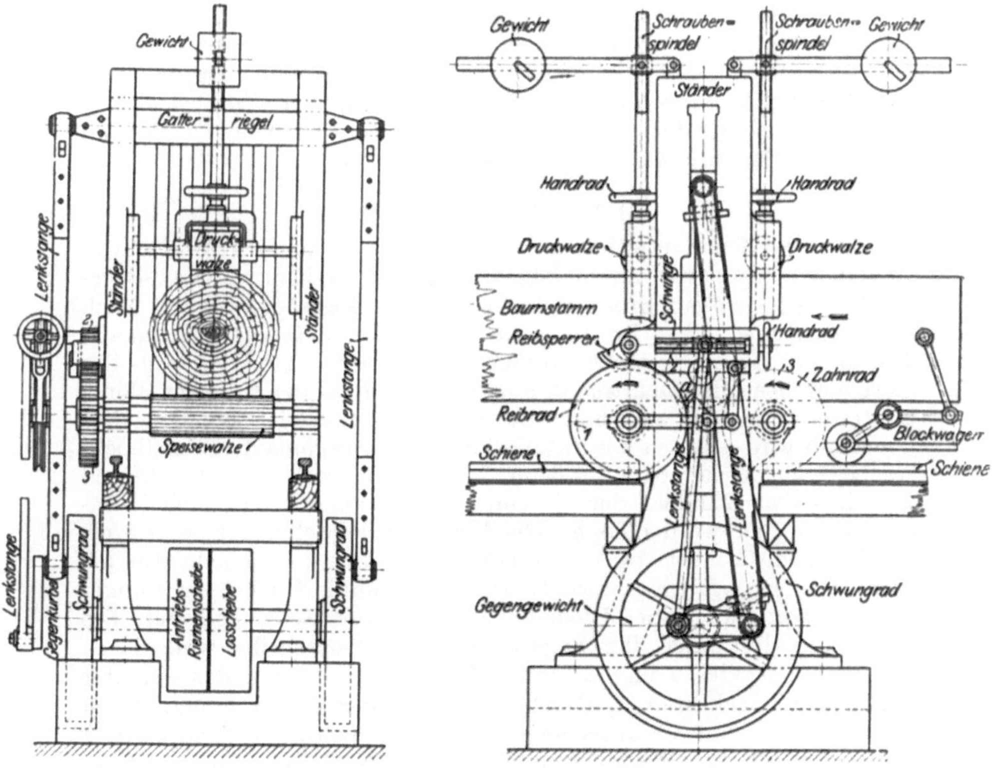

Fig. 424. Vertikalgatter.

getrieben. Zur Umwandlung der drehenden Bewegung der Antriebswelle in die auf und ab gehende des Gatterrahmens sind hier zwei Kurbel-
mechanismen nötig. Wollte man eine Lenkstange in der Mitte des
unteren Gatterriegels angreifen lassen, so würden die Ständer und damit

würde die ganze Maschine sehr hoch werden. Die Schaltbewegung wird durch eine Lenkstange von einer Gegenkurbel abgeleitet. Die Lenkstange setzt eine Schwinge in Bewegung und diese wieder einen Schalthebel, welcher einen Reibsperrer a trägt. Dieser Reibsperrer bewegt ein Reibrad in der Pfeilrichtung. Das Reibrad wird durch einen zweiten Reibsperrer am Zurückgehen gehindert. Der zweite Sperrer sitzt mit der Schwinge auf demselben am Gestelle (Ständer) befestigten Stehbolzen. Das Reibrad sitzt auf der einen Speisewalzenwelle. Durch die Zahnräder *1*, *2* und *3* wird die Drehung der einen Speisewalzenwelle auf die andere übertragen. Der Vorschub des Baumstammes erfolgt während des Niederganges der Sägeblätter. Seine Größe läßt sich durch Handrad und Schraubenspindel der Schwinge verändern.

Die mittlere Schnittgeschwindigkeit eines Vertikalgatters beträgt etwa 2,5—3,5 m in der Sekunde. Einer Vergrößerung derselben stehen die stärkeren Erschütterungen entgegen, welche dann von den auf und ab gehenden Massen hervorgerufen werden. Um die Zentrifugalkraft der rotierenden Massen (Kurbelzapfen, Kurbelzapfennabe, Gegenkurbel usw.) auszugleichen, befinden sich in den Schwungrädern Gegengewichte. Eine Ausgleichung der auf und ab gehenden Massen ist untunlich, weil dann unerwünschte wagerechte Kräfte auftreten.

b) Die Horizontalgatter.

Da, wie schon erwähnt, der Gatterrahmen eines Horizontalgatters (Fig. 425) stets nur ein Sägeblatt enthält, so kann von dem Sägeblock immer nur ein Brett nach dem andern abgesägt werden. Nach dem Abtrennen eines Brettes muß jedesmal der Querträger um die Brettdicke heruntergestellt werden. Die wagerechte Führung des Gatterrahmens, der Querträger, muß daher, wie bei der Hobelmaschine, an festen Ständern auf- und abwärts verstellt werden können. Der Vorschub wird dadurch bewirkt, daß der Baumstamm auf einem Blockwagen von gleicher oder größerer Länge ruht, welcher auf Schienen zwischen den Ständern der Maschine hindurchläuft und durch Zahnstange und Rad, wie der Tisch vieler Metallhobelmaschinen, bewegt wird. Die Zähne des Sägeblattes sind so gestaltet, daß es sowohl beim Hin- als auch beim Rückgange schneidet. Der Vorschub darf daher ein stetiger sein. Er wird durch einen Riemen von der Antriebswelle abgeleitet. Die Bewegung der durch ihn angetriebenen Riemenscheibe wird durch die Reibungsräder *1* und *2*, durch die Schnecke *3* und das dahinter liegende Schneckenrad *4*, durch die Stirnräder *5* und *6* und durch das Stirnrad *7* auf die unter dem Blockwagen befestigte Zahnstange *8* und damit auf den Blockwagen übertragen. Nach dem Absägen eines Brettes muß der Blockwagen mit dem Baumstamme schnell zurückbewegt werden. Es wird dann der punktiert gezeichnete Riemen von der losen auf eine feste Riemenscheibe geführt. Er treibt dann durch die Kegelräder *9* und *10*, die Stirnräder *5*, *6* und *7* und die Zahnstange *8* den Blockwagen in umgekehrter Richtung, und zwar weit schneller an, weil nun die Schneckenradübersetzung in der Bewegungsübertragung fehlt. Damit hierbei die Welle des Stirnrades 5 und des Kegelrades 10 sich drehen kann, muß das auch auf ihr sitzende Schneckenrad losgekuppelt werden. Zur Veränderung des Vorschubes kann das Reibungsrad 1 auf seiner Welle verschoben werden. Es kann also auf verschieden großen Kreisen des Rades 2 laufen, wodurch die Übersetzung geändert wird.

Um in der Leistungsfähigkeit gegenüber den mit mehreren Sägeblättern arbeitenden Vertikalgattern nicht zu sehr zurückzubleiben, nimmt man die Schnittgeschwindigkeit so groß als möglich, etwa 4—7 m in der Sekunde. Die entstehenden Erschütterungen verringert man dadurch, daß man die hin und her gehenden Massen (Gatterrahmen und einen Teil der Lenkstange) möglichst klein macht und durch ein in die Kurbelscheibe eingegossenes Gegengewicht möglichst aus-

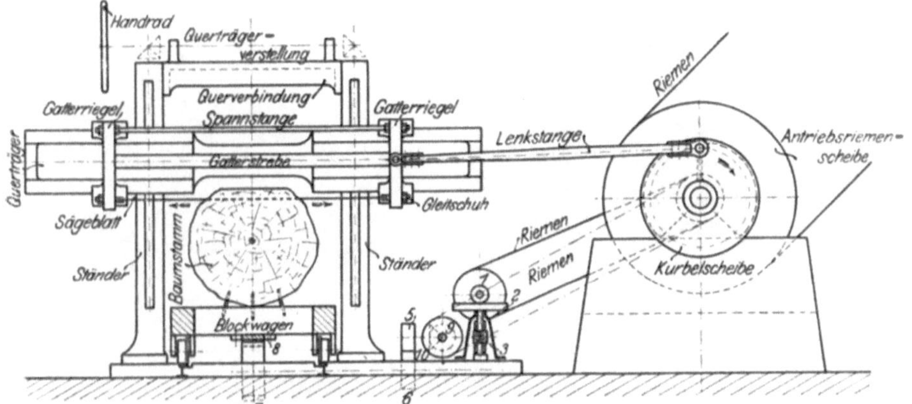

Fig. 425. Horizontalgatter.

gleicht. Die Lenkstange wird daher, wie auch bei den Vertikalgattern, oft aus Holz gemacht. Auch sind aus dem gleichen Grunde Gatterstrebe und Gatterriegel oft aus Holz. Das Gegengewicht in der Kurbelscheibe hat auch die rotierenden Massen (Kurbelzapfen und anderen Teil der Lenkstange) auszugleichen. Horizontalgatter arbeiten vorteilhafter als Vertikalgatter, wenn man nur wenig Bretter von gleicher Dicke gebraucht, weil dann das Verstellen der Sägeblätter des Vertikalgatters zu lange aufhält. Vertikalgatter haben einen leeren Rückgang, während Horizontalgatter bei jedem Hube aber nur halb so viel schneiden. Gattersägen schneiden daher nicht so schnell als Band- und Kreissägen.

Die Breite und Höhe des Durchganges ist bei beiden Gattersägen maßgebend für ihre Größe. Für Horizontalgatter kommt außerdem noch die Länge des Blockwagens in Betracht.

Andere Holzbearbeitungsmaschinen.

Die meisten übrigen Holzbearbeitungsmaschinen sind den betreffenden Metallbearbeitungsmaschinen nachgebildet und diesen mehr oder weniger ähnlich. Sie unterscheiden sich von ihnen aber alle durch ihre viel größere Arbeitsgeschwindigkeit und leichtere Bauart. Die größere Arbeitsgeschwindigkeit aller Holzbearbeitungsmaschinen, also auch der Holzsägen, ist zulässig wegen der viel geringeren Härte und Festigkeit der Arbeitsstücke und der fast gleichen Härte der Werkzeuge wie bei der Metallbearbeitung. Die größere Arbeitsgeschwindigkeit

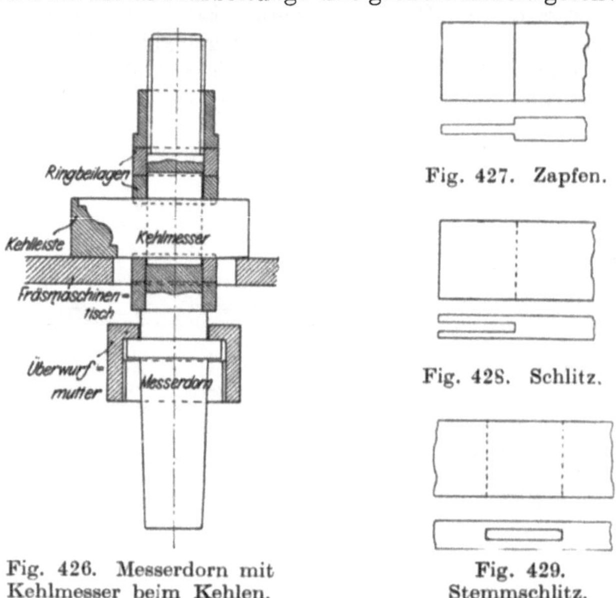

Fig. 426. Messerdorn mit Kehlmesser beim Kehlen.

Fig. 427. Zapfen.

Fig. 428. Schlitz.

Fig. 429. Stemmschlitz.

der Holzbearbeitungsmaschinen bringt aber nicht nur eine größere Leistung der Maschinen, sondern auch einen wesentlich höheren Arbeitsverbrauch derselben mit sich. Solche Maschinen sind z. B. Holzdrehbänke und Holzbohrmaschinen. Es gibt aber auch Holzbearbeitungsmaschinen, deren Wirkungsweise ganz anders ist als die der gleichnamigen Metallbearbeitungsmaschinen. Dies sind die Holzhobelmaschinen, deren Wirkungsweise derjenigen der Metallfräsmaschinen entspricht. Es gibt aber auch Holzfräsmaschinen. Sie dienen zur Bearbeitung krummlinig begrenzter Flächen an Leisten (Kehlen, Fig. 426), zum Zapfenschlagen (Zapfen, Fig. 427) und Schlitzen (Schlitz, Fig. 428), während die Holzhobelmaschinen fast nur zur Bearbeitung ebener Flächen dienen. Zum Herstellen von Stemmschlitzen (Fig. 429) benutzt man Langloch-Bohrmaschinen oder Stemmaschinen oder Kettenfräsmaschinen. Die ersteren sind am billigsten, arbeiten aber auch am langsamsten, die letzteren am teuersten, aber auch am leistungsfähigsten. Die Stemmaschinen sind den Stoßmaschinen für die Metallbearbeitung nachgebildet. Bei den Kettenfräsmaschinen besteht der Fräser aus einer Gallschen Kette, deren Glieder schneidende Kanten besitzen. Zur Holzbearbeitung sind zwei Arten von Hobelmaschinen erforderlich, nämlich: 1. die Abrichthobelmaschinen und 2. die Dicken- oder Walzenhobelmaschinen.

1. Die Abrichthobelmaschinen.

Bei diesen Maschinen (Fig. 430) liegt die mit 20—30 m Umfangsgeschwindigkeit in der Sekunde rotierende Messerwelle unter dem Tische und greift durch eine Unterbrechung desselben hindurch, um das auf dem Tische liegende Arbeitsstück auf seiner unteren Seite zu bearbeiten. Das Arbeitsstück wird dabei mit den Händen niedergedrückt und vorgeschoben. Hierbei steht der rechte Teil des Tisches

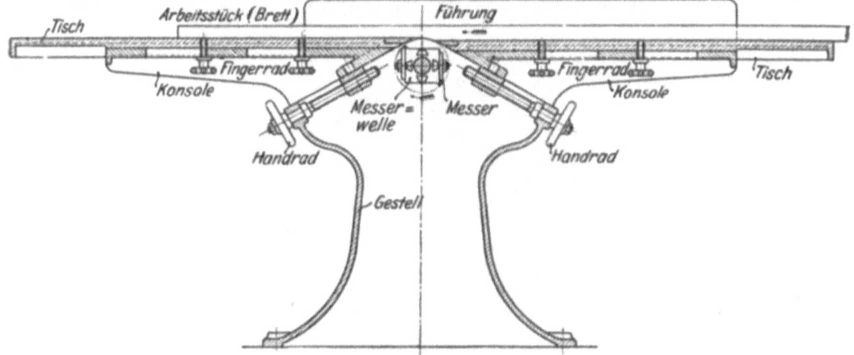

Fig. 430. Abrichthobelmaschine.

um die Spandicke tiefer als der linke, dessen Oberkante den von den Messerschneiden beschriebenen Kreis berührt. Um die beiden Teile des Tisches genau in ihre richtige Lage einstellen zu können, lassen sich die Konsolen, auf denen sie liegen, auf geneigten Flächen des Gestells durch Handrad und Schraube verstellen. Nach dem Lösen mehrerer mit Fingerrädern versehener Schrauben lassen sich die beiden Teile des Tisches auseinanderziehen. Nun liegt die Messerwelle zum Auswechseln von Messern oder zum Anschrauben von Kehlmessern frei. Zu letzterem dienen die beiden sonst unbenutzten Nuten der Messerwelle. Hat man Kehlmesser angeschraubt, so kann man die Maschine zum Kehlen benutzen. Die Schmalseiten (Leimfugen) der Bretter werden auch auf dieser Maschine bearbeitet, indem man die Bretter an die Führung mit ihrer schmalen Seite auf den Tisch legt. Die obere Fläche eines Brettes kann aber nicht durch Umdrehen desselben auf dieser Maschine bearbeitet werden, weil besonders bei windschiefen Brettern die obere und untere Fläche nicht parallel würden. Daher braucht man noch eine zweite Holzhobelmaschine.

2. Die Dickenhobelmaschinen.

Diese Maschinen haben ihren Namen daher, weil sie das Holz auf eine bestimmte, vorher einstellbare, gleichmäßige Dicke hobeln. Sie heißen

aber auch Walzenhobelmaschinen, denn sie enthalten Speisewalzen, welche das Arbeitsstück vorschieben. Wie Fig. 431 zeigt, liegt
bei diesen Maschinen die Messerwelle über dem auf und ab verstellbaren Tische. Das Arbeitsstück wird also auf seiner oberen Seite bearbeitet. Die Messerwelle wird durch eine auf derselben sitzende kleine
Riemenscheibe ebenso wie die Messerwelle der Abrichthobelmaschine
angetrieben. Der Antrieb der Speisewalzen erfolgt durch einen besonderen
Riemen vom Deckenvorgelege aus, nicht von der Messerwelle, sie sind
aber unter sich durch Zahnräder verbunden. Die unteren Walzen sind
im Tische gelagert und werden vom Arbeitsstücke gedreht. Sie sollen
nur die sonst vorhandene gleitende Reibung zwischen Arbeitsstück und
Tisch in rollende Reibung umwandeln. Nur die erste Speisewalze, welche
das unbearbeitete Arbeitsstück trifft, ist geriffelt. Alle übrigen Walzen

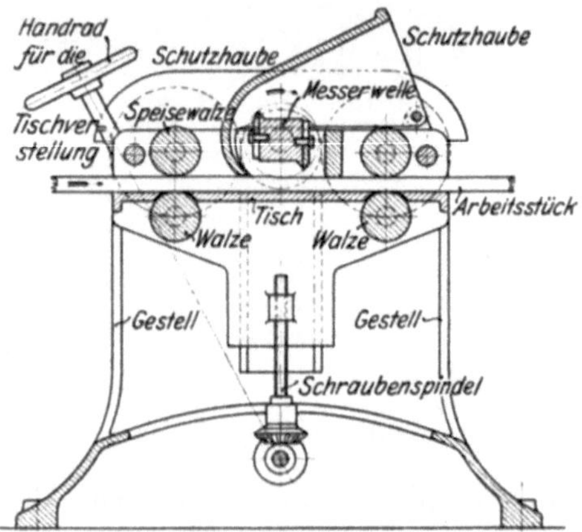

Fig. 431. Dicken- oder Walzenhobelmaschine.

müssen glatt sein, damit sie die bearbeiteten Flächen nicht verderben.
Die Schutzhaube über der Messerwelle leitet die Hobelspäne vom
Stande des Arbeiters ab und lastet mit ihrem linken Ende auf dem
Arbeitsstücke, um es fest auf den Tisch zu drücken und es so vor dem
Zittern zu bewahren. Denselben Zweck hat auch die Leiste rechts von
der Messerwelle. Diese Leiste sowie die Speisewalzen werden durch
Federn oder durch Gewichte auf das Arbeitsstück gedrückt. Durch die
Einstellung des Tisches wird die Dicke des Arbeitsstückes bestimmt.
Diese Maschine hobelt nur die obere Seite der Arbeitsstücke. Die untere
. (erste) Seite derselben kann nicht darauf bearbeitet werden, weil windschiefe Bretter durch die Walzen gerade gedrückt und so in der Maschine bearbeitet werden, aber wieder windschief werden, sobald sie die
Maschine verlassen.

Das Hauptmaß für beide Arten von Holzhobelmaschinen ist ihre
Tischbreite, wodurch die größte Breite der bearbeitbaren Arbeitsstücke
bestimmt wird.

Druck der Spamerschen Buchdruckerei in Leipzig.

Aufgaben aus der technischen Mechanik. Von Professor **Ferd. Wittenbauer,** Graz.

    I. **Allgemeiner Teil.** 843 Aufgaben nebst Lösungen. Vierte, vermehrte und verbesserte Auflage. Mit 627 Textabbildungen.
Gebunden Preis M. 14.—

    II. **Festigkeitslehre.** 611 Aufgaben nebst Lösungen und einer Formelsammlung. Dritte, verbesserte Auflage. Mit 505 Textabbildungen.
Gebunden Preis M. 12.—

    III. **Flüssigkeiten und Gase.** 586 Aufgaben nebst Lösungen und einer Formelsammlung. Dritte, neu bearbeitete Auflage. Mit etwa 396 Textabbildungen.
Unter der Presse

Transmissionen, Wellen, Lager, Kupplungen, Riemen- und Seiltrieb-Anlagen. Von Ing. **St. Jellinek,** Wien. Mit 61 Textabbildungen und 30 Tafeln.
Gebunden Preis M. 12.—

Die Blechabwicklungen. Eine Sammlung praktischer Verfahren. Von Ing. **Johann Jaschke,** Graz. Vierte Auflage. Mit 218 Textabbildungen.
Preis M. 4.60

Die Dreherei und ihre Werkzeuge in der neuzeitlichen Betriebsführung. Von Betriebs-Oberingenieur **W. Hippler.** Zweite, erweiterte Auflage. Mit 319 Textabbildungen. Gebunden Preis M. 16.—

Die Werkzeugmaschinen, ihre neuzeitliche Durchbildung für wirtschaftliche Metallbearbeitung. Ein Lehrbuch. Von Professor **Fr. W. Hülle,** Dortmund. Vierte, verbesserte Auflage. Mit 1020 Textabbildungen und 15 Tafeln. Unveränderter Neudruck. Gebunden Preis etwa M. 80.—

Die Grundzüge der Werkzeugmaschinen und der Metallbearbeitung. Ein Leitfaden. Von Professor **Fr. W. Hülle,** Dortmund. Zweite, vermehrte Auflage. Mit 282 Textabbildungen.
Gebunden Preis M. 10.—

Die Schneidstähle, ihre Mechanik, Konstruktion und Herstellung. Von Dipl.-Ing. **Eugen Simon.** Zweite, vollständig umgearbeitete Auflage. Mit 545 Textabbildungen.
Preis M. 6.—

Hierzu Teuerungszuschläge